BIBLIOTHÈQUE AGRICOLE

TRAITÉ PRATIQUE

SUR

LA VIGNE

ET

LE VIN

EN

ALGÉRIE ET EN TUNISIE

PAR

S. LEROUX

OFFICIER DU MÉRITE AGRICOLE
INGÉNIEUR AGRONOME VITICULTEUR
MEMBRE ET LAURÉAT DE PLUSIEURS SOCIÉTÉS SAVANTES

Ouvrage orné de 335 gravures

TOME PREMIER

BLIDA

LIBRAIRIE ET IMPRIMERIE ADMINISTRATIVE A. MAUGUIN

Place d'Armes

1898

LA VIGNE ET LE VIN

en Algérie et en Tunisie

IMPRIMERIE ADMINISTRATIVE A. MAUGUIN

PLACE D'ARMES — BLIDA

TRAITÉ

DE

LA VIGNE

ET

LE VIN

EN

ALGÉRIE ET EN TUNISIE

PAR

S. LEROUX

OFFICIER DU MÉRITE AGRICOLE

INGÉNIEUR AGRONOME VITICULTEUR

MEMBRE ET LAURÉAT DE PLUSIEURS SOCIÉTÉS SAVANTES

———

PREMIER VOLUME

———

BLIDA

LIBRAIRIE ET IMPRIMERIE ADMINISTRATIVE A. MAUGUIN

Place d'Armes

—

1894

AVANT-PROPOS

Une préface est-elle nécessaire à cet ouvrage écrit après *trente années* d'expériences pratiques et d'observations constantes sur tout ce qui touche à la viticulture algérienne? Cette question me laissait perplexe lorsque sont parvenus jusqu'à nous les échos de cette campagne, faite de mauvaise foi et d'ignorance et menée depuis quelques années, en France, par de prétendus connaisseurs sans notoriété comme sans autorité, contre les vins d'Algérie et de Tunisie.

Et cela au moment même où les vignobles du Midi de la France se reconstituaient et retrouvaient leur ancienne vigueur tuée par le phylloxera et reprenaient sous d'habiles directions et par des procédés nouveaux, toute leur prospérité d'antan; — lorsque, dans des officines prétendues commerciales, s'édulcorent des produits falsifiés, breuvages inventés par la chimie, boissons délétères qui contiennent de tout.... mais à qui il manque les éléments naturels qui constituent le principe même de cette généreuse liqueur bien française, dans laquelle notre chaud soleil semble avoir laissé un de ses rayons.

De toutes les critiques qui ont assailli nos vins du Nord de l'Afrique française dès leur apparition sur le marché européen, beaucoup étaient intentionnellement malveillantes, car les gros producteurs étrangers voyaient à l'horizon poindre une concurrence redoutable qu'il fallait éviter à tout prix. Parmi elles, cependant, une me paraissait fondée, et je donnais presque raison à ce connaisseur qui me disait : « Certes oui, vous pourriez avoir de très bons vins, mais vous ne mettez pas encore suffisamment en pratique les méthodes rationnelles pour leur bonne fabrication. »

Cette critique vraie me fit réfléchir et m'indiqua la voie à suivre ; mon devoir était dès lors tout tracé.

Courageusement, je me suis mis à la besogne : des expériences nouvelles furent faites sur une petite échelle d'abord, puis en grand. Elles furent concluantes, et je puis hautement affirmer aujourd'hui que l'Algérie et la Tunisie peuvent produire des vins de grande consommation, de bonne tenue commerciale et d'une richesse incomparable.

Cet ouvrage ne sera donc pas un plaidoyer en faveur des colons viticulteurs de ce pays, ni une œuvre de partialité transcendante. Il sera le guide du viticulteur qui pourra profiter ainsi de nos leçons et de notre expérience que trente ans de pratiques ont mis souvent à rude épreuve.

Notre but, en réunissant les documents de nos observations et de nos études, est de répandre, dans la colonie viticole de notre beau pays, cette nouvelle France appelée à un grand avenir et que Virgile appelait, il y a deux mille ans, le grenier de Rome, la vulgarisation des procédés modernes, de citer les innovations dues tant à la science qu'à la pratique.

Le lecteur nous pardonnera de n'avoir pas recherché l'élégance du style et la ciselure de la phrase ; nous avons, au contraire, mis toute notre attention à être clair, méthodique, sans fleurs de rhétorique, de façon a être lu et compris de tous.

C'est notre vœu le plus cher, et ce sera notre meilleure récompense.

LEROUX S.-C.

PREMIÈRE PARTIE

CHAPITRE PREMIER

LES AVANTAGES DE LA CULTURE DE LA VIGNE

DANS

L'AFRIQUE FRANÇAISE (DU NORD)

SOMMAIRE

Le Climat. — Le Sol. — La Vigne. — Les Vins. Considérations générales. — Coup d'œil historique. — Produits comparés d'une culture en céréales et en vignes.

LES AVANTAGES DE LA CULTURE DE LA VIGNE

EN ALGÉRIE ET EN TUNISIE

§ I

Le Climat.

S'il existe un pays où la culture de la vigne s'impose, en raison de son succès présent et de son avenir assuré, de la rémunération de plus en plus satisfaisante qu'elle promet aux viticulteurs, c'est l'Algérie et la Tunisie : « la France d'Afrique. »

Il n'est point de partie du globe où l'on rencontre, réunies dans un ensemble aussi parfait, les conditions qui font un vignoble prospère.

L'Algérie est comprise entre le 30me et le 39me degrés de latitude septentrionale. La douceur de son climat, la richesse du sol, les altitudes variées qui permettent de choisir les expositions les plus convenables, tout concourt à favoriser en Afrique la culture de la vigne.

Ajoutons que les intempéries des saisons, si fréquentes et si funestes de l'autre côté de la Méditerranée, n'existent point, pour ainsi dire, en Algérie.

Seul le vent du désert, ou *siroco*, pourrait exercer une influence fâcheuse sur les derniers degrés de maturation du raisin, mais il est rare que ces vents fassent leur apparition avant la fin du mois d'août, et, à cette époque de l'année, les vendanges sont sinon terminées au moins très avancées, surtout dans les terres légères situées dans les parties basses de l'Algérie où les récoltes sont plus hâtives.

Rares, sinon inconnues, sont les gelées qui ne se produisent qu'à une saison peu avancée et avant le bourgeonnement de la vigne.

Je citerai cependant deux apparitions légères de gelée blanche tardive depuis vingt ans. La première eut lieu le 17 avril 1876 et ne se fit sentir que dans les vignobles plantés très haut en montagne ou dans les extrêmes bas-fonds des plaines ; les dommages occasionnés furent insignifiants, même sur les points les plus attaqués et les vignes retaillées donnèrent 70 pour cent de leur rendement ordinaire.

La seconde gelée tardive dont j'ai été également témoin en Algérie eut lieu le 4 mai 1879. Elle n'atteignit, comme la première, que les vignobles placés dans des conditions défavorables. Ses ravages furent cependant plus sérieux, et dans les vignes — rares d'ailleurs — qui subirent ses atteintes, le rendement se trouva réduit à 40 pour cent; les viticulteurs qui n'eurent pas la précaution de retailler immédiatement éprouvèrent une perte encore plus forte. Mais cette gelée blanche doit être considérée comme un phénomène extraordinaire et absolument exceptionnel en Algérie. Les plus vieux vignerons indigènes répétaient eux-mêmes que jamais ils n'avaient vu une gelée aussi tardive.

Dans aucun cas, les froids ne sont assez rigoureux pour détruire la vigne, et si l'on se pénètre bien des principes que je développerai dans les chapitres relatifs à la taille, etc., on peut être certain que les rares gelées d'avril seront sans influence sur la récolte.

Le vent chaud du désert, dont j'ai parlé plus haut, est plus fréquent que les gelées tardives et il peut diminuer le rendement, puisqu'il provoque l'évaporation d'une partie des liquides contenus dans les feuilles et les grains des raisins.

Mais ce vent du désert, le *siroco*, n'a d'action que sur les vignes mal entretenues, exposées au sud, et plantées en terrains légers et secs.

Enfin, et pour ne laisser aucun point obscur quant à la situation climatérique de l'Afrique française du Nord en ce qui touche la vigne, je prie les viticulteurs de remarquer que, sur dix années en Algérie, on peut en compter deux dans lesquelles le *siroco* produit sur la vigne des effets restreints, et *une seule* où la récolte en est influencée au préjudice du rendement.

§ II

Le Sol.

Au point de vue du sol, l'Algérie est admirablement partagée. Partout où l'on rencontre de la terre végétale, le sol est substantiel et généreux et ses éléments constitutifs s'assimilent à la végétation avec une facilité et une rapidité prodigieuse : Les plantations de toutes essences appropriées au climat y viennent comme par enchantement et se développent avec une vigueur étonnante, quoiqu'elles soient bien souvent traitées avec une regrettable négligence. Il n'en est pas de même en Europe où la nature, quoiqu'elle soit aidée par les soins assidus et minutieux d'une culture savante, ne répond pas toujours à l'effort de l'homme.

Les terrains les plus maigres de la colonie ont eux-mêmes une valeur relative incontestable. Ils sont supérieurs de beaucoup aux terrains similaires de l'Espagne, de l'Italie et du midi de la France, — supériorité qui tient d'ailleurs autant à l'influence du climat, qu'à la constitution géologique, à peu près semblable dans ces divers pays.

La fertilité du sol de l'Algérie et de la Tunisie est telle que dès les temps les plus reculés, la Mauritanie et la Numidie césarienne, qui forment aujourd'hui nos possessions de l'Afrique du nord, produisaient assez de céréales, de vins et d'huiles, pour alimenter une partie de l'Europe méridionale qui est cependant une des régions les plus productives du globe. La fécondité de nos possessions actuelles leur avait valu une réputation hors ligne, dont l'histoire a conservé le souvenir.

Tout le monde sait que l'Algérie et la Tunisie étaient appelées : le « grenier d'abondance de Rome ». Une preuve encore que notre sol a toujours été d'une richesse merveilleuse ce sont les nombreuses invasions subies qui restent la caractéristique historique des plus *privilégiées*. Nous savons aussi par l'histoire que sous la domination romaine, un grand nombre d'immigrants italiens, gaulois, ibères, étaient venus s'établir dans le pays. On évaluait à plusieurs millions le chiffre de ces colons étrangers.

En dehors même des traditions historiques, nous possédons, en Algérie et en Tunisie, des témoins de cette prospérité d'autrefois due à la fécondité du sol. Il est impossible, en effet, de faire un pas, sans rencontrer des ruines de villes, de villas, de villages agricoles et de fermes, disséminées de toute part.

Il en résulte la preuve évidente que les versants des montagnes eux-mêmes étaient alors cultivés comme les plaines et que la densité de la population était supérieure de beaucoup à celle d'aujourd'hui, car elle était quatre fois plus forte, si l'on tient compte seulement des agriculteurs et des citadins, sans parler des Berbères autochtones.

L'invasion des Arabes a presque transformé en désert ces contrées qui nourrissaient autrefois des habitants infiniment plus nombreux et qui subvenaient en outre à une immense exportation. Il ne tient qu'à la France de faire renaître cette ancienne prospérité. Le sol ne s'est pas stérilisé puisque nulle part, sauf sur certaines crêtes de l'Atlas, le rocher n'est mis à nu comme on le voit trop souvent en Europe. Ici au contraire, on trouve presque partout, jusque sur le flanc des montagnes, une couche de terre végétale d'une épaisseur plus ou moins considérable. On peut donc affirmer hardiment que la culture peut s'étendre sur les *huit dixièmes* du sol de notre colonie.

§ III

La Vigne.

Ce que nous venons de dire de la fertilité de l'Algérie et de la Tunisie et de leur puissance productive s'applique tout particulièrement à la vigne.

La constitution du sol de l'Afrique française du nord se prête merveilleusement à cette culture. S'il résulte des études des savants que le continent d'Afrique est le dernier émergé des eaux, le plus *jeune* des continents du globe, il n'est pas moins vrai que nos possessions françaises comprennent aujourd'hui la partie de l'Afrique septentrionale la plus riche en éléments propres à la viticulture.

L'ossature, la charpente des montagnes d'Algérie et de Tunisie, est formée de matières granitiques, ferrugineuses, basaltiques, calcaires, madréporiques, argileuses, siliceuses et schisteuses. Tous ces éléments sont éminemment divisibles et réductibles, facilement solubles, essentiellement assimilables. Le sol qui en est composé offre donc tous les avantages possibles pour la culture de la vigne.

Ajoutons que dans les terrains de montagne, l'écoulement des eaux pluviales et leur absorption sont facilités, non-seulement par la déclivité du terrain, mais aussi par la nature suffisamment poreuse du sol ; quant aux plaines, elles ne sont pas entièrement nivelées partout en Algérie par les dépôts alluviens. Il en résulte sur tous les points, même en plaine, des pertes légères, des ondulations de terrain qui empêchent les eaux de stationner, et assurent l'assèchement et l'aération du sous-sol, — conditions indispensables pour la plantation de la vigne.

C'est le lieu de faire remarquer ici que la montagne et la plaine ont, l'une et l'autre leurs avantages.

En plaine, la végétation de la vigne acquiert une vigueur extraordinaire, et le rendement est supérieur. En montagne, au contraire, c'est la qualité qui l'emporte, et les produits ont plus de valeur au point de vue de l'unité. Dans les ruines antiques de villas ou de fermes, dont nous parlions tout à l'heure, on rencontre encore des vignes séculaires qui courent, depuis un temps immémorial le long des murs à demi-écroulés ; mais ces vignes se trouvent surtout dans les ruines placées sur des coteaux. — Ce fait tendrait à prouver qu'au temps de l'ancienne prospérité de l'Afrique, les terrains montagneux étaient de prédilection choisis pour la plantation et la bonne production de la vigne.

Toutefois, si l'on compare les comptes de rendement de deux vignobles, dont l'un en montagne et l'autre en plaine, on a souvent lieu de constater que le vignoble en plaine ou même lorsqu'il se rencontre en pentes légères est ordinairement le mieux partagé, comme produit net en fin d'année, pourvu toutefois qu'il soit planté en terre suffisamment profonde.

§ IV

Les Vins.

Parmi tous les vins récoltés hors de la métropole, les vins d'Algérie et de Tunisie, en supposant même que la France n'ait pas, comme il lui serait permis de l'avoir, une certaine préférence maternelle pour eux, seraient considérés à bon droit comme appelés à prendre le premier rang.

Ils joignent en effet à une puissance alcoolique supérieure ce qu'on appelle, en termes du métier, la « qualité liquoreuse ».

Ils possèdent enfin un bouquet naturel que les « fabricants » de vins n'imiteront jamais.

Ces qualités frappent déjà les connaisseurs, et elles ne tarderont pas à s'imposer à la masse des consommateurs.

Si l'on considère la jeunesse des cépages (car il faut le dire, la source de richesses que la culture de la vigne constitue pour l'Algérie a été longtemps ignorée et il n'y a que quelques années que l'on commence à planter) ; si l'on considère, dis-je, la jeunesse des cépages — l'inexpérience et le défaut de méthode des viticulteurs — les premiers résultats obtenus sont immenses, toutes proportions gardées.

Ici, en effet, chaque viticulteur traite sa vigne et fait son vin selon la méthode de son pays, qui n'est pas toujours, tant s'en faut ! la meilleure à appliquer en Afrique. Pour ce qui concerne en particulier la vinification, la plus grande incertitude règne encore dans les procédés à adopter, dans la marche à suivre. Les vrais principes spéciaux à l'Algérie n'ont pas encore été formulés d'une manière nette et précise, chacun marche à l'aventure et, pour ainsi dire, au petit bonheur.

Dans ces conditions, on pourra s'étonner qu'il ne se soit pas produit plus d'insuccès, et il est absolument légitime d'attribuer les demi-succès aux tâtonnements et aux maladresses des débuts. Que ces lacunes soient comblées, que la viticulture et la vinification s'engagent dans une voie meilleure, éclairées par les principes et par l'expérience déjà acquise, et les efforts de nos viticulteurs algériens seront couronnés dans un avenir prochain par les plus brillants et les plus fructueux résultats.

Mon but en écrivant cet ouvrage a été de venir en aide à ces efforts en vulgarisant les principes fondamentaux, sans lesquels il n'y a point de production abondante comme rendement, bonne qualité et soutenue dans sa durée. J'insisterai sur *la qualité* et le rendement, conditions essentielles d'un écoulement facile, assuré et rémunérateur des produits obtenus. Depuis longues années, je me suis adonné à des études pratiques minutieuses et raisonnées de viticulture et de vinification ; j'ose espérer que la majorité des propriétaires de vignes qui voudront bien se pénétrer de mes conseils exposés sans prétention me sauront gré, plus tard, de les avoir fait profiter de mon expérience.

§ V

Considérations générales.

En résumé, l'Algérie et la Tunisie, placées sous les mêmes latitudes à peu près que les *Açores*, les *Canaries*, Madère, Chypre (et même de l'autre côté de l'équateur) le Cap de Bonne-Espérance, servies en outre par une diversité de terrains, d'altitudes, de situations, d'expositions qui permettent aux planteurs de choisir un emplacement approprié pour les vignobles, — l'Algérie et la Tunisie, dis-je, peuvent et doivent produire des vins similaires à ceux de Madère, de Sicile, de Chypre, des îles Ioniennes, du Cap et de tous les crûs les plus renommés du monde méridional.

Le produit une fois obtenu, les débouchés ne manqueront pas. Les moyens de communication sont déjà multiples dans l'Afrique française, beaucoup plus qu'on ne le croit en Europe. L'Algérie et la Tunisie sont sillonnées de routes et de chemins de fer dont le nombre, l'étendue et le bon entretien progressent chaque jour. Avant peu, la viabilité de la colonie sera arrivée à ce point qu'elle ne présentera plus de parties inaccessibles au trafic commercial.

Nous ne craignons pas de le dire, l'ensemble de nos voies de communication est dès aujourd'hui supérieur à ce qu'on rencontre dans une grande partie des contrées de l'Europe. La surface totale de l'Algérie et de la Tunisie est évaluée d'après les plus récents travaux géodésiques, à 8,200,000 hectares, dont un tiers au moins pourrait être consacré à la culture de la vigne. Or, en 1888, l'Algérie toute entière ne possédait encore que 82,000 hectares de vigne. On voit quel immense espoir est encore réservé aux viticulteurs de l'avenir puisque sur ces millions d'hectares cultivables en vigne, on n'a pas même planté à cette heure la deux centième partie de cette surface.

Et cependant la récolte de 1890 sur la minime fraction de 106,000 hectares s'est élevée à plus de trois millions d'hectolitres de vin. — Estimé à un prix moyen de 18 francs l'hectolitre, c'est déjà une valeur de 50 millions que la viticulture algérienne s'est créée dans une période de quelques années.

§ VI

Coup d'œil historique.

L'observateur qui parcourt le pays, frappé de la richesse du sol algérien, se demande souvent pourquoi une belle colonie est restée si longtemps inactive, et presque improductive, en comparant ce qu'elle aurait pu produire à ce qu'elle a produit depuis la conquête.

Disons-le de suite. — Le gouvernement de Napoléon III a été l'obstacle au développement normal de la colonisation. Au lieu de faire affluer dans ce pays des travailleurs, le gouvernement impérial ne se préoccupait que d'y tailler des grands fiefs, des concessions opulentes avec lesquelles il achetait des adhérents nouveaux ou consolidait des fidélités douteuses. Mentionnons aussi, parmi les obstacles opposés au bon vouloir des colons, l'organisation du régime arbitraire et les trop fameux bureaux arabes.

Il a fallu l'énergie et la persévérance entière des colons algériens pour faire, en dépit du mauvais vouloir administratif, tout ce qu'ils ont fait de 1852 à 1870.

La République a, dès le premier jour, secondé leurs efforts. Elle a donné l'impulsion aux travaux publics; elle a créé des centres nouveaux; elle a encouragé l'immigration des pionniers européens; elle a confiné l'action des bureaux arabes dans l'extrême Sud où l'heure de la colonisation n'est pas encore venue.

Les progrès réalisés depuis 1871, grâce à l'influence salutaire et réparatrice du gouvernement républicain, sont tels que le chiffre des exportations de toute nature de l'Algérie a atteint déjà 250 millions de francs environ et que, dans quelques années, ce chiffre sera augmenté considérablement.

Nous n'avons pas besoin de rappeler à nos lecteurs que rien ne démontre mieux la vitalité d'un pays et son avenir que cette progression rapide dans le chiffre de ses exportations, surtout quand c'est la *production agricole* qui fournit les éléments de ce mouvement ascensionnel.

§ VII

Produits comparés d'une culture en céréales et en vignes.

Pour terminer ce chapitre, nous placerons sous les yeux de nos lecteurs un travail comparatif que nous avons établi sur des données incontestables.

C'est une série de tableaux qui mettent en regard :

D'une part, les dépenses et les recettes d'une ferme algérienne de 30 hectares cultivée en céréales ;

Et, d'autre part, les recettes et dépenses d'une ferme de 30 hectares également, cultivée pour les deux tiers en vigne, soit pour 20 hectares, et pour le reste en cultures diverses.

Nous avons pris comme type d'exploitation une ferme située sur un versant dont le sol représente par sa nature une qualité moyenne.

Les rendements comparatifs ont été relevés sur la base des moyennes de production de 1881 à 1888. On sera certainement frappé des avantages qu'ils font ressortir en faveur de la culture de la vigne — avantages qui paraîtront invraisemblables à quiconque ignore la puissance productive de nos vignobles d'Afrique.

FERME DE 30 HECTARES CULTIVÉE EN CÉRÉALES

1re année d'exploitation

DÉSIGNATION DES DÉPENSES		DÉSIGNATION DES RECETTES				DOIT	AVOIR
Construction, maison, écurie	6.000						
Achat de matériel agricole	1.600						
Achat de 8 bœufs....	2.000						
— 2 vaches...	500						
— 2 juments..	1 000						
8 h. 800 k. blé de semence, à 24 fr.....	192						
8 h. 960 k. orge de semense, à 15 fr. ...	144						
8 h. 1,040 k. avoine, à 15 fr.........	156						
200 k. vesces, à 30 fr.	60						
Semences de légumes divers	30						
Nourriture pour les bêtes : orge, avoine, paille foin...........	1.000						
Un domestique européen	420						
Un domestique indigène, 3 mois à 60 fr. (sans nourriture)...	180						
100 journées supplémentaires pour les battages, etc., à 2 fr.	200						
Moisson de 24 hectares, à 22 fr........	528	Brebis..	50	à 18 00	900		
Un berger à l'année..	365	Blé	8.000 k. à 21 00		1.680		
Achat de 60 brebis, à 17 fr.............	1.020	Orge....	12.000	13 50	1.620		
		Avoine..	12.000	13 50	1 620		
Frais de maison, nourriture...........	1.200	Agneaux.	40	9 00	360		
		Veaux...	2	60 00	120		
Frais généraux, impôts, etc.	250	Basse-cour			150		
Intérêts d'un capital de 14,000 fr. à 8 p. 0/0.	1.120	Légumes			150		
Dépenses.....	17.965				6.600		
Recettes	6.600						
	11 365	Ferme doit à Report				11.365	

2ᵐᵉ année

DÉSIGNATION DES DÉPENSES		DÉSIGNATION DES RECETTES			DOIT	AVOIR
		Report... ...			11.365	
Achat de semences ..	592	Brebis .,	60 à 18 00	1.080		
Nourriture pour les bêtes	660	Blé	8.000 k. à 21 00	1.680		
		Orge....	12.000 13 50	1.620		
Un domestique euro-péen	420	Avoine..	12.000 13 50	1.620		
Un domestique indi-gène............	180	Agneaux.	50 9 00	450		
		Veaux...	2 60 00	120		
100 journées supplé-mentaires pour les battages	200	Basse-cour		150		
Moisson de 24 hectares à 22 fr...........	528	Légumes		150		
Un berger.........	365					
Achat de brebis, 60 à 17 fr............	1.020					
Frais de maison et nourriture	1.200					
Frais généraux, répa-rations et impôts...	265					
Intérêts d'un capital de 14,000 fr. à 8 0/0.	1.120					
	6.550	Recettes		6.870		
		Dépenses.....		6.550		
		Avoir........		320		
		Doit..........			11.365	320
		Avoir				320
		A reporter.......			11.045	

3ᵐᵉ année

DÉSIGNATION DES DÉPENSES		DÉSIGNATION DES RECETTES				DOIT	AVOIR
					Report.......	11.045	
Achat de semences...	592	Brebis .	60	à 18 00	1.080		
Nourriture pour les bêtes	800	Blé.....	8.000 k. à 21 00		1.680		
Un domestique européen.............	420	Orge....	12.000	13 50	1.620		
Un domestique indigène.............	180	Avoine..	12.000	13 50	1.620		
100 journées supplémentaires pour les battages, etc.......	200	Agneaux.	50	9 00	450		
Moisson de 24 hectares, à 22 fr........	528	Veaux...	2	60 00	120		
Un berger..........	365	Basse-cour			150		
Achat de 60 brebis, à 17 fr.........	1.020	Légumes			150		
Frais de maison et nourriture........	1.200						
Frais généraux, réparations et impôts...	280						
Intérêts d'un capital de 14,000 fr. à 8 0/0 ..	1.120						
	6.705	Recettes.......		6.870			
		Dépenses		6.705			
					165		
		Doit..........				11.045	
		Avoir........			165		165
		A reporter.......				10.880	

4ᵐᵉ année

DÉSIGNATION DES DÉPENSES		DÉSIGNATION DES RECETTES				DOIT	AVOIR
				Report... ...		10 880	
Achat de semences...	502	Brebis..	60	à 18 00	1.080		
Nourriture pour les bêtes	900	Blé.....	8.000 h. à 21 00		1.680		
Un domestique européen........	420	Orge....	12.000	13 50	1.620		
Un domestique Indigène...........	180	Avoine..	12.000	13 50	1.620		
100 journées supplémentaires pour les battages, etc......	200	Agneaux..	50	9 00	450		
Moisson de 24 hectares, à 22 fr.	528	Veaux....	2	60 00	120		
Un berger..........	365	Basse-cour			150		
Achat de 60 brebis, à 17 fr.............	1.020	Légumes.			150		
Frais de maison et nourriture	1.200						
Frais généraux, réparations et impôts...	285						
Intérêts d'un capital de 13,000 fr. à 8 0/0 ..	1.120						
	6.810						
		Recettes		6.870			
		Dépenses......		6.810			
				60			
		Doit				10.880	
		Avoir........				60	60
		A reporter.......				10.820	

5ᵐᵉ année

DÉSIGNATION DES DÉPENSES		DÉSIGNATION DES RECETTES				DOIT	AVOIR
					Report... ...	10.820	
Achat de semences...	592	Brebis ..	60	à 18 00	1.080		
Nourriture pour les bêtes	1.000	Blé.....	8.000 h. à 21 00		1.680		
Un domestique européen.........	420	Orge....	12.000	13 50	1.620		
Un domestique Indigène.............	180	Avoine..	12.000	13 50	1.620		
100 journées supplémentaires pour les battages, etc......	200	Agneaux..	50	9 00	450		
Moisson de 24 hectares, à 22 fr.	528	Veaux....	2	60 00	120		
Un berger..........	365	Basse-cour			150		
Achat de 60 brebis, à 17 fr.............	1.020	Légumes.			150		
Frais de maison et nourriture	1.200						
Frais généraux, reparations et impôts...	290						
Intérêts d'un capital de 13,000 fr. à 8 0/0 ..	1.040						
	6 835	Recettes			6.870		
		Dépenses......			6.835		
					35		
		Doit				10.820	
		Avoir........				35	35
		A reporter.......				10.785	

6ᵐᵉ année

DÉSIGNATION DES DÉPENSES		DÉSIGNATION DES RECETTES		DOIT	AVOIR
			Report.......	10.785	
Achat de semences...	592	Brebis .. 60 à 18 00	1.080		
Nourriture pour les bêtes	1.100	Blé..... 8.000 k. à 21 00	1.680		
		Orge.... 12.000 13 50	1.620		
Un domestique euro-péen.............	420	Avoine.. 12.000 13 50	1.620		
Un domestique indi-gène.............	180	Agneaux. 50 9 00	450		
		Veaux... 2 60 00	120		
100 journées supplé-mentaires pour les battages, etc......	200	Basse-cour............. .	150		
		Légumes....	150		
Moisson de 24 hectares à 22 fr...........	528	Un poulain................	500		
Un berger....... ...	365				
Achat de brebis, 60 à 17 fr.....	1.020				
Frais de maison et nourriture	1.200				
Frais généraux, répa-rations et impôts...	295				
Intérêts d'un capital de 12,000 fr. à 8 0/0.	960				
	6.860	Recettes	7.370		
		Dépenses	6.860		
		Avoir........	510		510
		Doit..........,		10.785	
		Avoir........		510	
		A reporter.......		10.275	

7me année

DÉSIGNATION DES DÉPENSES		DÉSIGNATION DES RECETTES				DOIT	AVOIR
					Report........	10.275	
Achat de semences...	502	Brebis..	60	à 18 00	1.080		
Nourriture pour les bêtes.......... ..	1.100	Blé.....	8.000 k. à 21 00		1.680		
Un domestique européen.............	420	Orge....	12.000	13 50	1.620		
Un domestique indigène......	180	Avoine..	12.000	13 50	1.620		
100 journées supplémentaires pour les battages, etc.......	200	Agneaux.	50	9 00	450		
Moisson de 24 hectares à 22 fr............	528	Veaux...	2	60 00	120		
Un berger....... ...	865	Basse-cour............. .			150		
Achat de brebis, 60 à 17 fr.....	1.020	Légumes....			150		
Frais de maison et nourriture	1.200	Un poulain.................			500		
Frais généraux. réparations et impôts...	300						
Intérêts d'un capital de 12,000 fr. à 8 0/0.	960						
	6.865						
		Recettes		7.370			
		Dépenses		6.865			
		Avoir........		505			505
		Doit.........				10.275	
		Avoir........				505	
		À reporter.......				9.770	

8me année

DÉSIGNATION DES DÉPENSES		DÉSIGNATION DES RECETTES				DOIT	AVOIR
		Report.......				9.770	
Semences..........	592	Brebis..	60	à 18 00	1.080		
Nourriture des bêtes.	1.100	Agneaux.	50	9 00	450		
Un domestique européen...	420	Bœufs...	10	175 00	1.750		
Un domestique indigène.............	180	Vaches..	4	150 00	600		
100 journées supplémentaires pour les battages, etc......	200	Veaux....	4	60 00	240		
		Vieilles juments.	2	250 00	500		
Moisson de 24 hectares, à 22 fr........	528	Jeunes chevaux.	2	250 00	500		
Berger.............	365	Mulet...	1	500 00	500		
Achat de 60 brebis à 17 fr.............	1.020	Basse-cour			250		
Frais de maison et nourriture........	1.200	Blé ..... 7.200 k. à 21 00			1.680		
Frais généraux	300	Orge.... 12.000 13 50			1.620		
Intérêts d'un capital composé de 12,000 francs à 8 p. 0/0...	960	Avoine.. 12 000 13 50			1.620		
		Matériel.................			800		
		Paille et foin.............			300		
Dépenses....	6.865	Recettes			11.890		
Doit........	9.770	Valeur de la concession..			15.000		
	16.635	Actif........			26.890		
		Passif........			16.635		
		Avoir bénéfice net en huit années...............			10.255		

Le colon que nous avons pris pour type est un de ceux qui arrivent ici comme concessionnaire avec des ressources pécuniaires limitées, mais qui offrent, par leur amour du travail et leur expérience, les garanties qui font fructifier les plus petites épargnes et qui ouvrent au besoin chez nous une large porte au crédit.

Il résulte des tableaux ci-dessus que notre immigrant, s'il s'est borné à la culture des céréales, a déjà pu gagner en huit années 10,255 francs.

C'est un bénéfice qui n'est pas à dédaigner, mais quelle différence avec celui qui aurait pu être réalisé dans une ferme viticole ! — On pourra en juger par les tableaux qui suivent.

FERME DE 30 HECTARES

dont 20 hectares plantés en vigne et 10 hectares cultivés soit en céréales,
soit en fourrages ou plantes sarclées et jardin.

1re année d'exploitation

DÉSIGNATION DES DÉPENSES		DÉSIGNATION DES RECETTES				DOIT	AVOIR
Construction d'une maison et une écurie	6.000	Blé.... . 2.000 k. à 21 00			420		
Défrichement et appropriation du sol, 30 hectares à 50 fr....	1.500	Orge.... 3.000 13 50			405		
Défoncement, 20 hectares à 250........	5.000	Avoine.. 3.000 13 50			405		
Achat de 4 mulets à 800 fr...........	3.200	Brebis.. 49 à 18 00			882		
Achat de 1 jument..	500	Agneaux 40 9 00			360		
— 2 vaches à 250 fr...	500	Veau ... 1 60 00			60		
— 50 brebis à 17 fr....	850	Basse-cour...			50		
Matériel agricole et viticole	2.000				2.582		
Achat de paille et fourrage pour la nourriture des bêtes, 300 quintaux à 3 fr. 50.	1.050						
Orge et avoine pour la nourriture des bêtes, 70 qx à 13 fr. 50 ...	945						
Achat de semences :							
blé . . 200 k. à 24 f.	48						
orge . 250 15	37 50						
avoine 260 15	39						
vesce . 100 30	30						
luzerne 20 2	40						
Un vigneron (nourri).	600						
Un domestique indigène (nourri)......	365						
Un berger pendant six mois.......	180						
Personnel supplémentaire pour plantation et autres travaux. .	500						
Moissons et battage, 6 hectares à 40 fr..	240						
Achat de plants de vigne, 60,000 à 5 fr..	300						
Frais de maison et aliments	1.800						
Frais généraux, réparations, impôts, etc.	300						
Intérêts d'un capital de 24,000 fr. à 8 p. 0/0.	1.920						
Dépenses.....	27.944 50						
Recettes......	2.582 »						
Ferme doit...	25.362 50	A reporter.......				25.362 50	

2ᵐᵉ année

DÉSIGNATION DES DÉPENSES		DÉSIGNATION DES RECETTES		DOIT	AVOIR
		Report..... ..		25.362 50	
Achat de semences...	154				
Nourriture des bêtes (grains)..........	945				
Personnel domestique	1.085				
Personnel supplémentaire. 80 journées à 2 fr..............	160				
Moissons et battage ..	240				
Déchaussage et rechaussage de 60,000 pieds à 6 fr. le 1,000	360				
Engrais supplémentaire.	1.060				
Mise des composts en grais , 60,000 à 12 fr. 50 le 1,000...	750				
Soufre, 600 k. à 20 fr. les 100 kilos.......	120				
Agents chimiques pour le traitement des vignes............. .	50				
Brebis, 50 à 17 fr....	850	Céréales 1.230			
Frais de maison et alimentation.......	1.800	Brebis . . 49 à 18 00 832			
Frais généraux, etc...	305	Agneaux . 40 9 00 360			
Intérêts d'un capital de 32,000 fr. à 8 p. 0/0	2.560	Veaux ... 2 60 00 120			
		Basse-cour.............. 50			
Dépenses....	10.439		2.642		
Recettes	2.642				
	7.797	Ferme doit..		7.797	»
		A reporter..		33.159 50	

3ᵐᵉ année

DÉSIGNATION DES DÉPENSES		DÉSIGNATION DES RECETTES		DOIT	AVOIR
		Report...........		33.159 50	
Construction de la première partie du chai de 13ᵐ sur 11ᵐ.....	6.000				
Vaisselle vinaire, 410 hectolitres à 7 fr...	2.870				
Matériel et ustensiles vinaire et agricole.	1.500				
Semences..........	154				
Nourriture des bêtes (grains)..........	945				
Personnel domestique	1.085				
Personnel supplémentaire (90 journées à 2 fr.).............	180				
Personnel supplémentaire pour la taille (40 journ. à 4 fr. 50).	180				
Moissons et battage..	240				
Déchaussage et rechaussage de 60,000 pieds à 6 fr. le 1,000	360				
Brebis, 55 à 17 fr	935				
Soufre, 900 k. à 20 fr.	180				
Agents chimiques pour traitement de la vigne	80	Vin, 250 hectolitres à 16 fr... 4.000			
Vendanges	220	Céréales 1.230			
Frais de maison.	1.900	Brebis.... 54 à 18 fr. 972			
Frais généraux	320	Agneaux.. 45 9 405			
Intérêts d'un capital de 48,000 fr. à 8 p. 0/0.	3.840	Veaux.... 2 60 120			
		Basse-cour 50			
Dépenses	20.989	Recettes........ 6.777			
Recettes	6.777				
	14.212				
		Report-ferme doit........		14.212	»
		A reporter..		47.371 50	

4me année

DÉSIGNATION DES DÉPENSES		DÉSIGNATION DES RECETTES		DOIT	AVOIR
		Report............ ...		47.371 50	
Vaisselle vinaire, 500 hectolitres à 7 fr...	3.500				
Matériel et ustensiles vinaire...........	350				
Semences	154				
Nourriture des bêtes (grains)..........	945				
Personnel domestique	1.085				
Personnel supplémentaire (100 journées à 2 fr.)..........	200				
Personnel supplémentaire pour la taille, etc. (60 journées à 4 fr. 50)..........	270				
Moissons et battage ..	240				
Déchaussage et rechaussage........	360				
Brebis, 60 à 17 fr....	1.020				
Soufre, 1,800 k. à 20 f.	360				
Agents chimiques pour le traitement des vignes.............	100				
Plâtrage des vignes. .	62				
Vendanges, 120,000 k. à 0 fr. 40 les 100 k,	480	Vin, 700 hect. à 16 fr.	11.200		
Frais de maison......	1.900	Céréales	1 230		
Frais généraux	340	Brebis.... 59 à 18 fr.	1.062		
Intérêts d'un capital de 55,000 fr. à 8 p. 0/0.	4.400	Agneaux .. 49 9	441		
		Veaux..... 2 60	120		
		Basse-cour................	50		
Dépenses....	15.766				
Recettes	14.103	Recettes........	14.103		
	1.663	Doit........		47.371 50	
				1.663 »	
		A reporter.......		49.034 50	

5ᵐᵉ année

DÉSIGNATION DES DÉPENSES		DÉSIGNATION DES RECETTES		DOIT	AVOIR
		Report....		49.034 50	
Construction de la deuxième partie du chai........... ..	6.000				
Vaisselle vinaire, 500 hectolitres à 7 fr...	3.500				
Ustensiles vinaires...	250				
Semences.........	154				
Nourriture des bêtes (grains)..........	945				
Personnel domestique	1.085				
Personnel supplémentaire (105 journées à 2 fr.)	210				
Personnel supplémentaire pour la taille (70 journ. à 4 fr. 50)	315				
Moissons et battage ..	240				
Déchaussage et rechaussage, 60,000 à 6 fr..............	360				
Achat d'engrais supplémentaire.......	880				
Mise des engrais composts, 60,000 pieds à 12 fr. 50 le 1,000.	750				
Brebis, 60 à 17 fr....	1.020				
Soufre, 2,000 à 20 fr..	400				
Agents chimiques pour le traitement des vignes............ .	100				
Plâtrage des vignes..	100	Vin, 1,200 hect. à 16 fr...... 19.200			
Vendanges, 180,000 k. à 0 fr. 40	720	Céréales 1.230			
Frais de maison	1.900	Brebis...... 59 à 18 fr. 1.062			
Frais généraux	360	Agneaux 49 9 441			
Intérêts d'un capital de 63,000 fr. à 8 p. 0/0	4 040	Veaux....... 2 60 120			
		Basse-cour 50			
Dépenses....	23.329	Recettes... .... 22.103			
Recettes	22.103	Doit....... ..		49.034 50	
	1.226			1.226 »	
		A reporter......		50.260 50	

6ᵐᵉ année

DÉSIGNATION DES DÉPENSES		DÉSIGNATION DES RECETTES		DOIT	AVOIR
		Report........ .		50.260 50	
Vaisselle vinaire, 300 hectolitres à 7 fr. .	2.100				
Ustensiles vinaire et agricole..........	200				
Semences	154				
Nourriture des bêtes (grains)..........	945				
Personnel domestique	1.085				
Personnel supplémentaire (120 journées à 2 fr............	240				
Personnel supplémentaire pour la taille, etc. (90 journées à 4 fr.50)..........	405				
Déchaussage et rechaussage.	360				
Moissons et battage..	240				
rebis, 60 à 17 fr. ...	1.020				
Soufre, 2,000 à 20 fr..	400				
Agents chimiques de traitement.......	100				
Plâtrage des vignes .	100	Vin, 1,400 hect. à 16 fr.	22.400		
Vendanges, 200,000 à 0 fr. 4............	800	Céréales	1.230		
Frais de maison	1.900	Brebis...... 59 à 18 fr.	1 062		
Frais généraux	. 380	Agneaux 49 9	441		
Intérêts d'un capital de 50,000 fr. à 8 p. 0/0.	4.000	Veaux....... 3 60	180		
		Basse-cour	50		
Dépenses.. .	14.429	Recettes	25.363		
		Dépenses........	14.429		
		Avoir.....	10 934		
		Doit		50.260 50	
		Avoir........		10.934	»
		A reporter........		39.326 50	

7me année

DÉSIGNATION DES DÉPENSES		DÉSIGNATION DES RECETTES		DOIT	AVOIR
		Report.........		39.326 50	
Matériel et ustensiles vinaire et agricole..	150				
Semences...	154				
Nourriture des bêtes .	1 000				
Personnel domestique	1.085				
Personnel suppléirentaire (120 j. à 2 fr.).	240				
Personnel supplémentaire pour la taille, etc. (100 j. à 4 f. 50)	450				
Déchaussage et rechaussage........	360				
Moissons et battage..	240				
Brebis, 60 à 17 fr....	1.020				
Soufre, 2,000 k. à 20 f.	40				
Agents chimiques....	100	Vin, 1,500 hect. à 16 fr......	24.000		
Plâtrage de la vigne..	100	Céréales	1 230		
Vendanges, 213,000 à 0 fr. 40	852	Poulain de 4 ans...........	500		
Frais de maison	1 900	Brebis..... 59 à 18 fr.	1.062		
Frais généraux	395	Agneaux.... 49 9	441		
Intérêts d'un capital de 37,000 fr. à 8 p. 0/0.	2.960	Veaux...................	180		
		Basse-cour....	50		
Dépenses....	11.406	Recettes.........	27.463		
		Dépenses........	11.406		
		Avoir...........	16.057		
		Doit..........		39.326 50	
		Avoir.........		16.057 »	
		A reporter.......		23.269 50	

8ᵐᵉ année

DÉSIGNATION DES DÉPENSES		DÉSIGNATION DES RECETTES			DOIT	AVOIR
				Report.........	23.269 50	
Matériel et ustensiles vinaires..........	100 »	Vin. 1,600 hect. à 16 fr.		25.600 »		
Semences.	154 »	Céréales		1.230 »		
Nourriture des bêtes.	1.100 «	Brebis..	50 à 18 fr.	1.062 »		
Personnel domestique	1.085 »	Agneaux	40 9	440 »		
Personnel supplémentaire (120 journées à 2 fr...	240 »	Vaches..	3 200	600 »		
Personnel supplémentaire pour la taille (104 journ. à 4 f. 50)	468 »	Veaux...	3 (6)	180 »		
Déchaussage et rechaussage de 60,000 pieds à 6 fr. le 1,000	360 »	Mulets..	4 400	1.600 »		
Engrais chimique supplémentaire	1.000 »	Jeune mulet...	1 400	400 »		
Mise des engrais composts, 60,000 pieds à 12 fr. 50 le 1,000.	750 »	Poulain .	1 400	400 »		
Moissons et battage..	240 »	Jument.	1 200	200 »		
Brebis, 60 à 17 fr. ...	1.020 »	Basse-cour............		250 »		
Soufre, 2,000 à 20 fr.	400 »					
Agents chimiques pour traitement	100 »					
Plâtrage de la vigne..	100 »					
Vendanges, 240,000 à 0 fr. 40......... .	960 »					
Frais de maison	1.900 »					
Frais généraux	410 »					
Intérêts d'un capital de 17,000 fr. à 8 p. 0/0.	1.360 »	Recettes		31.962 »		
Dépenses......	11.747 »	Estimation de la propriété, construction, matériel vinaire et agricole.............		55.000 »		
Doit	23.269 50	Actif........		86.962 »		
Passif...	35.016 50	Passif.......		35.016 50		
		Avoir bénéfice net ..		51.945 50		

Ces chiffres sont assez éloquents pour engager les colons anciens et nouveaux à créer des plantations de vigne.

Il résulte en effet :

1° Que le produit de la culture de la vigne combinée aux autres cultures est, à conditions égales de travail, infiniment supérieur au produit fourni par les céréales seules ;

2° Que les rendements de la vigne en Algérie sont à peu près constants malgré les influences climatériques ;

3° Que ces rendements progressent chaque année de la façon la plus rapide, lorsque l'exploitation est dirigée par un viticulteur soigneux et *éclairé*.

J'ajoute que la vigne en vieillissant donnera chaque année des vins meilleurs et d'une conservation plus certaine.

Une dernière observation :

On pourrait croire que j'ai exagéré les prix de vente du vin à 16 francs l'hectolitre. J'ai la conviction d'être resté dans les limites de la vérité. A l'heure où j'écris, notre production est assez connue, assez appréciée, pour qu'un viticulteur sachant son métier puisse tirer seize francs au moins en moyenne de l'hectolitre.

Peut-être trouvera-t-on que le taux de l'intérêt est trop élevé. Ce serait une erreur de croire le contraire dans la pratique de notre colonie. Ici comme dans toutes les colonies françaises et étrangères, ce taux est considéré comme très praticable par les colons sérieux qui exécutent les travaux du sol. En l'état de notre genre de crédit, c'est presque toujours un intermédiaire qui ouvre le crédit aux colons.

DEUXIÈME PARTIE

ORIGINE DE LA VIGNE

ÉTUDE CLIMATÉRIQUE

SOMMAIRE

1° *Les vignes sauvages.*

2° *Combinaisons des latitudes avec les altitudes.*

3° *Régions particulièrement favorisées.*

4° *Limite des variations de température en Algérie et en Tunisie.* — **Le gel** *et la gelée blanche.*

5° *L'action du climat, étudiée mois par mois.*

6° *Le siroco.*

7° *Résumé.*

DEUXIÈME PARTIE

---

§ I

Les vignes sauvages.

En remontant très haut dans l'antiquité et en prenant historiquement comme point de départ les lignes consacrées par Ovide, dans ses *Métamorphoses*, aux qualités gaies et divines du raisin, on peut sans crainte de contradiction affirmer que la culture de la vigne était connue et pratiquée déjà par les Romains.

Selon d'autres auteurs, l'introduction de cette culture en Grèce, en Sicile, en Italie, en Provence, etc., serait due aux Phéniciens ; mais aucune preuve convaincante ne peut venir appuyer cette assertion, aussi prématurée que la fiction du « malheur » arrivé à notre bon sauveur Noé — juste après le Déluge.

Il est cependant un fait acquis et auquel chaque jour apporte une consécration nouvelle, fait matériel, palpable, qui étonne quelque peu nos viticulteurs, c'est que la vigne, depuis un temps immémorial, croît spontanément et sans travail dans l'Afrique du Nord, en profusion telle que l'on pourrait par là-même voir une prédestination toute spéciale du terrain à cette culture éminemment productive. Le touriste ou le colon seront frappés de la vigueur étonnante de ces ceps vierges qui affectionnent les terres d'alluvions, — telles que le Sahel africain et tunisien, les flancs de l'Atlas, les pentes de l'Aurès, les gorges de la Chiffa, le Dahara, les massifs de la Kabylie, les parties élevées du Djebel-Amour, etc., — enserrent en leurs replis tortueux les troncs d'arbres vigoureux, s'élançant jusqu'à leur cime qu'ils couvrent de pampres et de fruits.

A vrai dire, ces arbustes sauvages n'ont pour la plupart produit que des fruits âpres au goût, aux grains petits et concentrés.

Une culture intelligente et bien comprise aurait pu amener de sérieux résultats ; mais aujourd'hui, les espèces et les races primordiales ont disparu avec le temps, et il est rare de trouver dans nos nouveaux cépages les caractères de rusticité qui mettaient nos vignobles à l'abri des atteintes des maladies qui déciment aujourd'hui nos plus belles plantations.

Les cépages indigènes, résistants et fortement constitués offrent certainement une garantie, mais leurs produits sont nuls et non commerciables: il importe donc de savoir mélanger les races, de les amalgamer, d'en faire un tout neuf, résistant qui puisse braver les attaques du phylloxera. — Les autres maladies ou affections de la vigne, tels que l'oïdium, l'antrachnose, le mildew, l'invasion des altises sont étudiées en cet ouvrage d'une façon assez complète, pour permettre au viticulteur avisé de se rendre compte par lui-même de l'opportunité des conseils émis en nos chapitres suivants.

§ II

Comparaison entre altitudes et les latitudes.

Nous avons déjà dit que la vigne peut être cultivée depuis le 33ᵉ degré de latitude Nord jusqu'au 50ᵉ sur une zone dont la largeur est de 17°, à raison de 100 kilomètres au degré soit 1,700 kilomètres.

Mais il est évident que tous les points de cette immense étendue ne sont pas également favorables à la viticulture. Loin de là. Il faut qu'il existe un certain rapport, une balance, un équilibre entre le degré de l'*altitude* du lieu où l'on veut planter la vigne et l'*altitude* du même lieu, c'est-à-dire entre son éloignement de l'équateur et son élévation au-dessus du niveau de la mer.

Les données du problème varient considérablement suivant la combinaison de ces deux éléments.

Ainsi, au 50ᵉ degré N.-E. de l'Europe, qui est le point extrême de la végétation fructifère de la vigne, on ne peut songer à cultiver le précieux arbuste qu'à une altitude inférieure à 200 mètres au-dessus du niveau de la mer et a l'exposition sud. Encore la vigne dans cette situation ne donne-t-elle que des fruits aigrelets et acides qui parviennent rarement à maturité.

A une altitude supérieure à 200 mètres, ou même en dehors de l'exposition sud, une vigne plantée par le 50ᵉ degré serait condamnée a périr

Notons cependant, pour mémoire, que d'après certains historiens, les Romains auraient bu du vin récolté en Angleterre. Le fait, s'il était prouvé — ce qui n'est pas — prouverait simplement que les conditions climatériques de l'Angleterre ont changé depuis les Romains, car ce n'est pas à tort qu'un chansonnier populaire a dit dans un de ses gais refrains : « Ils n'en ont pas.... ils n'en ont pas.... en Angleterre ! »

Si maintenant nous descendons vers le Sud, en nous rapprochant de l'équateur par un saut brusque de 20 degrés, nous arrivons encore à des résultats nuls. Par le 30ᵉ degré et dans un terrain situé à 100 mètres d'altitude, la vigne se couvre d'une végétation luxuriante, mais elle ne donne que des fruits rares et chétifs. Excès de chaleur.

Plantée au contraire sous la même latitude, mais à une altitude de 800 à 1,500 mètres et à l'exposition Nord, la vigne donne des fruits aux grains durs, au jus concentré, qui ne sont pas sans mérite, mais dont la transformation en vin présente beaucoup de difficultés, surtout s'il s'agit de raisins rouges. Les raisins blancs eux-mêmes donnent un produit dont la clarification est d'une extrême lenteur.

§ III

Régions particulièrement favorisées.

Sur toute l'étendue de l'Algérie, de la Tunisie et du Maroc, à partir des bords de la mer jusqu'au 33ᵉ degré de latitude et depuis 5 mètres d'altitude jusqu'à des hauteurs de 1,500 mètres par le 37ᵉ degré et depuis 800 mètres d'altitude jusqu'à des hauteurs de 2,000 mètres par le 33ᵉ degré, on peut obtenir des vins blancs et rouges.

Je ne crains pas d'ajouter que les neuf dixièmes des vins blancs récoltés sont de qualité supérieure.

Quant aux vins rouges, la limite extrême se trouve (dans les conditions de latitude les plus larges) vers le 34ᵉ degré, soit le massif de Djebel-Amour.

En résumé, on peut considérer comme exceptionnellement favorables pour la création des vignobles les deux tiers au moins de l'Algérie et de la Tunisie, c'est-à-dire l'immense territoire qui s'étend du littoral méditerranéen au nord jusqu'à la ligne qui part du 34ᵉ degré, traverse les hauteurs du Djebel-Amour et aboutit en Tunisie par le 35ᵉ degré.

§ IV

Limite des variations de température en Algérie et en Tunisie.
Le gel et la gelée blanche.

Nous ne saurions trop le répéter, l'Algérie et la Tunisie présentent en raison de leur température respective des conditions bien supérieures à celles que peuvent offrir les régions les plus privilégiées du midi de l'Europe pour la propagation de la vigne. Il n'existe pas en Algérie d'hivers rigoureux ; le cycle seul poursuit sa course de chaque année, éprouvant les régions froides et par contre nous favorisant de tout son pouvoir.

Le thermomètre, en effet, ne descend jamais au-dessous de 0°. Et cet abaissement ne se produit qu'à une certaine altitude, à proximité des sommets des plus hautes montagnes couvertes de neige.

Dans ces conditions mêmes, la dépression thermométrique ne dure qu'un instant ; le froid disparaît au lever du soleil.

Le gel proprement dit est inconnu en Algérie et en Tunisie dans les limites que nous avons indiquées.

Le viticulteur n'a donc affaire qu'à la gelée blanche, — et encore faut-il, pour que ce phénomène se produise, un concours de circonstances atmosphériques rares. Le rafraîchissement du sol par suite du rayonnement nocturne est insuffisant pour donner chez nous naissance a la gelée blanche, s'il n'est aidé dans son œuvre néfaste par le voisinage presque immédiat de la neige.

Or, si l'on veut bien remarquer que dans les années ordinaires toutes les neiges (sauf celles du Djurdjura supérieur) ont disparu bien avant l'époque où la vigne commence à bourgeonner, on se rendra facilement compte de l'extrême rareté des cas dans lesquels la gelée blanche a pu compromettre la récolte.

Les deux faits de gelées tardives que j'ai cités plus haut sont les seuls qui depuis la conquête aient été constatés sur les mamelons et les versants du Sahel, et les plus vieux indigènes interrogés ont déclaré alors que, de mémoire d'homme, on n'avait vu pareil phénomène.

Un cas aussi exceptionnel n'est donc pas de nature à décourager le vigneron et ne saurait prévaloir contre le fait général qui peut se formuler ainsi :

« *La vigne ne gèle point en Algérie et en Tunisie* ».

§ V

Étude climatérique étudiée mois par mois.

Les cas de gelée blanche étant hors de cause puisqu'ils n'existent pas, la vigne n'a plus à craindre que les atteintes du siroco pour se développer et donner, sous les bienfaisants rayons de notre chaud soleil, une récolte productive et abondante. Nous examinerons dans un chapitre suivant les conséquences possibles qui peuvent résulter d'une visite du siroco — l'extrême opposé du gel.

Avril. — Ce mois est ordinairement marqué en Algérie et en Tunisie par de petites pluies bienfaisantes qui, pénétrant doucement le sol, s'infiltrent jusqu'aux racines sans les noyer par un excès d'humidité, et favorisent ainsi la végétation dans des proportions que ne connaissent pas les plus beaux pays d'Europe. Toutes les plantes se développent dans l'Afrique française, sous l'action du printemps, avec une vigueur, une richesse, une exubérance de végétation qu'on ne se lasse point d'admirer. Cet effort de la nature en avril se fait naturellement sentir sur la vigne, car si le précieux arbuste est plus délicat que beaucoup d'autres végétaux, il est également plus sensible et plus prompt à recevoir de la terre et des conditions atmosphériques la vie et la force qu'elles peuvent lui donner.

Mai. — Il est rare que le mois de mai, surtout depuis quelques années, ne soit pas, lui aussi, favorisé de quelques pluies fines. C'est tout bénéfice pour le viticulteur.

Juin. — Ce mois amène quelquefois des vents d'Est ; cependant, sous l'influence de courants particuliers, ces vents sont trop faibles pour causer des dégâts sérieux.

Juillet. — En règle générale, le mois de juillet est assez chaud pour avancer sur tous les points la maturité du raisin. Dans beaucoup de localités même, le raisin — s'il est bien exposé — peut arriver, à la fin de ce mois, à l'état de maturité complète. Il reste entendu que nous parlons de variétés précoces.

Août. — La vendange commence près du littoral et le raisin achève de mûrir sous l'action de la chaleur.

Remarquons en passant que dans la plus grande partie de l'Afrique française la température, en août, est loin d'atteindre les chiffres excessifs que lui suppose l'imagination des habitants du Nord. Elle varie en général de 23° à 35° et s'élève rarement jusqu'à 37° à l'ombre.

Septembre. — La température s'abaisse par degrés et les pluies d'automne commencent. Pas assez toutefois pour empêcher ou gêner les vendanges qui s'effectuent ordinairement en plaine ou en demi-montagne dans le cours de ce mois.

Octobre. — C'est en octobre seulement que la vendange se fait dans les régions montagneuses et froides. C'est à la même époque que des pluies plus abondantes viennent partout régénérer le sol et faciliter les travaux des champs.

Il nous reste à parler du siroco. Depuis l'extension des cultures en Algérie le siroco est devenu assez rare, pour que nous n'ayons pas cru devoir mentionner ses apparitions possibles dans l'aperçu de calendrier viticole dont nous venons d'esquisser les grandes lignes. Nous avons préféré lui consacrer un paragraphe particulier, comme il convient à un phénomène assez rare aujourd'hui pour qu'on puisse le considérer comme une exception, et qui deviendra de plus en plus rare, au fur et à mesure des progrès de la culture et des plantations sur les hauts-plateaux.

§ VI

Le siroco.

C'est en juillet que le siroco — sous le bénéfice des réserves que nous venons de faire et qui réduisent ses ravages à leurs justes proportions — c'est en juillet, dis-je, que le siroco commence à souffler dans certaines parties de l'Algérie et de la Tunisie.

Ses apparitions dans ce mois sont plus rares et plus courtes que dans le mois suivant. Il dure quelques heures dans sa force moyenne et, remarque importante pour nous, il ne cause pas alors un préjudice aussi considérable que dans le mois d'août aux vignes, surtout si ces dernières sont bien cultivées et garnies de feuilles : l'évaporation du sol fait équilibre à la sécheresse de l'atmosphère.

Même observation pour le mois d'août, pendant lequel on signale quelquefois un coup de siroco assez chaud. Il est à cette époque (ainsi que nous l'avons fait remarquer) dangereux pour le fruit qui finit de mûrir en coteau ou en terre sèche en plaine, si toutefois la vigne n'a pas été cultivée convenablement.

Le siroco se montre rarement en septembre mais l'abaissement de la température normale à cette époque, la diminution des jours, et le retour de l'humidité par suite du rayonnement nocturne combattent les effets du vent chaud et l'empêchent de causer un ravage sérieux aux vignes.

— Rappelons en terminant que le siroco, en Algérie et en Tunisie, diminue chaque année d'intensité et de fréquence. Cette diminution, due à l'accroissement des plantations et des cultures est tellement sensible et en même temps si rapide, qu'il est évidemment possible dès maintenant de prévoir le moment où les apparitions du vent chaud dans l'Afrique française, seront pour le viticulteur un incident à peu près négligeable.

§ VII

Résumé

Saisons de production du raisin dans l'Afrique du Nord

En résumé, depuis le premier juin de chaque année jusqu'au 30 février de l'année suivante, on peut obtenir des raisins en Algérie, en Tunisie et au Maroc, en pleine terre et en montagne.

Il n'existe pas de région au monde aussi favorisée.

Quoi d'étonnant, si de leur temps déjà, Cotumelle et Pline signalèrent comme ils l'ont fait dans tous leurs écrits, les vignes de l'Algérie, de la Tunisie et du Maroc, comme exceptionnellement fertiles et s'ils assignaient la première place à leurs produits, comme qualité et comme quantité ?

CHAPITRE TROISIÈME

SOMMAIRE

§ 1

Situation.

Le choix d'un emplacement favorable est la première préoccupation qui s'impose à l'homme réfléchi pour toute entreprise agricole projetée. A plus forte raison ce choix présente-t-il une importance exceptionnelle quand il s'agit de viticulture. La vigne est, en effet, ainsi que nous aurons souvent occasion de le répéter, un arbuste délicat, prompt à subir toutes les impressions du climat, de l'atmosphère et du milieu. Son produit, très rémunérateur dans des conditions bien combinées, exposerait à des déceptions le propriétaire qui aurait choisi son terrain sans consulter les données de l'expérience.

Le viticulteur n'est malheureusement pas toujours libre, en France, de choisir le point sur lequel il se propose de créer un vignoble.

Il n'en est pas de même en Algérie et en Tunisie.

Lorsqu'un émigrant de France vient s'installer parmi nous, il est évident qu'il lui est facile de s'entourer, avant toute chose, des renseignements qui lui permettront de faire un choix éclairé et judicieux.

D'un autre côté, les cultivateurs qui habitent déjà l'Afrique française sont souvent amenés à transformer en vignoble une partie des terres qu'ils exploitent. C'est là une tendance que nous ne saurions blâmer, puisque nous avons établi dans notre premier chapitre que « *la culture de la vigne présente en Algérie comme en Tunisie, des avantages considérables sur la culture des céréales et sur les cultures diverses* ».

Mais, pour les émigrants qui viennent faire ici de la viticulture comptant avec raison sur le climat, aussi bien que pour les algériens qui veulent à leur tour planter de la vigne et profiter des résultats obtenus par ceux qui les ont devancés dans cette fructueuse initiative, il est nécessaire autant que facile d'être fixé à l'avance sur les conditions — spéciales au pays — qui peuvent exercer une influence dans cette importante question de l'emplacement à choisir.

Dans l'intérêt des uns comme des autres, nous allons résumer en quelques lignes des conseils dictés par une longue expérience personnelle.

§ II

Emplacement à écarter. — Le Haut-Djurdjura.

Nous ne voyons guère que les plus hauts sommets du Djurdjura, ceux dont l'altitude atteint 2,000 mètres entre le 35° à 37° qui soient à écarter absolument et à *priori*. La floraison, dans ces régions alpestres serait trop souvent atteinte par les gelées tardives et la spéculation qui consisterait à vouloir y faire du vin serait très probablement malheureuse.

Mais il y a, même dans ces contrées, une branche de travail agricole qui serait certainement très rémunératrice, c'est l'arboriculture fruitière.

Rien de plus facile et rien de plus avantageux, que d'acclimater dans le haut Djurdjura et sur les points similaires, les principales essences pomologiques du midi, et même du centre et de l'ouest de la France, telles que les pommiers, les cerisiers, les marronniers, les poiriers, les pruniers, les groseillers, etc.

On peut dire, sans craindre aucune contestation, que ces fruits qui manquent sur une grande partie de l'Afrique française — pommes et poires, prunes et cerises, marrons et groseilles — seraient assurés d'un facile écoulement sur les divers marchés de l'Algérie et de la Tunisie. Ils pourraient même donner lieu plus tard à un important commerce d'exportation.

§ III

Arboriculture et raisins secs. — Raisins kabyles.

Signalons ici en passant tout le profit que nos agriculteurs pourraient tirer de l'exportation sur une grande échelle des fruits secs et particulièrement des figues, prunes sèches et raisins.

Pour peu que l'on ait soin de choisir des variétés hâtives, notre soleil se chargerait parfaitement non-seulement de mûrir, mais encore de sécher ces fruits sans le secours d'étuve et de fabriquer ainsi, sans frais et en leur donnant un arôme particulièrement délicat, les pruneaux et les figues sèches. C'est ce qui se fait déjà en *Corse* où certains cantons produisent des *pruneaux naturels* séchés sur l'arbre, excessivement recherchés des gourmets.

A plus forte raison les spéculations de ce genre seraient assurées en Algérie d'un succès complet.

L'exportation des raisins secs pourrait surtout être menée de front avec celle de nos vins. — Une grande partie des emplacements que j'ai signalés plus haut comme à écarter à cause de leur altitude, pourrait être utilisée à ce point de vue. Tous ceux qui ont visité l'Algérie connaissent les raisins kabyles. — Nous y reviendrons. — Constatons seulement une fois de plus que cette production à des altitudes considérables et de temps immémorial, prouve que les terrains à écarter définitivement pour le vigneron algérien sont en très petite proportion, comparés à l'immense étendue des territoires qui promettent à ses efforts la plus lucrative compensation.

Les variétés que cultivent les Kabyles et qui résistent assez bien aux gelées tardives pour leur permettre d'apporter sur nos marchés, jusque dans l'arrière-saison, des raisins suffisamment mûrs, paraissent être des variétés indigènes et *autochtones*. En supposant même qu'elles aient été importées — les Romains n'importaient pas, ils exportaient — ces vignes se sont acclimatées au point de présenter des caractères différents de ceux que nous offrent les cépages d'Europe.

§ IV

Cépages du Sud. — Caractères spéciaux.
Leur résistance.

Si les variétés particulières à la Kabylie semblent plus robustes de naissance pour ainsi dire — et mieux en état de résister aux gelées tardives que leurs similaires — il existe en revanche, dans le sud de l'Algérie, des variétés qui paraissent douées de la propriété contraire, celle de résister à la chaleur.

C'est ainsi qu'en 1887, j'ai pu constater moi-même, au cours d'une exploration dans le sud oranais, à Tiout, que l'extrême chaleur exerçait sur les raisins particuliers à ces localités, une action moins fâcheuse qu'on ne l'aurait cru. Elle rend, il est vrai, la pellicule plus épaisse et plus dure et le grain est moins juteux, moins sucré. Toutefois le raisin est encore mangeable ; certaines variétés blanches peuvent même être consommées comme raisins de table.

A côté de ces raisins blancs, je remarquai plusieurs pieds à grains rouges, dont les fruits présentaient, dans leur évolution vers leur maturité relative, une particularité assez curieuse pour que je croie devoir la signaler. La partie de ces grains qui est exposée à la lumière reste pâle et ne mûrit pas, celle au contraire qui est abritée par les feuilles et soustraite par conséquent a l'action excessive du soleil, mûrit sensiblement mieux. Il serait toutefois impossible de faire de bon vin avec ce raisin, puisque presque toujours un côté seul de la grappe arrive à une maturité complète.

Une observation encore. Dans les régions de l'extrême sud que j'ai visitées, j'ai remarqué que les raisins mûris entre 1,200 et 1,500 mètres d'altitude (par le 33ᵉ degré de latitude environ) sont d'un goût plus relevé, à terrains égaux, que ceux qui mûrissent à une altitude inférieure. Il y a donc intérêt à donner la préférence aux altitudes élevées dans ces régions. Non-seulement les fruits y sont meilleurs, mais encore le viticulteur est mieux garanti contre les gelées blanches dans la saison printanière et contre les ardeurs excessives du soleil en été.

§ V

Les Hauts-Plateaux.

En règle générale, les *hauts-plateaux*, qui sont voisins des régions du sud dont je viens de parler, sont peu propres à la culture rationnelle de la vigne.

Ils offrent en effet, comme les bas-fonds et les vallées du Tell, un assez grave danger en ce sens qu'ils sont exposés aux *gelées tardives*. Il n'est pas rare d'y voir le bourgeon, sous l'influence d'un abaissement de température subit, s'étioler et disparaître.

Cependant les hauts-plateaux ne sont pas à écarter absolument comme emplacement pour des vignobles à créer dans l'avenir.

Dans un délai peut-être assez rapproché, — grâce aux grands travaux publics déjà en cours d'exécution, et surtout grâce à ceux qui sont projetés ou même ordonnés dès à présent — les communications deviendront plus faciles avec ces régions qui prolongent, en Algérie, en Tunisie et au Maroc leurs espaces immenses et incultes, à peine recouverts d'alfa et d'une végétation chétive. On pourra alors essayer de véritables cultures sur ces terrains qui forment une ligne de démarcation entre le *Tell* proprement dit et le *Désert*.

Leur nature silico-calcaire les rendra, il est vrai, toujours impropres aux emblavements directs. Mais l'expérience a démontré qu'ils ne sont pas rebelles à toute amélioration et que les travaux de culture suffisamment profonds, transformeraient vite cette nature ingrate.

La végétation malingre qu'on y rencontre seule aujourd'hui, à côté de l'alfa, ferait place, rapidement, à des plantations sérieuses d'essences appropriées, disposées par rangées, comme des remparts contre les vents du *désert*. De pareils travaux auraient le triple avantage de modifier la nature du sol, d'arrêter l'envahissement toujours croissant des sables du Sahara et enfin de ménager pour toutes les cultures, une réserve de territoires encore vierges et beaucoup moins pauvres que ceux de telle ou telle région de France, en Auvergne par exemple, dont un travail acharné a su tirer parti.

On pourra même alors tenter sur les hauts-plateaux la culture des cépages blancs.

Je suis convaincu de ne pas trop m'avancer en annonçant à ces vins une ressemblance étonnante de goût à ceux de Madère.

En effet, dans le groupe d'îles qui portent ce nom, les principaux cépages (Pedro-Ximénès, Verdelho, Mourisco blanc, etc.) sont cultivés à une altitude variant de 400 jusqu'à 900 mètres. Il est vrai que les terrains complantés en vigne se trouvent dans le voisinage immédiat de la mer, qui joue le rôle de modérateur dans les alternatives des températures et dans les diverses variétés des climats.

Encore un mot :

La disposition du sol dans les hauts-plateaux n'est pas sans analogie avec celle qu'on remarque dans le groupe des îles de Madère. Les terrains dont je parle se composent en effet d'une succession de crêtes aplaties qui constituent des surfaces considérables propices au développement de la vigne. La terre végétale y est plus profonde qu'on ne le croirait, d'après ce que nous avons dit plus haut sur les chétifs produits actuels. L'épaisseur de la couche arable est quelquefois supérieure à celle de certains coteaux du Tell.

En résumé, on peut espérer que des efforts intelligents parviendront à acclimater la vigne, au moins sur certains points des hauts-plateaux.

Ce qui le prouve c'est que déjà des vignes ont été plantées à Aïn-el-Hadjar, à Géryville et à Aïn-Sefra et qu'elles ont produit des vins rouges marquant 14 à 15 degrés d'alcool.

§ VI

Les courants marins. — Le littoral. — Les ravins exposés aux vents de mer.

Le voisinage de la mer a ses avantages — à Madère par exemple, comme nous l'avons dit dans le précédent chapitre — et il est telle circonstance où les grands déplacements d'air atmosphériques, provenant de ce voisinage plus ou moins prochain, peuvent devenir pour le viticulteur une source de mécompte.

Aussi autant que possible, en Algérie comme en Tunisie, il convient d'éviter pour créer des plantations de vigne, les vallées étroites, les gorges et les enfoncements de terrains qui correspondent à des anfractuosités géologiques et qui, par suite, ouvrent une communication aux courants marins, aux grands vents du littoral.

Les ravins, ainsi orientés, présentent un passage facile aux orages, et il suffit d'une tempête en mer pour que les vignes plantées dans ces vallées en ressentent l'influence de la manière la plus fâcheuse. Le lendemain de ces coups de vent, le vigneron constate à son grand chagrin qu'un grand nombre de jeunes pousses ont été brisées et que des rameaux entiers chargés de jeunes fruits ont été arrachés. J'ajoute que les vents marins sont en général chargés de principes salins qui brûlent les fruits et les feuilles de la vigne.

Des rangées de roseaux plantés à distance égale et formant palissade, constituent la meilleure défense contre les inconvénients que je viens de signaler; c'est un abri qu'il ne faut jamais négliger de donner aux vignes situées dans ces conditions. Mais quand on a le choix de l'emplacement, le plus sage est d'éviter le voisinage du littoral et les vallées dans lesquelles le vent de mer, toujours funeste, s'engouffre en raison de leur situation, avec une facilité désastreuse.

Une aération suffisante — en dehors du parcours des grands courants aériens venus de la mer ou des hauts sommets, — tel est un des objectifs que doit se proposer celui qui recherche un terrain favorable pour l'emplacement d'une vigne à créer en Algérie ou en Tunisie. L'ossature géologique du pays explique l'importance de cette préoccupation en présence du ravage qu'une tourmente de vent peut causer dans une vigne mal placée.

§ VII

Les plaines.

Nous venons de parler des gorges resserrées, vallées étroites, et des ravins communiquant de près ou de loin avec la mer, comme d'emplacements peu favorables, — à écarter autant que possible pour la création de vignobles en Algérie et en Tunisie.

Il existe cependant en Algérie des vallées merveilleusement riches, largement développées et dans lesquelles toute culture est d'avance assurée de réussite.

On les appelle ici conventionnellement les *p'aines*. Ces plaines ne sont en réalité que des vallées, mais elles ont une telle longueur et une telle largeur, un nivellement si soutenu, qu'elles n'ont rien à envier à ces territoires d'Amérique trop vantés et dans lesquels plus d'un Français égaré a rencontré des déceptions qu'il n'aurait pas connues en Algérie.

Citons parmi ces *plaines* de l'Afrique française du Nord : la Mitidja (où la terre après moins d'un demi-siècle s'est déjà vendue plus de mille francs l'hectare) ;

La Medjerda en Tunisie ;

Ce Chéliff et celle de l'Urgine en Algérie, etc.

Les sept dixièmes de ces plaines peuvent être couverts de vignobles, et les résultats obtenus tous les ans par ceux des viticulteurs de la Mitidja qui ont donné les premiers l'exemple prouvent tout ce qu'on peut attendre de la production viticole et vinicole en pays de plaines.

Un seul emplacement est à éviter ; il faut se garder des bas-fonds où les terres sont reconnues « gélives », — où les brouillards sont fréquents et les courants atmosphériques violents. Tout au plus pourrait-on être amené à utiliser ces emplacements si les sites privilégiés manquaient ; mais comme nous l'avons déjà dit, ils ne font pas défaut en Algérie et en Tunisie. Il ne s'agit que de savoir les choisir.

§ VIII

Les coteaux. — Les « Sahel ».

Après ces grandes belles plaines que nous venons de nommer, la préférence pour le choix de l'emplacement d'un vignoble à créer en Algérie ou en Tunisie doit être donnée aux terrains en coteaux, à ce que nous appelons ici les « Sahel ».

On peut, à la rigueur, considérer comme *Sahel* les *contreforts* mamelonnés ou parties déclives qui se détachent des arêtes des hauts-plateaux en se dirigeant vers le Tell. Ces contreforts sont généralement séparés de l'Atlas par de petites vallées très fertiles. Les contreforts de l'Atlas sont formés comme les *Sahel* d'excellentes terres végétales où la vigne croît à merveille.

Nous citerons dans la zone des contreforts des hauts-plateaux Mascara et Tlemcen.

La ligne idéale sur laquelle sont situés les vignobles les plus renommés (et ceux auxquels l'avenir ménage une réputation égale) prend naissance à Sebdou, passe entre Saïda et Aïn-el-Adjar, atteint ensuite et traverse le Hodna et Tebessa, et enfin descend en Tunisie vers Kairouan à Sousse, quoique nous n'ayons pas la prétention de conseiller tels ou tels emplacements de vignobles à l'*exclusion* de tous les autres. Le lecteur nous permettra d'appeler particulièrement son attention sur ces contrées où un climat tempéré, un sol riche, des voies de communications déjà nombreuses, des chemins de fer, etc., assurent à la viticulture des ressources toutes prêtes et un avenir exceptionnel. Ce ne sont certes pas là des facteurs négligeables. C'est sur ces coteaux — que nous désignons sous le nom de *Sahel*, soit en Algérie, soit en Tunisie, — ainsi que sur les points qui relient ces *Sahel* au Tell, qu'on rencontre ces vignes séculaires dont les proportions font l'étonnement des voyageurs. Grâce au ressuiement du sol, les fruits arrivent à complète maturité dans ces régions; toutefois cette maturité est ordinairement en retard de 25 à 30 jours sur le raisin du littoral.

§ IX

Les pentes diverses. — Résultats de la déclivité plus ou moins grande. — Banquettes ou terrasses.

C'est ici le lieu de placer nos observations personnelles sur les effets des pentes plus ou moins prononcées entre le Tell et les « Sahel », et entre les « Sahel » et les Hauts-Plateaux, pour ce qui concerne les produits de la vigne.

Règle générale :

Les pentes rapides produisent des vins plus foncés en couleur et plus riches en alcool que les pentes d'inclinaison moindre, mais ces derniers donnent des rendements supérieurs comme quantité, s'ils valent moins comme qualité. — A nature égale de terrain, il y a à peu près compensation entre la finesse des vins récoltés en coteaux très déclives et la quantité de ceux qu'on recueille sur des pentes plus douces.

Pour les terrains tout à fait abrupts et peu déclives, on est quelquefois contraint de construire des banquettes en forme de terrasse, disposées les unes au-dessus des autres, en manière d'étages; ces banquettes doivent alors être soutenues par de petits murs de pierres sèches, entre lesquels s'écoulent le surcroît d'humidité des terres.

Cette disposition, qui est fréquemment pratiquée dans les montagnes de l'Ardèche et dans une partie des vignobles français des basses et hautes Pyrénées, nécessite beaucoup de main-d'œuvre, une construction première souvent coûteuse et des réparations fréquentes.

Aussi n'est-elle vraiment pratique que dans les pays moins favorisés que le nôtre, où les emplacements facilement accessibles abondent de toutes parts.

Dans les plaines de l'Afrique française du Nord, les pentes en général ne dépassent point 1 à 2 centimètres.

Ce sont là des conditions excellentes pour le transport des fumiers, etc., car l'exploitation des vignobles y permet l'emploi des animaux et de tout autre moyen de traction, ce qui est beaucoup plus avantageux que les transports à dos d'animaux ou d'hommes, auxquels il faut nécessairement recourir dans une grande partie des vignobles de France.

Ces pentes exceptionnellement douces permettent aussi dans l'avenir, en Algérie et en Tunisie, l'emploi des machines, bien plus économiques que les *manœuvres piocheurs*, surtout dans nos pays où la main-d'œuvre de l'homme est toujours chère, où elle offre peu de garanties pour la bonté du travail, et où même quelquefois les bras font défaut.

§ X

Résumé.

Il résulte des considérations très détaillées que nous venons d'exposer qu'en résumé :

1° En Algérie et en Tunisie, il existe infiniment peu de terrains qu'il faille exclure *à priori* et d'emblée, quand il s'agit de créer un vignoble dans des conditions d'avenir — ou de transformer une terre quelconque en terre à vignes dans des conditions suffisamment rémunératrices. Sauf des exceptions qui peuvent être regardées comme des « *quantités négligeables* », toutes les terres de l'Afrique française du Nord peuvent produire du vin, aussi bien rouge que blanc. Les efforts aussi bien que les dépenses sont alors proportionnés aux situations et aux emplacements choisis.

2° Dans les sites montagneux ou à mi-côte, les vins seront généralement supérieurs comme qualité, finesse, arome et degré alcoolique.

En plaine ou sur les versants très peu déclives, la qualité sera moins remarquable, mais la quantité sera le plus souvent supérieure.

C'est donc au viticulteur intelligent et bien renseigné qu'il appartiendra de tirer parti le mieux possible de son terrain, et peut-être arrivera-t-il à découvrir ou même à créer des crûs nouveaux qui prendront place plus tard a côté de ceux qui ont déjà valu à l'Algérie et à la Tunisie viticole une réputation hors ligne.

N'a-t-on pas déjà trouvé à Guyotville, Staouéli, à Aïn-Taya, etc., telle situation spéciale — et j'oserai dire unique au monde — qui produit les *raisins primeurs* dès les premiers jours de juin ?

N'existe-t-il pas, d'autre part, aux plus hautes altitudes, des vignes kabyles où les indigènes obtiennent des raisins *tardifs* jusqu'à fin février ?

Ainsi, l'écart dans l'Afrique française du Nord, entre les derniers produits d'une récolte de vigne et les premiers produits de la récolte suivante est de 85 à 90 jours seulement. Jusqu'à la fin de février, on cueille encore des raisins tardifs en Kabylie, et dès les premiers jours de juin on cueille déjà des raisins précoces sur le littoral.

Nul pays au monde ne saurait donner jusqu'à présent une production aussi suivie, aussi étonnante et aussi rémunératrice.

CHAPITRE QUATRIÈME

GÉOGRAPHIE VITICOLE
ALTITUDES EXTRÊMES DE LA CULTURE DE LA VIGNE
RESSOURCES SPÉCIALES A L'AFRIQUE FRANÇAISE

SOMMAIRE

RECOMMANDATIONS GÉNÉRALES

Nous avons déjà dit que les plaines dont l'altitude est basse et qui sont situées à peu de distance de la mer sont moins visitées par les gelées blanches que celles situées à une distance plus éloignée.

C'est vers la mi-avril que ce phénomène meurtrier apparaît, au moment même du débourrement et qu'il brûle les raisins, encore en espérance.

Voici à cet égard, quelques principes, — quelques *lois*, pour mieux dire, — que je recommande à toute l'attention des viticulteurs.

§ I

Effets des gelées blanches sur la taille.

Les gelées blanches sont d'autant plus funestes à la végétation des jeunes rameaux *qu'ils ont été taillés* PLUS PRÈS DU SOL *et que ce dernier est plus humide*.

§ II

Sensibilité des divers plants aux gelées blanches.
Plants kabyles.

Les plants les plus sensibles à l'action de l'abaissement subit de la température peuvent être classés ainsi qu'il suit, en allant des plus délicats aux plus robustes :

1° L'Alicante, l'Aramon, les Terrets et les Gamays ;

2° Les Carignans, le Malbec, le Cabernet, les Muscats et l'Ugni blanc ;

3° Le Cinsaut, l'Œillade, le Mourvèdre ou Espar, le Morastel, la Clairette, l'Aïn-el-Kelb et le Farana, et tous les plants kabyles.

Comme on le voit par cette sorte d'échelle, les plants qui résistent le mieux aux gelées blanches, ceux de la 3ᵉ série comprennent des plants *spéciaux* à l'Algérie, des plants *autochtones*, ou acclimatés chez nous depuis des siècles, qui sont les plants kabyles.

Si le lecteur a bien voulu suivre attentivement ce que nous avons écrit déjà sur les diverses régions de l'Afrique française du Nord, il ne sera pas surpris de voir attribuer aux plants kabyles un avantage si précieux.

Il résulte également de nos observations personnelles que les plants énumérés dans la première série ci-dessus, comme les plus sensibles à la gelée possèdent, en revanche, le privilège de pouvoir, après une petite gelée blanche, refaire des bourgeons fructifères.

C'est l'Aramon surtout qui jouit de cette propriété précieuse. Viennent ensuite, pour l'aptitude à refaire quelques bourgeons fructifères, le Gamays et dans la seconde série ci-dessus, l'Ugni blanc; les Terrets qui appartiennent à la première série, peuvent être classés immédiatement après l'Ugni blanc pour la facilité de fructification nouvelle à la suite de petites gelées.

§ III

Influence exercée par le voisinage du sol dans les ravages causés par les gelées blanches. — Les ceps séculaires d'Aïn-el-Keb. — La culture de la vigne en hauteur. — Faits à l'appui.

Nous avons formulé dans le premier § de ce chapitre le principe en vertu duquel *la taille* plus ou moins rapprochée du sol, influe considérablement sur les effets de la gelée.

Ce principe résulte pour nous d'une loi plus générale encore, que l'expérience nous permet d'établir d'une façon absolument mathématique et que voici :

Les effets fâcheux d'un abaissement subit de température vont en décroissant au fur et à mesure que la distance est plus grande entre le raisin et le sol. et — vice-versa —, ces effets sont plus intenses en raison d'une plus grande proximité d'un voisinage plus immédiat, entre le sol et les fruits de la vigne.

C'est en parcourant nous-même le massif du Djurdjura habité par les kabyles, — producteurs de raisins depuis des siècles, — qu'il nous a été donné de faire ces constatations dont l'intérêt n'échappera à personne, surtout aux viticulteurs auxquels s'adresse spécialement ce travail.

Il s'agissait pour nous d'étudier le mode de plantation employé par les kabyles. — Nous sommes de ceux qui, tout en étant les ennemis déclarés de la routine ennemie du progrès, faisons cependant le plus grand cas de la tradition et des enseignements du passé en tant qu'ils peuvent éclairer la marche de l'avenir.

Les sujets qui servirent alors de base à nos études étaient des ceps âgés de plusieurs siècles et situés à une altitude de 1,200 mètres environ sur le territoire du Djurdjura.

Ces ceps, une des plus merveilleuses curiosités de la nature dans l'Afrique française du Nord, enveloppent des chênes, des ormes qui leur servent de tuteurs naturels, et. grâce à ces appuis, s'élèvent à une hauteur phénoménale.

J'ai trouvé, sur ces vignes gigantesques, des grappes de raisins à douze mètres et plus de hauteur.

Et voici le point sur lequel je veux appeler l'attention :

Ces raisins ne sont jamais atteints par les gelées tardives, tandis qu'au-dessous d'eux les vignes basses gèlent souvent, fait qui n'a rien d'anormal à des altitudes pareilles et qui confirme même ce que nous avons dit plus haut sur les emplacements à écarter pour les vignobles destinés à produire du vin.

Ce qu'il faut retenir de ces faits caractéristiques, c'est la confirmation de la loi formulée plus haut sur l'immunité acquise, vis-à-vis de la gelée, *aux vignes éloignées du sol*

La culture de la *vigne en hauteur*, aux altitudes même les plus ingrates, est appelée à jouer un rôle important en Algérie. Les récoltes sont, sans doute, plus modestes dans ces conditions, mais elles sont encore assez rémunératrices, surtout si le principal objectif est la production du raisin de table.

Quand on voit, pendant tout l'hiver, nos marchés recevoir des raisins kabyles à l'état frais et à des prix relativement modiques, il est impossible de ne pas être convaincu des ressources que pourrait offrir l'exportation de ces fruits en France et en Europe sur une grande échelle, le jour où nos colons pratiqueront, sur des étendues de territoire considérables et presque sans valeur, la culture de la vigne *en hauteur* et, aussi dans les parties plus basses, *la taille élevée* qui soustrait le fruit aux abaissements de température produits par le voisinage du sol.

§ IV

Le Djebel-Amour. — Analogie avec les vignes séculaires d'Italie. — La tradition des Romains dans l'Europe méridionale. dans la Napolitaine et dans le Portugal. — Conclusions pour l'Afrique du Nord.

Il nous reste à expliquer pourquoi ces vignes « mariées aux ormes et aux chênes », et qui obtiennent ainsi vis-à-vis des gelées blanches une immunité à laquelle Virgile, de son temps déjà, faisait allusion, ne se rencontrent pas dans le Djebel-Amour, quoique cette région soit propre à leur culture, ainsi qu'il résulte des observations émises plus haut sur les altitudes et les latitudes comparées.

En 1883, lorsque nous fimes au Djebel-Amour nos expériences et nos explorations, cette absence de vignes en hautain nous frappa. Elle est due à des raisons purement historiques et ethnographiques, car cette contrée est surtout habitée par des Arabes nomades. La race autochtone, la race kabyle ou berbère, n'a pas été sans y faire un séjour plus ou moins long, mais elle y a été presque constamment poursuivie, traquée et pourchassée par la race conquérante, et les cultures traditionnelles auxquelles elle s'était certainement livrée ont été détruites au cours des siècles. — Rien de plus facile aujourd'hui que de les faire revivre et prospérer.

Ce qui le prouve, c'est l'état florissant dans lequel nous avons trouvé en Italie, à des altitudes extrêmes, des vignes séculaires que l'appui des arbres de haute futaie et la « taille longue élevée » continuent à préserver, comme autrefois, des funestes effets de la gelée blanche.

Ajoutons qu'en Portugal, dans les environs d'Alcentré et dans le Douro-Supérieur, on rencontre des vignes cultivées en hautain, des vignes en *tonnelles* ou *treilles*, créées ainsi d'après la vieille méthode romaine et à l'abri, par suite, des abaissements excessifs de température.

D'après même ce que rapportent de tradition immémoriale les vieillards kabyles, ce sont les Romains qui ont importé ce genre de culture dans l'Afrique du Nord, en même temps qu'ils y construisaient ces grands travaux publics, ces aqueducs, ces barrages dont nous retrouvons encore les traces, — souvenirs d'un passé prospère qui sont bien de nature à nous encourager pour l'avenir.

Lorsque nous aborderons le chapitre de la *Plantation de la Vigne*, nous décrirons en détail les procédés dont nous venons de parler, qui remontent, comme on vient de le voir, à une haute antiquité et qu'il faut faire revivre en Algérie et en Tunisie, pour assurer à la viticulture dans ces pays une source de richesse trop longtemps négligée.

CHAPITRE CINQUIÈME

———

EXPOSITIONS — CHOIX RATIONNEL DES CÉPAGES A PLANTER SUIVANT LES DIVERSES EXPOSITIONS

———

SOMMAIRE

1° *Généralités. — Les raisins tardifs.*

2° *L'influence de l'exposition sur les diverses époques de maturité du raisin dans l'Afrique française du Nord.*

3° *Les effets de la lumière sur le fruit de la vigne. — Observations diverses relatives à l'orientation.*

4° *Du choix des cépages relativement aux diverses expositions en Algérie et en Tunisie. — Tableau. — Résumé du tableau.*

§ I

Généralités. — Les raisins « tardifs ».

La question de l'exposition des vignobles, si importante partout, se pose et se résout d'une manière très différente s'il est question de vignobles situés en Europe ou en Afrique.

En Europe, entre le 50me et le 40me degré de latitude, on estime que l'exposition au Sud est la meilleure. On considère comme moins bonnes, ou même comme absolument mauvaises, les expositions à l'Ouest, au Nord-Ouest ou au Nord-Est.

En Algérie et en Tunisie, la situation est bien différente.

D'abord il n'existe pas, dans nos pays, d'exposition *absolument mauvaise.* Sauf les réserves indiquées plus haut pour les sommets extrêmes du Djurdjura, toutes les expositions peuvent recevoir dans l'Afrique française du Nord des plantations de vigne, car les raisins cultivés sur notre sol peuvent toujours y arriver à maturité parfaite, soit en octobre soit beaucoup plus tard.

Dans les plaines bien situées ou sur les plateaux, suivant la région, le raisin *à vendange* mûrit du 1er août à fin novembre et même beaucoup plus tard sur les sommets. C'est ainsi qu'aux altitudes extrêmes, l'époque de la maturation du raisin varie depuis les derniers jours de novembre jusqu'à fin janvier. Il reste même, pendant des semaines — en raison sans doute des soins particuliers du producteur qui sait lui ménager plus ou moins de chaleur par des abris, — dans ce que j'appellerai une *altitude* « expectante » -- prêt à mûrir sans être encore tout à fait mûr.

Les procédés particuliers employés par les kabyles pour retarder, suivant les besoins, cette maturation définitive expliquent comment ces indigènes peuvent apporter sur le marché d'Alger des raisins frais jusque vers les premiers jours de février.

J'ai dit plus haut tout le parti que nos viticulteurs européens pourraient tirer de ces procédés, pour obtenir des *raisins d'hiver*, dont l'exportation sur une grande échelle serait très fructueuse. Voici à cet égard un fait de ma connaissance personnelle :

Depuis quelques années, les kabyles des Zatimas ont planté aux environs de Cherchell, dans la région des Beni-M'Nacer plus de 500 hectares de vigne, qui donnent des raisins blancs légèrement musqués. Ces raisins, s'ils étaient connus seraient rapidement appréciés en France, dans une saison où les restaurants de premier ordre de Paris ne peuvent offrir aux consommateurs que des raisins mûris en serre chaude, sans goût ni parfum et à des prix exorbitants.

Le cépage qui produit ces raisins est le Cherchali blanc, cépage tout à fait local qui fait, sur place, une concurrence heureuse au Farana, très répandu dans la région.

§ II

L'influence de l'exposition sur les diverses époques de maturité du raisin dans l'Afrique française du Nord.

Un exemple ne sera pas inutile ici pour faire ressortir les variations dans l'époque de la maturité définitive qui résultent, en Algérie et en Tunisie, des expositions diverses de la vigne.

Nous prendrons comme type de terrains un mamelon aplati dont les contours présentent diverses expositions et qui sera par suite une série de *champs d'expériences* propres à faire ressortir l'écart entre les diverses époques de maturation définitive, suivant les expositions différentes.

Supposons le sol du mamelon de nature homogène et le cépage partout le même.

Désignation de l'exposition.	*Epoque de maturité.*
Versant Sud......................	23 août.
— Est...	26 —
— Ouest......................	30 —
— Nord.....................	4 septembre.
Plateau.......................	3 —

Nous arrêtons nos observations en septembre parce que nous avons pris pour type un mamelon d'altitude moyenne, sans que cela influe sur ce que nous avons dit des raisins *tardifs*.

On voit par le tableau ci-dessus que l'écart entre les diverses dates de maturation, dans les conditions de situations de terrains et de cépages identiques est de douze jours.

L'expérience a permis de reconnaître qu'une exposition au Sud près de la mer, de 5 à 35 mètres d'altitude, sur un terrain sablonneux légèrement calcaire — d'ailleurs bien abrité des vents — est particulièrement favorable à la production des raisins précoces de juin.

Cette précocité est d'autant plus marquée que le sol est plus perméable, et — on me permettra d'insister sur ce point — elle est d'autant plus certaine que le vignoble est protégé par des *abris serrés et multipliés*.

§ III

Les effets de la lumière sur le fruit de la vigne. — Observations diverses relatives à l'orientation.

Nous ne saurions trop insister sur l'importance d'une bonne exposition, d'une *orientation* favorable pour la création d'un vignoble.

Il ne suffit pas que la vigne soit plantée dans un bon sol profond. Il faut qu'elle soit bien exposée, c'est-à-dire il faut qu'elle puisse recevoir la plus grande *somme* de lumière possible à la condition toutefois que cette lumière soit tamisée par un feuillage suffisant.

Nous estimons qu'en Algérie et en Tunisie l'exposition au *Nord* est la plus favorable. Notre expérience nous a permis de constater que l'exposition au Sud, surtout en terrain maigre, correspond presque toujours à des récoltes beaucoup moins abondantes.

Nous avons déjà parlé des raisins *précoces*, ajoutons d'après nos observations personnelles que :

1° Les vignes exposées au levant sont plus hâtives que celles exposées au couchant ;

2° Ces dernières, en revanche, mûrissent d'une façon plus régulière :

3° Le vin produit par les expositions *hâtives* est plus chaud au goût que celui qu'on récolte dans les vignes exposées au Nord, mais il est de moins bonne qualité comme finesse et son bouquet est moins caractérisé, moins « *définissable* » :

4° Au point de vue du revenu net, la meilleure exposition est toujours celle qui, placée au Nord, reçoit une chaleur soutenue sans excès sur un sol assez humide pour entretenir une évaporation constante et par suite une végétation toujours vigoureuse ;

(Les auteurs qui ont vanté exclusivement l'exposition du Sud s'étaient insuffisamment renseignés sur les conditions pratiques de la viticulture dans le Nord de l'Afrique).

5° Après l'exposition Nord en coteau ou sur les plateaux légèrement inclinés, la meilleure exposition pour l'Algérie et la Tunisie est celle qui regarde l'Est.

Vient ensuite celle de l'Ouest.

Et enfin celle dirigée vers le Sud.

On voit combien ces principes, relatifs à l'exposition qu'il faut préférer pour la vigne en Algérie, diffèrent de ceux qui sont admis pour l'orientation des vignes en France. Ajoutons qu'ils n'ont rien d'exclusif et d'absolu. Il ne faudrait pas en conclure par exemple que, dans l'Afrique française du Nord, toutes les expositions au Sud soient mauvaises pour la vigne ; ce n'est vrai que dans le plus grand nombre des cas, car il y a telle vigne au midi qui, se trouvant cachée par les montagnes voisines, ne reçoit les rayons solaires que pendant un petit nombre d'heures dans la journée. L'exposition Sud dans ces conditions ne saurait nuire à la vigne et à sa prospérité.

§ IV

**Du choix des cépages relativement aux diverses expositions en Algérie
et en Tunisie. — Tableau. — Résumé du tableau.**

Dans un pays nouveau, la question du choix des cépages est intimement liée
à celle de l'acclimatation et des conditions particulières dans lesquelles telle ou
telle variété, introduite en Algérie et en Tunisie, réussira parfaitement à une
exposition donnée, et ne donnera à une autre exposition que des résultats pas-
sables ou même tout à fait inférieurs.

Aussi, avant de traiter à fond cette question du *choix* des cépages dont j'ai
fait l'objet d'un chapitre spécial, j'ai jugé utile d'établir ici et de mettre dès
maintenant sous les yeux du lecteur un classement méthodique, sous forme de
Tableau, des diverses variétés à utiliser de préférence en Afrique, *suivant les
expositions* dont le viticulteur dispose.

On remarquera que ce tableau synoptique confirme ce que j'ai dit plus haut
au sujet de la différence capitale qui existe dans les effets produits sur la vigne
par l'exposition, entre le climat de France et celui d'Afrique.

En France on préfère l'exposition Sud. En Afrique je n'hésite pas à donner
l'avantage à l'exposition Nord.

En effet — et ainsi que le démontre le tableau ci-dessous — un certain nombre de plants, très fertiles ailleurs, ne résistent pas aux chaleurs de notre colonie
quand ils sont plantés au Sud. Ils réussissent au contraire à merveille quand ils
sont plantés à l'exposition Nord.

D'autres plants au contraire, supportant mieux les grandes chaleurs, s'acco-
modent à la rigueur de l'exposition Sud en Afrique, surtout quand ils sont
abrités contre les rayons solaires trop directs par les accidents de terrain et le
voisinage des montagnes.

Ces principes bien compris, les viticulteurs se rendront compte des différences
de détail en comparant les résultats obtenus, tels qu'ils sont notés, pour les
diverses expositions et pour les divers terrains dans la nomenclature qui suit.
J'appelle toute leur attention sur ce travail qui résume un nombre considérable
d'observations et qui permet d'envisager d'un coup d'œil les avantages et les
inconvénients de chaque variété, suivant l'exposition.

On pourra suivre chaque degré d'adaptation par les mots conventionnels suivants : *nul ; faible ; passable ; bon ; très bon.*

Choix des principaux cépages cultivés dans l'Afrique française du Nord

TABLEAU

indiquant le degré de résistance suivant l'exposition et la nature du sol où est planté le cépage

DÉSIGNATION DES CÉPAGES	Exposition *Sud*		Exposition *Est*		Exposition *Ouest*		Exposition *Nord*	
	en terre sèche	en terre fertile	en terre sèche	en terre fertile	en terre sèche	en terre fertile	en terre sèche	en terre fertile
Raisins blancs								
Clairette	moyen	bon	passable	bon	bon	bon	bon	passable
Chasselas	faible	moyen	moyen	passable	passable	bon	bon	passable
Folle blanche	faible	passable	moyen	bon	bon	bon	bon	id.
Furmint	»	»	»	»	»	»	»	»
Macabéo	»	»	»	»	»	»	»	»
Panse précoce	moyen	bon	bon	bon	bon	bon	bon	passable
Paradisa	»	»	»	»	»	»	»	»
Piquepoul blanc	»	»	»	»	»	»	»	»
Piquepoul gris	»	»	»	»	»	»	»	»
Sauvignon	»	»	»	»	»	»	»	»
Semillion	»	»	»	»	»	»	»	»
Ugni blanc	faible	passable	moyen	bon	bon	bon	bon	moyen
Verdesse	»	»	»	»	»	»	»	»
Viognier	»	»	»	»	»	»	»	»
Aïn-el-Kelb	»	»	»	»	»	»	»	passable
Farana	»	»	»	»	»	»	»	»
Aïn-Mokran	»	»	»	»	»	»	»	»
Cherchali	»	»	»	»	»	»	»	moyen
Acachah	»	»	»	»	»	»	»	»
Bzoul Kelba	»	»	»	»	»	»	»	passable
Hameulal	»	»	»	»	»	»	»	moyen
Karem Labiod	»	»	»	»	»	»	»	»
Raisins rouges								
Alicante H. Bouschet	bon	bon	bon	bon	bon	bon	assez bon	faible
Aramon	nul	faible	très faible	faible	assez faible	bon	bon	très bon
Aspiran	faible	moyen	moyen	passable	passable	bon	bon	bon
Brun Fourca	faible	passable	passable	passable	passable	bon	bon	moyen
Cabernet	faible	moyen	moyen	passable	bon	bon	bon	bon
Carignane	faible	moyen	passable	bon	bon	bon	bon	faible
Chasselas violet	faible	passable	passable	moyen	bon	bon	passable	faible
Cinsaut	nul	moyen	passable	passable	moyen	bon	bon	bon
Gamay noir	faible	moyen	moyen	passable	passable	bon	bon	passable
Grenache	passable	bon	bon	passable	passable	bon	bon	faible
Gros Guillaume	faible	moyen	moyen	passable	passable	passable	bon	bon
Gueuche	faible	passable	passable	passable	passable	bon	moyen	moyen
Morastel	faible	moyen	passable	bon	bon	bon	bon	bon
Mourvèdre	faible	id.	id.	id.	id.	id.	id.	id.
Mondeuse	faible	id.	id.	id.	id.	id.	id.	id.
Œuillade	faible	moyen	moyen	passable	bon	bon	bon	bon
Petit Bouschet	faible	moyen	moyen	bon	bon	bon	bon	faible
Picardan	nul	moyen	moyen	passable	passable	bon	bon	bon
Pinot noirien	passable	passable	assez bon	bon	bon	bon	bon	moyen
Sirah	faible	moyen	moyen	passable	bon	bon	passable	faible
Frankental	très faible	faible	faible	faible	passable	bon	bon	passable

Résumons les traits principaux, les grandes lignes de ce tableau :

Ce qui frappe tout d'abord, c'est le grand nombre de plants qui donnent des résultats peu favorables quand ils sont exposés au Sud.

L'Aramon, l'Œillade, le Cinsaut et les Terrets donnent des résultats négatifs en terre sèche, ils sont cotés « nuls ».

Au Nord au contraire, ces cépages donnent des résultats assez bons ou même supérieurs suivant le sol.

Tous les plants à fruits blancs supportent très bien la chaleur venant frapper l'exposition Sud.

A l'*Est* réussissent les Syrah, le Muscat, les plants rouges et blancs indigènes, le Gamay et le Pinot.

A l'Ouest les plants suivants réussissent parfaitement, l'Amar-bou-Amar, l'Œillade, le Cinsaut, la Carignane, le Morastel, le Mourvèdre, la Syrah, les plants rouges indigènes, le brun-Fourca, le Malbek, le Spiran, l'Aramon, le Gamay et surtout le Pinot-noirien, etc.

A l'exposition Nord, il faut planter le Petit-Bouschet, l'Alicante-Bouschet, la Carignane, le Mourvèdre, le Morastel (même en terre de moyenne fertilité), l'Aramon en terre fertile.

Pour l'exposition Nord il faut éviter de planter en terre « trop fertile » l'Alicante grenache, le Syrah, le Pinot, le Cabernet, etc. (voir les tableaux). La *fertilité* même du sol serait ici une cause qui pourrait prédisposer ces variétés au fléau du « *coulage* ».

Il importe de tenir compte, dans l'exposition d'un vignoble, des conditions de ventilation qui modifient les résultats. Si les grands vents sont nuisibles au développement de la vigne et par suite à sa production, les terrains ventilés sont cependant préférables aux terrains encaissés qui donnent un vin moins fin et moins neutre.

La combinaison, intelligemment calculée de l'exposition et des variétés de cépages, choisies d'après les données ci-dessus, permettra aux viticulteurs algériens et tunisiens de planter leurs vignobles d'après une méthode rationnelle.

Ils n'ont pas à lutter ici contre une situation faite. Le pays est nouveau; ils peuvent créer de toutes pièces. Ils sont donc assurés du succès pourvu qu'ils procèdent avec réflexion et qu'ils s'entourent des lumières nécessaires.

CHAPITRE SIXIÈME

SOMMAIRE

1° Les terrains favorables à la vigne en Algérie et en Tunisie.

2° Terrains à éviter. — Terrains à préférer.

3° Le goût de terroir. — Autrefois et aujourd'hui.

4° Observations particulières.

Les terrains favorables à la vigne en Algérie et en Tunisie.

On pourrait dire qu'en Algérie et en Tunisie, tous les terrains susceptibles de recevoir des plantations sont propres à la culture de la vigne.

Il est clair cependant qu'il en est de plus ou moins favorables, suivant leur composition chimique et la loi qui a présidé à leur agrégation.

Les terrains qui me semblent préférables pour le développement rapide de la vigne sont ceux originaires d'alluvions granitiques, et particulièrement ceux situés au pied des montagnes. Plus les débris de matériaux descendus des sommets s'éloignent de leur point de départ plus ils deviennent compacts, ce qui constitue une condition inférieure pour la viticulture proprement dite.

Plus rapprochés au contraire de leur lieu d'origine, ces terrains sont friables, faciles à travailler et ils ont en même temps l'avantage de conserver l'humidité nécessaire.

Les terrains de formation volcanique récente, les terrains argilo-siliceux et généralement les terres d'alluvion, si propres à la culture de la vigne, se rencontrent partout en Algérie et en Tunisie. Il serait donc naturel de prémunir le colon contre l'établissement d'un vignoble sur les rives immédiates des torrents ou sur les pentes des montagnes dénudées, au même titre que dans le voisinage immédiat des lacs *salés*.

Terrains à éviter. — Terrains à préférer.

Voici, au surplus, la nomenclature détaillée des terrains que nous conseillons « d'éviter ». Nous les classons par ordre d'*infériorité* c'est-à-dire que nous plaçons en tête les terrains les plus avantageux :

1° Les argiles un peu siliceuses devenues *plastiques*, — c'est-à-dire celles descendues des montagnes à l'état friable et divisées comme nous l'avons expliqué plus haut — se sont agglomérées en s'éloignant de leur point de départ et sont passées à l'état de masses *compactes*. Sous l'influence des rayons solaires, ces argiles se rétractent, se fendillent, et, par suite, deviennent peu pénétrables aux racines — aux radicelles de la vigne. Il faut les écarter *à priori*, dans le choix des terrains ;

2° Les terrains imprégnés de sel. — Nous avons déjà invité les viticulteurs dans le chapitre précédent, à se défier du voisinage immédiat des *lacs salés*, assez fréquents dans l'Afrique française du Nord. En 1891, après de grandes pluies, les sources des lacs salés près de Saint-Cloud (Algérie) ont occasionné un débordement dépassant les anciennes limites et détruisant plus de deux cents hectares de vignes.

Nous donnerons donc, par suite, l'exclusion aux *terrains salés*, à ceux qui sont *légèrement salés*, et même à ceux qui sont traversés par des eaux saumâtres, soumis à l'influence plus ou moins lointaine des lacs salés ;

3° Les terrains sablonneux mélangés de calcaires tuffacés et maigres ;

4° Les sables maigres et les graviers maigres lavés ;

5° Les tufs purs — à écarter, naturellement. Nous ne reviendrons pas sur ce que nous avons dit et répété dans les chapitres traitant de l'influence comparée des expositions Nord et Sud dans l'Afrique française du Nord.

Cependant puisque nous parlons de la nature et de la composition des terrains à vigne, c'est ici le lieu de faire remarquer que les terrains situés au Nord sont généralement mieux pourvus d'eau et qu'on y rencontre plus de surfaces boisées. Ils contiennent en outre, généralement, au point de vue spécial de la viticulture, des éléments précieux qui constituent les sols privilégiés destinés à produire des vins remarquables.

Ces éléments sont les basaltes, les calcaires, le fer en proportion considérable, la silice, les argiles magnésiennes, les argiles schisteuses, etc.

Citons encore parmi les terrains à préférer, ceux *à sous-sol calcaire* recouverts d'une couche de terre argilo-siliceuse et ferrugineuse.

§ III

Le « goût de terroir ». — Cause et remèdes. — Autrefois et aujourd'hui.

Un certain nombre de terrains, même dans le pays qui produisent du vin de temps immémorial, sont connus pour communiquer au vin un « goût de terroir ». La science a souvent cherché à expliquer l'origine de cette *saveur sui generis*. Nos recherches nous ont conduit à faire une étude particulière de ce phénomène. Le lecteur nous permettra de lui exposer en détail à cet égard une série de faits à notre connaissance personnelle, et qui offrent au point de vue de la viticulture algérienne, le plus vif intérêt.

Nous avions remarqué que les vins algériens, il y a vingt-cinq ans, avaient un goût de terroir assez prononcé. Or, aujourd'hui ce goût semble avoir à peu près complètement disparu dans les régions où l'on cultive la vigne sur une grande échelle. Quelles étaient donc les causes de ce goût de terroir ?

Pour nous, aucun doute, il provient de ce que les rares vignes de cette époque en Algérie étaient isolées, noyées en quelque sorte dans un océan de broussailles qui saturaient l'atmosphère de leurs parfums âcres et sauvages. Les grains de raisin s'imprégnaient de cet arome.

N'oublions pas de dire ici en passant que la pellicule du raisin est enveloppée d'une matière gommeuse à demi-grasse possédant la vertu de s'approprier les produits gazeux et essentiels en suspension dans l'atmosphère. Il en résulte que, par effet d'endosmose, les cellules pelliculaires sont plus ou moins saturées de ces produits.

Les terrains infectés par le séjour prolongé d'eaux stagnantes; les fumures abondantes faites avec des jeunes fumiers donnent naissance, par suite des mêmes phénomènes, à des émanations qui se traduisent ensuite par des goûts désagréables dans le vin.

Ajoutez à ces causes l'action exercée par le siroco, lequel est généralement chargé de principes étrangers que la pellicule absorbe facilement.

Il n'en faut pas plus pour expliquer *le goût de terroir* incriminé.

Mais il est facile d'opposer aux multiples causes du mal des remèdes nombreux et efficaces, savoir :

1° Le défrichement des broussailles ;

2° Le défoncement du sol ;

3° L'enlèvement des mauvaises herbes ;

4° Le drainage et l'aération du sous-sol ;

5° Par la multiplicité des plantations.

Ces moyens d'action, vaillamment mis en œuvre par nos colons, ont eu raison dès à présent de cette omnipotence du siroco dont nous parlions tout à l'heure. Ils ont diminué son action sur le raisin et en même temps facilité l'évaporation des terrains — autrefois fermés — et aujourd'hui grandement ouverts à l'action fécondante de la nature.

§ IV

Observations particulières propres à l'Afrique française du Nord

Au surplus, nous avons eu maintes fois la satisfaction de constater que ces goûts de terroir, qui nuisent si souvent à la valeur commerciale des vins, sont aujourd'hui beaucoup plus rares en Algérie et en Tunisie que dans la plupart des pays vignobles d'Europe.

Cette remarque s'applique surtout aux vins *blancs*.

Les vins rouges sont encore quelquefois sujets au goût de terroir, mais cet inconvénient, que j'appellerais volontiers une « infirmité », n'est guère sensible que pour les vins rouges récoltés à l'écart des grandes plantations et dans les terrains neufs.

C'est surtout dans les terrains argilo-schisto-tuffacés que se produit cet accident, mais il n'est pas sans remède. — En effet, lorsque le fer et la silice en présence se combinent dans un sol, le goût du vin devient *franc*. Donc avec l'emploi bien étudié de certains amendements, sans préjudice des autres précautions que nous avons signalées plus haut, un viticulteur avisé pourra faire disparaître en même pour ses vins rouges, toute espèce de goût de terroir.

Les vins blancs en sont exempts, même lorsque ces cépages sont plantés dans des terrains contigus à ceux qui produisent des vins rouges affectés de ce mauvais goût.

C'est ce que j'ai pu constater moi-même à l'Arba, où j'ai dégusté des vins rouges et des vins blancs provenant des mêmes sols. Les vins rouges (récolte de 1865) avaient un goût de terroir très prononcé, tandis que les vins blancs de la même propriété récoltés à côté des rouges étaient excellents.

A cet égard, qu'il nous soit permis de dire en passant que tous les vins blancs d'Algérie et de Tunisie sont supérieurs à leurs similaires d'Europe. Nos deux colonies peuvent donc espérer que le commerce appréciera de plus en plus la qualité marchande de nos vins.

Nous ne saurions trop le répéter aux planteurs : faites quelques hectolitres de vin blanc, à titre d'expérience d'abord — Vous serez satisfaits du résultat.

Nous indiquerons plus loin, dans un chapitre spécial, la composition des plants à choisir pour ces tentatives, que nous avons vu constamment réussir lorsqu'elles ont été dirigées pratiquement, en pleine connaissance de cause.

Autres observations basées sur nos expériences personnelles :

1° Le goût de terroir ne se rencontre point dans les vins provenant de terrains profonds et « *bien assis* » ;

2° Les terrains à sous-sol perméable fournissent généralement des vins « neutres » et plus fins que ceux dont le sous-sol, plus compact, retient par suite un excès d'humidité;

3° Pour que les terrains à sous-sol argilo-calcaire se ressuient suffisamment, il importe de les bien aérer et de les drainer avec méthode. Nous avons vu des terrains ainsi traités produire, en dépit de leur composition qui semblait les condamner à une infériorité relative, des vins sans arrière-goût, des vins neutres, très marchands;

4° Nous avons vu cultiver la vigne avec succès sur des terres argileuses faiblement siliceuses, quand elles ne sont pas trop compactes et quand, surtout, une certaine quantité de magnésie entre dans leur composition. Il convient donc de faire le cas qu'elles méritent des terres magnésiennes, pourvu qu'elles soient « meubles » et faciles à travailler ;

5° Les calcaires non tuffacés ont leur rôle utile dans la viticulture. Ils ajoutent aux terrains dans lesquels ils se rencontrent une propriété précieuse, car ils leur fournissent les éléments qui constituent, dans le grand creuset de la nature, la « charpente » des vignes;

6° Nous avons déjà dit qu'il faut éviter les sous-sols trop humides, qui se trouvent généralement sur les plateaux et les bas fonds sans écoulement. Ajoutons que l'inclinaison du terrain exerce une action favorable très marquée sur le goût du vin pourvu que le sol y soit assez perméable pour écouler l'excès des eaux pluviales qu'il reçoit. Rappelons que l'art du viticulteur peut aider à ce résultat par des travaux d'aération, d'assèchement et de drainage bien entendus.

Nous en avons assez dit sur le choix des terrains. Que le colon réserve ses préférences, s'il le peut, pour ceux que nous avons indiqués comme les meilleurs *à priori*, et qu'il ne se décourage pas s'il se trouve avoir affaire à des terrains moins favorables. Quelques années de travail intelligent lui permettront d'en tirer un parti inespéré et il sera alors largement récompensé de ses peines.

On trouvera plus loin au chapitre VIII une nomenclature raisonnée des cépages qui conviennent aux différents sols et sous-sols africains.

C'est le complément du tableau que nous avons donné ci-dessus au sujet des résultats obtenus pour les divers cépages d'après leur exposition.

En Afrique comme partout, *exposition* et terrain, telles sont les premiers principes qui doivent être suivis d'une façon absolue et qui doivent servir de base pour une exploitation rationnelle des vignes.

CHAPITRE SEPTIÈME

SOMMAIRE

1° *Puissance de végétation et dates des évolutions de la vigne en Algérie et en Tunisie.*

2° *Observation rétrospective.*

3° *Époque de débourrement des divers cépages. — Tableau.*

4° *Rendements composés — Expériences.*

§ 1

Puissance de végétation et dates des évolutions de la vigne en Algérie et en Tunisie.

La puissance de la végétation de la vigne en Afrique est telle que le précieux arbuste éparpille quelquefois ses rameaux à plus de cinquante mètres autour de lui. La rapidité de son développement égale sa vigueur.

C'est dans le cours du mois de février que la sève se met en mouvement, dans les terrains chauds, bien exposés, à l'abri des vents et pas trop loin de la mer.

Cette évolution est naturellement subordonnée à l'intensité de la chaleur atmosphérique; mais il suffit d'une température moyenne de 10 à 12 degrés pour la provoquer. Puis, au fur et à mesure que la température s'élève, l'activité de circulation de la sève s'accroît.

Fin février, dans les conditions climatériques ordinaires, la température moyenne est d'environ 12 à 13 degrés. Fin mars elle atteint 13 à 15 degrés. Par suite de cette clémence de la température, on voit, dès le commencement d'avril, en Algérie et en Tunisie, des grappes de raisin s'ébaucher et bientôt les jeunes rameaux atteignent 20 et même 30 centimètres de longueur.

Dès que la température moyenne s'élève à 16 degrés, c'est-à-dire du 15 au 25 avril, ces jeunes rameaux ont déjà acquis une certaine force.

Ce sont les Petit-Bouschet qui portent les premiers parmi les raisins rouges ; les Aramon et les Cinsault viennent ensuite. Leurs brindilles ont de 25 à 30 centimètres de longueur et la floraison commence vers la fin d'avril dans les terres légères situées près de la mer. Elle se continue pendant le mois de mai, époque à laquelle les branches fructifères sur les coursons ou porteurs ont déjà atteint une longueur qui varie de 0^{m}80 centimètres à 1^{m}25 pour les espèces surbaissées.

Vers la fin de mai ou dès les premiers jours de juin, on voit déjà dans les vignes serrées les sarments se croiser et s'entrelacer d'un cep à l'autre.

Ne laissons point passer cette date sans faire remarquer que c'est à cette époque que se récoltent dans la banlieue d'Alger les raisins hâtifs de Guyotville et d'Aïn-Taya, — les primeurs que le vignoble d'Afrique expédie en Europe.

Mais continuons l'histoire des développements de la vigne pour ce qui concerne les cépages ordinaires, ceux qui ne sont ni particulièrement précoces ni exceptionnellement tardifs.

Au commencement de juin les raisins des vignes ordinaires commencent à tourner et les grappes grossissent rapidement sous l'influence des chaleurs.

Lorsque la température atteint une moyenne de 20 à 22 degrés, les grains ont de 4 à 6 millimètres. Les sarments ne se développent plus en longueur, mais ils se garnissent encore de feuilles.

Le mouvement d'évolution vers la maturation se continue. Les grains augmentent alors d'un quart de leur volume et même d'un tiers. Ils étaient verts ; ils passent insensiblement au rouge. Cette transformation se produit d'autant plus vite que la température est légèrement humide et que l'évaporation du sol s'effectue dans des conditions normales.

C'est ainsi qu'en 1887, sous l'influence d'une sécheresse persistante, les raisins restèrent longtemps petits, comme atrophiés, et sans couleur, avant de *tourner ;* mais des nuits plus humides étant revenues, l'évolution normale se produisit immédiatement.

Elle n'eut pas lieu cependant pour tous les raisins, car, pour quelques-uns, la période de coloration et de maturation définitive — qui dure régulièrement de 15 à 25 jours suivant les variétés de cépages, — s'écoula toute entière sans que les raisins fussent, tous, normalement tournés. Il est vrai que le fait tenait un peu à ce qu'il y avait un trop grand nombre, un nombre exceptionnel de grains dans la grappe. Il n'en est pas moins certain qu'en cette année 1887, certains raisins n'arrivèrent au degré de maturité voulue qu'au moment où la température moyenne était de 26 à 27 degrés.

Nous avons déjà parlé des époques de maturation pour les divers cépages. Il serait fastidieux d'y revenir. Notons cependant puisque l'occasion s'en présente, deux faits qui n'ont pas trouvé place ci-dessus :

1° Les cépages *à bois durs* débourrent généralement très tard ; la vendange en est nécessairement plus tardive ;

2° Les ceps plantés en plaine dans des terrains frais et profonds mûrissent leurs raisins beaucoup plus tard que les autres. Les rendements en quantité sont d'ailleurs, dans ce cas, supérieurs à ceux des cépages plantés en terre sèche.

§ 11

Observation rétrospective.

Nous avons terminé ce rapide *historique de la végétation de la vigne* mois par mois en Algérie, depuis l'apparition du bourgeon jusqu'à la vendange.

Nous demandons au lecteur la permission de placer ici une observation qui s'applique, rétrospectivement, à la question des terrains, traitée à fond dans le précédent chapitre.

Il s'agit d'une expérience faite sur les raisins provenant de deux sols différents, — l'un dit « *terre sèche* » et l'autre « *terre fertile* » (on se souvient que c'est sous cette double dénomination que nous avons étudié les résultats obtenus par les divers cépages).

Voici cette expérience :

Si l'on pèse séparément les raisins cueillis d'une part en terre sèche et de l'autre en terre fertile, et que l'on pèse ensuite la quantité d'eau contenue dans chacun des deux fruits, on s'apercevra que l'excédent d'eau est supérieur dans les raisins mûris en terre fertile.

Il résulte, d'autre part, d'expériences concluantes, que l'exposition en plaine ou en coteau exerce une influence très notable sur la quantité du sucre contenu dans le fruit. Deux surfaces d'égale grandeur et de fertilité pareille donnent un résultat final toujours plus favorable aux terrains frais, à moins que les terres en coteau ne soient d'une qualité exceptionnelle.

La conclusion de ces observations confirme ce que nous avons dit sur l'importance du choix des terrains et sur les divers éléments d'appropriation à faire entrer en ligne de compte quand on se préoccupe d'assurer au produit futur d'une vigne une vente assurée et rémunératrice.

§ III

Epoque de débourrement des divers cépages. — Tableau.

Avant d'aller plus loin, nous allons placer sous les yeux du lecteur, pour faire suite à ce que nous avons dit dans les pages précédentes sur les évolutions de la vigne, un tableau qui indique l'époque du débourrement des divers cépages cultivés en Algérie et en Tunisie.

Nous ferons suivre ce tableau, comme nous en avons l'habitude, par un résumé qui mettra en lumière les grandes lignes et les particularités les plus importantes.

ÉPOQUE DU DÉBOURREMENT DES DIVERS CÉPAGES

cultivés en Algérie et en Tunisie

DÉSIGNATION des CÉPAGES	ALTITUDE 100 MÈTRES — *Exposition Sud* — TERRE LÉGÈRE COTEAU — Coteau Sud du Sahel d'Alger — DATES du débourrement		DATES du débourrement		ALTITUDE 50 MÈTRES — *Exposition Nord* — TERRE FERTILE PLAINE — Plaine, Nord de Birtouta — DATES du débourrement		DATES du débourrement	
Chasselas	du 10 au	25 mars	du 1er au	10 juill.	du 15 au	30 mars	du 5 au	15 juill.
Petit-Bouschet	15	25	5	20 août	20 mars au	5 avril	15	30 août
Alicante-Bouschet	18	28	10	25	»	»	20 août au	5 sept.
Cinsault	»	»	»	»	»	»	»	»
Œillade	»	»	12	25	»	»	»	»
Hasscroum	»	»	»	»	25	10	25	10
Aramon	20	27	15	30	»	»	30	15
Muscat	»	»	»	»	»	»	du 25 août au	5 sept.
Furmint	»	»	1er	20 sept	»	»	10	30
Spiran	»	»	20	30 août	»	»	1er	10
Pinot-noirien	22	30	du 25 août au	5 sept.	30	10	»	»
Cabernet	»	»	»	»	»	»	»	»
Malbec	»	»	»	»	»	»	»	»
Syrah	»	»	»	»	»	»	»	»
Carignane	du 25 mars au	5 avril	»	»	»	»	»	»
Spar-Mourvèdre	1er	10	1er au	10 sept.	5 au	20 avril	5	15
Morastel	»	»	»	»	»	»	»	»
Piquepoul	»	»	5	15	»	»	15	25
Clairette	5	15	»	»	10	20	»	»
Macabéo	»	»	»	»	»	»	»	»
Farana et Grillah	10	20	10	20	15	25	25	30
Aïn-Kelbe et Rerbi	»	»	»	»	»	»	»	»
Aïn-Amokran	15	25	»	»	18	27	»	»

Il résulte du tableau ci-dessus dont les éléments ont été fournis, pour la partie « *plaine* », par des expériences faites chez moi à Birtouta, de 1876 à 1881, la constatation suivante :

La marche de la *maturation* du raisin n'est pas toujours, comme on pourrait le croire, en rapport avec les époques de débourrement et avec les expositions. L'écart varie, ainsi qu'on le voit, suivant les cépages.

§ IV

Rendements comparés. — Expériences.

Nous appelons tout particulièrement l'attention du lecteur sur les expériences suivantes, qui font ressortir la puissance différente de production des vignes, par la comparaison entre les divers rendements obtenus suivants les terrains.

Première expérience :

Un hectare planté de 3,000 pieds de vigne appartenant en proportions égales aux cépages Morastel, Espar et Carignane, a donné en terre ordinaire, sur coteau, à l'exposition Sud, un rendement de 40 hectolitres. Le vin possédait une couleur assez foncée. Le degré alcoolique représentait 11°, soit pour 40 hectolitres (40 × 11°) 440°. Si l'on calcule le degré au prix de 1 fr. 80, chiffre admissible pour la qualité récoltée en coteau, on trouve comme rendement une somme de 792 francs.

Deuxième expérience :

Un hectare composé de 2,766 pieds seulement en raison d'une plantation plus espacée (1ᵐ90) renfermant d'ailleurs les mêmes cépages a produit, en terre fertile dans nos vignes de *Birtouta*, 90 hectolitres, soit une quantité double du rendement constaté dans l'expérience précédente. Il est vrai que le degré n'était que 9°50, inférieur de 1°50 à la force alcoolique du précédent produit.

Si cependant, l'on multiplie par 80 ce chiffre de 9°50 on obtient, en degrés, 807°50, et, au prix de 1 fr. 35 le degré, chiffre correspondant à la qualité de ce vin, une somme de 1,089 fr. 45.

On voit que la différence est de 419 fr. 25 en faveur des terres fertiles comparées aux terres ordinaires en coteau.

Troisième expérience :

Cette expérience a été faite spécialement en vue de la production de l'eau-de-vie. Nous reviendrons plus tard sur ce sujet, chapitre spécial de la distillerie et nous le traiterons avec tous les développements qu'il comporte. Quant à présent, nous nous bornons à mettre en regard les résultats commerciaux obtenus.

En 1869, nous avions planté à Birtouta, en terre fertile, 2,699 pieds formant un hectare. Savoir : 833 souches d'Aramon, 600 de Carignane, 800 de Mourvèdre et le restant en Alicante, quelques Folle Blanche, etc. La production a été de 130 hectolitres. Le vin a été soumis à la presse pour obtenir le moût en blanc et ensuite, à une fermentation de 15 jours. Enfin suivant notre méthode spéciale (voir plus loin *fabrication des eaux-de-vie*), nous avons soumis les pellicules restant sur le pressoir, à une fermentation particulière pour en extraire le vin et la piquette.

L'ensemble (vin blanc, vin de pellicules et de piquette) marquait 8° 9 à l'appareil Saleron. Ce résultat se décomposait ainsi :

1° Vin blanc, 100 hectolitres à 10° représentant............... 1.000°
2° Vin rouge de pellicules, 25 hectolitres à 7°................. 140°
3°   10   —   à 2°................. 20°

                                       Soit au total........... 1.160°

La distillation fut opérée par un sieur Maistre, bouilleur de cru à Boufarik. Voici quels en furent les résultats :

1° Pour le vin blanc, 1.000° d'alcool à 80°, valeur à raison de 1 fr. 50 le degré (prix de l'époque) (1.000 × 1 fr. 50)........... 1.500 fr.
2° Pour le vin rouge, 140° à 1 fr. 25..................... 175
Pour la piquette, 20° à 1 fr. 15.... 23

                                    Total.................... 1.698 fr.

A déduire pour frais de distillation de 1,450 litres à 80°, à raison de 0 fr. 18 le litre................................... 271

Reste comme produit net en argent après distillation .... 1.427 fr.

Il résulte de ces divers rendements, que celui provenant de la troisième expérience donne un résultat supérieur de 338 fr. sur la deuxième et 635 fr. sur la première expérience.

Dans les terrains frais et d'ailleurs suffisamment productifs, la culture en vue de la distillation s'impose, comme fournissant le mode le plus sûr et le plus avantageux pour l'écoulement des vins de qualité inférieure à grands rendements. Les viticulteurs, dont les terrains sont placés dans les conditions indiquées ci-dessus, peuvent conclure des expériences que nous avons rapportées, combien leur sera avantageuse l'exploitation dans ce sens de leurs vignobles.

Je dois faire remarquer en terminant que les rendements obtenus d'après la troisième expérience faite en 1881 sur nos terrains de Birtouta se sont maintenus depuis cette époque, en sorte que l'on peut admettre comme scrupuleusement exacts les chiffres que nous venons de donner.

CHAPITRE HUITIÈME

SOMMAIRE

1° *Généralités sur les cépages européens.*

2° *Ampélographie détaillée des plants principaux à fruits rouges et blancs pour la cuve et pour la table. — Observation préliminaire.*

§ I

Généralités sur les cépages européens.

Si tous les cépages peuvent réussir en Algérie et en Tunisie dans les conditions de terrains et d'exposition spécifiées plus haut, il n'en est pas moins vrai que le succès plus ou moins marqué dépend, dans une certaine mesure, du choix judicieux des plants.

Chacun sait que la vigne offre des variétés presque innombrables. Les auteurs anciens en avaient décrit un certain nombre dont les cépages nous ont été transmis par bouturage. Mais, indépendamment de ce système de reproduction et de la transplantation qui a été appliquée à quelques variétés exotiques, il existe, depuis un siècle surtout, une méthode dont l'emploi rationnel produit des résultats de plus en plus remarquables. Nous voulons parler de la *création* directe de nouvelles variétés au moyen de semis.

Si on sème en effet, dans des terrains convenablement préparés, les grains d'une grappe de raisin choisi en vue de cette opération, on est à peu près certain d'arriver à produire des cépages jusqu'alors inconnus. C'est par ce système qu'ont été obtenues les variétés nouvelles les plus distinguées, celles qui paraissent devoir prendre le premier rang, avant même les belles variétés hybrides dues à feu Henri-Bouschet.

Le climat de l'Afrique française du Nord se prête merveilleusement à ces tentatives, et des semis méthodiques produiraient certainement dans ce pays des tribus nouvelles, mieux appropriées encore que toutes celles déjà connues, à notre sol et à nos conditions climatériques.

On a souvent reproché à notre colonie de dénaturer certains cépages, de produire par exemple des vins d'Aramon incolores, tandis que ceux de France possèdent une petite couleur vive assez commerciale. Ce phénomène est rare ; nous devons cependant reconnaître qu'il se produit quelquefois. Nous pensons qu'il doit être attribué surtout à l'exposition du vignoble et au développement excessif de la feuille et du fruit qui en est la conséquence dans certains cas.

Voici en effet ce que nous avons pu constater nous-mêmes dans une de nos vignes :

1,300 pieds d'Aramon, plantés en trois lignes, étaient tellement couverts de feuillage que le raisin, ne recevant qu'une faible quantité de lumière resta pâle et que le vin récolté n'atteignit comme couleur qu'une teinte orange sombre, infiniment moins riche qu'à l'ordinaire.

Par contre, une autre vigne, située à 90 mètres d'altitude et également plantée en Aramon, donna un vin pourvu d'une belle couleur rouge très commerciale, parce que la végétation à cette hauteur dans des terrains plus secs étant moins vigoureuse, les grappes avaient reçu plus directement et plus abondamment les rayons solaires.

On peut poser en règles générales pour l'Algérie et la Tunisie les principes suivants :

1° Les vins ordinaires étant ceux qui pour le moment jouent le rôle du facteur le plus considérable au point de vue de la grande production, ce sont les cépages *à vins ordinaires* que nous devons surtout planter dans ce pays ;

2° L'objectif à atteindre pour les viticulteurs africains consiste a obtenir le vin le plus haut en couleur et contenant la plus grande somme d'alcool possible, sans toutefois négliger la limpidité et la saveur ;

3° Les viticulteurs doivent être prêts à s'imposer tous les sacrifices nécessaires pour exécuter de nombreuses façons et de bonnes fumures. Ils en seront largement récompensés, car ils arriveront certainement ainsi à la grande production dont nous avons autour de nous tant d'exemples. C'est ainsi qu'en 1887, plusieurs vignobles des environs de Boufarik, en terre fertile et bien exposés, ont eu des rendements de 100 hectolitres à l'hectare et même plus — en Carignane, Mourvèdre et Alicante. S'il nous est permis de nous citer nous-mêmes en exemple, nous ajouterons ce détail : Notre vignoble de Birtouta n'a jamais rendu moins de 110 hectolitres à l'hectare de 2,750 pieds en terre fertile sur des vignes de dix ans.

§ II

Ampélographie détaillée des plants principaux à fruits rouges et blancs pour la cuve et pour la table. — Observation préliminaire.

Afin de faciliter au lecteur la connaissance approfondie des divers cépages, si nécessaires à un viticulteur, nous allons passer en revue successivement les divers plants qu'il a intérêt à cultiver en Algérie et en Tunisie, pour obtenir soit des vins rouges ou blancs, soit des raisins de table. Nous suivrons le même ordre dans l'étude de chacun de ces plants que nous exposerons successivement en une série de monographies.

Observation :

Les cépages européens que nous allons décrire, sont les principaux qui nous ont paru offrir un certain avenir pour nos viticulteurs africains.

Ordre à suivre pour chaque monographie.

§ I. — *Synonymie*. — Noms divers attribués à chaque cépage suivant les pays.

§ II. — Caractères spécifiques de chaque cépage. — Souche, sarments, bourgeonnement, feuilles, grappe, grains, peau, chair.

§ III. — Production de chaque plant comprenant :
Les qualités soit pour la table, soit pour la cuve, ou du vin même — alcoolicité, extrait sec, etc.
Les quantités produites (tant pour la table que pour la cuve. — Proportion entre le kilo de raisin et le litre de vin).

§ IV. — Dates de débourrement du cep et de maturité du fruit.

§ V. — Conseils spéciaux pour chaque cépage.
Terrains à choisir; engrais à employer; taille spéciale.

§ VI. — Maladies particulières à chaque variété.
Maladies cryptogamiques, résistance plus ou moins grande aux parasites animaux et végétaux; insectes, etc.
Degré de résistance aux intempéries; sécheresse, siroco, etc., coulure; immunités particulières de chaque espèce.

Cet ordre ayant été invariablement suivi, le lecteur aura ainsi pour chacun des cépages, soit autochtone, soit d'introduction récente en Algérie et en Tunisie, une sorte d'histoire complète résumée en une courte biographie.

RAISINS ROUGES

Principales variétés du *Vitis Vinifera*

Abréviations :

(1)   *Mar*................ : Vignes du Midi (de Marès).
(2)   *Pull*................ : (Pulliat).
(3)   *M. et P.* ou Vigne...... : Vignes et raisins (Mas et Pulliat).
(4)   *H. G.*................. : (H. Gœthe).
(5)   *V. M*................. : Douro illustré (Villa Major),
(6)   *G.* de *R*................ : (G. de Rovasenda).
(7)   *B. et M*................ : Vignes américaines (Bush et Messner).
(8)   *Amp. univ*............ : Ampélographie universelle.
(9)   *Bull. Amp.*, ou *B. A*.... : Bulletin ampélographique.
(10)   *Mill*................. : (Millardet).
(11)   *Rend*................ : (Victor Rendu).
(12)   *Od.* ou *Odart*........... : (Odard).
(13)   *S. Rox*................ : (Roxas Clemente).

Abdone, *Italie* (Alexandrie). — *Syn. : Balochina, Moradellone* (Alexandrie) (Bull. Amp., fasc. xviii, p. 120).

Feuilles : Quinquélobées, profondément découpées, rudes, vert sombre, duveteuses à la face inférieure.

Grappe : Moyenne, longue.

Grains : Ronds, gris cendré bleuté, charnus. (Demaria et Léardi, in-H. G.).

Abrahimof, *Perse,* G. de R. — Raisin rouge.

Abrostine, *Italie* (Toscane, G. de R. — Raisin noir.

Affenthaler Blauer. *Allemagne* (Wurtemberg). — *Syn.* : *Affenthaler Sauherlicher.* D'après H. G.

Feuilles : Moyenne, vert clair à la face supérieure avec des petits points noirs, la face inférieure duveteuse d'un vert gris avec des points jaunâtres.

Grappe : Moyenne, assez longue, très rameuse.

Grains : Moyen, noir bleuté, doux, acidulés.

Aglianico, *Italie* (Lecce). — *Syn.* : *Agnanico di castellaneta, uva castellaneta, uva de cani* (B. A.).

Feuilles : Petites presque entières, tout d'abord de couleur vert-pré et en automne de couleur tabac, lisses à leur face supérieure, à la face inférieure velues.

Grappe : Moyenne, conique, simple, longue et de grosseur moyenne.

Grains : Ronds, moyens, de couleur noir bleuté, pruiné à saveur simple et âpre. C'est un excellent cépage pour la cuve (B. A., fasc. xv, p. 3.).

Agostenga, *Italie* (Piémont).

§ I. — *Synonymie.*

Vert précoce de Madère. Prié Blanc, Madeleine Verte Od.; *Lugliatica Verde, Vert de Madère, Early Green Madeira* (in. M. et P.).

§ II. — *Caractères spécifiques de l'Agostenga* (M. et P.).

Souche : Très vigoureuse.

Sarments : Peu érigés, d'un jaune clair, longs, de moyenne force et à entre-nœuds un peu longs.

Bourgeonnement : Portant un léger duvet blanc.

Feuilles : Petites ou à peine moyennes, aussi longues que larges, d'un vert foncé, glabres a leur face supérieure, portant un léger duvet à leur face inférieure; sinus supérieurs assez profonds, sinus secondaires bien marqués, sinus pétiolaire ouvert; dents assez larges, peu allongées et un peu obtuses; pétioles assez longs et un peu grêles.

Grappe : Moyenne, le plus souvent conique, un peu ailée et peu compacte, pédoncule assez long et un peu grêle.

Grains : Moyens ou sur moyens, presque ellipsoïdes; pédicelles un peu longs et de moyenne force.

Peau : Fine, translucide et résistant bien à la pourriture, restant verte jusqu'à la maturité et passant quelquefois au jaune clair, lorsque le fruit est bien exposé au soleil.

§ III. — *Terrains à choisir. — Engrais à employer. — Taille spéciale.*

Terrains : Ce cépage débourrant de bonne heure et mûrissant de même est d'une nature vigoureuse, seulement il réclame un sol favorable à sa végétation.

Dans les terrains en coteaux bien ressuyés, de nature un peu calcaire mélangée de silice il fructifie régulièrement. C'est un cépage qui se cultive entre *Morges* et Pré-Saint-Didier jusqu'à 1,200 mètres d'altitude au-dessus du niveau de la mer. On pourrait le cultiver dans notre colonie jusqu'à 1,800 mètres de hauteur, comme on pourrait aussi en obtenir des raisins précieux fin juillet étant cultivé dans les sables de Guyotville et d'Aïn-Taya.

Engrais : Les engrais les mieux appropriés à ce cépage sont les composts à base de fortes proportions de phosphate de chaux, de plâtre et d'un peu de potasse.

Taille : C'est certainement la taille à long bois que l'on doit pratiquer sur ce cépage vigoureux, soit en cordon horizontal, soit en tonnelle.

§ IV. — *Maladies particulières de l'Agostenga.*

Ce cépage débourrant de très bonne heure est sujet aux gelées tardives, on doit éviter de le planter dans les zones basses des vallées trop humides. Les insectes n'en sont pas friands.

Quant aux maladies cryptogamiques, jusqu'alors ce plant en est indemne.

Il redoute la rouille, par conséquent les vents du Nord froids et pluvieux.

Il résiste aussi bien à la chaleur qu'au froid sec.

§ V. — *Production de l'Agostenga.*

Qualité pour la table : Ce cépage produit un beau et bon raisin de table, assez recherché pour son goût agréable et fin.

Qualité pour le vin : Sur les hautes altitudes que nous venons de signaler on obtient de ce raisin un petit vin sec et vigoureux. C'est un cépage à retenir pour nos futures plantations.

Qualité du vin : Lorsque ce plant est cultivé comme raisin primeur pour la table, il reste, souvent et à la fin de la maturité, une certaine quantité qui n'a pas été vendue; on en fait alors un vin blanc sec. En Algérie et Tunisie ce vin serait supérieur.

Alcoolicité : Il dose à Pré-Saint-Didier de 8° à 9° d'alcool. Son extrait sec varie entre 18 à 20 grammes.

Proportion du kilo au litre : Pour faire 100 litres de vin il faut fouler et mettre sous presse de 163 à 169 kilos.

Quantité de vin : Ce cépage étant cultivé dans un sol qui lui convient et conduit suivant la méthode en cordon sur fil de fer, doit rendre en Algérie et en Tunisie de 120 à 150 hectolitres.

Agudet noir, *France* (Tarn-et-Garonne). O.J. (p. 501), le cite comme cépage méritant l'attention. Ce vin est d'un goût excellent.

Caractères spécifiques de l'Agudet noir.

Feuilles : Sous-moyennes, duveteuses, bien sinuées.
Grappe : Sous-moyenne, cylindro-conique.
Grains : Plus qu'oblongs, maturité de première époque.

Agracera noire, *Espagne* (Andalousie).
Feuilles : Vert foncé.
Grains : Très gros, noirs. (S. Rox., p. 215).

Ahorntraube bianca, *Autriche* (Styrie et Illyrie).

§ I. — *Synonymie.*

Wipbacher Ahornblätteriger, Laska, Belina, Podbeuz ou *Podbelec, Drobna lipovçcina ; Debela lipovina* (en Croatie) II. G.

§ II. — *Caractères spécifiques de l'Ahorntraube bianca.*

Feuilles : Quinquilobées, sinus bien marqués, vert foncé, face inférieure cotonneuse.
Grappe : Moyenne, ressemblant à celle de l'Ebling Weisser.
Grains : Rond, vert jaunâtre, peu serrés.
Ce raisin sert soit pour la table, soit pour la cuve.

Aibatly-Isium, *Crimée.*

§ I. — *Caractères spécifiques de l'Aibatly-Isium.*

Feuilles : Grandes, un peu duveteuses.
Grappe : Longue, grosse, ailée.
Grains : Gros, olivoïdes, troisième époque de maturité.

Ailonichi, *Grèce.* — Raisin noir de table.

Alamis, *Espagne* (Catalogue du jardin de Saumur).

Albourlah, *Crimée* — *Syn. : Alburlala,* muscat rouge-corail II. G.

§. I. — *Caractères spécifiques de l'Albourlah* (Od. p. 451).

Feuilles : Amples, bien dentelées, lisses, se distinguant par la teinte rouge des nervures principales et secondaires.
Grappe : Bien garnie de grains un peu oblongs, croquants sans être trop charnus, d'un goût un peu musqué.
Maturité de deuxième époque (Pull).
Ce raisin est très bon et beau pour la table.

Aleatico, *Italie* (Toscane et Piémont).

§ I. — *Synonymie.*

M. P. Od.; Pull ; *Uva Liatica, Aleatico Firenze. Pomona italiana. Gallesio. Aleatico nero. Delle Viti Italiane. Acerbi.*
Agliano. Moschatello Livatiche. Leatico. Liatico. (Cat. d'Antonio Mendola, de Favara.
Aleatico nero della Toscane. (Cat. de Leopol Incisa, de Rochetta).
Lacrima Christi dans quelques localités d'Italie.

§ II. — *Caractères spécifiques de l'Aleatico* (M. et P.).

Souche : De vigueur moyenne.
Sarments : Forts et à entre-nœuds de moyenne longueur.

Bourgeonnement : Légèrement teinté de rose, peu duveteux et passant au vert jaunâtre ; jeunes feuilles conservant longtemps une couleur d'un vert teinté de jaune.

Feuilles : Moyennes, plus longues que larges, glabres à leurs faces supérieure et inférieure ; sinus supérieurs très profonds ; sinus secondaires souvent peu marqués ; sinus pétiolaire ouvert ; dents très inégales entre elles, étroites et bien aiguës ; pétiole court et un peu fort.

Grappe : Moyenne ou sur-moyenne presque cylindrique ou cylindrico-conique, plus ou moins ailée, souvent compacte ; pédoncule de moyenne longueur et fort.

Grains : Moyens ou sur-moyens, sphériques ; pédicelles de moyenne longueur et fort.

Peau : Épaisse, assez résistante, de couleur peu uniforme au début de la maturation, passant du rouge pourpre au rouge violet foncé à la maturité.

Chair : Ferme, croquante, sucrée et agréablement relevée d'un parfum de musc moins pénétrant, plus agréable que celui du muscat blanc.

§ III. — *Terrains à choisir. — Engrais à employer. — Taille spéciale.*

Terrains : Pour que ce cépage donne de bons raisins et en abondance, il faut le planter en coteau bien ressuyé. Dans les alluvions anciennes il peut prospérer et fructifier.

Engrais : Les engrais qui nous paraissent favorables à ce cépage sont les composts, dont la base est formée de phosphate de chaux et de potasse.

Taille : Suivant nos principes, nous recommanderons pour ce plant une taille moyenne exécutée sur cordon, soit horizontal, soit vertical.

§ IV. — *Date de débourrement du cep et de maturité du fruit.*

Ce cépage comme la majorité de ses congénères débourre assez tôt et mûrit à la deuxième époque et demie.

En laissant ce raisin suspendu sur les souches, il ne mûrit à fond qu'à la troisième époque.

§ V. — *Maladies particulières de l'Aleatico.*

Il est sujet à couler à la floraison (voir coulure).

Ce raisin résiste au siroco et à la grande sécheresse.

Les insectes, tels que les altises, en sont friands.

L'oïdium attaque ce plant, mais par un traitement préventif et quelques soufrages on s'en rend complètement maître.

Les autres maladies cryptogamiques ne semblent pas l'attaquer.

§ VI. — *Production de l'Aleatico.*

Qualité pour la table : Le raisin provenant de ce cépage est un beau et bon raisin de table quand sa venue a été progressive et régulière.

Qualité pour le vin : Cépage très renommé dans la Sicile où il est spécialement cultivé en vue de la cuve.

Qualité du vin : Le raisin d'Aleatico est souvent associé avec le St-Gioveto, la Trébiana et la Lacrima forte ; on obtient de ce mélange un vin de liqueur de premier ordre.

Alcoolicité : Il dose en liqueur, de 12° à 14° d'alcool.

— en vin sec, de 14° à 16°   —

Proportion du kilo au litre : Pour faire 100 litres de vin de liqueur il faut que le raisin soit complètement mûri, le laisser ensuite reposer quarante-huit heures, puis le fouler et le soumettre à la presse, soit de 173 à 178 kilos.

Pour faire 100 litres de vin sec il ne faut employer que 170 kilos environ.

Quantité de vin : Lorsque ce cépage est cultivé suivant son tempérament on peut obtenir environ 120 hectolitres de vin de liqueur à l'hectare de 2,000 pieds.

ALICANTE HENRI-BOUSCHET

(MONOGRAPHIE)

§ I. — *Synonymie.*

Alicante Henri-Bouschet dans toutes les régions.

§ II. — *Caractères spécifiques de l'Alicante Henri Bouschet.*

Souche : Vigoureuse à port surbaissé.

Sarments : De grosseur sous moyenne, à entre-nœuds moyens, de couleur vin jaune.

Feuilles : Surmoyennes légèrement trilobées, tomenteuses sous le revers, d'un vert jaunâtre nuancé de roux, entières orbiculaires, à sinus pétiolaire profond et variable dans son ouverture, ce qui entraîne des variations dans la situation du limbe, mais en général un peu en gouttière au centre avec bords incurvés du côté du sinus basilaire, face supérieure d'un beau vert foncé et assez luisante, face inférieure d'un vert blanchâtre avec tomentum aréneux assez abondant sur les sous nervures.

Grappe : Grosse, épaisse, tronc conique, ample et jamais cassée, à aile très développée.

Grains : Surmoyens, à pulpe abondante et fondante, d'un noir vineux foncé, jus d'un rouge sang foncé et vif, à saveur sucrée et franche (1).

§ III. — *Production de l'Alicante Henri-Bouschet.*

Qualité pour la table : L'Alicante Henri-Bouschet n'est pas meilleur que le Petit-Bouschet pour la table.

Qualité pour le vin : Ce cépage est à recommander pour la fabrication des vins rouges, il s'accommode bien du climat d'Afrique.

Qualité du vin : Le vin d'Alicante Henri-Bouschet est d'un rouge foncé grenat, très riche en couleur et, comme on le verra plus loin, en alcool et en acides libres.

Ce vin est très estimé dans le commerce en raison de ses propriétés colorantes qu'il doit sans doute à ses origines; car c'est un hybride d'Alicante et de

____

(1) P. Viala, *Monographie des Hybrides-Bouschet.*

cə cépage particulier dont nous n'avons pas parlé encore et qu'on appelle le Teinturier. Nom caractéristique qui indique les facultés tinctoriales du plant.

Excellent pour les coupages, en dehors même de ses qualités colorantes.

Le vin dose de 12 à 14 degrés d'alcool, il peut même atteindre 15° dans les terrains calcaires ferrugineux du versant Nord du Thessala et d'Aïn-Bessem.

Son extrait sec varie de 25 à 31 grammes par litre.

Ces deux grandes richesses spiritueuses sont une des raisons qui nous fait bien augurer de l'avenir de ce cépage en Algérie et en Tunisie.

Proportion du kilo au litre : Pour faire 100 litres de vin rouge, il faut de 135 à 145 kilos de raisin.

L'Alicante-Henri-Bouschet est plus constant dans sa production que son congénère.

Quantité : Ce cépage est peu répandu, cependant on commence à le cultiver, il produit en souche basse de 80 à 100 hectolitres à l'hectare de 2,500 pieds.

Nous n'avons pas encore essayé sa culture en cordon sur fil de fer; mais d'après des analogies incontestables, ce système de culture conviendrait parfaitement en Afrique à l'Alicante-Henri-Bouschet.

La production sur cordon pourrait certainement atteindre de 160 à 180 hectolitres à l'hectare de 2,000 pieds.

§ IV. — *Dates de débourrement du cep et de maturité du fruit.*

L'Alicante-Henri-Bouschet débourre à peu près en même temps que le Petit-Bouschet et il mûrit de même (2ᵐᵉ époque 1/2).

Dans les terrains légers, près de la mer, il mûrit à partir du 12 au 25 août.

§ V. — *Terrains. — Engrais. — Taille.*

Terrains : Les terrains d'alluvions anciennes et modernes sont ceux qu'il faut préférer pour ce riche cépage. Cependant il est moins exigeant que le Petit-Bouschet et se contente de terrains de second ordre, pourvu qu'ils soient préparés comme nous l'avons dit plus haut (voir notre chapitre sur la préparation des terrains).

Engrais : Ce plant s'accommode parfaitement d'engrais composés suivant les formules que nous avons déjà indiquées. (Voir nos tableaux).

Taille : Ce cépage est généralement taillé à deux yeux sur sept à huit porteurs en souche basse. Cependant la taille demi-longue en cordon lui conviendrait également.

§ VI. — *Maladies particulières à l'Alicante-Henri-Bouschet.*

Cet hybride semble pour le moment doué en Afrique d'une résistance réelle aux cryptogames.

Les insectes l'attaquent peu ou point. Il se comporte assez bien aux grandes chaleurs; le siroco influe peu sur ses rendements.

ALICANTE-BOUSCHET extra fertile

(MONOGRAPHIE)

Sans synonyme, hybride de l'Alicante et du Teinturier.

Caractères spécifiques de l'Alicante-Bouschet extra fertile.

Souche : Vigoureuse.

Sarments : Semi-érigés, longs, gros, légèrement sinueux, à mérithalle moyennement allongé, à nœuds assez gros, d'un brun vineux foncé après l'aoûtement.

Feuilles : Moyennes, entières, orbiculaires, épaisses, formant une gouttière assez prononcée suivant la nervure centrale, avec bords fortement révolutés vers la face inférieure. Face supérieure luisante, glabre, d'un vert foncé, prenant avant à l'arrière-saison une coloration rouge brun foncé. Face inférieure avec des poils aranéeux par bouquets.

Grappe : Moyenne, cylindro-conique, non ailée, un peu blanche.

Grains : Moyens, un peu plus gros que ceux du *grenache*, sphériques légèrement déprimés, noirs, moins pruinés que ceux du *grenache*, jus rouge, plus sucrés que ceux du *Petit-Bouschet*.

Production de l'Alicante-Bouschet extra fertile.

Qualité pour la table : Ce fruit n'est pas présentable sur table, tant sa coloration est grande et son goût peu agréable.

Qualité pour le vin : Le raisin d'Alicante-Bouschet dont il s'agit est un excellent fruit de cuve.

Qualité du vin : Le vin provenant du cépage désigné sous le nom d'Alicante-Bouschet extra fertile, tend à se répandre chaque année à cause de sa supériorité sur celui du *Petit-Bouschet*. Sa couleur est très belle, d'un rouge vif et brillant ; son goût est assez agréable.

On lui reproche de perdre promptement sa couleur, comme le grenache ; cependant on peut y remédier par les moyens que nous donnerons plus loin à l'article coloration.

Alcoolicité : Ce vin dose de 11 à 12 degrés centigrades d'alcool, son extrait sec varie de 28 à 32 grammes.

Proportion du kilo au litre : Pour faire 100 litres de ce vin, il faut soumettre au foulage et à la fermentation de 146 à 153 kilos de raisin.

Quantité de vin : Ce cépage est au moins aussi fertile que l'Alicante Henri-Bouschet, si ce n'est plus.

En souche basse il produit de 80 à 90 hectolitres à l'hectare. Il produirait beaucoup plus en cordon sur fil de fer.

Dates de débourrement du cep et de maturité du fruit.

Maturité : Il débourre quelques jours après le Petit-Bouschet et mûrit quelques jours après lui, sauf qu'il possède l'avantage de rester exposé au soleil quelques jours de plus sans flétrir.

Terrains à choisir. — Engrais à employer. — Taille spéciale.

Terrains. — Les terrains les plus convenables et les mieux appropriés à recevoir ce cépage sont les sols calco-siliceux faiblement argileux.

Engrais. — Les engrais sous forme de composts, dont les éléments appartiennent aux calcaires, tels que le phosphate de chaux, le plâtre et un peu de potasse associé à l'azote, sont les mieux appropriés.

Taille. — Ce cépage s'accommode assez bien d'une taille courte sur cordon développé.

Maladies particulières de l'Alicante-Bouschet.

Ce cépage est peu sujet aux altises et aux autres insectes, il est également assez rustique et résiste bien aux maladies cryptogamiques, il est moins sensible au siroco que le Petit-Bouschet.

ALVARELHÃO

(MONOGRAPHIE)

§ I. — *Synonymie* (M. et P.).

Alvarelhão. — Mémoire sur la culture de la vigne, présenté à l'Académie des sciences de Lisbonne en 1790. F.-P. *Rebello.*

Lacaia, dans la région de *Basto* (Minho), où on la connaît aussi sous la dénomination de *Pé de Perdrix* ; originaire du *Douro* (Portugal).

§ II. — *Caractères spécifiques de l'Alvarelhão* (M. et Pulliat).

Souche : De vigueur moyenne, à écorce adhérente, épaisse, sans gerçure.

Sarments : De moyenne force, mi-érigés, d'un brun rouge canelle, à moelle peu développée et à bois dur ; nœuds peu proéminents, presque arrondis ; bourgeons gros et velus.

Bourgeonnement : Duveté blanc.

Feuilles : Moyennes ou assez grandes, d'un vert clair, glabres et presque lisses à leur face supérieure, garnies à leur face inférieure d'un duvet blanchâtre, peu adhérent ou un peu floconneux ; sinus supérieurs profonds, arrondis à leur base et fermés par le rapprochement des lobes ; sinus secondaires bien marqués, ouverts ou presque ouverts ; sinus pétiolaire fermé à sa partie supérieure et laissant un vide ovalaire à sa base ; dents un peu longues, aiguës, finement mucronées ; pétiole moyen, mince, coloré de rouge vineux.

Grappe : Moyenne, peu serrée ou lâche, rameuse, conico-cylindrique, pédoncule long, un peu herbacé, rougeâtre ; pédicelles longs et grêles, verruculeux.

Grains : Moyens, presque égaux, ellipsoïdes, se détachant facilement.

Peau : Mince et cependant résistante, d'un beau noir pruiné.

Chair : Un peu ferme, juteuse, à saveur douce, relevée, d'une acidité très agréable.

§ III. — *Terrains à choisir. — Engrais à employer. — Taille spéciale.*

Terrain : L'Alvarelhão est un cépage qui s'accommode de tous les terrains maigres et fertiles. Dans les terrains secs et légers ses rendements sont ordinaires et dans les terrains substantiels il fructifie abondamment.

Engrais : Ce plant n'est pas très exigeant d'engrais: cependant, si on veut obtenir de lui des rendements supérieurs, il faut lui appliquer des amendements mixtes composés de phosphate de chaux, de potasse, de matières azotées.

Taille : Dans les vignobles du Douro on cultive ce plant en souche basse, à taille longue. En Algérie et en Tunisie, où les terrains sont plus fertiles que dans le Douro, on pourrait le cultiver en cordon sur fil de fer à taille longue.

§ IV. — *Dates de debourrement du cep et de maturité du fruit.*

L'Alvarelhão est un cépage qui débourre de bonne heure dans les terrains légers et plus tard dans les sols très fertiles. Sa maturité est de deuxième époque. Il mûrit vers la fin du mois d'août dans le Douro.

Il n'y aurait dans notre colonie qu'une différence d'un jour ou deux.

§ V. — *Maladies particulières de l'Alvarelhão.*

Dans les plantations en souche basse, il est souvent attaqué par l'oïdium, quoiqu'il paraisse à peu près indemne d'autres maladies.

Ce cépage résiste aux influences de l'humidité comme à celles de la sécheresse. Les insectes, surtout les altises, en sont assez friands.

§ VI. — *Production de l'Alvarelhão.*

Qualité pour la table : Le raisin de ce cépage n'est pas un raisin ordinaire comme goût ; dans certains cas il peut être présenté comme raisin de table.

Quantité pour le vin : Dans la province du Minho les viticulteurs le recherchent avec avidité pour la cuve.

Qualité du vin : Le vin que produit le raisin de l'Alvarelhão est très renommé ; on l'associe avec celui de Bastardo, pour en faire un seul que réclame le commerce d'exportation.

Le vin qui provient des souches basses est plus chaud que celui qui vient des hautains sur arbres, mais ce dernier est plus frais et plus fin.

Alcoolicité : Il dose de 11° à 12° d'alcool.

Son extrait sec varie entre 22 et 25 grammes par litre.

Amarot. — Originaire des Landes (France). Beau raisin noir de table (in. G. de R.).

Angiola bianca. — Sans synonymes connus, originaire de Bologne (Italie).

Ce raisin est très bon et beau, un des meilleurs pour la table et pour conserver l'hiver. (G. de R.).

Anguur Ali Derecy. — Sans synonymes connus, originaire de Perse (environ d'Ispahan).

« La grappe de ce raisin délicieux a 4 à 5 décimètres de long et ses grains noirs sont gros comme des prunes de Damas ». (Od., p. 606).

Anguur Asji. — Sans synonymes connus ; *Kemfer* (Od., p. 606), compare son vin à celui de l'Hermitage.

Raisin noir.

Anguur Samarkandy. — Sans synonymes connus, originaire de Perse (Environ d'Ispahan).

C'est le raisin noir qui sert à fabriquer le vin de Schiras (Od., p. 606).

Anzolica nera. — Synonymes : *Prete*, H. G. Originaire d'Italie.

Feuilles : Bien sinuées et bien duvcteuses.

Grappe : Petite avec des grains moyens, serrés, noir pruiné.

Apersorgia Niedda. — Sans synonymes connus, originaire de Sardaigne (A. U., d. R. p. 7).

Raisins rougeâtres ou noirs, oblongs.

ARAMON

(MONOGRAPHIE)

§ I. — *Synonymie*.

L'Aramon se nomme encore suivant les pays :
Robalaire, plant riche, dans l'Hérault.
Ravalaïre ou *Rabbalaire*, dans la Haute-Garonne.
Ugni noir, en Provence.
Pissevin, à Hyères.
Aramon, dans l'Aude, le Gard, les Pyrénées-Orientales.
Uni nègre, dans le Var, les Bouches-du-Rhône, le Gard.
Buchard'ts Prince, en Angleterre.
Arramont, Okorszem Keh, en Hongrie.
Cépage originaire de la Provence.

§ II. — *Caractères spécifiques de l'Aramon*.

Souches : Très forte, très vigoureuse dans les terrains riches, port étalé. Très vivace et de très longue durée.

Sarments : Rampants, robustes et volumineux, excessivement allongés dans les terrains riches ; plus courts en terrain maigre. D'une couleur rouge-clair en été, grise en hiver. Beaucoup de moelle ; bois tendre, nœuds assez espacés, bien renflés, moins nombreux dans les terrains pauvres.

Feuilles : Moyennes, dentelées, peu découpées et peu divisées, lisses à leur face supérieure, assez lisses, un peu duveteuses au revers, sinus pétiolaire ouvert, couleur vert jaunâtre, à l'arrière-saison elles prennent une teinte jaunâtre quelquefois rouge sur les bords et par place seulement.

7

Grappe : Volumineuse, longue, presque cylindrique ou légèrement ailée. Le pédoncule, herbacé, peu résistant, reste souvent plein de sève longtemps encore après la maturité (ce phénomène est un caractère spécial en Algérie).

Les pédicelles des grains, ainsi que le pédoncule de la grappe dont nous venons de parler sont tendres, cassants, se colorent en rouge dans les terrains où la souche est peu chargée, restent verts dans les autres.

On compte en général sur le sarment deux grappes maîtresses, dont la première est insérée au quatrième nœud. Mais dans les vignes à sol riche bien entretenu, le sarment porte souvent jusqu'à trois grappes maîtresses sur les bourgeons principaux.

Grains : Ronds, gros, très juteux. La pellicule est mince. Goût sucré, légèrement acide assez délicat. La couleur est rouge-clair dans les terrains fertiles, sauf pour les grains cachés sous les feuilles qui, par suite, restent un peu jaunâtres. Dans les terrains en pente bien ressuyés, la couleur est d'un rouge plus foncé tirant sur le noir ; la peau est moins veloutée. (Marès).

§ III. — *Production de l'Aramon.*

Qualité pour la table : La grappe d'Aramon est d'une belle apparence, ses grains sont appréciables au goût lorsqu'ils sont mûrs : on le range parmi les variétés communes pour la table.

Qualité pour le vin : Raisin spécialement prédestiné à la fabrication du vin.

Qualité du vin : Le vin provenant de l'Aramon possède une petite couleur rouge assez vive. Son goût est très agréable quand le raisin a suffisamment mûri. Degré faible ; il ne dépasse jamais en Algérie 11° dans les terrains secs et ressuyés ; il dose en terrains frais de 8° à 9° 50 d'alcool suivant les variations climatériques de l'année. Coupage dans les proportions qui seront indiquées plus loin (choix des cépages). Ce vin est bienfaisant et sain lorsqu'il n'est pas *viné* dans une certaine mesure et lorsqu'il compte deux ans de fabrication : sa couleur faiblit en vieillissant. Extrait sec variant de 18 à 25 grammes par litre.

Proportion du kilo au litre : Il faut 120 à 126 kilos de raisin suivant l'année pour produire 100 litres de vin rouge, et 124 à 130 kilos pour rendre 100 litres de vin blanc.

Quantités : Les facultés productives de l'Aramon dans l'Afrique française du Nord sont considérables. Il peut donner jusqu'a 400 hectolitres à l'hectare de 2,500 pieds dans des terrains fertiles et légèrement frais ; mais, cultivé en terre maigre ou sèche et en coteau, il perd jusqu'aux huit-dixièmes de sa puissance de production et son rendement descend très bas, aux environs de 40 hectolitres.

Malgré ces variations qui dépendent du choix du sol, de l'état climatérique de l'année et des engrais, l'Aramon — au point de vue des bénéfices — demeure au premier rang parmi les cépages à grand rendement.

Notons encore parmi les éléments qui influent sur le produit en argent de l'Aramon, la question de rusticité et la constance de sa production.

C'est, en résumé, un cépage à développer en Algérie sur une notable échelle tant au point de vue actuel du vin et de l'eau-de-vie dans l'avenir, non cependant à l'exclusion de tous les autres.

§ IV. — *Dates de débourrement du cep et de maturité du fruit.*

L'Aramon débourre de bonne heure.

Dates de maturité : Il mûrit du 25 août au 10 septembre lorsqu'il est exposé convenablement en terre ressuyée, et quelques jours plus tard, si le terrain est plus frais et exposé au Nord, c'est-à-dire au commencement de la troisième époque. Ces différences varient suivant les situations et les altitudes.

§ V. — *Terrains à choisir. — Engrais appropriés. — Taille spéciale.*

Terrains : L'Aramon est très *gourmand*. Ce mot suffit pour faire comprendre qu'il prospère à merveille dans les terres d'alluvion anciennes et modernes et en général dans toutes les terres sèches, pourvu qu'elles soient bien défoncées et copieusement fumées.

Engrais : L'Aramon, dans ces conditions, absorbe beaucoup de principes fertilisants. Lorsque ses rendements descendent, on reconstitue la fertilité du sol en y apportant des engrais. (Voir engrais).

Taille : L'Aramon demande une taille généreuse, en porteurs (coursons) et de lui laisser un ou deux yeux sans compter le sous-œil (Borgne). La taille longue lui convient dans les terrains riches, tant sa sève est abondante.

§ VI. — *Maladies de l'Aramon.*

En raison de son débourrement hâtif, ce plant craint les gelées printanières et les insectes précoces, notamment les altises.

Sa vigueur lui permet cependant de réagir contre les gelées précoces. Nous avons souvent vu des souches geler jusqu'à deux fois en vingt-cinq jours, refaire des sarments fructifères qui ont encore donné 25 hectolitres à l'hectare de 2,500 souches.

Un grand ennemi de l'Aramon est l'oïdium, auquel il offre beaucoup de prise et qui préjudicierait grandement au produit, s'il n'était combattu à temps et avec énergie : mais des traitements intelligents appliqués suivant la méthode que nous préconisons en d'autres chapitres auront facilement raison de ce fléau.

L'Aramon est peu sensible à la coulure. Il est, en revanche, sujet à l'anthracnose et à la pourriture dans les terrains humides.

ARAMON TEINTURIER BOUSCHET

(MONOGRAPHIE)

§ I. — *Synonymie.*

L'Aramon Teinturier Bouschet est sans synonymes, — hybride de l'Aramon et du Teinturier.

§ II. — *Caractères spécifiques de l'Aramon Teinturier Bouschet (Viala).*

Souche : Peu vigoureuse, à port étalé, à bois de l'année d'un gris brunâtre.

Bourgeonnement : Blanchâtre, duveteux ; jeunes feuilles trilobées, avec tomentum laineux, blanc à la surface inférieure, revêtue d'un duvet vert gris à la face supérieure.

Feuilles : Plutôt grandes, presque aussi larges que longues, trois sublobées, à sinus pétiolaire assez profond, en U carré, nervures d'un vert jaunâtre clair; face supérieure d'un beau vert foncé, face inférieure d'un vert blanchâtre, avec tomentum aréneux peu abondant

Grappe : Très grasse, tronc conique lâche, à rafle et pédoncule vert clair et cassant.

Grains : Gros, globuleux, d'un noir violacé foncé, à peau fine, pulpe abondante, à jus d'une couleur rouge vineux assez foncé et brillante.

Terrains : Ce plant, sans être très exigeant, réclame une terre profonde, tant soit possible appartenant à l'ordre des alluvions.

Engrais : Ce cépage étant très fertile, il suit la qualité du sol, s'accommode très bien des engrais potassiques et suffisamment azotés et phosphatés.

Taille : L'Aramon Teinturier-Bouschet produit beaucoup en souche basse taillée à deux yeux sans le sous-œil, mais il produirait encore plus si on le conduisait en cordon sur fil de fer et à taille à deux yeux.

Maturité : Ce plant débourrant assez tard, les gelées printanières sont rarement à craindre. Il mûrit quelques jours avant l'Aramon.

§ III. — *Production et maladies particulières à ce cépage.*

Résiste assez bien au peronospera ; par contre très sensible au siroco.

Qualité pour la table : Qualité nulle.

Qualité pour le vin : Raisin spécial pour la cuve.

Qualité du vin : Le vin obtenu est très foncé, il est exclusivement employé dans les coupages.

Alcoolicité : En France il dose de 8° à 9° d'alcool. Son extrait sec varie entre 21 à 23 grammes par litre.

Proportion du kilo au litre : Pour produire 100 litres de ce vin, il faut fouler et mettre à la cuve de 127 à 135 kilos de raisin.

Quantités de vin : Ce cépage étant cultivé à grand développement en cordon sur fil de fer peut produire jusqu'à 300 hectolitres à l'hectare de 2,000 pieds.

Le siroco et la sécheresse prolongée atteignent la production de l'Aramon en faisant perdre au raisin une notable quantité de jus. Il faut retenir que ce cépage est d'autant plus sensible aux fortes chaleurs, qu'il a été planté dans un terrain plus sec à sous-sol plus dur.

Toutefois il ne faut pas exagérer le préjudice à craindre, si les cultures ont été bien entretenues et si les feuilles couvrent suffisamment les raisins pour les abriter contre les influences de la sécheresse et même du siroco. ·

Argant. — *Syn. : Gros Margillien,* à Arbais (A. S., C. Rouget); *Noireau* ou *Brumeau ?* dans la Haute-Loire. Originaire du Jura (France).

Caractères spécifiques de l'Argant (d'après Mas et Pulliat).

Souche : Très vigoureuse et de longue durée.

Sarments : Erigés, très gros, à grand développement et à nœuds distants.

Bourgeonnement : D'un roux clair, presque glabre, passant au vert jaunâtre brillant.

Feuilles : Grandes ou très grandes, un peu ondulées, d'un vert clair, lisses et luisantes en dessus, vertes et glabres en dessous; sinus supérieurs profonds; sinus secondaires bien marqués; sinus pétiolaire ouvert; dents profondes, aiguës; pétioles longs, glabres, un peu teintés de rose; défeuillaison tardive.

Grappe : Sur-moyenne ou grande, largement conico-cylindrique; pédoncule long, assez fort.

Grains : Moyens, globuleux, un peu serrés ou peu serrés; pédicelles assez longs, assez forts, bien attachés au grain.

Peau : Assez épaisse, résistante, d'un beau noir pruiné à la maturité.

Chair : Un peu molle, peu sucrée, juteuse, à saveur simple, peu relevée.

Qualité du vin : Ce cépage donne un vin ordinaire peu délicat et sans finesse, mais très coloré ne manquant pas de feu et susceptible de garde. (Il dose de 10° à 11° d'alcool).

Production du vin : Le rendement varie avec la nature du sol de 100 à 150 hectolitres à l'hectare.

Terrains : Il s'accommode assez bien des sols légers et calcaires.

Engrais : Les engrais qui conviennent à ce cépage sont les composts à dose de phosphate de chaux et d'un peu de potasse.

Maturité : Il débourre un peu tard et mûrit à la deuxième époque tardive.

Taille : Taille longue pratiquée sur cordon.

Maladies particulières : Il craint un peu la coulure, si la saison est pluvieuse pendant la floraison.

Arlandino. — Sans synonymes connus, originaire d'Alexandrie (Italie).

Feuilles : Glabres ou presque glabres en dessous, trilobées, tachées en rouge en octobre..

Grappe : Tantôt pyramidale, tantôt ailée, agglomérée; raisins noirs bleus, moyens, ronds, beaux; pédicelles rouges.

Arrobal. — Sans synonymes connus (Espagne); raisins moyens, rouges, olivoïdes (Rox).

Arrouya. — Sans synonymes connus (Pyrénées), Od., 494 (J. de P. V., IV, 511). Bic. Guy., 352, l'appelle *Aroyat*. Bon pour la cuve et pour la table.

Arvino nero. — *Syn. : Magliocco dolce, Lagrima* (B. A., fasc. XV p. 163).

Ce cépage donne des raisins qui forment la base des vins de la province de Cosenza.

Caractères spécifiques de l'Arvino nero.

Souche : Assez forte.

Feuilles : Grandes, de couleur vert sombre; tomenteuses et aranéeuses à la face supérieure qui est vert blanchâtre.

Grappe : Conique, ailée, serrée peu longue.

Grains : Moyens, sphériques, de couleur noir-violet pruiné.

Askari rouge des régions caucasiques. — Raisin bon à manger et à faire du vin (H. G.).

Aspiran Bouschet

(monographie)

§ I. - - *Synonymie.*

Sans synonymes connus, originaire de l'Hérault (France).

§ II. — *Caractères spécifiques de l'Aspiran Bouschet (Foex).*

Souche : Vigoureuse, à port presque rampant.

Sarments : Bois fortement enviné à l'état herbacé, d'un gris cendré clair sur fond vineux.

Bourgeonnement : Duveteux, rouge violacé clair.

Feuilles : Grandes, aussi larges que longues, profondément découpées, quinquelobées ; les sinus latéraux et pétiolaire profonds, fermés au sommet, laissant un trou à la base ; nervures envinées, pourtour liseré de rouge vineux ; face supérieure d'un vert mat foncé ; face inférieure à fortes nervures, pourvues de nombreux poils courts et raides, à rares poils aranéeux sur le parenchyme ; d'un carmin vineux clair à l'automne.

Grappe : Sur-moyenne, allongée, tronc conique, simple, lâche.

Grains : Sur-moyens ellipsoïdes, à pruine très abondante.

Pulpe : A saveur agréable ; jus d'un rouge sang intense, à couleur vive.

§ III. -- *Terrains à choisir. — Engrais à employer. -- Taille spéciale.*

Terrains : Ce nouveau cépage hybride s'accommode assez bien des terrains demi-fertiles, cependant il se plaît mieux dans les sols riches et les alluvions anciennes et modernes lui conviennent particulièrement.

Engrais : L'Aspiran Bouschet n'est pas très gourmand d'engrais, il préfère les composts agissant en même temps comme engrais et amendements. Ce sont surtout les phosphates de chaux et un peu de potasse qui doivent former la base de ces composts.

Taille : Ce cépage est généralement cultivé en souche basse, néanmoins il s'accommode assez bien en cordon à taille demi-longue.

§ IV. — *Dates de débourrement du cep et de maturité du fruit.*

Lorsque ce plant est en terre sèche, il débourre comme ses congénères, à la deuxième époque et il mûrit vers la fin de la deuxième époque.

§ V. — *Maladies particulières de l'Aspiran Bouschet.*

Les raisins de ces cépages sont peu attaqués par le peronospora. Les insectes n'en sont pas très friands.

Tout en redoutant quelque peu le siroco, il résiste cependant aux fortes chaleurs de l'été africain.

§ VI. — *Production de l'Aspiran Bouschet.*

Qualité pour la table. — L'Aspiran Bouschet n'est pas un raisin proprement dit de table, il est trop coloré et par conséquent tachant.

Qualité pour le vin : Ce cépage est très recommandable pour la cuve, aussi est-il cultivé déjà sur de grands espaces.

Qualité du vin : Le vin provenant de l'Aspiran Bouschet est remarquablement beau comme couleur, l'intensité de son ton est considérable. M. Foex dit à son sujet (1) : « Il est remarquable par la coloration très intense de son vin, qui est le plus foncé que nous ayons vu jusqu'ici en France ». C'est donc le plus beau vin de teinte que nous possédons parmi les hybrides Bouschet.

Ce vin additionné dans la proportion de 20 p. 0/0 dans le vin de Clairette fournit un vin vif fort agréable.

Alcoolicité : Il dose de 12° à 13° d'alcool. Son extrait sec varie entre 23 à 27 grammes.

Proportion du kilo au litre : Pour produire 100 litres de vin, il faut fouler et mettre en cuve de 145 à 151 kilos de raisin.

Quantité de vin : Ce cépage rend moins en volume que l'Alicante Henri Bouschet, mais par sa valeur commerciale, il est autant rémunérateur.

Dans les terrains qui lui sont favorables et conduit en cordon sur fil de fer, il peut rendre :

En cordon de 140 à 170 hectolitres à l'hectare.
En tonnelle de 190 à 225   —   —

Aspiran gris. — — *Syn. : Verdal,* dans l'Hérault, et *Spiran,* M. P.

Les caractères de l'Aspiran gris sont les mêmes que ceux de l'Aspiran noir sauf la couleur du fruit.

<hr>

ASPIRAN

(MONOGRAPHIE)

§ I. — *Synonymie.*

L'Aspiran est connu encore sous les noms suivants : *Verdal,* dans l'Hérault ; *Piran,* dans le Gard ; *Riveyrenc,* dans l'Aude.

Ce cépage paraît être originaire de la Provence.

§ II. — *Caractères spécifiques de l'Aspiran.*

Souche : Assez forte, très fertile, de longue durée.

Sarments : Demi-érigés, assez forts, longs, d'une couleur rouge bronze clair, un peu glauque, nœuds espacés, peu renflés.

Feuilles : Assez grandes, minces, à cinq lobes, à sinus profonds et découpés, assez dentelées, d'un vert-jaune, bordées de rouge çà et là à l'arrière saison, lisse sur le revers. Le pétiole rougit à l'arrière-saison.

---

(1) *Cours complet de Viticulture,* p. 136 (Foex).

Grappe : Moyenne, légèrement lobée, à petites ailes, très belle, à pédoncule rouge, demi-ligneux.

Grains : Plus ou moins serrés selon l'année, de grosseur moyenne, irréguliers, légèrement oblongs, violets, très pruinés, à peau fine, assez juteux, très croquants, durs, peu sucrés, légèrement acidulés, très bons à manger.

§ III. — *Production de l'Aspiran*.

Qualité pour la table : Le raisin d'Aspiran est un bon fruit précoce qui paraît sur la table quelques jours après le Chasselas et quelques jours avant le Cinsaut. Ce raisin est excellent, on en mange sans se lasser.

Qualité pour le vin : Le raisin d'Aspiran est très bon pour la cuve, son moût se comporte comme celui de Cinsaut dans la fermentation.

Qualité du vin : Le vin d'Aspiran est d'une couleur un peu faible, mais d'un beau rouge clair; il est vif et pétillant. C'est un produit recherché des connaisseurs. Une de ses grandes qualités est de se dépouiller rapidement ; nous en avons la preuve en Algérie.

Combiné avec les vins de Mourvèdre, de Morastel et de Carignane, l'Aspiran les relève et leur communique un goût supérieur et plus fin. Il entrait autrefois pour un bon tiers dans les coupages de vins fins de Saint-Georges.

Il dose de 10° à 11° 50 d'alcool.

Son extrait sec varie de 23 à 27 grammes par litre.

Le raisin d'Aspiran fournit à la pression, un excellent vin blanc très fin et relevé.

Il dose de 10° 50 à 12° d'alcool.

Son extrait sec varie de 20 à 24 grammes par litre.

Proportion du kilo au litre : Pour produire 100 litres de vin rouge, il suffit de mettre en fermentation 141 à 147 kilos de raisin ; mais pour produire 100 litres de vin blanc, il est nécessaire d'employer 145 à 151 kilos de raisin.

Quantité : Le cépage connu sous le nom d'Aspiran est d'une fertilité moyenne, on peut le classer dans la troisième catégorie des rendements. Cultivé en terre silico-calcaire ferrugineuse et un peu argileuse, il donne en souche basse de 50 à 75 hectolitres à l'hectare de 2,750 pieds (1^{m}90 × 1^{m}90).

§ IV. — *Dates de débourrement du cep et maturité du fruit.*

L'Aspiran débourre de bonne heure, quelques jours avant l'Œillade ; il serait ainsi souvent exposé aux gelées blanches, si elles n'étaient pas très rares dans l'Afrique française du Nord.

Sa maturité se produit du 15 au 25 août, à une altitude de 100 mètres en coteau, premiers moments de la troisième époque.

§ V. — *Terrains. — Engrais. — Taille.*

Terrains : L'Aspiran craint les terrains humides. Les terrains substantiels lui conviennent le mieux, il s'accommode cependant en Algérie et en Tunisie de terrains demi-fertiles.

Il se plaît surtout en coteau ou sur versant; toutefois les terrains plats, pourvu qu'ils soient de composition argilo-calcaire et bien ressuyés, sont également favorables à son développement et à sa culture.

Engrais : Ce cépage est beaucoup moins gourmand d'engrais que ceux que nous venons de décrire. Ce sont les engrais ou composts riches en potasse et phosphates de chaux qu'il préfère. ·

Taille : L'Aspiran, étant un cépage à sève madérée, se comporte assez bien en souche basse. Taillé à un œil sa production est faible, mais si on lui laisse deux yeux sa production s'élève relativement.

§ VI. — *Maladies particulières à l'Aspiran.*

L'Aspiran est assez rustique à la coulure, il redoute peu le grillage pendant le siroco et les fortes chaleurs. Les maladies cryptogamiques ne sévissent pas sur lui, sauf l'anthracnose. En résumé l'Aspiran est un plan qui n'expose pas nos viticulteurs à de pénibles déceptions et nous regrettons qu'il ne soit pas assez connu de nos planteurs.

Asprino nero. — Originaire de *Lecce* (Italie).
Raisin très répandu pour la table et la cuve (Bic., 43). ·

Avanas. — *Syn. : Avanalo, Avana Piccolo, Cagnino* (B. A.), originaire de *Suse, Pignerol* (Italie).

Caractères de ce cépage.

Feuilles : Complètes, moyennes, vertes, glabres à la face supérieure, présentant à la face inférieure un tomentum floconneux blanc verdâtre.
Grappe : Moyenne, cylindrique.
Grains : Moyens, subovales, de couleur rouge violacé, pruinés.

Suivant G. de R., le vin produit par cette variété présente une particularité assez curieuse, il enlève l'usage des jambes avant de porter à la tête de ceux qui en abusent. Le B. A. (fasc. xiv, p. 10), confirme ce dire.

Avarengo. — *Syn. : Avarengo commune nero, Avarengo Ramabessa* (M. P.), originaire de *Pignerol Saluces* (Italie).

Caractères spécifiques de l'Avarengo.

Souche : Vigoureuse et rustique.
Sarments : Mi-érigés, à mérithales assez distants.
Bourgeonnement : Blanchâtre, tomenteux un peu teinté de rouge.
Feuilles : Moyennes, d'une forme élégante, glabres supérieurement, molles et finement duveteuses inférieurement, teintées sur les bords lors de la maturité du fruit, sinus supérieurs larges et profonds; les secondaires bien marqués ; pétiole légèrement duveteux.
Grappe : Assez grosse, ailée, conique, assez serrée, portée par un long pédoncule.
Grains : Assez gros, globuleux, sur des pédicelles assez forts.
Peau : Epaisse, résistante, d'un noir bleuâtre mat pruiné à la maturité.
Chair : Molle, juteuse, à saveur simple, bien sucrée, assez relevée.
Terrains à choisir : Ce cépage s'accommode de tous les terrains, soit calcaire siliceux, soit argilo-calcaire siliceux, à condition qu'ils soient bien ressuyés.

Engrais à employer : Composts formés de phosphates de chaux, de potasse et de sulfate de chaux.

Taille spéciale : Taille à long bois, soit sur cordon horizontal soit en tonnelle.

Dates de maturité : Ce cépage débourre assez tôt pour être encore exposé aux gelées tardives. Il mûrit à la deuxième époque.

Maladies particulières : Il résiste assez bien à la grande sécheresse.

Qualité pour la table : Joli à l'œil, succulent au goût, c'est donc un beau et bon raisin de table.

Qualité pour le vin : L'Avarengo, très estimé des viticulteurs est, en outre, un excellent raisin de cuve.

Qualité du vin : « Ce raisin, suivant M. le marquis Incisa, produit dans la province de Pignerol un vin excellent ». M. le chevalier Ide Revasenda écrivit à MM. Mas et Pulliat que « le vin pur d'Avarengo passe pour avoir des propriétés diurétiques ; il est peu coloré, sec, et communique au vin des autres raisins avec lequel on le mélange, dans la proportion d'un tiers, une légèreté et une finesse agréables. Le raisin d'Avarengo est d'un aspect très appétissant ; sa chair est à saveur douce, très sucrée ; c'est un fruit très délicat, recherché pour la table quand il est bien mûr ; pour l'obtenir dans toute sa perfection, il faut le récolter en terrain sec et chaud ».

Alcoolicité : Il dose en Italie où il est cultivé, de 10° à 11° d'alcool ; son extrait sec varie entre 23 à 26 grammes.

Proportion du kilo au litre : Pour faire 100 litres de vin rouge d'Avarengo il faut fouler et mettre à la cuve de 150 à 153 kilos de raisin.

Quantités de vin : Ce cépage étant cultivé en cordon à taille développée, il peut rendre de 145 à 170 hectolitres à l'hectare.

Azulatraube. — *Syn.* : *Grussele Drome, Modra Azulovka,* in. H. G., originaire de *Croatie* (Autriche).

Feuilles : Rondes, épaisses, trilobées, peu découpées, vert pâle à la face supérieure, cotonneuses et blanchâtres à la face inférieure.

Grappe : Moyenne, simple, serrée.

Grains : Ronds, inégaux, noir-bleu, jus assez doux et coloré.

Ce raisin sert aussi bien pour la table que pour la cuve.

Baclan (France). — *Syn.* : *Petit Baclan, Gros Baclan, Béclan* (Jura), *Dureau* ou *Duret* (Jura) Od. ; *Becclan* ou *Bacclan, Petit Dureau* M. P. — D'après Od. (p. 276).

Caractères spécifiques du Baclan.

Feuilles : Assez grandes, glabres, sinuées, couleur vert foncé, rougissant sur les bords dans le mois de juillet.

Grappe : Moyenne, cylindrique, très serrée.

Grains : Moyens, sphériques, noirs. Les raisins, dit Dauphin, auteur estimé d'un mémoire sur les vignes du Jura (cité par Od) « mûrissent bien, donnent un vin très coloré et de bonne qualité, qui prend, en vieillissant, un léger parfum de framboise ».

Le petit Baclan donne un meilleur vin que le gros qui, quoique chargeant plus, est moins préféré.

Bakator rouge, de Hongrie. — *Syn. :* Alfody (dans *le Pays d'au-delà de la Theiss*), *Bakator Grenat, Granat Tzin Bakator* Od.; *Bakator Piros, Piros-Bakor, Bakur* (Siebenburgen), *Crvena Bakartorka* (Croatie) M. P.

Le Bakator est très estimé en Hongrie. (*Vignoble*, t. ii, p. 291).

Ce raisin est un peu sujet à la coulure, mais il produit un grand vin, ayant du corps de la force et du bouquet, de la finesse.

D'après M. et P. il mûrit très tard, il est de sous moyenne grosseur; il est par conséquent peu avantageux et c'est à ce titre que nous jugeons inutile de donner la description de ce cépage.

Balaran, *Italie* (Piémont). — *Syn. : Balaran grosse e Piccolo* (arrondissement d'Asti) G. de R.; *Barbaran Balan*, in H. G.

Ce cépage produit un vin très coloré.

D'après G. de R., la grappe est pyramidale, ailée; les grains sphériques, noirs.

Balsamea nera, *Italie* (Piémont). — *Syn. : Uva rara* (Haute-Italie), *Balsamina Bonarda à grandes grappes, Bonarda di Cavaglia et di Gattinara* (M. P.).

Raisin d'un bon goût, agréable et abondant en matière colorante.

Barbarossa, *Italie* (Piémont). — *Syn. : Uva Barbarossa* (Piémont), *Rossea* (Comté de Nice), *Brizzola* (Vignobles de la Ligurie), *Uva Régina* (M. et P.).

Caractères spécifiques.

Bourgeonnement : Duveteux, blanchâtre.
Sarments : Moyens.
Feuilles : Assez grandes, rugueuses dessus, cotonneuses dessous, trois ou cinq lobes, nervures rougeâtres, rouges à l'arrière saison.
Grappe : Cylindrique, ailée, pédoncule grêle.
Grains : Sur-moyens.
Peau : Assez fine, devenant rouge vif pruiné.
Chair : Fine, à jus doux et agréable.
Troisième époque et demie. Raisin de table se conservant très bien jusque fin décembre.

BARBAROSSA à feuilles découpées

(MONOGRAPHIE)

§ I. — *Synonymie.*

Barbarossa du Piémont, le Marquis Incisa della Rochetta, *Barbarossa di Cornegliano* (*Saggio di Ampélografia,* le Chevalier J. de Rovasenda).

Originaire du *Piémont* (Italie).

§. II. — *Caractères spécifiques de la Barbarossa à feuilles
découpées* (M. et P.

Souche : Vigoureuse, de moyenne fertilité.
Sarments : Mi-érigés, longs, assez forts, méritales assez longs.
Bourgeonnement : Roux grenat, peu duveteux, passant au vert jaunâtre
brillant.
Feuilles : Moyennes, presque aussi larges que longues, glabres et presque
lisses supérieurement, garnies inférieurement, surtout sur les nervures, d'un
duvet pileux assez court et raide ; sinus supérieurs très profonds, fermés, laissant un vide assez large, de forme ovalaire ; sinus secondaires profonds, fermés
ou presque fermés ; celui du pétiole ouvert ; denture inégale, assez profonde, un
peu obtuse ; pétiole assez long, un peu grêle, un peu pileux, défeuillaison tardive.
Grappe : Moyenne, cylindro-conique, parfois ailée, peu serrée ou un peu lâche,
portée par un pédoncule un peu long et un peu grêle.
Grains : Sphériques ou sphérico-ellipsoïdes, de moyenne grosseur, portés par
des pédicelles assez longs et grêles.
Peau : Épaisse, résistante, d'un rouge clair transparent à la maturité.
Chair : Assez ferme, juteuse, sucrée, agréablement relevée, à saveur délicate.

§ III. — *Dates du débourrement et de maturité du fruit.*

Débourrant de bonne heure, ce cépage craint par conséquent les gelées tardives. Il mûrit à la fin de la deuxième époque.

Le cultiver près du littoral en vue des raisins de table, soit pour le pays soit
pour l'exportation.

§ IV. — *Terrains à choisir. — Engrais à employer. — Taille spéciale.*

Terrain : Le Barbarossa n'est pas exigeant pour le terrain où on doit le planter.
Il prospère dans les terres demi-fertiles pourvu qu'elles soient profondes et de
nature friable. Les terrains calcaires siliceux faiblement argileux lui conviennent.

Engrais : Les engrais qui s'assimilent avantageusement à ce plant sont les
composts, à base de phosphate de chaux, de plâtre et un peu de potasse.

Taille : En raison de sa grande vigueur et de sa fertilité moyenne, on doit
le conduire en cordon sur fil de fer à taille développée.

§ V. — *Production de la Barbarossa à feuilles découpées.*

Qualité pour la table : Ce cépage produit un joli raisin qui fait l'ornement
d'une table ; par sa belle couleur rose foncée, son jus agréable et succulent, il
mérite de figurer dans la deuxième catégorie des raisins de dessert.

D'un très bon tempérament, il se conserve longtemps encore soit sur la souche
soit en conserve par suspension.

C'est un cépage que l'on cultive spécialement en vue de la consommation
locale ou pour l'exportation, par conséquent peu avantageux pour la cuve.

Quantités de raisins : Cultivé et conduit en cordon horizontal sur fil de fer, il
peut produire de 160 à 185 kilos de raisin.

§ VI. — *Maladies particulières de la Barbarossa.*

Débourrant de bonne heure, ce cépage craint les gelées tardives; mais par contre, grâce à son tempérament à peau épaisse et de couleur faible, il résiste assez bien à la grande sécheresse. Le siroco n'aurait ici aucune influence sur lui.

Les insectes et les maladies cryptogamiques ne l'atteignent pas assez pour lui causer des dommages appréciables.

Barbera, *Italie* (Piémont).

Syn. : *Barbera Vera, Barbora d'Asti,* Od.; *Barbera nera* (ing. P. Sellets); *Barbera forte, Barbera grossa, Barberone, Barbera mercantile, Barbera dolce, Barbera fina, Barbera riccia, Barbera rossa,* M. et P. Cépage très productif, donnant du vin très coloré et très corsé.

Feuilles : Sur-moyennes quinquélobées, lisses sous le revers.
Grappe : Sur-moyenne, cylindro-conique.
Grains : Sur-moyens, ellipsoïdes.
Peau : Noir bleuté pruiné.
Chair : Juteuse et fraîche au goût.

Barbezino, *Italie* (Pavie).

Syn. : *Monferina, Grignolino.*
Feuilles : Moyennes, lisses ou très peu velues sur les deux faces.
Grappe : Moyenne, cylindrique.
Grains : Ovoïdes ou ronds, petits, de grosseur inégale.
Peau : Noir pruiné.
Chair : Juteuse et sucrée.

Bastardo, *Portugal* (Ile de Madère).

Syn. : *Bâtard.* — Villa-Mayor (Douro-illustré, p. 169) décrit ainsi qu'il suit le Bastardo.

« *Cep* gros, d'aspect régulier; écorce grosse, peu adhérente, crevassée. Bourgeonne de bonne heure. Sarments, en assez grand nombre, dressés, courts, avec des entre-nœuds courts de 0^m04, les nœuds minces et arrondis, durs, ayant peu de moelle, de couleur grise, uniformes. *Grilles* rares et simples. *Bourgeons* en petit nombre. *Feuilles* petites, égales, régulières, avec cinq lobes peu aiguës, ayant les sinus latéraux peu profonds, cordiformes et ouverts; le sinus pétiolaire ouvert, cordiforme. Les dentures en deux séries peu aiguës. La face supérieure presque lisse, de couleur vert sombre; la face inférieure peu duveteuse, de couleur plus claire, a nervures minces, mais saillantes. Pétiole court, lisse, rougeâtre. *Grappes* en assez grand nombre, généralement petites, cylindriques ou cylindro-coniques, très compactes, presque toujours simples ; pédoncule court, d'un vert grisâtre ; pédicelles peu verruqueux à petit bourrelet. *Grains* moyens, égaux, ovo-coniques de 0ᵐ014 à 0ᵐ013 (entièrement noirs), assez sombres, très unis ; durs, peau peu grosse, très sucrés, mûrissant fort tôt, très sujet à sécher ; ont généralement deux ou trois pépins réguliers et gris. — 100 de raisin donnent 51.8 de moût, fin, légèrement rosé, ayant une densité de 1,140, contenant en 100 parties 29,285 de sucre et 0,235 d'acide ».

Baude, *France* (Drôme).

D'après M. et P. (in Vign., t. ii, p. 115), ce serait peut être le Flourion noir de quelques collections. La production de ce cépage est assez forte ; le raisin est beau, consommé spécialement pour la table.

Il s'accommode de tous les sols pourvu qu'ils ne soient pas trop humides, il réclame une taille courte. Sa maturité est précoce, de première époque tardive.

C'est un cépage à cultiver comme primeur dans les sables du littoral.

BERMESTIA ROSSA

(MONOGRAPHIE)

§ 1. — *Synonymie.*

Bermestia Rossa, Baron Mendola, *Acerbi*, le marquis Incisa. *Bermestica*, aux environs de *Pavie*. Acerbi.

§ II. — *Caractères spécifiques de la Bermestia Rossa* (M. et P.).

Souche : Très forte, de longue durée.

Sarments : Forts, érigés, à entre-nœuds assez longs.

Bourgeonnement : Presque glabre, d'un vert clair passant au vert brillant jaunâtre.

Feuilles : Grandes, glabres à leur face supérieure et à peu près glabres à leur face inférieure ; pétiole assez long un peu fort ; sinus supérieurs un peu profonds, ordinairement fermés ; sinus secondaires peu ou point marqués ; sinus pétiolaire ouvert ; denture large, surtout à l'extrémité des lobes, assez peu profonde, peu aigüe ; pétiole assez long, un peu fort.

Grappe : Moyenne ou sur-moyenne, lâche, longue, cylindro-conique, portée par un pédoncule long et grêle.

Grains : Très gros, olivoïdes, plus ou moins réguliers, portés par des pédicelles longs, assez forts, un peu grêles.

Peau : Epaisse, résistante, d'un rouge violacé à la maturité.

Chair : Ferme, juteuse, assez sucrée, à saveur simple.

§ III. — *Production de la Bermestia Rossa.*

Qualité pour la table : Ce raisin est essentiellement cultivé en vue de la table; comme il est très tardif il peut jouer un certain rôle en Afrique pour l'exportation en hiver. C'est donc un plant à retenir pour compléter la collection des raisins de table à cultiver en Algérie et en Tunisie.

Qualité pour le vin : Ce raisin ne convient nullement pour cet usage.

On peut conserver ces raisins dans l'eau-de-vie ou même en faire des confitures de raisiné.

Qualité du vin :

Proportion du kilo au litre :

Quantités de raisins : Ce cépage doit être cultivé en cordon sur fil de fer; ses rendements, dans ce cas, peuvent s'élever de 180 à 220 quintaux à l'hectare.

En tonnelle il peut atteindre de 230 à 260 quintaux à l'hectare.

§ IV. — *Dates de débourrement du cep et de maturité du fruit.*

Ce cépage débourre quelques jours après le Morastel et mûrit à 100 mètres d'altitude fin octobre, c'est-à-dire à la quatrième époque tardive.

En cultivant ce cépage dans le Djurdjura à une haute altitude de 1,200 à 1,500 mètres, le raisin ne mûrirait pas avant le 15 janvier.

§ V. — *Terrains à choisir. — Engrais à employer. — Taille spéciale.*

Terrains : Ce cépage n'est pas très exigeant pour sa nourriture. Il vit dans les terrains demi-fertiles à la condition qu'ils soient profonds.

Les sols calcaires siliceux et faiblement argileux lui conviennent particulièrement.

Engrais : Les engrais les plus favorables à son développement fructifère sont les composts, riches en phosphate de chaux, en potasse.

Taille : La taille la plus rationnelle à appliquer est celle à deux yeux francs, sur cordon.

§ VI. — *Maladies particulières de la Bermestia Rossa.*

Ce cépage peut être planté dans les endroits où les gelées tardives apparaissent soudainement, puisqu'il débourre très tard. En outre, les raisins résistent aux légères gelées hâtives.

Il est indemne de maladies cryptogamiques et des insectes.

Il résiste au siroco, à la grande sécheresse.

Bettlertraube, *Styrie.*

Syn. : Grossblau, Grosskolner, Plava Goristjie, Ornina Velka (in H. G.).

Feuilles : Allongées, minces, trilobées, peu découpées ; face supérieure lisse, luisante, vert sombre ; la face inférieure rarement cotonneuse.

Grappe : Longue, pyramidale, lâche ; les grains sont ronds, noir pruiné, chair juteuse.

Raisin de table et de cuve.

BIBIOLA

(MONOGRAPHIE)

§ I. — *Synonymie* (M. et P.).

Sans synonymes connus. Originaire des vignobles de Saluces (Italie).

§ II. — *Caractères spécifiques de la Bibiola.*

Souche : Vigoureuse, rustique, très fertile.
Sarments : Gros, érigés ou mi-érigés.
Bourgeonnement : Blanc, duveteux, un peu teinté de rose.
Feuilles : Moyennes, d'un vert assez foncé, ordinairement plus larges que longues, peu tourmentées, légèrement lobées, glabres supérieurement, garnies inférieurement d'un léger duvet floconneux ou filamenteux; sinus supérieurs un peu profonds; les secondaires assez marqués; sinus pétiolaire un peu ouvert; denture inégale, assez large, peu obtuse, finement macronée; pétiole long, fort, rayé de lilas rougeâtre.
Grappe ; Grosse, large, ailée, serrée, cylindrique, arrondie à sa partie supérieure.
Grains : Gros, ronds ou presque ronds, portés par des pédicelles assez longs, assez forts.
Peau : Mince, assez résistante, d'un noir foncé pruiné à la maturité.
Chair : Ferme, assez juteuse, sucrée, à saveur simple.

§ III. — *Dates de débourrement du cep et de maturité du fruit*

Ce cépage débourre de bonne heure et il mûrit de même; c'est un plant à cultiver en dehors de la zone gelive. Dans les terrains calcaires siliceux situés à 100 mètres d'altitude, il mûrit dans les premiers jours de septembre.

§ IV. — *Terrains à choisir. — Engrais à employer. — Taille spéciale.*

Terrains : La Bibiola est un cépage très rustique, il s'accommode volontiers des terrains de demi-fertilité. Les terrains calcaires siliceux légèrement argileux lui sont favorables.
Engrais : Ce plant, quoique très productif, n'est pas très exigeant pour son entretien.
Les engrais sous forme de composts, comprenant dans leur composition des phosphates de chaux, de la potasse et un peu d'azote produisent sur lui un excellent effet de vigueur.
Taille : Suivant M. Pulliat (in Vig., t. III, p. 122). « La taille courte sur trois ou quatre coursons au plus nous semble le mode de conduite le mieux approprié a sa manière d'être ».
En Algérie et en Tunisie, sous notre climat et notre sol généreux, on peut lui laisser six coursons ou porteurs sans l'épuiser; ce nombre correspond bien à celui qu'indique dans sa haute compétence ce savant ampélographe.

§ V. — *Maladies particulières de la Bibiola.*

Ce cépage débourrant un peu trop tôt, craint les conséquences des gelées tardives. Il faut donc le planter soit en coteau, soit en plaine non gélive.

Les insectes ne lui font pas grands dommages.

Les maladies cryptogamiques sont promptement enrayées par un simple traitement.

Les traitements préventifs exécutés, suivant notre méthode, sur les souches après leur taille, enrayent radicalement le mal au début.

Il résiste assez bien à la sécheresse.

§ V. — *Production de la Bibiola.*

Qualité pour la table : Ce raisin n'est pas un fruit de dessert; il est trop serré et naturellement impropre pour la table.

Qualité pour le vin : La Bibiola produit un raisin qui prendrait une place importante dans nos futurs vignobles pour la cuve.

Qualité du vin. : Le vin que l'on obtiendrait de ce cépage serait abondant, bien coloré et assez corsé. Suivant M. Pulliat, il serait supérieur à celui de Corbeau que l'on cultive dans la vallée de la *Saône*.

Alcoolicité : Son moût dose environ 170 grammes de sucre par litre.

Proportion du kilo au litre : Pour produire 100 litres de vin il faut fouler et mettre à la cuve de 138 à 145 kilos de raisin.

Quantités de vin. : Ce cépage, étant cultivé suivant les indications qui précèdent, peut rendre de 80 à 100 hectolitres à l'hectare de 2,500 pieds.

Blauer, *Portugieser* (Autriche).

Syn. : *Aruya* Villa Mayor ; *Blauer Oporto, Blauer Franchischer, Veste di monica, Früh Portugieser, Murelo* Pull.

Ce cépage, très robuste, donne abondamment un vin ordinaire en Autriche et en Allemagne. Il est cultivé en Portugal dans le Douro, le Bairada, etc. Il se plait dans les terrains forts et substantiels, néanmoins il produit normalement dans les sols de fertilité moyenne.

Caractères, d'après M. et P.

Feuilles : Assez grandes, aussi larges que longues, très peu duveteuses à la face inférieure, lisses à la face supérieure, peu sinuées.

Grappe : Moyenne ou sur-moyenne, un peu ailée, un peu compacte et cylindrique.

Grains : Moyens, sphériques, d'un beau noir bleu, un peu pruinés à la maturité qui est de première époque.

Blaufrankische, *Blau* (Hongrie).

Syn. : *Limberger*, en Allemagne, *Portugieser Leroux*, en France.

Ce cépage est assez fertile, il est cultivé en Allemagne et en Autriche.

Le vin est d'une saveur douce et agréable.

8

Caractères, d'après H. G.

Feuilles : Grandes, épaisses, parcheminées, presque rondes, peu découpées, face supérieure vert sombre, lisse, luisante; boursouflées à maturité, duveteuses à la face inférieure.

Grappe : Moyenne, plus rameuse et plus boursouflée que celle du Portugieser.

Grains : Moyens, ronds, noir foncé, veloutés, leur jus est un peu plus acide que celui du Portugieser et leur maturité et aussi plus tardive de huit jours.

Bonarda nera, *Italie* (Piémont). — *Syn.* : *Driola* (Borgamanera), in H. G. Cépage donnant très régulièrement et abondamment un excellent vin. Ses raisins, dit G. de R., sont noirs avec des grains sphériques à peau fine, mais résistante, à pulpe succulente et sucrée. D'après Pull., les feuilles sont sur-moyennes, peu duvetées et peu sinuées.

Borgione nero, *Italie* (Toscane). — *Syn.* : *Inganna Cane*, *S. Giovento forte* (Acerbi). — G. de Rov, n'admet pas la synonymie de Borgione nero et d'Inganna Cane, que d'autres auteurs italiens ont cependant donnée. Le Borgione nero donne un raisin propre à la vinification.

Borgogna, *Italie* (Alexandrie). — In. H. G. Raisin pour la cuve.

Boton de Gallo Bianco et Négro *(Espagne).* — *Syn.* : *Verdejo* Sim. Rox. — Sarments longs; raisins petits à grains serrés, très doux.

Bouillenc rose, *France* (Tarn-et-Garonne) — *Syn.* : *Guillemot rose* (Landes), *Fedlinger* (Bas-Rhin), Od. — Ce cépage est assez productif, mais peu méritant.

Brachetto nero, *Italie* (Ligurie).

Syn. : *Rappalunga* (Carara), *Bruccinola* (Piémont).

Ce cépage que nous décrivons diffère du Brachetto de Nice et donne un raisin à saveur musquée, tandis que le Branchetto de Nice, synonyme du Pecoui-Thouar, a des raisins à saveur simple.

Breggiola, *Italie* (Piémont). — *Syn.* : *Brizzola* (Haut-Novarais); *Valenzana* ou *Valenzasca* H. G. — G. de R. le dit robuste et d'après lui son raisin est plutôt employé pour la table que pour la cuve.

Bregin ou **Rougin**, *France* (Jura). — Cépage très rustique, donnant un bon raisin de table et de cuve.

Le raisin se conserve bien et son vin a de la tenue.

Les feuilles tombent tardivement.

Bretonneau, *France* (Haute-Vienne et partie granitique de la Charente). — Ce petit raisin noir est assez estimé dans ce pays malgré son peu de valeur.

Brindisina, *Italie* (Lecce).

Beau raisin de table.

Caractères.

Feuilles : Petites, vertes, prenant une couleur rosée à l'automne, glabres.
Grappe : Moyenne, conique, simple, serrée.
Grains : Moyens, légèrement ovales, de couleur rose pâle.

BRUN-FOURCA

(MONOGRAPHIE)

§ I. — *Synonymie.*

Ce cépage porte suivant les pays où on le cultive, les divers noms qui suivent :

Brun-Fourca, Farnous, dans le Var, les Bouches-du-Rhône, l'Hérault et le Gard.

Moulan, Morrastel-Floural (Provence).

Moulard, dans le Gard.

Coulad-noir, dans le Vaucluse.

Ce cépage paraît être originaire de Provence.

§ II. — *Caractères spécifiques du Brun-Fourca.*

Souche : Moyenne, assez vigoureuse, très fertile dans les sols où elle se convient.

Sarments : Forts, érigés, d'un rouge grisâtre, lisses et longs, nœuds assez forts, à entre-nœuds assez espacés.

Feuilles : Assez petites, à faces lisses et luisantes, d'un beau vert, tintées en rouge sur les bords à l'arrière-saison, un peu recroquevillées, à cinq lobes, de forme arrondie, dentelures grossières peu profondes.

Grappe : Grosse, longue, ailée, très ligneuse.

Grains : Gros, oblongs, rouge foncé, assez pruinés et fleuris, charnus, assez sucrés, légèrement acidulés, s'égrenant facilement quand ils sont mûrs.

Il reste quelquefois des grains jaunâtres dans les grappes à la suite de sécheresse.

A l'arrière-saison le Brun-Fourca porte souvent des grappillons.

§ III. — *Production du Brun-Fourca.*

Qualité pour la table : Le Brun-Fourca n'est pas un raisin de table, il est trop coloré et acidulé.

Qualité pour le vin : Si le raisin de Brun-Fourca n'est pas présentable pour manger, il est en revanche très bon pour la cuvée. Sa fermentation est assez rapide.

Qualité du vin : Le vin produit par le Brun-Fourca est très employé dans les coupages des vins ordinaires. Il est fort en couleur. Il se clarifie promptement. Le goût est bon sans être aussi fin que celui de l'Aspiran ou du Grenache.

Ce vin dose de 10° à 13° d'alcool.

Son extrait sec varie de 24 à 32 grammes par litre.

Proportion du kilo au litre : Pour faire 100 litres de vin rouge, il faut de 140 à 146 kilos de raisin (raisin de grosse production), variant essentiellement suivant les terrains et l'état climatérique de l'année.

Quantités : Planté en terre fertile et friable, où les racines peuvent aller chercher très bas leur nourriture, les rendements du Brun-Fourca se rapprochent de ceux de la Carignane, c'est-à-dire qu'ils s'élèvent en moyenne à 80 hectolitres à l'hectare de 2,750 pieds, mais peuvent arriver à 120 hectolitres si le sol est frais.

§ IV. — *Dates de débourrement du cep et de maturité du fruit.*

Le Brun-Fourca débourre tardivement comme ses congénères le Mourvèdre et Morastel.

Il mûrit du 5 au 15 septembre à une altitude de 100 mètres en coteau, et huit jours plus tôt quand il est planté dans les terres légères près du littoral.

Sur les Hauts-Plateaux à Aïn-el-Adjar, il mûrit vers le 5 octobre (troisième époque).

§. V. — *Terrains. — Engrais. — Taille.*

Terrains : Dans le Midi de la France, il réussit très bien dans les terres graveleuses mais profondes. En Algérie et en Tunisie il préfère des terrains argilo-calcaire siliceux, friables et profonds. Les alluvions anciennes et modernes sont des terres de premier ordre pour lui.

Engrais : Le Brun-Fourca suit la fertilité du sol, il est assez gourmand d'engrais.

Les engrais combinés sous forme de composts, suffisamment azotés et potassiques lui sont favorables.

Taille : Le Brun-Fourca, soumis à une taille courte, c'est-à-dire à un œil, produit moins que si on lui laisse deux yeux. On peut le charger. Cultivé en taille longue sa production est bien supérieure.

§ VI. — *Maladies particulières du Brun-Fourca.*

Comme le Brun-Fourca débourre tard, il craint peu les gelées blanches tardives.

Dans les terrains trop secs il redoute les retours de sève.

Il résiste assez bien à la coulure occasionnée par les brouillards.

Les altises en sont friandes et l'attaquent vigoureusement.

L'oïdium l'affecte fortement mais un peu tard.

L'anthrachnose et le peronospera ne semblent pas l'affecter.

Bruneau, *France* (Lot). — Variété du Teinturier, dit Pulliat. Estimé pour le produit et la qualité.

Buonamico nero, *Italie* (Toscane). — D'après G. de R., ce serait un cépage de second ordre pour la vinification. Le B. A. (fasc. XVI, p. 181) en donne les caractères suivants : *Feuilles* moyennes, trilobées, de couleur vert foncé sur la face supérieure, blanchâtres sur la face inférieure : *Grappe* cylindrique, longue; *Grains* ronds, d'un beau noir pruiné.

CABERNET-FRANC OU CARMENET

(MONOGRAPHIE)

§ I. — *Synonymie.*

Le Cabernet-Franc s'appelle encore :

Petite Vuidure, Petite Vigne dure (Gironde), *Cabernet-gris* (ampélographie française), *Veron* (Nièvre, les Deux-Sèvres), Odart ;
Bouchet à Saint-Emilion ;
Petit Fer à Libourne ;
Veronais dans l'arrondissement de Saumur (Pulliat) ;
Fer-Servadou (Tarn-et-Garonne) ;
Scarcit (Bordelais) ;
Négrilon, Crapul, Arrouya (M. et P.) ;
Maccofero nero dans la province de Pavie (B. A.).

§ II. — *Caractères spécifiques du Cabernet-Franc.*

Souche : Moyenne, droite, assez vigoureuse.
Sarments : Les sarments du Cabernet-Franc sont droits, fermes et ronds, son écorce est luisante, de couleur marron-clair d'abord, puis foncé et presque rouge.
Les nœuds sont assez gros, les entre-nœuds de longueur moyenne ; l'étui médullaire est relativement petit ; les boutons sont pointus, d'un blanc fauve.
Feuilles : Moyennes, dentelées, glabres, un peu cotonneuses par dessous, rosées à leur épanouissement, minces, unies, profondément découpées en cinq lobes, le lobe terminal assez large pour déborder sur les autres, chaque lobe muni de dents larges, obtuses et surmontées d'une pointe assez aiguë, nervures saillantes en dessous, duvet rare. Couleur générale, vert foncé. Le pétiole est mince, cylindrique, de nuance rougeâtre.
Grappe : Cylindro-conique, ramassée, grosseur moyenne.
Grains : Sphériques, de grosseur moyenne, peau épaisse et dure, croquants, d'une couleur noir-violet, les grains du Cabernet-Franc sont souvent fleuris d'une poussière blanchâtre. Le suc en est épais, visqueux, la saveur en est franche, assez énergique. Les pédoncules sont allongés brun-rouge, les pédicelles plus clairs (P. L.).

§ III. — *Production du Cabernet-Franc.*

Qualité pour la table : Bien que la saveur du raisin de Cabernet-Franc ne soit point désagréable, ce n'est pas sur ce plant que les viticulteurs doivent compter pour produire du raisin de table marchand.
Qualité pour le vin : Le Cabernet-franc est d'une belle couleur rouge foncé, c'est un raisin très recherché pour la cuve, il ne sert que pour faire du vin rouge.
Qualité du vin : Le vin de Cabernet est d'une belle couleur rouge foncé, il est très fin, solide et parfumé. Inutile de dire qu'il est précieux pour les coupages, puisqu'il sert de base pour les Bordeaux.

Ce vin n'est pas très riche en alcool, puisqu'il dose de 9° à 11° degrés seulement; en France son extrait sec est assez élevé, il varie de 26 à 30 grammes par litre.

En Algérie et en Tunisie son degré alcoolique est plus élevé, il varie de 10° à 12·50 d'alcool.

Proportion du kilo au litre : Un hectolitre de vin de ce cépage exige l'emploi de 150 à 158 kilos de raisin. Dans les terrains secs, les grappes sont peu juteuses, il en faut alors de 158 à 165 kilos.

Quantité : La production, comme quantité, est à peu près égale à celle du Pinot. Elle varie en souche basse de 35 à 45 hectolitres à l'hectare de 2,750 pieds, mais sur fil de fer elle atteint jusqu'à 120 et 150 hectolitres à l'hectare de 2,000 pieds. Dans le Bordelais on le cultive à deux branches en *aste*, sa production dans ce cas est intermédiaire entre le système à souche basse et celui sur cordon.

§ IV. — *Dates de débourrement du cep et de maturité du fruit.*

A une altitude de 100 mètres près du littoral en terre légère, le Cabernet-Franc débourre du 10 au 20 mars et dix jours plus tard s'il se trouve en terre forte, fraîche et basse.

Il mûrit du 25 août au 5 septembre dans la première situation et du 1er au 15 septembre dans la seconde (3me époque).

A Guebar-bou-Aoun il mûrit suivant les années, du 1er au 10 septembre.

§ V. — *Terrains. — Engrais. — Taille.*

Terrains : Nous recommandons particulièrement pour le Cabernet-Franc, en Algérie et en Tunisie, les terrains argilo-calcaires siliceux. Quant à l'exposition, ce cépage préfère les versants bien ressuyés du Djurdjura, de l'Atlas et près du littoral, les grands versants fuyants qui appartiennent à l'ordre des grès, des schistes, des granites et des basaltes.

Engrais : Le Cabernet cultivé soit en aste ou sur cordon dans les conditions que nous ne lassons point de préconiser exige des engrais mixtes azotés-potassiques et phosphatés. (Voir nos tableaux pour les quantités à employer).

Taille : Le Cabernet-Franc est un cépage qui produit peu en taille courte. Lorsqu'il est taillé à long bois, soit en aste ou sur fil de fer en cordon, il produit jusqu'à 120 hectolitres à l'hectare de 1,600 pieds.

§ VI. — *Maladies particulières au Cabernet-Franc.*

Très rustique, le Cabernet résiste très bien dans l'Afrique française du Nord au peronospora, de même qu'aux intempéries pluies ou sécheresse et aux parasites animaux, mais il est sensible à l'oïdium et à l'anthracnose. En résumé c'est un cépage rustique.

CABERNET-SAUVIGNON

(MONOGRAPHIE)

§ I. — *Synonymie* (M. et P.).

Le Cabernet-Sauvignon s'appelle encore :

Petit Cabernet, Petite Viudure, Vigne dure, Viudure Sauvignonne. Cultures des vignes dans le Médoc, le marquis d'Armailhacq.
Bouchet ou *Bouché*, dans la *Gironde ?* Dr Guyot.
Navarre, dans la *Dordogne*, M. Pigeard.
Originaire de la Gironde (France).

§ II. — *Caractères spécifiques du Cabernet-Sauvignon* (M. et P.).

Souche : Moyennement vigoureuse.
Sarments : Forts, à entre-nœuds assez longs, sensiblement striés.
Bourgeonnement : Duveteux, teinté d'un rouge vineux foncé ; feuilles naissantes, nuancées de grenat sombre obscurci par un duvet assez épais.
Feuilles : Moyennes, presque aussi larges que longues, d'un vert foncé, sensiblement bullées et glabres à la face supérieure, portant à la face inférieure un duvet aranéeux et un peu floconneux sur certaines parties ; sinus supérieurs profonds, sinus secondaires peu marqués ; sinus pétiolaire fermé ; pétiole assez long et peu fort ; dents très larges, peu profondes, obtuses et arrondies.
Grappe : Moyenne, un peu pyramidale, ailée, un peu rameuse, ordinairement peu compacte ; pédoncule assez long, un peu grêle.
Grains : Sous-moyens, presque sphériques ou sphéroïdes ; pédicelles un peu longs et grêles, se teintant de rouge à la maturité.
Peau : Épaisse et très résistante, d'un beau noir pruiné à la maturité.
Chair : Un peu ferme, assez juteuse, relevée d'une saveur très prononcée, propre à tous les Cabernets.

§ III. — *Terrains à choisir. — Engrais à employer. — Taille spéciale.*

Terrains : Les sols marneux et calcaires ne lui conviennent guère ; au contraire, les terrains graveleux mélangés de sable argileux lui sont favorables ainsi que les alluvions anciennes.
Engrais : Les engrais qui réunissent toutes les qualités voulues pour développer au point fructifère ce cépage, ce sont des composts comprenant de la potasse, un peu de phosphate de chaux et de l'azote.
Taille : M. d'Armailhacq dit que « le Cabernet-Sauvignon donne peu de jets sur vieux bois, et ceux qui y viennent ne portent jamais fruit ; il n'en présente que fort peu sur les pousses venant des yeux inférieurs ; les pousses qui sont plus éloignées de la base du sarment en donnent davantage. C'est donc une variété que l'on doit tailler à astes longues et qu'on ne peut tenir à cots ou taille courte sans perdre une partie de son revenu ; pour modérer la disposition qu'a la sève de se porter à l'extrémité des branches on les soumet à l'arqûre, et c'est là une nécessité tellement reconnue que c'est certainement ce qui a fait établir la culture à la latte pratiquée dans le Bordelais ».

§ IV. — *Dates de débourrement du cep et de maturité du fruit.*

Le Cabernet-Sauvignon débourre quelques jours après le Cabernet-Franc, il fleurit presque aussitôt mais en général quelques jours après lui, remarque intéressante, le fruit change plus tard de couleur au début de la maturité et il mûrit quelques jours après, à la deuxième époque un peu tardive de M. Pulliat.

§ V. — *Maladies particulières au Cabernet-Sauvignon.*

Le Cabernet-Sauvignon est attaqué par l'oïdium ; mais un bon traitement préventif d'après notre méthode et quelques soufrages appliqués en temps voulu l'en débarrassent aisément. Les autres maladies cryptogamiques ainsi que les insectes ne lui font guère de mal.

Ce cépage résiste assez bien à la sécheresse et au siroco.

§ VI. — *Production du Cabernet-Sauvignon.*

Qualité pour la table : La grappe de ce raisin est peu appréciée comme fruit de table.

Qualité pour le vin : Ce raisin est certainement un des plus estimés dans le Bordelais.

Qualité du vin : « Le vin produit par le Cabernet-Sauvignon, dit M. d'Armailhacq, est fort délicat, il a une sève particulière et beaucoup de bouquet et de parfum. Sa couleur est belle et plus foncée que celle du Cabernet-Franc. Il se garde tout aussi longtemps et se fait un peu moins vite : il exige en général une année de plus en barrique avant d'être mis en bouteilles ».

Ce vin entre en très grande proportion dans les vins de Laffite, de Mouton, de Latour de Léoville, du vignoble de Pichon-Longueville et de presque tous les crus.

Alcoolicité : Il dose de 9°50 à 10°50 d'alcool.

Son extrait sec varie entre 24 à 28 grammes.

Proportion du kilo au litre : Pour produire 100 litres de vin de Cabernet-Sauvignon, il faut fouler et mettre à la cuve de 155 à 160 kilos de raisin.

Quantités de vin : Lorsque la vigne est plantée dans un sol qui lui convient et que le cépage est conduit en cordon sur fil de fer ou en arçure, sa production peut s'élever de 110 à 130 hectolitres à l'hectare de 2,000 pieds.

Cabriel, *Espagne*. — *Syn. : Terralbo* (Madrid), *Teta de negra* (Sim. Rox.). — Sarments blanchâtres, rayés longitudinalement de rouge, tendres ; feuilles courtes ; grains noirs.

Cagnovali ou **Cagnorali**, *Italie* (Sardaigne). — Raisin de cuve cultivé surtout à Cagliari et à Sassori. G. de R. dit que le plant qu'il a entre les mains lui parait identique au Morastel.

Calabrese di Leonforte, *Italie* (Caltanissetta). — Cépage très important pour la vinification. — *Caractères* : Feuilles moyennes, glabres et rudes, de couleur vert sombre, la face inférieure est munie d'un tomentum presque cotonneux. Grappe grosse, cylindrique, ailée, semi-serrée. Grains moyens, ronds, noir pruiné (B. A., fasc. XVI, p. 278).

Calitor gris, *France* (Midi). — *Syn. : Saoûle-Bouvier.* — Variété du Calitor noir, produit un bon vin, mais ne se cultive qu'accessoirement (Marès).

Calitor noir, *France* (Gard).

Synonymie.

Bracquet ou *Brachet* (Nice); *Charge-Mulet, Fouïral* (Hérault), *Mouillas* (Audet), *Cargomuou, Bouteillan, Pecoui Touar* (Bouches-du-Rhône, Var). Marès; *Nœuds courts* (Var), *Causeron* (Gard), *Piquepouille Sorbier* (Dordogne), *Bouteillan à gros grains, Cayau, Ligotier* (Hautes et Basses-Alpes, Bouches-du-Rhône), Od.; *Foirard, Fouirassau, Saure, Touar* (Draguignan), *Ginoux d'Agasso* (Provence), *Brachetto, Baoubounesse* (Alpes-Maritimes), M. et P.

Ce cépage était très répandu autrefois dans le Midi de la France, mais le caractère acerbe de son vin en fait abandonner la culture.

D'après *Marès*, voici les caractères spécifiques du Calitor noir :

Souche : Forte, très vigoureuse, fertile, de longue durée.

Sarments : Demi-érigés, forts, noués courts, couleur rouge clair, rayés.

Feuilles ; Moyennes, vert foncé, à cinq lobes très découpées, à dentelures profondes et aiguës, à sinus inférieurs moins profonds que les supérieurs, un peu rugueuses dessus, à revers blanchâtre et cotonneux.

Grappe : Assez forte, cylindrique, couleur rouge-violet clair, à grains assez gros ronds, juteux, à suc très doux et fade, à peau fine, sujets à pourrir.

Maturité : Vers la fin de septembre.

Canajola nera, *Italie* (Toscane).

Syn. : Canajolo nero piccolo G. de R. — C'est le principal cépage des vignobles toscans. Suivant Gallesio, cité par Od. (p. 581): « il est fécond, mais son vin n'est pas de durée. La grappe porte les grains ronds, noirs, dont la pulpe est douce et le vin agréable; sa vendange s'allie bien avec celle de San Giovetto, dont l'austérité est ainsi tempérée par la douceur du suc de la Canajola, aussi est-ce avec la vendange de ces deux cépages que se font les meilleurs vins de Monte-Pulciano. Les feuilles sont blanches en dessous, par le coton fin dont elles sont tapissées.

Canari noir, *France* (Ariège). — *Syn. : Carcassés*, Od. — Raisin de table.

Canina, *Italie* (Toscane). — *Syn. : Canajolo Rosso* (?) *Acerbi* (M. et P.). — Ces derniers auteurs (In. Ving., t. II, p. 61) ne donnent comme synonyme de Canina, Canajolo Rosso, que dubitativement, car d'après G. de R., ces raisins seraient différents. Le Canina donne un vin de coupage. Il communique aux autres crus la couleur et l'alcool qui leur manquent.

Cannono, *Italie* (Sardaigne). — *Syn. : Cannonau* ou *Cannonaddu, Canonao Prœstaus*, G. de R.; *Giro Niedda, Giro Calaritanu*, M. et P. — On ne peut donner avec certitude la synonymie de ces différents cépages. Mas et Pulliat, qui décrivent cette variété sous le nom de Giro Niedda (Vign., t. II, p. 67), n'affirment pas que ce dernier soit identique au Giro Calaritanu et au Canonas. Aussi, comme les caractères qui les différencient ne sont pas très apparents, et que, pour nos vignobles, ces cépages n'ont pas une grande importance, nous nous abstiendrons d'insister davantage.

CARIGNANE

(MONOGRAPHIE)

§ I. — *Synonymie.*

La Carignane se nomme encore suivant les pays :

Morastel, dans le Var.

Carignan, Carignane, bois dur, plant d'Espagne, dans l'Hérault, l'Aude, le Gard, les Pyrénées-Orientales.

Catalan, Mataro, à Marseillan (Hérault), à Saint-Gilles (Gard).

Ces dernières désignations sont tout à fait locales.

La Carignane est originaire de l'Espagne.

§ II. — *Caractères spécifiques de la Carignane.*

Souche : Haute et forte, très fertile, d'une durée moyenne.

Sarments : D'une couleur brune tirant sur le rouge, assez érigés et longs. Les nœuds à la base sont rapprochés mais ils s'espacent davantage sur le reste des sarments. Ils sont gros et colorés.

Feuilles : Grandes, larges, fortes, tourmentées, à cinq divisions profondément marquées, dentelées, d'un vert moyen, assez duveteuses en dessous, un peu rugueuses par dessus : pétioles rouges ; elles sont frappées de rouge vineux sur les bords à l'arrière-saison et assez souvent sur la feuille entière, quelquefois même sur les rameaux entiers.

Grappe : Grosse et forte, ligneuse, divisée en plusieurs sous-grappes, sans ailes régulières ; le pédoncule assez résistant.

Grains : Assez gros, légèrement oblongs, noirs, juteux, à chair assez ferme, peu sapide, égaux, à pédicelle ligneux.

§ III. — *Production de la Carignane.*

Qualité pour la table : Le raisin de Carignane ne convient pas pour la table.

Qualité pour le vin : Par contre, très bon pour la cuve.

Qualité du vin : Le vin provenant de la Carignane est un vin un peu gros en France, mais assez fleuri en Algérie et en Tunisie, il est très riche en couleur et joue un rôle important dans les coupages. Il forme le fond des vins du pays.

En terrain sur coteau bien ressuyé il dose de 11°50 à 14° d'alcool suivant les années, mais lorsqu'il provient de vignes plantées en terre fraîche il dose de 10° à 11°.

Son extrait sec varie de 24 à 32 grammes par litre.

Sa couleur se maintient assez bien.

Proportion du kilo au litre : Il faut de 140 à 146 kilos de raisin pour produire 100 litres de vin rouge. Si l'année a été sèche il en faut de 144 à 150 kilos.

Quantité : Cultivée dans les terrains d'alluvion, en sol fertile et pourvue d'engrais dont elle est assez gourmande, la Carignane produit jusqu'à 140 hectolitres à l'hectare de 2,500 souches. En terre sèche ce rendement descend à 30 hectolitres.

§ IV. — *Dates de débourrement du cep et de maturité du fruit.*

La Carignane débourre quelques jours après l'Aramon dans la dernière quinzaine de mars en plaine et à 50 mètres d'altitude.

Dates de maturité : La Carignane mûrit du 28 août au 10 septembre. Placée en coteau à 100 mètres d'altitude et en terre fertile elle mûrit du 5 au 15 septembre (3me 1/4 époque).

Naturellement, la maturité de ce cépage varie suivant l'exposition, la nature du sol et l'état climatérique de l'année. Mais, indépendamment de ces influences communes à tous les cépages, la Carignane subit particulièrement l'effet de l'humidité dans certains terrains, de là une maturation quelquefois peu régulière, qui se trahit très souvent par le mélange, dans le corps de la grappe, de grains moins foncés que les autres.

§ V. — *Terrains. — Engrais. — Taille.*

Terrains : La Carignane, assez gourmande, demande un terrain profond et substantiel. Malgré cela dans les terres sèches mais pourvues d'engrais, les rendements sont satifaisants.

Comme les autres plants, la Carignane prospère bien sur les pentes avoisinant les bas-fonds, surtout si elles sont un peu argilo-ferrugineuses, comme sur les versants des montagnes de l'Atlas et notamment des Sahel. La Carignane vient très bien dans les terrains argilo-calcaires siliceux un peu profonds et elle y produit un vin estimé dans le commerce.

Engrais : Les engrais nécessaires à ce cépage doivent être assez azotés sans toutefois dépasser les limites (voir nos tableaux des engrais).

Taille : La Carignane est un cépage qui réclame une taille rationnelle en laissant sur les coursons ou porteurs deux yeux francs indépendamment du sous-œil.

§ VI. — *Maladies particulières à la Carignane.*

La Carignane est un plant très sensible à toutes les affections cryptogamiques. C'est surtout pendant les années humides qu'elle est attaquée par les parasites végétaux. Mais les colons viticulteurs auraient tort de se décourager à planter ce cépage, car des traitements énergiques comme ceux que nous avons indiqués suffisent pour les débarrasser et ses rendements restent quand même très supérieurs aux cépages similaires.

Une particularité spéciale à ce cépage, c'est que les sarments portent de grandes queues de grappillons à leur extrémité. C'est un inconvénient, mais il est compensé par le produit de ces grappillons.

Les grappillons de Carignane lorsqu'ils sont bien mûrs fournissent un vin très fin et très fleuri, d'une plus grande valeur que celui obtenu avec les grappes maîtresses.

Le siroco et la sécheresse ont peu de prise sur ce plant. Cet avantage doit entrer en ligne de compte en Algérie et en Tunisie, et il ajoute à ceux que nous avons énumérés plus haut pour en rendre très désirable la multiplication sur une grande échelle dans ce pays.

Carmenère, *France* (Bordelais).

Syn. : Carménère, Carmenelle, Carbonel, Grand Carmenet, Grande Viadure, Od., *Vigne dure*.

Ce cépage ressemble beaucoup au Cabernet-Franc.

Carola, *Italie*. — *Syn. : Calorina, Ca'ora, Carola, Caleura, Careula,* B. A. — Ce cépage, qui a quelque analogie avec notre « Bracquet », possède d'après le B. A. (fasc. xviii, p. 332), des feuilles complètes, moyennes, de forme presque ronde, granuleuses, épaisses; la face supérieure est lisse, de couleur vert-clair, la face inférieure légèrement cotonneuse : la grappe est cylindrique ou conique, serrée, simple; les grains moyens, ronds ou légèrement oblongs, de grosseur uniforme, ont une pellicule épaisse et de couleur rouge clair pruiné.

Catalan noir, *France* (Provence). — Sous ce nom on désigne deux et peut-être trois plants différents. Catalan à Marseillan (Hérault) s'applique à la Carignane (Marès). Catalan dans le Var : est synonyme de Mourvèdre (A. Pellicoc, In. Cat. de Pull.). Enfin dans le magnifique ouvrage d'Od. : le cépage nommé ainsi différerait du Mourvèdre.

Catalanesca, *Italie* (Lecce). — Cépage fournissant des raisins de table excellents. Feuilles moyennes, de couleur vert sombre, prenant à l'automne une teinte tabac, glabres sur les deux faces et ayant la face inférieure de couleur vert clair. Grappe grosse, longue, pyramidale, allongée, simple et serrée. Grains moyens, ovales, munis d'une peau luisante, épaisse et coriace, tachetée, de couleur rouge-grenat foncé (B. A., fasc. xv, p. 154).

Cataratto nero, *Italie* (arrondissement de Piazza). — Ce cépage, d'une grande importance pour la vinification dans cet arrondissement a, d'après le B. A., les caractères suivants : Feuilles moyennes, vert-clair à la face supérieure et se teignant en jaune obscur à l'automne, de couleur blanchâtre à la face inférieure qui est un peu tomenteuse. Grappe longue et grosse, pyramidale, allongée, serrée. Grains moyens, ronds, à peau épaisse de couleur noir rougeâtre.

Cauny, *France* (Gironde). — Od. (p. 130), cite ce cépage comme très vigoureux mais peu fertile. Il donne des raisins très doux.

Cenerina, *Italie* (Piémont). — Ce cépage, d'après le B. A. (fasc. xviii, p. 168) se rapprocherait du Pinot cendré d'Odart (p. 182). Son raisin, propre pour la cuve, a des grains recouverts d'une pruine très abondante.

Cernèze ou **Sérenèze**, *France* (Isère). — *Syn. : Cérigné, Cerène* (Drôme), G. de R. — D'après Pulliat, qui appelle ce plant Sérenèze, les feuilles sont moyennes, glabres, lisses, luisantes, brillantes supérieurement, sinuées ; les grappes moyennes ailées, cylindro-coniques, allongées, un peu lâches ; les grains moyens, sphériques, sont très sucrés et noir pruiné ; la maturité est moyenne. Raisin de cuve.

Cesanese nero, *Italie* (Campagne de Rome). — Od. mentionne ce cépage parmi ceux à raisins noirs, les plus estimés dans le vignoble d'Albano, à quelques lieues de Rome. Il l'écrit Cesarese.

CÉSAR

(MOMOGRAPHIE)

§ I. — *Synonymie* (M. et P.).

Le César se nomme encore :
Romain, dans l'Yonne.
Picarniot, dans l'Auxerrois.
Originaire de l'*Yonne* (France).

§ II. — *Caractères spécifiques du César.*

Souche : Très vigoureuse, rustique, bien fertile.
Sarments : Forts, érigés ou mi-érigés, à entre-nœuds assez distants.
Bourgeonnement : Très duveteux, blanchâtre, passant au vert jaunâtre, sur des folioles profondément découpées.
Feuilles : Moyennes, un peu tourmentées, un peu grossièrement bullées, glabres supérieurement, garnies inférieurement d'un duvet tomenteux pileux sur les nervures ; sinus supérieurs profonds, ordinairement ouverts ; les secondaires bien marqués ou assez profonds ; celui du pétiole un peu ouvert ; denture inégale, large, longue, mais terminée en pointe obtuse ; pétiole fort ou assez fort, de moyenne longueur.
Grappe : Sur-moyenne ou moyenne, un peu serrée, cylindrico-conique, portée par un pédoncule un peu long, fort et bien attaché.
Grains : Moyens, globuleux, portés par des pédicelles assez longs et assez forts.
Peau : Assez épaisse, bien résistante, d'un beau noir pruiné à la maturité.
Chair : Un peu ferme, juteuse, sucrée, agréable, à saveur simple.

§ III. — *Terrains à choisir.* — *Engrais à employer.* — *Taille spéciale.*

Terrains : Ce plant n'est pas exigeant, il s'accommode très bien des coteaux en terre demi-fertile.
Dans les terrains substantiels en plaine il a une tendance à la coulure, parce qu'il n'est pas pincé ou ciselé à temps.

Les alluvions anciennes assez profondes et bien ressuyées lui procureront une fructification normale et régulière.

Engrais : Les engrais les mieux appropriés au caractère sobre de ce cépage, sont les composts ayant pour base du phosphate de chaux, du plâtre et quelque peu de potasse.

Taille : Mas et Pulliat recommandent la taille courte en souche basse en coteau et la taille longue en cordon sur fil de fer.

§ IV. — *Dates de débourrement du cep et de maturité du fruit.*

Ce plant débourrant de bonne heure, craint par conséquent les gelées tardives. Il mûrit à la première époque tardive.

Le César est à propager dans les contrées froides du Nord de l'Afrique et sur les Hauts-Plateaux calcaires. Il mûrit vers la fin de septembre ou au commencement du mois d'octobre. Cultivé sur le littoral, à une altitude de 100 mètres, il mûrirait vers la fin du mois d'août.

§ V. — *Maladies particulières du Cesar.*

Il résiste assez bien aux influences de la chaleur ; les insectes ne l'attaquent guère, et les maladies cryptogamiques ne paraissent pas lui causer des dommages sérieux.

§ VI. — *Production du César.*

Qualité pour la table : Quoique le César ne soit pas un véritable raisin de table, il est quelquefois assez bon à manger, mais il n'occupe aucune place parmi ces derniers.

Qualité pour le vin : Ce raisin est un de ceux les plus renommés après les Pinot pour faire le vin.

Qualité du vin : Les vins d'Irancy, de Bailly, de Sussy et de Coulanges sont les meilleurs crûs de ces pays.

Ce vin est vif, solide est généreux.

Alcoolicité : Il dose de 10° à 11° d'alcool. Son extrait sec varie entre 23 à 26 grammes par litre.

En Algérie et en Tunisie le vin que l'on obtiendrait avec ce raisin doserait de 12° à 14° d'alcool.

Proportion du kilo au litre : Pour produire 100 litres de ce vin, il faut fouler et mettre à la cuve de 152 à 155 kilos de raisin.

Quantités de vin : Ce plant, lorsqu'il est conduit en cordon à taille développée peut produire, dans un bon sol, de 140 à 160 hectolitre à l'hectare de 2,000 pieds.

Chabrillou ou **Agrier**, *France (Corrèze).* — Cépage à vin très coloré et spiritueux; produit un fruit, dit Od., avec lequel on prépare la moutarde violette de Brives.

Chasselas rose (France). — *Syn. : Chasselas rose royal,* Pull.; *Chasselas Royal rosé, Chasselas rose du Pô, Chasselas rose d'Alsace, Geister,* Od. — *Red Muscadine, Red Chasselas, Rother Junker, Rother Moster, Rother*

Silbeling, Rother-Frauentraube, Babo; *Rother Sussling, Rother Susstraube* (Alsace), *Rothedel, Rother Schonedel* (Allemagne), *Chasselas Piros, Voras Fabriau* (Hongrie), *Namen Crvena plémenika* (Croatie), *Trummer,* M. et P.; *Rother Spanier, Rother-Spanischer Gutedel, Zlahtina rudeca* (Styrie), *Tramontaner et Tramundler* (Suisse), H. G.

Cette variété qui est très répandue en France, en Allemagne et en Hongrie, n'est qu'une simple variation du Chasselas doré, dont elle ne diffère que par la couleur des grains, aussi nous abstiendrons-nous d'en donner la description. Les grains, un peu gros, passent au rose de plus en plus foncé à mesure que la maturité arrive, c'est-à-dire en même temps que celle du Chasselas doré.

Chasselas Violet

(Monographie)

§ I. -- *Synonymie.*

Chasselas Violet, Pomone française. *Poiteau,* Pomologie de la France. Les raisins du Vergus. (Henri Bouschet). Descriptions et synonymies des vignes. *V. Pulliat.*

Chasselas rouge commun. Ampélographie universelle. (Comte Odart). *Septembro en Ceresse.* (Département de l'Isère).

Chasselas rouge ou Lacryma-Christi rose. Culture de la vigne dans le canton de Neufchâtel. (De Pierre)

Originaire de l'Afrique du Nord.

§ II. — *Caractères spécifiques du Chasselas Violet* (M. et P.).

Souche : Vigoureuse et fertile.

Sarments : De moyenne force, à entre-nœuds de moyenne longueur et d'un rouge violet pendant la végétation.

Bourgeonnement : D'un rouge plus intense que celui des autres Chasselas et glabre.

Feuilles : Moyennes, à peu près aussi larges que longues, glabres et lisses à leurs deux faces inférieure et supérieure; sinus supérieurs assez profonds; sinus secondaires assez marqués; sinus pétiolaire un peu ouvert; dents courtes, peu larges, émoussées ou peu aiguës; pétiole long et assez grêle, glabre et coloré d'un rouge violet qui s'étend un peu sur les nervures de la face inférieure.

Grappe : Moyenne ou sur-moyenne, ailée et peu compacte ; pédoncule un peu grêlé et bien coloré à mesure que la maturité s'avance.

Grains : Moyens, sphériques, un peu inégaux entre eux; pédicelles plus ou moins grêles et de moyenne longueur.

Peau : Assez fine, mais cependant un peu ferme, coloré d'un rouge violet intense immédiatement après la floraison et passant au rose violet clair à la maturité.

Chair : Assez croquante, sucrée et relevée d'une saveur agréable.

§ III. — *Production du Chasselas Violet.*

Qualité pour la table : Le raisin de Chasselas Violet est très recherché des amateurs de dessert. D'abord par ses qualités de précocité il arrive un des premiers sur les marchés.

C'est un cépage à retenir pour l'exportation de ses fruits.

Qualité pour le vin : Le raisin de Chasselas Violet se prête aux deux fabrications, soit en rouge soit en blanc. Il est très recherché aux environs de Neufchâtel, où on en fait des vins rouges et blancs.

Qualité du vin : Le vin rouge obtenu de ce raisin est très digestif, il acquiert une certaine valeur en vieillissant. Le vin blanc est encore plus fin que le rouge.

Alcoolicité : Il dose en rouge, de 9° à 9°50 d'alcool; en blanc, de 9°25 à 9°75 d'alcool.

Son extrait sec varie entre 19 à 21 grammes.

Proportion du kilo au litre : Pour produire 100 litres de vin rose ou rouge, il faut fouler et mettre en cuve de 150 à 153 kilos de raisin et de 158 à 162 kilos pour faire la même quantité de vin blanc.

Quantités de vin : Le Chasselas Violet, lorsqu'il est cultivé en souche basse à taille courte, produit de 35 à 45 hectolitres à l'hectare.

En cordon sur fil de fer à taille courte à un œil et le borgne, ce raisin peut produire de 80 à 100 hectolitres à l'hectare.

§ IV. — *Dates de débourrement du cep et de maturité du fruit.*

Ce cépage débourre de très bonne heure et mûrit de même; vu son tempérament précoce, il doit être cultivé près du littoral, dans les terrains chauds et légers. Il est de première époque.

§ V. — *Terrains à choisir. — Engrais à employer. — Taille spéciale.*

Terrains : Le Chasselas Violet doit être cultivé dans des terrains chauds et légers, sablonneux si c'est possible et bien abrités des vents de mer. Un sol silico-calcaire peut également lui convenir.

Engrais : Les engrais que l'on administre dans le sol où est planté ce cépage, doivent être plutôt un amendement phospho-potassique, car les engrais azotés retardent la maturité du fruit.

Taille : La taille la plus convenable, est celle à un œil soit sur souche basse soit sur cordon horizontal ou sur cordon vertical.

§ VI. — *Maladies particulières du Chasselas Violet.*

Ce raisin craint un peu l'oïdium, mais on en arrête les effets par un badigeonnage à l'eau acidulée sur la souche après sa taille et par de bons soufrages ultérieurement.

Il craint les gelées tardives, mais en revanche il résiste au siroco et à la sécheresse.

Chany gris, *France (Isère)*. — D'après Pull., ses grains sont petits ou sous-moyens, sphériques, gris rose; suivant Od. (p. 391) ils auraient une forme oblongue. En présence de ces deux affirmations contradictoires, le seul moyen de conviction était d'interroger la nature, c'est ce que nous avons fait : Les raisins ont des grains « sphériques ».

Chauché gris, *France* (Poitou). — *Syn.* : *Plant de St-Emilion* (Tarn-et-Garonne), *Pinot gris du Poitou*, Od. — Cépage plus productif que le noir et végétant moins vigoureusement ; les grappes mûrissent en même temps et de bonne heure.

Chauché noir, *France* (Poitou). — *Syn.* : *Pinot noir du Poitou*, Od. — Malgré cette synonymie, ce cépage, pas plus que le précédent, n'ont de rapport avec les Pinots. Le Chauché noir a beaucoup de ressemblance, dit Od., (p. 142) avec le Tressot du Jura, mais il est cependant facile de l'en distinguer. Les feuilles, les grappes, diffèrent sensiblement, le rendement n'est pas le même. Le Tressot du Jura est très productif ; le Chauché au contraire l'est très peu.

Chenin noir, *France* (Poitou).

Syn : *Pinot d'Aunis*, Od.; Plant d'Aunis, M. et P. C'est le plant dominant de l'arrondissement d'Angers et de Troo, commune renommée pour la qualité de ses vins.

D'après M. et P. (in Vign.; t. III, p. 63), ce cépage mûrit trop tard pour cette contrée (Anjou) ; il serait mieux situé dans la région méditerranéenne.

Caractères spécifiques.

Souche : Vigoureuse, rustique et fertile.

Sarments : Érigés, un peu gros, à entre-nœuds peu espacés.

Feuilles : Moyennes, un peu épaisses, d'un vert foncé, dentelure inégale.

Grappe : Moyenne, assez serrée, cylindro-conique. ailée, pédoncule court.

Grains : Moyens, globuleux.

Peau : Assez épaisse, résistante, d'un beau noir pruiné.

Chair : Juteuse, légèrement acidulée.

Maturité de deuxième époque.

Chiallo, *Italie* (Barletta).

Syn. : *Porcinaro*, *Porcinale* (H. G.).

Feuilles : Grandes, quinquélobées, dentelure peu prononcée, face supérieure vert sombre, face inférieure plus claire.

Grappe : Longue avec des grains allongés, noir rougeâtre.

Chair : Sapide.

Raisin pour la cuve.

Chichaud, *France* (Ardèche).

Syn. : *Tsintsaó* (Aubenas), *Brunet* (Privas), M. et P. — D'après M. et P., ce cépage se rapprochant beaucoup du Boudalés, demande à être cultivé en coteau demi-fertile.

Caractères :

Feuilles : Sous-moyennes, aussi larges que longues.

Grappe : Assez grosse, conico-cylindrique, souvent ailée, assez serrée.

Grains : Sphérico-ellipsoïdes un peu gros.

Peau : Épaisse, d'un beau noir.

Chair : Ferme, sucrée, juteuse.

Fin de première époque.

Chinco nero (Prov. napol.). — *Syn. : Campanina* (Eboli) *Cane, Cerzola* (Vietri), *Olivastra* (S. Mango), *Porcina* (Bagnali) in H. G. — Le bois est mince, de couleur rouge foncé. Les feuilles sont petites, quinquélobées. La grappe est grande et porte des grains moyens, ronds, non duveteux, de saveur douce.

Cipro nero, *Ile de Chypre*. — Ce cépage fournit les fameux vins de la « *Commanderie* ». Il est aussi estimé comme raisin de table de maturité tardive. (Pull.).

CINSAUT

(MONOGRAPHIE)

§ I. — *Synonymie*.

Le Cinsaut s'appelle encore :
Bourdalis, ou *Boudalis* dans les Pyrénées-Orientales ;
Cinq-Saou, dans l'Hérault ;
Picardan d'Arles ; *Espagnau*, dans Vaucluse ;
Salerne, à Nice ; *Moutardier*, Vaucluse.
Ce cépage est originaire de la Provence.

§ II. — *Caractères spécifiques du Cinsaut*.

Souche : De grosseur moyenne, vigoureuse, de moyenne durée.
Sarments : Longueur moyenne, petit diamètre ; les entre-nœuds assez longs, subdivisés, couleur rouge assez foncée.
Feuilles : Moyennes, plus petites que celles de l'Œillade, plus profondément découpées et d'un vert moins foncé tirant un peu sur le jaune ; moins rugueuses sur la face supérieure, duveteuses sous le revers.
Grappe : Cylindro-conique, grosse, dans le genre de celle de l'Œillade, à pédoncule tendre, un peu plus rameuse.
Grains : Plus gros que ceux de l'Œillade, d'un beau noir violet, ovoïdes, clairs, croquants et d'une saveur fraîche, légèrement fleuris à la violette.

§ III. — *Production de l'Œillade*.

Qualité pour la table : Le Cinsaut est un beau raisin de table, très rafraîchisssant.
Qualité pour le vin : Excellent aussi pour la cuve, car il est moelleux et fruité. Son moût fermente régulièrement.
Qualité du vin : Le vin de Cinsaut possède une jolie couleur rouge cerise, il est très limpide, son goût est fin. Il entre dans les coupages de plusieurs vins renommés, surtout dans ceux du Mourvèdre ou du Morastel, auxquels il leur communique une saveur friande et un bouquet très appréciable. Associé au Petit-Bouschet, il modifie très sensiblement son goût extra tannifère.

Son dosage en alcool varie de 9° à 12° suivant les terrains et son extrait sec peut varier de 21 à 25 grammes par litre.

Le Cinsaut, par sa fine pellicule et l'abondance de son jus, sert à produire du vin blanc très bon et très apprécié qui dose de 9° 50 à 12° 50. Son extrait varie de 20 à 24 grammes par litre.

Proportion du kilo au litre : Le raisin de Cinsaut, dans la proportion de 128 à 138 kilos, produit à la fermentation 100 litres de vin rouge.

. Pour produire 100 litres de vin blanc, il faut employer à la pression 134 à 143 kilos de raisin.

Quantité : Le Cinsaut (quand il est cultivé en terre fertile) est d'un grand rapport.

En 1886, chez M. Domergue, à *Morris*, il a produit environ 130 hectolitres à l'hectare sur 2,750 souches basses, situées en terre fraiche et fertile. Ce rendement est exceptionnel.

Avec le Cinsaut on peut compter sur une moyenne de 90 hectolitres à l'hectare en bonne terre bien entretenue.

Le Cinsaut comme l'Œillade, peut se cultiver, soit sur fil de fer, ou même en tonnelle. Ses rendements seront alors considérables.

§ IV. — *Dates de débourrement du cep et de maturité du fruit.*

Le Cinsaut débourre en même temps que l'Œillade ; il mûrit du 15 au 22 août, c'est-à-dire quelques jours avant l'Œillade (deuxième époque).

§ V. — *Terrains. — Engrais. — Taille.*

Terrains : Le Cinsaut se plait dans les terrains meubles et bien défoncés, de nature silico-calcaire un peu argileuse.

Les terrains frais et fertiles lui sont favorables au point de vue de la fructification.

Engrais : Comme l'Œillade, il réclame d'abondantes fumures combinées en compost à base de potasse et d'azote, etc.

Taille : Le Cinsaut est un cépage à sève abondante ; jusqu'à ces temps derniers, il était taillé à un œil dans les terrains secs et deux yeux en terre fertile. Sa véritable taille doit être longue, soit en cordon sur fil de fer, soit en *tonnelle* ou encore en *aste*.

§ VI. — *Maladies particulières au Cinsaut.*

Le Cinsaut suit toutes les mêmes phases concernant les maladies cryptogamiques et les accidents des gelées blanches de l'Œillade, quoiqu'il soit moins coulard.

Les altises, à leur réveil de l'hiver, attaquent fortement le Cinsaut, mais il est facile de s'en débarrasser en suivant les moyens que nous indiquons dans un chapitre suivant consacré entièrement aux parasites de la vigne.

Ce cépage est un de ceux à placer en première catégorie pour la grande production des vins fins et autres

Il résiste assez bien à la chaleur, même aux coups de soleil et au siroco.

Clairette ou **Clairette rose**. — Ne diffère de la Clairette blanche que par la couleur : Elle est également productive, et ses raisins sont d'une maturité difficile. Sa culture est moins étendue que la blanche.

Coda di Volpe nera, *Italie* (Pr. nap). — *Syn. : Ol.orpa,* B. A. — *Mangiaguerra nera; Toccanese (?)* G. de R.; *Piedelungo* (Allara) (?) Un des meilleurs raisins de cuve de cette province. — *Feuilles :* trilobées, inégales, dentelure très allongée. — *Grappe :* longue, cylindrique, ailée. - *Grains :* moyens, ronds, peau dure et noire rougeâtre.

Codigoro nero, *Italie* (Comacchio). — Mas et Pull. qui ont étudie ce cépage (in Vign., t. ii. p. 9), le recommandent comme raisin de maturité hâtive (première époque), ce qui est assez rare dans les raisins italiens D'après ces auteurs, on peut en donner la description suivante : — *Feuill s :* moyennes ou sous-moyennes, glabres et presque lisses à la face supérieure, duveteuses à la face inférieure, sinuées. — *Grappe :* moyenne ou sous-moyenne, allongée, cylindro-conique et parfois presque cylindrique. — *Grains :* moyens ou sous-moyens, sphériques, d'un noir foncé, pruinés à la maturité, sucrés, assez relevés.

Colagiovanna, *Italie* (Pr. nap.). -- *Syn. : Giovanna* (B. A.). — Raisin noir de cuve.

Colorino, *Italie* (Toscane. — G. de R. a remarqué qu'en Toscane les feuilles de cette variété sont : quinquélobées, allongées, sinus un peu profonds, ronds, légèrement tomenteuses à la face inférieure, sinus pétiolaire ouvert. Sa petite grappe, à grains noirs, est propre pour la vinification.

Comte Odart, *France.*

Ce cépage a été obtenu de semis par Pull. de Chiroubles (Rhône), et dédié au célèbre ampélographe dont il porte le nom.

D'après M. et P. (Vign , t. i, p. 150), ce raisin a une saveur agréable, il peut donner un vin solide et de qualité.

Caractères spécifiques.

Souche : Vigoureuse et fertile.
Sarments : Très vigoureux, mi-érigés, de moyenne force.
Feuilles : Sous-moyennes, légèrement boursouflées à leur face supérieure
Grappe : Sur-moyenne, longuement cylindrique, serrée.
Grains : Moyens, sphériques.
Peau : Assez mince, noir foncé.
Chair : Un peu ferme, juteuse.

Corbeau, *France* (Savoie).

Syn. : *Corbeau, Gros noir, Grenoblois, Savoyard, Montélimart, Bourdon, Monteuse, Chasselas noir*, Od.; *Plant de Montmélian, Picot rouge, Plant de Moirans, Provereau, Mauvais noir, Plant de Curlerin, Plant de Chapareillon*, B., M. et P.

Ce cépage est cultivé dans les départements du Rhône, l'Ain, l'Isère et le Jura. Ce raisin, en mélange avec celui de Mondeuse ou de Persagne, produit un bon vin.

Caractères spécifiques (M. et P.).

Souche : Robuste et vigoureuse.
Sarments : Mi-érigés, à entre-nœuds moyens.
Feuilles . Grandes, à peu près aussi larges que longues, lanigineuses à leur face inférieure, rouge à l'arrière-saison.
Grappe : Sur-moyenne un peu ailée, cylindro-conique.
Grains : Sur-moyens, sphériques.
Peau : Épaisse, assez résistante, d'un noir foncé.
Chair : Molle, assez sucrée.
De première époque tardive.

Corbel, *France* (Vignoble de l'Hermitage).

Syn : *Chalus* (Ardèche), *Persagne Gamay* (Rhône), *Vert Chenu* (Isère), Pull. *Corbesse, Gros Chanu*, M. et P.

Ce cépage est assez cultivé dans la Drôme; le vin est un peu dur.

Caractères spécifiques.

Souche : Vigoureuse et fertile, saisonnant, c'est-à-dire qu'après une année de production, il se repose et donne, par conséquent, moins l'année suivante.
Feuilles : Sur-moyennes, boursouflées, peu sinuées, duveteuses.
Grappe : Sur-moyenne, cylindro-conique, ailée, serrée.
Grains : Moyens, sphérique, noir pruiné.

Cornet, *France* (Drôme). — *Syn.* : *Parvereau, Parverot* (Crest), *Prouvereau* ou *Prouvereau* (Isère), Odart (p. 231). — D'après un correspondant de cet auteur, le Cornet est un excellent raisin de table, très délicat. Les grappes sont assez grosses et sont garnies de beaux grains ronds, peu serrés, d'un noir mat; elles donnent un vin très foncé, peu corsé et d'une conservation difficile. Mas et Pull. (in Vign , t. III, p. 10), mettent en doute la synonymie du Prouveraou ou Prouverean avec le Cornet, leurs caractères seraient différents, leurs raisins peu estimés pour la table et le vin très commun.

Corteso nera. — Cité par Pull., G. de R. l'a reçue sous le nom de Dolcetto. N'a aucun rapport avec la Cortese bianca.

Corva ou **Crova**, *Italie*. — Dans ce pays plusieurs variétés sont désignées sous ce nom. Voici la description qu'en donne le président de la commission de Pavie (B. A., fasc. xviii., p. 142) : *Feuilles* complètes de forme ronde, grandes, convexes, quinquélobées, sinus peu profonds, denture rare, vert pâle luisant à la face supérieure, glabres ou tomenteuses à la face inférieure. *Grappe* conique, ailée, lâche, grosse, un peu courte. *Grains* noirs, gros, adhérents. *Peau* mince, pulpe consistante, sapide et agréable.

CORVINA

(MONOGRAPHIE)

§ I. — *Synonymie.*

La Corvina s'appelle encore :

Corvina nera, Corvina Veronese, Corvinella? ou *Corbinella Veronese? Corvinona Veronese? Delle Viti Italiane. Acerbi. Corvina gentille, Corvina rizza.*

Le Chevalier Bertani, de Vérone.

Originaire d'Italie (se cultive à Vérone), M. et P.

§. II. — *Caractères spécifiques de la Corvina* (Mas et Pulliat).

Souche : De moyenne vigueur, d'une fructification régulière et constante.

Sarments : De moyenne force, lisses, mi-érigés, à mérithales un peu rapprochés.

Bourgeonnement : Assez précoce, duveteux et blanchâtre.

Feuilles : Moyennes ou un peu sous-moyennes, glabres et d'un vert clair sur la face supérieure, nuancées, plus clair à la face inférieure et garnies d'un duvet floconneux, portées par un pétiole court, ferme et verdâtre ; sinus supérieurs profonds, les secondaires bien marqués ; sinus pétiolaire fermé ; denture aiguë, irrégulière. Chute de la feuille tardive.

Grappe : Petite, pyramidale, lâche, portée par un pédoncule court et un peu faible.

Grains : Petits, olivoïdes, portés par des pédicelles longs, verdâtres, se teintant de rouge à leur point d'attache au grain lors de la maturité.

Peau : Assez épaisse, résistante, d'un beau noir pruiné à la maturité.

Chair : Ferme, assez douce, relevée par une légère astringence, saveur simple.

§ III. — *Terrains à choisir.* — *Engrais à employer.* — *Taille spéciale.*

Terrains : La Corvina se plait dans les terrains bien ressuyés, de nature calcaire siliceuse faiblement argileuse. Ce plant, comme le Mourvèdre, aime les pentes légères et les plaines fertiles ; dans les alluvions anciennes et modernes pourvu qu'elles soient assez profondes, ce plant fructifie constamment.

Engrais : Comme pour le Mourvèdre et le Morastel, l'engrais le mieux approprié à son tempérament doit contenir du phosphate de chaux, de la potasse, peu d'azote.

Taille : En Italie, dans le Véronais, on le cultive encore sur des arbres.

En Algérie et en Tunisie, il faut le conduire en cordon horizontal sur fil de fer, à la taille courte, à un et deux yeux suivant le nombre des porteurs de chaque pied.

§ IV. — *Dates de débourrement du cep et de maturité du fruit.*

Ce cépage débourre de très bonne heure et il mûrit à la deuxième époque.

C'est un plant à propager dans les situations où les gelées tardives n'apparaissent pas.

§ V. — *Maladies particulières de la Corvina.*

La Corvina résiste assez bien au siroco et à la sécheresse ; elle craint peu les insectes et les maladies cryptogamiques. Le peronospora dépose sur ses feuilles des spores qui fructifient sans trop l'endommager, mais, depuis que l'on traite préventivement les vignes après leur taille, les maladies cryptogamiques disparaissent.

§ VI. — *Production de la Corvina.*

Qualité pour la table : Le raisin de Corvina n'est pas agréable au palais en raison de son astringence, par conséquent il ne peut être classé qu'en quatrième catégorie.

Qualité pour le vin : Le raisin dont nous nous occupons est très apprécié des viticulteurs du Véronais, où on le cultive spécialement pour la cuve.

Qualité du vin : Le vin que produit ce cépage est très recherché du commerce pour sa belle couleur et son caractère de tonicité.

Il est connu sous le nom de Valpolicella, en Italie.

Acerbi, auteur italien qui écrivait en 1825, en fait un grand éloge : « On l'apprécie, dit-il, au-dessus de tout autre, pour la production d'un vin excellent et généreux. Dans toute la vallée de Pulicella, il est très cultivé et réussit dans tous les terrains : il est très fertile, rustique et très recherché pour la vinification. »

Alcoolicité : Il dose de 11° à 12° d'alcool. Son extrait sec varie entre 24 à 28 grammes.

En Algérie et en Tunisie ce vin doserait de 12° à 14° d'alcool.

Les vignobles de la vallée de Pulicella sont situés a environ 300 mètres d'altitude, par le 45me degré de latitude, tandis que nos situations varient entre 36° à 34° de latitude, ce qui nous procure plus de 700 calories de plus, c'est-à-dire de quoi porter le moût de ce raisin à 255 grammes par litre.

Proportion du kilo au litre : Pour produire 100 litres de vin de la Corvina, il faut fouler et mettre à la cuve de 148 à 156 kilos de raisin.

Quantités de vin : Ce cépage doit être cultivé, ici dans notre colonie, en cordon horizontal sur fil de fer à taille courte, c'est-à-dire à deux yeux sur chaque porteur. Dans ces conditions, ce plant rapporterait de 140 à 160 hectolitres à l'hectare de 2,000 pieds.

Croa, *Italie* (Pavie. — *Syn. : Vermiglio*, B. A.; *Sgorbera*, G. de R. — Ce cépage, encore assez cultivé dans la province de Pavie, pour la vinification, n'est pas toujours facile à reconnaître, d'après G. de R., à la simple inspection de ses caractères. Feuilles moyennes, vert glabre à la face supérieure, tomenteuses à la face inférieure, généralement à trois lobes ; grains ronds consistants (B. A.).

Croc noir, *France* (Mayenne). — Décrit par Pull. (Catal.). Raisin noir pruiné, première époque de maturité.

Croetto ou **Crovetto**, *Italie* (Piémont). — *Syn. : Crovino,
Lambrusca, Badino, Moretto, Porcino (?)* M. et P. — *Crova nera*, G. de R. C'est
un cépage productif. Son vin est commun. Feuille sur-moyenne, tomenteuse à
la face inférieure, de forme inconstante, à dentures grandes. Grappe grosse,
pyramidale, ailée, demi-serrée ou serrée. Grains moyens, légèrement ovales ou
presque sphériques, noirs, d'une saveur simple, quelquefois âpre et désagréable.

Crovattina, *Italie* (Voghera-Pavie). — *Syn. : Nebbiolo di Galli-
nara, Bonarda di Rovescala, Ura Vermiglia* à Voghera. M. et P. — D'après
Mas et Pull., c'est un cépage de nature vigoureuse, mais sujet à souffrir des
gelées. On fait avec son raisin un bon vin rouge de table, vite prêt à être bu.

Cuccipanelli, *Italie* (Lecce). — *Syn : Cucciamaniello nero, Cuccio-
panniello.* — Feuilles de couleur vert sombre, prenant une teinte tabac en
automne, consistantes, lisses, pleines, face inférieure un peu tomenteuse, quinquélobées irrégulièrement. Grappe moyenne, conique, ailée, serrée. Grains
petits, ronds ou ovales, noir tirant sur le roux, pulpe molle, saveur simple et
douce (B. A., fasc. xv, p. 112).

Cuenta de Hermitani, *Espagne.* — D'après G. de Rov.,
c'est une vigne de treille peu fertile, à grandes grappes noires.

Czerna Okrugla Ranka. *Hongrie.* — *Syn : Edel Hungor
Traube* (Allemagne), *Raisin noir de Scutari,* comte Od. (p. 335). — C'est un des
meilleurs cépages de Hongrie. Comme l'indique son nom, c'est un raisin noir,
rond, précoce, qui donne un excellent vin de belle couleur.

Dalmazia nera, *Italie* (Ancone), in. H. B. — Feuilles quinquélobées, face supérieure vert sombre, face inférieure duveteuse à nervures très
épaisse. Grappe inégale. Grains ronds. Peau épaisse, dure.

Damaschino, *Italie* (Pizza). — D'après le B. A., ce cépage, bon
pour la table et la cuve et qui se cultive exclusivement à vigne basse, présente
les caractères suivants : *Feuilles* grandes, rudes, de couleur vert avec des tâches
noires, glabres, quinquélobées, sinus réguliers et profonds. *Grappe* pyramidale,
serrée, grosse avec des grains ronds et moyens, noirs, à saveur simple.

Dakaïa noir, *Perse.*

Syn. : Raisin de Jérusalem. — Il porte ce nom dans le beau vignoble de
M. Henri Bouschet. D'après lui, il doit être considéré comme un de nos meilleurs et des plus beaux raisins de table (M. et P. Vig , t. ii, p. 59).

Dodrelabi, *Caucase.*

Syn. : Sakoudrchala, Madchanaouri (Caucase); *Croscolman* (France), M. et P.;
Eichkugeltraube, Borjuszemü (Hongrie); *Volovooko, Volovska Oka, Volovjak*
(Styrie); *Occhio di bue nero* (Sardaigne); *Œil de bœuf noir* (France); *Charist-
wali* (Caucase); *Ochsenauge* (Hongrie et Styrie), in. H. G. — C'est un des plus
beaux raisins noirs pour la table, d'après Mas et Pull. (Vign., t. i, p. 129).
Très tardif, de troisième époque tardive.

Caractères spécifiques.

Feuilles : Extraordinairement grandes, plus larges que longues.
Grappe : Grosse ou très grosse, courtement conique.
Grains : Très gros, sphériques.
Peau : Un peu épaisse, d'abord rouge, puis passant au pourpre.
Chair : Assez tendre, peu sucrée.

Dolcetto nero, *Italie.*

Syn. : Uva di Acqui, Nebbiolo (Territoire d'Ovada), *Ormeasca,* Od.; *Dolutz
noir,* Pull.; *Rothstieliger Dolcedo, Mannlicher Refosco, Debeli Rifosk* (Styrie);
Bignona, Dolcino nero (Piémont), in. H. G. — C'est dans les environs d'Acqui
que ce cépage est cultivé, où il donne un bon vin assez estimé, léger, agréable
et peu coloré.
D'après le Bull. Amp. (fasc. xviii, p. 259) :
Feuilles : complètes, quinquélobées, sinus peu profonds, la face supérieure est
plane, la face inférieure presque glabre, en automne elles sont complètement
d'un *rouge clair,* ce qui est le caractère dominant de ce cépage.
Grappe : Rameuse, conique.
Grains : Toujours ronds, moyens, de couleur violet pruineux.
Maturité précoce.

Donzellino do Castello, *Espagne* et *Portugal.* — Raisin
noir qui produit des vins riches en couleur (G. de R.).

Dora, *Italie* (Voghera et Bobio). — *Syn. : Uva Dora.* — Feuilles grandes, rugueuses, cotonneuses en dessous, l'automne elles se teignent d'un rouge
obscur. Grappe conique, ailée, courte relativement au volume. Grains sur-
moyens, oblongs, noirs, à pulpe acidule, à maturité tardive.

Doux d'Henry noir, *Italie* (Pignerol). — *Syn. : Gros
d'Henry.* — Cette variété donne un raisin également bon pour la cuve et pour
la table. Quelques auteurs prétendent qu'elle est originaire de France. G. de R.
la croit, lui, indigène de l'arrondissement de Pignerol. (Le B. A. fasc. xiv, p. 14)
en donne une description assez détaillée : *Feuilles* moyennes, d'un vert intense à
la face supérieure, velues et blanchâtres à la face inférieure; *grappe* peu serrée,
grosse, de longueur moyenne; *grains* gros, subarrondis, violets peu pruinés, à
pulpe croquante, de saveur simple et douce.

Duccarino, *Italie. : Syn. : Dolcenero.* — Feuilles moyennes, lisses, non consistantes, quinquélobées, sinus réguliers et profonds, à la face supérieure vert clair ; grappe pyramidale, ailée, serrée, grosse; les grains ont la peau coriace, pruinée, à pulpe de saveur douce et succulente (B. A., fasc. xvi, p. 271).

Enfariné, *France.*

Syn. : Gaillard Gouai noir, Mureau, Chineau (Côte-d'Or); *Lombard* (Aube); *Nerre* (Haute-Marne), *Goix noir* ou *Petit Goix, Chamoisien* (Aisne); *Berjin* ou *Brezin de Pampau* (Haute-Saône, M. et P.; *Bourgogne* (environs de Tours), Od.

Ce cépage est rustique, il s'accommode de tous les sols et produit beaucoup en cordon sur fil de fer.

D'après M. et P. (Vign., t. ii, p. 18), ses caractères sont les suivants :

Bourgeonnement : Duveté.

Sarments : De moyenne force, un peu courts, noués.

Feuilles : Moyennes, un peu épaisses, d'un vert foncé, bien sinuées, denture large.

Grappe : Moyenne, cylindrique, assez serrée.

Grains : Moyens, presque sphériques, pédicelle de moyenne force.

Peau : Un peu épaisse, d'un beau noir.

Chair : Un peu molle, juteuse, acerbe.

Maturité de deuxième époque.

Falaudino ou **Faraudino**, *Italie* (Piémont). — *Syn. : Uva del Merlo,* in. H. G. — Raisin noir de cuve. La grappe est conique, le grain est mou et sa pulpe pâteuse (G. de R.).

Ferrar commun, *Espagne*, Sim. Rox. Cl. — Sarments tendres; grains très grands, quasi noirs; feuilles comme celles du Pedro-Ximénès, un peu plus petites cependant. Raisin de table de bonne conservation.

Fintendo, *Espagne.* — *Syn. : Findendo.* — Raisin noir de table.

Flona, *France* (Drôme).

Suivant Mas et Pulliat (Vign., t. iii, p. 145), ce raisin fournit un bon vin très riche en couleur, recommandable pour les coupages.

Folle noire, *France* (Bordelais).

Syn. : Dégoûtant (Charente); *Saintongeois,* Od.; *Enrageat, Enrageade, Cannut de Louzin,* M. et P.

Cette variété fournit un vin très commun (rouge).

Forcinola, *Italie* (Palerme). — *Syn. : Zuccarinona,* H. B. — Feuilles quinquélobées, duveteuses; grappe moyenne avec des grains ronds, noirs, duveteux.

FRANKENTAL

(MONOGRAPHIE)

§ I. — *Synonymie.*

Le Frankental se nomme encore :

Blauer Trolling Trolling Kek, en Hongrie.
Black Hambourg, en Angleterre et en Amérique.
Uva nera d'Amburgo.
Ali-Violet; Kesmich autrefois, d'après Pulliat.
Frankenthaler, en Allemagne.

§ II. — *Caractères spécifiques du Frankental.*

Souche : Forte et très vigoureuse.
Sarments : Assez gros blanc jaunâtre, à entre-nœuds demi espacés.
Feuilles : Grandes, un peu plus larges que longues, d'un vert blond, glabres à la face supérieure, un léger duvet fin sous le revers, à sinus profond, sinus pétiolaire fermé, dentelure courte, obtuse, pétiole long.
Grappe : Grosse, globuleuse, ailée et un peu lâche, pédicelle et pédoncule longs
Grains : Gros ou très gros, tantôt sphériques ou sphérico-ellipsoïdes.
Peau : Épaisse, violet noir.
Chair : ferme et juteuse, peu sucrée, goût neutre.

§ III. — *Production du Frankental.*

Quantité : Le Frankental peut produire beaucoup, soit en cordon sur fil de fer soit en tonnelle. On peut estimer ses rendements de 25,000 à 30,000 kilos de raisin a l'hectare de 2,000 pieds en cordon ou de 625 pieds en tonnelle ou treille.

Qualité pour la table : Le raisin de Frankental est généralement cultivé en vue de la table, il est de bel apparence. Il se présente bien et décore élégamment une table, mais il est d'un goût trop commun pour lutter contre nos raisins de Kabylie; cette infériorité n'empêche pas nos rivaux à l'étranger d'en faire un important commerce.

Le Frankental est cultivé soit sous abris, soit en serres, en Allemagne, en Belgique et même en Angleterre.

Le jour où l'Afrique française du Nord produira dans les proportions où elle peut le donner, c'en sera fait des serres étrangères où naturellement le Frankental ne saurait jamais artificiellement atteindre le goût qu'il possède naturellement sous notre climat.

Qualité pour le vin : Le raisin de Frankental est quelquefois converti en Allemagne, en vin, mais sa qualité est très commune.

Qualité du vin : Comme on vient de le voir, le vin de Frankental est très commun et de peu de conserve.

Alcoolicite : Il dose de 7° à 8° d'alcool, son extrait sec est de 17 à 20 grammes par litre.

Proportion du kilo au litre : Pour obtenir 100 litres de vin rouge du Frankental, il faut presser de 140 a 146 kilos.

§ IV. — *Dates de débourrement du cep et de maturité du fruit.*

Le Frankental débourre de bonne heure et mûrit de même, à peu près en même temps que l'Œillade et le Cinsaut, même quelques jours avant ; enfin il tient lieu entre les chasselas et les raisins de la deuxième époque.

§ V. — *Terrains. — Engrais. — Taille.*

Terrains : Le choix des terrains ne semble point, à première vue, avoir une grande influence sur la production du Frankental, puisqu'on le cultive en Allemagne dans des terrains de second ordre. Mais il convient de remarquer que les Allemands ne disposent point de terrains supérieurs comme nous en possédons tant en Afrique, pas plus qu'ils ne disposent de notre soleil.

Le Frankental, comme l'Aramon, *suit la fertilité du sol*, c'est-à-dire que sa production progresse dans des proportions considérables suivant que cette fertilité est plus ou moins marquée. Nous engageons donc nos planteurs algériens et tunisiens à ne point reléguer le Frankental dans des terrains inférieurs. Passe pour l'Allemagne et la Belgique qui ne peuvent pas faire autrement. En Afrique, la production du Franquental en bonne terre sera largement rémunératrice.

Engrais : Comme pour les cépages à grande production, il est nécessaire de lui appliquer des composts azotés et riches en phosphate et potasse.

Taille : Ce cépage réclame une taille à long bois et assez élevée.

§ VI. — *Maladies particulières au Frankental.*

L'oïdium et l'anthracnose attaquent le Frankental ; ce cépage souffre également de la sécheresse et il pourrit en souche basse.

Comme il débourre de bonne heure, les insectes lui portent quelques atteintes.

Frappa, *Grèce*. — Raisin de table. Grains ronds de couleur gris foncé, H. G.

Fresa, *Italie* (Piémont).

Syn. : *Freisa, Fresa de! Piemonte, Monfra* (dans la vallée d'Aoste), M. et P. ; *Monfesina, Spanna, Fresior, Fressietta*, H. G. — Ce cépage est très fertile, il produit des raisins de cuve dont le vin est spécialement employé dans les coupages.

Caractères de ce cépage.

Feuilles assez petites, peu découpées, avec sinus pétiolaire très ouvert, glabres, assez consistantes, d'un beau vert. *Grappe* longue, souvent claire, portant des *grains* mous, un peu ovales, juteux, un peu âpres et pas bons à manger.

Le vin qu'on en obtient se conserve très bien, G. de R.

Fresella, *Italie* (Palerme. — Feuilles petites, quinquélobées, très échancrées ; grappe moyenne, cylindrique ; grains ronds, noir pruiné ; peau épaisse. Raisin de cuve (in. H. G.).

Fuella de Nice, *France*. — *Syn* : *Boletto nero*, Od. ; *Beletto nero*, G. de R. — C'est, dit Gallesio, une vigne classique des vignobles de Nice, et qui s'y trouve en majorité, elle concourt pour une grande partie à la qualité des vins délicats du Bellet; rarement elle trompe l'espoir du vigneron. Les grappes sont belles et les grains de forme ronde sont assez gros, puisqu'ils ont de 16 à 17$^{m/m}$ sur les deux diamètres; leur couleur est d'un rouge noirâtre (Od., p. 549). — Les feuilles sont moyennes ou sous-moyennes, d'un vert foncé, dents peu profondes, assez larges, obtuses. La saveur des grains est vineuse, agréable.

Fumat du Tarn, *France*, Od. -- Très beau raisin, grains ronds, d'un beau rose.

Gamay d'Orléans, *France* (Touraine).

Syn. : *Gamai commun, Lyonnaise commune* (Allier), Od.; *Plant de Varennes ou Varennes noir, Gros Gamay, Gamay rond* (Seine et Côte-d'Or); *Hameye*, (vignoble de Commercy), M. et P.

D'après M. et P., il n'y a que deux espèces de Gamay : le Gamay noir (Petit, et le Gamay d'Orléans.

Le synonyme de « Gros Gamay » que porte le Gamay d'Orléans, ne s'applique pas au volume de la grappe, qui est plus petite que celle du Petit Gamay, mais à la qualité de son vin qui est médiocre.

Ce cépage est très fertile.

Caractères spécifiques.

Feuilles : Sous-moyennes, presque orbiculaires, sinus supérieurs marqués, à denture peu profondes, pétiole assez long.

Grappe : Sous-moyenne, cylindrique, serrée, pédoncule un peu court.

Grains : Moyens, globuleux, portés par des pédicelles un peu courts.

Peau : Mince, d'un beau noir foncé un peu pruiné.

Maturité de première époque.

GAMAY NOIR

(MONOGRAPHIE)

§ I. — *Synonymie.*

Le Gamay noir serait originaire de la Bourgogne. Il est connu sous divers noms suivants :

Gamai noir et *Petit Gamai* dans le Beaujolais ;

Petite Lyonnaise dans l'Allier (Odard) ;

Gamais de montagne, Bourguignon noir. Gamai ou *Gamay-noir, Blanert Gamet, Schwarze, Melonentraube Gamet, Plant-de-Berry. Plant d'Arcenant, Plant de Malin, Plant d'Evelles (Bourgogne), Gros Bourguignon noir, Plant de Labronde, Plant Nicolas, Plant Picard, Plant de Magny, Gamay de Liverdun, Erice noir, Grosse Race, Carcairone, (Piémont), Burgundi, Nagyszemú* (M. et Pulliat).

§ II. — *Caractères spécifiques du Gamay-noir.*

Souche : Vigueur moyenne, port érigé.

Sarments : Assez érigés. Les sarments du Gamay-noir tiennent le milieu entre ceux du Mourvèdre et de la Carignane pour leur longueur et celle de leurs entre-nœuds.

Feuilles : Moyennes, presque planes, un peu sinuées, à trois lobes plus ou moins prononcées, le sinus pétiolaire ouvert, les sinus latéraux peu marqués, dents courtes, obtuses, irrégulières, face supérieure d'un vert clair et lisse, face inférieure un peu plus pâle et presque glabre aussi.

Grappe : Cylindro-conique, moyenne, serrée, un peu ailée. Le pédoncule est court et ligneux.

Grains : Légèrement ovoïdes et allongés, de grosseur moyenne, d'un beau noir velouté et pruiné, assez juteux et sucrés.

§ III. — *Production du Gamay-noir.*

Qualité pour la table : Le raisin de Gamay noir ne convient pas pour la table.

Qualité pour le vin : Mais il est un des meilleurs pour la cuve, son moût fermente régulièrement et assez promptement. Il produit un excellent vin ; aussi est-il très répandu en Bourgogne et dans les départements voisins. Constatons déjà sa valeur en Afrique et nous espérons qu'elle s'y affirmera chaque jour davantage.

Qualité du vin : Les qualités du vin de Gamay-noir sont très appréciées du commerce. Il joint à la solidité le corps, a un goût particulièrement fin, surtout quand il provient d'un bon terroir calcaire légèrement argilo-siliceux. Sa couleur est franche et agréable à l'œil.

Indépendamment des services qu'il peut rendre comme vin de table, le Gamay est précieux pour les coupages. A cet égard, il suffit de savoir qu'il forme aujourd'hui avec le Pinot le fond des vins de Bourgogne et qu'il entre pour une partie notable dans la composition des Beaujolais.

Le vin de Gamay africain dose de 11° à 13° d'alcool et contient de 26 à 36 grammes d'extrait sec par litre.

Proportion du kilo au litre : Pour faire 100 litres de vin rouge, il faut une quantité de raisin qui varie de 145 à 155 kilos suivant le sol et l'année. On remarquera que cette proportion diffère peu du Morastel.

Lorsque l'on fait du vin blanc avec le Gamay rouge, il faut de 155 à 165 kilos de raisin pour obtenir 100 litres de vin blanc.

Quantités : Le Gamay noir comparé aux autres cépages de production ordinaire de troisième catégorie dépasse le Pinot et ses congénères. Il atteint une moyenne de 45 à 55 hectolitres à l'hectare de 2,750 souches basses en terre fertile, et s'abaisse à 25 hectolitres en terre sèche. Cultivé en cordon sur fil de fer, il peut atteindre 150 hectolitres à l'hectare.

§ IV. — *Dates de débourrement du cep et de maturité du fruit.*

Le Gamay-noir débourre de bonne heure, il mûrit également assez tôt : du 15 au 25 août sur le littoral en terre légère, et du 1ᵉʳ au 10 septembre à 150 mètres d'altitude en terre fertile, deuxième époque.

§ V. — *Terrains.* — *Engrais.* — *Taille.*

Terrains : Dans les terrains argilo-calcaires-siliceux le Gamay noir produit régulièrement, dans ceux granitiques et calcaires il produit moins, mais le vin est fin. Les plantations faites sur versants en terres ressuyées réussissent à merveille. Il redoute les terrains humides.

Engrais : Le Gamay noir est plus gourmand que le Mourvèdre et le Morastel, ce sont surtout les composts qui lui conviennent. Nos lecteurs savent que les composts représentent une combinaison d'engrais et d'amendements appropriés suivant les terrains et les caractères du cépage à cultiver.

Taille : Ce cépage réclame une taille à deux yeux, à nombreux porteurs, il mérite d'être essayé sur cordon ou en *aste*.

§ VI. — *Maladies particulières au Gamay-noir.*

Débourrant de bonne heure, le Gamay craint les gelées blanches tardives; en revanche il résiste assez bien aux maladies cryptogamiques, sauf à l'oïdium. C'est en résumé un excellent cépage qui va de pair avec le Mourvèdre et dont il faut désirer la propagation en Algérie dans l'intérêt de notre viticulture et de son avenir.

Genouillet de Berry, *France* (Issoudun). — Cépage très productif, mais son produit est de qualité médiocre et sujet à la pourriture (Od., p. 237).

Gerosolimitana nera, *Italie* (Sicile). — Le meilleur raisin de table et de conserve de l'Italie méridionale.

Giboudot noir, *France* (Côte chalonnaise).

Syn : *Plant d'Abraham, Malain, Giboulot noir* (Rendu). — Semble être une variété de Gamay d'après Pulliat. Son vin est assez bon, mais il dure peu. Le Giboudot noir est très sensible aux gelées printanières.

Caractères spécifiques.

Feuilles : Larges, cotonneuses sous le revers, beau vert sur la face supérieure.
Grappe : Sphérico-oblong, pédoncule assez long.
Grains : Ronds.
Maturité deuxième époque tardive.

Gorgottesco nero, *Italie* (Toscane). — Feuilles grandes, vert clair, quinquélobées; grappe pyramidale et grosse; grains gros et ronds; peau épaisse et noir rougeâtre.

Grapello ou **Groppello**, *Italie* (Tyrol). — Feuilles moyennes, minces, très découpées, allongées, face supérieure vert sombre, face inférieure duveteuse avec une teinte rougeâtre; grappe moyenne, serrée; grains moyens, allongés noirs et donnant un vin peu aigrelet (In. II. G.).

Grec rose ou Bombino, *France* (Corse).

Ce cépage diffère du Grec rouge par des feuilles tomenteuses en dessous (Od.. p. 570). Cette variété mûrit plus tard que le Grec rouge. Ses grappes sont belles et très appétissantes.

GREC ROUGE

(MONOGRAPHIE)

§ I. — *Synonymie* (M. et P.).

Barbaroux, dans le département de l'Hérault.
Alicante, dans le département de Tarn-et-Garonne et par erreur.
Raisin du Pauvre, dans le département du Gard.
Malaga, dans le département des Hautes-Alpes et par erreur.
Gros-rouge, A. Brioude, dans le département de la Haute-Loire.
Barbaroux ou Grec. (Nouveau traité des arbres fruitiers), Loiseleur-Deslong-champs.
Gros-Gromier du Cantal. (Pomologie de la France).
Gromier du Cantal. (The fruit manuel Robert Hogg).
Monstrueux de Cantolle (plusieurs catalogues français).
Originaire de Provence

§ II. — *Caractères spécifiques du Grec rouge.*

Souche : Assez forte, de longue durée.

Sarments : Forts, à entre-nœuds un peu courts.

Bourgeonnement : D'un vert clair et légèrement duveteux.

Feuilles : Moyennes, un peu plus larges que longues, glabres et d'un vert herbacé à leur face supérieure, portant à leur face inférieure un duvet très court, plus abondant et hérissé sur les nervures, et ce duvet caduc manque souvent au moment de l'achèvement de la végétation ; sinus supérieurs profonds et fermes, sinus inférieurs profonds, sinus pétiolaire plus ou moins ouvert ; dents assez larges ou étroites, assez profondes et aiguës, pétiole court, un peu fort et un peu rude au toucher.

Grappe : Très grosse et souvent vraiment énorme, extraordinairement compacte, de forme variable, le plus souvent largement ailée et courte par rapport à son épaisseur, pédoncule court et fort.

Grains : Gros ou très gros, sphériques déprimés, mais variant de forme par la pression qu'ils exercent les uns sur les autres, pédicelles très courts et très forts.

Peau : Épaisse, assez résistante, d'abord d'un vert terne, puis se couvrant d'un rouge un peu obscur à la maturité.

Chair : Un peu consistante, juteuse, à saveur douce et un peu sucrée, quelquefois assez agréable.

§ III. — *Terrains à choisir. — Engrais à employer. — Taille spéciale.*

Terrains : Quoique le Grec rouge fructifie dans les terrains calcaires et secs, il n'en est pas moins vrai que les rendements sont bien supérieurs lorsque ce cépage est planté dans les alluvions anciennes et modernes, surtout si elles sont profondes. Les sols argilo-calcaires faiblement siliceux sont préférables.

Engrais : Les engrais qui procurent à ce plant une belle et bonne végétation fructifère sont ceux où la potasse domine en association avec le phosphate de chaux et un peu d'azote.

Taille : Ce cépage s'accommode mieux d'une taille développée sur cordon, soit deux yeux sur chaque courson ou porteur; si le nombre des coursons ou porteurs est considérable, on taille à un œil.

§ IV. — *Dates de débourrement du cep et de maturité du fruit.*

Le Grec rouge est un cépage très fertile, il débourre de bonne heure et il mûrit à la deuxième époque. C'est surtout un beau raisin d'ornement que l'on plante généralement en tonnelle. Dans les terrains légers du littoral il mûrirait fin août.

§ V. — *Maladies particulières.*

Ce plant craint un peu l'oïdium. En revanche il n'est pas attaqué par le peronospora. Les insectes ne lui font pas grand mal. Il est un peu sensible au siroco s'il est planté en souche basse, il faut donc le conduire en cordon ou en tonnelle.

M. Pulliat recommande de ciseler ce plant en temps opportun.

§ VI. — *Production.*

Qualité pour la table : Très belle et pourvue de gros grains roses, la grappe du Grec rouge a sa place toute indiquée comme raisin de table, non pas comme *qualité*, mais encore comme *quantité*.

Qualité pour le vin . Spécialement cultivé dans le Midi pour la cuve.

Qualité du vin : Peu foncé et peu relevé, il peut prendre sa place dans les coupages. Incorporé à un vin rouge un peu austère il lui communique de la souplesse au goût.

Alcoolicité : Dosant de 8·50 à 9°50 d'alcool. Son extrait sec varie entre 19 à 21 grammes par litre.

Proportion du kilo au litre : Pour faire 100 litres de vin, il est nécessaire de fouler et mettre à la cuve de 130 à 140 kilos de raisin.

Quantités de vin : Le plant Grec rouge étant cultivé dans un terrain qui lui convient et en cordon horizontal sur fil de fer, peut rendre de 180 à 210 hectolitres à l'hectare; en tonnelle son rendement peut aller jusqu'à 300 hectolitres.

Grenache rouge

(MONOGRAPHIE)

§ I. — *Synonymie*.

Le Grenache rouge se nomme encore suivant les pays :

Granache, *Alicant*, *Alicante* et *Bois jaune*, dans l'Hérault, le Gard et les Pyrénées-Orientales ;

Roussilon, *Rivesaltes* et *Alicant*, dans le Var et les Bouches-du-Rhône ;

Redondal (Haute-Garonne) ;

Rivos Altos (Bouches-du-Rhône) ;

Tintilla, Espagne ;

Lladoner, Catalogne, Aragonais ;

Granaxa, Aragon.

Ce plant est originaire d'Espagne.

§ II. — *Caractères spécifiques*.

Souche : Très fertile, très forte, très élevée, de longue durée.

Sarments : Érigés, gros, assez fermes, courts, de couleur jaune tirant un peu sur le rouge et ponctués de noir de distance en distance ; nœuds gros, peu espacés à la base ; l'extrémité du sarment « s'aoûte » souvent assez mal et se dessèche.

Feuilles : Petites, peu découpées et dentelées, lisses et luisantes sur les deux faces, couleur vert-jaunâtre, jaunissant à l'arrière-saison, pétioles et nervures jaunes.

Grappe : Grosse, assez serrée, ligneuse, irrégulière en ses divisions, fixée non loin de la base du sarment, vers le troisième nœud.

Grains : Oblongs, assez gros, serrés, très fleuris, très juteux, très sucrés. Couleur rouge orange. La peau est assez épaisse et résistante. Les grains se passarillent facilement.

§ III. — *Production*.

Qualité pour la table : Le raisin de Grenache n'est pas très présentable pour la bouche, cependant son goût est agréable, très sucré, mais il altère et dessèche le gosier par l'essence tannique sucrée qu'il renferme.

Qualité pour le vin : Le Grenache est généralement employé pour faire des vins blancs corsés. Le vin rouge obtenu fermente toute l'année, il réclame dans sa fabrication une méthode toute spéciale.

Qualité du vin : Le vin de Grenache (Alicante) possède des qualités assez connues des consommateurs (finesse, arome, couleur rouge orange tournant au jaune bronze, etc.).

Dans l'étude qui nous occupe et à laquelle tous les soins ont été apportés, nous avons classé ce plant comme un des premiers de notre viticulture algérienne et nous ne l'étudions qu'au point de vue local :

1° Le Grenache en Algérie et en Tunisie, fermente pendant la première année ;

2° Ce vin possède un goût trop prononcé, et pour tout dire trop *exclusif* pour entrer dans les coupages en grand ; il ne supporte qu'une certaine quantité d'un autre vin rouge, mais faut-il pour cela que le résultat soit agréable et marchand, que le vin qui a servi au coupage soit choisi parmi ceux qui s'accommodent de cette association hybride. Lui-même, en raison de son goût très particulier, *sui generis*, ne peut entrer dans les grands coupages que pour une assez faible proportion.

Nous reviendrons sur ces observations très importantes dans la pratique pour tous ceux qui font ou qui veulent faire le commerce des vins en Algérie, lorsque nous traiterons du choix des cépages. (Voir les chapitres traitant de la question) ;

3° Un des graves inconvénients du Grenache est d'altérer la couleur des vins avec lesquels il entre en composition. Cet inconvénient est d'autant plus sérieux que le Grenache, ainsi que nous l'avons dit plus haut, est particulièrement sujet à la fermentation, et que cette fermentation dure toute l'année. Pour remédier à ce défaut, le viticulteur éclairé doit soumettre ce vin à une température de 30° dans un local chauffé pendant deux mois après son décuvage. Il arrive ainsi que la seconde fermentation, qui ne se produit que plus tard, est précipitée par la chaleur et s'effectue normalement. Cette opération, qui détermine à bref délai un phénomène naturellement plus tardif, a pour résultat de soustraire le vin à une fermentation ultérieure dont la date indéfinie et la durée plus ou moins limitée, sont autant d'obstacles à sa mise en circulation dans le commerce.

Après le chauffage, on soutire le vin et on le dépose dans un endroit aussi froid que possible, afin qu'il puisse achever de se dépouiller et de se décanter.

C'est à cette période que se manifestent l'utilité et l'importance d'une bonne *vaisselle vinaire*. Nous donnons en des chapitres ultérieurs toutes les indications nécessaires.

Ce que nous venons de dire sur les qualités et les défauts du Grenache en Algérie serait incomplet si, après avoir indiqué les inconvénients qui peuvent résulter de coupages faits sans méthode avec ce vin — pris pour base ou comme accessoire — nous ne donnions ici la formule d'une combinaison de coupage spéciale dont nous avons été à même de constater plus d'une fois les avantages.

Vin de Grenache..................	30	
Vin d'Aramon	45	100
Vin de Mourvèdre ou Morastel	25	

Il est nécessaire que le vin de Mourvèdre ou Morastel soit un peu vert.

Le vin qui résulte de ce coupage est assez agréable, il est beaucoup moins sujet à la fermentation que celui qui contient une plus grande proportion de Grenache et sa couleur tombe moins.

Un dernier mot sur la qualité alcoolique du vin de Grenache :

Ce vin dose de 11°50 à 15° d'alcool suivant l'année et les terrains où il a été produit.

Son extrait sec varie de 24 à 30 grammes par litre.

Le raisin de Grenache soumis à la presse donne un vin blanc doux et liquoreux assez recherché par le commerce.

Dans ce cas il dose de 13° à 16° suivant les terrains et l'état climatérique de l'année. Son degré alcoolique est donc relativement élevé et son extrait sec varie de 22 à 26 grammes par litre.

Proportion du kilo au litre : Il faut 139 à 145 kilos de raisin pour faire 100 litres de vin rouge, et 144 à 151 kilos pour produire 100 litres de vin blanc.

Quoique très juteux, son rendement est inférieur à celui de l'Aramon, qui donne 100 litres de vin rouge par 120 à 125 kilos de raisin. Ses rendements en vin sont à peu près égaux à ceux obtenus par la Carignane.

Quantité : Le Grenache donne jusqu'à 120 hectolitres à l'hectare de 2,750 pieds dans les terrains assez fertiles mais bien ressuyés.

Dans ces terrains et surtout en coteau sa vie, largement féconde, peut se prolonger jusqu'au-delà d'un siècle. Mais dans les terrains où l'humidité domine, le rendement du Grenache, à partir de la vingtième année, s'arrête et suit une progression rapidement décroissante; il meurt entre 25 et 30 ans.

Le raisin de Grenache est assez juteux mais sa pellicule est épaisse et sa chair visqueuse, ce qui indique la présence d'une matière gommeuse.

Les observations qui précèdent sur la production du Grenache en Afrique ne seraient pas complètes, si nous ne faisions connaître aux viticulteurs que ce cépage doit principalement être cultivé pour le commerce du vin blanc et de l'eau-de-vie. Son produit au point de vue de la fabrication des alcools bon goût est rémunérateur et assuré, et ce n'est que dans une très faible mesure qu'il peut être cultivé pour les coupages en vin rouge.

§ IV. — *Dates de débourrement du cep et de maturité du fruit.*

Le plant de Grenache débourre de bonne heure, du 15 au 25 mars dans les terrains secs et ressuyés et du 1er au 10 avril dans les terrains bas et frais situés à une altitude de 50 à 60 mètres, mais ainsi que le font connaître nos *tableaux spéciaux*, il mûrit assez tard à la 4me 1/4 époque.

La maturité du Grenache coïncide avec celle de plusieurs autres cépages dont il sera question plus loin.

§ V. — *Terrains. — Engrais. — Taille.*

Terrains : Les terrains qui conviennent au Grenache sont les terres argilo-calcaires un peu ferrugineuses.

Engrais : Peu azotés mais riches en potasse et en chaux ou phosphate de chaux.

Taille : Ce cépage réclame une taille à deux yeux non compris le borgne, et un nombre de porteurs suffisant pour équilibrer sa sève au moment de la floraison. Taillé en *aste* il produit beaucoup, mais il s'épuise promptement. Etude à faire s'il n'y a pas avantage à lui faire produire beaucoup en *aste* ou longue taille pendant vingt ans et le détruire aussitôt après.

§ VI. — *Maladies spéciales.*

Le plant de Grenache est attaqué par de nombreux insectes, mais ses pires ennemis sont les maladies cryptogamiques telles que l'oïdium, l'anthracnose et le péronospora, l'altise elle-même lui cause des dommages considérables au début du débourrement; l'époque de ce débourrement étant presque toujours hâtive; il craint les gelées blanches. La coulure provenant des pluies froides et persistantes est aussi à redouter pour lui.

Nous indiquerons aux chapitres spéciaux, les mesures à prendre pour garantir autant que possible ce cépage contre les atteintes de ces fléaux. Insistons cependant sur ce fait que l'humidité prolongée dans le sol atteint le plant de Grenache au point de vue d'abréger son existence.

Grigia ou **Grisa nera**, *Italie* (Piémont). — Raisin noir utilisé surtout pour la table et ainsi appelé à cause de la pruine très abondante qui recouvre ses grains (G. de R.).

Grignolino fino nero, *Italie* (Asti Coazzola). — « Vigne très appréciée à certains terrains à bas calcaire, du pays d'Asti. C'est peut-être le raisin avec lequel on obtient le plus facilement des vins analogues à ceux de France. Cette variété est intermédiaire entre le *Neretto* de *Marengo* et le *Nebbiolo* avec lequel il a une certaine affinité. Dans les situations chaudes, éloignées des côtes des Alpes et dans les terrains un peu légers elle l'emporte sur le *Nebbiolo* par l'importance de ses produits » (G. de R.).

Gropel, *Italie* (Vérone). — Ce cépage donnerait suivant le B. A. un bon vin à saveur aromatique et délicat. — Feuilles petites, quinquélobées, de couleur vert foncé, sinus profonds, la chute des feuilles est tardive. Grappe moyenne, conique, serrée. Grains moyens, ovales; peau épaisse, pulpe à saveur douce, parfumée.

Gros-Guillaume

(MONOGRAPHIE)

§ I. — *Synonymie.*

Barlantin noir?
Danugue croquant, de la collection du Comice de Toulon (Var) ;
Panse noire, de quelques vignerons, A. Pellicot ;
Plant à la Barre de Vice, Planta de Mula, en Espagne (G. de R.).
Spagnol bleu de Nice ;
Gros-Guillaume, A. Mas et Pulliat.
D'après A. Mas et Pulliat, ce plant serait originaire de Provence.

§ II. — *Caractères spécifiques.*

Bourgeonnement : Verdâtre, glabre ou presque glabre, passant du vert roussâtre au grenat clair et brillant sur les jeunes feuilles.

Sarments : Mi-érigés, très gros ; entre-nœuds assez longs, de couleur roux vif.

Feuilles : Moyennes, un peu plus longues que larges, glabres et comme vernissées, d'un beau vert foncé sur lequel les nervures se détachent par un vert plus clair; sinus pétiolaire très ouvert, sinus supérieurs peu profonds, quelquefois nuls; lobes en pointe aiguë, denture de la feuille acuminée; pétiole long et fort, violacé hors les parties à l'ombre.

Grappe : Grosse ou très grosse, allongée, quelquefois pyramidale; pédoncule long, ligneux jusqu'au nœud.

Grains : Très gros, sphériques; pédicelles longs, assez forts.

Peau : D'un beau noir bleuâtre pruiné à la maturité qui est de troisième époque tardive.

Chair : Assez juteuse, un peu ferme, à saveur simple, peu sucrée.

§ III. — *Production.*

Qualité pour la table : Le Gros-Guillaume est un très beau et bon raisin de table avec grappes très volumineuses. Cépage à retenir pour la production des raisins de dessert.

Qualité pour le vin : Ce raisin a toujours été cultivé en vue de la table, et ce n'est que depuis quelques années qu'on le propage en vue de la cuve. Il est appelé à jouer un rôle important dans les plantations à grands rendements.

Qualité du vin : Le vin que l'on obtient de ce raisin est plus coloré que celui d'Aramon et aussi riche en alcool. Son goût est peut-être moins fin mais dans tous les cas, comme valeur commerciale, il sera plus recherché que l'Aramon par sa couleur plus intense.

Alcoolicité : Il dose de 9° à 10° d'alcool; son extrait sec varie de 19 à 21 grammes par litre.

Proportion du kilo au litre : Pour produire 100 litres de vin rouge il faut employer de 124 à 130 kilos de raisin et pour obtenir le même volume de vin blanc il sera nécessaire de fouler et presser 130 à 136 kilos de raisin.

Quantités de raisin ou vin : Ce cépage doit être cultivé en chaintre dit M. Pulliat, si on veut obtenir de grands rendements; de notre côté, nous avons constaté qu'il peut également être cultivé en tonnelle dans les montagnes pour en faire des raisins tardifs.

Sa production peut atteindre de 250 à 300 hectolitres en chaintre et de 200 à 250 hectolitres en cordon sur fil de fer. En tonnelle ses rendements seraient encore supérieurs à ceux obtenus par le chaintre.

§ IV. — *Dates de débourrement du cep et de maturité du fruit.*

Ce cépage débourre en même temps que la Carignane, mais il mûrit après le Morastel, c'est-à-dire au commencement de la quatrième époque. Dans les terrains d'alluvions substantielles il mûrit au commencement d'octobre à 200 mètres d'altitude. Sur les montagnes élevées à une altitude de 1,200 mètres, il mûrirait vers les premiers jours de novembre, quatrième époque.

§ V. — *Terrains à choisir. — Engrais à employer. — Taille spéciale.*

Terrains : Ce cépage suit la fertilité du sol, il préfère les terrains substantiels, mais dans les terrains demi-fertiles il produit encore suffisamment. Les terrains calcaires-siliceux un peu chargés d'humus lui conviennent encore.

Engrais : Les engrais composés de potasse, de phosphate de chaux et un peu de sulfate de fer entretiennent sa production fructifère.

Taille : Ce cépage réclame une taille longue. En souche basse à taille courte il produit peu.

§ VI. — *Maladies particulières.*

Ce plant est très rustique et semble résister aux maladies cryptogamiques. Les insectes ne l'attaquent pas. On a constaté dans le Midi de la France qu'il résistait au phylloxera. Il craint la pourriture, surtout causée par les terrains humides; il faut donc éviter de le planter dans ces terrains. Supportant assez bien la chaleur, il est malgré cela sensible au fort siroco.

Groslot ou **Grolleau**, *France* (centre).

Syn. : *Groslot de Valère* (Touraine). — Od. (p. 252) désigne ce cépage comme associé au Côt dans ces régions. Ce dernier est plus fin mais moins abondant.

Le Groslot fait un vin ordinaire et présente d'après Pulliat les caractères suivants :

Feuilles : Moyennes, lisses, un peu duveteuses, peu sinuées.

Grappe : Moyenne, un peu ailée, cylindro-conique, un peu serrée.

Grains : Moyens, sphériques, noir rouge.

Maturité : Deuxième époque.

Gros Mansene, *France* (Hautes-Pyrénées).

Syn. : *Mansene, Petit Mansene* (Hautes-Pyrénées), *Gros Mansain, Mansain Tanat* (Gers), *Mancin* (Bordelais), M. et P. — D'après ces auteurs (Vign., t. II, p. 167). — Cette vigne est cultivée sur une étendue assez grande dans les Hautes-Pyrénées où on l'associe au Tanat et au Bouchy pour la confection des vins. Il est généralement cultivé en cordon sur fil de fer.

Caractères spécifiques.

Feuilles : Moyennes, duveteuses, peu sinuées.

Grappe : Moyenne, un peu ailée, peu serrée.

Grains : Moyens, globuleux.

Peau : Noir rougeâtre, peu pruinée à la maturité qui est de troisième époque.

Gros Mollar, *France* (Hautes-Alpes).

Syn. : *Mollar, Mollard, Mollar noir Molor*, M. et P. — Odart (p. 177) cite une autre espèce (*Petit Mollar*). D'après M. et P. il y aurait simplement erreur de nom, les caractères spécifiques restant identiques, même pour celui cité par Rosas Clementé dans sa *Monographie des cépages de l'Andalousie*.

Le vin provenant de ce cépage est léger, agréable et d'une longue durée.

Caractères spécifiques.

Feuilles : Grandes, glabres, un peu duveteuses inférieurement, peu sinuées, denture peu profonde.

Grappe : Moyenne, cylindro-conique.

Grains : Moyens, sphériques ou un peu sphérico-ellipsoïdes.

Peau : Mince, assez résistante, noir pruiné.

Chair : Assez ferme, juteuse, sucrée.

Gros Morillon, *France* (Indre-et-Loire). — Citée par Odart (p. 256) comme digne d'être étudiée parmi les vignes de la région centrale de la France. Raisin noir.

GUEUHE

(MONOGRAPHIE)

§ I. -- *Synonymie.*

Gueuhe (Ain, Jura).

Foirard, à Poligny.

Plant d'Arlay, aux environs de Salins.

Gouais, à Saint-Amour (Jura).

Gros Plant, *Plant de Treffort*, dans l'Ain.

Plant d'Anjou noir, *Plant de Saint-Remy*, à Saint-Genis (Rhône), A. Mas et Pulliat.

§ II. — *Caractères spécifiques.*

Souche : Assez vigoureuse.

Bourgeonnement : Très duveteux, blanc.

Sarments : Assez forts, courts, noués.

Feuilles : Sous-moyennes, aussi larges que longues, d'un vert sombre, bullées à la face supérieure, portant à la face inférieure un duvet aranéeux ; sinus supérieurs très profonds et bien ouverts, sinus pétiolaire largement ouvert; dents assez profondes, un peu larges et un peu aiguës; pétiole assez long, grêle et poilu.

Grappe : Moyenne, cylindrique ou cylindro-conique, bien compacte, pédoncule court et peu fort.

Grains : Moyens ou surmoyens, sphériques, pédicelles courts et très grêles.

Peau : Un peu fine, peu résistante, passant au rouge noirâtre, peu pruinée à la maturité qui est de troisième époque.

Chair : Bien juteuse, peu sucrée, saveur simple non relevée.

§ III. — *Production.*

Qualité pour la table : Le raisin de Gueuhe est un fruit acerbe et peu sucré, il ne convient aucunement pour la table.

Qualité pour le vin : Ce raisin est excellent en Algérie et en Tunisie pour la cuve. Il est encore rare dans nos plantations.

Qualité du vin : Le vin est un peu dur, mais dans les coupages il rend nerveux le vin de Carignane.

En France, ce vin est détestable parce que le raisin qui le produit n'arrive pas à une maturité suffisante. Par contre en Algérie et en Tunisie le Gueuhe peut produire un excellent vin blanc sec et vigoureux.

Alcoolicité : En rouge, il dose de 10' à 11° d'alcool; en blanc, de 10°25 à 11"25. Son extrait sec varie de 20 à 23 grammes.

Proportion du kilo au litre : Comme ce raisin est très juteux et que la peau est fine, il rend convenablement.

Pour produire 100 litres de vin rouge, il faut employer à la fermentation de 140 à 147 kilos de raisin.

Pour obtenir 100 litres de vin blanc, il est nécessaire de fouler et presser de 152 à 158 kilos de raisin.

Quantités : Ce cépage a toujours été cultivé en souche basse. C'est sous cette forme que nous l'avons rencontré dans ce pays. Sa production peut aller jusqu'à 120 hectolitres à l'hectare de 2,500 pieds.

§ IV. — *Dates de débourrement du cep et de maturité du fruit.*

Maturité : Ce plant débourre assez tard et mûrit de même.
Il mûrit vers la quatrième époque.

§ V. — *Terrains à choisir. — Engrais à employer. — Taille spéciale.*

Terrains : Le Gueuhe est un plant vigoureux, un peu gourmand. Il prospère dans les alluvions à base de calcaire-siliceux.

Engrais : Les engrais à employer pour entretenir la vigueur et la santé de ce cépage sont des composts azotés et potassiques, additionnés de phosphates de chaux.

Taille : Le plant de Gueuhe donne d'une façon régulière et abondante à l'aide d'une taille à deux yeux et le borgne. Cultivé en cordon sur fil de fer, il ne rendrait guère plus de 130 à 140 hectolitres à l'hectare.

§ VI. — *Maladies.*

Ce cépage craint peu les gelées tardives printanières puisqu'il débourre tard. Il craint peu l'oïdium et le peronospora et redoute un excès de siroco.

Hænapop. *Cap de Bonne-Espérance.* — Ce cépage, d'après Odart (p. 613) y serait venu de Perse, et serait le plus précieux de tous ceux qui peuplent le vignoble de Constance.

Hallagguoh. *Perse.* — Ce raisin est remarquable par la longueur et la grosseur de ses grains, généralement sans pépins (Od., p. 606).

Hangling Blauer, *Allemagne* (Wurtemberg). — *Syn.: Haüsler, Frankentraube, Karmazyn* (Bohême); *Viesanka* (Croatie); *Süssroth* ou *Suss-chwarze, Tauberschwarz, Grobroth, Hartwegstraube* (In. H. G.). — Raisin noir.

Hansen Rother, *Allemagne* (Wurtemberg). — *Syn. : Hans, Schwabenhans, Kleiner Veltelner* (In. H. G,). — Raisin rouge de cuve.

Haute-Égypte, *France* (centre). — Le comte Odart cite page 254 comme une variété du Teinturier, mais moins robuste et bien moins productive, il croit que ce cépage pourrait bien être l'Egiziano des vignobles de Naples.

Heunisch, *Autriche*. — Raisin de cuve qui tend à disparaître chaque jour de ce pays.

HIBOU NOIR

(MONOGRAPHIE)

§ I. — *Synonymie.*

Le Hibou noir s'appelle encore :
Hibou, aux environs de Chambéry.
Hivernais, dans la Tarentaise.
Polofrais, dans la Maurienne.
Promère, dans les cantons de Ruffieux et de Seyssel.
Gibou, Guibou, Luisant, Raisin cerise, dans la vallée du Grésivaudan.
Originaire de la Savoie.

§ II. — *Caractères spécifiques* (M. et P.).

Souche : Forte et vigoureuse.
Sarments : Forts, vigoureux, à nœuds aplatis, distants.
Bourgeonnement : Bien duveté, blanc, très légèrement teinté de rose sur le pourtour des folioles.
Feuilles : Grandes, assez épaisses, d'un vert pâle, glabres et presque lisses à leur face supérieure, garnies à leur face inférieure d'un duvet aranéeux très léger, clairsemé, passant quelquefois à l'état floconneux ; jeunes feuilles presque orbiculaires, lisses et luisantes ; sinus supérieurs peu ouverts, assez profonds ; sinus secondaires bien marqués ; sinus pétiolaire ouvert ; pétiole long et fort ; denture large, courtement mucronée, assez profonde, inégale.
Grappe : Grosse, cylindro-conique, un peu lâche, un peu rameuse, souvent munie d'un grapillon pédonculaire.
Grains : Gros, sphériques ou presque sphériques ; pédicelles assez longs, un peu grêles.
Peau : Épaisse, un peu astringente, d'un rouge violacé à la maturité.
Chair : Ferme et cependant juteuse, bien sucrée, agréable.

§ III. — *Production.*

Qualité pour la table : Le Hibou noir n'est pas bon pour la table, son âpreté en est une cause principale.
Qualité pour le vin : Raisin très estimé aux environs du lac du Bourget et dans la vallée supérieure du Rhône.

Qualité du vin : Le vin de Hibou noir, fait dans les conditions de maturité incomplète a ces hautes altitudes, par le 42me degré de latitude, est encore recherché des consommateurs par son bouquet et son goût agréable. Il est évident que ce plant cultivé sous notre climat donnerait un vin sépérieur.

Alcoolicité : Il dose de 9° à 10' d'alcool en France, en Algérie il donnerait 11° à 12°.

Son extrait sec varie entre 21 à 23 grammes.

Proportion du kilo au litre : Pour faire 100 litres de vin il faut fouler et mettre à la cuve de 146 à 152 kilos de raisin.

Quantités de vin : Ce cépage étant cultivé en cordon sur fil de fer et taillé à deux yeux donne en France de 75 à 100 hectolitres à l'hectare ; en Algérie ce rendement serait supérieur de 25 à 30 p. 0/0.

§ IV. — *Dates de débourrement du cep et de maturité du fruit.*

Ce cépage débourre très tard et il mûrit de même. En cordon palissadé sur fil de fer il mûrit à la quatrième époque.

C'est un cépage à retenir pour nos futures plantations, parce qu'il mûrit tard.

Nous avons reconnu que les vendanges tardives en Algérie et en Tunisie produisaient une fermentation plus basse et plus régulière, par conséquent plus complète.

§ V. — *Terrains à choisir.* — *Engrais à employer.* — *Taille spéciale.*

Terrains : Le Hibou noir n'est pas très exigeant pour son alimentation, il s'accommode de terrains demi-fertiles, pourvu qu'ils soient profonds et assez meubles.

Il prospère dans les alluvions anciennes.

Engrais : Les composts, formés de phosphate de chaux, de potasse, de plâtre, en y joignant les matières organiques d'usage, sont les engrais les mieux appropriés à ce genre de cépage.

Taille : Ce plant s'accommode aussi bien de la taille courte que de la longue ; cependant, au point de vue du rendement, il est préférable de le conduire en cordon sur fil de fer, à taille mi-longue, c'est-à-dire deux yeux sur chaque porteur.

§ VI. — *Maladies particulières.*

Comme ce cépage est tardif à débourrer, il craint peu les insectes. En outre les maladies cryptogamiques ne lui font pas de dommages sérieux.

Hilisman rouge, *Asie-Mineure* (Od., p. 597). — Raisin plus fait pour la cuve que pour la table.

Hourca, *France* (Vign. de la Gironde. — M. Bouchereau croit qu'il est identique au Roumier ; d'après (Od., p. 130), les grappes sont belles, les grains serrés, le vin est bien coloré, de longue garde et de bonne qualité. Ce cépage exige une taille ronde. Sa maturité est un peu tardive.

Huevo de Gato, *Espagne*. — Raisin de table, noir ; un des plus beaux que connaisse Od. (p. 587) pour la grosseur de ses grains.

Insolia nuira, *Italie* (Calabre).

D'après Pull., voici ses caractères :

Feuilles : Sur moyennes, glabres et de couleur vert vif sur les deux faces, très sinuées.

Grappe : Pyramidale, allongée, serrée, longue, grosse.

Grains : Moyens, ovales, à peau transparente, épaisse, coriace et de couleur noir pruiné; pulpe croquante, charnue, de saveur aromatique.

Iri-Kara.

Le comte Odart l'a cultivé sans résultat, il le compare au *Gros Noir*, mais avec des différences sur la grosseur de la grappe.

Raisin de table et de cuve.

Ischia, *Italie*.

Syn. : *Raisin d'Ischia, Uva di tre volle, Noir précoce de Gènes, Noir précoce de Hongrie*, Od., *Noir Menu*, M. et P.

Les auteurs s'accordent généralement à reconnaitre ce raisin comme une variété du *Pinot noir*. — M. et P. (Vign., t. i, p. 189) ne pensent pas qu'on puisse tirer de ce raisin un aussi bon vin que celui fourni par le Pinot noir. En France on cultive ce raisin pour la table.

Caractères.

Feuilles : Moyennes, un peu gaufrées, un peu duveteuses.

Grappe : Petite, cylindrique, souvent ailée, un peu serrée.

Grains : Petits, sous-moyens, sphériques noirs. (Maturité précoce).

Jami noir, *Espagne* (Grenade et Murcie).

D'après Sim. Rox, ce cépage est très apprécié en Espagne.

Caractères.

Feuilles : Vert jaunâtre, lisses en dessus, nues en dessous.

Grappe : Assez belle, presque cylindrique, serrée.

Grains : Assez gros, un peu durs et charnus, d'une saveur douce et agréable.

Peau : Epaisse, noire.

Janese nera, *Italie* (province napolitaine).

Syn. : *Gaianese* (In. H. G.). D'après cet auteur, il y aurait une variété moins estimée qu'on désigne sous le nom de Janesona.

Caractères.

Feuilles : Moyennes, quinquélobées, vert sombre.

Grappe : Longue, rameuse.

Grains : Presque ronds, moyens, noir pruiné.

Kadarkas noir, *Hongrie.*

Syn : *Edel Hungar Traube* (raisin noble de Hongrie), *Raisin noir de Scutari,*
Od. *Bleu de Hongrie, Noir de la Moselle* (Styrie). *Cerna Skadarka. Skakar* ou
Skutariner noir, Modra Kadarka, Branicevka (en Croatie), *Kadarka Keh, Jenei
fekete* (Birhabam), *Cs'oka Szölö: Ludtalpú und Kereszles levelü, Török Szöllo,*
H. G. D'après cet auteur, cette variété aurait été introduite de l'Asie-Mineure.
Son vin a un arome agréable, il est très estimé.

Caractères.

Feuilles : Grandes, allongées, un peu recourbées, épaisses, trilobées ou quinquélobées, très peu découpées; face supérieure vert, sombre, luisante, face
inférieure d'une nuance gris blanc, duveteuse.

Grappe : Grande, simple, serrée.

Grains : Moyens, ronds; la peau mince, noire; chair très juteuse et très
aromatique; ils résistent bien à la pourriture.

Maturité de troisième époque.

Kakour *(Tauride).*

Syn. : *Kokur, Kakura, Bas Kokour,* Od. — Le Kakour ne mûrit pas dans le
centre de la France, il mûrit très bien dans la Crimée méridionale; cet auteur
parle aussi d'une autre variété nommée *Bigasse Kokur,* qui serait plus productive, mais elle est plus tardive à mûrir et est d'un goût moins agréable.

Kamenitscharka, *Serbie.* — *Syn.* : *Hrkawatz, Prokupatz,*
H. G. — Raisin noir vinifiable.

Karabournou, *Asie-Mineure* (Smyrne). — Son nom veut dire
Cap-Noir, dit Od. (p. 376), qui a pu juger des avantages qu'offre cette variété;
c'est une vigne vigoureuse et fertile, ses grappes sont belles et ornées de gros
grains de la grosseur et de la forme d'une datte. Les feuilles sont très grandes.
La souche résiste assez bien à la gelée.

Karchiotis ou Carchiotis, *Grèce* (Thessalie).

Ce cépage est très productif, son vin est bon.

D'après F. Gos, *J. de l'Agriculture* 1884, ses caractères sont :

Feuilles : Moyennes, peu épaisses, trilobées, d'un vert un peu terne à la face
supérieure avec flocons de poils très clairsemés, face inférieure à poils lanugineux blancs assez serrés.

Grappe : Moyenne, à grains serrés, petits, d'une coloration noir intense, à
peau dure, jus d'un noir violet foncé, d'un goût sucré.

Karistiana (rouge ou vert), *Grèce,* H. G. — Raisin de table.

Kauka ou **Kavka**, *Autriche* (Styrie). — *Syn. : Kauka Vinaria, Kleine et Edle Kauka*, H. G. — Raisin noir de cuve

Kiraly Szollo, *Hongrie*. — *Syn. : Lampor*, H. G. — Raisin de cuve.

Kochinostaphyli ou **Cochinostaphyli**, *Grèce* (Thessalie). — *Syn. : Raisin rouge.* — Cépage employé rarement pour faire le vin. Il a certains caractères communs avec le Corinthe (raisin blanc) par la grosseur des grains, l'absence des graines et la forme des feuilles. La grappe est moyenne, les grains sont petits, serrés, rouges, sphériques, très sucrés (F. Gos., *Journal de l'Agriculture*, 1884).

Kolner noir, *Autriche* (Styrie).

Syn. : Hainer Blauer, Grossblaue, Kolinger, Grossmilcher, Milcher blauer, Karcina Cerna laska, Karcna, Karcina, Grosskolner, Crosse Vülsche, Cerlnjenak, Kolonjka, Kosavina, Plava Velka Urnik ou Cernina, Velpa Cerna ou Velika, Sipa (en Styrie); *Kolner Kek* (en Hongrie); *Megra Karcina* (Croatie) in. H. G. — Vin très estimé pour la table et la cuve.

Caractères.

Feuilles : Quinquélobées, profondément découpées.
Grappe : Très grande, pyramidale, serrée, rameuse.
Grains : Gros, ronds, noir sombre, pruinés.
Peau : Epaisse, jus abondant et doux.

Koun Kassah, *Perse*. — Raisin de table rouge clair. Assez recherché, dit Od. (p. 607).

Lacryma nera, *Italie*. — On cultive, dit le B. A., plusieurs variétés sous ce nom dans les provinces d'Ancône et des Pouilles.

Lagrain Blauer, *Italie* (Tyrol). — Dans cette province on appelle ce raisin Lagrain à courte tige, pour le distinguer de celui d'une variété moins estimée et que l'on nomme Lagrain à longue tige. — Caractères : *Feuilles* rondes, épaisses, plates, tri ou quinquélobées, peu sinuées, face supérieure vert sombre, face inférieure duveteuse, avec une teinte jaune. *Grappe* moyenne, allongée, peu rameuse. *Grains* moyens, ovales, inégaux. *Peau* mince, noir pruiné, jus très coloré (in. H. G.).

Lambruschetta, *Italie* (Piémont), in. H. G. — Souche vigoureuse, feuilles moyennes, trilobées, très découpées, face supérieure rugueuse, face inférieure un peu duveteuse, de couleur rougeâtre; grappe grosse, rafle rouge; grains ronds, inégaux; peau noire un peu rougeâtre.

Laska, *Autriche* (Styrie).

Syn. : *Walscher früher blauer, Laska* ou *Lashka, Moder* ou *Modrina, Blauer Selenka, Frühblaue, Walsche Bartraude* (en Styrie); *Laska* (en Allemagne); *Lambl Rona Vlaska Modrina* (en Croatie).

D'après H. G., cette variété est très cultivée dans ces contrées.

Ce raisin est employé soit pour la cuve soit pour la table. Ce cépage se tient normalement dans les terrains de faible fertilité.

Caractères.

Feuilles : Moyennes, épaisses, trilobées, rondes, peu découpées, vert sombre à la face supérieure, face inférieure plus claire, les nervures sont velues.

Grappe : Petite, très rameuse.

Grains : Ronds, inégaux, très souvent aplatis.

Peau : Mince, très noire, pruinée.

Lefort, *France* (Haute-Loire) — D'après Pull , les feuilles sont moyennes, lisses, bien sinuées; la grappe est longue, lâche, ailée, et porte des grains sphériques noirs. -- Raisin de cuve.

Leonada, *Espagne.* — *Syn.* : *Quebranta, Corazon de Cabrito. Corazon de Galo* (Ronda); *Zucari, Colorada* (à Santa-Fé; *Teta di Vacca* (Titaguas, Valence), Sim. Rox. Clém. — Grains ombiliqués, un peu rayés, rouges. Feuilles moyennes, un peu irrégulières, sinus aigus 'Grappe moyenne, cylindro-conique.

Limdi Khanah (Raisin de), *France.* — Raisin obtenu de semis par Od. (p. 393) de pépins provenant d'Afghanistan. Tous ses caractères sont ceux du Grec rouge.

Loubal noir, *France* (Tarn-et-Garonne).

Caractères

Feuilles : Moyennes, sinuées, duveteuses.

Grappe : Bien garnie.

Grains : Beaux, un peu oblongs, peu serrés.

Chair : croquante, d'une saveur agréable. — Raisin cultivé en cordon.

Lou Deflouairé. *France méridionale.* — C'est une mauvaise variété du Tibouren, dit O. (p. 487), très sujette à la coulure.

Luglienga nera, *Italie* (Piémont).

Syn. : *Fresa da Tavola*, G. de R. — M. et Pull. (Vign., t. I, p. 181) disent que ce cépage se rapproche plutôt de la Luglienga Bianca que de la Fresa du Piémont. C'est un bon raisin de table et de cuve.

Caractères suivant M. et P.

Feuilles : Sur moyennes, glabres, sinuées.
Grappe : Sur moyenne, cylindro-conique, un peu ailée, peu serrée.
Grains : Gros, ellipsoïdes, noir bleuâtre, pruinés.

Lyonnaise de Jonchay. *France* (environs de Lyon).

Syn : Gamai Chatillon. — Ce cépage est d'une bonne fertilité, il mûrit plus tôt que les autres Gamays et donne un vin de bonne qualité, il est cultivé surtout dans les vignobles du canton d'Anse, près de Lyon.

Madeleine violette, *Hongrie*.

Syn : Fruh Blauer Magyar Traube (des Allemands et des Hongrois). — Cette variété est spécialement cultivée par les Allemands et les Hongrois.

D'après Od. (p 347) elle est supérieure au Morillon hâtif ou raisin de la Madeleine. Ses grains ont plus de jus et sont plus succulents. Les mouches en sont très friandes, surtout les guêpes.

MALBECK

(MONOGRAPHIE)

§ I — *Synonymie*

Côt, Gourdoux, Estrangey, Noir de Pressac, Mouza, Gros noir, Cahors, Balouzat, Mourame, Noir doux, Pied rouge, Pied de perdrix, Côte rouge, Teinturier, Parde, Terranis, Boucharès, Etaulier, Guillau, Hourcat, Moussin, Pied doux, Grande Parde, Quercy et Romieu dans la Gironde; *Vesparo, Mouzain, Rouqeau, Quillot* dans le Gers; *Gros Auxerrois, Plant de Béraou* dans le Lot; *Clavier* ou *Claverie* dans les Landes; *Bouyssalès* dans la Dordogne; *Coly, Jacobin* dans la Vienne; *Cahors, Perigord* dans l'Orléanais; *Gros Pied rouge Merillé* dans le Lot-et-Garonne; *Magrol, Prunieral* dans la Corrèze; *Grifforin* dans la Charente-Inférieure; *Plant du Roi* près d'Auxerre; *Côt* dans l'Indre-et-Loire.

§ II. — *Caractères spécifiques du Malbeck*.

Souche : Assez forte, hauteur moyenne.
Sarments : Forts, droits, fermes, nœuds gros, saillants, entre-nœuds assez courts, boutons noirs, serrés.
Feuilles : A leur épanouissement, blanchâtres et légèrement rosées à leurs bords, bosselées, vert pâle, à trois lobes peu saillants et terminés en pointes obtuses, dentées inégalement et peu profondément, à la base échancrure plus

profonde et de manière à leur donner la forme d'un cœur; généralement grandes, nervures fortes et saillantes surtout au-dessus et à reflets rougeâtres. Duvet abondant et cotonneux en dessous, surtout dans les premiers temps. Pétiole long, cylindrique, plus ou moins rougeâtre.

Grappe : Grosse, longue, branchue, peu serrée.

Grains : Ovales, mous, peau tendre, noir violet, fleur prononcée; suc doux, agréable, sans saveur bien prononcée. Pédoncules ronds, forts, rougeâtres. Pédicelles rouge assez vif, surtout au point de l'intersection sur le grain.

§ III. — *Production*

Qualité pour la table : Le Malbeck, sans être absolument désagréable au goût, n'est pas un raisin de table.

Qualité pour le vin : En revanche c'est un des meilleurs raisins pour faire le vin. Il forme, comme le Cabernet, la base des grands vins de Bordeaux, aussi est-il cultivé dans ce pays sur de grandes étendues.

Qualité du vin : Le vin fait avec les raisins de Malbeck possède une belle couleur foncée; il est bien corsé et d'un goût fin, supérieur comme montant au Cabernet. En Algérie, il est plus riche en alcool et en extrait sec qu'en France.

Alcoolicité : Il dose de 10 à 12 dregrés d'alcool et 24 à 30 grammes d'extrait sec par litre, mais il peut varier suivant les situations, les terrains, les exposi- tions et l'état atmosphérique de l'année.

Proportion du kilo au litre : Généralement, pour faire 100 litres de vin rouge il faut de 146 à 158 kilos de raisin.

Quantité : Dans les terrains qui lui conviennent ses rendements sont soutenus quoique un peu inférieurs à ceux du Cabernet, ses récoltes sur souches basses en taille ordinaire varient de 25 à 35 hectolitres à l'hectare de 2,750 pieds et de 45 à 60 hectolitres sur aste à deux bras (2,500 pieds à l'hectare), et de 130 à 140 hectolitres à l'hectare de 2,000 pieds en cordon sur fil de fer.

§ IV. — *Dates de débourrement du cep et de maturité du fruit.*

Ce cépage débourre quelques jours après le Cabernet, ce qui ne l'empêche pas de mûrir plus tôt en Algérie. La date de maturité à une altitude de 100 mètres au-dessus du niveau de la mer, en terre légère peut être fixée du 15 au 20 août.

Nous sommes convaincus que ce cépage rendrait de grands services pour la production des vins primeurs, et nous conseillons de le cultiver dans les terres légères du littoral où ses raisins mûrissent à partir du 15 au 20 août, commen- cement de deuxième époque.

§ V. — *Terrains. — Engrais. — Taille.*

Terrains : Les sols argilo-calcaires siliceux fertiles et profonds conviennent à ce cépage qui craint surtout les terrains à sous-sols imperméables et humides : les versants, les coteaux de l'Atlas et surtout ceux du Sahel algérien et tunisien se dirigeant vers la mer seraient particulièrement favorables à sa culture, trop peu développée encore. C'est dire que les terrains favorables ne lui manquent pas ici.

Engrais : Le Malbeck, sans être gourmand aime à être soutenu dans sa production, il réclame donc des engrais mixtes, azotés, potassiques et phosphatés.

Taille : Cutivé sur souche basse et à taille courte il rend peu, mais s'il est taillé en aste ou encore préférablement en cordon sur fil de fer, sa production est plus forte ; nous recommandons une taille à long bois.

§ VI. — *Maladies particulières.*

Le Malbeck craint un peu la coulure au printemps, et à la récolte il craint la pourriture si on le laisse trop longtemps sur le cep. Il est sensible aux froids secs et rigoureux ; mais — chose à remarquer — il fournit encore, alors même qu'il a subi la gelée, quelques rameaux fructifères qui donnent un certain nombre de grappes de raisin. Il résiste assez bien aux affections cryptogamiques, sauf à l'anthracnose.

Malvasia di Lipari, *Italie.*

« Ce raisin, ainsi que celui de la variété à grains blancs *plus petits et plus arrondis*, est d'un goût fin, relevé et très sucré, quand il est bien mûr, ce qui arrive rarement en France » (Od., p 488).

Une Malvoisie tout à fait semblable à celle-ci, sauf ses grains un peu plus gros et plus allongés, c'est le *Malvasia fina* de l'île de Madère.

Malvasia nera di Candia, *Italie et Istrie. — Syn. : Malvoisie noire musquée.* — En Italie cette variété donne un excellent vin. Son raisin y mûrit en septembre. Les feuilles sont profondément découpées. La grappe moyenne, régulière, porte des grains noir bleuâtre, une saveur douce et musquée. En France cette vigne est infertile ou mûrit difficilement (Od., p. 472).

Malvoisie rouge, *France méridionale.*

Syn. : Malvasia rossa (vignoble du Pô), Od. ; *Malvoisie rose du Pô,* Pull. ; *Italienischer Fruher Malvasier, Rothe Babotraube,* M. et P. ; *Fuher Rother, Veltrliner,* H. G.

Cette variété convient mieux pour la table que pour la cuve. La *grappe* est belle lorsque le cep est jeune, les *grains* sont d'une jolie couleur rouge.

Manseix ou Manset, *France (Lyonnais). — Syn. : Doux noir* (dans la Corrèze), G. de R. — C'est un plant robuste et productif, mais son vin dur et chargé en couleur n'est potable qu'après une longue attente, Od. (p. 289).

Marashina, *Autriche (Istrie et Dalmatie),* Od. — Ce nom lui a peut-être été donné pour la ressemblance de son vin avec la liqueur du même nom, qui est faite avec une petite cerise.

Marocain gris, *Midi de la France* (Pull.).

Variété du *Marocain rouge* (Voir *Ampélographie des cépages indigènes*, Leroux).

Caractères.

Feuilles Sur-moyennes, tourmentées, duveteuses, bien sinuées.
Grappe : Sur-moyenne, conico-cylindrique, ailée, peu serrée.
Grains : Sur-moyens, souvent gros, ellipsoïdes, noir rougeâtre pruiné.

Marrouet, *France* (Basses-Pyrénées). — Raisin noir pour la cuve.

Marruga, *Italie* (Toscane).

Syn. : *Marruca, Marrua* (in. H. G.).

Caractères.

Feuilles : Quinquélobées, très découpées, face supérieure vert sombre d'une teinte rougeâtre, face inférieure vert clair, duveteuse.
Grappe : Grosse, presque ronde, serrée.
Grains : Gros, ovales.
Peau : Épaisse, noir rougeâtre,
Chair : Charnue.
Raisin de cuve.

Marzemina, *Italie* (provinces napolitaines).

Syn : *Margemina* (Toscane); *Uva Tedesca* (Piémont); *Ber* ou *Marzemina*, Odard; *Balsamina nera* (Bull. Amp., fasc. xviii, p. 253). — Cette vigne est très estimée en Italie. D'après Od., elle est différente de la Balsamea, elle donne d'excellents raisins de table et un vin épais, mielleux, de couleur rouge.

Caractères.

Feuilles : Grandes, planes.
Grappe : Assez belle, régulière, conique.
Grains : Serrés, petits, d'un noir bleuté.
Maturité de troisième époque tardive.

Mauro nero, *Egypte* (Voir *Ampélographie des plants indigènes*, Leroux).

Mauzac noir, *France* (Lot et Ardennes). — Rov. croit que cette variété est aussi cultivée dans le Gers. D'après Od. (p. 502), elle est moins répandue que la blanche et la rose.

Mauzac rose, *France* (plusieurs départements traversés par le Tarn et la Garonne). — Feuille ronde. Raisin rouge clair assez estimé sur les coteaux baignés par le Tarn et la Garonne. Il produit abondamment.

MECLE DE BOURGOIN

(MONOGRAPHIE)

§ I. — *Synonymie.*

Sans synonyme connu. Originaire de France (Isère).

§ II. — *Caractères spécifiques.*

Souche : Vigoureuse et robuste.

Sarments : Assez forts, longs, mi-érigés.

Bourgeonnement : Duveté, blanchâtre, avec une légère teinte rosée sur le bord des folioles.

Feuilles : Moyennes ou grandes, glabres et lisses supérieurement, garnies d'un duvet aranéeux à la face inférieure, sinus supérieurs profonds, les secondaires marqués, celui du pétiole ouvert. Au moment de la maturité du raisin la feuille se teinte de rouge jusqu'à sa chute.

Grappe : Sur-moyenne, longue, rameuse, un peu clair, portée par un pédoncule long, mince, très cassant.

Grains : Moyens, ellipsoïdes, portés par des pédicelles un peu longs et un peu grêles.

Peau : Assez épaisse, résistante, de couleur noir pruiné à la maturité.

Chair : Juteuse, un peu molle, assez sucrée à saveur simple peu relevée

§ III. — *Production*

Qualité pour la table : Nulle et insignifiante.

Qualité pour le vin : Ce raisin est assez estimé dans la contrée où on le cultive spécialement en vue de la cuve.

Qualité du vin : Le vin provenant du Mecle de Bourgoin est assez recherché des consommateurs et du commerce local, car il est vigoureux, de bonne tenue et d'une belle couleur noir foncé, qualité très importante aujourd'hui.

MM. Mas et Pulliat nous disent (in. vig., t. III, p. 80). « Les coteaux de Saint-Savin, à une petite distance de Bourgoin, sont a peu près exclusivement plantés de Mecle et donnent un vin très noir, solide, fort recherché par la consommation locale et même par le commerce. Depuis quelques années, cette variété de vigne se propage et sa culture s'étend dans le vignoble voisin ». En lui incorporant 12 à 15 pour cent de vin blanc de Clairette, on lui donne du montant et de la finesse.

Alcoolicité : Il dose de 9°50 à 10°50 d'alcool (France). En Algérie et en Tunisie, il doserait 14 pour cent d'alcool de plus.

Son extrait sec varie entre 23 à 26 grammes.

Proportion du kilo au litre : Pour produire 100 litres de vin, il faut fouler et mettre a la cuve de 145 à 150 kilos de raisin.

Quantités de vin : Ce plant mérite d'être cultivé en cordon pallissé sur fil de fer, sa production peut dès lors atteindre, en Afrique, de 130 à 160 hectolitres à l'hectare.

§ IV. — *Dates de débourrement du cep et de maturité du fruit.*

Ce cépage débourre de bonne heure, il ne faut pas le planter dans les régions visitées par les gelées tardives.

Il mûrit à la fin de la deuxième époque.

§ V. — *Terrains à choisir. — Engrais à employer. — Taille spéciale.*

Terrains : Ce cépage, sans être gourmand, aime assez les terres fertiles et substantielles. Il maintient non seulement sa fructification régulière dans les bons terrains d'alluvions, mais il en augmente encore les rendements. C'est donc dans les alluvions anciennes ou modernes et profondes qu'il faut le planter en Algérie et en Tunisie.

Engrais : Les engrais les plus favorables au développement de ce cépage sont ceux qui contiennent dans leur combinaison des phosphates de chaux, de la potasse et de l'azote en notable proportion.

Taille : Ce plant s'accommode de toutes les tailles, cependant il est plus avantageux dans notre pays de le tailler à long bois sur cordon latéral.

§ VI. — *Maladies particulières.*

Tout en étant exposé aux gelées tardives, le siroco et la sécheresse ont peu d'influence sur lui, et les insectes n'en sont pas friands. Jusqu'ici les maladies cryptogamiques ne lui ont pas causé de dommages appréciables.

Melcocha, *Espagne.* — *Syn.* : *Percocha*, Sim. Rox. Od. (p. 535). — Vigne très précoce ; son fruit a un goût de miel, doux sans être fade.

Menna-Vacca, *Italie* (Pouilles).

D'après (B. A,, fasc. xv, p. 117) c'est un excellent raisin de table.

Caractères.

Feuilles : Grandes, duveteuses, de couleur vert sombre, se teignant en automne d'une nuance tabac, consistantes, glabres sur les deux faces, vert tendre tirant sur le rose à la face inférieure, cinq lobes réguliers, sinus profonds.

Grappe : Conique, simple, moyenne.

Grains : Gros, ovales ; peau mince de couleur noir corbeau ; pulpe charnue à saveur simple et douce.

Merlot, *France* (Bordelais).

Syn : *Vitraille* (près Bordeaux), Od. (p. 128). — Le raisin de Merlot est sujet à la pourriture, il faut planter ce cépage en terre sèche et bien ressuyée. D'après (M. et P.) il réclame une taille courte ou bien on laisse un bois en aste recourbé.

Caractères :

Sarments : Mi-érigés, à entre-nœuds assez rapprochés.
Feuilles : Moyennes, glabres supérieurement, duveteuse sous la face infé-
rieure.
Grappe : Sur-moyenne, longue, cylindrico-conique.
Grains : Moyens, globuleux.
Peau : Mince, d'un noir foncé pruiné.
Chair : Juteuse, bien sucrée.
Maturité de deuxième époque.

Merille, *France* (Gironde et Lot-et-Garonne).

Syn. : *Grosse Merille* (Gironde), *Bordelais* (Tarn-et-Garonne). Od.; *Perigord*
(Dordogne), *Ponchou* (environs de Périgueux), *Saint-Rabier* (dans les Charentes),
Piqual (Corrèze), *Picard* (?), *Grand noir* (?), *Plant de Bordeaux* (?), *Merille
Daouzero*, *Grèce noire*, *Grèce rouge* (?), *Grosser her* (Jardin botanique de Dijon),
Plant de Gibert. M. et P. (In. Vign., t. ii. p. 133) ne certifient pas l'exactitude
absolue de tous ces synonymes.
Le vin est inférieur au Cabernet, cependant il est assez fertile.

Caractères :

Sarments : Assez forts, à entre-nœuds moyens.
Feuilles : Moyennes, un peu bullées et glabres à leur face supérieure, duve-
teuses sous le revers.
Grappe : Sur-moyenne, un peu ailée, conico-cylindrique.
Grains : Sur-moyens, globuleux.
Peau : Épaisse, d'un beau noir bien pruiné.
Chair : Un peu ferme, juteuse.
Maturité de troisième époque.

Milhaud du Pradel, *France* (Midi).— *Syn.* : *Milhaud musqué*.
— Différent du Milhaud commun ou Ulliade, dit Od. (p. 431). La souche est
moins vigoureuse et moins fertile, d'une maturité plus facile; cependant Pull.
dans son catalogue donne ce cépage comme synonyme de l'Ulliade noire.

Milton, *France*. — Variété obtenue de semis par Moreau-Robert; elle
réussit en pleine vigne, mais il est préférable de la cultiver en espalier; Mas.
et Pull. qui l'ont cultivé en France, disent : (In. Vign., t. iii, p. 113) que cette
vigne s'accommode très bien de notre climat et qu'elle donne un beau raisin
résistant très bien à la pourriture et faisant belle figure sur une table.

Molette, *France* (Seyssel). — D'après Mas. et Pull. (In. Vign., t. ii,
p. 81), ce cépage est spécial au vignoble de Seyssel, où on s'en sert pour le
mélanger à la Mondeuse pour la confection des vins rouges. La Molette est
plutôt recommandée pour l'abondance que pour la qualité Sa maturité est de
deuxième époque.

MONDEUSE

(MONOGRAPHIE)

§ I. — *Synonymie.*

La Mondeuse s'appelle encore :

Mouteuse, Marve, Molette, en Savoie (d'après M. P. Tochon);
Persagne, Persaigne, gros plant, grand Chetuan;
Meximieux, dans l'Ain et le Lyonnais;
Savoyane, Tournerain, Marsanne ronde, dans l'Isère;
Salanaise, à Givors;
Vache, dans l'Allier;
Grosse Syrah, dans la Drôme;
Maldoux, Rouget, dans le Jura (Pull.).

§ II. — *Caractères spécifiques.*

Souche : Assez forte et vigoureuse, port étalé.
Sarments : Vigoureux, jaunâtres, à entre-nœuds espacés.
Feuilles : Sur-moyennes, allongées, glabres à la face supérieure, couvertes d'un léger duvet aranéeux à la face inférieure, presque trilobées, les sinus latéraux peu marqués; ceux inférieurs, profonds sinus pétiolaires presque fermés.
Grappe : Cylindro-conique, allongée et ailée, un peu lâche.
Grains : De grosseur moyenne, ovoïdes, d'un bleu violacé, pruinés, à chair fondante, juteuse, sucrée et légèrement acide.

§ III. — *Production.*

Qualité pour la table : Le raisin de la Mondeuse, en dépit de ce que nous avons dit plus haut concernant le grain, est peu apprécié pour la table à cause de son acidité.

Qualité pour le vin : Ce raisin fournit à la cuve un excellent élément de fabrication.

Qualité du vin : Particulièrement vigoureux, sec et nerveux, combiné dans des coupages bien compris avec des vins plus moelleux, il donne un produit très commercial.

25 p. 0/0 de vin de Mondeuse associés avec 75 p. 0/0 de vin provenant des Hauts-Plateaux, soit de Mascara ou de Saïda, forment un vin recherché d'une longue durée.

Alcoolicité : Il dose de 10 à 11 degrés d'alcool, son extrait sec varie de 24 à 28 grammes par litre.

Proportion du kilo au litre : Pour produire 100 litres de vin rouge de Mondeuse il est nécessaire d'employer de 139 à 148 kilos de raisin.

Quantités : La production de la Mondeuse n'est pas encore assez importante dans le nord de l'Afrique française. Son rendement est de 50 à 60 hectolitres à l'hectare en souche basse, et de 140 à 160 en cordon sur fil de fer.

§ IV. — *Dates de débourrement du cep et de maturité du fruit.*

La Mondeuse débourre un peu tardivement, comme le Mourvèdre et le Brun-Fourcat et elle mûrit quelques jours après.

En Algérie et en Tunisie comme en Europe elle suit la richesse du sol, elle débourre plus tôt sur le littoral que sur les altitudes plus élevées (1).

§ V. — *Terrains. — Engrais. — Taille.*

Terrains : La Mondeuse se plait dans les terrains d'alluvions grossières ; les sols argilo-calcaires siliceux lui conviennent.

Engrais : Les engrais les mieux appropriés au tempérament de la Mondeuse sont les composts potassiques et phosphatés à base de chaux.

Taille : Ce cépage est généralement cultivé en souche basse ; dans ce cas on lui laisse de nombreux porteurs à deux yeux. Si on le dispose en cordon sur fil de fer, alors il produit beaucoup.

La Mondeuse est un plant à recommander pour les créations de vignobles en Afrique. Ce cépage réussit dans toutes les situations ou à peu près, particulièrement dans les versants situés au Nord et au Nord-Est. C'est un de ceux que la production, très poussée, n'épuise pas surtout quand il est cultivé en hautain, soit en tonnelle soit en treille et taillé en conséquence.

§ VI. — *Maladies particulières.*

La Mondeuse est peu sensible aux affections cryptogamiques ; les insectes l'attaquent peu et elle n'est pas en général, sujette à la coulure. Le débourrement tardif du plant le soustrait aux gelées blanches tardives.

Monica nera, *Italie* (Sardaigne).

Syn. : *Munica, Nectarea, Rigalico,* G. de Rov. — Son vin est considéré comme étant presque le meilleur de la *Sardaigne.*

Grains : Ronds, decr. (INC., Od., p. 558), un des caractères saillants de ce cépage, c'est son grand feuillage.

Monte Pulciano, *Italie centrale.*

Syn. : *Monte Pulciano Cordesco, Monte Pulciano primatico* (environs de Turin) ; *Sangiovese* (provinces d'Ancône, Bologne, Pesaro, Forli) ; *San Gioveto* (Fermo) ; *Montepulcino* (dans les Abruzzes) ; *Maglioppa* (Chiets) ; *Prugnelo gentile* (à Montepulciano).

---

(1) Le lecteur a pu remarquer que les évaluations que nous donnons concernant les quantités moyennes de vin produites par chaque cépage, sont basées sur des plantations normales de 2,500 pieds à l'hectare, quand il s'agit de souches basses à sarments surbaissés, et de 2,750 pieds pour les souches à sarments érigés, et de 1,600 pieds pour les cultures en cordon sur fil de fer. Il est facile de voir, par les chiffres que nous indiquons chaque fois, l'avantage immense de cette dernière culture.

D'après M. et P., le Monte Pulciano est considéré comme un cépage de premier ordre en Italie; les vins qu'on en tire sont d'un beau rouge brillant et agréable. Les raisins sont aussi recherchés pour la table.

Suivant les mêmes auteurs, voici les *caractères* de ce cépage :

Feuilles : Grandes, lisses sur la face supérieure, bien sinuées, duveteuses.

Grappe : Sur-moyenne, cylindro-conique, peu serrée.

Grains : Sur-moyens, ellipsoïdes, courts, juteux, d'un noir pruiné.

Maturité de deuxième époque.

Montesanese. *Italie* (Lecce). — Feuilles vertes, prenant une teinte jaune en automne, minces, planes, face supérieure un peu velue, face inférieure tomenteuse, cendrée, quinquélobée régulièrement, sinus peu profonds. Grappe conique, composée, serrée, longue et grosse. Grains moyens, ronds; peau mince, de couleur noir violet; pulpe charnue, d'un arome indéfini et doux. La culture de ce raisin est d'une certaine importance dans la province de Lecce pour la vinification (B. A. fasc. xv, p. 118,.

Montonico, *Italie* (Sicile). — Ce cépage, de maturité tardive, est employé pour la cuve. En voici les *caractères* d'après le (B. A.) : Feuilles moyennes, lisses et vert clair à la face supérieure, vert blanchâtre et cotonneuses à la face inférieure, quinquélobées. Grappe cylindrique, simple, serrée. Grains pruinés, saveur simple et acide.

Montuoneco, *Italie* (provinces napolitaines).— *Syn. : Mantuonico*, *Alseno* (In. H. G.). — Feuilles moyennes, quinquélobées, très échancrées; grappe moyenne avec des grains moyens, allongés, à peau épaisse, rouge, pruinée, chair un peu acide.

Mora bianca, *Italie* (Pavie). — *Syn. : Moré*, *Moro*, *Pelouse* (Piémont), in. H. G. — D'après le (B. A., fasc. xviii, p. 117), ce cépage de fructification médiocre est sujet à l'oïdium, sa maturité est précoce. La grappe est conique, longue, avec des grains ronds, gros, noirs; on l'emploi pour la cuve.

Moradella, *Italie* (Piémont).

Les auteurs italiens désignent sous ce nom plusieurs variétés.

Feuilles : Moyennes, allongées, quinquélobées, très découpées, face supérieure lisse, face inférieure duveteuse.

Grappe : Allongée, inégale.

Grains : Allongés, inégaux, noirs.

Morese, *Italie* (provinces napolitaines). — *Syn.: Amaro nero*, *Amoro*(?), G. de R. — Feuilles moyennes, rondes; grappe courte, avec des grains allongés; bonne pour la vinification.

Morillon hâtif, *France.*

Syn. : Raisin de la Madeleine (plusieurs départements); *Jacobs Traube* (Allemagne); *Jacovico Szoello* (coll. de Bude); *July grappe* (Angleterre); *Raisin de juillet.*

Mornen noir, *France* (Rhône).

Syn. : Mornerain noir (Pouilly-les-Fleurs, Loire), M. et P.; *Chasselas noir,* Pull. — M. et Pull., dans le (Vign., t. I, p. 147) donnent le Mornen noir comme un cépage inédit par les ampélographes. D'après ces auteurs, cette variété a toujours été cultivée à Mornant, dans le département du Rhône, où elle est très estimée, soit à cause de son produit, soit pour sa vigueur.

Caractères.

Feuilles : Moyennes, ou sur-moyennes, finement boursouflées, glabres, sinueuses.

Grappe : Moyenne, un peu ailée, cylindro-conique, allongée.

Grains : Sphériques, noir pruiné.

Maturité entre la première et la deuxième époque.

MORASTEL

(MONOGRAPHIE)

§ I. — *Synonymie.*

Le Morastel ou Morrastel s'appelle encore, suivant les divers pays où on le cultive :

Morastel, Morrastel, Mourastel, Monestel, dans l'Hérault;

Plant Ledonon, dans l'ancienne Provence (Marès);

Morrastel, en Espagne;

Perpignan, dans le Tarn-et-Garonne (Odard);

Muristella nera, en Sardaigne (H. G.);

Mataro, dans le Var (Laure).

Ce plant est originaire d'Espagne.

§ II. — *Caractères spécifiques*

Souche : Assez forte et élevée, fertile grande longévité.

Sarments : Érigés, très durs, un peu moins gros que ceux du Mourvèdre, dont nous parlons plus loin, de longueur moyenne, à nœuds moyens et à court espacement, couleur rougeâtre.

Détail caractéristique : le Morastel et le Mourvèdre présentent ce signe distinctif, que les sarments qui en proviennent forment souvent à l'arrière-saison des arcs elliptiques à leurs extrémités.

Feuilles : Fortes, d'un beau vert, de trois à cinq lobes, moins découpées encore que celle du Mourvèdre. Deux séries de dents assez aiguës. Leur face inférieure est garnie de duvet cotonneux ; le pétiole est rouge ainsi que les nervures. A l'arrière-saison ces feuilles jaunissent en se tachant de rouge.

Grappe : Cylindro-conique, ailée, dure, assez grosse. La première grappe est insérée sur le sarment au troisième nœud et quelquefois au deuxième.

Grains : Petits, serrés, d'un beau noir grenat, sphériques, assez juteux, légèrement sucro-acide.

Peau : Assez fine, un peu astreingeante.

§ III. — *Production.*

Qualité pour la table : Ce raisin est impropre pour la table, tant par sa forme que par son goût astringeant.

Qualité pour le vin : Cépage excellent pour produire soit du vin rouge soit du vin blanc.

Qualité du vin : Le vin pur de Morastel est foncé, un peu austère mais, employé en coupages, il communique à ses associés de la fermeté et du ton. Ce vin en vieillissant dans le bois, durcit vite, mais conservé alternativement soit dans les amphores ou dans le bois, acquiert un goût plus moelleux. Il est très digestif. Sa couleur rouge violacée dans les terrains argilo-schisteux, peut se modifier par une fermentation raisonnée (voir fermentation).

Le vin de Morastel est plus ou moins alcoolique, suivant les terrains et il produit, dans les terrains argilo-siliceux faiblement calcaires, un excellent vin blanc.

Alcoolicité : Il dose en moyenne de 10° à 13° d'alcool. Son extrait sec varie de 24 à 30 grammes par litre.

En 1880, le vin de Morastel rouge dosait à Birtouta 9°80, il a été vendu 25 francs l'hectolitre. A Mascara, la même année, le Morastel a donné 14° d'alcool et il a été vendu 40 francs l'hectolitre.

Dans les terrains secs et calcaires il atteint jusqu'à 15° d'alcool.

Le vin blanc de Morastel qui dose 11° à 12° environ, convient bien pour en faire un vin mousseux (imitation de Champagne).

Proportion du kilo au litre : Ce raisin rend d'autant plus de jus, que la végétation de l'année a été luxuriante et que les terrains qui l'ont produit sont frais et fertiles.

Pour faire 100 litres de vin rouge, il faut de 146 à 156 kilos de raisin.

Pour produire 100 litres de vin blanc, il faut de 150 à 165 kilos de raisin.

Quantité : Le Morastel est un cépage qui suit moins la fertilité du sol que l'Aramon. Néanmoins en Algérie et en Tunisie lorsqu'il est planté dans une terre fertile et bien amendée, il produit de 60 à 90 hectolitres à l'hectare de 2,750 souches basses, mais en terre sèche ses rendements descendent à 30 hectolitres.

§ IV. — *Dates de débourrement du cep et de maturité du fruit.*

Le Morastel débourre très tard, il mûrit du 23 août au 5 septembre sur les bords de la mer dans les terrains légers, et du 15 au 25 septembre suivant les terrains à une altitude de 50 à 100 mètres au-dessus du niveau de la mer (troisième époque et demie).

Sur les Hauts-Plateaux, tels que dans les situations de Géryville et Aïn-el-Hadjar il mûrit du 10 au 20 octobre.

§ V. — *Terrains. — Engrais. — Taille.*

Terrains : Dans les sols légers et secs, le Morastel produit peu, les sols qui lui conviennent doivent appartenir à l'ordre des alluvions anciennes et modernes. Les terrains argilo-calcaires siliceux et ferrugineux sont ceux où il produit beaucoup sans nuire à la qualité.

Engrais : Peu gourmand d'engrais azotés, il réclame surtout des amendements sous forme de composts, combinés de principes potassiques et phosphoriques (Voir composts).

Taille : Ce cépage réclame une taille modérée, tantôt à deux yeux quand la végétation le permet et quelquefois à un œil, en ayant soin toutefois de lui laisser un nombre de porteurs suffisant. Cultivé à deux branches en astes il produit beaucoup sans se fatiguer.

§ VI. — *Maladies particulières.*

Redoutant peu les gelées blanches tardives, puisqu'il débourre très tard, il craint cependant les retours de sève dans les terrains humides.

Les altises n'en sont pas très friandes.

Il résiste assez bien à toutes les affections cryptogamiques

Il redoute peu la coulure. Il importe de ne pas le laisser mûrir à l'excès, car la constitution du pédicelle des grains, rend le raisin facile à s'égrener, ce qui peut devenir une chance de perte à la récolte.

Mossano nero, *Italie* (Valperga). — D'après Rov., le raisin de ce cépage est employé dans plusieurs localités pour la fabrication de la moutarde. La grappe, grosse, porte de gros grains de saveur médiocre.

Moulas, *France* (Ardèche).

Syn. : Molasse, Amoulasse, arrondissement de l'Argentière (Ardèche). — Suivant M. et P. (Vign., t. ii, p. 159), c'est une variété inédite, elle donne un vin inférieur à cause de sa maturité tardive. Il réclame un sol riche et une taille courte.

Caractères.

Feuilles : Moyennes, vert foncé, glabres.
Grappe : Sur-moyenne, cylindrico-conique un peu ailée.
Grains : Gros, globuleux.
Peau : Assez fine, passant du rouge clair au noir pruiné.
Chair : Un peu molle, juteuse.

Mourisco Preto, *Portugal.*

Syn. : Mourisco Teinlo, Mourisco noir, Uva-Rei, Villa-Mayor. — Od. (p. 538) le dit très précoce, de grand rapport et fournissant un bon vin. D'après Villa-Mayor c'est une belle et précieuse variété que l'on cultive dans le Douro. Voici ses caractères : « *Cep* vigoureux, écorce grosse, peu adhérente, peu de gerçures. Bourgeonne en temps régulier après la moitié de mars ; pendant le bourgeonnement les boutons sont peu duveteux et clairs. *Sarments* en assez grand nombre, couchés, longs, avec des entre-nœuds moyens, généralement de 0m07, mais pouvant aller jusqu'à 0m12 ; nœuds minces un peu aplatis. La couleur des sarments est gris clair et uniforme, bois dur avec peu de moelle. Vrilles généralement bifurquées. *Bourgeons* pointus ayant peu de duvet. *Feuilles* grandes, presque égales, presque orbiculaires, quelques-unes ayant cinq lobules, avec les sinus secondaires peu ouverts, celui de la base excepté, avec de grandes dentures pas trop pointues. La face supérieure lisse, glabre, d'un vert vif et uniforme, la face inférieure un peu rude, peu duveteuse, vert pâle, avec des nervures principales prononcées ; pétiole moyen, gros, lisse, vert blanchâtre. *Grappes* nombreuses, généralement grandes, quelques-unes très grandes, pyramidales, composées, avec des ramifications plus ou moins libres. *Pédoncule* grand, gros, peu dur, vert clair et jaune. *Grains* grands, presque inégaux, aplatis, ombiliqués, noir peu foncé, assez adhérents au pédicelle qui est long, peu rugueux, avec bourrelet grand, durs, avec assez de pulpe, pellicule grosse, doux, très savoureux, avec deux ou trois pépins. Le produit en moût est de 55 p. 0/0 du produit des grappes ».

MOURVÈDRE

(MONOGRAPHIE)

§ I. — *Synonymie.*

Le Mourvèdre qui est originaire d'Espagne, s'appelle encore, suivant les pays :

Spar, Espar, dans l'Hérault et le Gard ;
Plant de St-Gilles, dans le Gard ;
Malaro, dans les Pyrénées-Orientales ;
Mourvèdre, Mourvès et *Tinto,* dans les Bouches-du-Rhône et du Var ;
Benadu ou *Benada,* dans Vaucluse ;
Mourvègue, dans les Basses-Alpes (Marès) ;
Tintilliu, dans le vignoble de Xota, Espagne ;
Alicante, Buonaviste, Bon Bois, Flouron, Clairette noire ;
Étrangle-Chien, dans la Drôme ;
Beni-Carlo, dans la Dordogne (Odart).
Charnet, Espagne ou *Espagnen,* dans l'Ardèche ;
Trinchiera, à Nice (M. et Pull.) ;
Balzac, dans la Charente et la Vienne.

§ II. — *Caractères spécifiques du Mourvèdre.*

Souche : Assez forte, élevée, robuste et résistante, de longue durée par conséquent.

Sarments : Érigés, forts, très durs, de couleur rouge foncé, à entre-nœuds courts, assez gros.

Feuilles : assez grandes, à découpures moyennes, à cinq lobes, vert foncé sur la face supérieure, très cotonneuses et rugueuses sous le revers, rougissant sur les bords ainsi que les pétioles et nervures rouge foncé à l'arrière-saison.

Grappe : Oblongue, cylindro-conique, de grosseur moyenne, à petites ailes, à pédoncule ligneux, de couleur foncé. La première grappe est placée à la base du sarment, au deuxième nœud quelquefois au troisième, rarement au premier.

Grains : Sphériques, noirs, serrés, égaux, assez petits, un peu plus gros que ceux du Morastel, fleuris, doux et sucrés, acerbes.

§ III. — *Production.*

Qualité pour la table : Le raisin de Mourvèdre n'est pas meilleur à la bouche que celui de Morastel.

Qualité pour le vin : Le raisin de Mourvèdre est un excellent fruit pour la cuve pour produire des vins rouges et des vins blancs.

Qualité du vin : Le vin de Mourvèdre se rapproche beaucoup de celui de Morastel; on l'emploie dans les mêmes coupages; associé à des vins plus moelleux, il donne un produit ferme et très coloré.

Il est rouge foncé et acerbe au goût, dosant de 10° à 14° d'alcool. Son extrait sec varie de 24 à 32 grammes par litre. C'est un vin de conserve, sa couleur se maintient si on a le soin de le remiser dans un chai à température basse et constante.

Le vin de Mourvèdre forme le fond de la majeure partie des vins de l'Afrique française du Nord. Le vin blanc de Mourvèdre ressemble beaucoup à celui de Morastel, il est sec et nerveux. Il peut entrer dans les coupages de divers vins blancs.

Proportion du kilo au litre : Pour produire 100 litres de vin rouge, il faut de 142 à 153 kilos de raisin.

Pour faire 100 litres de vin blanc il est nécessaire de presser de 148 à 160 kilos de raisin. Plaçons ici deux observations importantes :

1° Le vin blanc de Mourvèdre doit être fait exclusivement avec des raisins ne dépassant pas 13° maximum au gleuco-œnomètre;

2° Il faut en outre s'assurer que la pellicule ne soit pas trop tintée, afin d'éviter la coloration du vin.

Quantité : Le Mourvèdre semble rendre plus en Algérie et en Tunisie qu'en Europe. Nous avons vu des Mourvèdre rendre dans ce pays jusqu'à 100 hectolitres à l'hectare de 2,750 souches basses. Ses rendements moyens dans la plaine de la Mitidja, sont de 60 hectolitres en culture ordinaire. Ces rendements varient toujours suivant que le sol est plus ou moins fertile et ressuyé.

§ IV. — *Dates de débourrement du cep et de maturité du fruit.*

Comme le Morastel, le Mourvèdre débourre très tard, par conséquent sa maturité est assez tartive, on ne peut pas compter sur la vendange avant une période qui s'étend du 5 au 20 septembre à 100 mètres d'altitude. Sur le littoral, dans les terres sablonneuses tel qu'à Staouéli, il mûrit parfois vers le 20 août.

Sur les Hauts-Plateaux, il mûrit très tard, à Aïn-el-Hadjar du 5 au 15 octobre (troisième époque et demie).

§ V. — *Terrains.* — *Engrais.* — *Taille.*

Terrains : Ce cépage est encore moins difficile que le Morastel, il s'accommode des terrains demi-fertiles, pourvu qu'ils soient bien défoncés, car ses racines pénètrent profondément.

Les terrains argilo-calcaires un peu ferrugineux, les alluvions anciennes et modernes bien ressuyées lui sont particulièrement favorables.

Engrais : Pas plus que le Morastel, le Mourvèdre n'est gourmand d'engrais azotés; les composts combinés de potasse, de phosphate de chaux, etc., peuvent lui être administrés suivant les indications que nous donnons à l'article spécial engrais et composts.

Taille : Comme le Morastel, il réclame une taille bien équilibrée, tant sous le rapport du nombre des porteurs que sous celui des yeux producteurs et fructifères. Tantôt on lui laisse un œil sur les porteurs minces, tantôt deux yeux sur ceux qui présentent une certaine vigueur. D'ailleurs il est toujours nécessaire de laisser de nombreux porteurs.

Cultivé à deux branches fructifères en aste il produit beaucoup plus qu'en taille ordinaire.

§ VI. — *Maladies particulières.*

Le cépage de Mourvèdre ne craint pas les insolations, ni les retours de sève et la coulure. Comme il débourre très tard il redoute peu les gelées blanches tardives.

Il résiste aux affections cryptogamiques telles que l'oïdium, l'anthracnose, le peronospora.

Les altises et les autres insectes l'attaquent peu.

Mourvèdre de Nikita, *Collection de Saumur.*

Le Mourvèdre hâtif de Nikita, d'après M. et P. (In. Vign., t. III, p. 19) ne ressemble en rien au Mourvèdre et son origine ne semble pas bien déterminée, comme le nom de Nikita prend sa source en Crimée peut-être est-il originaire de ce pays.

Ce plant est sujet à l'anthracnose.

Caractères (M. et P.).

Feuilles : A peine moyennes, lisses supérieurement, garnies d'un duvet poileux dessous.

Grappe : Moyenne, un peu ailée, cylindro-conique,

Grains : Sous-moyens, globuleux.

Peau : Épaisse, d'un beau noir pruiné.

Chair : Ferme, assez juteuse.

Muscadet du Tarn-et-Garonne, *France*.

Caractères.

Feuilles : Grandes, peu tourmentées, duveteuses, sinuées.
Grappe : Moyenne, ailée, un peu serrée, cylindro-conique.
Grains : Sous-moyens, sphériques, noir pruiné.
Maturité de troisième époque.

Muscat gris de la Calmette, *France* (Hérault).

Hybride produit par M. Henri-Bouschet, par le croisement du Muscat noir du Jura avec le Chasselas violet. Ce raisin a les caractères de ces deux cépages.
Grappe : Petite, cylindrique, compacte.
Grains : Petits, sphériques, d'un beau gris rose, d'une saveur fine, musquée, très agréable.
Maturité de deuxième époque (M. et P.).

Muscat noir, *France*.

Syn. : Muscat noir ordinaire, Muscat noir Caillaba, Muscat noir d'Eisenstadt, Muscat noir du Jura, Muscat d'Eisenstadt, Caillaba, Black Frontignan, Jura Black muscat, Schwarzer Muskateller, Schwarze Sehmeckende, Schwarzer Weihrauch, Cernit muscat, Moscato nero, Moscatello nero, Moscato greco nero (In M. et P.); *Calitor noir musqué* (G. de R.). — M. et P. ont simplifié ce nom en l'appelant *Muscat noir*.
Raisin de table assez bon goût.

Caractères.

Feuilles : Petites, peu duveteuses, sinuées
Grappe : Sous-moyenne, cylindrique, un peu ailée.
Grains : Moyens, d'un violet noir.
Maturité de première époque.

Muscat rouge de Madère.

Syn. : Madère Vendel, Od.; Muscat violet de Madère, Madeira Frontignan, Muscat noir de Madère, Mas et Pull.); Muskateller Rother, Cervena Linka, Kummeltraube, Muscat Piémont, Moscato Rosso (H. G.). — Villa-Mayor cite ce cépage parmi ceux cultivés dans le Haut-Douro.
Ce cépage est peu fertile soit en souche basse soit en espalier.

Caractères.

Feuilles : Moyennes, vert uni et luisant, fine dentelure.
Grappe : Moyenne, un peu serrée.
Grains : Ronds, très beaux, d'une couleur rousse plus ou moins foncée
Maturité de deuxième époque.

Muscat violet. — *Syn. : Gros Muscat violet,* Od.; *Muscat violet de Madère, Raisin Muscat, Moskatel Gordo-Morato* (de Sim. Rox); *Violetter Muskateller* (Allemagne), in. M. et P. — Cette variété qui mûrit difficilement dans le centre de la France, mûrirait très bien dans le Nord de l'Afrique, c'est un excellent raisin de table. La *grappe,* assez grosse, est composée de *grains* très gros entremêlés de très petits, d'un rouge violet.

Muskatellier noir, *Suisse* (Genève).

Syn. : Muscatellier ou *Muscatellier noir de Genève,* Pull. — Od. (p. 383) ne le classe pas malgré son nom dans la famille des Muscats, car il n'est nullement musqué comme eux.

Ce raisin est bon à manger. D'après Pull., les caractères sont :

Feuilles : Moyennes, peu ou point duveteuses, sinuées.

Grappe : Moyenne, cylindro-conique, peu serrée.

Grains : Moyens, un peu ellipsoïdes, noir pruiné.

Nebbiolo, *Italie* (Piémont).

Syn. : Nebbieul Mashin (Piémont), *Melasca* (Bielc), *Spana* (Novarre), *Picoutener* (env. d'Ivrée), Od.; *Picoutener* ou *Picoutender,* in. H. G.; *Chiavenasca* (Piémont), G. de R. — C'est peut être le cépage le plus estimé en Italie. Il fournit un excellent vin qui vient après nos bordeaux et nos bourgogne. Ce cépage est peu fertile.

Feuilles : Vert foncé, bien sinuées, à trois et cinq lobes.

Grains : Noirs très violet, légèrement pruinés.

Od. (p. 558-559) cite deux sous variétés, l'une plus robuste et productive, l'autre plus délicate.

Nebbiolo ou **Nebbieul grosso** (du Piémont).

Syn. : Melascone de Biella ou *Spanna grossa* (Novarès), est, dit-il, plus « robuste, et toutes ses parties l'annoncent, ses *grappes* sont plus volumineuses, leurs *grains* sont plus gros et d'une couleur plus foncée ». — Le vin de ce cépage est plus abondant mais il est de qualité un peu inférieure.

Nebbiolo gentile (du Piémont). — *Syn. : Nebbieul petit, Fumela* (Piémont); *Melaschetto* ou *Spanna Picolo* (Biellese). — Est la plus délicate des trois variétés.

Negrara, *Italie* (Tyrol-Piémont).

Syn. : Edelschwaz, Negrera di Gattinara Carbonera (In. H. G.). — Suivant Mas et Pull. (In Vign., t. i, p. 165), c'était un cépage assez répandu autrefois dans le Tyrol et la Lombardie, mais sa culture a été bien délaissée depuis l'apparition de l'oïdium auquel il est très sujet. Ce cépage est fertile.

Caractères (M. et P.).

Feuilles : Grandes, vert foncé, peu sinuées.
Grappe : Sur-moyenne, pyramidale, allongée.
Grains : Moyens, presque sphériques ou légèrement ovoïdes.
Peau : Assez consistante, noir pruiné.
Chair : Peu ferme, juteuse.

Negret du Tarn. *France.* — Raisin noir de cuve (Pull.).

* * *

Neigretta, *Italie* (Vérone)

Syn. : *Cenerento, Farinella, Farinente, Gambuziana, Zanetto* (Bull. amp.).
— Dans le même bulletin (fasc. XVI, p. 166), on dit que ce cépage fournit un vin qui est chargé en couleur et possède un bon goût, le moût est riche en matières sucrées et pauvre en tanin.

Caractères.

Feuilles : Moyennes, vert clair à la face supérieure, la face inférieure tomenteuse et de couleur vert cendre, cinq lobes réguliers, sinus très profonds.
Grappe : Pyramidale, ailée, un peu serrée, longue de 15 à 20 centimètres.
Grains : Ronds, de 16 à 19^{mm} de diamètre.
Peau : Noire, azurée.
Chair : Molle.

* * *

Neiretta, *Italie* (Saluces).

Syn. : *Costiole* (à Bra), *Fresa di Nizza* (à Rivoli). — Rov. dans son Ampélographie universelle (p. 139) dit qu'à Saluces, où cette vigne est la plus répandue, on distingue deux variétés : la Neiretta del Bianco et la Neiretta del Rosso, selon la couleur des sarments.

La Neiretta fournit un bon vin assez estimé mais peu solide. Les rendements sont assez abondants.

Caractères d'après Pull.

Feuilles : Grandes, presque orbiculaires, tourmentées, un peu duveteuses.
Grappe : Ailée, conico-cylindrique, peu serrée.
Grains : Sur-moyens, sphériques, noir pruiné.

* * *

Neretto, *Italie* (province de Pavie).

Syn. : *Auré, Negretto, Nerello, Uva da Cane, Pistolino, Uvalino, Uva d'Incisa*, G. de R.; *Neretto di Marengo, Passererina* (Bull. amp.). — C'est un des meilleurs raisins cultivés dans la plaine d'Alexandrie; le vin est d'une belle couleur foncée très agréable en vieillissant. Ce cépage est sujet à la coulure.

Caractères d'après M. et P. (Vign., t. ii, p. 46).

Feuilles : Grandes, d'un vert foncé, tomenteuses sous le revers, bien sinuées.
Grappe : Ailée, sur-moyenne, pyramidale ou conique, allongée.
Grains : Sous-moyens ou petits, sphériques.
Peau : Mince, noire, bleuâtre, pruinée.
Chair : juteuse, sucrée.
Maturité de deuxième époque tardive.

Neretto de Cumiana, *Italie*.

Syn : *Balgnino* (Cavour), B. A.; *Nebbiolo di Dronero*, G. de R. — D'après
le B. A., ce cépage est très estimé à cause de son abondance et de sa résistance
à l'oïdium et à la coulure; le vin qu'il produit est d'une belle couleur noir foncé,
mais peu alcoolique.

Caractères.

Feuilles : Sur-moyennes, minces, de couleur vert clair un peu roussâtre,
tomenteuses à la face inférieure, à cinq lobes réguliers, sinus peu profonds.
Grappe : Conique, ailée, semi-serrée, longue de 0ᵐ15 à 0ᵐ20 centimètres.
Grains : Petits, ronds.
Peau : Mince, de couleur azur clair pruiné.
Chair : Douce, un peu astringente.
Maturité de troisième époque.

Neyran. *France* (Allier).

Syn. : *Neyrou* (Puy-de-Dôme), *Gouget* (Puy-de-Dôme). — Od. (p. 240) dit
qu'il y a deux variétés : « Le Gros Neyran » qui a pour synonyme « Moret »
dans le Cher, et le « Petit Neyran » qui composait presque exclusivement le
vignoble de Saint-Pourçain, aujourd'hui disparu.

Ce cépage peu fertile. Le vin est assez bon, d'une couleur rouge foncé. D'après
Pull, le Petit Neyran serait synonyme de Pinot noir.

Nirreddie. *Italie* (Sicile).

Syn. : *Nieddera* (Sardaigne). — Ce cépage est précoce, il donne des vins qui,
mélangés avec le Pignatella, produit un vin rouge de muscat connu sous le nom
de *Mascali* (Od. p. 588).

Niureddu Cappuciu, *Italie* (Sicile).

Syn. : *Niureddu, Niureddu Minuteddu, Niureddu Mascali, Perricone* M. et P.—
C'est la variété la plus répandue en Sicile pour la production du vin noir.
D'après ces auteurs (Vig., t. iii. p. 183). C'est avec ce raisin que l'on fait les
vins de Mascali, de Riposto, de Catane, etc. Comme sa maturité est tardive, ce
serait un bon cépage pour le Nord de l'Afrique.

Caractères.

Feuilles : Moyennes, lisses et d'un vert foncé à face supérieure qui passe au vert jaunâtre en automne, tomenteuses et d'un vert jaunâtre à la face inférieure, lobes irréguliers, sinus profonds.
Grappe : Moyenne, cylindrique, simple, serrée.
Grains : Moyens, ronds.
Peau : Mince, d'un noir bleu, pulpe molle.

Noir de Gimrah, *Caucase.* — C'est un raisin, dit Od. (p. 602),
qui est petit et dont les grains sont clairsemés, assez bon pour la cuve, sa maturité est à peu près celle de nos raisins bordelais.

Noir de Lorraine, *France.*

Syn. : Sinoro, Gros-bec, Durbec, Od. (p. 266).
Raisin servant soit pour la table, soit pour la cuve.
La *grappe* est longue et d'une saveur qui rappelle le goût de la fumée.
Maturité de troisième époque.

Nosella nera, *Italie* (Montferrat).

D'après Rov., ce cépage est assez rustique. Raisin de cuve.

Caractères.

Feuilles : Assez grandes, cotonneuses sous le revers.
Grappe : Presque cylindrique, assez longue, serrée.
Grains : Ronds, noir bleu.

Oberfelder Blauer, *Autriche,* (Vallée de Wippach). — *Syn.:*
Verpoljka (Illyrie), *Krhka Crnina, Brava Crnina* (Croatie), H. B. — Raisin noir de cuve.

Occhio di Pernice, *Italie* (Piémont), Poll. — Le B. A. en
donne les caractères suivants : *Feuilles* petites, quinquélobées, tinus profonds, de couleur vert clair à la face supérieure, plus pâles et légèrement duveteuses à la face inférieure ; *grappe,* généralement conique et simple, moyenne ; *grains* ronds, grenats ; *chair* d'une saveur douce et aromatique se rapprochant du muscat.

ŒILLADE

(MONOGRAPHIE)

§ I. - - *Synonymie.*

L'Œillade est connue sous divers noms qui suivent :

Œillade, Œuillade, Uliade, Ouillade, dans l'Hérault, le Gard, les Bouches-du-Rhône, les Pyrénées-Orientales.

Ce cépage est originaire de la Provence.

§ II. — *Caractères spécifiques.*

Souche : Moyenne, vigoureuse et fertile.

Sarments : Demi-érigés, forts, demi-durs, rouges, entre-nœuds moyens, assez renflés.

Feuilles : Couleur vert foncé, fortes, bien découpées, à cinq lobes, dentelées, un peu cotonneuses à la face inférieure, un peu rugueuses à la face supérieure, sinus pétiolaire fermé, ou peu ouvert, sinus supérieurs profond peu ouvert.

Grappe : Un peu cylindro-conique, grosse, belle, à pédoncule tendre, tantôt ailée et tantôt divisée simplement en plusieurs lobes. La première grappe est placée à la base du sarment, ou premier nœud, quelquefois au second.

Grains : Gros, oblongs, à peau fine, peu serrés, d'un beau violet noirâtre, très fleuris, très sucrés, croquants, bon goût. Les abeilles en sont très friandes.

§ III. — *Production.*

Qualité pour la table : Un des beaux et bons raisins à présenter sur la table est sans contredit, le raisin d'Œillade, son goût est excellent.

Qualité pour le vin : Le raisin d'Œillade est excellent pour faire aussi bien du vin rouge que du vin blanc.

Autrefois, il entrait dans les coupages de vin de St-Georges.

Qualité du vin : Le vin rouge d'Œillade est d'un goût relevé ; il possède un bouquet rappelant un peu la framboise ; sa couleur est d'un beau rouge cerise clair.

Le vin rouge dose de 9°50 à 11° d'alcool, en terre fertile, et de 10°50 à 11°50 en coteau très ressuyé.

Son extrait sec s'élève de 22 à 26 suivant les terrains et l'état climatérique de l'année.

Le vin blanc d'Œillade dose de 10 à 12°50 d'alcool suivant la nature des terrains et les conditions d'humidité de l'année.

Son extrait sec varie de 20 à 24 grammes par litre.

Avant l'invasion phylloxérique en France, il entrait dans les coupages de plusieurs vins fins. Aujourd'hui, en Algérie et en Tunisie, il produit un bon effet dans les Morastel, Mourvèdre et Carignane.

L'Œillade, légèrement foulé au pied et soumis ensuite au pressoir, fournit un bon vin blanc de coupage.

Proportion du kilo au litre. — Pour produire 100 litres de vin rouge, il faut de 129 à 139 kilos de raisin.

Pour faire 100 litres de vin blanc, il est nécessaire de soumettre à la pression de 135 à 144 kilos de raisin.

Quantités : Dans les terres fertiles et légèrement humides, sa production moyenne est de 80 à 100 hectolitres à l'hectare de 2,500 pieds ; Dans les terres sèches et en coteau, il descend à 30 hectolitres sur 3.000 pieds à l'hectare.

L'Œillade peut se cultiver avec succès, soit sur cordon ou en tonnelle. Dès lors sa production peut atteindre 200 hectolitres à l'hectare de 2,000 souches. (2^{m}500 × 2^m).

§ IV. — *Dates de débourrement du cep et de maturité du fruit.*

L'Œillade débourre de bonne heure, environ 4 ou 5 jours avant l'Aramon ; il mûrit du 18 au 25 Août dans les terrains légers et sablonneux situés sur le littoral, et du 1er au 10 Septembre, dans les terres froides, à 50 mètres d'altitude.

Dans les terres ressuyées à 150 mètres d'altitude, il mûrit à peu près en même temps. (Maturité de 2me époque).

§ V. — *Terrains. — Engrais. — Taille.*

Terrains : L'Œillade réclame un sol d'alluvion ancienne ou moderne, bien défoncé, parceque ses racines fouillent profondément le sous-sol. Dans les terrains secs, ses rendements s'abaissent promptement.

Les terrains légèrement humides lui conviennent, cependant il craint les affections cryptogamiques.

Engrais : En général, les engrais sont indispensables à la vigne. L'Œillade réclame des engrais en abondance comme l'Aramon. Les engrais azotés et potassiques le régénère.

Dans les terrains secs, bien défoncés, et fortement fumés avec des composts azotés, on peut obtenir de bons rendements.

Taille : Ce cépage réclame une taille développée, soit par de nombreux porteurs ou coursons, à deux yeux francs, ou préférablement encore une taille longue.

§ VI. — *Maladies particulières.*

Les maladies cryptogamiques affectent sensiblement l'Œillade, en outre, il craint la coulure.

Comme tous ses congénères qui débourrent de bonne heure, il est sujet aux atteintes des gelées blanches tardives.

Les altises en sont friandes et l'attaquent vigoureusement au moment de son débourrement.

Malgré ces inconvénients, c'est un excellent plant.

En résumé, l'expérience nous prouve aujourd'hui que nous sommes suffisamment armés pour combattre avec succès ces diverses affections.

Olivella nera, *Italie* (Abruzzes. — *Syn. : Livoscia* (chieti, tri, Villamagnan), B. A. — Suivant Rov., c'est un des meilleurs raisins de cuve des provinces Napolitaines. — Le B. A. en donne, quant aux feuilles, à la grappe et aux grains, des caractères suivants : *Feuilles* moyennes, quinquélobées, irrégulièrement aigus et à sinus peu profonds. ; *grappe* conique, ailée, peu serrée ; *grains* petits, sub. ovales, à peau résistante et à pulpe abondante un peu acide, maturité, première moitié d'octobre.

Olivette noire (l'), Midi de la France. — *Syn.* : *Olivette, Ouliven, Uva di Pergole* (environs de Rome). Ancienne variété connue du temps de Pline.— La *grappe* est grande, peu serrée, bien fournie de gros *grains* très allongés, d'une saveur agréable.

Ortlieber blauer, *Autriche* (Styrie). — *Syn.* : *Mehlberl, Rauchlubler, Kauka raublattrige.* — Cette variété se rapprocherait plus de la tribu des Kauka et des Wilbacher que de l'Ortlieber Gelber, dit H. G. — *Feuilles* moyennes, rondes, trilobées, peu découpées, un peu duveteuses; *grappe* moyenne, lâche et rameuse; *grains* ronds, très pointillés, d'un noir sombre pruiné.

Paga debito, *Italie* (prov. des Pouilles).

Syn. : *Uva Paga debito* (Vign. de Corte), *Cortinese* (Ajaccio), *Corcesco* (île d'Elbe) Od.; *Lacrima, Paga debito du Nivoli* (p. de Lucques), *Negro dolce ou Albese* Rov. — D'après M. et D (Vig. t. III, p. 77). Ce cépage serait d'abondance. Le vin est assez riche en couleur.

Les *grappes* sont lâches, les *grains* ronds, assez gros, noirs, de saveur un peu âpre.

Palummina, *Italie* (Naples) in. H. B. — *Feuilles* moyennes, peu découpées, face inférieure duveteuse ; *grappe,* grande, moyenne ; *grains* ovales, noir rougeâtre pruiné, doux ; *peau* épaisse. — Raisin de cuve.

Palvanz, *Autriche* (Styrie et Dalmatie). — *Syn.* : *Vagari Palvanz.* — *Feuilles* rondes, épaisses, quinquélobées, très découpées ; face supérieure lisse, vert sombre, face inférieure velue ; *grappe* moyenne, lâche, très souvent simple; *grains* ronds, noir pruiné.

Panse rose, *France* (Midi). — *Syn.* : *Olivette rouge* (Bouches-du-Rhône), *Malaga rouge* (Env. de Montauban), *Raisin de Virginie* (Agen), *Perle rose, Zibibbo rosso* (Calabre), *Corazon de Gallo* (Andalousie) ; Od. — Nous lui conservons le nom de Panse rose que lui donne Rov.

La panse rose a de longues grappes assez garnies de très gros grains olivoïdes. Un caractère bien tranché de cette variété, ce sont les lobes et les dents bien arrondis de ses feuilles. Maturité tardive.

Pareux noir, *France.* — Pull. (catalogue). — *Grappe* moyenne, cylindrique, portant des *grains* moyens d'un noir pruiné à la maturité, qui est de 2ᵉ époque. Rov. le dit synonyme du Peloursin de l'Isère.

Parpeuri, *Italie* (Saluces). — *Syn.* : *Parporio, Parpouri.* — Rov. a trouvé ce cépage synonyme au *Grenache*, ce qui est, dit-il, une erreur, car ces deux variétés, n'ont rien de commun entre elles. Pull , dans son catalogue donne la description suivante du Parpeuri. « *Feuilles* moyennes, presque glabres, bien sinuées ; *grappe*, peu ailée, cylindro-conique, serrée ; *grains*, moyens ou sur-moyens, sphérico-ellipsoïdes, noir pruiné. »

Pascal noir, *France* (Provence. — Raisin noir de cuve et de table, de maturité plus tardive que le Pascal Earic, ayant les mêmes caractères bota-niques sauf la couleur des grains.

Pastora nera. *Italie* (Piémont). — Raisin noir de cuve.

Paugayen, *France*. — Vigne du département de la Drôme où elle se cultive encore assez en grand pour la production d'un vin commun, sain et forti-fiant : c'est à ce point de vue que l'ont décrit Mas et Pull. Leur correspondant de ce département leur écrit qu'on distingue deux Paugayen, le petit et le gros ; le premier est beaucoup plus productif que l'autre, car il est moins sujet à la coulure.

La grappe, assez grosse, porte des grains sur-moyens, ellipsoïdes, d'un beau noir pruiné à la maturité qui est de deuxième époque.

Pavana. *Italie* (Tyrol). — *Syn.* : *Vicentina* (in. II. G.). — Raisin noir de cuve. Rov. lui trouve une certaine ressemblance avec le Barbera, quoique d'apparence plus grossière, et un jus bien moins sapide et moins vineux.

Pellaverga ou **Pelaverga**, *Italie* (Piémont). — *Syn.* : *Cari* (Turin). — Ce cépage, dit Rov., est plutôt cultivé comme raisin de table que pour la cuve, quoique dans le pays de Saluces il donne un vin doux et mous-seux. Les grains, d'un noir bleu à la maturité, sont très sucrés et se conservent facilement tout l'hiver.

Pelossard, *France* (Ain). — Très différent du Poulsard et cependant souvent confondu avec lui par divers auteurs. Ce cépage est cultivé dans tout le département, mais surtout dans le vignoble d'Ambérieu. Sa vendange est réser-vée presque exclusivement pour être mélangée à celle de la Mondeuse, afin de donner à celle-ci la finesse et le feu qui lui manquent souvent. Le raisin du Pelos-sard est assez agréable à manger, mais la peau est très épaisse. Il est susceptible à la pourriture.

Les *feuilles* sont moyennes, plus larges que longues, un peu duveteuses, très sinuées ; *grappe* moyenne, cylindro-conique ; *grains* assez gros, sphériques, d'un noir rougeâtre à la maturité qui est de première époque (M. et P., in. Vign., t. I, p. 35).

Peloursin, *France* (Isère). — *Syn.* : *Dureza* (Drôme), *Duret* (Ardè-che), *Gros Plant, Salet, Mauvais noir* (Isère), *Gros Raisin, Pourrot* (Jura), Pull.; *Pelorsin, Goudrau, Mal noir, Parlousseau, Plant d'Abas, Sella, Saler,*

Salis, Treillen, Verné (Isère); *Vert-noir, Etris, Fumette, Corsin* (Savoie, d'après Tochou, in. M. et P.); *Pareux noir* (?), Rov.

D'après M. et P., le nom de Peloursin ou Pelorsin donné à ce cépage lui vient du fruit sauvage Pelorse ou Pelosse que l'on trouve en Dauphiné et en Savoie, et duquel les grains de son raisin ressemblent beaucoup. Elle n'est cultivée en grand que dans la vallée du Grésivaudan aux environs de Grenoble, Le Peloursin est trè vigoureux et tres abondant. Il donne beaucoup, mais son produit est de qualité inférieure, aussi l'associe-t-on généralement au Persan qui lui communique un peu de ses qualités qui lui manquent. C'est un cépage assez estimé dans la vallée de l'Isère, soit a cause de sa fertilité et de sa rusticité, soit aussi pour sa grande résistance aux gelées. Il s'accommode bien à la conduite en treillage. Il est un peu sujet à la pourriture.

Les *feuilles* sont moyennes, d'un vert foncé, glabres, bien sinuées. La *grappe* est grosse, conico-cylindrique, portant des *grains* un peu gros, serrés, d'un beau noir à la maturité qui est moyenne.

PERRIER NOIR

(MONOGRAPHIE)

§ I — *Synonymie.*

Sans synonymes connus.
Originaire (Collection M. Perrier de la Bathie, Savoie).

§ II. — *Caractères spécifiques* (M. et P.).

Souche : Assez vigoureuse, fertile, de longue durée.
Sarments : De moyenne grosseur, érigés ou mi-érigés.
Bourgeonnement : Duveteux, blanchâtre, avec une teinte rougeâtre sur le revers des folioles.
Feuilles : Moyennes ou surmoyennes, peu épaisses, glabres et lisses sur les deux faces; sinus supérieurs bien marqués, les secondaires presque nuls, celui du pétiole ouvert; pétiole peu allongé, grèle; denture presque égale, peu profonde, large, un peu obtuse, finement et courtement mucronée.
Grappe : Grosse, un peu lâche, conique, un peu rameuse, portée par un pédoncule assez long et un peu grèle.
Grains : Gros ou très gros, de forme ellipsoïde, porté par des pédicelles assez longs, un peu grèles.
Peau : Assez épaisse, bien résistante, d'un beau noir pruiné à la maturité.
Chair : Un peu ferme, bien sucrée, agréable, rappelant le goût du Frankental et même meilleur.

§ III. — *Terrains à choisir. — Engrais à employer. — Taille spéciale.*

Terrains : Le Perrier noir est un cépage qui réclame un terrain fertile assez profond. Ce plant prospère et maintient sa fructification normale dans les alluvions anciennes et modernes.

En Algérie et en Tunisie, dans toutes les situations où les terrains fertiles ne manquent pas, on devrait le propager surtout dans les sables du littoral comme raisin d'exportation.

Engrais : Les engrais les mieux appropriés au tempérament du Perrier noir, sont ceux qui agissent en même temps comme engrais et amendements. Les composts à base de phosphate de chaux, de potasse, d'azote et un peu de chaux sont ceux qui lui conviennent.

Taille : Comme ce cépage réclame une certaine somme de calories pour atteindre sa maturité marchande, il réclame une taille courte sur cordon palissadé sur fil de fer, cette taille peut être soit à un œil soit à deux yeux, suivant le nombre des coursons ou porteurs de chaque souche.

§ IV. — *Dates de débourrement du cep et de maturité du fruit.*

Le Perrier noir est un cépage qui débourre très tôt et il mûrit à la première époque, de pair avec le Chasselas doré que l'on cultive à Guyotville, à Staoueli et à Aïn-Taya comme raisins primeurs pour l'exportation en Europe.

§ V. — *Production.*

Qualité pour la table : Le raisin de Perrier noir est certainement un des plus beaux raisins rouges que l'on puisse présenter sur une table au dessert.

Ce raisin peut jouer un rôle avantageux dans notre commerce d'exportation.

Qualité pour le vin : Si on était encombré de ce raisin à défaut d'exportation ou de vente sur nos marchés, on peut le convertir en vin, mais c'est là un cas particulier.

Qualité du vin : Le vin provenant des raisins de Perrier noir est d'une couleur moyenne, son degré alcoolique est plus ou moins élevé suivant l'état de maturité du raisin.

Veux-t-on faire du vin ? dans ce cas il faudra laisser parfaitement mûrir ce raisin, c'est-à-dire le laisser sur souche jusqu'à la deuxième époque.

Alcoolicité : Il dose de 9° à 9°50 d'alcool ; son extrait sec varie de 19 à 21 grammes.

Proportion du kilo au litre : Pour produire 100 litres de vin, il est nécessaire de fouler et mettre à la cuve de 125 à 135 kilos de raisin.

Quantités de raisin : Ce plant peut fournir de grandes quantités de raisin étant cultivé ainsi que nous l'avons indiqué plus haut.

Sa production peut s'élever en cordon à 2,000 kilos ; en tonnelle son rendement s'élèverait à 3,000 kilos.

§ VI. — *Maladies particulières.*

L'oïdium attaque notablement le Perrier noir, mais il suffit d'en prévenir les atteintes par de bons soufrages et des traitements préventifs après la taille. Les insectes ne semblent pas en être très friands.

Le siroco et la grande sécheresse peuvent influencer la marche progressive de sa végétation et diminuer ainsi le rendement ; heureusement que les raisins sont considérablement couverts par son feuillage abondant.

Persan

(MONOGRAPHIE)

§ I. — *Synonymie* (M. et P.).

Le Persan se nomme encore :

Prinsan, Prinssens, Beccu, Beccuette, Etris (Exposition ampélographique de Chambéry, 1868), P. Tochon ;

Petit Becquet, à Faverges (Haute-Savoie), M. Moll. ;

Prissan, Etraire, Batarde, Aguzelle, Guzelle, Batarde longue, Cul-de-Poule, Siranèze pointue, Pousse de Chèvre, Begu, dans l'Isère ;

Congrès ampélographique de Grenoble, 1874, M. le comte d'Agout.

Originaire de l'Isère (France).

§ II. — *Caractères spécifiques* (M. et P.).

Souche : Assez vigoureuse, de longue durée.

Sarments : De moyenne force, finement striés, entre-nœuds de moyenne longueur.

Bourgeonnement : D'un gris roussâtre, fortement duveté, passant au vert jaunâtre.

Feuilles : Sur-moyennes, aussi larges que longues, d'un vert herbacé, lisses et glabres à leur face supérieure, parsemées à leur face inférieure, surtout le long des nervures, d'un duvet aranéeux, peu abondant ; sinus supérieurs peu marqués, sinus secondaires presque nuls ou très peu marqués, sinus pétiolaire largement ouvert ; pétiole un peu long, peu fort et souvent teinté de rouge ; dents peu profondes, obtuses ou arrondies.

Grappe : Moyenne, cylindrico-conique, courtement ailée, un peu compacte ; pédoncule court, fort et ligneux.

Grains : Moyens, olivoïdes ; pédicelles forts, un peu longs.

Peau : Fine, mince et cependant résistante, d'un beau noir, très légèrement pruinée à la maturité.

Chair : Peu ferme, juteuse, âpre et astringente, peu sucrée ; saveur simple.

§ III. — *Terrains à choisir.* — *Engrais à employer.* — *Taille spéciale.*

Terrains : Le Persan s'accommode de tous les sols, même demi-fertiles, cependant il préfère les terrains fertiles. Les sols calcaires argilo-siliceux lui sont favorables ; comme ces genres de terrains ne manquent pas dans notre colonie, il n'y a que l'embarras du choix.

Engrais : Pour entretenir la fertilité de ce cépage, il faut lui appliquer des amendements généreux en phosphate de chaux, en potasse et légèrement azotés.

Taille : Dans les sols maigres et peu fertiles il faut le ménager par une taille courte ; au contraire dans les sols généreux en matières fertilisantes, il faut le conduire en cordon horizontal à taille développée.

§ IV. — *Dates de débourrement du cep et de maturité du fruit.*

Ce plant débourre en même temps que l'Aramon et il mûrit à la deuxième époque.

§ V. — *Maladies particulières.*

Le Persan est un plant d'une rusticité extraordinaire, il résiste aux maladies cryptogamiques connues. Il résiste assez bien à la sécheresse, il ne coule pas. Les insectes n'en sont pas friands. Depuis deux ans on a constaté à plusieurs reprises que ce cépage résistait au phylloxera.

§ VI. — *Production.*

Qualité pour la table : Le raisin de Persan n'est pas un fruit présentable pour le dessert, son goût est trop astringent et par suite peu agréable.

Qualité pour le vin : Le Persan produit un raisin d'une certaine valeur pour la cuve. Les viticulteurs de l'Isère qui le cultivent l'apprécient beaucoup.

Qualité du vin : Le vin provenant de ce cépage est très ferme, d'une tenue assez longue pour être employé dans les coupages avec des vins manquant de solidité. Si on incorpore dans ce vin 12 à 15 p. 0/0 de vin de Clairette, on obtient un vin fin très agréable au goût et d'une grande durée.

Alcoolicité : Il dose de 10° à 12° d'alcool en France; son extrait sec varie entre 23 à 26 grammes par litre. Ce cépage étant cultivé dans notre pays donnerait des raisins dont le moût marquerait en moyenne 184 grammes de sucre.

Proportion du kilo au litre : Pour produire 100 litres de vin il faut fouler et mettre à la cuve de 145 à 150 kilos de raisin.

Quantités de vin : Le Persan conduit en cordon sur fil de fer dans un sol assez fertile peut rendre de 135 à 160 hectolitres à l'hectare de 2,000 pieds.

Perruno noir, *Espagne* (Andalousie).

Syn. : Perruno noir, Moraliva, Grana lina, Od (p. 526). — Variété du précédent, elle est très cultivé dans le Sud de l'Espagne.

Sarments : Très fragiles à petite mousse.

Feuilles : Moyennes, un peu lobées, assez luisantes, un peu duveteuse sous le revers.

Grappe : Longue, assez serrée.

Grains : Noir rougeâtre.

Peau : Un peu épaisse.

Chair : Un peu croquante, agréable.

Maturité de quatrième époque.

Petit Bouschet

(monographie)

§ I. — *Synonymie.*

Petit Bouschet dans toutes les régions.

§ II. — *Caractères spécifiques.*

Le petit Bouschet est le résultat d'une hybridation obtenue en 1860, par M. Bouschet de Bernard, en croisant l'Aramon avec le Teinturier. Le Teinturier est un plant de second ordre que l'on cultive dans quelques contrées de la France notamment dans le Cher, en vue des coupages, cause de sa couleur très foncée.

Souche : Moyenne, très vigoureuse dans les terrains fertiles, sa durée est encore inconnue.

Sarments : Surbaissés, vigoureux, de moyenne grosseur, entre-nœuds assez longs, de couleur rouge gris.

Feuilles : Moyennes, plus longues que larges, à cinq lobes avec sinus pétiolaire ouvert, les sinus latéraux bien marqués, dentelure inégale, la face supérieure glabre avec nervures d'un rouge violacé, se frappant de rouge sang sur leur pourtour à la maturité et passant au rouge foncé a l'arrière saison ; de forme un peu convexe, la face inférieure est cotonneuse.

Grappe : Sur-moyenne ou grande, rameuse, ailée, cylindro-conique, un peu lâche.

Grains : Sur-moyens, et quelquefois gros (en terre fertile), sphériques, d'un beau noir foncé dans la pellicule et rouge cerise dans la partie charnue.

§ III. — *Production.*

Qualité pour la table : Le raisin de Petit Bouschet dont le jus couleur d'encre est peu sucré, n'est pas un raisin de table.

Qualité pour le vin : Mais pour la fabrication du vin, il offre un avantage précieux en Afrique. Nos lecteurs savent en effet, que déjà nos viticulteurs, à leur grand bénéfice, ont commencé à expédier en Europe des vins primeurs. Or, ces vins proviennent du raisin de Petit-Bouschet. Sa précocité lui assure donc une supériorité notable sur les autres plants, en Afrique, sauf l'Alicante-Bouschet, au point de vue de l'avance des vendanges et de l'exportation. On comprend qu'il soit très apprécié des négociants de la Mère-Patrie, puisqu'il leur arrive à temps en France pour rehausser leurs vins de l'année précédente, ou même des années antérieures.

Qualité du vin : Le vin de Petit-Bouschet est très foncé ; d'un beau rouge. Ses facultés de coloration ne sont pas persistantes à l'état naturel, mais il se comporte bien si l'on a soin de l'associer immédiatement après son premier soutirage avec un vin riche en alcool et en acides libres.

Le vin de Petit-Bouschet est un des produits les plus rémunérateurs que puissent faire nos viticulteurs d'Afrique. Non-seulement il arrive de bonne heure, mais il est plus généreux ici qu'en Europe. Sa couleur est de beaucoup plus intense et son degré alcoolique plus élevé. Cependant les débouchés en sont encore limités.

Alcoolicité : Il dose de 8° à 11°50 d'alcool suivant les terrains, les expositions et l'état atmosphérique de l'année ; son extrait sec est un peu faible, mais il varie cependant entre 23 à 27 grammes par litre. Ce vin est très chargé en tanin.

Proportion du kilo au litre : Le raisin de Petit Bouschet étant très juteux il fournit beaucoup de vin. Pour produire 100 litres de vin il suffit de 132 à 140 kilos de raisin.

Quantité : En 1886, nous avons assisté à la vendange du Petit Bouschet, cultivé sur fil de fer en taille longue à La Marsa, près de Bougie, chez M. du Sablon, ce cépage était alors à sa troisième feuille, son rendement a été de 70 hectolitres à l'hectare de 2,000 pieds. Nous savons qu'en 1890, il a été de 170 hectolitres.

Comme on le voit par ces chiffres, le Petit Bouschet cultivé en cordon en Algérie et en Tunisie produit beaucoup.

Lorsque ce cépage est cultivé en plein, c'est-à-dire en souches basses, il produit encore en terre fertile, jusqu'à 110 hectolitres à l'hectare de 2,500 pieds et il peut produire à dix ans sur fil de fer environ 200 hectolitres.

§ IV. — *Dates de débourrement du cep et de maturité du fruit.*

Le Petit Bouschet débourre de bonne heure et mûrit de même, du 10 au 20 août dans les terres légères sur les bords de la mer, et du 25 août au 5 serembre à 100 mètres d'altitude en terre fertile (2me époque).

Nous devons signaler ici une erreur fâcheuse dans laquelle nos viticulteurs d'Afrique tombent souvent. Séduits par des apparences trompeuses, ils prennent pour mûr du raisin de Petit Bouschet qui ne l'est pas encore.

Pour que le degré de maturité soit complet, le Petit Bouschet ne doit pas marquer au pèse moût, moins de 9 à 10 degrés dans les terrains fertiles et humides, et de 10 à 11 degrés et demi dans les terrains très ressuyés.

§ V. — *Terrains. — Engrais. — Taille.*

Terrains : Le Petit Bouschet préfère les terres franches d'alluvions anciennes et nouvelles. Les terres profondes lui conviennent par conséquent, mais il redoute les graviers purs ou mélangés de sables calcaires. On voit alors l'arbuste dégénérer rapidement et ses rendements descendre en proportion.

Engrais : Ce cépage est assez gourmand d'engrais, particulièrement de ceux qui sont riches en azote et potasse. (Voir nos composts).

Taille : Il s'accommode très bien d'une taille généreuse, pourvu qu'elle soit bien équilibrée selon sa puissance de végétation ; on la taille à deux yeux en souche basse et de sept à dix yeux en cordon.

§ VI. — *Maladies particulières*

C'est un cépage rustique comme sont en général les hybrides du même auteur. Il résiste assez bien aux affections cryptogamiques. Les insectes n'en sont pas friands. Il est sensible au siroco lorsqu'il est peu abrité par ses feuilles.

Petit Épicier, *France* (Poitou). — Ce cépage, quoique sa souche ne soit pas vigoureuse, se distingue par sa production constante et une maturité facile. Ses grains ronds, moyens, ont une saveur qui fait bien augurer du vin qui en provient, dit Od. (p. 168). Les feuilles sont sur-moyennes, un peu boursou-flées, duveteuses, bien sinuées.

Petit Verrot, *France* (Yonne). — *Syn. : Verrot à petits grains.* — Pulliat dit que le raisin qu'il a reçu sous ce nom a les mêmes caractères que le Pinot noir. Od. (p. 205) le rapproche du Tressat et le donne comme très peu productif d'après un de ses correspondants, ce qui l'étonne cependant, car la culture en est assez répandue.

Picardan

(MONOGRAPHIE)

§ I. — *Synonymie.*

Le Picardan s'appelle encore :

Piquardan, Prueyras Prueras, d'après de Saint-Maur ;
Grappu, Le Grapu, Grapul, Grapeu? d'après de Saint-Maur ;
Grappu de la Dordogne, M. d'Imbert de Mazère.
Originaire de la région méridionale de la France.

§ II. — *Caractères spécifiques* (M. et P.).

Souche : Vigoureuse, très rustique, bien fertile.
Bourgeonnement ; Très duveteux, blanchâtre, un peu teinté de rose sur le revers des folioles et la jeune pousse.
Feuilles : Grandes, plus longues que larges, d'un vert forcé, glabres et un peu bullées supérieurement, garnies inférieurement d'un duvet lanugineux ; sinus supérieurs un peu profonds, les secondaires marqués celui du pétiole ouvert ; denture fine, inégale, peu profonde, un peu obtuse ; pétiole fort, un peu court, souvent parsemé de poils lanugineux.
Grappe : Grosse, ailée ou un peu ailée, conico-cylindrique, serrée ou assez serrée, portée par un pédoncule fort ou très fort, un peu court, à peu près toujours pourvu d'un grappillon plus ou moins fort partant du nœud pédonculaire.
Grains : A peu près globuleux, portés par des pédicelles courts, un peu forts.
Peau : Un peu épaisse, peu résistante, d'un noir foncé un peu pruiné à la maturité.
Chair : Un peu molle, juteuse, un peu sucrée, légèrement relevée.

§ III. — *Production.*

Qualité pour la table : Le raisin de Picardan n'est pas un raisin de table, ses grins sont trop serrés et d'un goût trop dur.
Qualité pour le vin : Ce cépage produit des raisins fermes et juteux très propres à la cuve, aussi est-il exclusivement consacré à cet usage.

Qualité du vin : Le vin provenant des raisins de Picardan est d'une belle couleur foncée, il est bien corsé. Il est très cultivé dans la Dordogne.

Alcoolicité : Il dose de 10°50 à 11°50 d'alcool ; son extrait sec varie entre 23 à 26 grammes par litre.

Proportion du kilo au litre : Pour faire 100 litres de vin rouge de Picardan, il faut fouler et mettre à la cuve de 145 à 152 kilos de raisin.

Quantités de vin : Ce cépage étant cultivé en cordon sur fil de fer peut produire de 140 à 180 hectolitres à l'hectare ; en souche basse sa production ne s'élève pas au-delà de 75 hectolitres.

§ IV. — *Dates de debourrement du cep et de maturité du fruit.*

Le Picardan débourre de bonne heure et mûrit vers la deuxième époque et demie. Il mûrit du 20 au 25 août à 100 mètres d'altitude près du littoral, et vers le 15 septembre dans la région de Mascara.

§ V. — *Terrains à choisir. — Engrais à employer. — Taille spéciale.*

Terrains : Les terrains les plus favorables au développement du Picardan sont les terres d'alluvions anciennes et modernes assez profondes ; les sols argilo-calcaires siliceux développent ses qualités fructifères.

Engrais : Le Picardan, sans être tout à fait exigent, ne dédaigne pas les engrais légèrement azotés et suffisamment phosphatés et potassiques.

Taille : Ce cépage réclame une taille en cordon soit sur fil de fer soit de tout autre manière, alors ses rendements se soutiendront normalement.

§ VI. — *Maladies particulières.*

Comme le Picardan débourre assez tôt il est susceptible d'être attaqué par les altises. Jusqu'alors les maladies cryptogamiques ne semblent pas l'atteindre dans nos régions africaines.

Il résiste assez bien à la sécheresse.

Piccolito rosso,)*Italie* (Frioul. — Tout le raisin mûrit une quinzaine de jours avant le Piccolito bianco et qui, de même que lui, est également bon pour la table et pour la cuve.

Piede di Palumbo, *Italie* (prov. nap.). — *Syn. : Piede di Colombo, Manicuogno*, Rov. ; *Fasulo nero* (?). — Un des meilleurs cépages de cette province pour la vinification. — Les feuilles sont larges, quinquélobées, duveteuses ; la grappe est cylindrique, de grandeur moyenne, un peu rameuse, avec des grains un peu allongés, de grosseur moyenne, peau épaisse, d'un noir pruiné, saveur douce.

Pienc, *France* (Gers). — *Syn. : Pienc* ou *Piec, Herrant, Grand Herrant, Petit Herrant, Petit Mourrastel, Quenfort, Pick, La Hère, Hère, Noir Prun, Bois Mort*. — Mas et Pull. (in. Vign., t. III, p. 53), d'après ces auteurs, c'est un cépage très ancien dans les vignobles du Gers où il est cultivé en hautain ; son raisin est également bon pour la table et pour la cuve ; son vin est surtout fait pour couper les autres vins. La culture du Pienc est loin de s'étendre, à raison sans doute de sa susceptibilité à l'oïdium ; il est de maturité tardive. Ses feuilles sont grandes, duveteuses d'un côté, un peu sinuées ; sa grappe est moyenne, un peu grosse, cylindro-conique, porte des grains assez gros, serrés, globuleux, d'un noir bleuâtre bien pruiné à la maturité qui est de troisième époque.

Pignola nera, *Italie* (Gênes). — *Syn. : Forzelina nera, Forcellina* (Vérone), G. de Rov. — H. Gœthe (p. 177) donne ce cépage comme synonyme du Burgunder Blauer, c'est-à-dire de notre Pinot noir. — Rov. ne parle pas de cette synonymie et rapproche cette variété de la Groppella.

Pignolo, *Italie*. — *Syn. : Mourvedou* (des Provençaux), Od. (p. 480). — Variété se rapprochant du Mourvèdre mais ayant les grains plus petits et plus serrés que ce dernier cépage.

Pinot gris, *France* (Bourgogne). — *Syn. : Burot* (Bourgogne), *Fromentot, Petit gris* (Draguignan), *Auxois, Auxerrat, Gris de Dornot* (Moselle), *Affumé* ou *Enfumé* (ancienne Lorraine), *Gris Cordelier* (Allier), *Griset, Muscade* (quelques localités), *Malvoisie, Auvernat gris* (Loire et Indre-et-Loire), *Fauvé* (Jura), *Malvoisien* (Doubs), Od.; *Levrault* (Beaujolais), Pull.; *Edel Clavner*, Rov. — C'est un cépage très estimé en Champagne et qui a fait la réputation des vins de Sillery et de Versenay ; en Alsace il donne le fameux vin de Paille, et Odart (p. 177) qui consacre un long article aux qualités du Pinot gris, dit qu'il les conserve aussi bien en Crimée qu'en Champagne, en Alsace et en Touraine.

Pinot Meunier ou **Meunier**, *France* (Nord-Est). — *Syn. : Meunier* (dans plusieurs départements), *Morillon Taconné* (Marne), *Fernaise, Blanche feuille* (Meurthe-et-Moselle), *Plant de Brie* (Seine, Seine-et-Oise), *Curpinet* (Puy de Dôme), *Goujean* (Allier), *Muller Reben* (rives du Rhin), Od.; *Muller Rebe, Müller, Muller Traube, Muller Weib, Frühe blaus, Muller Rebe, Blaue Polisch, Traube* (Allemagne), *Cerny, Mancujk* (Bohême), *Rana Modra, Mlinarica* (Croatie), *Molnar, Toke Kek* (Hongrie), H. G.; *Trezillon de Hongrie* (Alsace), *Mullers Bugundy, Miller Grape* (Angleterre), *Pinot femelle* (Bourgogne).

Mas et Pull. (in. Vign., t. II, p. 99) ne considèrent le Meunier que comme une variation du Pinot noir, dont il ne diffère que par le duvet blanc qui recouvre sa feuille sur les deux faces. Le Pinot noir est un cépage très fertile et de maturité facile, aussi le trouve-t-on répandu en Allemagne et en Hongrie. Il est aussi très cultivé dans les départements du nord de la France à partir de Paris. Ses caractères sont semblables à ceux du Pinot noir, sauf cependant aux feuilles.

Od. (p. 173) décrit le vin produit par le Pinot Meunier comme plat, d'un goût peu agréable, incolore, de peu de garde, toutefois il le croit meilleur à tirer en vin blanc qu'en vin rouge, et de fait, le Meunier concourt à la qualité des meilleurs vins de Champagne.

PINOT-NOIRIEN

(MONOGRAPHIE)

§ I. — *Synonymie.*

Ce plant est connu suivant les contrées :

Noirien, dans la Côte-d'Or ;
Franc Pinot, dans l'Yonne ;
Auvernat-noir, dans le Haut-Rhin, le Loiret, le Loir-et-Cher ;
Orléans ou *Plant noble*, dans l'Indre-et-Loire ;
Salvagnin, en Alsace ;
Noir de Franconie, Noir de Versitch ;
Servanier Czerma, Okrudla Ranca (Hongrie), Od.:
Franc-noirien, Maurillon ou *Pineau*, en Bourgogne ;
Pineau de Volnay, de Chambertin, de Vougeot (Côte-d'Or) ;
Petit Verot (Yonne) ;
Noirien (Jura, Haute-Loire) ;
Massoutel (Gironde) ;
Pineau de Ribeauvillé, Plant doré, Vert doré, Pineau de Fleury, Plant de Cumière, Plant médaillé (Champagne) ;
Morillon noir (environ de Paris) ;
Langedel (à Brioude) ;
Petit Bourguignon (Beaujolais) ;
Blauer Clawner Schwartzer, Riesling, Klebroth (Alsace) ;
Ranci Velke (Bohême) ;
Black Cluster Burkundi, Kekapro, M. et P.;
Plant de Badin (Hautes-Alpes), G. de R.

§ II. — *Caractères spécifiques.*

Souche : Petite, érigée, droite, de très longue durée.

Sarments : Grêles, allongés et d'une grosseur égale de la naissance aux deux tiers de la longueur, traînants, pourvus de vrilles nombreuses à l'arrière-saison, écorce brune ou d'un gris brun à entre-nœuds assez longs.

Feuilles : Moyennes, presque rondes sur les pousses fructifères, plus profondément découpées sur les pousses gourmandes, à sinus pétiolaire ordinairement ouvert, légèrement boursouflées et lisses à la face supérieure, parsemées sous le revers d'un duvet aranéeux, à nervures saillantes, dents un peu obtuses, peu profondes.

Défeuillaison précoce.

Grappe : Petite ou du moins un peu au-dessous de la moyenne, le plus souvent cylindrique, parfois ailée, solidement attachée par un pédoncule court ou de moyenne longueur, teinté de brun ou ligneux au-dessus du nœud.

Grains : Assez petits, sphériques ou sphérico-ellipsoïdes par l'effet de leur tassement.

Peau : Épaisse, résistante, riche en matière colorante, d'un noir foncé légèrement pruiné.

Chair : Juteuse, très sucrée, souvent peu prononcée.

§ III. — *Production.*

Qualité pour la table : Cette variété n'a jamais été cultivée comme raisin de table.

Qualité pour le vin : Ce raisin est un des meilleurs parmi ceux qui produisent des vins estimés du commerce, aussi est-il recherché pour la cuve.

Qualité du vin : Le vin de Pinot-noirien est considéré comme le plus grand vin rouge de Bourgogne. Les grands vins de Beaune, les Chambertin et les Volnay, etc., sont faits avec ce raisin.

La couleur du vin de Pinot est franche ; il est bien fleuri et de bonne conservation ; ce vin est plus riche en Afrique qu'en Europe, il dose en alcool de 11 à 14 degrés. Son extrait sec varie de 27 à 37 grammes par litre.

Proportion du kilo au litre : La peau de ce raisin étant assez épaisse et la grappe petite, il rend moins que le Gamay, son concurrent. Il faut de 153 à 163 kilos de raisin pour faire 100 litres de vin rouge.

Pour produire 100 litres de vin blanc, on soumet à la pression de 165 à 172 kilos de raisin.

Quantité : Le Pinot-noirien est un cépage à grands rendements cultivé suivant son caractère. Rappelons en passant que chez M. du Sablons, près de Bougie, une vigne de Pinot-noirien, cultivée sur fil de fer, a rendu, dès la quatrième feuille, 48 hectolitres à l'hectare de 2,000 pieds ; la même vigne a progressé jusqu'en 1890 et son rendement s'est élevé à 150 hectolitres.

Cultivé en terre sèche il descend de 30 à 35 hectolitres.

§ IV. — *Dates de débourrement du cep et de maturité du fruit.*

Le Pinot-noirien débourre de bonne heure et mûrit par suite assez tôt, quelques jours après le Petit-Bouschet. Dans les terres légères, sur le littoral, il mûrit du 14 au 20 août. A Tlemcen sa maturité s'effectue autour du 20 septembre, fin de la deuxième époque.

§ V. — *Terrains. — Engrais. — Taille.*

Terrains : Le Pinot-noirien réclame une terre bien ressuyée. Comme le Gamay, il aime les terrains argilo-calcaires siliceux ; il s'accommode aussi des terrains tuffacés et ferrugineux. Sur les Hauts-Plateaux il résisterait aux grandes chaleurs de l'été.

Engrais : On entretient la vigueur normale de ce cépage par des amendements riches en potasse et en phosphate de chaux et sulfate de fer. (Voir nos tableaux).

Taille : Le Pinot-noirien exige une taille longue, c'est une raison de plus pour engager les viticulteurs africains à l'essayer en treille et en tonnelle puisqu'il réussit très bien sur fil de fer.

§ VI. — *Maladies particulières.*

Le Pinot est exposé aux gelées blanches tardives dans les plaines et sur les Hauts-Plateaux par sa précocité relative ; mais on peut le défendre de ce danger en le cultivant sur coteau ou en cordon sur fil de fer. Il résiste assez bien aux maladies cryptogamiques et à la sécheresse.

C'est en résumé un riche cépage à propager dans nos plantations nouvelles d'Afrique.

Pinuolo, *Espagne.*

Syn. : *Sumoll* ou *Sumey*. — Ce cépage fournit un vin alcoolique très coloré dans les sols calcaires. Dans les bas-fonds en terre fertile il coule souvent au moment de l'inflorescence.

PIQUEPOUL GRIS OU ROSE

(MONOGRAPHIE)

§ I. — *Synonymie.*

Le Piquepoul gris ou rose se nomme encore :

Piquepoul gris, *Piquepouille*, *Piccapulla* (Hérault, Gard, Bouches-du-Rhône, Pyrénées-Orientales), Marès.

Originaire du Bas-Languedoc.

§ II. — *Caractères spécifiques.*

Souche : Très-forte, vigoureuse, très fertile et de longue durée.

Bourgeonnement : Assez duveteux, blanchâtre, jeunes feuilles d'un vert clair un peu teinté de grenat.

Sarments : Érigés, assez gros, à entre-nœuds courts, à nœuds renflés de couleur bronze rouge clair, rayés, vrilles longues et un peu grêles.

Feuilles : Moyennes, à cinq lobes, glabres sur la face supérieure d'un vert gai, garnies d'un léger duvet sous le revers, sinus supérieurs et inférieurs profonds presque fermés. Pétiole assez long, un peu grêle ; denture assez profonde et aiguë. Les feuilles passent à l'arrière-saison au rouge.

Grappe : Moyenne, cylindro-conique, assez ailée, portée par un pédoncule fort et ligneux, de moyenne longueur.

Grains : Sous-moyens, légèrement ovoïdes, portés par des pédicelles moyens.

Peau : Mince, peu résistante, d'une couleur grise ou rose

Chair : Très juteuse, bien sucrée, assez relevée.

Les grains sont sujets à s'égrainer.

§ III. — *Production.*

Qualité pour la table : Ce raisin est impropre pour la table, tant par sa rudesse au goût que par son petit volume.

Qualité pour le vin : Le Piquepoul gris ou rose produit un vin blanc ordinaire dont l'emploi peut se répandre dans les coupages.

Qualité du vin : Il est moins moelleux que celui provenant du Piquepoul blanc et peut être employé en coupage dans la proportion de 15 p. 0/0 dans les vins de Carignagne et Mourvèdre auxquels il donne de la finesse et du montant.

Alcoolicité : Il dose de 11°50 à 13°50 d'alcool; son extrait sec varie entre 21 et 24 grammes par litre.

Proportion du kilo au litre : Pour produire 100 litres de vin blanc, il faut fouler promptement et presser 159 à 167 kilos de raisin.

Quantités de vin : Le Piquepoul gris ou rose est généralement cultivé en souche basse et à taille courte. Dans ce cas sa production peut varier de 35 à 60 hectolitres à l'hectare de 2,750 pieds.

§ IV. — *Dates de débourrement du cep et de maturité du fruit.*

Ce cépage débourre quelques jours avant le Piquepoul blanc et mûrit quelques jours après lui, vers les premiers jours d'octobre, à une altitude de 250 mètres. Il est de troisième époque trois quarts.

§ V. -- *Terrains à choisir. — Engrais à employer. -- Taille spéciale.*

Terrains : Le Piquepoul gris ou rose se comporte de la même manière que le blanc, il n'est pas plus gourmand que lui et s'accommode facilement des terrains demi-fertiles tels que les sols silico-calcaires.

Engrais : Les engrais que réclame ce cépage sont les mêmes que ceux employés pour le blanc : des composts riches en phosphates de chaux non azotés mais légèrement potassiques.

Taille : Pas plus que pour le blanc, sa taille ne doit être développée en longueur, c'est la taille courte qui lui convient le mieux.

§ VI. — *Maladies particulières.*

Le Piquepoul gris ou rose craint un peu l'oïdium et la pourriture, aussi ne pas le planter en terre humide. Il résiste assez bien à la sécheresse et au siroco.

Pour prévenir le coulage il est nécessaire de l'écimer légèrement.

Pis-de-Chèvre rouge, *France.*

Syn. : *Noros Ketshetsetsu* (Hongrie), *Veïlchenblau Geisse Dutl* (Allemagne), *Kakour rouge* (ancienne collection du Luxembourg), Od.; *Kets, Kets estu blanc, Zitzentzen*, Pull. — C'est un beau cépage assez productif, le raisin est très beau et agréable à manger.

Grappe conique, belle; *grains* olivoïdes; *peau* violacée.

Maturité de première époque.

Pisciaiola ou Pisciancio, *Italie* (Sienne).

D'après le (Bull. Amp., fasc. xiv, p. 23), ses caractères sont :

Feuilles : Quinquélobées, face inférieure d'un vert plus pâle.

Grappe : Grosse, pyramidale, allongée.

Grains : de moyenne grosseur, de couleur rouge pruiné.

Il résiste bien à l'oïdium et sa fructification se soutient bien.

Plant d'Alicoc ou **des Ablicots** ou **des Ariquoques**. *Savoie*, Od. — Ce cépage est très estimé dans les vignobles de la petite ville de Frangy. Son raisin, dit Od. (p. 307), donne un vin très capiteux, spiritueux, d'un goût agréable et d'une bonne conservation.

Plant de la Dôle, *Suisse* (Genève).

Syn. : Petit Bourgogne (canton de Vaud). — Od. (p. 214) fait un grand éloge de ce cépage, il le classe dans la tribu des Gamay. Il est moins répandu en France qu'en Suisse.

Il est d'une bonne fertilité et résiste à la pourriture.

Caractères.

Grappe : Moyenne.
Grains : Légèrement oblongs, d'un bleu foncé presque noir.
Maturité de première époque.

Plant du Rif, *France* (Isère), Pull. — Raisin un peu serré, noir pruiné. Rov. dit que ce cépage est très productif sur les coteaux de Saluces.

Pollana ou **Pollara,** *Italie* (Piémont). — *Syn. : Pulliana* ou *Ampollana* (in. H. G.). — Raisin noir de cuve.

Poulsard, *France* (Jura).

Syn. : Plussart, Blussart, Belosard, Pendoulot, Raisin Perle (Jura), *Mélie* (Ain), Od.; *Mecle, Methe, Mailhe* (Ain), *Arbois* (Haute-Saône), *Poulsard rouge* (Jura, Pull.; *Kleinblättrige Fuigertraube,* H. G ; *Boulezat* et *Boulazat* (Haute-Vienne). — Od. dit que la taille longue lui convient et que sa production se soutient favorablement.

Le vin de Poulsard est très renommé soit en rouge soit même en vin de Paille. Dans les terrains fertiles il produit beaucoup.

Caractères (d'après M. et P., Vign., t. ı, p. 39).

Sarments : De moyenne force, courts noués.
Feuilles : Moyennes, plus longues que larges, glabres, bien sinuées.
Grappe : Moyenne, conique, parfois allongée.
Grains : Moyens, ellipsoïdes.
Peau : Fine, rouge foncé pruiné.
Chair : Tendre, bien juteuse.

Précoce de Vaucluse, *France*. — *Syn. : Raisin de Vilmorin.* — Variété obtenue de semis. — Od. (p. 354) dit que son raisin est très beau et porte de gros grains olivoïdes, de maturité facile en Touraine.

Primativo, *Italie.* — *Syn, : Primassia, Prinaccia, Uva del Leone, Uva Griggia* (in. H. G.). — Raisin noir de cuve. — Rov. croit que cette variété est identique au Cari.

Pursin, *Hongrie* (Haute-). — *Syn. : Fekete Vilagos* (Comitat de Szaladep), *Klein Schwartz L'Open, Schlehen Traube* (Allemagne). — C'est un raisin de forme conique, garni de petits grains ronds, d'un beau noir, de maturité tardive. Il donne un vin rouge estimé dans le pays.

Quagliano nero, *Italie* (Saluces). — *Syn. : Gualiano, Guajan* (Piémont), Pull. — Très beau raisin de table, le grain a une saveur et une bonté toute particulière, il est d'un noir rouge pruiné (Rov.).

Ragusano nero (Lecce). — C'est un cépage de végétation robuste, mais il résiste peu aux gelées tardives et à l'oïdium. Raisin de cuve.
Caractères : Feuilles moyennes, minces, de couleur vert prenant une teinte de tabac en automne, face inférieure tomenteuse de couleur vert cendré; *grappe* pyramidale, simple, de grosseur moyenne; *grains* moyens, ovales; *peau* mince, noire; *pulpe* molle, à saveur simple acidule. (Bull. Amp., fasc. xv, p. 125).

Raisin de Nikita. — *Syn. : Raisin hâtif de Nikita.* — Beau raisin noir de cuve.

Razaki Zolo, *Hongrie* et *Roumanie.* — *Syn. : Razaki blauer, Razaki Rother, Rumunya Piros* (in. H. G.). — Raisin noir de table cultivé principalement en Roumanie et en Hongrie; peu répandu. Sa maturité arrive bien en France.

Reby noir, *France* (Savoie). — *Syn. : Corsin* (Haute-Savoie), *Croquant* (Ain), M. et P. (Vign., t. ii, p. 25). — Ce cépage est exclusivement cultivé en Savoie pour la table où il est assez recherché, car il est de transport facile et se conserve bien.

REFOSCO

(MONOGRAPHIE)

§ I. — *Synonymie.*

Le Refosco s'appelle encore :

Rifosco (Vénétie), Rov.;
Gallizio (Istrie), Rov.;
Raboso Veronese, M. et P.
Originaire de l'Istrie.

§ II. — *Caractères spécifiques* (M. et P.).

Souche : Assez forte et rustique.

Sarments : De moyenne grosseur, vigoureux, à entre-nœuds moyens.

Bourgeonnement : Duveteux, blanchâtre, passant au grenat clair sur les folioles à moitié développées, jeunes pousses d'un brun rougeâtre, vrilles à trois divisions.

Feuilles : Grandes, divisées en cinq lobes allongés en pointe aiguë, garnies à leur face inférieure d'un duvet lanugineux, poileux, court et compact, que l'on retrouve un peu moins épais sur les nervures et le pétiole; sinus profonds ou bien profonds, formant un vide circulaire fermé ou presque fermé supérieurement par le rapprochement des lobes; pétiole de moyenne longueur, un peu grêle, teinté de rouge ainsi que de nervures à leur pointe de jonction.

Grappe : Moyenne, allongée, cylindrique ou légèrement cylindro-conique, peu ailée, un peu compacte et légèrement incurvée; pédoncule assez long, un peu fort, ligneux jusqu'au nœud; rafle fort d'un vert jaunâtre.

Grains : Sphériques ou presque sphériques, petits ou sous-moyens; pédicelles forts et renflés à leur point d'attache au grain, d'un brun rougeâtre.

Peau : Épaisse, résistante, d'abord d'un vert clair, passant au rose, puis au noir bleuâtre, très pruiné à la maturité.

Chair : Un peu ferme et cependant juteuse, à saveur simple, légèrement acidulée et bien relevée.

§ III. — *Production.*

Qualité pour la table : Ce raisin n'est réellement pas appréciable pour la table,

Qualité pour le vin : Cépage très répandu et estimé pour la cuve dans l'Illyrie, l'Istrie, la Dalmatie et la Vénétie

Qualité du vin : Le vin de Refosco est un beau et bon vin rouge ferme, alcoolique et bouqueté.

Alcoolicité : Il dose de 11° à 13' d'alcool; son extrait sec varie entre 22 à 24 grammes.

Proportion du kilo au litre : Pour produire 100 litres de vin de ce cépage, il faut fouler et mettre à la cuve de 150 à 156 kilos de raisin.

Quantités de vin : Ce cépage étant cultivé en cordon sur fil de fer à taille longue, peut rapporter de 140 à 160 hectolitres à l'hectare de 2,000 pieds. En tonnelle il rapporterait 200 à 250 hectolitres à l'hectare.

§ IV. — *Dates de débourrement du cep et de maturité du fruit.*

Le Refosco est un cépage tardif qui convient en Algérie et en Tunisie où il peut atteindre très facilement son véritable point de maturité. Il débourre en même temps que la Carignane et mûrit quelques jours après le Mourvèdre.

Il est de troisième époque tardive.

§ V. — *Terrains à choisir. — Engrais à employer. — Taille spéciale.*

Terrains : Le Refosco est un cépage qui ne dédaigne pas les terres profondes et substantielles, néanmoins il se maintient encore assez dans les terres mi-fertiles et profondes. Les alluvions anciennes et nouvelles lui plaisent particulièrement.

Engrais : Ce cépage, sans être très gourmand, opère mieux sous l'action des engrais légèrement potassiques et azotés que sous celle des composts trop calcaires.

Taille : En Vénétie on le cultive encore en hautain sur les arbres, mais cultivé en cordon palissadé sur fil de fer et taillé assez long il peut produire beaucoup.

§ VI. — *Maladies particulières.*

Les insectes ne semblent pas en être friands et les gelées tardives ne l'éprouvent guère. Le siroco et la sécheresse n'ont qu'une légère influence sur lui. Il ne craint pas non plus la pourriture et la grappe se conserve près de quinze jours dans la sputation de maturité, ce qui permet de le vendanger à son aise.

Rivier, *France* (Ardèche). — *Syn. : Rivier* (St-Peray), *Ribier, Petit Ribier* (Aubenas), *Petit Rourier* (Privas), *Revier d'Anjou* (Isère ?), *Rivière* (Vaucluse ?), M. et P. (Vign., t. III, p. 24). — D'après ces auteurs, il ne faut pas confondre avec ce cépage, malgré le nom de Ribier qu'il porte à Aubenas (Ardèche), le Ribier du département de l'Ain, ils sont absolument différents. Tandis que le Ribier de l'Ain est un raisin de table, celui-ci est un raisin de cuve estimé. Il fait le fond des vignobles de Privas. Le Rivier est très vigoureux, il s'accommode à peu près de tous les terrains. Il est assez fertile, même dans les sols maigres et secs. Les feuilles sont moyennes, un peu duveteuses, sinuées; la grappe, moyenne, cylindro-conique, porte des grains moyens, assez serrés, globuleux, d'un noir rougeâtre à la maturité qui est de deuxième époque.

ROBIN NOIR

(MONOGRAPHIE)

§ I. — *Synonymie.*

Le Robin noir se nomme encore :

Siranin, Petite Sirane, Siranie.
Mornerin doux, dans quelques localités.
Raisin trouvé et propagé par M. Robin, propriété Lapeyrouse-Mornay (Drôme).

§ II. — *Caractères spécifiques* (M. et P.).

Souche : Assez forte, vigoureuse.
Sarments : Mi-érigés, à mérithales moyens, de couleur noisette.
Bourgeonnement : Un peu tardif, duveteux, d'abord d'un blanc verdâtre qui passe au vert jaunâtre avec un léger liseret rose sur le pourtour des feuilles non entr'ouvertes, avec une teinte grenat bronzé sur celles qui sont nouvellement ouvertes.

Feuilles : Moyennes, glabres sur les deux faces, lisses et brillantes sur la face supérieure ; sinus supérieurs marqués, les secondaires peu profonds, sinus pétiolaire ouvert ; denture assez profonde, un peu aiguë (1).

Grappe : Sur-moyenne ou grosse, cylindro-conique, un peu serrée parfois un peu lâche, portée par un pédoncule un peu long assez fort.

Grains : Moyens, un peu ellipsoïdes, portés par des pédicelles un peu grêles.

Peau : Assez épaisse, résistante, riche en matière colorante, d'un beau noir pruiné à la maturité.

Chair : Juteuse, sucrée, à saveur rappelant un peu celle du Cabernet.

§ III. — *Production.*

Qualité pour la table : Le Robin noir n'est pas un raisin de table.

Qualité pour le vin : Ce raisin est considéré par les viticulteurs qui le cultivent comme excellent pour la cuve.

Qualité du vin : Le vin produit est excellent, riche en matières colorantes et en alcool. C'est un raisin qui peut marcher de pair avec le Mourvèdre comme rendement, et avec le Cabernet pour le goût.

Alcoolicité : Il dose de 10° à 12° d'alcool ; son extrait sec varie entre 25 à 28 grammes.

Proportion du kilo au litre : Pour faire 100 litres de ce vin, il faut fouler de 146 à 158 kilos de raisin.

Quantité de vin : Cultivé en souche basse à taille courte il produit de 50 à 70 hectolitres à l'hectare ; s'il est traité en cordon sur fil de fer, il peut rendre de 150 à 175 hectolitres à l'hectare.

§ IV. — *Dates de débourrement du cep et de maturité du fruit.*

Ce cépage débourre de bonne heure, il mûrit à la fin de la première époque, et plus rapidement encore sous l'action du soleil quand il est planté dans les sables calcaires.

§ V. — *Terrains à choisir. — Engrais à employer. — Taille spéciale.*

Terrains : Le Robin noir, très rustique, s'accommode très bien des terrains secs et maigres ; cependant dans les terrains d'alluvions anciennes profondes, il prospère à merveille.

Engrais : Les engrais les mieux appropriés sont les composts phosphatés et légèrement potassiques un peu plâtrés.

Taille : C'est spécialement la taille à long bois qui convient à ce cépage, soit en cordon horizontal, soit en cordon vertical, sur fil de fer. Ce genre de traitement lui convient particulièrement.

§ VI. — *Maladies particulières.*

Ce cépage est d'une rusticité remarquable au sujet des maladies cryptogamiques. Il résiste à l'oïdium, à l'anthracnose et au peronospora. Les insectes ne semblent pas l'attaquer. Il supporte assez bien les grandes chaleurs, mais il craint un peu le siroco.

---

(1) Elles sont surtout remarquables par leur teinte d'un vert jaunâtre qui persiste jusqu'à la floraison et même plus tard.

Rohrtraube Blaurothe, *Allemagne* (Wurtemberg). — *Syn. : Rheinwelsch, Zottelwalscher, Zottelwalsche* et *Wullewalsch* (in. H. G.). — Raisin de table ayant des grains couleur noir rouge.

Rosa Niedda, *Italie* (Sardaigne). — *Syn : Rosa Rubella*, M. et P. — Raisin de table dont les grains sont d'un noir rougeâtre, ou plutôt noir ou rougeâtre.

Rosa Revelliotti, *Crimée* (Tauride). — *Syn. : Alma-Isioum*, Od. — Nous ne trouvons pas ce synonyme dans les auteurs tels que Gœthe, etc. Rov. craint qu'il n'ait été donné par erreur par Od. Ce dernier (p. 601)) appelle le Rosa Revelliotti du nom d'Alma-Isioum, à cause de sa grande fertilité.

Rossa, *Italie* (Pavie). — D'après le B. A., la dénomination Rossa ne serait qu'une abréviation de Rossarone. C'est un cépage robuste et vigoureux, d'une bonne fructification, résistant à l'oïdium. Les grappes sont longues, coniques, peu serrées; les grains sont oblongs, à peau dure, pruinée; la pulpe est molle et de saveur simple.

Rossara, *Italie* (Tyrol. — *Syn. : Rossera, Geschfene* (in. H. G. — Raisin rouge de cuve donnant un vin très ordinaire.

Rossone, *Italie* (Sienne), B. A. — Feuilles quinquélobées, de couleur vert intense à la face supérieure, lanugineuses et vert blanchâtre à la face inférieure; grappe moyenne, généralement cylindrique, simple, serrée; grains ronds, de couleur rouge-violet; pulpe à saveur simple un peu acidule, renfermant ordinairement un seul pépin, rarement point et plus rarement encore deux.

Rouge de Zante *à longue queue, Grèce*, Pull. — Raisin de cuve dont la grappe un peu grosse est suspendue à un long pédoncule, elle est bien garnie de gros grains d'un rouge un peu clair à la maturité qui est un peu tardive, Od. (p. 503).

Roumieu, *France* (Gironde). — Od. (p. 130) le donne comme synonyme de Hourca et Pull. le dit identique au Côt. — La grappe est belle et garnie de grains bien serrés. Son vin est de bonne qualité et se conserve bien.

Rozsaz Bereghi, *Hongrie*. — *Syn. : Bereger Rosen-traube, Piros lanysollo, Zold Piros, Sappadt Rozas* (in. H. G.). — Raisin rouge de cuve.

Sabalkanskoi, *Crimée* (Tauride). — *Syn. : Raisin des Balkans* (Jardin du Luxembourg), Od.; *Sabalkanskoi de Crimée, Borgia* (province d'Oran), M. P.; *Zabalkanski*, Pull. — D'après Od. (p. 421), on ne doit cultiver cette vigne qu'en espalier, où elle donne alors un raisin splendide, garni de grains très gros d'un rouge un peu vif à la maturité, qui n'est pas très facile sous nos climats. Leur saveur, sans être de premier ordre, est assez agréable. Le principal mérite de ce cépage réside dans la beauté de sa grappe.

St-Jacquez, *France* (Midi). — *Syn. : Raisin de St-Jacques*, Od. (p. 514). — Raisin très précoce, peu productif, supérieur comme qualité aux Madeleines. La grappe est moyenne et porte des grains moyens, d'un noir bleuâtre, dont la saveur est douce, sucrée et agréable.

St-Laurent, *France*. — *Syn. : Lorenztraube* (Wurtemberg), H. G. — Mas et Pull. (in. Vign., t. ii, p. 173) ne sont pas très sûrs que le cépage qu'ils décrivent sous le nom de St-Laurent soit le même que celui traité par Gœthe. Le *St-Laurent* décrit dans le Vignoble serait une excellente variété pour la cuve ; productive et précoce en même temps, elle fournit un vin léger, tendre et agréable. Voici quelques-uns des caractères de ce cépage : *Feuilles* sur-moyennes, peu duveteuses, très peu sinuées ; *grappe* moyenne, cylindro-conique, assez serrée, portant des grains moyens, ellypsoïdes, noir pruiné. Maturité précoce.

Salonikio, *Grèce* (Thessalie). — *Syn. : Salona* (de Salonique). — Cépage très productif, mais donnant un vin dur et âpre au goût. — Caractères : *Feuilles* orbiculaires, profondément lobées et quinquélobées ; face supérieure glabre, d'un vert gai luisant, face inférieure d'un vert clair, à poils cotonneux courts, peu serrés ; *grappe* volumineuse à gros grains, d'un roux violacé, à peau fine, à chair juteuse mais âpre et astringente (F. Gos., *Journal de l'Agriculture*, 1884).

San Antoni, *France* (Midi). — Ce cépage, cultivé dans les Pyrénées ainsi qu'en Catalogne est peu fertile ; il donne un vin très agréable, meilleur que le Rota duquel il se rapproche, dit Od. (p. 510). Les *feuilles* sont glabres, minces profondément découpées, d'un vert terne ; la *grappe* est assez belle, garnie de gros grains ellipsoïdes, d'un noir violacé. Sa maturité, assez facile même dans le centre de la France, suivant Pull., est de troisième époque.

San Francisco, *Italie* (San-Severina). — *Syn. : Santa Schiara* (in. H. G). — Feuilles moyennes, larges, quinquélobées, peu découpées ; grappe grande, cylindrique ; grains gros, allongés, juteux, noirs pruinés. Raisin de cuve.

Sanginella nera, *Italie* (prov. nap.). — *Syn. : Sancinella*, *Magiatoria*. — Feuilles moyennes, quinquélobées, peu échancrées ; grappe grande, rameuse ; grains ovales, peau tendre noir rougeâtre, jus doux. Raisin pour la cuve.

San-Gioveto, *Italie*. — *Syn. : Prugnelo, Brunelo*. — Le B. A. (fasc. xiv, p. 33-34) spécifie que ces trois synonymes forment une variété à part et ne doivent pas être confondus avec tout autre cépage portant le même nom. Voici les caractères du San-Gioveto : *feuilles* généralement trilobées, d'un vert foncé à la face supérieure, vert blanchâtre et glabres à la face inférieure ; *grappe* variable par la forme et par la composition de ses grains, cependant elle est généralement subcylindrique et les grains, subarrondis, de moyenne grosseur, sont de couleur noir-violet, pruiné. Regel le recommande dans son Garten-Flora, pour l'introduction dans l'Europe centrale.

Saperavi, *Caucase.* — *Syn.* : *Patara, Saperavi,* Od.; *Saperaibi, Scaperavi, Kleinburiger, Saparavi, Sapperavy,* H. G. — Suivant Mas. et Pull. on cultive au Caucase plusieurs variétés de Saperavi. C'est une vigne robuste, très vigoureuse, s'accommodant presque de tous les sols; son raisin, qui est moyen, porte des grains un peu petits, noirs, et peut donner un vin de bonne qualité.

Saracina, *Italie* (Salerne). — *Syn.* : *Uva Michele, Montoresi,* in. H. G. — Feuilles quinquélobées, moyennes, velues, peu échancrées; grappe allongée, cylindrique; grains moyens, ronds, veloutés, peau épaisse, noire, saveur douce; employés pour la cuve.

Schiavoltiello, *Italie* (Salerne). — *Syn.* : *Mangiettolo, Luca Giovanni, Apasulo.* — Raisin noir qui, d'après G. de Rov., serait excellent pour la vinification. Suivant H. G., les feuilles sont moyennes, larges, velues, quinquélobées, peu découpées; la grappe est petite, courte et porte des grains moyens, assez ronds, noir pruiné, saveur douce et agréable.

Sciacarello (Ile de Corse) — En Corse c'est un des meilleurs raisins pour la cuve, dit Od. (p. 574). Son vin se rapprorhe beaucoup de celui d'Alicante. La grappe n'est pas très forte, ses grains noirs sont recouverts d'une abondante pruine à la maturité qui est un peu tardive. Le Sciacarello rosso a de beaux grains, allongés et d'une belle couleur rouge, la chair est croquante et agréable.

Scrouss ou **Scruss**, *Italie* (Alexandrie). — *Syn.* : *Scrussara, Scrussarola, Cassano,* G. de R. — Raisin noir de cuve et de table, très croquant et peu juteux.

Servanin, *France* (Isère). — *Syn.* : *Servanit, Servagnie, Salagnin* (Isère), Pul.; *Servagnin, Servagin* (Avesnines-Isère), Mas. et Pull. — Ce cépage est presque exclusivement cultivé dans la commune des Avesnines où le sol parait d'ailleurs lui convenir particulièrement. C'est la seule variété qui ait pu donner, dans cet endroit, un produit rémunérateur. La grappe, sur-moyenne, longuement cylindrico-conique, porte des grains un peu petits, ellypsoïdes, d'un beau noir pruiné à la maturité, qui est fin de deuxième époque (M. et P.).

SIRAMUSE

(MONOGRAPHIE)

§ 1. — *Synonymie.*

Siramuse, M. Agénor Roche.
Originaire de la Drôme (France).

§ II. — *Caractères spécifiques* (M. et P.).

Souche : Vigoureuse et rustique.
Sarments : Mi-érigés, à entre-nœuds très distants.
Bourgeonnement : Un peu duveteux, d'un blanc jaunâtre.

Feuilles : Grandes, un peu plus longues que larges, lisses et glabres supérieurement, garnies inférieurement d'un duvet floconneux léger, lorsqu'il n'est pas lanugineux ; sinus supérieurs bien marqués, les secondaires à peu près nuls, celui du pétiole fermé ou à peu près fermé ; pétiole assez fort et de moyenne longueur ; denture inégale, peu profonde, courtement et obtusément mucronée.

Grappe : Moyenne ou un peu sur-moyenne, courtement cylindrico-conique, portée par un pédoncule de moyenne longueur et de moyenne force.

Grains : Moyens ou un peu sur-moyens, globuleux, portés par des pédicelles assez longs et un peu forts.

Peau : Assez épaisse, résistante, d'un noir pruiné à la maturité.

Chair : Ferme, juteuse, un peu astringente, à saveur simple.

§ III. — *Production*

Qualité pour la table : Ce raisin ne convient pas pour la consommation à table.

Qualité pour le vin : Le raisin de Siramuse est très apprécié des viticulteurs de la Drôme où cette variété est spécialement cultivée en vue de la cuve.

Qualité du vin : Le vin provenant des raisins de Siramuse est très recherché des négociants pour les coupages, il est, en outre de cette qualité appréciable, solide et tonifie les vins légers avec lesquels il est mélangé.

En incorporant 12 à 15 p. 0/0 de vin d'Ugni blanc dans ce vin, il s'améliore et devient vif et pétillant.

Alcoolicité : Il dose en France de 10° à 11° d'alcool et 25 grammes d'extrait sec par litre. En Algérie et en Tunisie ce raisin produirait des vins de 12° à 14° d'alcool suivant les années.

Proportion du kilo au litre : Pour produire 100 litres de vin de Siramuse il faut fouler et mettre à la cuve de 145 à 152 kilos de raisin.

Quantités de vin : Ce cépage étant cultivé suivant les dernières indications que nous venons de donner, peut rendre dans notre colonie de 140 à 160 hecto-litres à l'hectare de 2,000 pieds.

§ IV. — *Dates de débourrement du cep et de maturité du fruit.*

Ce cépage débourre à peu près en même temps que la Carignane et mûrit vers la deuxième époque et demie.

§ V. — *Terrains à choisir. — Engrais à employer. — Taille spéciale.*

Terrains : Cette variété est non-seulement rustique, mais encore très fertile, réclamant par conséquent un sol riche ; les terrains argilo-calcaires silicieux lui sont favorables.

Engrais : Les engrais légèrement azotés comprenant dans leur composition des phosphates de chaux, de la potasse, etc., favorisent le développement fruc-tifère de ce plant.

Taille : Suivant M. et P. (in. Vign., t. III, p. 112), « la Siramuse est à la fois rustique, vigoureuse et fertile, qualités que l'on rencontre trop rarement réunies et qui conviennent tout particulièrement aux vignerons qui tiennent à *charger* leurs vignes et qui visent avant tout à l'abondance. La taille longue ou mi-longue n'a pas lieu d'être appliquée à ce cépage, qui se charge suffisamment de lui-même à la taille courte, la seule d'ailleurs qui soit usitée pour cette variété dans la vallée de la *Drôme* ».

Cette taille peut être appliquée invariablement soit en souche basse, soit préférablement sur cordon horizontal.

§ VI. — *Maladies particulières.*

C'est un plant qui suit bien ses phases de végétation, sans coulure ni défaillance.

Les maladies cryptogamiques lui causent peu de dommages. Il résiste assez bien aux influences de la chaleur.

Somarello nero, *Italie* (Barletta, Bari, etc.). — *Syn. : Mondonico* (in. H. G.). — Feuilles moyennes, quinquélobées, face supérieure vert sombre, face inférieure plus claire et rugueuse; grappe lâche; grains moyens, ronds, doux, peau dure.

Stleinschiller Rotber, *Hongrie.* — *Syn.: Ruisca, Kövi Dinka Piros oder Vörös, Dinka mola, Werschatzer, Ruzica* (in. H. G.). — Raisin de couleur rouge, pour la cuve.

SYRAH

(MONOGRAPHIE)

§ I. — *Synonymie.*

La Syrah s'appelle encore :
Syra, Schiras, Sirac, Syrac, Petite Syrah, Serine (Rhône) ;
Hygnin, Candine, Entournérin, Marsane noire, Sérène (Isère) ;
Biaune ou *Plant de Biaune* (environs de Montbrison), M. et P.

§ II. — *Caractères spécifiques.*

Souche : Assez vigoureuse et de longue durée.
Sarments : Surbaissés, assez gros, à entre-nœuds allongés, d'une couleur grisâtre en hiver.
Feuilles : Moyennes ou sous-moyennes, d'un vert foncé et glabres à la face supérieure, duveteuses à la face inférieure, à cinq lobes, sinus pétiolaire ouvert, dentelure obtuse.
Grappe : D'une grosseur moyenne, allongée, conique, plus ou moins ailée, pédoncule assez long et mince.
Grains : Moyens ou petits, ovales, peu serrés, d'un beau noir pruiné, à peau fine, à chair juteuse et sucrée un peu relevée.

§ III. — *Production.*

Qualité pour la table : La Syrah est un raisin que sa petitesse rend peu propre à figurer sur une table.

Qualité pour le vin : Par contre, ce raisin est excellent au suprême degré pour faire le vin.

Qualité du vin : Le vin de Syrah formait autrefois le fond des bons crus de l'Hermitage, on lui associait 10 à 12 p. 0/0 de vin de Viognier (cépage blanc) pour lui donner du montant et du bouquet. En Afrique il faudrait lui incorporer 10 à 15 p. 0/0 de vin de Clairette.

Ce cépage n'est pas encore répandu comme il devrait l'être dans notre colonie. Nous ne pouvons qu'engager les viticulteurs à le propager.

Le vin de Syrah est d'une jolie couleur, d'un goût exquis, d'une grande fermeté et très apprécié dans le commerce.

Alcoolicité : Son degré alcoolique est de 10° à 12° centigrades. Il contient de 24 à 30 grammes d'extrait sec par litre.

Proportion du kilo au litre : Il faut de 152 à 165 kilos de raisin pour faire 100 litres de vin suivant l'année.

Quantité : La Syrah passe pour produire peu en Europe, mais nous sommes heureux de constater que, dans l'Afrique française du Nord, sa production est bien supérieure. Elle peut atteindre de 90 à 110 hectolitres quand le cépage est soumis à une culture appropriée à son tempérament.

§ IV. — *Dates de débourrement du cep et de maturité du fruit.*

La Syrah débourre de bonne heure ; par suite sa maturité a lieu du 25 au 31 août à une faible altitude et près de la mer.

Commencement de la deuxième époque.

§ V. — *Terrains. — Engrais. — Taille.*

Terrains : Les terrains volcaniques à base de granit et de basalte plaisent particulièrement à la Syrah. Or, en Algérie et en Tunisie, une grande partie du littoral est formé de ces terrains. Nous citerons par exemple la région d'El-Affroun, celle du cap de Djinet, entre Novi et Cherchell, puis les environs de Hammam-bou-Hadjar et toute la région qui s'étend de la Calle à Porto-Farina en Tunisie. Nous pouvons aussi citer la partie nord des contreforts du Djurdjura.

Il résulte de cette énumération que ce ne sont pas les terrains qui manquent en Afrique pour la culture de la Syrah dans des conditions exceptionnelles.

Engrais : Les composts à base de potasse et de phosphate sont les préférables.

Taille : Ce cépage est ordinairement taillé à un œil dans les cultures pratiquées sur coteau en terre demi-fertile ; mais du moment que les ceps sont situés en terre fertile, on peut sans inconvénient laisser deux yeux. Taillé à demi-long bois il ne s'épuise pas, même en cordon.

§ VI. — *Maladies particulières.*

Ce cépage craint les gelées blanches tardives puisqu'il débourre de bonne heure. Il résiste assez bien aux maladies cryptogamiques. Les altises sont friandes de ses premiers bourgeons.

Tadone, *Italie* (Pignerol). — Ce cépage fertile est peu répandu quoiqu'il donne un bon raisin de table et de parfaite conservation ; il diffère un peu du suivant. Ses caractères sont : *Feuilles* complètes, moyennes, lisses, vert intense, un peu rougeâtres à la face supérieure, glabres sur les deux faces, vertes sur la face inférieure, quinquélobées régulièrement, sinus peu profonds; *grappe* moyenne, conique, simple, peu serrée; *grains* moyens, ronds, noir-bleu pruiné, pulpe molle à saveur simple et douce (B. A., fasc. xiv. p. 16).

Tadone nerano, *Italie* (province de Cuneo). — *Syn. : Tadone nero*, in. H. G. — Rov. dans son Amp. univ. dit que ce cépage exige une taille longue; il porte de belles grappes dont on fait un vin spiritueux et coloré. — *Feuilles* grandes, presque pleines, très peu sinuées, un peu duveteuses; *grappe* grande, ailée, un peu serrée ou serrée, conico-cylindrique; *grains* sur-moyens, sphériques, noir pruiné.

Tannat, *France* (Hautes-Pyrénées). — *Syn.: Tannat noir mâle, Tannat noir femelle, Tannat grand Mansain* ou *Mansain Tannat* (Jules Geillan), in. M. et P. — C'est le cépage le plus renommé du département des Hautes-Pyrénées. Il donne un vin assez coloré qui, en vieillissant, acquiert du corps et un goût très agréable. D'après Od. (p. 511), ses *feuilles* sont rugueuses en dessus et cotonneuses en dessous, plus ou moins découpées. La *grappe* est assez grosse, ailée, bien fournie de *grains* noirs, serrés, ellypsoïdes.

Tarney-coulant, *France* (Bordelais), Od. (p. 129). — Ce cépage est peu productif, mais ses produits sont bons: il donne un bon vin d'une assez jolie couleur. Ses *feuilles* sont un peu cotonneuses en dessous et découpées en cinq ou trois lobes. La *grappe*, un peu petite, porte des *grains* très serrés et assez gros, d'un beau noir à la maturité, qui est de deuxième époque.

TEINTURIER

(MONOGRAPHIE)

§ I. — *Synonymie.*

Teinturier, Dictionnaire de l'Agriculture, l'Abbé Rozier;
Garidel, d'après Duhamel, Chaptal, Gouffé, etc.;
Teinturier, Gros noir, comte Odart;
Vin-Tint, Pomologie des meilleurs fruits, Knoop;
Lacrymo-Christi, dans quelques vignobles, par erreur.

§ II. — *Caractères spécifiques* (M. et P.).

Souche : De moyenne fertilité, de durée peu appréciable.
Sarments : Grêles, de couleur lie de vin à l'intérieur; entre-nœuds courts.
Bourgeonnement : Fortement duveté blanc, passant au rouge foncé.
Feuilles : Petites, plus longues que larges, d'un rouge vineux sombre bien prononcé dès son premier développement, presque lisses à leur face supérieure,

garnies à leur face inférieure d'un duvet peu abondant et un peu couché ; sinus supérieurs bien profonds, sinus secondaires bien marqués ou profonds ; sinus pétiolaire fermé ou presque fermé ; dents peu profondes et assez aiguës ; pétiole de moyenne longueur, grêle, bien coloré comme les feuilles et portant un duvet très court.

Grappe : Petite, cylindrique, parfois un peu ailée, compacte ; pédoncule court et grêle.

Grains : Petits, sphériques ou presques sphériques ; pédicelle court et grêle.

Peau : Épaisse, bien résistante, passant au noir intense, légèrement pruiné à la maturité.

Chair : Ferme, un peu pulpeuse, assez peu juteuse, d'un rouge sanguin très foncé ; saveur un peu sucrée, non relevée.

§ III. — *Production.*

Qualité pour la table : Raisin impropre à manger tellement il est coloré et tachant.

Qualité pour le vin : Ce cépage était autrefois cultivé en vue de la couleur, dans plusieurs départements français. M. H. Bouschet a obtenu par le croisement de cette variété avec l'Aramon et l'Alicante des plants beaucoup plus productifs, presque aussi colorés et aussi précoces.

Si nous avons donné la monographie du Teinturier c'est surtout au point de vue des croisements que l'on peut faire soit avec des plants indigènes soit avec des plants étrangers, etc.

Qualité du vin : Ce vin est très foncé et sert à augmenter la coloration des vins faibles en couleur.

Alcoolicité : Il dose de 9° à 9°50 d'alcool. Son extrait sec varie entre 21 à 24 grammes.

Proportion du kilo au litre : Pour produire 100 litres il faut fouler fortement et mettre à la cuve de 156 à 161 kilos de raisin.

Quantités de vin : Ce cépage est généralement cultivé en souche basse, son rendement dans ce cas est d'environ 25 hectolitres à l'hectare. Si on veut lui faire produire plus il faut le traiter en archet à deux branches, il pourrait alors donner 35 à 40 hectolitres.

§ IV. — *Dates de débourrement du cep et de maturité du fruit.*

Le Teinturier est un cépage précoce, il débourre tôt et mûrit de même. Il est de première époque.

§ V. — *Terrains à choisir. — Engrais à employer. — Taille spéciale.*

Terrains : Dans les terrains argilo-siliceux très calcaires ce cépage se maintient normalement, en France, mais en Algérie il ne dédaigne pas un sol d'alluvions anciennes défoncé.

Engrais : Les engrais qui facilitent régulièrement la végétation fructifère sans excès sont les composts, dont les éléments principaux sont les phosphates de chaux, le plâtre, le sufate de fer, etc.

Taille : Le Teinturier étant d'une faible fertilité ne réclame pas une taille à grand développement ; lui appliquer celle à un œil et le borgne.

§ VI. — *Maladies particulières.*

Ce cépage débourrant de bonne heure, est attaqué vigoureusement par les altises. Il craint les gelées tardives en raison de son hâtiveté. L'oïdium lui cause des dommages s'il n'est traité à temps par de bons soufrages ; l'anthracnose et le peronospora ne lui causent aucun dommage appréciable, mais il souffre du siroco ou encore d'une trop grande sécheresse.

Teinturier femelle, *France* (Bourgogne, Isère, Rhône).

Syn. : Gros noir femelle, Bettue (de l'Isère), *Kleiner und Schwarzer Faber, Bayonner, Bluttraube, Tintello, Tintentraube,* in. H. G. — Identique au Teinturier mâle, dit Od. (p. 254) sauf que le suc est moins foncé et les feuilles moins rouges.

Téoulier, *France* (Hautes et Basses Alpes). — *Syn. : Grand Téoulier, Plant Dufour* (Hautes et Basses Alpes) ; *Manosquen, Plant de Manosque* (Var et Bouches du Rhône) ; *Plant de Porto* (environs de Marseille), Od. *Teinturier Téoulier, Brun, Teoulié,* M. et P. — Quoique de fertilité à peine moyenne, ce cépage est bien estimé, dit Od. (p. 478) pour la qualité de son vin, qui est moelleux, bien couvert et qui se transporte facilement.

Le Téoulier craint les jelées du printemps, car son débourrement est précoce. Pull. le décrit comme il suit : *Feuilles* moyennes ou sur-moyennes, un peu tomenteuses, un peu boursouflées, duveteuses, sinuées régulièrement ; *grappe* moyenne, un peu serrée, conico-cylindrique, allongée ; *grains* sur-moyens, sphériques, noir pruiné.

TERRET BOURRET

(MONOGRAPHIE)

§ I. — *Synonymie.*

Le Terret Bourret s'appelle encore :
Terret gris.

§ II. — *Caractères spécifiques.*

Souche : Moyenne, assez érigée, d'une durée faible dans les sols secs.

Sarments : Assez forts, érigés, à entre-nœuds assez espacés bien noués ; de couleur bronze pâle.

Bourgeonnement : Blanc grisâtre, duveteux passant au vert clair.

Feuilles : Moyennes, de couleur vert très clair, glabres et à peu près lisses sur la face supérieure, duveteuses sous le revers, à cinq lobes, sinus supérieurs profonds, rétrécis à leur ouverture, sinus secondaires peu marqués, sinus pétiolaire toujours fermé, denture large et inégale, pétiole court et assez fort.

Grappe : Grosse, conico-cylindrique, irrégulièrement ailée, portée par un pédoncule assez long et ligneux.

Grains : Gros, sphérico-ellipsoïdes, portés par des pédicelles de moyenne longueur assez forts.

Peau : Assez épaisse, résistante, d'un gris rose plus ou moins foncé suivant les terrains.

Chair : Ferme et cependant très juteuse, assez sucrée et d'un goût frais et agréable.

§ III. — *Production.*

Qualité pour la table : Le raisin de Terret Bourret, frais au palais, est assez recherché des amateurs. On peut le classer dans la troisième catégorie des raisins de dessert.

Qualité pour le vin : Il est cultivé dans le Languedoc sur une grande échelle parce qu'il produit un vin abondant.

Qualité du vin : Le vin de Terret Bourret est léger à la digestion. Il est très frais par son degré d'acidité. Sa coloration est faible, mais lorsqu'il est combiné à un vin plus coloré tel que celui de Petit Bouschet, il devient très appréciable pour le commerce

Alcoolicité : Il dose de 9° à 10° d'alcool. Son extrait sec varie entre 19 à 22 grammes.

On fait avec ce raisin un excellent vin blanc donnant des eaux-de-vie fines.

Proportion du kilo au litre : Pour produire 100 litres de vin rose on foule et met dans la cuve de 130 à 140 kilos de raisin Si d'autre part on destine le vin à la distillation, on foule fortement de 142 à 150 kilos de raisin que l'on exprime à la presse pour en faire un vin blanc.

Quantités de vin : Le cépage de Terret Bourret produit beaucoup s'il est cultivé convenablement. En souche basse à taille courte il produit de 80 à 100 hectolitres à l'hectare de 2,500 pieds. En cordon sur fil de fer il atteint de 180 à 200 hectolitres à l'hectare de 1,600 pieds. En tonnelle il donne beaucoup plus, on peut évaluer son rendement entre 225 à 250 hectolitres à l'hectare.

§ IV. — *Dates de debourrement du cep et de maturité du fruit.*

Le Terret Bourret débourre très tard et mûrit vers le 20 octobre à une altitude de 100 mètres, et vers le 10 novembre à 800 mètres.

Il ne repousse pas de fruit lorsqu'il a été gelé.

Dans les terres substantielles il mûrit à la quatrième époque, mais s'il est planté dans un sol demi-fertile il mûrit à la troisième époque.

§ V. — *Terrains à choisir. — Engrais à employer. — Taille spéciale.*

Terrains : Les terrains les plus favorables pour faire produire au Terret Bourret tout ce qu'il peut donner, ce sont les sols d'alluvions anciennes et modernes bien défoncées. Généralement ces espèces de terrains comprennent de l'argile, du calcaire, de la silice, etc.

Engrais : Les engrais qui favorisent une bonne et vigoureuse végétation à ce plant sont ceux qui sont composés de vieux fumiers, de terreaux, de diverses matières azotes que l'on peut se procurer ainsi que de la potasse et du phosphate de chaux.

Taille : La taille que réclame ce cépage c'est celle à un et deux yeux sur de nombreux porteurs qu'on laisse sur les cordons.

§ VI. — *Maladies particulières*

Le Terret Bourret débourrant tardivement est cependant sensible aux gelées et sujet au rougeau et à l'oïdium. Il a encore un défaut, d'être *avalidouïre*. Très sensible aussi au siroco.

Terret noir, *France* (Hérault, Gard, Aude, Pyrénées-Orientales). — *Syn.* : *Terret du pays*, O.I. — La famille des Terrets comprend trois variétés principales, dit Marès (Livre de la Ferme, p. 292), aussi bonnes pour la table que pour la cuve, mais surtout pour ce dernier emploi. Elles sont surtout répandues dans ce que l'on appelait autrefois le Bas-Languedoc. Dans cette province, le Terret noir était peut-être le cépage le plus cultivé, mais on le remplace chaque jour par l'Aramon, plus productif, de maturité plus précoce, et dont le vin est plus recherché à cause de sa couleur d'un rouge plus foncé et d'un goût plus fin. Ce cépage, et avec lui les deux précédents, sont sujets à une maladie propre à cette famille et que Marès appelle le « Rougeau des Terrets »; ils craignent aussi la coulure et sont avalidouïres, c'est-à-dire que les grappes se dessechent sur le cep. Ses caractères sont : *Souche* moyenne, vieillissant assez vite, très fertile; *Feuilles* moyennes, presque lisses, un peu cotonneuses sur le revers, lobes supérieurs bien marqués, les inférieurs peu marqués; *grappe* grosse, forte, ailée, portant des *grains* serrés, gros, rouge-violet clair, croquants et de saveur agréable. Maturité de quatrième époque.

Ce cépage est peu répandu en Algérie.

Tibouren noir, *France* (Var). — *Syn.* : *Antibouren, Gaysserin* (Marès); *Tiboulen, Antiboulen, Antibois* (Pellicot), M. et P. — Ce cépage a un grand défaut et c'est probablement ce qui restreint sa culture, il est très sujet à la coulure. D'ailleurs il ne réussit bien que dans le Midi, où les sols frais et profonds lui conviennen particulièrement. D'après M. et P. ses caractères principaux sont : *Feuilles* grandes, glabres et lisses à leur face supérieure, un peu duveteuse à la face inférieure, très sinuées; *grappe* moyenne ou un peu grosse, conique ou conico-cylindrique, portant des *grains* moyens, presque ronds, d'un noir rougeâtre à la maturité qui est de première époque.

Le vin de Tibouren est d'une belle couleur et d'un goût ordinaire.

Tinta da Minha

(MONOGRAPHIE)

§ I. — *Synonymie.*

La Tinta da Minha n'a pas de synonymes.
Originaire du Portugal.

§ II. — *Caractères spécifiques* (M. et P.).

Souche : Assez forte et vigoureuse.
Sarments : Assez forts, mi-érigés, à entre-nœuds moyens.

Bourgeonnement : Tomenteux, blanchâtre, parfois légèrement rosé ; folioles jaunâtres au moment où elles s'épanouissent.

Feuilles : Moyennes, ou sur-moyennes, larges, très ondulées, tourmentées, d'un beau vert, presque lisses à leur face supérieure ; les inférieures très rugueuses et légèrement tomenteuses à leur face inférieure ; sinus supérieurs peu profonds, étroits ; sinus secondaires peu ou point marqués ; sinus pétiolaire complètement fermé ; denture un peu profonde, un peu obtuse ; nervure blanchâtre ou d'un vert clair ; macules rouges nombreuses sur le pourtour des feuilles au moment de la maturité du fruit.

Grappe : Moyenne, cylindro-conique, ailée, un peu serrée, portée par un pédoncule un peu court assez fort.

Grains : Moyens ou sur-moyens, légèrement ovoïdes, pédicelles un peu forts, assez courts.

Peau : Assez mince, assez résistante, d'un noir blanchâtre bien pruiné à la maturité.

Chair : Ferme, croquante, à saveur simple, vineuse et relevée, bien sucrée.

§ III. — *Production.*

Qualité pour la table : Trop chargé en couleur pour être consommé à table.

Qualité pour le vin : Spécialement employé dans le Portugal pour faire des vins rouges.

Qualité du vin : Le vin produit avec ce raisin est très riche en couleur et alcoolique. Il entre dans les coupages des vins de Porto rouges.

Alcoolicité : Il dose de 11° à 14° d'alcool. Son degré d'extrait sec varie entre 23 à 27 grammes.

Proportion du kilo au litre : Pour faire 100 litres de ce vin, il faut fouler et mettre à la cuve de 150 à 156 kilos de raisin.

Quantités de vin : Ce cépage réclame une culture développée comme ses congénères. En cordon palissadé sur fil de fer il peut produire de 150 à 175 hectolitres à l'hectare de 2,000 pieds.

§ IV. — *Dates de débourrement du cep et de maturité du fruit.*

Il débourre en même temps que le Mourvèdre et mûrit quelques jours après. Cultivé en cordon, il mûrit dix jours plus tard que s'il était planté en souche basse.

Il est donc de troisième époque un peu tardive.

§ V. — *Terrains à choisir. — Engrais à employer. — Taille spéciale.*

Terrains : Ce cépage croît et se maintient dans les sols calcaires siliceux peu profonds. Dans les terres d'alluvions anciennes demi-fertiles, il peut s'y maintenir à l'état fructifère.

Engrais : Les engrais les mieux appropriés à son tempérament sont les composts à base de phosphate de chaux, d'un peu de potasse et de plâtre.

Taille : Ce cépage est assez vigoureux pour réclamer une taille développée.

§ VI. — *Maladies particulières*.

Comme il débourre assez tard il redoute peu les insectes. Les cryptogames ne semblent pas l'attaquer. Il est un peu sensible au siroco, cependant il résiste a la sécheresse.

Torok Goher, *Hongrie*. — *Syn : Nagy Szemu Fekete, Fruch Turkisch* (Allemagne). — C'est, dit Od. (p. 337), le cépage qui produit le meilleur vin rouge après le Kadarkas, dans les vignobles les plus renommés de la Hongrie.

Touriga nera, *Portugal*. — *Syn. : Touriga fina* (Douro), *Tourigo* (dans la Beira), *Azal* (dans le Minho). — Dans son Douro illustré (p. 186), Villa Mayor cite trois variétés de Touriga, tout en ne décrivant que la Touriga fina, qui est un des meilleurs cépages à vins rouges du Douro et de la Beira Alta, où il est très répandu.

Od. (p. 538) dit que le vin de Touriga est bien coloré. Ce cépage se plaît dans les terres profondes et substantielles. *Feuilles* larges, régulières, glabres, très sinuées ; *grappe* moyenne, cylindrique, ailée ; *grains* moyens, égaux, ovoïdes, noir pruiné.

Toussan, *France* (Lot-et-Garonne), Pull. — Raisin noir de cuve ; maturité de troisième époque.

Tressot à bon vin, *France* (Yonne). — *Syn. : Bon Tressot, Verrot de Coulanges* (Yonne), *Nerien* ou *Noirien de Riceys* (Aube), *Bourguignon noir* (Seine-et-Marne, Meurthe), *Plant de Toisey* (Ain), Od. (p. 200). — Ce cépage donne d'assez bons vins, légers, se conservant bien, les plus renommés sont ceux de Coulanges (Yonne), et ceux de Riceys (Aube). Les *feuilles*, un peu cotonneuses à leur face inférieure, profondément découpées, sont d'un vert jaunâtre durant les premiers jours de leur développement ; les *grappes* sont nombreuses, en forme de pyramide allongée, portant des *grains* presque ronds, peu serrés, d'un noir bleu foncé pruiné.

Tressot bigarré, *France* (Yonne). — *Syn. : Raisin Panaché, Ballon de Suisse*, Od. (p. 203). — D'après cet auteur, cette variété est ancienne dans les vignobles de Girolles (Yonne). En Suisse, et dans quelques collections, les grains sont habituellement moitié noirs, moitié blancs, signe de dégénérescence.

Trousseau, *France* (Jura). — *Syn. : Trussiaux*. — Mas et Pulliat (in. Vign., t. I, p. 97), disent que la culture de ce cépage est continuée dans les vignobles des cantons de Salins et d'Arbois (Jura). Son vin est spiritueux, d'une bonne saveur et se conserve longtemps, sa couleur est d'un pourpre foncé.

Il est cependant très sensible aux froids et à toutes les variations un peu brusques de la température ; malgré ces défauts, sa culture a pris de l'extension dans cette contrée. Les *feuilles* sont moyennes, presque rondes, duveteuses, très peu sinuées. La *grappe*, moyenne, presque cylindrique, porte des *grains* serrés, ellipsoïdes, d'un beau noir violet recouvert d'une pruine. Maturité de première époque.

Urbanitraube Weisse, *Autriche (Croatie)*. - *Syn : Disuca, Taljanska sipnina, Krupna belina, Disuca ranina, Morsina*, in. H. G. —Caractères : *Cep* très robuste; *feuilles* recourbées, épaisses, quinquélobées, peu découpées, face supérieure vert sombre tachetée; *grappe* très grosse, épaisse; *grains* ronds, jaunâtres, légèrement pruinés, saveur douce un peu musquée. C'est un raisin de table; à la cuve il donne un vin se rapprochant de celui du Riesling.

Urbanitraube blaue, *Autriche* (Styrie). — *Syn. : Urbajsenak velki, Urbancic, Urbanerstoch blauer, Volovina et Volovna, Velka Modrina, Kriecher Grosblauer, Kriechentraube*, in. H. G. – *Feuilles* quinquélobées, assez découpées, longues, face supérieure rugueuse, vert sombre, face inférieure duveteuse; *grappe* grande à *grains* serrés, ronds, noir sombre pruiné. Maturité tardive. Raisin de cuve et de table.

Urben blauer, *Autriche* (Tyrol). — *Syn. : Schwarzurben, Susswelscher*, in. H. G. — Caractères : *Feuilles* grandes, épaisses, lisses, peu découpées, rondes, face supérieure vert pâle, face inférieure velue; *grappe* grande, lâche, simple; *grains* allongés, grands, noir sombre, saveur douce. Maturité tardive. Raisin de table et de cuve.

Urben Rother, *Allemagne* (Wurtemberg). — *Syn. : Rothurben, Rothwelscher*. — C'est un cépage, dit H. G., bon pour la table et pour la cuve. Les *feuilles* sont grandes, épaisses, peu découpées, d'un vert pâle luisant; la *grappe* est grande, lâche, à *grains* assez gros, inégaux, d'un rouge pâle pruiné et de saveur un peu acide.

Uva Canaiolo, *Italie* (Ancône, Pesaro, etc.). — *Syn. : Uva dei Cani, Uva donna, Uva Morchigiana*. — D'après le B. A. ce cépage donne un vin léger de couleur rouge pâle. Caractères : *Feuilles* quinquélobées, velues, vert sombre, tombant de bonne heure ; *grappe* longue, épaisse; *grains* grands, ovales, noir rougeâtre.

Uva di Bilonto, *Italie* (Trani). — *Syn. : Uva Rossa, Rosso di Lecce, Bombino Rosso*, H. G. —*Feuilles* larges, quinquélobées ; *grappe* longue, un peu lâche; *grains* gros, ronds, transparents, rouges, saveur douce.

Uva Santa, *Italie* (Sardaigne). — D'après Rov. c'est un raisin de table très beau, prodigieux même, ajoute-t-il. Mas et Pull. disent que ce raisin a atteint une maturité complète presque, en pleine vigne dans nos régions, il se conserve bien et finit de mûrir au fruitier. La *grappe* est grosse ou très grosse, ailée, portant de gros *grains* ellipsoïdes, d'un beau noir pruiné. C'est un cépage à cultiver dans le nord de l'Afrique.

Vaiano, *Italie* (Toscane). — C'est un des cépages cultivés dans les vignobles de Monte Pulciano ainsi que dans le reste de la Toscane et dont Od. a été le plus satisfait. La *grappe* moyenne, est conique et porte de petits *grains* ronds, noir pruiné.

Valais noir, *France (Jura). — Syn. : Taquet* (Salins); *Troussé, Troussey* ou *Troussais* (Poligny); *Mourlans noir* (Lons-le-Saulnier), M. et P. — Suivant un correspondant de ces auteurs, le Valais noir aurait été introduit dans les vignobles du Jura vers la fin du dix-septième siècle, par des colons valaisiens, d'où lui vient son nom. Son raisin est généralement consommé pour la table quoique étant principalement un raisin de cuve. Son vin est un bon ordinaire, il est vif, d'une belle couleur et se conserve parfaitement. D'après le vignoble de M. et P., les caractères de ce cépage sont les suivants : *Feuilles* moyennes, légèrement duvetées, bien sinuées; *grappe* un peu grande, presque cylindrique, portant des *grains* moyens, peu serrés, sphériques, d'un beau noir pruiné à la maturité, qui est moyenne.

Valtelin rouge, *Allemagne* (Wurtemberg). — *Syn. : Rother Veltliner, Valtliner, Feldinger, Fleischrother Veltliner* (Coteaux du Rhin); *Veltlini Piros, Raisin de St-Valentin, St-Valentin rose*, M. et P.; *Velteliner Rother, Fleischtraube, Feldeiner, Feltiner* (Allemagne); *Ranfler, Ranfolica, Ranfolina, Rothreifler, Ariavina männliche, Buzyn, Krdeca, Rabalina, Mavenik* (Croatie); *Ryvola, Cervena* (Bohème), H. G. — Cette variété, originaire du nord de l'Italie, est surtout cultivée dans le Wurtemberg et dans la Basse-Autriche. Dans ce dernier pays et dans les bonnes années, elle donne un des meilleurs vins, quoique son moût soit acidé. Malgré ses qualités, sa culture ne s'étend pas, dit Gœthe H. qui en donne la description suivante : *Feuilles* grandes, minces, luisantes, très découpées, quinquélobées, face supérieure vert sombre, face inférieure vert gris, duveteuse; *grappe* grande, pyramidale, rameuse, un peu serrée; *grains* assez gros, allongés, inégaux, d'un rouge clair pruiné pointillé de noir.

VERDOT

(MONOGRAPHIE)

§ I. — *Synonymie.*

Le Verdot est sans synonymes, sa culture se trouvant restreinte et confinée dans les vignobles bordelais.

§ II. — *Caractères spécifiques* (M. et P.).

Souche : Assez robuste et vigoureuse dans les sols qui lui conviennent.
Sarments : Assez forts, mi-érigés, à entre-nœuds moyens.
Bourgeonnement : Roussâtre, passant au blanc très duveteux.
Feuilles : Moyennes, glabres et bullées à leur face supérieure, garnies à leur face inférieure d'un duvet lanugineux, blanchâtre, assez épais; sinus supérieurs assez profonds; sinus secondaires plus ou moins marqués; sinus pétiolaire fermé ou presque fermé par le rapprochement des lobes inférieurs qui laissent un vide en forme de cœur; le lobe terminal aigu s'allonge en pointe; pétiole fort, assez

long, souvent garni d'un léger duvet lanugineux; les feuilles de la base du sarment sont généralement peu sinuées et plus orbiculaires que celles placées au-dessus des raisins; denture peu profonde, inégale, assez aiguë.

Grappe : A peine moyenne, cylindro-conique un peu ailée, peu serrée, portée par un pédoncule long et grêle ou un peu grêle, souvent pourvu d'un grappillon partant du nœud pédonculaire.

Grains : Sous-moyens ou petits, globuleux, portés par des pédicelles assez longs et grêles, se teintant un peu de rouge auprès de la baie à la maturité du raisin.

Peau : Assez épaisse, résistante, d'un beau noir pruiné à la maturité.

Chair : Assez ferme, juteuse, à saveur simple, un peu relevée.

§ III. — *Production.*

Qualité pour la table : Le raisin de Verdot est à peu près impropre pour la table. Quoique très estimé des viticulteurs bordelais, pour ses qualités de grande conservation, et de solidité pendant les voyages d'outremer.

Qualité du vin : Le vin de Verdot est assez dur au palais, mais incorporé dans les vins alcooliques de coupages, il leur donne un goût de fraîcheur tout à fait spécial au cru de ce pays.

Ce vin, incorporé dans la proportion de 20 p. 0/0 dans le vin de Carignane lui procure une nouvelle qualité de bouquet et de fraîcheur.

Alcoolicité : Il dose de 11° à 12° d'alcool. Son extrait sec varie entre 24 à 27 grammes.

Proportion du kilo au litre : Pour produire 100 litres de vin rouge il faut fouler et mettre à la cuve de 157 à 160 kilos de raisin.

Quantités de vin : Le cépage de Verdot était autrefois cultivé en souche basse à taille courte, il rendait alors de 20 à 25 hectolitres à l'hectare de 3,000 pieds. Aujourd'hui on le cultive en archet, il rend de 50 à 70 hectolitres à l'hectare de 2,500 pieds. Mais cultivé en cordon sur fil de fer, il peut rendre de 110 à 140 hectolitres à l'hectare de 2,000 pieds.

§ IV. — *Dates de débourrement du cep et de maturité du fruit.*

Le Verdot débourre assez tard et mûrit de même; il est classé dans le Bordelais à la troisième époque, en Algérie on peut le mettre au rang des cépages de troisième époque et demie. Sur le littoral, à 100 mètres d'altitude, il mûrit dans la première huitaine d'octobre, et dans les premiers jours de novembre entre 700 et 1,000 mètres d'altitude (Tiaret, Mascara, Tlemcen, Saïda, les Hauts-Plateaux).

§ V. — *Terrains à choisir. — Engrais à employer. — Taille spéciale.*

Terrains : Les terrains dans lesquels le Verdot prospère sans efforts sont les sols argileux; ces sortes de terrains ne manquent pas en Algérie et en Tunisie.

Engrais : Les composts potassiques, comprenant une addition de phosphate de chaux et un peu d'azote sous forme de matière organique, sont les engrais les mieux appropriés à ce cépage.

Taille : La taille longue est celle qui convient à ce plant qui aime un grand développement. Il pousse sur vieux bois.

§ VI. — *Maladies particulières.*

En Algérie et en Tunisie, il n'a pas encore été atteint par les maladies crypto-gamiques; comme il débourre tardivement les altises ne l'attaquent guère.

Il est nécessaire de l'ébourgeonner vigoureusement pour lui assurer une bonne fructification.

Vermiglio ou **Vermilio**, *Italie* (Voghera). — *Feuilles* moyennes, tourmentées, duveteuses, bien sinuées; *grappe* moyenne ou sous-moyenne, un peu ailée, cylindro-conique, peu serrée; *grains* moyens, sphériques ou sphérico-elliptiques, d'un noir brillant.

Suivant Rov. ce cépage, très sujet à l'oïdium, donne un vin très coloré.

Vespolino, *Italie* (Haut-Novarais). — *Syn. : Ughetta de Canneto, Uvettanera, Nespolino*, Rov. — C'est la variété la plus répandue dans le Haut-Novarais. Il donne un bon vin ordinaire, d'un goût agréable, léger et savoureux dit G. de Rov. Od. (p. 565) qui a cultivé en Touraine le Vespolino, le dit de maturité trop tardive pour qu'il puisse y réussir, et pour être introduit dans le Midi, il n'est pas assez productif.

La grappe porte des grains peu serrés d'une saveur douce, d'un beau noir pruiné; les feuilles sont moyennes, duveteuses, bien sinuées.

West's Saint-Peters, *Angleterre.* — *Syn. : Money's St-Peters, Oldaker's St-Peters, Poonah, Raisin des Carmes, Raisin de Cuba, Blak Lombardy* (Robert Hogg et Lindley), in. M. et P. — En Angleterre cette variété est très estimée pour la serre, elle est d'une grande fertilité, et son raisin, très beau, est en outre d'une saveur excellente.

La grappe est grosse, conique, portant des grains un peu gros, d'un beau noir pruiné à la maturité qui est tardive.

Wildbacher Blauer, *Autriche* (Styrie). — *Syn. : Mauserf, Gutblaue, Kleinblaue, Kracher blauer, Greuthler* ou *Grautler, Pticnik crni, Wildbacher echter blauer, Schilchertraube* (Styrie), *Divljak* (Croatie), H. G. — Cette variété est presque confinée au N.-E. de la Styrie. Elle est robuste et résiste bien aux intempéries. On tire de son raisin très mur, un vin ordinaire qui se consomme sur place. — *Feuilles* rondes, minces, moyennes, trilobées, peu découpées, face supérieure vert sombre presque lisse, face inférieure un peu duveteuse aux nervures; *grappe* petite, serrée; *grains* petits, ronds, d'un noir sombre pruiné, n'ayant en général que trois pépins, saveur acide.

Yeddo, *Japon.* — *Syn. : Ko-chu.* — Dans les collections de M. et P. (in. Vign., t. I, p. 137) ce cépage s'est développé avec beaucoup de vigueur, mais malgré cela, et malgré les espérances qu'on avait fondées sur lui à cause de sa soi-disant résistance au phylloxera, qui ne s'est point vérifiée, pour le moment ce n'est qu'une variété d'amateur. Les grappes sont d'une belle dimension dont les grains roses sont très jolis et d'une saveur assez sucrée, quoique un peu acerbe.

Zanello, *Italie* (Piémont). — *Syn. : Zane, Zanello..* — Serait une variété du Nebbiolo ; on utilise son raisin pour la table et pour la cuve. La grappe, dont les raisins noirs sont serrés, est de maturité tardive.

Zierfahndler Rother, *Basse-Autriche.* — *Syn. : Rothrei-fler, Gumpolds Kirchener, Spatroth, Raifler* (Autriche), *Zerjavina* (Croatie), H. G. — Cette variété, cultivée dans la Basse-Autriche, s'étend chaque jour dans le reste de l'empire, car pour la vinification elle joint l'abondance à la qualité. Les terrains fertiles et la taille courte lui conviennent particulièrement.

Caractères : *Feuilles* moyennes, rondes, épaisses, quinquélobées, peu découpées, face supérieure vert jaunâtre, face inférieure duveteuse ; *grappe* grosse, très serrée ; *grains* ronds, rouge cuivré, saveur douce.

Zuzzumanello nero, *Italie* (Audria). — *Syn. : Zuzomaniello nero* (B. A., in. H. G.). — Bois brun assez fort. *Feuilles* quinquélobées, très échancrées, face inférieure velue ; *grappe* à *grains* serrés, moyens, ovales, noirs.

CÉPAGES A FRUITS BLANCS

Les cépages blancs forment, comme ensemble, une famille spéciale qui fournit un jus clair et incolore et des pellicules également dépourvus de matières colorantes. Très variés dans leur ensemble pour la consommation, soit sous forme de raisin frais ou secs pour la table, soit convertis en vin, les produits de nos vignobles blancs appellent à leur tour notre attention la plus grande, étant donnés les nombreux cépages et les variétés multiples plantées en notre sol africain : Si quelques-uns sont âpres et durs, les autres secs et acides, il faut faire la bonne moyenne entre ceux secs et neutres et ceux qui conservent un goût doucereux et liquoreux.

Par anticipation et afin de conserver à notre biographie des cépages son caractère entièrement succinct, nous ne nous étendrons pas davantage sur des considérations étudiées plus loin en des chapitres spéciaux.

Abbondanza, *Italie* (Sienne). — Cépage présentant d'après le B. A. (fasc. xiv, p. 28) les caractères suivants : *Feuilles* vert clair à la face supérieure, aranéeuses et par suite vert blanchâtre à la face inférieure, pétiole court, légèrement teinté de roux. *Grappe* allongée, pyramidale, ailée, peu garnie. *Grains* blanc pâle, saveur simple. Fructification sûre et abondante. Raisin de cuve.

Abjera, *Espagne* (Sim. Roxas). — *Souche* assez rustique; *sarments* un peu droits, tendres, très rameux; *feuilles* grandes, vertes; *grains* très serrés, presque ovales, verts, très succulents, veines apparentes.

Acsai, *Hongrie.* — *Syn. : Acsai feher.* — *feuilles* à trois lobes, face supérieure rugueuse, face inférieure duveteuse; *grappe* grosse, serrée; ailée; *grains* ronds, moyens, vert jaunâtre (H. G.).

Actonihia Aspra (Iles Ioniennes). — *Syn. : Pizzutello Bianco,* G. de R. — D'après Od. (2me édit., p 460), ce plant n'est autre que celui qui fournit le raisin cornichon des livres de jardinage. Ses raisins sont exclusivement cultivés en vue de la table.

Adjeme Miskett (Tauride Crimée). — *Syn : Muscat de Syrie,* Od. — Ce raisin est très agréable et fin au goût. M. Bouschet et G. de R. (p. 2) disent que ce n'est pas un muscat, qu'il ressemble plutôt à la Clairette du Midi.

Agostenga, *Italie* (Piémont).

Syn. : Vert précoce de Madère, Prié blanc, Madeleine verte, Od.; *Lugliatica Verde, Vert de Madère, Early Green Madeira* (in. M. P.). — D'après ces auteurs, dans le (Vign., t. I, p. 3), c'est un cépage donnant un bon raisin de table et de cuve. Il est un peu sujet à la rouille dans les sols humides.

Voici les caractères de ce plant (M. et P.): *Bourgeonnement,* duvet blanc léger. *Sarments* peu épais, d'un jaune clair, longs, de moyenne force et à entre-nœuds un peu longs. *Feuilles* petites ou à peines moyennes, aussi longues que larges, d'un vert foncé, glabres à leur face supérieure, portant un léger duvet à leur face inférieure; sinus supérieurs assez profonds; sinus secondaires bien marqués; sinus pétiolaire ouvert, dents assez larges, peu allongées et un peu obtuses; pétioles assez longs et un peu grêles. *Grappe* moyenne, conique, un peu ailée. *Grains* moyens ou sur-moyens, presque ellipsoïdes. *Peau* fine, translucide et résistant bien à la pourriture, restant verte jusqu'a la maturité, passant au jaune clair au soleil. *Chair* molle, bien juteuse, sucrée et relevée.

Maturité précoce.

Agudet blanc. — Mêmes caractères. Ce raisin sert à la cuve comme le noir; il est également recherché pour la table.

Ahorntraube bianca, *Autriche* (Styrie et Illyrie).

Syn. : Wipbacher Ahornblätteriger, Laska Belina, Padbeuze ou *Podbelce, Drobna lipovscina, Debela lipovina* (en Croatie), H. G. — Voici les caractères de ce cépage : *Feuilles* quinquélobées, sinus bien marqués, vert sombre, face inférieure cotonneuse. *Grappe* moyenne, ressemblant à celle de l'Eblling Weisser. *Grains* ronds, vert jaunâtre, peu serrés. Ce raisin est très bon pour la cuve et la table.

Maturité tardive.

Aibatly-isium, *Crimée.*

Ce cépage, dont le nom vient d'Aibatly bourgade aux environs de Soudak, produit d'excellents raisins blancs de table, Pull. (Cat.). — Caractères : *Feuilles* grandes, un peu duveteuses. *Grappe* longue, grosse, ailée. *Grains* gros, olivoïdes.

Maturité de troisième époque.

Alamis, *Espagne.* — Beau raisin blanc (Cat. du J. de Saumur).

Alantermo blanc, *Hongrie.* — *Feuilles* bi ou trilobées, face inférieure duveteuse. *Grappe* grande, ailée, serrée. *Grains* moyens, ronds, blanc verdâtre. bien juteux (in. H. G.). — Raisin spécial à la cuve.

Alban real, *Espagne.* — *Sarments* un peu durs. *Feuilles* vertes, très peu velues. *Grains* gros, très ronds, blancs, savoureux (S. Rox., p. 221). — Raisin pour la cuve et la table.

ALBANA BIANCA

§ I. - - *Synonymie.*

Albano, Albano di Forli et di Cesena, Albana a longo grappolo de Faenza et de Pesaro, Biancamé? de Jesi, Greco? a longo grappolo (Bulletin ampélographique italien..

Originaire d'Italie.

§ II. — *Caractères spécifiques* (M. et P.).

Souche : De moyenne vigueur et de moyenne fertilité.

Sarments : Assez forts, érigés, à mérithales moyens.

Bourgeonnement : Tardif, faiblement duveteux, d'un rouge brique panaché en rose et d'un rouge plus clair sur le pourtour des folioles.

Feuilles : Grandes, d'un vert foncé, glabres, bullées ou chagrinées supérieurement, garnies inférieurement d'un duvet floconneux; sinus supérieurs et secondaires profonds, celui du pétiole ouvert; denture aiguë, large, un peu incurvée; pétiole court, fort, teinté de rouge; défeuillaison tardive.

Grappe : Grosse, très longuement cylindrique, un peu conique, un peu ailée, serrée, portée par un pédoncule fort, assez long.

Grains : Assez gros, globuleux, portés par des pédicelles courts assez forts, d'un vert clair.

Peau : Assez épaisse, ferme, résistante, d'un blanc jaunâtre, passant un peu au rose à complète maturité.

Chair : Molle, juteuse, bien sucrée, bien relevée, à saveur simple.

§ III. — *Production.*

Qualité pour la table : Les grappes sont belles et le fruit est assez fin et relevé pour les retenir comme raisin de table que l'on peut classer en troisième catégorie.

Qualité pour le vin : Très estimé pour la cuve dans le Bolonais et dans toute la Romagne; c'est un cépage à retenir également pour nos futures plantations.

Qualité du vin : Très riche en sucre, il est liquoreux et par conséquent alcoolique en vieillissant, d'une couleur un peu ambre quand le raisin a été porté à sa grande maturité. — On devrait en faire des vins de liqueurs, qui entreraient dans les coupages avec les vins rouges trop durs et acerbes ; il peut même former la base d'excellents vins mousseux.

Alcoolicité : Il dose en Italie où il est cultivé, de 12° à 14° d'alcool et atteint même 16° à deux ans de date du jour de sa fabrication. Son extrait sec varie entre 25 et 29 grammes.

Proportion du kilo au litre : Pour produire 100 litres il faut fouler fortement et presser de 166 à 172 kilos de raisin.

Quantités de raisin : Ce cépage, ordinairement cultivé en feston (Filari) sur des arbres, comme le font encore aujourd'hui les Kabyles, est cultivé en souche basse sur échalas, mais nous estimons que la culture en cordon lui est préférable à condition de le tailler convenablement. Il peut rendre dans ces conditions de 110 à 125 hectolitres à l'hectare de 2,000 pieds.

§ IV. — *Dates de débourrement du cep et de maturité du fruit.*

L'Albana Bianca débourre assez tôt pour subir les influences des gelées tardives ; ce renseignement doit suffire aux viticulteurs pour le choix des situations des plantations futures. Il mûrit à la fin de la deuxième époque même vers les premiers jours de la troisième époque.

§ V. — *Terrains à choisir. — Engrais à employer. — Taille spéciale.*

Terrains. Ce cépage prospère dans les terrains calcaires silico-argileux profonds, cependant les sols demi-fertiles lorsqu'ils sont suffisamment amendés lui procurent une assez bonne fructification.

Engrais : Les engrais les mieux appropriés à son tempérament sont ceux qui sous forme de composts contiennent des phosphates de chaux, de la potasse et de l'azote.

Taille : S'accommodant de toutes les tailles, il serait cependant préférable de lui appliquer celle à deux yeux sur les porteurs des cordons, taille qui sera largement suffisante pour atteindre de bons rendements.

§ VI. — *Maladies particulières.*

Planté en dehors de la zone gelive parce qu'il débourre trop tôt, il craint peu les insectes et résiste parfaitement au siroco et à la sécheresse.

Albanello, *Italie* (Syracuse). — Ce cépage donne des vins très renommés en Sicile (Pull.).

Albarola, *Italie* (Gênes). — *Syn : Trebbiana* (Sarzanna e Carrara), B. A.; *Uva Albarola, Bianchetta Genovese, Calcatella* (Sezzane), Od. — Caractères spécifiques d'après le B. A. (fasc. xv, p. 87) : *Feuilles* entières presque rondes, couleur vert clair à leur face supérieure, un peu tomenteuses et rugueuses à leur face inférieure. *Grappe* petite, serrée; péconcule court. *Grains* très serrés, à peau mince, d'un blanc luisant. — Ce raisin sert pour la table et surtout pour le vin qui est très estimé.

Albillo Castellano, *Espagne* (S. Rox., p. 204 et 266). — Raisin blanc très estimé pour faire le vin ; moût très riche en sucre. Ses caractères sont : *Pédoncule* ligneux ; *grains* très serrés, presque ovales, verts, très juteux.

Albillo de Granada, *Espagne* (S. Rox., p. 205). — Caractères spécifiques : *Souche* très vigoureuse, de longue durée ; *sarments* grosse moelle, cassants ; *feuilles* moyennes, vertes, cotonneuses ; *grappe* moyenne ; *grains* très serrés, moyens, un peu oblongs, blancs. — Raisin cultivé spécialement pour la table.

Albillo de Huebla, *Espagne* (S. Rox., p. 279). — « Vigne beaucoup cultivée à Trébugena et à Port-Santa-Maria. Elle a les grappes longues, compactes et les grains semi-ronds, vert jaunâtre, bruns à la partie exposée au soleil surtout, très doux et de saveur aromatique ».

Aligoté, *France* (Côte-d'Or). — *Syn.* (M. et P.) : *Alligotay, Côtes de Nuits* (le Livre de la Ferme) ; *Giboulot blanc,* à Mercurey ? *Purion des coteaux de la Saône ?* comte Odard ; *Plant gris,* aux environs de Meursault.

Ses caractères spécifiques sont : *Souche* de moyenne grosseur ; *sarments* moyens à entre-nœuds courts ; *bourgeonnement,* duvet blanc ; *feuilles* sur-moyennes, plus larges que longues, d'un vert intense, glabres à leur face supérieure, garnies à leur face inférieure d'un duvet aranéeux assez abondant ; sinus supérieurs très peu marqués, sinus secondaire souvent nuls et quelquefois presque nuls, dents courtes et finement aiguës ; pétiole assez long, de moyenne force et le plus souvent coloré de rouge vineux ; *grappe* moyenne, conique, un peu ailée, compacte ; pédoncule assez court et peu fort ; *grains* petits ou sous-moyens, presque sphériques ; pédicelles courts et grêles ; *peau* assez mince, peu résistante, d'un vert très clair, passant au jaune bien doré du côté du soleil à la maturité ; *chair* un peu consistante, bien sucrée, saveur vineuse.

Ce cépage débourre de bonne heure ; il est sujet à la gelée blanche. Il mûrit à la fin de la première époque de Pull. ; quoique ayant une peau assez mince, il résiste très bien aux grandes chaleurs.

Il produit beaucoup plus que le Gamay blanc et donne un vin qui lui est supérieur. Terrains bien ressuyés en coteaux, soit calcaires silico-argileux, soit argilo calcaires. Engrais à base de phosphate de chaux et de plâtre. Taille à deux yeux sur cordon assez développé.

Alionza bianca, *Italie* (Bologne). — *Syn* : *Alconza, Leonza.* — *Souche* très vigoureuse, rustique, de longue durée ; *sarments* mi-érigés, longs, à entre-nœuds distants ; *bourgeonnement* tardif, duveteux, passant au vert clair sur les feuilles naissantes qui se teintent de rose sur leur pourtour.

Almunecar, *Espagne.*

Syn. : *Pasa Larga* (Amunecar), *Largo* (Malaga), *Uva de Pasa* (S. Roxas). — D'après ces auteurs c'est une excellente variété, surtout pour convertir en raisins secs ou Passas.

Grappe ailée, pédoncule mince et ligneux; *grains* à peau un peu épaisse, non serrés, blancs, oblongs; *chair* assez juteuse quoique charnue, sucrée et agréable au goût.

Altesse blanche de Chypre, *France* (Savoie). —
Syn. : *Rousselte haute*, in. G. de R.

Altesse verte de Savoie.

Syn. : *Petit Maconnais, Prin blanc, Rousselte basse*, P. Tochou (Savoie), France.

D'après Mas et Pulliat (Vign., t. III, p. 108), voici ses caractères : *Souche* assez vigoureuse et assez rustique; *feuilles* d'un vert foncé, glabres supérieurement, garnies inférieurement d'un duvet aranéeux sur les nervures secondaires, peu sinuées; *grappe* moyenne, cylindro-conique, ailée ou souvent ailée; *grains* sous-moyens, ellipsoïdes; *peau* épaisse, jaune roussâtre à chaude exposition; *chair* juteuse, bien sucrée, agréable, à saveur simple.

Ce cépage fait le fond du vignoble de Condrieu, dont les vins d'après Julien, ont du corps et de la sève.

Ces vins qui finissent par jaunir un peu, sont secs et vigoureux au palais. Au Château-Grillé près de Saint-Michel (Loire), ce plant forme le fonds de ce clos.

« L'Altesse, dit M. Tochou, n'est pas un plant à grande production; il dépasse rarement un rendement de vingt-cinq hectolitres à l'hectare. Son raisin produit en Savoie deux vins tout à fait différents : le Marétel et l'Altesse, dans les vignobles situés côte à côte, qui ne diffèrent que par l'exposition et la nature du sol plus ou moins siliceux. Le vin de Marétel est sec, corsé, plein de sève, très parfumé; il gagne beaucoup en vieillissant et rappelle les qualités du Madère; ce vin n'est jamais blanc, au contact de l'air il se plombe; on lui reproche d'être trop capiteux. Le vin du coteau d'Altesse est au contraire doux, pétillant, spiritueux; il mousse très bien pendant cinq ou six mois et conserve toujours une couleur blanche ambrée, c'est le Champagne de la Savoie ».

Ce raisin est excellent pour la table.

Taille : On le conduit en treillage. Par conséquent en cordon sur fil de fer dans notre colonie.

Terrains : Ce plant s'accommode de tous les sols pourvu qu'ils soient ressuyés et chauds.

Maturité de deuxième époque.

Anadasaouli blanc, *Caucase.*

Syn. : *Anadasouli, Anadasaouli, Octaouri* (Perse), Pull.

Caractères spécifiques (M. et P.) : *souche* vigoureuse, rustique, de longue durée et d'assez bonne fertilité; *sarments* un peu érigés, de moyenne grosseur, noués un peu court, vigoureux; *feuilles* un peu au-dessus de la moyenne, quelques filaments cotonneux sur la face supérieure, duvet assez compact sur le revers; sinus supérieurs bien marqués, les secondaires peu profonds; sinus pétiolaire ouvert ou bien ouvert; denture assez profonde, inégale, un peu aiguë; pétiole moyen, assez fort; *grappe* moyenne ou sur-moyenne, le plus souvent ailée, courtement conico-cylindrique, portée par un pédoncule assez fort, de moyenne longueur; *grains* de forme ovalaire et de moyenne grosseur, portés par des pédicelles de moyenne force ou assez grêles, marqués de lenticules; *peau* un peu mince, assez résistante, d'un vert jaunâtre à la maturité; *chair* assez ferme, juteuse, un peu sucrée, légèrement astringente.

Terrains : Ce cépage se maintient dans un état normal dans les terrains légers et maigres.

Engrais : Composts à base de phosphate de chaux, de potasse.

Taille : En cordon horizontal sur fil de fer, à deux yeux, par coursons ou porteurs.

Maturité : Tardive dans le Midi de la France; dans notre colonie, il mûrirait complètement. Troisième époque.

Maladies : Aucune maladie sérieuse ne nous a été confirmée d'une façon positive.

Qualité pour la table : Raisin rafraîchissant mais peu employé spécialement pour la table

Qualité du vin : Très riche en sucre. Dans les essais faits par M. et P. (in. Vign., t. II, p. 124), son moût a dosé plus de 12 degrés. D'après ces données on peut espérer voir ce plant en Algérie donner des raisins dosant de 14° à 15°. Le vin que produirait ce raisin serait de bonne durée puisqu'il a du corps.

Proportion du kilo au litre : Pour produire 100 litres de moût il faut de 167 à 171 kilos de raisin.

Quantité de raisin : Ce cépage étant cultivé en cordon peut produire dans le nord de l'Afrique de 165 à 200 kilos.

Anatolische, *Grèce.*

Syn. : *Anatoliai feher* (Hongrie), H. G. — Raisin blanc de table.

Angelico ou Muscade le du Bordelais.

Syn. : *Musquette, Muscadet doux, Raisinotte* (Gironde), *Muscade* (Sauternes), *Muscat-Fou* (vignobles de Bergerac), *Guilhan-Muscat* (vignobles du Lot, du Tarn et de Tarn-et-Garonne), *Sauvignon de la Corrèze* ou *Sauvignon à gros grains,* Od.; *Doucanelle* (Lot-et-Garonne), Pull. ; *Cadillac, Blanc Cadillac* (Gironde), *Blanche douce* (Dordogne). — Originaire de la Gironde (France).

Caractères spécifiques de la *Muscadelle du Bordelais* (M. et P.) : *Souche* assez vigoureuse; *sarments* forts, à entre-nœuds de moyenne longueur; *Bourgeonnement* légèrement teinté de rouge grenat et couvert d'un duvet d'un gris roussâtre; *feuilles* grands, un peu plus larges que longues, glabres à leur face supérieure, garnies à leur face inférieure d'un léger duvet disposé en réseau; sinus supérieurs bien marqués; sinus secondaires presque nuls; sinus pétiolaire largement ouvert; dents larges, longues et bien aiguës; pétiole un peu court;

grappe sur-moyenne, ailée, un peu courte et un peu compacte ; pédoncule de moyenne longueur et un peu fort ; *grains* moyens, presque sphériques ; pédicelles courts et de moyenne force ; *peau* fine, sujette à la pourriture, d'abord d'un vert clair, puis passant au jaune doré du côté du soleil à la maturité ; *chair* un peu croquante, abondante en jus sucré et agréablement relevé d'un léger parfum qui n'est pas celui du Muscat et qui aurait plus de rapport avec celui du Sauvignon.

Terrains : Demi-fertiles.

Engrais : Composts à base de phosphate de chaux, etc.

Taille : On doit le cultiver dans l'Afrique française du nord en cordon sur fil de fer, à taille courte, un et deux yeux sur chaque porteur.

Maturité : De première heure et mûrit à la deuxième époque.

Maladies : Résiste très bien à la chaleur et au siroco.

Qualité pour la table : Apprécié comme fruit de dessert.

Qualité pour le vin : Excellent et très estimé dans le Bordelais pour la cuve.

Qualité du vin : Le vin de Monbazillac dans la Dordogne est fait en partie avec ce raisin, on l'associe au Lemillon à cet effet. On les assimile à ceux de Frontignan, quoique moins musqués. Ce vin de liqueur est très fin et suave au palais.

Alcoolicité : Il dose de 14° à 15° d'alcool. Son extrait sec varie entre 25 à 29 grammes.

Proportion du kilo au litre : Pour faire 100 litres il faut d'abord laisser mûrir le raisin jusqu'au flétrissement. On foule de 180 à 185 kilos de raisin que l'on met à la cuve.

Quantités de vin : Cultivé suivant la méthode à cordon, il peut produire 75 à 100 hectolitres à l'hectare.

Anguur Askery.

Sans synonymes connus. Originaire de Perse (environs d'Ispahan). — Raisin blanc à grains très petits, de saveur très douce (Od. p. 607).

Anguur Atabeky.

Sans synonymes connus. Originaire de Perse (environs d'Ispahan). — Raisin blanc très bon pour la table et pour la cuve (Od. p. 606).

Anguur Chahamy.

Sans synonymes connus. Originaire de Perse (environs d'Ispahan). — C'est un excellent raisin noir pour la cuve, son vin est de très bonne qualité (Od. p. 606).

Anguur Hallagguch.

Sans synonymes connus. Originaire de Perse (environs d'Ispahan. — « Ce raisin est remarquable par la longueur et la grosseur de ses grains généralement sans pépins » (Od. p. 606).

— 229 —

Anguur Maderpetcheh.

Sans synonymes connus. Originaire de Perse (environs d'Ispahan). — D'après (Od. p. 607), ce raisin blanc n'est pas régulier, tantôt on rencontre dans la grappe de petits et de gros grains entremêlés.

Anguur Rich Baba.

Sans synonymes connus. Originaire de Perse (environs d'Ispahan). — « Ce nom, dit le savant voyageur Pallas, est tiré de la forme cylindrique et comme étranglée de ses grains blancs très gros. Il est cultivé en Crimée sous ce nom. Ce gros raisin blanc n'a pas de pépins; il est très sucré et d'un goût très agréable ».

Anguur Tebrizy.

Sans synonymes connus. Originaire de Perse (environs d'Ispahan). — Raisin dont les grains sont longs et souvent sans pépins, se gardent tout l'hiver (Od. p. 606).

Anzonica bianca.

Sans synonymes connus. Originaire de l'Ile d'Elbe. — C'est une variété très cultivée dans cette île (G. de R.).

Apesorgia bianca.

Syn. : Régina, Laxissima, G. de R. — Cet auteur croit qu'elle est la même que la *Bermestia Bianca.* Originaire de Sardaigne.

D'après Pull. : *Feuilles* sur-moyennes, glabres; *grappe* grosse, rameuse, courtement ailée; *grains* très gros, ellipsoïdes, blanc jaunâtre.

Arbonne, *France.*

Syn. : Arbanne blanche, G. de R.; *Meslier, Maillé, Mayé, Arbois* ou *Orbois,* M. et P. — Originaire de l'Aude et Haute-Marne (France).

Caractères spécifiques (M. et P.) : *Souche* de faible fertilité; *sarments* grêles, traînants, un peu court noués; *feuilles* complètes, à peine moyennes ou petites, d'un vert foncé, glabres à la face supérieure, un peu duvcteuses à leur face inférieure; bien sinuées; denture large; *grappe* petite, cylindrique ou cylindro-conique, peu serrée; *grains* sous-moyens, très légèrement ellipsoïdes, blanc verdâtre, passant au vert jaunâtre piqueté de petits points; la chair en est juteuse, sucrée, sa saveur rappelle celle du Sauvignon bordelais.

Ce cépage s'accommode des terrains secs et maigres argilo-calcaires; les engrais qu'on doit lui appliquer sont plutôt des amendements sous forme de composts à base de phosphate de chaux, de plâtre et un peu de potasse. C'est le plus précoce des raisins à vin blanc, il devance le Pinot. Fin de première époque.

Il demande à être ménagé par une taille demi-longue, et sa production n'est pas considérable, de 30 à 35 hectolitres en souche basse et taille courte, 15 p. 0/0 en plus si on développe un peu sa taille.

Arbumannu.

Syn. : *Albumannu. Arbamanu* (Sardaigne), *Robusto*. — Originaire de Sardaigne (Italie.

Ce raisin blanc est un des meilleurs connus pour la table dans l'ile.

Aspiran blanc.

Syn. ; *Spiran blanc.* — Variété du Spiran noir, sauf que le bourgeonnement est plus duveteux et plus blanc, le revers de la feuille est plus tomenteux, sa grappe est plus courte et moins grosse. Les fruits sont plus tardifs.

Asprino, *Italie* (province de Lecce).

Syn. : *Asprigna* (Naples), *Ragusano, Olivese,* in. G. de R. — Suivant le B. A. (fasc. xv, p. 136), originaire de la province de Lecce (Italie).

Caractères spécifiques : *Feuilles* grandes, de couleur vert obscur passant au rouge à l'automne, la face supérieure est lisse, la face inférieure duveteuse et de couleur vert cendré ; *grappe* moyenne, pyramidale, allongée, un peu ailée, et portant des grains verts, moyens, ovales, à peau mince transparente de couleur jaune tendre ou verdâtre.

Cépage très apprécié pour la cuve.

Ataubi.

Syn. : *Uva de Ragol*, Sim. Roxas, *Espagne* (Grenade). — Cet auteur dit que cette variété donne toujours beaucoup de fruits, mais dans certaines années ils sont si grêles qu'ils viennent tous en grappillon.

Les habitants de cette contrée la cultivent beaucoup en treilles ou tonnelles. Les grains sont oblongs et très gros, d'un vert clair a maturité qui est de troisième époque.

Attigno bianco.

Sans synonymes, *Raisin de Saint-Pierre* (Pouilles), *Italie*.

Raisin précoce, croquant, mûr en même temps que le Muscat.

Aubin blanc.

Sans synonymes connus.

Ses caractères spécifiques sont les suivants : *Souche* très vigoureuse ; *feuilles* très rugueuses, tourmentées et un peu duveteuses à la face inférieure ; *grappe* assez belle et hâtive ; *grains* ronds, blancs.

Variété assez hâtive.

Aubin vert.

Sans synonymes connus. — (Moselle), *France*.

Le comte Odard (p. 264) cite cette variété comme faisant partie du vignoble de Magny, l'un des plus estimés de ce département et donne ainsi ses caractères spécifiques : *Souche* assez vigoureuse; *feuilles* assez rugueuses, un peu tourmentées; *grains* sucrés, ronds et dorés au soleil.

C'est un cépage qui rend plus que le précédent, mais la qualité de ses raisins est inférieure.

Autuchon hybride.

Sans synonymes connus. — Hybride de vigne américaine, du Chasselas avec le Clinton.

Très vigoureux à sa troisième feuille à l'École d'Agriculture de Montpellier. Résistance incertaine (Foex).

Bachsia ou Fodscha.

D'après le comte Odard (p. 601), originaire de la Tauride, *Crimée*. — *Grappe* de moyenne grosseur garnie de petits grains, peu serrés, couverts d'une peau mince rose vif; sa maturité est précoce.

Bagoual, *île de Madère*.

Ce cépage est un des meilleurs de l'île. Il est assez productif, son vin est doux et liquoreux. Il est cultivé principalement dans les îles des Canaries.

Balafant, *Hongrie*.

Syn : *Pikolit Weisser* (Illyrie), *Weisser Blaustingl*, *Keknylii*, *Weisser Ranful, Piccoleto Bianco* (Vénétie), in. H. G.

Vigoureux cépage produisant de gros raisins de couleur jaune très transparents. Recherché pour la cuve et même pour la table.

Balint, *Hongrie*.

Syn. : *Kleinweiss, Aprofchér, Aprofer, Zöldfchér,* in. H. G. — Raisin blanc de cuve.

Balsamina Bianca, *Italie* (arrond. de Fermo).

D'après le B. A (fasc. xiv, p. 45) ce raisin sert surtout à fabriquer des vins fins.

Caractères spécifiques : *Feuilles* cordiformes, moyennes, quinquélobées, lisses et de couleur verte à la face supérieure, lanugineuses et vert pâle à la face inférieure; *grappe* presque conique, longue de douze à quinze centimètres, ailée, peu serrée; *grains* sphériques de couleur jaunâtre; pellicule épaisse et coriace.

Balustre, *France* (Charente; vignobles de Cognac et de Saint-Jean-d'Angely). — *Syn* : *Cognac* (vignobles de la Rochelle).

Cépage donnant des raisins blancs à grains très allongés.

Bambino Bianco, *Italie* (prov. méridionales).

Syn. : *Bombino, Bon vino, Calatamburo.* — Suivant G. de R., ce cépage donnerait abondamment, mais des produits de second choix.

Bargine ou **Plant de Hongrie**, *France* (Jura).

Syn. : *Bargène*, M. P. — Cépage inédit (in. Vign., t. III, p. 39). C'est un raisin à petit rendement, mais il donne un bon bouquet au vin.

Feuilles sous-moyennes; *grappe* sous-moyenne, souvent pourvue d'une petite vrille au nœud pédonculaire; *grains* petits, un peu ellipsoïdes, pédicelles très courts; *peau* mince, d'un jaune verdâtre; *chair* assez juteuse, bien sucrée, à saveur un peu astringente assez bien relevée.

Bariadorgia, *Italie* (Sardaigne).

Syn. : *Verzolina bianca* (Sardaigne), *Præcox*, G. de R.; *Fragrante, Barriadorza*, M. P. — Ce raisin est employé en Italie soit pour la cuve soit pour la table. D'après M. P. (Vign., t. II, p. 161), la vigueur de cette vigne est grande, son fruit arrive bien à maturité (deuxième époque. Caractères : *Sarments* moyens; *feuilles* glabres, presque lisses; *grappe* sur-moyenne, conico-cylindrique, pédoncule assez long; *grains* sur-moyens, sphériques; *peau* assez épaisse, résistante, jaune à maturité; *chair* un peu molle, bien juteuse, sucrée, agréable.

Barmak, *Crimée* (Tauride).

Syn. : *Frauenfinger* (Doigt de Dame), H. G. — Raisin blanc de cuve.

Barolo, *Italie* (Piémont).

Od. (p. 221), qui écrit *Barrolo*, donne comme synonymes de cette variété : *Gamai blanc* ou *Feuille ronde* (Doubs, Saone-et-Loire), *Melon* (Yonne), *Lyonnaise blanche* (Allier). — G. de R. nie cette assimilation : Pour lui le Barolo ne fut jamais un Gamai. Quoi qu'il en soit, ce cépage donne un vin qui, quoique fort connu, est assez commun. (Voir Gamay feuille ronde).

Beba ou **Beva**, *Espagne* (Sim. R. L. 208).

Caractères : *Sarments* tendres; *feuilles* grandes, les inférieures très grandes, avec des ampoules; *grains* un peu serrés, très gros, oblongs, blancs. Raisin de table.

Belissas, *Italie* (Piémont).

Syn. : *Belisse.* — Raisin blanc de table.

Bermestia Bianca, *Italie* (Piémont).

Syn. : *Brumestia, Brumestra, Pumestra, Brumestre, Bermestia Bianca del Piemonte, Belmestra Bianca, Bramestone Bianco*, M. et P.; *Bourdelas* ou *Verjus* (de la région centrale de la France); *Poumestie* ou *Aygras* (ancienne Provence); *Bumasta* (de Pline et Virgile), Od.

« La vigne Bermestia bianca, dit M. le marquis Incisa, produit un raisin qui n'est pas employé à faire du vin; sa culture est peu étendue ou plutôt elle se cultive peu et seulement pour le raisin de table; quelques personnes mettent ses fruits à l'eau-de-vie ».

Ce cépage demande une exposition chaude, disent M. et P. (Vign., t. ii, p. 90), et une taille longue, surtout dans notre colonie.

Souche vigoureuse et robuste; *sarments* gros, forts, érigés, à entre-nœuds longs; *feuilles* grandes ou très grandes, aussi larges que longues, glabres et légèrement bullées à leur face supérieure; glabres à leur face inférieure, bien sinuées; *grappe* grosse, conique, ailée, rameuse et lâche; *grains* gros ou très gros, obovoïdes, dépruinés par le point pistillaire; *peau* épaisse, résistante, passant du blanc de cire opaque au jaune un peu doré à la maturité qui est de quatrième époque; *chair* ferme, filandreuse, assez juteuse, agréable mais non relevée.

Bertolino, *Italie* (Piémont).

Syn. : *Carico l'asino, Uva ovata*, G. de R.; *Barbera Bianca*, H. G. — Raisin blanc jaunâtre à grains ovales, bon à manger et à faire du vin.

Bia Blanc, *France* (Isère).

Sans synonymes. — D'après M. et P. (Vign., t. ii, p, 115), ce cépage donne des raisins blancs très doux un peu musqués et produisant un bon vin.

Ce plant réclame un sol riche et profond et une taille réduite.

Caractères (M. et P.) : *Feuilles* à peine moyennes, aussi larges que longues, glabres et à peu près lisses supérieurement, duveteuses en dessous; bien sinuées, denture bien prononcée; *grappe* sous-moyenne ou moyenne, peu serrés, cylindro-conique; *grains* moyens ou sous-moyens, ellipsoïdes; *peau* épaisse, astringente, jaune doré à la maturité, qui est de deuxième époque.

Biancazita, *Italie* (provinces napolitaines). — *Syn.* : *Falenghina,* in. H. G. — Excellente variété à raisins blancs, pour la vinification.

Bianchetto di Vezuolo, *Italie* (Piémont). — « *Feuilles* grandes, boursouflées, duveteuses, peu sinuées; *grappe* moyenne, peu serrée, cylindrique, ailée; *grains* sous-moyens, blancs », Pull. — Raisin de cuve et de table.

Bicane ou Bicaine, *France* (Indre-et-Loire).

Syn. : *Panse jaune, Ochivi* (département du Gard), comte Odard ; *Raisin des Dames, Raisin de Notre-Dame, Marsé-Rousseau* (Vaucluse) ; *Olivette jaune* (Catalogues Chasselas Napoléon) ; *Chasselas d'Alger*, de quelques pépiniéristes (par erreur), M. et P.

Ce cépage produit de très beaux raisins qui font l'ornement d'une table. Malheureusement il est sujet à couler. M. et P. (t. I, p. 184) recommandent de le pincer pour prévenir ce défaut constitutionnel.

Il doit être cultivé en cordon et donne assez dans les terrains fertiles profonds et bien amendés. Son *bourgeonnement* est glabre, teinté de grenat ; *sarments* moyens ; *feuilles* petites, glabres à leur face supérieure ; *grappe* grosse, rameuse, conique, ailée ; *grains* très gros, ellipsoïdes, pédicelle court et fort ; *peau* épaisse, sujette à la pourriture, passant au jaune ambré ; *chair* un peu sucrée, peu relevée.

Bigasse Kokour, *Crimée*. — *Syn.* : *Bigesse Kokier*, Od. (p. 601). — Cette variété est bien productive, mais peu agréable au goût et tardive à mûrir. Elle compense la qualité par la quantité.

Blanc aigre, *France* (Ardèche). — Ne pas confondre cette variété avec le *Blanc Aigre* (Savoie) qui est synonyme de *Mondeuse blanche*.

Blanc Auba, *France* (Gironde). — M. de Secondat le cite comme produisant le vin justement estimé de Sainte-Croix-du-Mont. — Description : *Bois* châtain rougeâtre, rayé de raies longitudinales ; *feuilles* amples, d'un vert pâle, d'une forme allongée, profondément découpées en cinq lobes bien distincts et laineux au-dessous, les bords sont peu dentelés et les dentelures peu aiguës ; *grains* ronds, blancs, marqués d'un point noir au sommet, devenant un peu rouges lorsqu'ils mûrissent (In. Petit Laffitte, p. 188).

Blanc Copi, *France* (Lot-et-Garonne).

Mas et Pulliat (in. Vign., t. II, p. 139) disent que ce raisin, bon pour la table, a peu de tenue pour la cuve. — *Bourgeonnement* duveteux, rouge violacé ; *sarments* mi-érigés, longuement noués ; *feuilles* moyennes, glabres, bullées supérieurement ; *grappe* moyenne, cylindrique ; *grains* moyens, globuleux ; *peau* épaisse, jaune à maturité qui est de deuxième époque.

Blanc Cardon, *France* (Lot-et-Garonne).

Syn. : *Blancardon, Mauzat Blanc*, M. et P. — Ce cépage est presque exclusivement cultivé dans ce département.

Ce raisin craint la pourriture mais il produit un vin qui n'est pas désagréable. « *Feuilles* grandes, peu duveteuses, peu boursouflées ; *grappe* moyenne, cylindrique, serrée ; *grains* ellipsoïdes, moyens, blanc jaunâtre. Maturité de deuxième époque tardive ».

Blanc de Zante

§ I. — *Synonymie.*

Zante Blanc.
Originaire de la Grèce.

§ II. — *Caractères spécifiques* (M. et P.).

Souche : Vigoureuse et fertile.
Sarments : Mi-érigés, à entre-nœuds moyens.
Bourgeonnement : D'un roux clair, passant au blanc duveté jaunâtre.
Feuilles : Grandes ou très grandes, glabres et légèrement bullées à leur face supérieure, garnies à leur face inférieure d'un duvet aranéeux assez compact; sinus supérieurs et secondaires profonds ou assez profonds et fermés, sinus pétiolaire clos et laissant un vide; denture large, longuement acuminée; pétiole assez long.
Grappe : Forte, sur-moyenne, très longuement cylindro-conique, assez souvent ailée lorsqu'elle acquiert tout son développement ; pédoncule long, assez fort.
Grains : Moyens, sphériques, portés par un pédicelle de moyenne force, assez long.
Peau : Épaisse, résistante, d'un blanc jaunâtre à la maturité.
Chair : Ferme ou assez ferme, sucrée, à saveur simple, peu relevée.

§ III. — *Production.*

Qualité pour la table : S'il n'est pas un raisin de table de première catégorie il n'en est pas moins agréable à manger.
Qualité pour le vin : Très estimé et cultivé en vue de la cuve.
Qualité du vin : Son moût, dans le centre de la France, dose 170 grammes de sucre par litre, c'est-à-dire qu'il produirait environ 10° d'alcool. En Algérie, ce raisin doserait de 12° à 14° d'alcool et son son goût serait plus relevé et parfumé.
Proportion du kilo au litre : D'après la différence entre la pellicule restant après le foulage et le pressurage, il faudrait employer de 166 à 170 kilos de raisin pour obtenir 100 litres de vin.
Quantités de vin : D'une bonne vigueur, il serait mieux traité en cordon sur fil de fer qu'en souche basse; il peut dans ces conditions donner de 120 à 140 hectolitres à l'hectare de 2,000 pieds distancés entre eux à 2m 50 et les rangs à 2 mètres d'écartement.

§ IV. — *Dates de débourrement du cep et de maturité du fruit.*

Débourrant de bonne heure, il ne faut donc pas le planter dans des situations sujettes aux gelées tardives. Il mûrit à la fin de la deuxième époque en souche basse, et à la troisième époque et demie en palissade sur fil de fer; dans les alluvions profondes de l'Algérie et Tunisie, il n'atteindrait sa véritable maturité qu'à la quatrième époque.

§ V. — *Terrains à choisir. – Engrais à employer. — Taille spéciale.*

Terrains : Comme une grande partie de ses congénères à raisin blanc, il n'est pas exigeant pour le sol ; s'accommodant volontiers de terrains secs et maigres, quoique les sols calcaires silico-argileux puissent lui convenir ainsi que les alluvions anciennes.

Engrais : Les engrais les mieux appropriés sont ceux qu'on lui administre sous forme de composts à base de phosphate de chaux, de potasse et plâtre.

Taille : A deux yeux sur cordons horizontaux.

§ VI. — *Maladies particulières.*

Le Blanc de Zante est un cépage très rustique, résistant aux grandes chaleurs ; le siroco n'aurait aucune influence sur lui et les insectes ne l'attaquent guère, pas plus d'ailleurs que les maladies cryptogamiques.

Blanc doux, *France* (Dordogne, Gironde).

Le comte Odard (p. 136) dit que c'est un raisin très estimé pour les grands vins où il entre dans les coupages ; on l'associe avec la Musquette, le Sauvignon et le Colombar. Pulliat donne le *Blanc doux* comme synonyme de *Sauvignon jaune*. D'après Pierre Laffite, voici la description de ce cépage : *Bois* gris devenant en hiver d'un rouge assez vif ; *feuilles* vertes et sans découpures sensibles ; *grappe* de taille moyenne, assez allongée ; *grains* ronds et couverts de taches brunes.

Boâ ou **Booâ bianco**, *Italie* (Gênes). — *Syn.* : *Bella* (Polavere). — Donné par l'ingénieur Selletti, comme étant un raisin très estimé pour la vinification.

Bolana, *Italie* (Piémont). — Très beau raisin de table, de maturité tardive. *Feuilles* sous-moyennes, sinuées, duveteuses ; *grappe* longue, rameuse, ailée, cylindrique, peu serrée ; *grains* aigrelets, moyens, ellipsoïdes, blanc jaune (Pull.).

Boros, *Hongrie*. — *Syn.* : *Boros feher* (Hongrie), *Boros Vekonyheju*, *Dunnschalige*, *Vinase* (Transylvanie), H. G. — D'après l'auteur, cette variété, très répandue en Transylvanie, donne un vin blanc léger. *Feuilles* très grandes, épaisses, quinquélobées, denture grande et large, face supérieure ridée, face inférieure velue ; *grappe* assez grande, peu serrée ; *grains* moyens, ronds ; *peau* mince, vert jaunâtre ; *chair* juteuse. Maturité assez précoce.

Bosco Bianco, *Italie* (Gênes). — *Syn.* : *Uva Bosco*, ingénieur P. Selletti. — C'est un cépage très productif.

Boton de Gallo (Bianco en Negro), *Espagne*. — *Syn.* : *Verdejo*, Sim. Rox. — Sarments longs, raisins petits à grains serrés, très doux.

Bouillenc du Tarn, *France*. — Od. (p. 256) en cite trois variétés : le blanc, le rouge et le noir, comme cultivés dans les vignobles du Tarn et comme méritant d'être étudiés.

Bourboulenc, *France* (Vaucluse).

Syn. : Bourboulenque. — Rendu (Amp. française) le cite comme faisant partie des cépages de Vaudieu, un des quatre les plus importants de Châteauneuf-le-Pape. Caractères : *Sarments* érigés, noués courts ; *feuilles* grandes, épaisses, à cinq lobes, dents larges, inégales, face supérieure d'un vert clair ; *grappe* moyenne, en pyramide, ramassée, munie d'ailes pendantes, *grains* lâches, assez développés, ovoïdes, d'une couleur ambrée, très pruinés ; *peau* épaisse ; *chair* juteuse. Maturité de troisième époque.

Bracciuola Bianca, *Italie* (Ligurie). — *Syn. : Rappalunga* (Carrare), *Bruciuola* (Ligurie). — Ce cépage, que nous décrivons d'après le B. A. (fasc. xv, p. 86), donne un raisin à saveur douce mais un peu aromatique ; on l'emploie pour la vinification. *Feuilles* légèrement trilobées, non duveteuses, de couleur vert clair, avec nervures saillantes ; *grappe* longue, ailée, avec grains blanc clair, ronds, non serrés.

Breggiola, *Italie* (Piémont). — *Syn. : Brizzola* (Haut-Novarais) ; *Valenzana* ou *Valenzasca*, H. G. — G de R. le dit robuste et que son raisin est employé de préférence pour la cuve plutôt que pour la table.

Brustiano Bianco, *France* (Corse). — D'après Ottavi cité par G. de R., il ne faut pas confondre cette variété avec le *Vermentino* duquel il se rapproche. Le Brustiano est de maturité tardive très cultivé pour fournir des raisins de table, lesquels, suivant Od. (p 442), ont un goût sucré et un peu âpre, mais très agréable. Les grains sont elliptiques, jaune verdâtre.

Buckland Sweet Water. — Cépage d'origine anglaise. Raisin blanc de table.

Budaj Fejer, *Hongrie*.

Syn. : Weis Honigler Traube (vignoble de Bude), *Bela Okrugla Ranka* (duché de Sirmie), *Früh Weiss Magdalenen* (Allemagne, Od.; *Honigler blanc de Bude*, *Honigler Traube*, G. de R.; *Mèzes blanc* ou *Mèzes Feher*, M. et P.; *Ezerjo*, *Korpani* (Tothfalu, Bodgany), *Szatoki* (Denzs); *Kolmreifler*, *Scheinkern*, *Tausentfachguto'*, in. H. G. — Ce cépage fournit un excellent vin blanc et présente les caractères suivants : « *Feuilles* moyennes, bien duveteuses, bien sinuées, un un peu tourmentées ; *grappe* moyenne, cylindro-conique, un peu serrée ; *grains* moyens, sphériques ; *peau* blanc jaunâtre », Pull.

Burger Blanc (originaire de l'*Alsace*).

Syn. : *Vert doux, Gouais blanc, Facun blanc, Bourgeois* (Burger); *Mouillet*, en France et en Alsace (H. G. et Stoltz) ; *Kleinberger, Klammer*, dans la vallée de la Moselle ; *Weissebling, Elbling Weisser*, dans les montagnes du Hardt ; *Süssgrober*, sur le Mein ; *Rhinelbe, Sylvaner blanc*, dans le duché de Bade (V. Babo); *Peskek, Blesez, Morawka, Kurstengel*, en Styrie (Trumer); *Biela Zrebnina*, en Croatie; *Elben Feher*, en Hongrie; *Tarant Bely*, en Hongrie (H. Gœthe).

Caractères suivant M. et P. (Vign., t. II, p. 153) : « *Bourgeonnement* duveteux, blanc, légèrement violacé, passant au vert jaunâtre sur les jeunes feuilles; *sarments* de moyenne force, mi-érigés; *souche* assez vigoureuse mais s'épuisant assez vite; *feuilles* assez grandes, d'un beau vert, sinus peu profonds, denture obtuse et inégale, peu inégale, peu profonde, nervures un peu teintées de rouge; pétiole un peu court, assez fort; *grappe* moyenne, un peu courte, peu ailée, le plus souvent cylindrique, serrée, portée par un pédoncule court et fort; *grains* moyens, globuleux, pédicelles courts, assez forts; *peau* d'un vert jaunâtre, mince, un peu pruinée à la maturité, qui est de deuxième époque tardive; *chair* juteuse, un peu acidulée, à saveur simple ».

Ce cépage produit suffisamment, mais son vin laisse à désirer sous le rapport de la qualité et en bouquet; il est faible en alcool et possède une tendance à la *graisse*; il est sensible aux intempéries et se millerande quelquefois. Dans tous les terrains d'une fertilité moyenne, il se comporte aussi bien à la taille courte qu'à la taille en archet qui est pratiquée en Alsace.

Calabrese Bianca ou Calabian raisin,
Italie (Sardaigne).

Syn. : *Raisin de Calabre*. — G. de R. le croit identique à l'Insolia Bianca de la Sicile, cependant d'après les descriptions succinctes que Pulliat donne des deux, il y aurait une différence. Le raisin de Calabre a des grains sur-moyens, sphériques, fermes, croquants; l'Isolia a des grains olivoïdes. Le raisin de Calabre mûrit un peu plus tôt.

Calitor Blanc, *France* (Gard).

Syn. : *Bouteillan à grains blancs, Fouiral blanc*, Marès. — Donne un vin plus apprécié que le Calitor noir, auquel il est semblable par ses caractères, sauf par la couleur de ses grains.

Calona, *Espagne* (Sim. Roxas Clém.).

On cultive cette variété surtout à San Lucar. Ses caractères sont : *Feuilles* grandes; *grains* un peu serrés, moyens, quasi-ronds, blancs.

Camaraou, *France* (Hautes et Basses-Pyrénées).

Syn. : *Camarau*. — Cépage à raisins blancs, mûrissant très tard, donnant des vins blancs dont Guyot (352) fait un grand éloge Cette variété est très reconnaissable à ses feuilles dentelées, tourmentées et duveteuses.

Canajolo bianco, *Italie* (Toscane).

Syn. : *Caccione, Cachione, Cacciume, Cacciuma, Empibotte, Gonfiabotte, Sfondabotte, Sfaschiacanele, Pagadebiti, Uva Vacca, Zinna di Vacca, Bottoto, Bottero, Bottara, Bottornione, Bottirone, Uva Mela, Uva della Madona, Canaiola Bianca, Ghiotto*, etc. (Bulletins ampélographiques italiens).

Caractères d'après M. et P. (Vign., t. III, p. 189) : *Bourgeonnement* un peu duveteux; *souche* vigoureuse; *sarments* épars, surbaissés, de moyenne grosseur, à entre-nœuds peu distants; *feuilles* moyennes, fines, molles, ondulées, d'un vert tirant sur le jaune, lisses et glabres supérieurement, duveteuses sous le revers, sinus supérieurs profonds, denture large, aiguë; *grappe* longuement pyramidale, ailée, peu serrée, de grosseur moyenne; *grains* gros ou sur-moyens, globuleux, transparents; *peau* très résistante, peu sujette à la pourriture, de couleur jaune à la maturité qui est de deuxième époque; *chair* molle, juteuse, assez sucrée.

Ce cépage, très fertile, se maintient dans un état normal dans tous les terrains et ne craint pas les grandes chaleurs.

Le vin est d'une qualité ordinaire dans les terrains frais et fertiles, très supérieurs dans les terrains calcaires. D'après M. et P. la taille doit être modérée en souche basse.

CATARATTO

§ I. — *Synonymie* (d'après M. et P.).

Catarattu, Catarrattu a la Porta, Cataratteddu, Baron Mendola;
Cataratu Ammantildatu, Ange Nicolosi (Sicile);
Cataratto (Italie).
Originaire de Dalmatie.

§ II. — *Caractères spécifiques*.

Souche : Vigoureuse, bien fertile.

Sarments : Érigés, assez gros, à entre-nœuds moyens, peu renflés.

Bourgeonnement : Duveté, blanc, verdâtre, teinté de carmin sur le pourtour des folioles qui passent à un beau vert luisant supérieurement, cotonneux, blanchâtre inférieurement.

Feuilles moyennes, épaisses, un peu tourmentées et bullées, rugueuses, d'un beau vert foncé, glabres à leur face supérieure, garnies à leur face inférieure d'un duvet lanugineux, blanchâtre, poilu sur les nervures; sinus supérieurs peu profonds, un peu ouverts ou à peine fermés, sinus secondaires le plus souvent nuls, sinus pétiolaire bien fermé par le rapprochement des lobes inférieurs; dents larges, longues, aiguës ou assez aiguës, alternant régulièrement avec de plus petites; pétiole de moyenne longueur, assez fort.

Grappe : Sur-Moyenne, plus ou moins serrée, ordinairement cylindro-conique, mais souvent pourvue d'ailes très prononcées (dans les sols riches et sous un climat chaud), portée par un pédoncule de moyenne force et de moyenne longueur.

Grains : De moyenne grosseur, réguliers ou égaux, globuleux, portés par des pédicelles un peu courts, assez forts.

Peau : Ferme, résistante, d'un jaune clair pruiné qui passe au jaune ambré à bonne exposition lors de la maturité.

Chair : Juteuse, plus ou moins ferme, à saveur simple, délicieuse sur les coteaux exposés au soleil, molle et peu relevée dans les plaines et les sols riches et frais.

§ III. — *Production.*

Qualité pour la table : Très agréable à manger, ce raisin n'est cependant pas classé dans les variétés pour le dessert.

Qualité pour le vin : C'est avec le Cataratto que l'on fait en Sicile le célèbre vin de Marsala.

Qualité du vin : Le vin provenant de ce raisin est très renommé en Europe où il est connu sous le nom de Marsala et apprécié pour son degré capiteux et sa couleur ambrée.

Alcoolicité : Il dose de 15° à 17° d'alcool et son extrait sec varie entre 24 à 29 grammes.

Proportion du kilo au litre : Pour faire 100 litres suivant la méthode de passerillage, il faut fouler fortement et mettre en fermentation de 173 à 180 kilos de raisin.

Quantités de vin : Cultivé en souche basse à taille courte, la production s'élève de 35 à 40 hectolitres à l'hectare.

§ IV. — *Dates de débourrement du cep et de maturité du fruit.*

Le Cataratto débourre en même temps que la Clairette et mûrit quelques jours après elle. Sur les Hauts-Plateaux, vers les bords de la région des alfas, il mûrirait vers fin octobre à une altitude de 1,000 mètres environ.

§ V. — *Terrains à choisir. — Engrais à employer. — Taille spéciale.*

Terrains : Calcaires-argileux faiblement siliceux. Sur nos coteaux il donnerait d'excellents vins et serait d'un grand rendement.

Engrais : Composts phospho-potassique un peu azoté.

Taille : Courte sur de nombreux porteurs ; ce plant étant très fertile, s'épuiserait vite si on le traitait par une taille trop développée.

§ VI. — *Maladies particulières.*

Très vigoureux, ce cépage ne craint ni les insectes ni les pluies froides au moment de la floraison ; le siroco ou la sécheresse, l'oïdium ou autres maladies cryptogamiques ne l'atteignent pas.

Cenerola bianca, *Italie* (Piémont. — « *Feuilles* sous-moyennes, sinuées, très duveteuses ; *grappe* grosse, conique, cylindrique, un peu serrée ; *grains* sous-moyens, sphériques, blanc jaunâtre » (Pull.).

Cepa Canasta, *Espagne* (Paraxète). — Cette variété se rapproche beaucoup de l'Albillo. Caractères : *Sarments* rampants, un peu gros ; *feuilles* ayant des sinus aigus et des dents courtes ; *grappe* petite, entre cylindrique et un peu sphérique ; *grains* serrés, ronds, blancs, mous (Sim. Rox. Clém.).

Cepin blanc ou Grand blanc, *France* (Allier).

Ce cépage produit d'une façon constante et abondamment ; il est particulièrement cultivé dans les vignobles de Chaleuil et de Varennes. La qualité du vin est assez appréciée dans les vignobles de Saone-et-Loire et de l'Allier.

Bourgeons toujours rouges pendant le temps de la végétation du cep ; *feuilles* rugueuses, recourbées en volutes, bordées de courtes dents très obtuses ; *grappe* portant de gros grains ronds et serrés.

Maturité de troisième époque.

Chalili blanc (précoce), *Perse*, In. G. de R. — Raisin de cuve.

Chalosse Blanche, *France* (Gironde, Dordogne et Charente), Odart. — *Syn. : Pruéras, Prunelat, Œil-de-Sourd, Blanc Pic* (Petit-Laffite). — Ce cépage est peu sujet aux gelées du printemps par suite de son débourrement tardif. Produit abondant mais de qualité inférieure. *Bois* droit, cassant, écorce mêlée de blanc et de violet ; *feuilles* arrondies, très sensibles à la gelée ; *grains* gros et très doux, se détachant aisément et tombant à terre où ils se conservent longtemps, il est vrai, sans pourrir, mais où il faut avoir soin de les ramasser (Petit-Laffite, p. 188).

Chanti, *Caucase.* — Raisin blanc verdâtre, bon pour la vinification. « *Feuilles* sur-moyennes, sinuées, duveteuses ; *grappe* petite, cylindrique, un peu ailée, serrée ; *grains* petits, ellipsoïdes, blanc verdâtre », Pull.

Chasri Bianco, *Caucase.* — Raisin de cuve, H. G.

Chasselas Coulard, *France.* — *Syn. : Gros Coulard, Froc de Boulaye, Chasselas de Montauban à gros grains,* Od. ; *Chasselas Gros Coulard, Prolific Sweet Water, Chasselas impérial précoce, Gutedel fruher Weisser* (Allemagne) ; *Diamant, Diamanttraube, Perltraube.* — D'après Mas et Pulliat, cette variété doit être classée parmi celles qui conviennent à la culture dans la serre, où elle donne de très beaux et excellents produits. On doit conduire le Chasselas Coulard à la taille courte.

Voici une description sommaire des caractères de ce cépage : *Feuilles* grandes, plus larges que longues, d'un vert herbacé, duveteuses, sinuées ; *grappe* moyenne, presque cylindrique, un peu ailée ; *grains* gros, presque sphériques, d'un vert blanchâtre, se dorant un peu à la maturité, qui est précoce.

CHASSELAS DORÉ

§ I. — *Synonymie* (M. et P.).

Chasselas, Chasselas de Fontainebleau, Raisin d'Officier ;
Chasselas hâtif, Chasselas de Bar-sur-Aube, Od ;
Chasselas blanc, Bar-sur-Aube blanc ;
Chasselas blanc de Tomery ; Royal Muscadine, Fendant-Roux (Suisse) ;
Marlenche, Mornen-blanc (Rhône) ;
Lardat, Lardot (Drôme, Isère, Ain) ;
Abelione, Bourlat (Ardèche) ;
Valais blanc (Jura) ;
Queen Victoria (Angleterre), M. et P. ;
Chasselas de Bordeaux, Chasselas de Pondichéry, Chasselas blanc Royal, Chasselas de Florence, Chasselas de Montauban à grains transparents, Chasselas du Doubs, Chassselas hâtif de Ténérif, Chasselas Fendant-Roux, Pulliat.

§ II. — *Caractères spécifiques*

Souche : Moyenne, de durée variable.

Bourgeonnement : De couleur grenat, glabre ou presque glabre.

Sarments : Assez longs, surbaissés, à entre-nœuds moyens, quelquefois sur-moyens.

Feuilles : Moyennes ou surmoyennes, un peu plus longues que larges, glabres à leur face supérieure, portant à leur face inférieure un duvet hérissé sur leurs nervures ; sinus supérieurs et inférieurs plus ou moins profonds, sinus pétiolaire étroit ou presque fermé ; dents larges, un peu profondes, tantôt obtuses, tantôt courtement aiguës ; pétiole long, de moyenne force et souvent coloré de rose.

Grappe : Moyenne ou sur-moyenne, conique, ailée, tantôt compacte, tantôt un peu lâche, suivant le sol et l'âge du cep ; pédoncule de moyenne longueur et de moyenne force.

Grains : Moyens ou sur-moyens, sphériques ; pédicelles assez courts et un peu grêles.

Peau : Fine et cependant un peu ferme, d'abord d'un vert très clair, puis passant au blanc verdâtre teinté de jaune et souvent frappé de roux doré du côté du soleil à la maturité qui est de première époque.

Chair : Tantôt croquante, tantôt molle, bien juteuse, sucrée et très agréablement relevée.

§ III. — *Production.*

Qualité pour la table : Sa précocité en Afrique fait du Chasselas un raisin tout particulièrement désigné pour la table, parce qu'il devance toutes les autres espèces cultivées dans ce pays. En l'expédiant sur les grands marchés d'Europe, on est assuré d'un écoulement rapide et rémunérateur, pourvu toutefois qu'il y arrive avant les produits secondaires venant du Midi de l'Europe, laissant de côté les raisins primeurs des serres de Belgique, produits purement artificiels, qui sont le plus souvent sans goût ni parfum.

En Algérie, la plus grande partie des Chasselas étant consacrés à l'exportation, cette variété n'est guère connue et appréciée à sa juste valeur.

Malgré les avantages que présente en Afrique la culture des Chasselas, nous croyons utile de rappeler en cette occasion, à nos viticulteurs, le conseil que nous leur avons déjà donné de varier leurs plantations, car une préférence trop exclusive attribuée aux Chasselas par exemple, pourrait leur causer des mécomptes dans le cas où il y aurait surabondance du produit sur place.

Qualité pour le vin : Il n'a donné en France que des vins médiocres ; cependant en Algérie nous avons eu l'occasion de goûter chez M. Oudaille Paul (d'Aïn-Taya), un vin blanc supérieur provenant du raisin de Chasselas. Il y a peut-être là un exemple à suivre.

Qualité du vin : Le vin provenant de Chasselas cultivé en Algérie est très fin, et ne se madérise que difficilement. Il pourrait être employé dans la fabrication des vins mousseux.

Alcoolicité : Il dose de 9°50 à 11° d'alcool ; son extrait sec varie de 17 à 19 grammes par litre.

Proportion du kilo au litre : Arrivé à son véritable point de maturité il rend beaucoup ; pour obtenir 100 litres de vin fermenté il est nécessaire de fouler et presser de 154 à 160 kilos de raisin.

Quantités de vin : Ce cépage est généralement cultivé en souche basse et faiblement fumé, mais lorsqu'il est entretenu dans un bon terrain bien fumé sa production varie de 50 a 70 hectolitres à l'hectare. En cordon sur fil de fer il peut rendre de 110 à 130 hectolitres à l'hectare.

§ IV. — *Dates de débourrement du cep et de maturité du fruit.*

Le Chasselas débourre de très bonne heure. En Algérie, à Guyotville, Staouéli et à Aïn-Taya, ce débourrement a lieu dès le mois de février ou mars ; aussi mûrit-il dès la fin juin ou commencement de juillet suivant les années ; en 1890, par exemple, sa maturité a été très tardive.

§ V. — *Terrains à choisir. — Engrais à employer. — Taille spéciale.*

Terrains : Nous préconisons les terrains chauds et légers et peu humides, tels que les sols sablonneux et légèrement calcaires, surtout si on le cultive en vue de raisin de table ; mais si on veut en faire du vin il est inutile de le propager dans des sols légers ; les alluvions profondes lui sont plus favorables.

Engrais : Il faut être sobre d'engrais pour obtenir des raisins primeurs, car les engrais azotés retardent la maturité ; mais si le but à atteindre est d'en faire du vin, il faut au contraire activer une forte végétation pour obtenir un rendement supérieur. Dans le premier cas, il faut user de composts riches en phosphates de chaux un peu potassiques ; dans le second, employer des composts phosphatés, potassiques et azotés.

Taille : Quoique l'on ait préconisé la taille courte à deux yeux en souche basse, il n'en est pas moins vrai que ce cépage se comporte assez bien en taille longue. Pour obtenir des raisins primeurs, il faut une taille courte en souche basse.

§ VI. — *Maladies particulières.*

Le Chasselas résiste assez bien à la sécheresse, aux cryptogames, aux insectes. Son débourrement hâtif l'expose cependant aux gelées ; il est peu sujet à la coulure.

Les situations les plus favorables sont les coteaux à peu de distance de la mer, sous une température douce et constante, comme derrière les monticules de sables qui forment le fond des baies du littoral ; à défaut de ces remparts naturels on peut l'abriter artificiellement par des haies de roseaux ou des palissades de verdure.

Ainsi que nous l'avons dit plus haut, le Chasselas d'Afrique, par sa grande production et la bonne tenue des marchés, assure aux viticulteurs des résultats sérieux. — Nous conseillons donc sa culture sur une grande échelle et spécialement au point de vue du raisin de table.

Chasselas musqué, *France.*

Syn. : *Chasselas musqué vrai,* Pull.; *Vrai Chasselas musqué du baron Salomon, Chasselas blanc musqué,* M. et P.; *les Raisins du Verger,* Henri Bouschet. — Od. Amp. Univ. (p. 358) dit être certain que ce cépage doit être rangé dans la famille des Chasselas et non des Muscats.

Ce raisin est exquis, il n'a pas le défaut des muscats, il n'amène pas la satiété ; il est moins fertile, il est vrai que ce dernier, mais il est encore suffisamment fertile et rémunérateur pour que sa culture ne soit pas à dédaigner. Il demande des terres demi-fertiles et une taille en cordon sur fil de fer.

Il présente, d'après M. et P., les caractères suivants : *Sarments* peu forts et courts noués ; *feuilles* moyennes, à peu près aussi larges que longues, glabres à leurs faces supérieure et inférieure, bien sinuées ; *grappe* sous moyenne, un peu courte, peu serrée et rarement ailée ; *grains* moyens, sphériques, un peu dépruinés du côté du point pistillaire ; *peau* fine, mince, souple, jaune à maturité qui est de deuxième époque ; *chair* peu croquante, juteuse, sucrée.

C'est un très beau raisin de table.

Chenin blanc, *France* (Indre-et-Loire).

Syn. : *Gros Pinot* (coteaux de la Loire), *Plant de Brézé* (Deux-Sèvres), *Ugne Lombarde* (Gard), *Plant de Sulès* (anc. Provence), Od.; *Pinot blanc de la Loire,* Pull.; *Plant d'Anjou, Plant de Maillé, Plant Volé, Plant de Clair de Lune,* Mas. et Pull.

Très répandu et cultivé en France, c'est à lui qu'est due la bonne réputation des vins d'Anjou, renommée justifiée tant par la qualité de ses produits que par leur abondance. Pour obtenir des produits d'une valeur incontestable, il faut laisser fortement mûrir les raisins sur souche. Nous pouvons affirmer qu'en Afrique ce cépage aurait de grandes chances de réussite.

Caractères : *Feuilles* petites, boursouflées, très duveteuses ; *grappe* assez volumineuse.

Chinco Bianco, *Italie* (provinces napolitaines). — Raisin blanc de cuve, H. G. *Feuilles* petites, quinquélobées, dentelure bien prononcée ; *grappe* grande, rameuse ; *grains* ronds, moyens, jaunâtres, saveur douce.

Ciapparone o Montonicino, *Italie* (Marches).

Syn. : *Chiapparone, Marzabina* (Ancône), *Chlapparone, Caprone* (Pesaro), *Montonico* (Ascoli), *Racciappoluta, Ciapparuto, Fermano, Racciappolone, Verdolino, Rappelono* (Abruzzes), *Cappa* (Rome), *Albana Gentile, Racciapollone* (Ravennes), *Uva Chiusa,* in H G. — D'après le B. A. (fasc. xix, p. 93), les caractères sont : *Feuilles* grandes, quinquélobées, lobes aigus; la face supérieure colorée vert clair, la face inférieure irrégulièrement tomenteuse; *grappe* grosse, longue, très serrée, conique; *grains* d'inégale grosseur, ronds tout d'abord, puis plus tard, inégalement polyédriques par suite de leur tassement, qui est même la cause qu'ils ne peuvent pas arriver tous à parfaite maturation; leur couleur, tout d'abord vert clair, passe au jaune verdâtre à la maturité qui est de deuxième époque.

Raisin de cuve.

Cinquien, *France* (Jura). — « *Feuilles* sur-moyennes, un peu tourmentées, très peu sinuées, très peu duvetées; *grappe* cylindrique, ailée, un peu longue, un peu serrée; *grains* sphériques, sous-moyens, jaune verdâtre. Raisin de cuve ». — Pull.

Cipro Bianco, *Ile de Chypre.* — Raisin blanc de table.

Circé Blanc, *France* (Angers). — Raisin de table obtenu de semis, Pulliat. « *Grappe* moyenne; *grains* moyens, sphériques, blanc jaune ».

Ciuti, *Espagne.* — *Syn.* : *Cedoti, Ceoti, Ceuti, Lauxarou,* Sim. Rox. Cl.

Clairette

§ I. — *Synonymie.*

La Clairette s'appelle encore :
Clarette (dans les Bouches-du-Rhône, Gard, Vaucluse) ;
Blanquette (Aude), M. Marès;
Petite Clarette, Clarette de Trans (Var);
Cotticour (Tarn-et-Garonne);
Malvoisie (improprement), Od.;
Clairette verte, Petit blanc (à Aubenas), M. et P.;
Granolata, Blanquette de Limoux, Pull.;
Claretta (comté de Nice).
Originaire du Midi de la France.

§ II. — *Caractères spécifiques.*

Bourgeonnement : Très duveté, blanc, teinté de rouge violacé sur les bords des folioles.

Souche : Forte, très nouée, très robuste et fertile. Se développe quant à présent en Afrique avec assez de vigueur pour qu'on puisse lui prédire dans ce pays une longévité encore plus grande qu'en France.

Sarments : Érigés, longs, fins, lisses, rayés longitudinalement, glauques, entre-nœuds demi-espacés, couleur rouge très clair, contenant peu de moelle.

Feuilles : Moyennes, a cinq lobes, peu découpées surtout à la partie inférieure, face supérieure rugueuse et d'un vert très foncé, revers cotonneux et tout blancs, pétiole teinté de rose.

Grappe : Moyenne, assez longue, ailée, peu serrée, pédoncule assez long de moyenne force, qui peut se conserver en Afrique pendant près de six semaines par les moyens ordinaires.

Grains : Sous moyens, olivoïdes et souvent oblongs, pédicelle assez long, un peu mince.

Peau : Mince, assez résistante, passant du blanc verdâtre au blanc transparent ciré plus ou moins teinté.

Chair : Ferme, assez juteuse, d'une saveur douce, sucrée et relevée.

§ III. — *Production.*

Qualité pour la table : La Clairette est rarement cultivée en Algérie par les viticulteurs européens pour la table. Cependant depuis vingt-cinq ans que les Kabyles ont commencé à cultiver ce cépage, ils lui ont fait produire un raisin de table très apprécié des consommateurs algériens et très supérieur à ce qu'est en France le raisin de Clairette.

Qualité pour le vin : Les raisins de Clairette forment la base de la plupart des vins blancs algériens déjà connus des consommateurs européens; c'est par conséquent un cépage à propager dans les nouvelles plantations d'Algérie et de Tunisie.

Qualité du vin : Ce vin est très renommé en France où il porte le nom de *Blanquette de Limoux* et encore celui de *Picardan*. Il est à la fois corsé et fin. Lorsqu'il est associé avec d'autres qualités de vins blancs (voir nos tableaux), il donne des produits très recommandables. Disons aussi que les vins obtenus en Afrique sont encore supérieurs à ceux similaires comme origine obtenus sur le continent européen.

Alcoolicité : Il dose de 12° à 16° d'alcool; son extrait sec varie de 20 à 22 grammes par litre.

Proportion du kilo au litre : Pour obtenir 100 litres de vin blanc après fermentation il est nécessaire d'exprimer sous la presse de 168 à 172 kilos de raisin.

Quantités de vin : Cultivée en souche basse, son rendement varie suivant le sol, de 30 à 60 hectolitres; conduit en cordon sur fil de fer, son rendement s'élève encore et peut être estimé entre 100 à 120 hectolitres à l'hectare.

§ IV. — *Dates de débourrement du cep et de maturité du fruit.*

Débourrement tardif et maturité de la troisième époque tardive. Dans les montagnes de la Kabylie où les indigènes cultivent ce cépage, il mûrit dans la dernière quinzaine d'octobre à 650 mètres d'altitude; aux environs de Cherchell, planté sur les bords de la mer, il donne des fruits fin août.

§ V. — *Terrains à choisir.* — *Engrais à employer.* — *Taille spéciale.*

Terrains : Les sols argilo-calcaires siliceux paraissent lui convenir le mieux ; par contre les terrains humides sont préjudiciables à sa bonne tenue.

Engrais : Les composts formés de plâtre, de phosphate de chaux lui sont particulièrement favorables, car il est peu gourmand d'engrais.

Taille : Si en Europe on préconise la taille courte, dans l'Afrique du Nord il ne peut en être de même car la végétation est beaucoup plus vigoureuse.

Nous recommanderons la taille à un œil et de nombreux porteurs pour les cépages de cette espèce plantés en terre peu fertile, et une taille longue en cordon sur fil de fer en terre profonde et substantielle. Il réclame un ébourgeonnage énergique.

§ VI. — *Maladies particulières.*

La Clairette redoute l'excès d'humidité qui l'exposerait d'une façon certaine à l'anthracnose ; il est sujet à la coulure, à moins que l'on ne prenne la précaution de greffer les pieds coulards. Le peronospora et les insectes l'atteignent peu et il résiste assez bien à la sécheresse et au siroco.

C'est en résumé un excellent cépage à propager dans l'Afrique française du Nord.

Coda di Cavallo, *Italie* (provinces napolitaines). — Raisin blanc de cuve.

Coddu Curtu, *Italie* (Sicile). — Ainsi que le Coddu Neddu (Sicile) donne d'excellents raisins de table (Pull.).

Colgadera, *Espagne,* Sim. Rox. — Cette variété est très productive, ses raisins ont une saveur délicate et sont de bonne conservation ; ce sont ceux qui contribuent le plus à la quantité des fameux vins de Peralta. Ce cépage se distingue surtout par les sinus un peu cordiformes de ses feuilles, par leurs pédoncules tendres et par ses grains très serrés, moyens, blancs.

Colombana del Peccoili, *Italie.* — *Syn.* : *Colombana di Piccioli, Gambo rosso,* M. P. — Ce cépage porte le nom de la propriété où il est cultivé en grand. M. et P. (in. Vign., t. III, p. 73), à qui Rovasenda a donné ces détails, disent que ce raisin peut rester longtemps sur le cep sans crainte de pourriture. Il est fort estimé, soit comme raisin de table, soit pour le pressoir.

COLOMBAUD

§ I. — *Synonymie.*

Le Colombaud s'appelle encore :

Couroumbaou, Aubier, dans le Var, les Bouches-du-Rhône ;
Gregues, à Marseillan, dans l'Hérault (A. Pellicot).

§ II. — *Caractères spécifiques.*

Souche : Vigoureuse et de longue durée.

Sarments : Forts, érigés, à entre-nœuds moyens.

Bourgeonnement : Duveteux, blanchâtre, teinté de rouge violacé sur le pourtour.

Feuilles : Moyennes, glabres et à peu près lisses à leur face supérieure, garnies à leur face inférieure d'un léger duvet aranéeux, presque glabres dans la partie supérieure du sarment; sinus supérieurs assez profonds, les secondaires marqués, celui du pétiole ouvert; denture inégale, assez aiguë, mucroné; pétiole assez fort, un peu court.

Grappe : Moyenne, cylindrico-conique, ailée, assez serrée; pédoncule assez fort, de moyenne longueur.

Grains : Gros, sphériques, pédicelles assez forts un peu courts.

Peau : Un peu verdâtre, très fine, peu résistante, passant au jaune doré et ambré sur le côté exposé au soleil.

Chair : Un peu ferme, juteuse, sucrée, agréable, à saveur simple, un peu relevée.

§ III. — *Production.*

Qualité pour la table : Le raisin de Colombaud quoique d'un goût un peu acerbe à première maturité, n'en est pas moins estimé pour la table, surtout quand il est parfaitement mûr, ce qui est notre cas puisqu'en Algérie et en Tunisie il peut atteindre une maturité complète.

Qualité pour le vin : Très estimé dans les Bouches-du-Rhône pour la cuve où l'on fait un bon vin blanc.

Qualité du vin : Ce vin, très apprécié des viticulteurs, est parfaitement incolore comme l'eau et reste sec pendant une année et demie; il prend en vieillissant du bouquet et du moelleux.

Incorporé dans la proportion de 15 p. 0/0 dans le vin de Carignane il lui donne de la finesse et du moelleux.

Alcoolicité : Il dose de 12° à 14° d'alcool; son extrait sec varie entre 21 à 24 grammes.

Proportion du kilo au litre : Pour produire 100 litres de vin blanc on foule et presse de 156 à 160 kilos de raisin.

Quantités de vin : Lorsque ce cépage est cultivé à long bois en cordon sur fil de fer il peut rendre de 120 à 140 hectolitres à l'hectare et descendre à 35 hectolitres en souche basse.

§ IV. — *Dates de débourrement du cep et de maturité du fruit.*

Il débourre en même temps que la Carignane et mûrit complètement à la quatrième époque.

C'est un cépage à planter en coteaux bien ressuyés.

§ V. — *Terrains à choisir. — Engrais à employer. — Taille spéciale.*

Terrains : Ce cépage est peu exigeant pour son existence, cependant si on veut en tirer un parti avantageux, il est préférable de le planter dans les alluvions anciennes et modernes bien profondes. Tous nos terrains de l'Afrique française du Nord sont de qualités parfaites pour le faire fructifier.

Engrais : Quoique le Colombaud soit peu exigeant d'engrais, il n'en est pas moins établi qu'il fructifie beaucoup mieux lorsqu'il est mieux pourvu d'engrais qui sont des composts à base de phosphate de chaux et de potasse devant lui être administrés sobrement.

Taille : Il est généralement cultivé en souche basse, cependant il devrait être dirigé en cordon sur fil de fer, de façon à obtenir une bonne et large fructification.

§ VI. — *Maladies particulières.*

L'oïdium l'attaque peu, cependant si on ne le traite pas à temps, le raisin souffre par sa peau qui se détériore. Les autres maladies cryptogamiques semblent l'avoir respecté jusqu'à ce jour.

M. Pulliat nous dit qu'il n'aime pas le provignage et encore moins la greffe parce que son bois est très dur. Il résiste relativement assez au siroco et à la sécheresse.

Corinthe Blanc, *Grèce.*

Syn. : Corinto Bianco. With Corinth (Angleterre), *Weisse Corinthe* (Allemagne), *Corinthusi apro Szemüfeher* (Bude), *Kishmish* ou *Kechmich*, M. et P.; *Passera, Passerina, Passerata, Passolina, Aïga Passera,* Pull.

Dans l'archipel grec on cultive ce raisin pour les passeriller et les exporter. Dans le nord de la Grèce on le cultive spécialement pour la cuve, à Asti il produit un bon vin sec généreux et alcoolique.

Ce cépage se plait dans les terrains bien ressuyés de moyenne fertilité. Son raisin est sans pépins.

Caractères : *Souche* très vigoureuse; *sarments* de moyenne force à entrenœuds cours; *feuilles* moyennes, ou presque moyennes, plus longues que larges, glabres à leur face supérieure, couvertes à leur face inférieure d'un duvet, bien sinuées; *grappe* moyenne, cylindrique et compacte; *grains* très petits, sphériques, assez dépruinés vers le point pistilaire; *peau* très fine, d'abord clair, puis passant au jaune doré à la maturité qui se produit entre la première et la deuxième époque; *chair* peu ferme, juteuse, sucrée et agréable.

Corneille blanc, *France* (Angers). — Raisin blanc jaunâtre

obtenu de semis. *Grappe* grosse, cylindro-conique, peu serrée (Pull.).

Cornichon blanc (Afrique du Nord).

Syn. : Raisin Cornichon, Santa Paula (Espagne), *Testa di Vacca* (Italie), *Buttima di Gaddu* (Sicile), *Kosu Tilki* (Astrakan), *Kadim* ou *Barmark* (Maroc), *Souaba el Adja* (Algérie et Tunisie), *Pizzutello, Cornicciola,* Pull.; *Eicheltraube Weisse, Fischblasentraube* (Allemagne), H. G.; *Galetta, Corniola, Uovo di Gallo, Titta di Vaga, Goloppa Bianca* (Sicile), *Corazon de Cabrito* (Espagne), *Crochu, Pisutelle* (Provence), *Vessie de Poisson,* Wite Cucumber Grap, Pinger Grap, M. et P.

Ce raisin est complètement décrit plus loin dans le chapitre consacré à l'ampélographie des cépages indigènes de l'Afrique française du Nord.

Cortese Bianca, *Italie* (Piémont). — *Feuilles* grandes, sinuées, un peu duveteuses; *grappe* grande, cylindro-conique, un peu rameuse, peu serrée; *grains* sur-moyens, sphériques, blanc jaunâtre (Pull.). — Raisin de table et de cuve.

Crujidero blanc, *Espagne.*

Pull. le considère comme synonyme de la *Panse jaune* ou l'*Olivette* du comte Odard, par erreur; G. de R. l'assimile à l'*Axinangelus* et au *Teneron de Cadenet.* Bouschet (in. G. de R.) l'admet comme une variété voisine de la *Grosse Panse de Provence.*

Ce cépage produit de belles grappes ornées de grains oblongs, peu serrés, d'une bonne grosseur et d'un goût très sucré et finement relevé. — Maturité de troisième époque.

Danachetta Bianca, *Italie* (Novello). — Beau raisin ambré, de table et de cuve; grappe conique portant de petits grains (G. de Rov.).

De Loxa, *Espagne* (Sim. Rox. Cl.). — Ses raisins s'exportent et se vendent sur le marché de Cadix. Les sarments sont longs, les grappes grandes avec des grains blancs serrés.

Doradillo, *Espagne.* — *Syn.* : *Plateado, Plateadillo,* Sim. Rox. Cl. — Ce cépage estimé pour la vinification présente les caractères suivants : *Sarments* rampants, cassants; *feuilles* moyennes, dents courtes et velues; *grappe* moyenne avec grains moyens, très serrés, un peu ovales, très dorés, durs, âpres.

Douccagne, *France* (Provence). — Ressemble beaucoup au *Pinot Blanc, Chardonay,* donne un très bon fruit, mais ne doit être considéré, d'après Mas et Pull. (in. Vign , t. III, p. 99), que comme raisin de qualité mais non d'abondance.

Duraca, *Italie.* (Saracena). — *Syn.* : *Zibibbo* (province de Cosenza). — *Feuilles* moyennes, vert sombre, jaunissant en automne; face supérieure lisse, face inférieure rugueuse, mais non tomenteuse, sinus peu profonds; *grappe* allongée, le plus souvent ailée; *grains* sur-moyens, légèrement ovales, de couleur ambré pruiné, à pulpe croquante, ou mieux charnue, de saveur très aromatique et douce. — Raisin de table, utilisé aussi quelquefois avec d'autres raisins pour faire le vin de Muscat, et cultivé dans quelques localités de la province comme raisin sec (B. A., fasc. XV, p. 174).

Erbaluce bianca, *Italie* (Piémont). — *Syn.* : *Erbolus bianca,* H. G.; *Erba Lucenta,* M. P. — L'Erbaluce bianca est originaire du Piémont, où dans l'arrondissement d'Ivrée, elle donne un vin de paille très estimé.

Pull. (cat.) en donne la description suivante : *Feuilles* moyennes, planes, lisses, un peu duveteuses, sinuées; *grappe* moyenne, cylindro-conique, peu serrée; *grains* moyens, sphériques, jaune ambré.

Falerno, *Italie* (provinces napolitaines). — *Syn. : Cuda di Volpa bianca.* — Bon raisin blanc de cuve (G. de R.)

Feher Som, *Hongrie*. — *Syn. : Soms Zolo Feher, Dientel Traube Weisse*, M. P.; *Cornelkirschentraube*, H. G. — Ce cépage, décrit par M. et P. (Vign., t. II, p. 171), donne un raisin blanc de maturité un peu tardive, mais le vin qu'on en tire est solide, corsé et de bonne garde. Il donne quelquefois un vin de liqueur très fin. On l'emploie aussi comme raisin confit et comme raisin de conserve.

Fekete Kircsosa, *Hongrie*. — Cépage vigoureux; grains beaux, oblongs, de saveur agréable (G. de R.).

Fendant vert, *Suisse* (canton de Vaud). — *Syn. : L'Offenburg Reben, Klapfer* (du Brisgaw), *Drestech* (Palatinat). — Grappe à raisins nombreux et serrés. Cette variété serait de la même famille que les Chasselas d'après Od. (p. 306) et d'après le Dr Guyot. Il en existe trois autres sortes : *Fendant blanc, Fendant noir* et *Fendant rose* qui ne diffèrent en somme entre elles que par la couleur de leurs grains.

Folle à grains jaunes, *France* (Charente). — Od. (p. 148) la donne comme synonyme de la Folle blanche, mais comme plus estimée pour sa bonté.

FOLLE BLANCHE

§ I. — *Synonymie.*

La Folle blanche se nomme encore :

Enrageat (Od.);
Folle ou *Fou, Enrageade, Enragé, Enrachal, Plant de Dame, Plant Madame, Plant de Madone, Tabesse, Talosse, Chalos* ou *Grosse Chalosse, Picpout, Picpouille blanc, Bouillon, Rebauche*, dans la Gironde, les Charentes, le Gers, le Lot-et-Garonne, la Haute-Vienne (Dupré de Saint-Maur);
Grosse Blanquette (Jules Seillan).

Originaire du Sud-Ouest en France.

§ II. — *Caractères spécifiques* (M. et P.).

Souche : Très vigoureuse et très fertile.
Bourgeonnement : D'un gris roussâtre, fortement duveté, se teintant de rouge violacé avant de passer au vert jaunâtre.
Sarments : Forts, érigés ou mi-érigés, à entre-nœuds un peu rapprochés.
Feuilles : Sous-moyennes, glabres et un peu bulbées supérieurement, teintées de rouge sur les nervures, garnies inférieurement d'un duvet aranéeux assez

compact, sinus supérieurs profonds, ordinairement ouverts, sinus secondaires bien marqués, sinus pétiolaire ouvert ou un peu ouvert ; pétiole court, de moyenne force, un peu teinté de rose ; denture courte, obtuse ou arrondie, obtusément acuminée.

Grappe : Sur-moyenne, serrée, cylindro-conique, portée par un pédoncule court et fort.

Grains : Moyens, sphériques lorsqu'ils ne sont pas portés, sur des pédicelles courts et forts

Peau : Épaisse, assez résistante, d'un vert clair passant au jaune doré à bonne exposition lors de la maturité qui est de deuxième époque.

Chair : Molle, bien juteuse, sucrée, à saveur simple.

§ III. — *Production.*

Qualité pour la table : Le raisin de Folle blanche est inférieur à tous ceux que nous avons recommandés pour la table ; on peut le classer dans la quatrième catégorie.

Qualité pour le vin : C'est un raisin très apprécié pour la fabrication des vins de distillation ; à ce point de vue, nous conseillons de propager ce cépage en Algérie et en Tunisie.

Qualité du vin : Lorsque le vin de Folle blanche a été fait avec du raisin encore un peu vert, il renferme une acidité qui le rend très propre aux coupages pour les vins rouges et blancs plus doucereux ; il leur donne de l'énergie, du ton et du brillant.

Bien mûr ce raisin fournit un vin assez savoureux et d'écoulement assez facile.

Alcoolicité : Il dose de 12° à 14° d'alcool ; son degré d'extrait sec varie entre 22 à 24 grammes par litre.

Autrefois, avant l'invasion phylloxerique, ce vin donnait lieu, à Cognac et dans les environs à un grand commerce où sous le nom de Fine Champagne on produisait avec la Folle blanche une eau-de-vie presque inimitable.

Proportion du kilo au litre : Pour produire 100 litres de vin il faut employer au foulage et à la pression, de 155 à 161 kilos de raisin.

Quantités de vin : Ses rendements sont généralement en rapport avec la fertilité du sol, mais ils dépendent surtout du mode de culture qui lui est appliqué ; soit en souches basses, soit en cordon sur fil de fer, soit encore en chaintre.

D'après nos observations et quoique ce plant soit encore peu répandu dans l'Afrique du Nord, nous croyons pouvoir fixer la moyenne de ses rendements ainsi qu'il suit :

En souche basse à taille courte, de 35 à 45 hectolitres à l'hectare de 2,770 pieds.

En cordon sur fil de fer à taille demi-longue, de 115 à 140 hectolitres à l'hectare de 2,000 pieds.

En chaintre à taille moyenne, de 180 à 200 hectolitres à l'hectare de 832 pieds.

Observation importante

Ce que nous venons d'écrire au sujet des vins de distillation nous amène à appeler l'attention des viticulteurs de l'Afrique sur les avantages qu'il y aurait pour eux à diriger leurs efforts vers la fabrication des eaux-de-vie. La nature du sol, le tempérament des cépages et le climat s'y prêtent d'une manière remarquable. On fait déjà de très bonnes eaux-de-vie en Algérie et en Tunisie avec des plants de second ordre, on obtiendrait donc à plus forte raison de bons produits avec la Folle blanche qui donne les fines champagne en France.

Comme exemple nous citerons des eaux-de-vie faites en 1871 à Boufarik au Camp d'Erlon et qui, après trois ans de fabrication, avaient déjà acquis des qualités remarquables, et particulièrement ce parfum et ce petit goût de noyau qui sont si estimés des connaisseurs et que toutes les manipulations du commerce sont impuissantes à donner et à reproduire.

§ IV. — *Dates de débourrement du cep et de maturité du fruit.*

Ce cépage débourre de bonne heure et mûrit de même. Dans les bas-fonds des vallées où il produit beaucoup, il débourre trop tôt pour éviter les gelées printanières et mûrit sur le littoral dans les derniers jours du mois d'août. — Maturité de deuxième époque.

§ V. — *Terrains à choisir. — Engrais à employer. — Taille spéciale.*

Terrains : Cette variété est rustique autant que riche et n'exige aucun privilège ; elle se maintient en bon état dans les terres calcaires-argileuses, cependant sa production grandit si on la cultive dans des terres profondes, car sa production suit dans une certaine mesure la fertilité du sol. Les alluvions anciennes et récentes lui sont très favorables.

Engrais Composts formés de phosphates de chaux, de potasse et de plâtre.

Taille : Ce cépage a toujours été taillé à court bois en France ; en Algérie, les conditions spéciales du climat et du sol engagent au contraire à le tailler si ce n'est à longs bois, au moins à bois demi-long.

§ VI. — *Maladies particulières.*

La Folle blanche paraît douée en Afrique d'une résistance particulière aux maladies cryptogamiques et aux insectes. Les intempéries spéciales à ce pays, telles que le siroco et les sécheresses ne lui occasionnent que des dommages insignifiants.

Folle verte d'Oleron, *France* (Charente-Inférieure). — Variété très abondante semblable à la Folle blanche ; elle est très répandue dans le Morbihan.

Forcella Bianca, *Italie* (Bologne), H. G. — *Feuilles* un peu petites, inégales, quinquélobées, face inférieure duveteuse ; *grappe* rameuse, avec des grains allongés, dont la peau mince est vert jaunâtre ; *chair* tendre et douce. — Raisin de cuve.

Furmint

§ I. — *Synonymie.*

Furment, Schams, le comte Odart, V. Rendu, A. Pellicot, Marès;
Formint Zapfner, Schams;
*Czapfner, Szigeti, Góreny, Dómgen, Gemeiner, Allgemeiner, Weisser
Landstock, Tokauer, Szegszölő, Szala, Szalai Janos, Jardanski-Furmint*
(en Hongrie), Dr Entz;
Mosler Gelber, Luttenberger, Weisslabler, Ungarische (Hongrois);
Moslovez, Shipon, Shipo, Shiponski, Poschipon, Maljak, Mainak, Malnik
(en Styrie);
Bielè Moslavac, Krhkopetec et *Sipelj* (en Croatie), H. Gœthe.
Originaire de Hongrie.

§ II. — *Caractères spécifiques* (M. et P.).

Souche : Moyenne ou sur-moyenne, érigée, assez vigoureuse.

Bourgeonnement : Bien duveteux, blanc, légèrement teinté de rose sur le
sommet des folioles non entr'ouverts.

Sarments : Forts, érigés, d'un roux jaunâtre pointillé de brun; nœuds renflés,
assez distants les uns des autres.

Feuilles : Moyennes, un peu épaisses, glabres supérieurement ou très légèrement parsemées d'un léger tomentum floconneux, garnies inférieurement d'un
duvet aranéeux, fin, bien entre-croisé et épais, surtout sur les vieilles feuilles;
sinus supérieurs peu profonds, les secondaires à peine marqués, celui du pétiole
presque fermé ou étroitement ouvert; pétiole un peu violacé, légèrement garni
de duvet, long ou assez long, de moyenne force.

Grappe : Moyenne ou parfois sur-moyenne, un peu serrée lorsqu'elle n'est
pas *millerandée*, portée par un pédoncule de moyenne force, un peu court.

Grains : Moyens ou à peine sur-moyens, ellipsoïdes, portés par des pédicelles
longs, un peu grêles, mais renflés à leur point d'attache au grain.

Peau : Épaisse, passant du blanc verdâtre au jaune doré à bonne exposition,
un peu sujette à la pourriture. Maturité de deuxième époque tardive.

Chair : Un peu ferme et cependant bien juteuse, bien sucrée, à saveur simple,
agréablement relevée.

§ III. — *Production.*

Qualité pour la table : Le raisin de Furmint est peu répandu pour la table,
quoiqu'il soit bien sucré et d'un goût agréable.

Qualité pour le vin : Il est plutôt apprécié pour la cuve.

Qualité du vin : Le vin de Furmint obtenu après une bonne fermentation
douce et régulière, est succulent, très fin, très estimé des connaisseurs et il a
une grande valeur sous le nom de Tokai-Princesse.

Alcoolicité : Il dose de 13° à 16° d'alcool quelquefois 17'; son extrait sec
varie entre 23 à 28 grammes par litre.

Proportion du kilo au litre : Pour faire 100 litres de vin de Tokai-Princesse
il faut fouler et exprimer à la presse de 175 à 180 kilos de raisin.

Quantités de vin : En Europe le Furmint produit peu ; il rend de 20 à 25 hectolitres ; son rendement dans le nord de l'Afrique française est plus considérable. On peut le cultiver en cordon sur fil de fer, à demi-taille longue, c'est-à-dire laisser trois ou quatre porteurs à chaque branche latérale, alors il peut produire de 70 à 80 hectolitres à l'hectare de 2,000 pieds.

§ IV. — *Dates de débourrement du cep et de maturité du fruit.*

Ce cépage débourre de bonne heure et mûrit de même, vers la deuxième demi-époque. Il n'est pas cultivable dans les régions où il gèle tardivement étant donné sa grande sensibilité.

§ V. — *Terrains à choisir. — Engrais à employer. — Taille spéciale.*

Terrains : Il redoute les terrains humides et il préfère les alluvions anciennes argilo-calcaires siliceuses bien défoncées.

Engrais : Les engrais trop azotés provoquent chez lui le millerandage. On doit lui donner au contraire les composts à base de phosphate de chaux, de plâtre et un peu de potasse.

Taille : Comme nous l'avons déjà fait remarquer, la taille courte en Europe peut lui convenir, mais ici en Afrique, où la végétation est très luxuriante, il est nécessaire de donner une issue à la sève en pratiquant une taille raisonnable, demi-longue, en laissant sur les deux bras trois ou quatre porteurs à chaque.

§ VI. — *Maladies particulières.*

Cette variété résiste bien en Afrique aux maladies cryptogamiques ainsi qu'aux séchesses et au siroco.

Les altises en sont friandes au moment du débourrage.

Fütterer Weisser, *Allemagne* (Wurtemberg). — *Syn. :* *Weisser Fütterer, Fütterling, Füterling,* etc., H. G. — Raisin blanc de cuve.

Galoppu, *Italie* (Sardaigne). — Raisin blanc, oblong, très bon pour la table (G. de R.).

Gamay blanc feuille ronde, *France* (Bourgogne).

Syn. : *Melon* (de l'Yonne), *Lyonnaise blanche* (Allier), *Barolo* (Piémont), Od. ; *Gros Auxerrois, Bourguignon blanc,* Pull. ; *Pourrisseux* ou *Gamai blanc, Weisser Burgunder, Spater Weisser Burgunder, Spater Burgunder,* M. et P.

Ce cépage est très productif mais le vin est ordinaire (Od. p, 221).

Caractères : *Sarments* d'un fauve clair un peu grêle, à entre-nœuds très courts ; *feuilles* moyennes, planes, presque orbiculaires, duveteuses à la face inférieure ; *grappe* sous-moyenne, cylindrique et quelquefois ailée ; *grains* sphériques un peu ellipsoïdes, moyens ; *peau* très mince, très sujette à la pourriture ; *chair* molle, juteuse, un peu acide, M. et P. (in. Vign., t. ı, p. 128).

Gamot ou **Gamau**, *France*. — *Syn.* : *Chasselas jaune de la Drôme*. — Od. (p. 358) préfère ce raisin à celui du Chasselas de Fontainebleau. Grains ronds, peu serrés, d'une couleur jaune très prononcée. Cette variété est très fertile, mais elle est sujette à la coulure.

Ginestra, *Italie* (provinces napolitaines). — Ce cépage donnerait un des meilleurs raisins de cuve de la province d'après G. de R. — H. G. en indique les caractères ci-après : *Feuilles* quinquélobées, très échancrées ; *grappe* moyenne, cylindrique ; *grains* jaunes, transparents, chair charnue, goût aromatique.

Goris toilé ou **Œil de Cochon**, *Caucase.* — Raisin blanc de cuve (Pull.).

Gouveio, *Portugal.*

Syn. : Verdelho, V. M. ; *Verdelho de Madère*, *Verdelho di Madera*, M. et P. — On trouve la description de ce plant dans le *Douro Illustré* (p. 191). Il porte le nom de *Gouveio* dans le Haut-Douro ; dans le Douro-Inférieur, la Beira-Alta et l'Ile de Madère, il porte celui de *Verdelho*. V. M. cite deux qualités de ce plant dans le Douro, le *Verdelho-blanc* et le *Verdelho-gris*.

Ce raisin est cultivé soit pour la table soit pour la cuve, comme raisin de table il est délicieux et savoureux. Dans l'île de Madère il concourt à la confection des vins de ce nom ; il ne produit que des raisins chétifs et malingres en France, tandis que dans l'île de Madère il donne de très beaux raisins (en Algérie et en Tunisie il peut produire aussi beau).

D'après M. et P. (Vign., t. i, p. 29), voici ses caractères : *Bourgeonnement* teinté de violet et un peu duveteux ; *sarments* grêles, court noués et d'un rouge clair ; *feuilles* moyennes ou assez petites, cordiformes arrondis, glabres et lisses à leur face supépieure, presque glabres à leur face inférieure et un peu duveteuses sur les nervures ; sinus supérieurs peu marqués, sinus secondaires nuls ou presque nuls, sinus pétiolaire un peu ouvert ; dents presque régulières, peu larges, courtes, obtuses ou très courtement aiguës ; *grappe* petite, conique, bien ailée et très lâche ; pédoncule long, grêle et tient du violet ; *grains* petits, régulièrement ellipsoïdes ; pédicelles très longs et extraordinairement grêles ; *peau* un peu résistante, très transparente, d'abord d'un vert vif, puis passant au vert clair légèrement doré et bien pruiné de blanc à la maturité qui n'est bien complète qu'à la seconde époque ; *chair* un peu ferme, à saveur sucrée et assez agréablement relevée.

On peut par marcottage dans de petits pots faire des petits ceps chargés de fruits que l'on sert à table dans les grands repas.

La production du Gouveio ou Verdelho se maintient en souche basse, entre 25 à 30 hectolitres à l'hectare.

Ce cépage se plait dans les sols maigres et chauds.

Gradiska, *France*. — Semis de M. Morcau Robert, d'Angers. Beau raisin représentant aussi bien que celui de nos plus beaux Chasselas, mais de moins bonne qualité et de peu de conservation.

Grec blanc, *France* (Isère). — *Syn. : Blanc grec. Greco bianco* (Italie), M. et P.); *Grieco, Greco Montecchio, Albano, Macerutese, Ibanella, Muraiulo, Ribona, Montecchiese, etc.* — Pour obtenir la grappe dans toute sa beauté, on doit cultiver ce cépage a l'espalier et à la taille courte. — Beau raisin de table.

Feuilles grandes, plus larges que longues, dents larges et longues ; *grappe* grosse, très rameuse ; *grains* gros, ellipsoïdes, courts ou subsphériques ; leur peau est peu épaisse et se dore à la maturité, M. et P. (in. Vign., t. ı, p. 153).

Grenache blanc, *France* (Roussillon et Espagne).

Le cépage de Grenache blanc ressemble en tous points au Grenache rouge ; il en a tous les avantages et tous les caractères, sauf la couleur de ses grains et sa maturité qui est plus tardive. Il résiste fort bien à la grande chaleur et se plait dans les terrains calcaires siliceux, redoutant les sols humides.

Le raisin de Grenache fournit un vin remarquable qui atteint jusqu'à 17 degrés d'alcool.

Gropel, *Italie* (Vérone).

D'après le B. A. (fasc. xvi), ce cépage produit un bon vin blanc à saveur aromatique et délicate.

Caractères : *Feuilles* petites, quinquélobées, de couleur vert foncé, sinus profonds, la chute des feuilles est tardive ; *grappe* moyenne, conique, serrée ; *grains* moyens, ovales, peau épaisse, pulpe à saveur douce, parfumée.

Gros Plant doré. *France* (d'Aï). — *Syn. : Morillon* (Épernay), *Maître noir* (en Laonnais), Od. — Cet auteur (p. 172) affirme que cette variété est très différente du Pinot du Poitou. Les grappes du Morillon sont plus longues, et les grains sont plus gros que ceux du Petit Plant doré.

Gros Rauschling, *Allemagne* (Bade et Alsace). — D'après Od. (p. 295), cette variété ne serait pas synonyme du Gros Fendant blanc, comme le veut Stolz. C'est, dit-il, un cépage très peu fertile, sujet à la pourriture et n'ayant pas plus de mérite pour la table que pour la cuve.

Gros Riesling, *Allemagne* (bords du Rhin).

Syn. : Orleaner ou *Orleander* (Rudesheim et dans tout le Rhingau), *Horf Hengst* (Palatinat), Od ; *Orleans, Orlanzsh, Orleanstraube,* H. G. — Od. (p. 293) recommande ce cépage comme produisant un bon fruit qui mûrit bien ; son raisin est bon a manger et à faire du vin blanc très estimé dans les vignobles de Rudesheim et de Johannisberg.

Caractères : « *Feuilles* moyennes, lisses à la face supérieure, duveteuses à la face inférieure, un peu sinuées ; *grappe* moyenne, un peu ailée, un peu serrée, cylindro-conique ; *grains* ellipsoïdes, blanc jaunâtre ; maturité de deuxième époque », Pull.

Grün Muscateller, *Basse-Autriche.*

Syn. : Grün Manhardtraube, Œstreicher (Franconie), *Schwaben Traube* (coteaux du Rhin), *Franken Riesling* (coteaux de Neker), *Bela Linka* (Comitat de Sirmie-Hongrie). — Ce cépage, très cultivé en Autriche où sa propagation augmente chaque année, produit un raisin à goût très fin, abondant et très relevé; son vin est bon à boire de suite mais il manque un peu de montant.

Caractères d'après Pull. : *Feuilles* moyennes, lisses, duveteuses, bien sinuées; *grappe* sous-moyenne et peu ailée, un peu serrée, cylindro-conique; les *grains* sont sous-moyens, sphérico-ellipsoïdes, d'un blanc verdâtre à la maturité qui est de première époque.

Grün Silvaner, *Allemagne* (cours du Rhin). — *Syn. : Œstricher, Schwabler, Grün Szirifandl* ou *Zirfahnl* (Hongrie), Od. — D'après cet auteur (p. 312), ce plant est assez fertile; son raisin, qui mûrit d'assez bonne heure, est agréable à la bouche. Pour la cuve, il donne un vin médiocre.

Hænapop, *Cap de Bonne-Espérance.*

D'après le comte Odart (p. 613), serait venu de Perse et formerait le fond des meilleurs vins de Constance.

Hainer Grosser Grüner, *Styrie, Croatie et Dalmatie.*

Syn. : Rosschweif, Grünhainer, Grüner Rosszagler, Grünler, Grünauer, Brenk, Grünstock, Zelenika, Zelenjak, Zelenika-Dedeli, etc. (H. G.).

C'est un cépage fertile dans les terrains qui lui conviennent et cultivé plutôt pour la quantité que pour la qualité.

Caractères : *Feuilles* allongées, quinquélobées, assez découpées, se rappro-chant de celles du Riesling, bien duveteuses à leur face inférieure; *grappe* grande, pyramidale, portant des *grains* ronds d'un vert jaunâtre.

Hallagueb, *Perse.* — Beau raisin très gros sans pépins.

Hars Levelu, *Hongrie.* — *Syn. : Laemmer Schwarz. Fisch Traube, Langer Tokayer,* Od.; *Hars Levelü, Harschat Lowelin, Lipovina,* H. G. — Suivant Od. (p. 324), en Touraine, les raisins du Hars Levelu atteignent rarement une complète maturité. Ses grappes sont très longues et très cylin-driques avec des grains presque ronds, blanc jaunâtre. — C'est un cépage très fertile.

Henab-Turqui, *Égypte,* Pull. — Raisin blanc de table.

Heunisch, *Autriche.* — Raisin blanc de cuve. — Ce cépage disparaît chaque année des cultures de ce pays, on le remplace par d'autres plus avantageux.

Hibou blanc, *France* (Savoie).

Ce cépage pro·luit un excellent raisin de cuve, mais il est un peu sujet à la pourriture.

Ses caractères sont les suivants : *Feuilles* moyennes, glabres, peu sinuées ; *grappe* sur-moyenne ; *grains* globuleux, sur-moyens, de couleur jaune à la maturité qui est de deuxième époque.

Hilisman blanc, *Asie Mineure*. — Od. (p. 597) dit qu'il est meilleur pour la table que pour la cuve.

Hycalès, *Espagne* (Andalousie). — Raisin blanc de table, ses grains légèrement oblongs, d'un blanc jaunâtre à la maturité, sont sucrés, croquants et mûrissent facilement sous notre climat, Od. (p. 439).

Insolia bianca, *Italie* (Calabre). — *Feuilles* sur-moyennes, glabres et de couleur vert vif sur les deux faces, très sinuées ; *grappe* pyramidale, allongée et serrée, longue et grosse : *grains* moyens, ovales, à peau transparente, épaisse, coriace et de couleur blanc doré ; pulpe croquante, charnue, de saveur aromatique (B. A., fasc. xvi, p. 278. — Suivant Pull. ce raisin serait utilisable et pour la cuve et pour la table.

Jacquère, *France* (Savoie).

Syn. : Martin Côt, Raisin des Abîmes (Savoie), *Buisserate* (Saint-Marcelin, Isère), Pull.; *Plant des Abîmes de Myans, Cugnette, Chérché, Coufe-Chien* (Isère), *Robinet* (Conflens, Savoie), M. et P.

Ce cépage est peu répandu et se trouve cantonné en Savoie où il produit un vin abondant assez alcoolique, d'un goût franc, léger et de facile digestion. Celui récolté dans les terrains frais et humides est sujet à la graisse.

Ce cépage prospère dans les terrains profonds argilo-calcaires, et il produit beaucoup soumis à une taille courte et de nombreux porteurs sur souche basse.

Caractères spécifiques de la Jacquère (M. et P., Vign., t. ii, p. 8) : *Bourgeonnement* d'un roux clair passant au vert blanchâtre très légèrement nuancé de rose sur le revers; *souche* vigoureuse; *sarments* gros, forts, un peu érigés, à entre-nœuds moyens; *feuilles* sur-moyennes ou presque lisses à leur face supérieure, très légèrement parsemées à leur face inférieure d'un duvet aranéeux, parfois floconneux; sinus supérieurs profonds; sinus secondaires marqués; sinus pétiolaire bien ouvert; pétiole de moyenne longueur, fort, le plus souvent teinté de rouge; denture inégale, assez large, aiguë, finement acuminée; *grappe* moyenne, toujours serrée, cylindrico-conique, le plus souvent ailée; pédoncule un peu fort et court; *grains* moyens, sphériques ou presque sphériques; pédicelles assez forts, un peu courts; *peau* épaisse, résistante, passant au vert jaunâtre un peu doré à la maturité qui est de deuxième époque; *chair* molle, acidulée, peu ou point relevée, à saveur simple.

Comme ce raisin est acidulé, il conviendrait de le cultiver ici dans notre colonie où les vins sont peu chargés d'acide.

Jaen blanc, *Espagne*. — *Syn. : Doradillo, Charelo*, Castellet. — C'est avec ce raisin marié au Pedro-Ximenès, dit Castellet (p. 25), qu'à Malaga on produit le vin renommé appelé Pero-Mistos (mêlé). — Cette variété réussit très bien dans les sols secs et ressuyés en coteau. Od. cite une autre variété noire.

Jank Zôlo, *Hongrie* (Pull.). — Raisin blanc précoce pour la cuve.

Jardovan, *Hongrie*. — *Syn. : Klein Silberweiss, Weisser Rafler, To of fehér Gonnsch, Gornisn, Jartovany Feher*, H. G.: *Jardani, Ardany, Rakszölo feher, Szacszolo, Dinka Feher. Vilagos* (Hongrie). *Weiss Dinka, Seewein Beer* (Autriche), *Weiss Logler*, M. et P.

Ce cépage produit un bon ordinaire et abondant, peu ou pas de bouquet particulier, ce qui est un certain mérite pour les cépages ; il prospère dans les terrains profonds et résiste a l'oïdium et a l'anthracnose ; les grandes chaleurs n'ont aucune influence sur lui.

M. et P. (dans les Vignobles, t. III, p. 47) donnent sa description ainsi : *Souche* forte et vigoureuse, rustique ; *sarments* érigés, gros, teintés de rouge violacé à l'état herbacé ; entre-nœuds moyens ; *bourgeonnement* duveteux, passant du roux clair au blanc légèrement teinté de rose sur le revers de la feuille naissante ; *feuilles* moyennes ou à peine moyennes, aussi larges que longues, glabres sur la face supérieure, garnies inférieurement d'un duvet poileux sur les nervures et aranéeux sur le parenchyme ; sinus supérieurs parfois assez profonds, les secondaires plus ou moins marqués ; sinus pétiolaire plus ou moins ouvert ; pétiole assez fort teinté de rouge vineux, presque toujours garni de petits poils rudes, moins long que la nervure médiane ; denture large, assez profonde, un peu obtuse et brusquement acuminée ; *grappe* moyenne ou un peu sur-moyenne, le plus souvent cylindrico-conique, parfois un peu ailée, un peu serrée, portée par un pédoncule assez long, de moyenne force ; *grains* sur-moyens, sphériques, un peu serrés, portés par des pédicelles un peu courts, assez forts ; *peau* mince, assez résistante, passant du vert transparent au jaune clair, puis au jaune ambré à la complète maturité qui est de deuxième époque ; *chair* assez ferme, juteuse, sucrée, légèrement parfumée d'une saveur de Sauvignon.

Javor Grosser Weisser, *Hongrie*. — *Syn. : Jauer, Dobela bielina, Jausovec, Morshina Weisse*. — Raisin blanc de cuve (H. G.).

Jonvin, *France* (Savoie). — Ce raisin est très beau et bon, il peu servir pour la table et la cuve. M. et P. s'étonnent que ce raisin soit resté dans l'oubli, il peut rester longtemps sur le cep sans pourrir. — Maturité de première époque.

Jouannenc. *France*. — *Syn. : Jouannenc charnu, Raisin de Saint-Pierre*. — Ce dernier synonyme renferme une erreur, car les véritables « Vignes de Saint-Pierre » portent beaucoup de grappes mûrissant tard et qui ne sont bonnes que pour la cuve. Le Jouannenc est un raisin de table assez médiocre, Od. (p. 349).

Jubi ou Augibi, *France* (Gard et Hérault).

Syn. : Passerille blanche (Hérault), Marès. — Ce cépage produit des raisins d'un goût exquis dont on pourrait en faire un excellent vin blanc; il est resté jusqu'à maintenant confiné dans les collections de jardin.

Voici sa description d'après Pulliat : *Feuilles* sur-moyennes, duveteuses, sinuées; *grappe* moyenne, conique, un peu ailée; *grains* moyens, ellipsoïdes, blanc jaunâtre. Maturité un peu tardive.

Kadarkas blanc, *Hongrie.* — *Syn. : Jauernik, Bela Vugrin, Beljak, Muskatel und Szabé Istvan, Zelinetz, Zold boros, Kadarkas feher* (in. H G.). — Le Kadarkas blanc a été obtenu de semis par un Allemand Schams. Od. (p. 336) a trouvé fort singulier ce plant par la couleur brune du pétiole des feuilles, du pédoncule et de pédicelles de la grappe, aussi bien que la couleur légèrement rouge-violet de ses raisins, qui deviennent blancs à leur maturité et qui sont alors très parfumés.

Kakour, *Tauride* (Crimée). — *Syn. : Kokur, Kakura, Bas-Kokour,* Odart. — C'est un beau raisin blanc qui sert pour la table et la cuve.

Kalali, *Perse et Arménie,* Od. (p. 607). — Raisin blanc pour la cuve.

Kamouri, *Caucase* (Pull.) — Raisin blanc de cuve à maturité un peu tardive.

Kanigi Grüner, *Autriche* (Styrie). — *Syn. : Esbrochler, Javorosters, Lichtlabier, Krhlikovec, Maslovna, Masnek, Hrustec ou Hruzel, Sivisa,* H. G. — Raisin blanc de cuve.

Karabournou, *Asie Mineure* (Smyrne). — Son nom veut dire Cap-Noir, dit Od. (p. 376), c'est une vigne vigoureuse et fertile; ses *grappes* sont belles et ornées de gros *grains* de la grosseur et de la forme d'une datte. Ses *feuilles* sont très grandes. La souche résiste assez bien à la gelée. La peau est un peu épaisse, la chair croquante.

Karistiana, *Grèce* (H. G.). — Raisin blanc verdâtre. Il existe une autre variété semblable de forme mais dont la couleur varie.

Karoad *France* (Pull.). — Raisin blanc de table.

Kechmisch blanc, *Perse.* — Syn : *Sultanich* (des Turcs et des Égyptiens), *Couforogo* (des Grecs), *Kechmish à grains oblongs.* — Raisin sans pépins. Ce cépage donne des grappes grosses et longues, les raisins sont d'une jolie couleur d'ambre, d'une forme olivoïde et d'un goût très agréable. Il réclame une taille longue.

Kechmisch blanc à grains ronds, *Perse.* — Cette variété donne un beau raisin d'un goût très fin et relevé, d'un parfum musqué différent de celui du Muscat. On en fait de fameux vins renommés; mais ce cépage ne peut avoir grand intérêt pour nos viticulteurs, à cause de son infertilité dans nos pays.

Konigstraube Weisse, *Autriche* (Styrie). — Raisin blanc de table, H. G.

Koumsa Msouanné, *Caucase*. — Petit raisin blanc, assez tardif.

Kracher Gelber, *Autriche* (Styrie). — *Syn. : Fluger, Belina Prepisana, Oheimer, Kerhlihkbitz*, H. G. — Le Kracher Gelber ou Croquant jaune est cultivé pour la table et pour la cuve.

Lacryma di Maria Termini, *Italie* (Sicile). — *Syn. : Lacrima di Madonna, Lacrima della Madonna, Larmi di Maria*, M. et P. — Il ne faut pas confondre cette variété avec le « Lacrima du Vésuve ». Voici d'ailleurs ses caractères : *Feuilles* grandes, glabres, peu ou point sinuées; *grappe* sur-moyenne, lâche, souvent tronquée; *grains* gros, ellipsoïdes, jaune doré, croquants.

Lamberttraube Weisse, *Allemagne*. — *Syn.: Lambertraube saure*, G. de R,; *Damary blanc*. H. G. — H. Gœthe décrit ce cépage et dit qu'il existe plusieurs autres variétés moins estimées. Il donne du Lamberttraube blanc les caractères suivants : *Feuilles* allongées, épaisses, tri ou quinquelobées, peu decoupées; face supérieure lisse, face inférieure rugueuse, recouverte d'un duvet blanc; *grappe* grande, avec des *grains* ronds, inégaux; *peau* blanche, épaisse. — Raisin de cuve.

Latina bianca, *Italie* (Barletta). — *Syn.: Fiano, Minutola* (B. A.). — *Feuilles* quinquélobées, face supérieure lisse, face inférieure velue; *grappe* courte, lâche; *grains* petits, ronds, à peau épaisse et jaunâtre; saveur douce et aromatique.

Leanika, *Hongrie*.

Sans synonymes connus. — Ce cépage produit un raisin dans le genre du Pinot Chardenay et donne un bon vin blanc.

D'après M. et P. (Vign., t II, p. 163) les caractères sont : *Souche* de moyenne fertilité; *sarments* moyens, a nœuds écartés; *feuilles* sur-moyennes, aussi larges que longues, glabres supérieurement, légèrement garnies inférieurement sur les nervures d'un duvet poileux; sinus supérieurs profonds; sinus secondaires bien marqués; sinus pétiolaire ouvert; denture peu profonde, courtement aiguë; pétiole long, un peu grêle; *grappe* petite, presque cylindrique, un peu compacte, portée par un pédoncule long et fort; *grains* petits, globuleux, portés par des pédicelles courts et forts; *peau* un peu épaisse, bien résistante, d'abord d'un vert clair qui passe au vert jaunâtre à la maturité qui est de deuxième époque; *chair* peu ferme, juteuse, bien sucrée, a saveur simple, assez relevee.

Leany-Szœllo Nagy-Szemu, *Hongrie,*

Syn. : Leányka Szöllö, Mädchentraube, Mädelein, Jetyisare, Leany Szöllö (H. et G. — D'après Od. (p. 326), c'est un cépage assez robuste et vigoureux, il est très répandu dans les vignobles de Hongrie. Grappes belles, à gros grains allongés. Il existe deux variétés dont une qui a les grains plus petits. — Leany-Szœllo veut dire « raisin des filles ».

Lignan blanc, *France.*

Syn. : Luglienga bianca, Luglialica, San Jacopo, Lignenga, Lugliola, Jullia-tique blanc (Est de la France), *Madeleine blanche, Blanc de Pagès, Blanc précoce de Kientshein, Fruher Leipziger, Fruher grosser Malvasier, Fruher grosser gelber Malvasier, Gelbe Seidentraube, Kilianer, Fruchweisser, Fruher Orléans, Lughana bianca, Augustaner* (Transylvanie), *Early White Malvasia, Grove-end Sweetwater, Buschardt's Amber Cluster, Early Kienzheim, Saint-Johns,* Mas et Pulliat (Vign., t. ı, p. 7).

Ce cépage est généralement cultivé en treille ou en tonnelle, et produit beaucoup conduit en cordon sur fil de fer quoique réclamant cependant une taille longue. — En définitive bon raisin de table.

D'après les mêmes auteurs, ses caractères sont : *Sarments* forts, allongés, très souvent pourvus de faux bourgeons à entre-nœuds peu écartés ; *feuilles* moyennes ou assez grandes, bien sinuées ; *grappe* moyenne ou sur-moyenne, ailée et assez serrée ; *grains* moyens ou un peu gros ovoïdes obtus, d'une couleur jaune plus ou moins doré à la maturité qui est très précoce.

Listan blanc, *Espagne* (Andalousie).

Syn. : Tempranas blancas ou *Temprano* (Malaga), *Tempranilla* (Roa et Grenade), Od. ; *Liston commun,* S. Rox. Clém. ; *Temprana* ou *Temprano* (Algesiras, Cadix), *Palomino* (Conil et Tarifa), M. et P.

D'après Sim. Rox. et Clément il est très apprécié dans toute l'Andalousie, tant pour l'abondance de son produit que pour la qualité de son vin. et recherché pour la table et pour en faire du raisin sec.

D'après M. et P. (Vign., t. ıı, p. 123) ses caractères sont : « *Souche* assez fertile ; *sarments* de moyenne force, sensiblement coudés à leurs entre-nœuds courts ; *bourgeonnement* d'un blanc roussâtre et duveteux, une légère teinte rose s'étend sur le revers de la feuille ; *feuilles* moyennes ou assez grandes, un peu plus longues que larges, glabres et lisses à leur face supérieure, couvertes à leur face inférieure d'un duvet floconneux ; sinus supérieurs un peu profonds et bien fermés ; sinus secondaires un peu marqués et étroits ; sinus pétiolaire fermé ou presque fermé ; dents étroites, peu longues, très courtement aiguës ou obtuses ; pétiole court et grêle ; *grappe* grosse, conique, allongée, un peu rameuse et lâche ; pédoncule de moyenne longueur et de moyenne force ; *grains* assez gros, sphériques, dépruinés à leurs pôles ; pédicelles assez longs et grêles ; *peau* fine, mince, d'un vert clair et un peu transparente, passant au vert jaunâtre à la maturité qui est de deuxième époque ; *chair* tendre, bien juteuse, sucrée et relevée.

Lonza, *Italie* (Toscane et L'Emilie). — Donne un vin couleur de paille, peu alcolique, mais très délicat.

Loubal blanc, *France* (Tarn-et-Garonne).

Plant très fertile qui donne un bon raisin de table mais encore préférable pour la cuve.

Voici ses caractères d'après Od. (p. 433) : *Feuilles* moyennes, sinuées, duveteuses ; *grappe* bien garnie de beaux grains un peu oblongs, pas trop serrés, croquants, d'une saveur agréable. Ce cépage réclame une taille en cordon sur fil de fer.

MACCABÉO

§ I. — *Synonymie.*

Maccabéo, Maccabeu (Hérault, Pyrénées-Orientales).

Ce plant est originaire de l'Espagne d'après les uns ou de l'Asie-Mineure d'après d'autres ampélographes.

§ II. — *Caractères spécifiques* (H. Marès).

Souche : Très forte, de longue durée, fertile.

Sarments : Érigés, gros et forts, assez longs, rayés longitudinalement, de couleur rouge, nœuds espacés bien marqués, peu de moelle.

Feuilles : Très grandes, tourmentées et lisses, a cinq lobes bien découpées, bien dentelées, à revers assez cotonneux, nervures belles et colorées en jaune, couleur vert jaunâtre, jaunissant à l'arrière saison : pétiole long, fort, coloré en jaune.

Grappe : Grosse, très belle, longue, à long pédoncule, divisée en plusieurs parties, sans ailes régulières.

Grains : Ronds, de belle grosseur, charnus, portés sur de longs pédicelles blancs tachetés, dorés du côté du soleil, très doux, d'un goût relevé et fin ; un peu sujet à la coulure, se passarillant facilement par une grande maturité.

§ III. — *Production.*

Qualité pour la table : Ce raisin, sans être de la première catégorie comme raisin de table, tient quoique cela une place honorable dans un dessert.

Qualité pour le vin : Il est très cultivé dans les Pyrénées-Orientales où on l'emploie à faire des vins de liqueurs très appreciés. C'est un cépage à multiplier dans nos plantations de l'Afrique française du Nord.

Qualité du vin : Le vin blanc de Rivesaltes dont le beau jaune doré, l'arome fin et les qualités digestives sont si appréciées des gourmets, est fait avec le raisin de Maccabéo.

Alcoolicité : Il dose de 13° à 15° et même 16° d'alcool ; son extrait sec varie de 22 à 25 grammes par litre.

Quantités de vin : De 30 à 35 hectolitres à l'hectare en souche basse, et de 100 à 120 hectolitres en cordon sur fil de fer.

§ IV. — *Dates de débourrement du cep et de maturité du fruit.*

Ce plant n'est pas aussi précoce que le Furmint, il débourre six à huit jours après lui. La maturité convenable pour la table a lieu entre le 1er et le 10 septembre à une altitude de 100 mètres, et dans les premiers jours d'octobre pour faire le vin (troisième et quatrième époque).

§ V. — *Terrains à choisir. — Engrais à employer. — Taille spéciale.*

Terrains : Ce cépage quoique assez rustique, redoute les terrains humides qui provoquent la coulure de ses fruits. Les sols composés de calcaires, mélangés de schistes et de sable et d'un peu d'argile, lui sont favorables ; il se contente également de terrains demi-fertiles.

Engrais : Il demande surtout en terre demi-fertile, des engrais appropriés ; nous conseillons donc les composts simplement formés de phosphates de chaux et légèrement potassiques. Si les terrains étaient par trop secs et maigres, il faudrait alors les saturer d'engrais plus riches en potasse et en azote.

Taille : Ce cépage a constamment été cultivé dans les Pyrénées-Orientales en souche basse, portant de trois à six porteurs. Ses rendements étaient en moyenne de 25 à 35 hectolitres.

Quelques années avant sa destruction par le phylloxera, on l'avait essayé en cordon sur fil de fer, avec succès ; aussi ses rendements promettaient-ils de bons résultats. On évaluait sa production entre 80 à 110 hectolitres à l'hectare de 2,000 pieds (plantation faite à 2 mètres sur 2m50). C'est donc la taille longue qui lui convient le mieux.

§ VI. — *Maladies particulières.*

C'est un des rares plants blancs qui redoutent les retours de sève si le sous-sol est trop humide. Les cryptogames et les insectes, la sécheresse et le siroco lui causent peu de mal.

Maclon, *France* (Isère et Ain).

Syn. : Anet, Arin, Maconais (dans l'Isère), *Fusette* (dans le Bas-Bugey).

Ce cépage produit un bon vin blanc ordinaire, il est assez vigoureux et d'une fertilité rémunératrice. Soumis à une taille en cordon sur fil de fer, il produit assez bien sans dégénérer.

D'après M. et P. (Vign., t. iii, p. 108) ses caractères sont : *Souche* vigoureuse ; *sarments* érigés, de moyenne force, assez longs, à mérithales moyens ; *feuilles* vert foncé, glabres supérieurement, duveteuses sous le revers ; *grappe* moyenne, cylindro-conique, ailée ; *grains* sous-moyens, ellipsoïdes ; *peau* épaisse, débutant par une teinte rosée et passant au jaune roussâtre ; *chair* juteuse, bien sucrée, agréable, un peu relevée.

Maturité de deuxième époque.

Madarkas-Furmint, *Hongrie.*

Syn. : Holy-Agos (Od.). — Ce raisin blanc est très friand, il est doux et mielleux, c'est une variété du *Furmint,* elle est moins estimée parce que ses grains ne sèchent pas (Od., p. 323).

Madeleine Angevine, *France* (Angers).

Vigne obtenue de semis par M. Moreau-Robert, d'Angers.

D'après M. et P. (Vign., t. I, p. 1), cette nouvelle vigne est encore peu connue. Le raisin, admis également pour la table et la cuve, un excellent fruit d'une bonne précocité.

En voici les caractères : *Souche* vigoureuse; *feuilles* grandes, larges, un peu duveteuses; *grappe* moyenne; *grains* moyens ou sur-moyens, un peu ovoïdes, d'une couleur vert blanchâtre doré à sa maturité qui est de première précocité.

Ce cépage exige une taille longue bien développée. Il prospère dans les terrains demi-fertiles.

Madeleine blanche de Jacques, *France.*

Ce nom lui vient du jardinier en chef de Neuilly, sous le règne de Louis-Philippe. — Od. (p. 353) dit que ce raisin n'est pas d'une grande valeur. — Maturité hâtive.

Madeleine Royale, *France* (Anjou).

Vigne obtenue de semis par M. Moreau-Robert (d'Angers); quelques pépiniéristes lui ont donné le nom de Madeleine-Impériale. Suivant Mas. et Pull. (Vign., t. I, p. 21), cette variété commence à se répandre dans les jardins d'Angers où elle donne un bon raisin de table, précoce, mais sujet à la pourriture.

Malanstraube, *Suisse.* — *Syn. : Linduer Completer* (in. H. G.). — Raisin blanc de cuve.

Mœrisch, *Allemagne* (Bade). — C'est un raisin blanc de table et de cuve, de maturité hâtive, cultivé dans le grand-duché de Bade, Od. (p. 305).

Magliocco di Nocera, *Italie* (Calabre).

Ce cépage produit un raisin de cuve très répandu dans cette contrée : *Feuilles* moyennes, vert sombre, rudes, glabres à la face supérieure, tomenteuses et de couleur vert clair à la face inférieure, bien sinuées; *grappe* conique, ailée, courte, grosse; *grains* moyens, olivoïdes; *peau* claire de couleur azur sombre; *chair* molle, à saveur simple et douce.

Majorquen, *France* (Provence, Bouches-du-Rhône).

Syn. : Bormenc (ancienne Provence), *Plant de Marseille*, Od. (p. 435), — Cette variété, très estimée dans le Midi, produit un beau raisin de table, dont on peut faire du vin blanc. — *Feuilles* grandes, tourmentées, duveteuses, bien sinuées; *grappe* très belle et grande, rameuse, ailée, conico-cylindrique, peu serrée; *grains* ellipsoïdes, blanc jaune, de maturité tardive.

Malvasia di Lipari, *Italie.*

D'après Od. (p. 488) ce raisin, ainsi que celui de la variété à grains blancs *plus petits* et *plus arrondis*, est d'un goût fin, relevé et très sucré, quand il est bien mûr, ce qui arrive rarement en France. Il cite encore une autre variété tout à fait semblable à celle-ci, sauf ses grains un peu plus gros et plus allongés. C'est la *Malvazia fina* de l'île de Madère.

Malvazia de la Cartuja, *Espagne* (de la Chartreuse).

Syn. : Malvoisie des Chartreux. — D'après M. et P., ce cépage aurait été introduit d'Espagne en France par le comte Odart, et ils en donnent (Vign.. t. I, p. 67) les détails suivants :
« C'est un beau raisin de table qui mûrit complètement en Espagne et encore mieux en Afrique, sa qualité n'est pas très fine mais son apparence plait à l'œil ». — *Souche* fertile; *sarments* forts et à entre-nœuds longs; *feuilles* grandes, aussi larges que longues, glabres supérieurement et duveteuses dessous; *grappe* très grande, conique, ailée, lâche et rameuse ; *grains* gros, ovo-ellipsoïdes, souvent inégaux entre eux; *peau* épaisse, d'abord d'un vert pâle, puis passant au jaune verdâtre doré, *chair* croquante, juteuse, relevée d'une saveur agréable. Maturité de troisième époque tardive (M. et P.).

Malvazia de Sitges, *Espagne* (Andalousie).

Syn. : Cherès (Gard), *Tintoblanc* (Vaucluse), *Verdal* (Hautes-Alpes). — D'après Od. (p. 459), ce raisin est peut-être supérieur à toutes les Malvoisies, par l'abondance et la haute qualité de ses produits. Cette variété est différente de celle décrite par Sim. Rox. Clém., qui a les grains ronds et d'une maturité tardive. *Feuilles* grandes et larges, d'un vert luisant à la surface, cotonneuses dessous; *grappe* assez belle, un peu ailée; *grains* ellipsoïdes, bien dorés à maturité qui est de deuxième époque. On le cultive en cordon sur fil de fer. C'est un excellent raisin de cuve et de table.

Malvazia Grossa, *Portugal* (vignobles du Haut-Douro et de Madère).

Syn. : Vennentino (environs de Gènes), *Vermentino* (Corse), *Malvoisie à gros grains* (Midi de la France), Od.; *Malvoise précoce d'Espagne*, M. et P.; *Codega* ou *Grosse Malvoisie* de Villa-Mayor. — Suivant ces auteurs, cette variété donnerait le meilleur de nos raisins, si elle était d'une maturité plus facile en France; on lui reproche en outre de produire peu les premières années. Il se passerille parfaitement et se recommande d'une façon spéciale pour l'exportation. D'après Villa-Mayor, les grappes sont belles et les grains d'un blanc un peu doré ont une forme oblongue (de 0^m 020 sur 0^m 018); le cep est vigoureux; les feuilles sont grandes. Maturité de première époque.

Malvoisie Blanche du Piémont, *Italie* (M. et P.).

Syn. : Malvasia bianca (comté de Nice et Piémont), *Malvoisie blanche de la Drôme et du Tarn-et-Garonne, Boudignon blanc*, Pull.

Cette variété fournit un bon vin blanc musqué qui ressemble beaucoup à celui d'Asti (Piémont). Od. dit que ce plant a été introduit de l'île de Chypre en Italie par un prince de Savoie. Ce cépage a une tendance à la coulure, aussi faut-il le soumettre à l'incision annulaire; il réclame une taille longue en cordon sur fil de fer. Ses caractères sont les suivants : *Souche* très vigoureuse; *sarments* assez forts et à entre-nœuds assez courts; *feuilles* moyennes ou assez grandes, plus longues que larges, glabres et d'un vert intense; *grappe* moyenne ou sur-moyenne, conique, assez ailée; *grains* assez gros, ellypsoïdes; *peau* peu épaisse, d'abord d'un vert clair, puis passant au vert jaune doré; *chair* peu ferme, bien juteuse, sucrée et relevée d'un bon parfum propre à ce raisin.

Il sert aussi bien pour la table que pour la cuve. — Maturité de deuxième époque.

Malvoisie des Pyrénées, *France.*

Syn. : Malvoisie, Marès (vigne originaire de la Grèce). — Ce cépage est cultivé dans plusieurs départements du Midi et cette variété, dit Marès (t. ii. p. 300), produit des vins excellents de très longue garde qui se perfectionnent en vieillissant.

Ce raisin est sujet à la coulure et à la pourriture dans les années humides. Ses caractères sont les suivants, d'après le même auteur : *Souche* moyenne, de longue durée, de moyenne fertilité; *sarments* rampants, fins, longs, ayant beaucoup de moelle, d'une couleur rouge clair, nœuds bien marqués; *feuilles* moyennes, presque pleines, à denture grossière, inégales, lisses sur les deux faces; *grappe* assez volumineuse, ailée, ligneuse, à courte queue; *grains* oblongs, légèrement ovoïdes, de moyenne grosseur; *peau* fine d'un blanc transparent; *chair* juteuse, maturité de troisième époque.

Malvoisie Musquée, *Italie* (Piémont).

Syn. : Muscat de Malvoisie. — Od. (p. 463) dit que cette variété appartient aux Muscats. *Feuilles* moyennes ou sur-moyennes, un peu plus larges que longues; *grappe* sur-moyenne, courte; *grains* assez gros, olivoïdes, de couleur blanc verdâtre. Maturité de quatrième époque.

Malvoisie Rousse, *France* (Tarn-et-Garonne). — Ce serait un

cépage remarquable si ce n'était son peu de fertilité, car il produit un excellent vin de liqueur (Od., p. 471). — Pull. en donne les caractères suivants : *Feuilles* sous-moyennes, presque orbiculaires, peu ou pas sinuées, un peu duveteuses; *grappe* sous-moyenne, serrée, cylindro-conique; *grains* presque sphériques, roux. Maturité de deuxième époque.

Malvoisie verte à petits grains, *France.* — *Syn :*

Petite Malvoisie verte. — Le vin de Malvoisie verte est incolore, d'une grande limpidité et se perfectionne en vieillissant. *Feuilles* arrondies; les *grappes* sont nombreuses, mais petites; les *grains* sont petits, très sucrés, ils restent toujours verts jusqu'à leur maturité de quatrième époque.

Mammolo Bianco, *Italie* (vignobles de Monte-Pulciano). — Les

feuilles glabres sont d'un vert un peu jaunâtre; la *grappe* est petite, les *grains* oblongs sont à peine abondants; il rachète ce défaut par son excellente qualité, dit Od. (p. 582). — Raisin de cuve.

Mammolo serrato, *Italie* (vignobles de Monte-Pulciano). —

Variété du précédent. Od. (p. 582) ne sait pas si c'est à ce cépage ou au Mammolo bianco qu'est due l'odeur de violette des vins de San-Gioveto et du Canajolo, dont parle Gallesio.

Mantuo Castellano, *Espagne.* — Ce cépage, d'après Castellet

(p. 23) rend abondamment, son raisin résiste assez bien aux intempéries et à la pourriture. Suivant (Sim. Rox. Cl.), les *sarments* sont très durs; les *feuilles* sont d'un vert jaunâtre; la *grappe* est ailée, peu serrée; les *grains* sont ronds ou presque ronds, d'un vert sombre. Ce raisin est sujet à la coulure dans les terrains trop frais et humides. Maturité de troisième époque.

Mantuo de Leyven, *Espagne.* — Le Mantuo de Layren, dit

Castellet, donne en Espagne les célèbres vins de Valdapeñas.

Mantuo de Pilas, *Espagne.* — *Syn. : Monte-Olivete, Gabriela,*

Sim. Rox. — *Sarments* blanchâtres, très durs; *feuilles* verdâtres, très persistantes; *grains* très gros, très ronds, un peu dorés, très tardifs.

Marbelli blanc, *Espagne.* — Ce cépage est exclusivement cultivé

pour produire des raisins de table. Son fruit est d'une finesse remarquable, sa chair est croquante. On recommande de le cultiver en espalier.

Marocain. — Voir Ampélographie des cépages indigènes (Leroux).

MARSANNE

§ I. — *Synonymie.*

Avilleran (Isère), *Grosse Rousselle* (Savoie), Tochon.

Od. (p. 233) cite deux sortes de Marsanne, la *Petite Marsanne blanche* et la *Grosse Marsanne*.

Originaire de l'Isère (France).

§ II. — *Caractères spécifiques* (M. et P.).

Souche : Très robuste et fertile.

Sarments : Forts, très vigoureux, noués longs.

Bourgeonnement : Très duveteux, blancs, jeunes feuilles duvetées, blanches; défeuillaison tardive.

Feuilles : Très grandes, épaisses, tourmentées bullées, portées par un pétiole fort, de moyenne longueur, glabres a leur face supérieure, garnies à leur face inférieure d'un duvet aranéeux ; sinus supérieurs assez profonds et fermés ; sinus secondaires bien marqués ; sinus pétiolaire toujours complètement fermé ; denture large, obtuse et arrondie à son extrémité.

Grappe : Grosse, très rameuse, formée de plusieurs ailes, bien détachées; pédoncule assez long et fort.

Grains : Petits ou sous-moyens, globuleux, portés par des pédicelles assez longs, un peu grêles.

Peau : Assez fine, peu résistante, passant du blanc verdâtre au jaune doré à bonne exposition, restant verdâtre dans les terrains frais et bas ou peu exposés au soleil.

Chair : Molle, bien juteuse, très sucrée, agréable, à saveur simple.

§ III. — *Production.*

Qualité pour la table : Nulle en tous points.

Qualité pour le vin : Ce raisin, très estimé dans l'Isère où on le cultive, forme maintenant le fond des vins de l'Hermitage et de Saint-Peray, qui ont une grande renommée justifiée par leur qualité.

Qualité du vin : Les vins blancs de Marsanne incorporés dans la proportion de 15 p. 0/0 dans le vin de Syrah, fournit un produit remarquablement fin; pur, il est solide et se perfectionne en vieillissant.

Alcoolicité : Il dose 11 degrés environ en France et de 13° à 14° en Algérie et en Tunisie. Son extrait sec varie de 25 à 27 grammes par litre.

Proportion du kilo au litre : Pour faire 100 litres de vin blanc, il faut fouler et presser de 165 à 170 kilos de raisin.

Quantités de vin : Ce cépage quoique vigoureux ne rend pas autant que l'Ugny. Cultivé en cordon sur fil de fer, il donne de 80 à 90 hectolitres à l'hectare.

§ IV. — *Dates de débourrement du cep et de maturité du fruit.*

Le débourrement est un peu tardif et ses fruits mûrissent quelques jours avant la Clairette. Maturité de troisième époque.

§ V. — *Terrains à choisir.* — *Engrais à employer.* — *Taille spéciale.*

Terrains : Ce cépage prospère et fructifie normalement dans les terrains profonds et fertiles. Les sols argilo-calcaires lui sont propices.

Engrais : Les engrais les plus favorables à cette variété sont les composts généreux en potasse et en azote, réglés par des phosphates de chaux et du plâtre.

Taille : Ce plant vigoureux réclame une taille longue en cordon sur fil de fer.

§ VI. — *Maladies particulières.*

Ce cépage est assez rustique aux intempéries, il résiste très bien aux grandes chaleurs. Il craint les mouches à miel.

Massarda, *Italie* (Port-Maurice). — *Feuilles* moyennes, vertes à la face supérieure, consistantes, lisses, non velues à la face inférieure, quinquélobées, sinus peu profonds ; *grappe* pyramidale, allongée, ailée, lâche ; *grains* moyens, ovales ; *peau* claire, pulpe croquante à saveur simple, acidulée, B. A. (fasc. xv, p. 73).

Mauzac blanc, *France* (Tarn-et-Garonne).

Syn. : *Feuille ronde* (Ariège et Aube), *Blanquette*, Od. ; *Picardan*, Pulliat ; *Grand Mauzac*, *Petit Mauzac*, *Mauzac vert*, M. et P.

Ce cépage est assez rustique, il résiste parfaitement à la sécheresse et s'accommode de tous les terrains sauf ceux qui sont trop argileux.

C'est avec le Mauzac blanc associé à la Clairette que l'on produit la Blanquette de Limoux.

Ce raisin est aussi bon pour la table que pour la cuve. D'après M. et P. (Ving., t. ii, p. 55), les caractères de ce cépage sont les suivants : *Souche* vigoureuse ; *sarments* de moyenne grosseur, mi-érigés, à entre-nœuds rapprochés ; *feuilles* petites ou très petites, d'un vert foncé ou intense, aussi larges que longues, presque orbiculaires, glabres à leur face supérieure, aranéeuses dessous, peu sinuées ; *grappe* sous-moyenne, cylindrico-conique, un peu allongée ; *grains* légèrement ellipsoïdes, de moyenne grosseur ; *peau* épaisse, très résistante, d'abord d'un blanc verdâtre, passant au jaune doré à l'exposition du Soleil et à maturité complète qui arrive à la deuxième époque ; *chair* ferme et cependant juteuse.

Melcocha, *Espagne.* — *Syn.* : *Percocha*, Sim. Rox. (Od., p. 535). — Cépage très précoce ; son raisin a un goût de miel doux sans être fade.

MELCORI

§ I. — *Synonymie.*

Sans synonymes connus. — Originaire du Caucase.

§ II. — *Caractères spécifiques* (M. et P.).

Souche : Forte et fertile, de longue durée.

Sarments : Forts, érigés ou mi-érigés, très vigoureux ; mérithales assez longs.

Bourgeonnement : Duveteux, blanc, sur un fond jaunâtre ; jeunes feuilles glabres sur leur pourtour, garnies au contraire sur leur limbe et sur leur pétiole d'un duvet blanchâtre peu persistant, qui existe aussi sur la jeune pousse à l'état herbacé.

Feuilles : Sur-moyennes ou grandes, glabres et presque lisses supérieurement, garnies inférieurement, très légèrement sur les nervures, d'un duvet pileux très court, presque imperceptible à l'œil nu ; sinus supérieurs un peu profonds, les secondaires bien marqués, celui du pétiole le plus souvent fermé ou presque fermé, laissant un petit vide dans le fond ; denture assez large, peu profonde, un peu obtuse, courtement mucroné ; pétiole de moyenne longueur, un peu fort.

Grappe : Grosse, longuement conico-cylindrique, un peu serrée, ailée, parfois pourvue d'un grappillon partant du nœud pédonculaire ; pédoncule long et assez fort.

Grains : Moyens, globuleux, extrémités quelquefois de grains plus petits ; pédicelles assez forts, de moyenne longueur.

Peau : Un peu mince, bien résistante, passant du blanc verdâtre au jaune doré à la maturité.

Chair : Molle, juteuse, un peu sucrée, légèrement astringente, à saveur simple.

§ III. — *Production.*

Qualité pour la table : Le raisin de Melcori, assez agréable au palais, n'est pas à dédaigner pour la table ; on peut le classer dans la troisième catégorie des raisins à dessert.

Qualité pour le vin : Il est également assez estimé dans le pays, où on le cultive spécialement en vue de la cuve. — C'est un cépage à retenir pour nos futures plantations.

Qualité du vin : Le vin de Melcori qui se fabrique au Caucase, est assez apprécié des consommateurs du pays.

Alcoolicité : D'après les renseignements que nous donnent Mas et Pulliat (Vign. p. 147), il atteint 11° à 12° d'alcool. En Algérie et en Tunisie ce cépage peut nous donner des raisins dont les moûts atteindraient 220 à 240 grammes par litre, soit 12° à 14° d'alcool. Nous ignorons son dosage en extrait sec.

Proportion du kilo au litre : Pour produire 100 litres de vin blanc de Melcori, il faudrait fouler et presser environ 162 kilos de raisin.

Quantités de vin : En le cultivant en cordon horizontal sur fil de fer, on peut atteindre un rendement de 100 à 130 hectolitres à l'hectare de 2,000 pieds ; en tonnelle il donnerait encore plus.

§ IV. — *Dates de débourrement du cep et de maturité du fruit.*

Le Melcori débourre assez tard et mûrit de même. De troisième maturité tardive.

§ V. — *Terrains à choisir. — Engrais à employer. — Taille spéciale.*

Terrains : Ce plant n'est pas exigeant; il maintient sa fructification normale dans les terrains secs et maigres.

En Algérie, nos terrains secs et maigres sont rares, aussi pensons-nous que les alluvions anciennes profondes peuvent jouer un rôle important dans la multiplication de ce plant.

Engrais : Les engrais azotés développeraient trop la végétation, il est préférable d'additionner au sol des composts riches en phosphate de chaux et un peu de potasse.

Taille : La taille la plus rationnelle est celle à long bois, en cordon sur fil de fer.

§ VI. — *Maladies particulières.*

Ce cépage supporte assez bien le siroco et la sécheresse, il est peu attaqué par les insectes; quant aux maladies cryptogamiques, nous n'avons rien appris de particulier à ce sujet.

Merlinot, *France* (Charente). — Cépage peu connu loin de la Charente, mais digne pourtant d'attention; selon Od. (p. 360), qui le cite dans la famille des Chasselas, mais le dit moins fertile qu'eux.

Meseguera, *Espagne* (province de Murcie). — Beau raisin de table; grains gros, oblongs, d'un beau blanc ambré à la maturité, qui est un peu tardive en Touraine, ajoute Od. (p. 525).

Minnedda Bianca, *Italie* (Sicile. — *Syn. : Minella.* — C'est un raisin cultivé spécialement pour la table. On en fait en Sicile d'excellents raisins secs. Ce raisin ferait un excellent vin blanc sec; il prospère dans les terrains demi-fertiles; il réclame une taille courte. *Grappe* moyenne, lâche, rameuse, ailée; *grains* moyens ou sur-moyens, olivoïdes, allongés, blancs.

Mondeuse blanche, *France* (Savoie).

Syn : Jougin, Donjin, Aigre blanc, Blanc aigre, Blanc
Couilleri (dans le Jura), M. et P. (t. II, p. 119).

Ce cépage ressemble en tous points à la Mondeuse n
du fruit.

Montanarino, *Italie* (Sar

Syn. : Montanaro, Montanaro Grechello, Rov.; I'
(in. H. G.). — D'après H. G. ce raisin se rapprocher

Moranet. *France.*

Syn. : *Moranet blanc*, Pulliat. — Ce plant, obtenu de semis par M. Vilbert, d'Angers, réclame une terre substantielle et profonde. M. et P. (Vign., t. I, p. 142) recommandent pour lui une taille courte sur cordon.

Ses caractères sont les suivants d'après les mêmes auteurs : *Souche* de moyenne vigueur, très fertile; *sarments* grêles et à entre-nœuds courts; *feuilles* petites ou sous-moyennes, plus longues que larges, glabres supérieurement, un peu duveteuses dessous, profondément sinuées; *grappe* moyenne, conique, allongée, lâche et rarement ailée; *grains* moyens, régulièrement ellipsoïdes; *peau* d'un vert clair; *chair* molle, juteuse, peu sucrée.

Moscarella, *Italie* (Cosenza). — *Syn.* : *Moscadello*, *Moscatello* (B. A.).

— Ce cépage est robuste, mais il redoute les gelées printanières et l'oïdium; il entre dans les coupages avec le Malvasia blanc, pour faire le vin Muscat de cette contrée. D'après le B. A. (fasc. XV, p. 180) voici ses caractères : *Feuilles* petites, minces et lisses, vert jaunâtre à l'automne, glabres sur les deux faces, quinqué-lobées, sinus peu prononcés; *grappe* petite, courte, cylindrique, ordinairement simple, plutôt serrée; *grains* petits, ronds. Maturité de première époque.

Moscotafilo, *Grèce* (Thessalie).

Syn. : *Raisin parfumé.* — Caractères : *Feuilles* grandes, larges et épaisses, nettement trilobées; face supérieure glabre et luisante, vert foncé; face inférieure vert terne et complètement glabre; *grappe* grosse, allongée; *grains* petits, d'une couleur jaune paille sur les parties exposées à la lumière, plus pâle à l'ombre, à goût musqué très accusé (F. Cos., journal de l'agriculture 1884).

Muscat blanc

§ I. — *Synonymie.*

Muscat blanc de Frontignan, *Muscat de Rivesaltes*, *Muscat commun* (France);
Moscatel Menudo bianco, Sim. Roxas Clém.;
White Frontignan, Robert Hogg;
Moscato bianco (Italie);
Uva Moscatello (Sicile).

§ II. — *Caractères spécifiques* (M. et P.).

Souche : Vigoureuse, de longue durée.
Sarments : Forts, sensiblement cannelés, à entre-nœuds longs.
Bourgeonnement : Légèrement duveteux et les jeunes pousses teintées de grenat plus ou moins foncé.
Feuilles : Moyennes ou assez grandes, à peu près aussi larges que longues, glabres à leur face supérieure et à peine duveteuses sur les nervures de leur face

inférieure ; sinus supérieurs un peu profonds, sinus secondaires assez marqués, sinus pétiolaire fermé ou presque fermé ; dents larges, longues et aiguës ; pétiole de moyenne longueur, fort et glabre.

Grappe : Moyenne, presque cylindrique, rarement ou très peu ailée, très compacte ; pédoncule très court et fort.

Grains : Moyens, inégaux entre eux, sphériques et souvent déformés par leur rapprochement trop grand ; pédicelles assez courts et grêles.

Peau : Épaisse, ferme, d'abord d'un vert pâle, puis passant au vert jaune, doré, marbré et pointillé de roux brun du côté du soleil à la maturité qui est entre la deuxième et la troisième époque.

Chair : Ferme, croquante, juteuse, sucrée et hautement relevée de musc.

§ III. — *Production*.

Qualité pour la table : Le raisin de Muscat blanc occupe et mérite le premier rang parmi les raisins de table, son goût délicat plait à tous les consommateurs sans exception. C'est un plant à encourager pour nos plantations, car son exportation enrichira un jour ceux qui se seront adonnés à sa culture.

Qualité pour le vin : Il sert à faire les vins célèbres de Frontignan et de Rivesaltes. -- Les vins du Cap si renommés ont pour base, suivant leur couleur, le Muscat blanc ou le Muscat rouge, et quelquefois le jus du Muscat blanc coloré par l'Alicante Henri Bouschet.

Qualité du vin : Nous venons de le dire, le vin de Muscat est classé en première catégorie comme vin de dessert ; il est généreux, parfumé et laisse au palais un arrière-goût suave qui termine fort agréablement un diner fin.

Alcoolicité : Sa force est très grande au point de vue alcoolique s'il a été convenablement *muté* ? (Voir fabrication des vins de liqueurs).

Les muscats mutés à l'alcool dosent de 16° à 17° d'alcool, ceux qui sont mutés par la stérilisation des ferments à l'aide d'agents chimiques ou par la chaleur, dosent beaucoup moins. L'extrait sec varie beaucoup suivant le mode de fabrication.

Proportion du kilo au litre : Pour produire 100 litres de vin Muscat en moût stérilisé et clarifié, soit par la chaleur soit par les agents chimiques, on foule au pied, assez longtemps, de 160 à 165 kilos de raisin que l'on soumet a la pression ensuite.

D'autre part, si on désire obtenir 100 litres de vin Muscat stérilisé par l'alcool, on se contente de faire la même opération à une quantité moindre de raisin que l'on peut évaluer de 140 à 145 kilos.

Les pellicules après leur sortie du pressoir peuvent encore servir à faire un petit vin fermenté qui a son usage dans les coupages.

Quantités de vin : Ce précieux cépage joint à tant d'autres privilèges un avantage spécial pour nous : son rendement est plus considérable en Afrique qu'en Europe et nos terrains de grande fertilité lui sont plus favorables que dans toutes les autres régions viticoles où il est cultivé. Planté en souche basse à la distance de 1ᵐ90 en tous sens dans une terre de fertilité moyenne, ce plant produit de 30 à 40 hectolitres à l'hectare.

Nous sommes certains que ses rendements seraient beaucoup plus élevés par la culture en cordon sur fil de fer, voir même en tonnelle à taille courte (et nous

en avons eu des exemples sous les yeux), si on s'en rapporte aux diverses expériences faites en Afrique, et dans ce cas la production s'élèverait : conduit
en cordon sur fil de fer, 120 hectolitres a l'hectare de 2,000 pieds; en tonnelle,
180 hectolitres à l'hectare de 625 pieds. On voit combien est rémunérateur son
produit qui réunit *quantité* et *qualité*.

§ IV. — *Dates de débourrement du cep et de maturité du fruit.*

Ce cépage, quoique de troisième époque, débourre de bonne heure; il mûrit
dans les premiers jours de septembre sur le littoral à une altitude de 100 mètres,
et vers les premiers jours d'octobre aux environs de Tizi-Ouzou.

§ V. — *Terrains à choisir. – Engrais à employer. — Taille spéciale.*

Terrains : Le Muscat blanc se maintient normalement dans les terrains suffisamment fertiles. Il prospère dans les alluvions anciennes et modernes, et a une
bonne tenue dans les terrains calcaires-schisteux.

En résumé nous avons fait connaître ce qu'on peut attendre de ce plant dans
les terres de grande fertilité. Toutefois il n'est pas aussi exigeant qu'on pourrait
le croire, puisqu'il se contente d'un sol demi-fertile à la condition d'être profond.

Engrais : Les engrais les mieux appropriés appartiennent à la catégorie des
composts formés de potasse, de phosphate de chaux et d'un peu d'azote.

Taille : Contrairement à d'autres cépages, dont nous avons parlé plus haut,
le Muscat blanc parait même en Afrique, préférer la taille courte à la taille
longue ou demi-longue qui l'épuise vite, dit-on. On ajoute qu'il faut lui ménager
un grand nombre de porteurs.

Tout en tenant grand compte de l'avis formulé à cet égard par des viticulteurs
instruits, nous devons dire que nous avons eu l'occasion d'étudier en Afrique
des plantations de Muscat blanc cultivées en tonnelle qui nous ont paru prospérer. Peut-être les essais qui ont fait condamner le système avaient-ils été
mal dirigés. Néanmoins pensons que la culture en hautain réussirait pour ce
cépage comme pour les autres, en laissant un œil simplement à chaque courson
ou porteurs.

§ VI. — *Maladies particulières.*

L'oïdium et l'anthracnose s'attaquent aux Muscats et peuvent leur faire subir
des dommages si des traitements préventifs et curatifs ne lui sont pas administrés à temps (voir nos chapitres spéciaux), mais le peronospora ne semble pas
avoir de prise sur cette variété. Les insectes en sont assez gourmands, surtout
l'altise. Il craint également les gelées tardives et résiste assez bien au siroco et
à la sécheresse Néanmoins, avec de la vigilance on peut défendre victorieusement le raisin Muscat contre ces divers fléaux.

Muscat Caminada. *France. — Syn. : Muscat admirable, Mus-
cat hybride d'Espagne* et probablement le *Muscat orange*, reçu de Portugal par
Odart, *Muscat de Rome, Muscat d'Espagne,* Pull. — Od. reçut cette variété des
Basses-Alpes et lui a donné le nom du consul d'Espagne. M. et P. (in. Vign.,
t. i, p. 73) la disent différente du Muscat d'Alexandrie et indiquent les points
qui sont propres à chacun d'eux. Suivant Pull., un Muscat qui est presque identique au Caminada, c'est le « Muscat Canon Hall ».

Muscat d'Alexandrie

Pomologie de France, Ampélographie universelle (comte Odart); Les Raisins du Verger (Henri Bouschet); Catalogue d' (Antonio Mendola de Favara).

§ I. — *Synonymie.*

Passe-longue musquée, Traité des Arbres fruitiers (Duhamel);
Grec, l'anse musquée, Midi de la France;
Raisin de Malaga, Paris;
Moscatellone pure della Sardegna, Catalogue de (Léopold);
Incisa della Rochetta;
Moscatel Romano, en Espagne;
Augibi Muscat, vallée du Rhône;
Uva Salamana, en Toscane;
Zibibru, en Sicile;
Moscatel Gordo Blanco, Catalogue de (Bude);
Gérosolomitana Bianca, en Sicile, région de l'Etna;
Muscat of Alexandria, The Fruit manuel (Robert Hogg);
Meski Rhebdi, Algérie et Tunisie (arabe).

§ II. — *Caractères spécifiques.*

Souche : De moyenne vigueur.
Sarments : Assez forts et à entre-nœuds courts.
Bourgeonnement : De couleur grenat et légèrement duveteux.
Feuilles : Moyennes ou sur-moyennes, aussi larges que longues, glabres à leur face supérieure et inférieure; sinus supérieurs profonds et fermés, sinus secondaires bien marqués, sinus pétiolaire ouvert; dents longues, étroites, nombreuses et bien aiguës; pétiole assez long, assez fort, glabre et souvent coloré de rouge violet.
Grappe : Grande, ailée, lâche et parfois même rameuse; pédoncule un peu long et assez fort.
Grains : Gros, régulièrement ellipsoïdes; pédicelles longs et forts.
Peau : Assez fine et cependant résistante, d'abord d'un vert mat, puis passant au jaune verdâtre plus ou moins doré du côté du soleil à la maturité.
Chair : Ferme, croquante, juteuse, bien sucrée et hautement musquée.

§ III. — *Production.*

Qualité pour la table : Le raisin Muscat d'Alexandrie tout en différant du précédent, mérite d'être classé dans la première catégorie des raisins de table; il est agréable et savoureux à manger.
Qualité pour le vin : Très estimé aussi pour la cuve, on en fait des vins musqués pour dessert.
Qualité du vin : Ce raisin a une si grande similitude au Muscat de Frontignan que le vin produit est à peu près le même; inutile d'ajouter qu'il est extrêmement apprécié comme vin de dessert. Ce vin est comme le précédent, soit muté par l'alcool, soit par la chaleur ou par des agents chimiques afin de lui conserver un goût de sucre.

Alcoolicité : Il dose de 16° à 17' d'alcool lorsqu'il a été muté par l'alcool et beaucoup moins s'il a été traité par la chaleur ou par tout autre procédé.

Proportion du kilo au litre : Pour produire 100 litres de vin blanc stérilisé soit par la chaleur, soit par les agents chimiques, il faut employer de 160 à 165 kilos de raisin. Si, au contraire, l'on stérilise par l'alcool il en faut moins, c'est-à-dire environ 143 kilos. Les pellicules seront traités a part.

Quantité de vin : Ce cépage se comporte de la même façon que son congénère. Planté en souche basse il produit de 30 à 40 hectolitres à l'hectare de 2,700 pieds; en cordon sur fil de fer ses rendements sont plus élevés, on les estime à 120 hectolitres environ à l'hectare de 2,000 pieds (planté a 2m50 en ligne sur 2 mètres d'écartement des lignes); en tonnelle, 180 hectolitres à l'hectare de 625 pieds.

§ IV. — *Dates de débourrement du cep et de maturité du fruit.*

Plus tardif que le Muscat blanc, il est presque de la quatrième époque et débourre quelques jours après ce dernier avec une maturité de fin septembre près du littoral, à une altitude de 100 mètres; planté à 1,200 mètres, il mûrit dans la première quinzaine de novembre

§ V. — *Terrains à choisir. — Engrais à employer. — Taille spéciale.*

Terrains : Ce cépage est moins exigeant que son congénère, cependant il s'accommode assez bien des sols fertiles, soit des alluvions anciennes soit des alluvions nouvelles. Les terrains calcaires silico-argileux lui sont favorables.

Engrais : Les engrais riches en phosphate de chaux, légèrement potassiques et contenant du plâtre, sont ceux qui lui procurent une vigoureuse végétation fructifère.

Taille : Similaire à celle pratiquée au plant de Muscat blanc.

§ VI. — *Maladies particulières.*

Comme le Muscat blanc, l'oïdium et l'anthracnose lui causent des dommages si on ne le traite pas rapidement soit par des badigeonnages à l'eau acidulée sur ses souches après la taille, soit des traitements préventifs et curatifs sur les pousses et cependant il craint moins les gelées tardives et résiste assez bien au siroco et à la sécheresse.

Muscat de Jésus, *France.*

Syn. : Muscat fleur d'oranger, Chasselas musqué, Tokai musqué, Odart; *Muscat de Rivesaltes,* Marès; *Muscat primavis, Vanille, Raisin Allemagne,* Pulliat; *Vanilletraube Weisse.. Muscat Queen Victoria, Muscat fleur d'orange, Chasselas fleur d'orange* (in. H. G.).

Od. dit que ces synonymes sont sujets à contestation. Dans les vignes de l'Hegy-Allya (Hongrie) où l'on récolte le Tokai, on ne rencontre pas ce raisin. D'après Marès, ce Muscat serait identique au Muscat de Frontignan.

Muscat Houdbine. *France.*

Ce cépage a été obtenu de semis par le Dr Houdbine. — D'après M. et P. (Vign., t. ii, p. 137), il donne un très beau raisin qui est supérieur aux Muscats, mais il est sujet à la pourriture et à l'anthracnose (inconvénient rare en Algérie et en Tunisie) : on peut parer a ces défauts en le cultivant sur coteau en terrain bien ressuyé. Il réclame une taille courte, soit en cordon, soit sur souche basse. Caractères : *Souche* assez forte et fertile ; *sarments* de moyenne force, court noués ; *feuilles* petites ou sous-moyennes, d'un vert clair, glabres et presque lisses à leur face supérieure, à peu près glabres à leur face inférieure ; *grappe* sous-moyenne, cylindrique ou légèrement cylindrico-conique ; *grains* moyens ou sous-moyens, a peu près sphériques ; *peau* mince, peu translucide, beau jaune d'or à la maturité qui est de première époque ; *chair* molle, juteuse, bien sucrée, bien parfumée d'une fine saveur de Muscat.

Muscat précoce du Puy-de-Dôme. *France.*

Syn. : *Muscat Eugénien,* Od. ; *Early Auvergne Frontignan,* M. et P. — Ce raisin est un bon fruit pour la table.

Ses caractères principaux sont : *Feuilles* très découpées, avec des dents aiguës, pétiole complètement vert ; *grappe* cylindrique avec des grains très écartés d'un vert jaune à la maturité qui est précoce.

Nasco, *Italie* (Sardaigne). — Cette variété donne un vin blanc supérieur portant son nom, dit Od. (p 578).

Occellino bianco, *Italie* (Piémont). — D'après le Bull. Amp. (fasc. xiv, p. 17), c'est probablement le Vionnier du Rhône et de la Loire.

Occhietto bianco, *Italie* (Fermo. — *Syn.* : *Grechetto* (G. de R.). — Les *feuilles* sont allongées, quinquélobées, face supérieure vert-jaune luisant, face supérieure duveteuse ; la *grappe* est grande, cylindrique et porte de petits *grains* d'un jaune transparent, d'une saveur douce et aromatique, de maturité tardive.

Œil de Tours, *France* (Lot-et-Garonne). — *Syn.* : *Meulé, Coufilé* (Gers), *Canut* (Lot-et-Garonne), Pull. — *Feuilles* moyennes, un peu duveteuses, un peu sinuées ; *grappe* moyenne, peu serrée, cylindro-conique, un peu ailée ; *grains* moyens, ellipsoïdes, jaune ambré. Maturité de deuxième époque. — Raisin de table.

Œillade Blanche, *France* (Hérault).

Syn. : *Picardan* (Hérault), *Gaillet* (Gard), *Araignan* (Var), *Marès* ; *Sumais* (Touraine), Od. — Cette variété est délaissée pour être remplacée par la Clairette qui concourt à produire le Picardan.

Débourrant de bonne heure il est sujet à la gelée. Malgré cela c'est un cépage à réserver pour nos plantations d'Afrique où sa production deviendra rémunératrice. Voici ses caractères d'après Marès : *Souche* moyenne, vigoureuse, fertile ; *sarments* demi-érigés, forts, demi-durs, rouges, moyennement espacés, assez renflés ; *feuilles* fortes, vert jaune, bien découpées, quinquélobées, dentelées, un peu cotonneuses ; *grappe* grosse, belle, portant de gros *grains* oblongs, blancs à la maturité qui est de première époque.

Ogone ou **Monturano**, *Italie* (Ancône). — *Syn,* : *Pampanone, Pampalotondo, Maglianese, Ribona bianco, Granaccia di Spagna* (Maccratese), Bull. Amp. — *Feuilles* grandes, résistantes, trilobées, de couleur vert pâle à la face supérieure, vert clair à la face inférieure qui est lanugineuse ; *grappe* composée de trois à quatre grappillons, bien ramifiée, ailée ; *grains* petits, ronds, de couleur vert clair, un peu pruinés ; pulpe de saveur succulente, quelque peu aromatique.

Olivette blanche, *France* (Provence et Languedoc). — *Syn :* *Plant du Saint-Père*, Pull. — Cette variété aime être cultivée en cordon sur fil de fer. Ces raisins blancs sont lâches. Maturité de deuxième époque.

Olivette de Cadenet, *France* (Vaucluse). — *Syn.* : *Teneron.* — Grains olivoïdes, très croquants. Maturité de troisième époque.

Olivette jaune à petits grains. — *Syn.* : *Eparse* ou *Esparse, Raisin de la Palestine*, Od. ; *Terre promise, Raisin de la Terre promise* (in. H. G.). — Od. (p. 424) conseille de supprimer la culture de ce cépage qui n'offre aucun avantage appréciable.

Ortlieber Gelber, *Alsace et Allemagne.*

Syn. : *Raüschling Kleiner, Ortlieber* (Niederrhein, Rheingau, Kaiserstühl), *Tokauer, Rungauer, Colmer* (Offenburg), *Kleiner Raüschling, Turkheimer, Kleiner Riesling, Knipperle* (Kaiserstühl), *Elsässer* (à Bühl, grand-duché de Bade), *Knackerle, Weisse, Kauka* (Janinaberg), *Petit Mielleux, Kleiner Methsüsser, Kleinraüshling, Ettlinger, Reichenweiherer, Knipperlé, Ortlieber, Kleiner Raüschling* (Alsace), in H. G.

Ce cépage ne donne de bons produits que sur les bords du Rhin d'où il doit être originaire ; il produit abondamment et résiste assez bien aux intempéries, tout en s'accommodant des terrains maigres et peu fertiles. Il produit un bon vin blanc.

Ses caractères sont les suivants d'après H. G. : *Feuilles* moyennes, épaisses, très peu découpées, plates, face supérieure vert sombre, peu luisante, face inférieure vert-gris, velue ; dentelure très inégale ; *grappe* petite, simple, rarement rameuse, très serrée ; *grains* moyens, par suite du tassement ils sont aplatis ; peau de couleur verte recouverte d'un duvet gris-blanc ; *chair* douce et agréable, peu abondante. — Maturité de première époque tardive.

Oseri du Tarn, *France.*

Syn. : Blanc d'Ambre, M. et P. — D'après ces auteurs (Vign., t. I, p. 107), le Blanc d'Ambre est un semis de M. Moreau Robert, d'Angers.

Ce raisin est très beau d'apparence, mais son goût n'est pas très fin ni relevé. C'est donc un raisin de troisième catégorie pour la table.

PANSE PRÉCOCE

§ I. -- *Synonymie.*

Sans synonymes connus.

§ II. — *Caractères spécifiques* (M. et P.).

Souche : Robuste et vigoureuse.

Bourgeonnement : Duveteux, blanc.

Feuilles : Sur-moyennes ou grandes, aussi larges que longues, glabres et à peu près lisses supérieurement, presque planes, garnies inférieurement d'un duvet lanugineux assez compact; sinus supérieurs peu profonds, ordinairement fermés; sinus secondaires marqués, celui du pétiole toujours fermé; denture peu large, courtement aiguë, brusquement mucronée.

Sarments : Forts, vigoureux, noués long, érigés.

Grappe : Grosse, conico-cylindrique, rameuse, peu serrée; pédoncule un peu long, un peu grêle, peu résistant.

Grains : Gros, ellipsoïdes, un peu dépruinés; pédicelles assez longs, un peu grêles.

Peau : Assez épaisse, peu résistante, passant du blanc verdâtre au jaune plus ou moins doré.

Chair : Un peu ferme, assez juteuse, bien sucrée, agréable, à saveur simple, peu relevée.

§ III. — *Production.*

Qualité pour la table : La Panse précoce produit un excellent raisin de table qui arrive de bonne heure sur les marchés, il suit le Chasselas doré de Fontainebleau dans sa maturité. C'est en définitive un cépage à retenir en vue de l'exportation fruitière.

Qualité pour le vin : Ce raisin est d'un rapport trop rémunérateur comme fruit de dessert, pour en faire un vin blanc qui est de qualité ordinaire.

Qualité du vin : Ce vin est faible et léger, car il dose en alcoolicité de 8°50 à 9° d'alcool et son extrait sec varie entre 19 à 21 grammes.

Proportion du kilo au litre : Pour produire 100 litres de ce vin, il faut fouler et presser de 160 à 164 kilos de raisin.

Quantité de vin : Ce cépage doit être cultivé en cordon soit sur fil de fer, soit en chaintre ou en tonnelle; sa production par le premier mode de culture est de 120 à 140 hectolitres, et de 160 à 200 hectolitres par les autres méthodes.

§ IV. — *Dates de débourrement du cep et de maturité du fruit.*

La Panse précoce est un cépage qui débourre de très bonne heure et qui mûrit de même. Sur le littoral, dans les sables, il mûrit quelques jours après le Chasselas.

§ V. — *Terrains à choisir. — Engrais à employer. — Taille spéciale.*

Terrains : Ce cépage n'est pas très exigeant. il s'accommode des sols caillouteux, calcaires, schisteux, et les terrains d'alluvions anciennes ameublés lui conviennent également.

Engrais : Par son tempérament il s'entretient assez bien et prospère dans les terrains amendés par des composts, dont la combinaison est formée de phosphates de chaux, un peu de potasse et du plâtre.

Taille : Ce plant réclame une taille courte soit sur cordon horizontal soit sur cordon vertical ou encore en tonnelle.

§ VI. — *Maladies particulières.*

L'oïdium attaque ce cépage, mais on en prévient les effets par de copieux soufrages, et surtout par des badigeonnages à l'eau acidulée sur les souches après leur taille ; il résiste assez bien au siroco et à la sécheresse.

Panse précoce musquée, *France.*

Cette variété est beaucoup moins musquée que la précédente et, comme elle, sujette à la coulure ; ce raisin est remarquablement bon pour la table.

PARADISA

§ I. — *Synonymie.*

Sans synonymes connus. En français *Raisin du Paradis.*

§ II. — *Caractères spécifiques* (M. et P.).

Souche : Forte et vigoureuse de très longue durée.

Bourgeonnement : Duveteux, verdâtre avec une bordure rosée sur le pourtour des folioles, grappe rudimentaire affleurant ou dépassant un peu la jeune pousse ; jeunes feuilles un peu bronzées à leur épanouissement, lorsqu'elles sont éclairées par le soleil.

Sarments : Plutôt grêles que forts, de couleur cannelle, rayés et piquetés de brun ; mérithales moyens.

Feuilles : Grandes, plus larges que longues, glabres à la face supérieure, lanugineuses et molles au toucher à la face inférieure ; sinus peu profonds ; celui du pétiole le plus souvent ouvert ; nervures rosées à leur base ; denture peu profonde, un peu large, assez aiguë dans la partie supérieure des pampres ; pétiole rougeâtre, assez fort et un peu court.

Grappe : Moyenne, rameuse, un peu lâche; pédoncule long et fort.

Grains : Moyens, ellipsoïdes; pédicelles assez longs, assez forts, teintés de rouge.

Peau : Assez fine et cependant très résistante, d'abord d'un blanc verdâtre, passant au jaune ambré, teinté de rose à la maturité.

Chair : Ferme, croquante, sucrée, à saveur simple bien relevée et très agréable.

§ III. — *Production.*

Qualité pour la table : Nous laissons la parole à M. le comte C. Bianconcini, de Bologne, qui écrivait à notre maître et savant ampélographe, M. Pulliat : « Je n'ai rien pu découvrir sur l'historique et l'origine de la Paradisa dans nos contrées. Il est à croire qu'elle a pris naissance sur notre sol, car elle y est cultivée de temps immémorial, et on ne la trouve nulle part ailleurs cultivée tant soit peu en grand. Il est probable aussi qu'elle doit son nom à ses belles et bonnes qualités; une belle grappe claire, formée de beaux grains transparents, d'un beau jaune rosé, conservant leur fraîcheur et leur agréable saveur d'une année à l'autre, n'est-ce pas le plus haut degré de perfection que puisse atteindre un raisin? Ces rares qualités ne le rendent-elles pas digne de figurer au Paradis? C'est pour la même raison, sans doute, que nos ancêtres ont donné le nom d'Angela à une autre variété de raisin blanc d'une grande beauté et qui se conserve presque aussi bien que la Paradisa. Comment exprimer mieux la haute qualité de ces fruits que de les présenter comme des raisins préférés par les anges qui habitent le Paradis ! »

La Paradisa est donc un cépage à propager en Algérie et en Tunisie pour en faire des produits d'exportation.

Qualité pour le vin : Quoique ce raisin ne soit pas répandu pour la cuve, il peut produire des vins vins blancs qui se madérisent.

Qualité du vin : Le vin provenant de la Paradisa est assez chargé de mucilages, mais qui se précipitent par les froids; il est apte à faire des vins mousseux.

Alcoolicité : Il dose de 10° à 12° d'alcool; son extrait sec varie entre 20 à 22 grammes par litre.

Proportion du kilo ou litre : Pour produire 100 litres de vin blanc, il faut fouler et presser de 163 à 170 kilos de raisin.

Quantité de vin : La Paradisa, cultivée soit en plaine soit en coteau, demande à être soumise à un mode expansif. En cordon sur fil de fer, conduite à taille longue, elle peut produire de 125 à 150 hectolitres à l'hectare. Nous croyons que le meilleur mode de culture qui paraisse lui convenir serait la tonnelle.

§ IV. — *Dates de débourrement du cep et de maturité du fruit.*

Ce cépage débourre en même temps que ses congénères; mais il mûrit à la troisième époque et demie.

§ V. — *Terrains à choisir.* — *Engrais à employer.* — *Taille spéciale.*

Terrains : Les terrains calcaires sont ceux dans lesquels il se plait et se maintient, mais les terrains calcaires-silico un peu argileux lui sont préférables.

Engrais : Les engrais riches en phosphate de chaux, potassiques et légèrement chargés de plâtre, l'entretiennent dans un bon état de fructification.

Taille : La Paradisa est un plant à grande expansion, il réclame un certain développement; nous estimons que la taille longue est celle qui lui convient le mieux. En Italie, où il est cultivé aux environs de Bologne, on le soumet en hautain sur des arbres.

§ VI. — *Maladies particulières.*

Ce cépage, très robuste et rustique, résiste aux maladies cryptogamiques, au siroco ainsi qu'a la sécheresse, et les insectes ne semblent pas l'attaquer.

C'est en résumé un cépage à propager dans l'Afrique du Nord.

Pascal blanc, *France* (Provence).

Syn. : Pascaou ou *Plant Pascal* (Var et Bouches-du-Rhône), Odart; *Brun blanc, Pascaou blanc,* M. et P.

Ce cépage est très rustique et fertile, son fruit est excellent pour sa conversion en vin blanc de *Casis.*

Cultivé sur coteau en terre sèche il se maintient et donne de bons produits. Il s'accommode bien d'une taille courte.

Il redoute l'oïdium et la pourriture.

Caractères (M. et P.) : *Souche* très vigoureuse et rustique; *sarments* de force moyenne, à entre-nœuds un peu courts; *feuilles* moyennes ou sur-moyennes, duveteuses sous le revers, profondément sinuées; *grappe* sur-moyenne, courtement conique, un peu ailée; *grains* sous-moyens, globuleux, un peu serrés; *peau* assez épaisse, passant au jaune ambré à chaude exposition; *chair* juteuse, assez sucrée.

Maturité de deuxième époque.

PASSERILLE BLANCHE

§ I. — *Synonymie.*

Sans synonymes connus. — Originaire de la Drôme (collection de M. Agénor Roche).

§ II. — *Caractères spécifiques.*

Souche : Très vigoureuse, fertile, assez rustique.

Sarments : Forts, noués long, renflés sur les nœuds, érigés ou mi-érigés.

Bourgeonnement : Duveteux, blanchâtre, un peu jaunissant, passant au vert clair sur les jeunes feuilles.

Feuilles : Grandes ou très grandes, glabres sur la face supérieure, peu ou point bullées, garnies inférieurement d'un duvet aranéeux assez épais; sinus supérieurs profonds, fermés, laissant un vide ovalaire par le fond; sinus secondaires assez profonds, étroits ou un peu fermés; sinus pétiolaire étroitement ouvert; denture large, inégale assez profonde, obtuse et courtement mucronée; pétiole fort et assez long.

Grappe : Grosse ou très grosse, conico-cylindrique, ailée, un peu lâche, portée par un pédoncule long, assez fort.

Grains : Gros, olivoïdes, portés par des pédicelles assez longs, assez forts.

Peau : Épaisse, bien résistante, d'un beau jaune doré à la maturité.

Chair : Ferme, juteuse, bien sucrée, agréable, à saveur simple.

§ III. — *Production.*

Qualité pour la table : Le raisin qui nous occupe est un des plus beaux fruits de dessert. M. et P. nous font connaître que « la fermeté de sa grappe, la peau épaisse et bien résistante de ses grains, permettront de l'expédier, même à maturité complète, sans que l'on ait à craindre la détérioration que pourrait occasionner un long trajet. »

Qualité pour le vin : Ce raisin ne doit servir à faire du vin que dans le cas d'abondance.

Qualité du vin : Le vin de la Passerille blanche est d'une couleur dorée et même ambrée en vieillissant; il peut entrer dans les coupages pour adoucir les vins acerbes soit blancs soit rouges.

Alcoolicité : Il dose de 10° à 12° d'alcool. Son extrait sec varie entre 21 à 23 grammes.

Proportion du kilo au litre : Pour faire 100 litres de vin il faut fouler fortement et soumettre à la presse de 166 à 170 kilos de raisin.

Quantités de vin et de raisin : Ce cépage étant cultivé en cordon palissadé sur fil de fer peut produire de 180 à 200 quintaux à l'hectare; en tonnelle il rendrait encore plus, peut être jusqu'à 250 quintaux.

§ IV. — *Dates de débourrement du cep et de maturité du fruit.*

Son débourrement est plus tardif que le Cinsaou et il mûrit quelques jours après lui, souvent même vers la troisième époque. On peut laisser le raisin suspendu sur les sarments des souches jusqu'à la troisième époque et demie.

§ V. — *Terrains à choisir. — Engrais à employer. — Taille spéciale.*

Terrains : Ce plant s'accommode des sols les plus secs et les plus maigres en France. Ici en Algérie, il faudrait choisir pour sa plantation des terres un peu plus fertiles en raison de la sécheresse atmosphérique de l'été; dans les terrains d'alluvions anciennes et modernes provenant des montagnes et des coteaux, il prospérerait remarquablement.

Engrais : Les engrais doivent être formés de phosphate de chaux, de potasse, de plâtre, etc.

Taille : Comme pour le Cinsaou ou Boudalis, il réclame une culture en cordon à taille demi-longue.

§ VI. — *Maladies particulières.*

Ce cépage craint un peu l'oïdium, c'est pourquoi il ne faut pas hésiter d'appliquer des traitements préventifs sur la souche après la taille. En suivant notre méthode l'oïdium disparaîtra complètement des foyers d'infection qu'il s'est créé; il résiste au siroco et à la sécheresse et les insectes n'en sont pas très friands.

Patte de Mouche, *France* (Moselle).

Od. (p. 264) dit que ce raisin est très estimé. La *grappe* porte de petits *grains* assez clairsemés, jaunes et pleins de suc.

Pecorino bianco, *Italie* (province d'Ancône et Marches).

Syn. : *Uvarella Uvina* (Abruzzes), *Trebiano Viccio* (Rome), in. H. G.; *Forcesse, Forconese, Bifolco, Piscionello, Mostorello, Stricarella, Cococciara* etc., Rov.; *Pecorino* (Chieti, Francavilla), *Uva delle pecore* (Bologne), Bulletin Ampélographique (fasc. XVI, p. 202).

Souche de moyenne fertilité; *sarments* moyens; *feuilles* moyennes, arrondies, trilobées, sinus peu profonds; *grappe* petite, cylindrique, portée par un pédoncule court vert; *grains* ronds et inégaux; *chair* abondante, succulente, sucrée, raisin-blanc de cuve.

PEDRO-XIMENÈS

§ I. — *Synonymie.*

Le Pédro-Ximenès est connu sous divers noms :

Pédro-Ximenès (dans plusieurs régions de France);
Péro-Ximen (à Malaga);
Ximenès (Andalousie);
Pédro-Jimenez-Castellet, Uva Pédro-Ximenès;
Boutilou, M. et P.

Originaire soit des Iles Canaries ou de l'Andalousie.

§ II. — *Caractères spécifiques.*

Souche : Forte, très vigoureuse, fertile et de longue durée.
Bourgeonnement : D'un vert jaunâtre, peu duveteux, passant au vert brillant.
Sarments : Surbaissés, vigoureux, assez gros, nœuds un peu gros, à entre-nœuds peu espacés.
Feuilles : Moyennes ou sur-moyennes, d'un vert clair, face supérieure lisse, duveteuse sous le revers; sinus supérieurs profonds, fermés; sinus inférieurs assez profonds, peu ouverts; sinus pétiolaire presque fermé; pétiole de moyenne longueur et de moyenne force; dents inégales, les plus fortes larges un peu obtuses.
Grappe : Sur-moyenne, ailée, cylindro-conique, assez serrée sur les ceps jeunes et vigoureux, un peu lâche sur les vieilles souches, portée par un pédoncule long plus ou moins fort.

Grains : Moyens, un peu oblongs, portés par des pédicelles longs et grêles se séparant facilement à maturité.

Peau : Mince et cependant résistante, passant du blanc verdâtre au jaune doré pruiné à bonne exposition.

Chair : Peu charnue, très juteuse, d'une saveur très douce et sucrée.

§ III. — *Production.*

Qualité pour la table : Ce raisin peut être présenté sur la table; il est agréable à l'œil et au goût mais il rassasie vite.

Qualité pour le vin : Le Pédro-Ximenès est un excellent aliment pour la cuve, il produit un vin blanc moelleux et riche en alcool.

Qualité du vin : Ce vin est d'un blanc tirant sur le jaune paille, d'un goût *sui generis* assez relevé; il se madérise au bout de deux ans et peut trouver un emploi avantageux dans les coupages de vin de Madère et de Malaga.

Alcoolicité : Il dose de 12 à 16 degrés d'alcool; son extrait sec varie entre 21 à 23 grammes par litre.

Proportion du kilo au litre : Pour produire 100 litres de vin après fermentation, il faut fouler et presser 155 à 158 kilos de raisin.

Quantités de vin : Le Pédro-Ximenès cultivé en souche basse comme on le cultive généralement, produit de 40 à 70 hectolitres à l'hectare de 2,500 souche; cultivé en cordon sur fil de fer sa production augmente beaucoup, elle s'élève entre 110 et 130 hectolitres.

§ IV. — *Dates de débourrement du cep et de maturité du fruit.*

Ce cépage débourre quelque temps avant l'Ugni blanc et ses fruits mûrissent du 15 au 25 septembre (si l'on prend pour point de départ une altitude de 100 mètres au-dessus du niveau de la mer) troisième époque.

§ V. — *Terrains à choisir. — Engrais à employer. — Taille spéciale.*

Terrains : Le Pédro-Ximenès se plaît assez dans les terres argilo-silico-schisteuses. Les versants peu rapides des montagnes lui conviennent très bien et il prospère dans les alluvions bien ressuyées en plaine.

Engrais : Ce cépage consomme d'autant plus d'engrais qu'il est cultivé dans une terre plus siliceuse ou plus calcaire; les composts potassiques et phosphatés sont pour lui des agents fertilisants d'une efficacité reconnue.

Taille : Ce cépage étant à mérithales courts on a pensé qu'il devait être taillé spécialement à court bois; c'est une erreur de le tailler ainsi dans l'Afrique du Nord; la véritable taille qui convient à son caractère est celle en cordon sur fil de fer à long bois.

§ VI. — *Maladies particulières.*

Cette variété redoute peu les parasites de la vigne, soit végétaux (comme les cryptogames), soit animaux (comme les insectes). Quant aux intempéries atmosphériques, il faut craindre pour lui les gelées tardives lorsqu'il est planté en plaine basse car il débourre de bonne heure. Il supporte assez bien les sécheresses et le siroco d'Afrique.

Perelntraube, *Hongrie*. — *Syn.*: *Gyongyszöllo Feher* (in. G. H.). — Raisin blanc de cuve.

Perknadi, *Grèce* (Thessalie). — Cépage très productif donnant des raisins à grains blancs, utilisés seulement pour la table; ils sont souvent conservés et mangés en hiver (F. Goss., journal d'agriculture, 1884).

Perruno commun, *Espagne* (Andalousie), Sim. Rox. Cl. — Ce cépage est très répandu dans le sud de l'Espagne; on fait avec son raisin un bon vin blanc ordinaire qui marque 12° à 13° d'alcool.

Les caractères sont les suivants : *Souche* très vigoureuse; *sarments* assez gros, très cassants; *feuilles* moyennes, rarement lobées, très luisantes, un peu velues à la face inférieure; *grains* d'un jaune de laiton, durs, âpres, et de maturité de troisième époque tardive.

Petit Danesy, *France* (Allier).

Syn. : *Raisin de Grave, Danesy*, Od. (p. 242). — Ce cépage est très répandu dans ce département, il forme le fond des vignobles de Saint-Pourçain et de la Chaise, les plus renommés de l'Allier. Ce raisin obtenu en coteau fournit un très bon vin sec et généreux et légèrement parfumé d'un goût musqué lorsqu'il vieillit.

Peverella, *Italie* (Vénétie et Trentin). — *Syn.* : *Pfeffertraube* (en Allemagne), H. G. — Raisin blanc de cuve pouvant donner d'après Rov., un excellent vin blanc.

Picciuolo corto, *Italie* (Macerata). — *Syn.* : *Uva pelosa, Uva pampanara, Cacacciara, Cacacciarone, Tostarello*, in. H. G. — Raisin blanc de cuve.

Piccolito bianco, *Italie*, (Frioul).

Syn. : *Raisin de Frioul*, Od.; *Pikolit Weisser* (Illyrie), H. G. — Ce cépage est assez rustique, il produit un petit raisin d'une qualité remarquable donnant des vins très fins et très estimés en Italie. On le compare au Tokai pour la finesse. *Grappe* petite, conique; *grains* petits, oblongs, d'une couleur ambrée, à peau demi-fine. — Raisin de table et de cuve. Maturité de deuxième époque.

PICQUEPOUL BLANC

§ I. — *Synonymie.*

Picpouille, *Piccapoulle* (Hérault, Gard, Bouches-du-Rhône, Pyrénées-Orientales), Marès.

§ II — *Caractères spécifiques.*

Souche : Vigoureuse, forte, très fertile surtout dans les terrains secs.

Bourgeonnement : Bien duveteux, blanchâtre; jeunes feuilles d'un vert clair légèrement teintées de grenat.

Sarments : Érigés, assez gros, à entre-nœuds courts, à nœuds renflés de couleur bronze rouge clair, rayés, vrilles longues et un peu grêles.

Feuilles : Moyennes, à cinq lobes, glabres sur la face supérieure, d'un vert gai, garnies d'un léger duvet sous le revers; sinus supérieurs et inférieurs profonds, presque fermés; pétiole assez long, un peu grêle; denture assez profonde et aigüe. Les feuilles passent à l'arrière-saison au jaune puis au rouge.

Grappe : Moyenne, cylindro-conique, assez ailée, portée par un pédoncule fort et ligneux de moyenne longueur.

Grains : Sous-moyens, légèrement ovoïdes, portés par des pédicelles moyens.

Peau : Mince, peu résistante, d'un blanc terne.

Chair : Assez juteuse, bien sucrée, assez relevée.

§ III. — *Production.*

Qualité pour la table : Ce raisin peut à la rigueur figurer sur une table quoiqu'il soit petit et d'un goût un peu dur. On peut le classer dans la dernière catégorie des raisins de table.

Qualité pour le vin : Le Picquepoul blanc produit un bon vin blanc, il est encore supérieur à ses frères gris et noir sous le rapport de la qualité.

Qualité du vin : Ce vin est moelleux au palais et suffisamment relevé lorsqu'il est dans sa deuxième année. Il devient sec, vigoureux, et peut entrer dans les coupages soit de vin rouge ou blanc.

Alcoolicité : Il dose de 12° à 14° d'alcool; son extrait sec varie entre 20 et 23 grammes par litre.

Proportion du kilo au litre : Pour produire 100 litres de vin blanc il faut employer de 160 à 168 kilos de raisin.

Quantités de vin : Le Picquepoul est ordinairement cultivé en souche basse et à taille courte, dans ce cas sa production peut varier entre 30 à 55 hectolitres à l'hectare de 2,750 pieds.

§ IV. — *Dates de debourrement du cep et de maturité du fruit.*

Quoique ce cépage débourre de bonne heure, il mûrit de huit à dix jours plutôt que l'Ugny blanc et cinq jours plus tard que les autres Picquepoul, c'est-à-dire vers les premiers jours d'octobre à une altitude de 250 mètres; il est de troisième époque et demie.

19

§ V. — *Terrains à choisir*. — *Engrais à employer*. — *Taille spéciale*.

Terrains : Le Picquepoul blanc est peu gourmand et se comporte très bien dans les terrains demi-fertiles ; il se maintient en bonne production dans les sols silico-calcaires.

Engrais : Les engrais les mieux appropriés sont plutôt des amendements sous forme de composts phosphatés peu azotés mais légèrement potassiques.

Taille : Ce cépage peu gourmand, se contente d'une taille courte à un œil franc, en laissant une certaine quantité de porteurs.

§ VI. — *Maladies particulières*.

En ce qui concerne les maladies, le Picquepoul blanc présente quelques avantages sur le noir : il est moins sujet à la coulure que lui, il réclame cependant un léger écimage dans les terres un peu substantielles où son bois croît avec trop d'exubérance. Il est peu influencé par les sécheresses et le siroco et résiste mieux aux cryptogamesque le Picquepoul gris ou rose.

PINEAU BLANC CHARDONAY

§ I. — *Synonymie*.

Chaudenet, *Noirien blanc* (Côte-d'Or); *Chardonay*, Mâconnais. Beaujolais, *Petit Chatey* (environs de Bourges); *Luisant* (à Besançon); *Baunois* (près de Tonnerre); *Rousseau*, *Plant de Tonnerre* (Yonne); *Gamay blanc* (à l'Étoile); *Melon* (Arbois et Poligny); *Maurillon* ou *Morillon blanc*, *Chablis* (Seine-et-Oise, environs de Paris); *Plant doré blanc* (en Champagne); *Auvernat blanc* (dans le Loiret); *Épinette* (Marne); *Arnoison* (Indre-et-Loire); *Auxois* ou *Auxerrois blanc* (Moselle); *Romeret* (Aisne).

§ II. — *Caractères spécifiques* (M. et P., Vign., t. II, p. 12).

Souche : Moyenne, de longue durée.

Sarments : Bois dur et cassant, de moyenne force ou un peu grêle, assez vigoureux, à entre-nœuds peu espacés.

Bourgeonnement : Précoce, blanc sale, un peu teinté de rose passant au vert jaunâtre.

Feuilles : Larges, d'un vert tirant sur le jaune, glabres et presque lisses à leur face supérieure, rudes à la surface, légèrement aranéeuses sous le revers; sinus supérieurs marqués, sinus secondaires à peu près nuls, sinus pétiolaire ouvert; dents inégales; pétiole un peu long et ligneux.

Grappe : Petite, légèrement allongée, de forme conico-cylindrique, courte, assez compacte, pédoncule long et fort.

Grains : Petits, sphériques, quelquefois oblongs, pédicelle un peu long et mince.

Peau : Mince et cependant résistante, passant au vert clair et ensuite couverte d'un reflet doré à maturité.

Chair : Assez ferme, juteuse et sucrée, à saveur simple, relevée.

§ III. — *Production*.

Qualité pour la table : Les produits du Pineau blanc ne figurent jamais dans les desserts, car ils ne réunissent aucune qualité pour cet emploi.

Qualité pour le vin : Raisin très apprécié des viticulteurs pour la cuve.

Qualité du vin : Le vin blanc venant de ces raisins est un des plus estimés par les gourmets, tant il est fin et savoureux, et, son bouquet tout à fait particulier le fait classer en première catégorie. Il sert à la fabrication des vins de Montrachet, les Chablis et les Poully, et, dans les grands vins de Pineau noir, on y incorpore 10 à 12 p. 0/0 de ce vin qui gagne alors en bouquet et en finesse.

Alcoolicité : Il dose de 13° à 16° d'alcool. Son extrait sec varie entre 22 à 25 grammes par litre.

Proportion du kilo au litre : Pour produire 100 litres, il faut fouler fortement et exprimer sous la presse de 166 à 172 kilos de raisin.

Quantités de vin : Ce cépage rapporte peu lorsqu'il est cultivé en souche basse à courte taille ; si au contraire on le traite par une culture appropriée à son tempérament, telle que celle en cordon sur fil de fer à grand développement, on peut arriver à lui faire produire de 90 à 110 hectolitres à l'hectare.

§ IV. — *Dates de débourrement du cep et de maturité du fruit*.

Ce cépage débourre et fleurit huit jours plutôt que le Pineau Noirien ; malgré cela on ne le récolte que dix à quinze jours plus tard à première maturité et vingt jours à maturité complète. Il est de deuxième époque en Algérie et en Tunisie.

§ V. — *Terrains à choisir*. — *Engrais à employer*. — *Taille spéciale*.

Terrains : Très sobre, il s'accommode facilement des terrains secs et pauvres ; les sols calcaires-siliceux lui procurent une végétation fructifère normale.

Engrais : Les engrais les mieux appropriés sont les composts dont les éléments principaux sont formés de phosphate de chaux, de sulfate de chaux et d'un peu de potasse, etc.

Taille : Ce cépage se comporte de la même manière que le Pineau Noirien, c'est-à-dire à la taille longue en cordon sur fil de fer ; la taille courte finit par le rendre stérile.

§ VI. — *Maladies particulières*.

Le cépage de Pineau blanc est sensible aux pluies froides, surtout lorsque ses pousses n'ont encore que 0ᵐ08 à 0ᵐ10 de longueur ; dans ce cas, quelquefois elles s'allongent et forment des vrilles. A l'époque de la fleur, il craint moins la coulure que ses congénères ; il résiste au siroco et à la grande sécheresse. Les altises en sont friandes au débourrage, mais jusqu'alors les insectes ne semblent pas l'attaquer et les cryptogames ne fructifient guère sur ses feuilles et sur son fruit.

Poulsard. *France (Jura)*.

Syn . : Ce cépage porte les mêmes synonymes que le rouge — Ses caractères sont identiques sauf la couleur du raisin. Ce raisin produit un vin blanc qui est un peu dur dans les débuts mais qui devient agréable par la suite.

Précoce de Malingre. *France (environs de Paris)*.

Syn. : Précoce blanc, Madeleine blanche de Ma'ingre, Od.: *Malingre, Blanc précoce de Malingre, Early Malingre*, M. et P. (Vign., t. i, p., 13). — Cette variété qui est de première précocité a été obtenue par un jardinier des environs de Paris. — Ce raisin, très bon pour la table, possède malheureusement une peau très fine, qui se détériore en le manipulant.

On en fait un bon vin qui ressemble beaucoup avec celui provenant de la rive gauche du Rhin.

Ses caractères principaux sont les suivants : *Souche* vigoureuse et fertile ; *sarments* sous-moyens à entre-nœuds inégaux ; *bourgeonnement* vert clair un peu duveteux ; *feuilles* moyennes, plus longues que larges ; *grappe* moyenne, cylindrico-conique ; *grains* petits, ovoïdes ; *peau* fine, délicate, jaune doré ; *chair* tendre, fondante. — Maturité de première précocité.

Quillard. *France (Pyrénées)*.

Syn. : Quillat (Catalogne), *Notre Dame de Gui'lan* (Lot-et-Garonne), *Jurançon blanc* (Tarn-et-Garonne et Dordogne), *Blanquette 'du Fau* (arrondissement de Moissac), *Brachet blanc* (canton de Nice et Savoie), Od.; *Plant Dressé* (Gers), Guyot.

D'après Od. (p. 515), ce cépage fait le fond des vignobles de Gan et de Jurançon (Basses-Pyrénées). Le vin blanc obtenu est très estimé et jouit d'une grande renommée dans l'arrondissement de Condon (Gers). On fait aussi une eau-de-vie très fine de ce vin lorsqu'il est encore nouveau. C'est en résumé un cépage très productif qui présente les caractères suivants : *Souche* très fertile ; *sarments* assez vigoureux à entre-nœuds demi-espacés ; *bourgeons* a direction verticale, c'est-à-dire en forme de quilles, d'où lui vient ce nom : *feuilles* moyennes, très sinuées, duveteuses ; *grappe* cylindro-oblong ; *grains* ronds, très serrés, de couleur jaune. — Maturité de deuxième époque.

Raisaine

§ I. -- *Synonymie*.

La Raisaine se nomme encore :
Raisaine (à Aubenas); *Duraisaine*, à Privas (Ardèche).
Originaire de l'Ardèche.

§ II. — *Caractères spécifiques* (M. et P.).

Souche : Assez vigoureuse.

Sarments : Forts, érigés ou mi-érigés, à entre-nœuds un peu rapprochés; yeux gros et saillants, un peu obtus.

Bourgeonnement : Blanchâtre, un peu duveteux.

Feuilles : Complètes, de moyenne grandeur, glabres et à peu près lisses à leur face supérieure, sans duvet apparent à leur face inférieure; sinus supérieurs assez profonds ou profonds, fermés ou très étroits, les secondaires plus ou moins marqués, celui du pétiole le plus souvent un peu fermé et laissant un petit vide; pétiole long un peu mince, teinté de rouge; dents assez profondes, aiguës, assez larges, surtout celles qui terminent les lobes, assez finement mucronées.

Grappe : Moyenne, un peu conico-cylindrique, ailée, serrée lorsque le cep est jeune et vigoureux, devenant plus lâche et plus allongée lorsque la souche vieillit; pédoncule de moyenne force, assez long.

Grains : sphériques, moyens ou sur-moyens, bien attachés à un pédicelle un peu mince et un peu court; point pistilaire bien marqué et persistant à l'extrémité du grain.

Peau : Assez épaisse, résistante, d'un beau jaune pointillé de lentilles brunes à la maturité.

Chair : Ferme, juteuse, bien sucrée, à saveur simple, fraîche, finement relevée.

§ III. — *Production.*

Qualité pour la table : M. et P. dans l'éloge qu'ils font de ce beau et bon raisin au point de vue de la table, disent [1] : « Elle nous paraît réunir au plus haut degré toutes les qualités qu'on recherche dans un raisin de table, et si elle réalise pour ce but les hautes espérances qu'elle nous a fait concevoir, nous serons heureux d'avoir mis en évidence un bon raisin jusque-là inconnu hors de la contrée très restreinte où il se cultive. » — C'est donc un cépage à retenir pour les futures plantations de nos viticulteurs.

Qualité pour le vin : Dans les vignobles d'Aubenas, de Joyeuse, l'Argentière et Privas, on considère ce raisin comme un des meilleurs de la contrée pour la cuve, et dans ces mêmes vignobles on l'associe en assez grande quantité aux raisins noirs pour la fabrication des vins rouges.

Qualité du vin : Le vin blanc de Raisaine, très limpide, est assez agréable au palais, quoique moins fin que celui de Chasselas.

Associé dans la proportion de 15 p. 0/0 dans les vins de Morastel et de Mourvèdre, il leur donne de la finesse et du montant et développe chez eux un bouquet particulier.

Alcoolicité : Il dose de 10° à 11° d'alcool. Son extrait sec varie de 19 à 21 grammes.

Proportion du kilo au litre : Pour produire 100 litres de vin blanc il faut fouler et presser de 164 à 168 kilos de raisin.

---

(1) *Le Vignoble*, par Mas et Pulliat.

Quantités de vin : Suivant son tempérament de fertilité et de régularité, il faut le cultiver en cordon sur fil de fer, il peut alors produire de 110 a 140 hectolitres à l'hectare de 2,000 pieds.

§ IV. — *Dates de débourrement du cep et de maturité du fruit.*

Ce cépage est précoce puisqu'il est de première époque, et si on le laisse fortement mûrir il va jusqu'à la deuxième époque au moins sans s'altérer ; cultivé sur le littoral dans les sables, il peut arriver a maturité fin juillet.

§ V. — *Terrains à choisir. — Engrais à employer. — Taille spéciale.*

Terrains : Ce raisin n'est pas exigeant, il acquiert des qualités dans les terrains demi-fertiles ; ses rendements augmentent cependant dans les alluvions anciennes et se maintiennent dans les terrains calcaires siliceux.

Engrais : Les composts à base de phosphate de chaux et d'un peu de potasse favorisent sa fructification.

Taille : Quoique ce plant s'accommode de la taille courte, il peut être soumis à la taille développée si on veut en tirer un meilleur parti.

§ VI. — *Maladies particulières.*

Comme il débourre de bonne heure il craint les gelées tardives, et par contre résiste au siroco et à la sécheresse. Les maladies cryptogamiques ne semblent pas trop l'attaquer, mais il craindrait un peu les altises.

Rauschling Weisser, *Allemagne et Suisse*.

Syn. : *Grosser Rauschling, Reuschling, Ruschling, Silberruschling, Divicina, Dretsch, Heinzler, Plaffling, Plaffentraube, Szrebo bela, Zuriweiss et Weiss-welsch, Thuner-Rebe, Zuri-Rebe, Szrebro bela* (in. II. G.).

Ce cépage donne un vin qui en vieillissant se perfectionne et devient bon. — Caractères : *Feuilles* grandes, minces, gaufrées, vert sombre supérieurement et clair sous le revers, un peu duveteuses, peu sinuées ; *grappe* sur-moyenne ; *grains* inégaux, gros, ronds, vert clair pointillés de noir ; sujette à la pourriture. — Maturité de troisième époque tardive.

Regina Bianca, *Italie* (Florence). — Beau et bon raisin de conserve, mais de maturité tardive (Pull.).

Regina delle Malvasie, *Italie* (Calabre), Pull. — « *Feuilles* sur-moyennes, légèrement boursouflées, un peu duveteuses, bien sinuées ; *grappe* moyenne, un peu lâche, cylindro-conique ; *grains* moyens ou sur-moyens, olvoïdes, fermes, blanc jaunâtre. » — Utilisé pour la table et pour la cuve.

Riesling

§ I. — *Synonymie.*

Gewurs Traube, Rieslinger, Riesler, Rœsselinger, Klingelberger, Burger, Niederlander, Reingauher, Hokheimer (sur le Rhin, en Allemagne et en Autriche);

Gravesina, Grafenberger, Werser Kleiner Riessling, Kleinriesling, Rhein-riesling (en Styrie), H. G.;

Gentil aromatique Riesler (Basse-Autriche), Od.;

Gewuzrtraube (duché de Bade);

Plinia Rhenana, Burger, Raisin du Rhin, M. et P.

Originaire des bords du Rhin.

§ II. — *Caractères spécifiques* (M. et P., Vign., t. II, p. 30).

Souche : Assez vigoureuse.

Sarments : Assez forts, à entre-nœuds demi-espacés.

Bourgeonnement : Gris, duvet violaçant.

Feuilles : Sur-moyennes, au moins aussi larges que longues, un peu bullées et glabres supérieurement, portant sur les nervures bien saillantes de la face inférieure des poils longs, couchés, un peu aranéeux; sinus supérieurs larges et profonds; sinus secondaires ordinairement peu marqués; sinus pétiolaire fermé ou presque fermé; dents larges, un peu profondes, obtuses ; pétiole de moyenne longueur, fort, souvent teinté de rose.

Grappe : Petite, cylindrique, conique, compacte; pédoncule assez court et fort.

Grains : Petits, sphériques ou presque sphériques ; pédicelles courts et forts.

Peau : Assez fine et ferme, passant au vert clair et au doré.

Chair : Assez consistante et sucrée, relevée d'une saveur propre assez prononcée.

§ III. — *Production.*

Quantité de vin : Le cépage de Riesling produit abondamment. Cultivé en cordon sur fil de fer et conduit à taille longue, il peut donner 75 à 85 hectolitres à l'hectare.

Qualité pour le vin : C'est un excellent raisin pour la cuve; il ne convient pas pour la table.

Qualité du vin : Vin savoureux lorsqu'il a acquis quelques années de bouteille. C'est le vin du Rhin de Johannisberg et de la Moselle, il a une grande renommée dans les bons crus et selon les années où le raisin mûrit à point.

Proportion du kilo au litre : Il faut de 172 à 175 kilos de raisin pour faire 100 litres de vin.

Alcoolicité : Il dose de 11° à 12° d'alcool; son extrait sec varie entre 23 à 25 grammes.

§ IV. — *Dates de débourrement du cep et de maturité du fruit.*

Ce cépage débourre quelques jours avant la Clairette; il est de deuxième époque tardive, presque de troisième époque. En Algérie ce raisin mûrirait complètement.

§ V. — *Terrains à choisir.* — *Engrais à employer.* — *Taille spéciale.*

Terrains : Ce plant aime les alluvions pierreuses et profondes, il ne dédaigne pas un peu de silice et nous sommes certains que dans le Sahel algérien situé au Sud il donnerait d'excellents produits.

Engrais : Les engrais que réclame ce cépage ce sont les composts légèrement potassiques, phosphatés, azotés et siliceux.

Taille : Il s'accommode bien d'une taille longue.

§ VI. — *Maladies particulières.*

Il résiste bien aux brouillards et aux grandes chaleurs.

Rkatzitelli, *Caucase* (Tiflis), H. G. — Ce cépage vigoureux donne des raisins jaunes pour la cuve.

Rosaki, *Égypte*, Pull. — Raisin un peu gros, portant de beaux grains d'un blanc jaunâtre, à chair ferme. — Trois quarts d'époque de maturité.

Rosakia, *Grèce* (Thessalie). — Cépage donnant des raisins à gros grains d'une couleur blanc grisâtre, utilisés pour la table (F. Gos, *Journal de l'Agriculture*, 1884).

Rossese, *Italie* (Ligurie, Piémont).

Syn. : *Rosseis bianco, Roxeise*, Rov. — D'après M. et P. (Vign., t. III, p. 191), c'est un cépage très estimé en Ligurie; il est également renommé dans les vignobles des « Cinq Terres » qui ressemblent à ceux de nos coteaux de l'Hermitage et de Côte-Rotie. Son raisin donne un vin blanc sec et léger, se madérisant s'il provient de raisin bien mûri.

Rothgipfler blanc, *Basse-Autriche.* — *Syn.* : *Reifler blanc-vert, Reifler commun* (Autriche), *Slatkizelanae* (Croatie), in. H. G. — Raisin de cuve.

Roth Heimer, *Allemagne* (coteaux de la Sarre). — Il est très répandu dans ce dernier canton. Les grappes qui sont nombreuses, dit Od. (p. 206), portent de gros grains ronds, un peu trop aqueux pour la vinification.

ROUSSANE

§ I. — *Synonymie.*

Fromenteau, dans quelques vignobles de l'Isère;
Bergeron, à Chignin et à Tornay (Savoie);
Martin Col et *Barbin*, dans la vallée de la Rochette et du Grelon et sur la rive gauche de l'Isère, au-delà de Montmélian (Savoie);
Plant de St-Peray (par erreur).

§ II. — *Caractères spécifiques* (M. et P.).

Souche : Vigoureuse, de longue durée.

Sarments : Vigoureux, assez forts, longs, mi-érigés, entre-nœuds longs; yeux gros, un peu dépruinés.

Bourgeonnement : Blanc jaunâtre, duveteux, un peu teinté de rose sur les bords et passant au vert jaunâtre, peu duveteux sur les jeunes feuilles.

Feuilles : Grandes, légèrement tourmentées, glabres sur la face supérieure, un peu duvetées sur la face inférieure; sinus supérieurs et secondaires profonds; sinus pétiolaire ouvert; dents assez larges, un peu profondes, un peu obtuses et courtement mucronées; pétiole un peu court, un peu grêle, défeuillaison tardive.

Grappe : Moyenne, cylindrique ou légèrement cylindro-conique, un peu ailée, un peu serrée, portée par un pédoncule fort, à peine de moyenne longueur, quelquefois pourvu d'un grappillon partant du nœud pédonculaire.

Grains : Moyens, à peu près globuleux, portés par un pédicelle assez fort, un peu court.

Peau : Assez épaisse, résistante, passant du blanc verdâtre au jaune doré et même roussâtre à la maturité.

Chair : Assez ferme, bien juteuse, sucrée, bien relevée; saveur simple avec beaucoup de montant.

§ III. — *Production.*

Qualité pour la table : Ce cépage ne fournit pas un véritable raisin de table, on le mange cependant à défaut d'autre.

Qualité pour le vin : Raisin très estimé pour produire du vin de cuve, aussi ce plant est-il à réserver pour nos futures plantations.

Qualité du vin : Le vin provenant des raisins de Roussane est très estimé des consommateurs. C'est notamment en Savoie et à l'Hermitage que l'on fait ce vin si renommé qui, comme le dit Pull. : « .... Il a un parfum particulier qui se rapproche de celui des vins de Roussane de l'Hermitage. Ce vin se conserve indéfiniment, s'améliore en vieillissant et acquiert des qualités remarquables. »

A l'Hermitage on l'associe au vin de Marsanne. Les vins purs de Roussane se classent d'ailleurs en première catégorie, et on fait avec ces raisins passerillés des vins de paille d'une finesse remarquable que l'on peut mettre au niveau des Tokay.

Alcoolicité : Il dose en vin sec de 13° à 15° d'alcool, et en vin de paille de 15° à 17°; son extrait sec varie entre 22 à 25 grammes par litre pour le sec et de 24 à 27 pour celui de paille.

Proportion du kilo au litre : Pour produire 100 litres de vin blanc sec, il faut fouler et presser de 160 à 167 kilos de raisin et de 180 à 190 pour celui de paille.

Quantités de vin : Ce cépage étant cultivé en cordon sur fil de fer peut rendre de 90 à 100 hectolitres de vin sec, et de 65 à 75 hectolitres en vin de paille.

§ IV. — *Dates de débourrement du cep et de maturité du fruit.*

La Roussane débourre de bonne heure et mûrit vers la troisième époque dans les terrains bien ressuyés et à la troisième époque un quart dans les terrains riches et substantiels.

§ V. — *Terrains à choisir — Engrais à employer. — Taille spéciale.*

Terrains : Ce cépage fructifie normalement dans les terrains situés en coteaux, et plus abondamment encore dans les terrains profonds d'alluvions anciennes et modernes ; les sols argilo-calcaires siliceux lui sont favorables. — En résumé ce plant n'est pas exigeant puisqu'il s'accommode des sols demi-fertiles.

Engrais : Les engrais les meilleurs sont les composts riches en phosphate de chaux et en potasse.

Taille : En taille courte sur souche basse il rend peu, tandis que soumis à une taille longue pratiquée soit en cordon, soit en chaintre ou tonnelle, sa production s'élève considérablement.

§ VI. — *Maladies particulières.*

Supportant assez bien le siroco et la sécheresse, il est peu attaqué par les insectes et les cryptogames.

Roussaou, *France* (Ardèche). — D'après M. et P. (Vign., t. ii, p. 125), ce cépage est inédit ; il est assez agréable à manger, mais il est surtout propre pour la cuve. Il ferait un vin blanc ordinaire qui servirait soit pour la consommation directe, soit pour les coupages avec le rouge.

Rousse, *France* (Lyonnais). — *Syn. : Roussette* (Lyonnais), M. et P. — On obtient avec la Rousse de bons vins ordinaires, soit directement, soit isolément, soit, comme d'habitude en coupage avec des vins rouges. C'est un cépage fertile, vigoureux et rustique, dont on peut donner d'après le Vign., (t. ii, p. 155), les caractères suivants : *Feuilles* moyennes, très peu duveteuses, bien sinuées ; la *grappe* est moyenne et porte des *grains* moyens un peu serrés, ellipsoïdes, d'un jaune roussâtre à la maturité, qui est de deuxième époque.

Roussette basse de Seyssel, *France* (Savoie).

Ce cépage donne un raisin inférieur à celui de la Roussane, quoiqu'il y ait beaucoup de ressemblance. Le vin produit, un peu doucereux, devient cependant en vieillissant très spiritueux.

Feuilles complètes, presque orbiculaires, glabres, peu sinuées ; *grappe* petite ; *grains* : peu serrés, sphérico-ellipsoïdes, jaune à maturité qui est de deuxième époque.

Rovello blanco, *Italie* (provinces napolitaines). — *Syn. : Roviello,* in. H. G. — Raisin blanc de cuve. Les *feuilles* sont moyennes, quinquélobées, bien échancrées ; la *grappe* est moyenne, cylindrique ; les *grains* sont petits, ronds, à peau épaisse, blanc jaunâtre, saveur douce.

Rovere, *Italie* (Piémont). — *Syn. : Uva Gru.* — Raisin vert de cuve. *Feuilles* petites, trilobées, épaisses, peu échancrées, face supérieure lisse, face inférieure un peu velue ; *grappe* pyramidale dont les *grains* sont d'un vert clair doré du côté du soleil.

Ruffiac femelle, *France* (Hautes-Pyrénées). — *Syn. : Ruffiac mâle*, Pull. — Raisin blanc cultivé dans les Hautes-Pyrénées à souche haute.

Sanginella Bianca, *Italie* (provinces napolitaines). — *Syn. : Sancinella, Magioloria.* — *Feuilles* moyennes, quinquélobées, très échancrées; *grappe* grande, rameuse: *grains* ovales; *peau* blanche, jus doux. Pour la cuve.

Sarfejer Szœllo, *Hongrie.* — *Syn.: Hamvas Szœllo* (Neszmely); *Grau Tokayer* (bords du Rhin); *Pinot cendré de Hongrie.* —D'après Od. (p 330), ce raisin se rapproche beaucoup de notre Malvoisie de Touraine. *Grains* petits, oblongs, bien pruinés.

———

Sauvignon

§ I. — *Synonymie.*

Sauvignon blanc, Sauvignon jaune (comte Odart, de Secondat, V. Rendu).
Punéchon (A Petit-Lafitte);
Puinechou, dans le Condoumois (Gers), Dupré de St-Maur;
Surin, Fié, dans la Vienne;
Blanc Fumé, de la Nièvre.

§ II. — *Caractères spécifiques* (M. et P.).

Souche : Assez vigoureuse, de longue durée, assez rustique.

Bourgeonnement : Duveteux, teinté de rose sur le pourtour et la face inférieure des folioles, passant ensuite au vert jaunâtre.

Sarments : Un peu traînants, à peine de moyenne grosseur, assez vigoureux, à entre-nœuds moyens.

Feuilles : Sous-moyennes, aussi larges que longues, presque orbiculaires, glabres et finement bulbées supérieurement, d'un vert un peu foncé, garnies inférieurement d'un duvet aranéeux passant le plus souvent à l'état floconneux; sinus supérieurs peu profonds, étroits ou fermés, les secondaires nuls ou peu marqués; celui du pétiole ouvert; pétiole relativement long ou assez fort; denture inégale, assez longue, obtuse, courtement mucronée.

Grappe : Sous-moyenne, courtement cylindro-conique, serrée ou un peu serrée, portée par un pédoncule un peu court et grêle.

Grains : Moyens, un peu ellipsoïdes, portés par des pédicelles assez longs un peu grêles.

Peau : Épaisse et cependant peu résistante, d'un blanc verdâtre qui se teinte de jaune à l'exposition du soleil lors de la maturité qui arrive un peu tardivement à la deuxième époque.

Chair : Un peu ferme, bien juteuse, bien sucrée, agréablement relevée par une saveur spéciale très parfumée.

§ III. — *Production.*

Qualité pour la table : Les grains du Sauvignon sont trop serrés et petits pour qu'il puisse figurer avantageusement sur une table.

Qualité pour le vin : Excellent raisin de cuve pour le vin blanc.

Qualité du vin : Le vin de Sauvignon est un des principaux facteurs des grands vins de Sauterne. Il est limpide, fin, corsé, légèrement parfumé, ambré et généreux.

En Afrique, le Sauvignon vieillit plus vite qu'en France tout en s'améliorant ; au bout de trois années il possède toutes les qualités qu'il lui faut, en France, cinq ans au moins pour acquérir.

Incorporé dans la proportion de 30 p. 0/0 dans le vin blanc de Sémillon il relève et améliore ce dernier.

Alcoolicité : Il dose de 12° à 14° d'alcool ; son extrait sec varie entre 20 et 22 grammes par litre.

Proportion du kilo au litre : Pour faire 100 litres de vin de Sauvignon, il faut jusqu'à 165 et 172 kilos de raisin ; ce qui tient à ce que la grappe est petite et que les grains, de leur côté, sont au-dessous de la moyenne.

Quantités de vin : Ce cépage donne en France de 25 à 30 hectolitres à l'hectare. En Algérie il peut rendre de 30 à 40 hectolitres à l'hectare cultivé en souche basse à taille courte ; cultivé en cordon sur fil de fer, il rapporterait de 90 à 110 hectolitres à l'hectare de 2,500 pieds.

§ IV — *Dates de débourrement du cep et de maturité du fruit.*

Ce cépage débourre après l'Aramon et mûrit à peu près en même temps, cinq ou six jours plus tard, c'est-à-dire du 25 août au 5 septembre, à une altitude de 50 mètres (fin de la deuxième époque).

§ V. — *Terrains à choisir. — Engrais à employer. — Taille spéciale.*

Terrains : Les sols maigres et calcaires ou à sous-sols tuffacés sont les plus favorables au Sauvignon ; cependant il se maintient aussi dans les terrains schisteux-calcaires. Il trouverait, dans les régions avoisinant les Hauts-Plateaux, des situations exceptionnellement favorables.

Engrais : Ce cépage étant peu gourmand s'accommode très bien des composts formés de phosphates de chaux, de plâtre, de potasse.

Taille : Tout en ne réclamant pas une taille très développée, une taille demi-longue en cordon lui assurerait une production normale sans le fatiguer.

§ VI — *Maladies particulières.*

Ce cépage débourrant de bonne heure craint les altises, tout en n'étant pas exposé aux affections cryptogamiques. Il est sujet aux gelées tardives et à la coulure, si sa taille est trop courte et s'il est planté dans un terrain humide, et supporte assez bien la sécheresse.

Schiavo, *Italie* (Pavie). — *Syn.* : *Schiava tienti'e, Rother Vernatsch,* in. H. G. — *Feuilles* amples, glabres, trilobées ; *grappe* à forme variable, le plus souvent ailée, avec de gros grains ronds, roussâtres. Maturité précoce.

Schiradzouli blanc, *Perse*. — *Syn.* : *Blanc de Grandjah,
Weisse Schirastraube, Schiraszuli, Einer Stadt Südostlich vou Tiflis, Jetzt
Elisabethpol*, H. G. — D'après Od. (p. 610), ce cépage est surtout cultivé dans
les vignobles de Grandjea (gouvernement de Tiflis). C'est un excellent raisin
de table, mais il est aussi très bon pour la cuve, car il concourt pour une bonne
part à la fabrication des vins si estimés de Schiras. La grappe est assez grosse
et porte des grains olivoïdes très allongés.

Sclavo. — *Syn.* : *Uva Schiava* (Raisin Esclave). — Ce cépage suivant
Od. (p. 585), serait originaire de la Sclavonie. Son raisin à grains ronds et
blancs, mûrit de bonne heure. On en tire un vin clair, puissant et de très bonne
conservation.

SÉMILLON

§. I. — *Synonymie.*

Le Sémillon s'appelle encore :

Blanc Sémillon ;
Colombar, dans la Gironde (A. Petit-Lafitte) ;
Malaga, dans le Lot ; *Chevrier,* dans la Dordogne ; *Goulu blanc,* dans l'Isère ;
*Sémillon blanc, Sémillon roux, Sémillon crucillant, Sémillon croquant,
Sémillon mol* (A. Petit-Lafitte).

Originaire de la Gironde ou de ses environs.

§ II. — *Caractères spécifiques* (M. et P.)

Souche : Assez vigoureuse, de longue durée.
Bourgeonnement : D'un blanc violacé, très duveteux, passant au vert jaunâtre duveté.
Sarments : Vigoureux, assez longuement noués, mi-érigés, légèrement aplatis,
de couleur bronze acajou.
Feuilles : Sur-moyennes, glabres et finement bulbées à leur face supérieure,
garnies à leur face inférieure d'un léger duvet filamenteux, parfois floconneux ;
sinus supérieurs assez profonds ou bien marqués, les secondaires le plus souvent
nuls, celui du pétiole ouvert ; pétiole long, assez fort ; denture bien subdivisée,
peu profonde, peu large, légèrement obtusée sur les dents principales, finement
et courtement mucronées.
Grappe : Sur-moyenne, conico-cylindrique ou parfois un peu aplatie, peu
serrée, portée par un pédoncule assez long, fort ou très fort.
Grains : Moyens ou sur-moyens, presque globuleux ou légèrement ellipsoïdes ;
pédicelles longs, un peu grêles.
Peau : Épaisse et cependant peu résistante à la pourriture, passant de la
teinte blanc verdâtre au jaune clair, pruiné à la maturité qui est de la deuxième
époque.
Chair : Un peu ferme, un peu filandreuse, pleine d'un jus finement parfumé
d'une saveur spéciale très agréable.

§ III. — *Production.*

Qualité pour la table : Le Sémillon n'est pas à dédaigner, quoiqu'il ne soit pas classé parmi les premières qualités pour la table, ce qui ne l'empêche pas de faire en France bonne figure dans un dessert.

Qualité pour le vin : Les raisins de ce cépage produisent des vins fins distingués et très appréciés pour la cuve. C'est d'ailleurs leur véritable emploi.

Qualité du vin : Le vin de Sémillon est plus moelleux et plus fin encore que celui de Sauvignon ; sa belle couleur mordorée, sa saveur agréable le classent en première ligne dans les vins blancs du Bordelais. C'est d'ailleurs le raisin de Sémillon associé à celui de Sauvignon dans la proportion de 70 p. 0/0, qui forme l'élément principal des grands vins de *Sauterne* et du *Château-Yquem*. — En Algérie le vin de Sémillon ne le céderait en rien à ceux obtenus en France ; ce cépage est cultivé sur une grande échelle à l'école d'agriculture de Rouïba, au Jardin d'Essai et dans les vignobles de Médéa.

Alcoolicité : Il dose de 12° à 15° d'alcool : son extrait sec varie entre 21 à 23 grammes par litre.

Proportion du kilo au litre : Pour produire 100 litres, il faut fouler et presser de 157 à 163 kilos de raisin.

Quantités de vin : Cultivé en souche basse à taille restreinte il rend peu, mais lorsqu'il est conduit en cordon sur fil de fer, sa production se maintient dans un état normal que l'on peut estimer entre 110 a 130 hectolitres à l'hectare de 2,500 pieds (plantation faite à 2 mètres en tous sens).

§ IV. — *Dates de débourrement du cep et de maturité du fruit.*

Le cépage de Sémillon débourre à peu près en même temps que celui de Sauvignon et mûrit vers les derniers jours du mois d'août, sur le littoral, dans une situation de 50 mètres d'altitude. — Maturité de deuxième époque.

§ V. — *Terrains à choisir. — Engrais à employer. — Taille spéciale.*

Terrains : Comme son congénère le Sauvignon, le Sémillon est peu exigeant sur la nature du sol. Toutefois les terrains demi-fertiles et maigres dans lesquels on le plante à défaut de sols meilleurs, doivent être défoncés avec le plus grand soin, qu'ils appartiennent aux calcaires tuffacés, marneux, schisteux, siliceux ou caillouteux.

Engrais : Les composts phospho-calcaires-potassiques que nous avons recommandés pour les cépages précédents, sont encore ceux qui lui conviennent le mieux.

Taille : Le cépage de Sémillon réclame en Afrique une taille longue, quoique dans le Bordelais on le taille à demi-long bois.

§ VI. — *Maladies particulières.*

Ce cépage résiste assez bien à l'anthracnose, au péronospora et à l'oïdium, mais les altises en sont friandes, et comme il débourre de bonne heure, il est souvent exposé a leurs atteintes. Redoutant les terrains humides, il demande a être planté dans des terrains bien ressuyes à l'abri des gelées tardives. Il résiste assez bien à la sécheresse et au siroco.

Sercial, Madère.

Syn. : Sganacao (Portugal et Madère), Od.; *Cerceal, Sarcial* (Portugal), V. M. Cépage très répandu dans les vignobles de Beira Alta, de l'Estramadure et de l'île de Madère. « C'est avec le raisin de Sercial que l'on fait le meilleur vin de Madère », dit Od. (p. 540)

Caractères : *Feuilles* amples et très cotonneuses sur les deux faces ; on pourrait donc croire ce cépage vigoureux, et cependant il est buissonneux et s'accommode d'une taille courte ; *grappe* moyenne, lâche, un peu ailée, cylindro-conique ; *grains* petits, olivoïdes, d'un blanc jaunâtre. — Maturité de troisième époque.

Sopatna blanc, *Autriche* (Styrie). — *Syn. : Bela Modrina, Golograncica, Beli blanc, Pokovez, Siprina, Ramuljak, Ramfuljak, Beli,* in. H. G. — Raisin blanc de cuve.

Spat Malvoisier. — Od., qui l'a décrit dans la tribu des Malvoisies, le dit assez précoce, quoique « spat » veuille dire tardif. -- C'est un bon raisin de table.

Sulivan, *France,* M. et P. — Raisin blanc de table obtenu de semis par Vibert. Il ne se recommande que pour la beauté de la grappe, car il doit être classé dans les raisins de table de deuxième ordre.

Tamiarello, *Italie* (Lecce). — *Syn. : Tamiello.* — D'après le B. A. ce cépage, qui est très robuste, résiste aux gelées et à l'oïdium mais fournit un vin médiocre.

Caractères : *Feuilles* petites, vertes, prenant une teinte tabac en automne, glabres à la face supérieure, duveteuses et de couleur vert clair cendré à la face inférieure, sinus très profonds ; *grappe* pyramidale, allongée, ailée, longue et de grosseur moyenne ; *grains* petits, ovales, de couleur jaune clair pruiné, pulpe molle, à saveur simple un peu âpre.

Tav Tzitella, *Caucase.* — Raisin de cuve blanc, dit Pull.; cependant d'après Rov., Tav Tzitella veut dire tête rouge.

Terret blanc, *France* (Bas-Languedoc.) — C'est une variété des moins répandues parmi les Terrets, dit Marès, et ses caractères sont les mêmes que ceux du Terret noir, sauf la couleur de la grappe qui est d'un blanc très pâle. Cette dernière est assez belle et se conserve bien.

Ce cépage est moins fertile que le Terret gris, mais son vin est de meilleure qualité. Il est de maturité un peu plus tardive.

Tibourin blanc, *France* (Var). — Sans synonymes. Cette variété, dit Pull. dans son catalogue, ne diffère du Tibourin noir que par la couleur de son raisin.

Timorosso, *Italie* (Alexandrie). — *Syn.: Timorazza,* Rov.; *Morasso, Timorasso,* in. H. G. — D'après Rov., cette variété est assez répandue dans les arrondissements de Novi et de Totone; le raisin gros, rond, blanc, est aussi bon raisin de cuve que de table.

Toccarino bianco, *Italie* (B. A., fasc. xv, p. 183). — *Feuilles* moyennes, vert sombre, jaunissant en automne, rugueuses, un peu duveteuses à la face inférieure, trilobées, sinus profonds; *grappe* pyramidale, allongée, grosse, simple, ailée, un peu serrée; *grains* moyens, sphériques; *peau* mince, blanc verdâtre; pulpe molle de saveur simple et douce.

Tokayer Weisser, *Hongrie*. — *Syn.* : *Lell Szollo, Tokauer, Thalburger, Zuti Krhkopelce, Putzscheere, Elender*, in. H. G. — *Feuilles* rondes, épaisses, trilobées, peu découpées, face supérieure lisse, vert sombre, face inférieure duveteuse; *grappe* grosse avec des grains ronds, inégaux, vert pâle, bonne pour la cuve.

Torrontès, *Espagne*. — Cépage recommandable autant par la qualité que par l'abondance de ses produits; ses raisins résistent bien aux intempéries. Caractères : *Sarments* blanchâtres, très durs; *feuilles* presque égales, d'un vert très foncé; les sinus très profonds, cordiformes; *grappe* ovale, cylindrique; *grains* très serrés, ronds, un peu dorés (Sim. Rox. Cl.).

TREBBIANO

§ I. — *Synonymie.*

Campolese, Capulese, Campulese, Cacciadebiti, Uva Anelli (B. A);
Uva Castelonna, Uva Romana, Uva Passola, Passa, Camblese, in. H. G.

D'après Rov., il y a six variétés bien différentes; nous donnons la monographie de celle qui est la plus généralement cultivée.

Originaire d'Italie.

§ II. — *Caractères spécifiques* (M. et P., Vign., t. i, p. 172).

Souche : Vigoureuse.
Sarments : Assez forts, peu érigés, à entre-nœuds longs.
Bourgeonnement : Roux, passant au blanc très duveteux.
Feuilles : Petites, ou sous-moyennes, se maculant de jaune à la maturité du fruit, presque lisses à leur face supérieure, garnies à leur face inférieure d'un duvet lanugineux; sinus supérieurs presque nuls; sinus secondaires non apparents; sinus pétiolaire rétréci ou presque fermé; pétiole assez long, un peu grêle; denture fine, inégale, peu profonde, assez aigüe.
Grappe : Moyenne, cylindrico-conique, souvent ailée, assez serrée; pédoncule assez long, un peu grêle.
Grains : Petits, presque ronds ou légèrement ellipsoïdes; pédicelles grêles, assez longs.
Peau : Assez épaisse, résistante, d'un beau jaune à la maturité.
Chair : Molle, juteuse, un peu acerbe, peu sucrée, assez relevée.

§ III. — *Production.*

Qualité pour la table : Classé dans la deuxième catégorie des raisins de table.

Qualité pour le vin : Le raisin de Trebbiano est cultivé dans presque toute 'Italie pour la cuve.

Qualité du vin : Très clair et limpide, il est un peu acerbe la première année, mais à la deuxième il est bon à boire. C'est un bon vin pour améliorer les vins rouges par des coupages.

Alcoolicité : Il dose de 13° à 15° d'alcool ; son extrait sec varie entre 21 à 24 grammes.

Proportion du kilo au litre : Pour produire 100 litres, il faut employer au foulage et à la presse de 161 à 166 kilos de raisin.

Quantités de vin : Ce cépage produit moins que l'Ugni blanc auquel les ampélographes italiens cherchent à l'assimiler. Cultivé en cordon sur fil de fer il peut produire de 80 à 100 hectolitres à l'hectare.

§ IV. — *Dates de débourrement du cep et de maturité du fruit.*

Il débourre en même temps que l'Ugni blanc, mais il mûrit huit jours après. Il est de troisième époque tardive.

§ V. — *Terrains à choisir. — Engrais à employer. — Taille spéciale.*

Terrains : Les terrains fertiles lui sont favorables, il prospère dans les sols argilo-calcaires-siliceux.

Engrais : Les composts riches en phosphate de chaux, en potasse et en azote le font fructifier d'une façon continuelle.

Taille : La taille longue lui convient particulièrement.

§ VI. — *Maladies particulières.*

Comme ce cépage débourre assez tôt, il craint un peu les gelées tardives et redoute les insectes : il semble cependant résistant aux maladies cryptogamiques et résiste parfaitement aux grandes chaleurs et au siroco.

Tressailler, *France* (Allier).

Très vigoureux, il produit assez abondamment et de bonne qualité. — Caractères : *Feuilles* arrondies, un peu duveteuses, peu sinuées ; *grappe* assez belle, allongée ; *grains* moyens, d'un jaune un peu doré à la maturité qui est de deuxième époque.

Tressot blanc, *France* (Jura).

Syn. : *Verrot blanc*, Od. (p. 203). — Ce cépage donne des raisins blancs qui produisent un vin qui suit l'année climatérique, acide dans les années humides et froides, assez bon dans les années chaudes.

UGNI BLANC

§ I. -- *Synonymie*.

Clairette à grains ronds, Queue de Renard, dans le Var;
Gredelin, Clairette rose ou rosée (par erreur), dans Vaucluse;
Buan et Beou (bon et beau), *Roussan*, dans les Alpes-Maritimes;
Erbalus (par erreur), Marès.
Trebiano? d'après MM. de Rovasenda et Lawley, de Florence (par erreur);
Muscat aigre, dans le Bordelais? M. Pellicot;
Maccabéo, dans les Pyrénées-Orientales, M. P. Torhon;
Rossana, dans le Tyrol.

Originaire d'Italie.

§ II. — *Caractères spécifiques* (M. et P.).

Souche : Très forte, d'une longue durée.
Bourgeonnement : Duveté blanc, légèrement teinté de rose violacé.
Sarments : De moyenne force, étalés; mérithales assez longs.
Feuilles : Moyennes, d'un vert clair jaunâtre, glabres à leur face supérieure, garnies à leur face inférieure d'un duvet araneeux très apparent et assez compact; sinus supérieurs profonds, le plus souvent fermés, souvent inégaux ou marqués seulement d'un côté; sinus secondaires bien marqués, étroits; sinus pétiolaire un peu ouvert ou ouvert: pétiole à peine moyen, n'atteignant pas la longueur de la nervure médiane; denture inégale, assez large, aiguë, courtement mucronée.
Grappe : Grande, lâche, un peu ailée, longuement cylindro-conique, ordinairement pourvue d'un grappillon partant du nœud pédonculaire: pédoncule assez long ou long, un peu grêle ou grêle.
Grains : Moyens, presque globuleux, portés par un pédicelle long, un peu grêle.
Peau : Assez épaisse, bien résistante, d'abord d'un blanc mat, passant au jaune plus ou moins foncé, suivant les expositions, et souvent au rose clair sur les coteaux très chauds et pierreux, à maturité qui est de troisième et demi-époque.
Chair : Assez ferme, bien juteuse, très sucrée, à saveur simple.

§ III. — *Production*.

Qualité pour la table : Sans faire partie de la catégorie supérieure des raisins de table, l'Ugni blanc, en raison surtout de la saison où il paraît, est assez apprécié.

Qualité pour le vin : Excellent pour la cuve, il est déjà cultivé en grand dans la région d'Amourah e du Djendel.

Qualité du vin : Vin très estimé, soit pour les coupages avec des vins rouges dont il relève le degré et la finesse du goût et dont il facilite la clarification.

Coupé dans la proportion suivante, il produit un vin bon ordinaire qui a une valeur très supérieure : Alicante Henri-Bouschet, 80 litres, Ugni blanc, 20 litres;

ou autrement : Petit Bouschet, 30 parties, Carignane, 40 parties, Ugni blanc, 30 parties.

Alcoolicité : Il dose de 12° à 15' d'alcool; son extrait sec varie entre 23 à 26 grammes par litre.

Proportion du kilo au litre : Pour produire 100 litres il faut fouler et presser 157 à 163 kilos de raisin.

Quantités de vin : Ce cépage est généralement cultivé en souche basse, et d'après ce mode il produirait de 30 à 45 hectolitres a l'hectare. — En France M. Pulliat a essayé de le cultiver en cordon sur fil de fer; les rendements étaient un peu supérieurs mais ne valaient pas la peine de faire une si grande dépense pour un résultat si peu rénumérateur.

En Algérie et en Tunisie, l'Ugni blanc supporte bien la taille longue en donnant de beaux produits; et nous ne saurions trop recommander de lui appliquer cette taille dans notre colonie.

§ IV. — *Dates de débourrement du cep et de maturité du fruit.*

Ce cépage débourre de bonne heure quoiqu'il mûrisse à la troisième demi-époque, dans les premiers jours d'octobre, quelquefois huit jours plus tôt.

Pour la table ou le vin blanc très sec on le vendange du 5 au 10 septembre, mais pour en faire un vin blanc riche en alcool. attendre les premiers jours d'octobre.

§ V. — *Terrains à choisir. — Engrais à employer. — Taille spéciale.*

Terrains : L'Ugni blanc est un cépage assez exigeant pour son existence, il s'accommode peu des terrains légers et siliceux, il réclame des sols d'alluvions, à base d'argile, de calcaire, de silice, etc., terres privilégiées qui se trouvent en majorité former notre sol algérien et tunisien.

Engrais : Légèrement azotés et potassiques, et nous conseillerons de lui appliquer des composts phospho-potassiques combinés à des sels et des matières organiques à base d'azote.

§ VI. — *Maladies particulières.*

Débourrant de bonne heure il est exposé aux gelées blanches; il redoute aussi les insectes, surtout les altises qui en sont friandes. Les affections cryptogamiques l'atteignent peu, et les intempéries spéciales à l'Afrique (sécheresse et siroco) ont peu de prise sur lui; il est en outre peu coulard.

Urbanitraube Weisse, *Autriche (Croatie). — Syn.; Disuca, Taljanska sipnina, Krupna belina, Disuca ranina, Morsina,* in. H. G. — Caractères : *Cep* très robuste; *feuilles* recourbées, épaisses, quinquélobées, peu découpées, face supérieure vert sombre, tachetée; *grappe* épaisse et très grosse; *grains* ronds, jaunâtres, légèrement pruinés, saveur douce un peu musquée. C'est un raisin de table et de cuve, il donne un vin se rapprochant de celui du Riesling.

Uva Montalmese, *Italie* (Fermo). — *Syn. : Pausula* (B. A). — *Feuilles* moyennes, cordiformes, simples, vert jaunâtre et glabres à la face supérieure, vert pâle et lanugineuses à la face inférieure, quinquélobées ; *grappe* conique, moyenne, ailée, peu serrée ; *grains* ronds, moyens, d'un jaune doré, pulpe très succulente, de saveur sucrée légèrement acidule.

Uva Pane, *Italie* (province de Chieti). — *Syn. : Uva longa* (quelques communes (B. A.). — *Feuilles* quinquélobées, glabres ; *grappe* conique, lâche, à pédoncule de moyenne longueur coloré en vert ; *grains* moyens, ovales, à peau assez dure et à pulpe abondante sans aucun arome. Raisin blanc de table.

Valency, *Espagne* (province de Grenade). — C'est un beau raisin blanc qui sert pour la table et en conserve, on en fait même des raisins secs.

Van der Lahn, *Autriche* (Vienne et ses environs). — *Syn. : Portugais blanc, Von der Lahntraube, Grand vert, Vert doux, Mère avec ses enfants*, Od.; *Van der Iaan Feher, Scotch White Cluster*, M. et P.; *Lahntraube fruhe Weisse, Fruhe von der Lahn, Fruhe Lahntraube*, H. G.

D'après Od. (p. 372), cette variété est belle : *Grappe* pyramidale, allongée, dont les *grains* ont une saveur douce et sucrée. C'est un bon raisin de table.

Venturiez, *France* (Nice), Pull. — Raisin blanc de table.

Verdeca, *Italie* (Piémont, provinces napolitaines). — *Syn. : Verdisco bianco, Alvino Verde, Vino Verde*, in. H. G.; *Verdea Verdesca* (Bulletin ampélographique, fasc. xv, p. 153).

Caractères : *Feuilles* petites, de couleur vert sombre à la face supérieure, prenant à l'automne une teinte tabac d'un vert cendré et tomenteuses à la face supérieure ; *grappe* moyenne, ailée, irrégulière, peu serrée ; *grains* petits, presque ronds ; *peau* mince, de couleur verte ; pulpe charnue, à saveur simple, un peu astringente.

VERDESSE

§ I. — *Synonymie.*

La Verdesse s'appelle encore :

Verdèche ou *Verdasse, Muscadelle* (par erreur) ;
Verdesse muscade, Verdesse musquée, Etraire blanche, dans la vallée du Grésivaudan, les vignes de l'arrondissement de Grenoble, Albin Gras.

§ II. — *Caractères spécifiques* (M. et P).

Souche : Assez rustique, très résistante et de longue fertilité.
Bourgeonnement : Duveteux, roussâtre, teinté de rouge violacé.

Sarments : A entre-nœuds un peu distants, grêles et allongés, un peu drainants, de couleur blanc jaunâtre.

Feuilles : Sous-moyennes, glabres et à peu près lisses supérieurement, légèrement garnies inférieurement d'un duvet court et fin ; sinus supérieurs profonds ou très profonds, le plus souvent fermés par le rapprochement des lobes qui laissent un vide par le fond ; sinus secondaires profonds, presque fermés ou peu ouverts ; sinus pétiolaire bien ouvert ; denture peu allongée, fine, assez aiguë, assez profonde, finement mucronée ; pétiole un peu court, grêle.

Grappe : Sous-moyenne, cylindro-conique, ailée, peu serrée, portée par un pédoncule long ou assez long et fort.

Grains : A peine moyens, ellipsoïdes, bien attachés à des pédicelles un peu longs et forts.

Peau : Épaisse, résistante, d'un blanc verdâtre passant au jaune roux à bonne exposition lors de la maturité qui est fin de deuxième époque.

Chair : Assez ferme, bien juteuse, bien sucrée, finement relevée, agréable.

§ III. — *Production.*

Qualité pour la table : Petit raisin apprécié, mais peu présentable sur la table.

Qualité pour le vin : Le produit de la Verdesse est certainement un de ceux qui concourent à la fabrication de bons vins blancs fins et alcooliques. En Afrique il est appelé à prendre une place marquée dans la première catégorie des vins blancs.

Qualité du vin : D'un beau blanc, ne se madérisant pas si le raisin a été récolté à première maturité ; il est savoureux, très délicat au palais. On peut le considérer comme pouvant être comparé au Sémillon dont il se rapproche beaucoup par son parfum.

Alcoolicité : Il dose de 14° à 16° d'alcool ; son extrait sec varie entre 23 à 25 grammes par litre.

Proportion du kilo ou litre : Pour produire 100 litres il faut fouler et presser 159 à 163 kilos de raisin.

Quantité de vin : Ce cépage, peu répandu en Algérie et en Tunisie, est généralement cultivé en France en souche basse à taille courte.

Notre ami et savant Pulliat la cultive d'après plusieurs méthodes ; voici ce qu'il en dit dans son Ampélographie (le Vignoble, t. III, p. 3) :

« Depuis que nous possédons la Verdesse dans nos collections, elle y a toujours été conduite sur souche basse et à taille courte ; ainsi cultivée, son produit est minime, mais d'excellente qualité. Pour obtenir de ce cépage tout le produit qu'il peut donner, sans nuire à sa bonne végétation, il faut lui donner un certain développement ou une taille longue qu'il supporte très bien et qui ne font au contraire qu'accroitre sa force et sa vigueur, lorsqu'il peut s'étendre sur un espace suffisant. Conduite en treillage ou en lisse basse dans les riches sols du Grésivaudan, la Verdesse est magnifique de végétation ; son produit est à la fois abondant et de bonne qualité. Le cordon horizontal sur fil de fer, à quinze ou vingt centimètres au-dessus du niveau du sol, serait aussi un mode de taille dont la Verdesse s'accommoderait très bien. »

Ce cépage peut en outre être cultivé en chaintre et en tonnelle.

Nous estimons que les rendements de la Verdesse peuvent se résumer d'après les modes suivants :

En souche basse à taille courte, de 25 à 30 hectolitres à l'hectare de 2,770 pieds ; en cordon sur fil de fer, de 100 à 120 hectolitres ; en chaintre, de 150 à 180 hectolitres ; en tonnelle, de 200 à 220 hectolitres.

§ IV. — *Dates de débourrement du cep et de maturité du fruit.*

Ce cépage débourre en même temps que l'Aramon et ses raisins mûrissent à la fin de la première quinzaine de septembre à une altitude de 100 mètres. — Maturité de deuxième demi-époque.

§ V. — *Terrains à choisir. — Engrais à employer. — Taille spéciale.*

Terrains : Ce plant a grand développement sans être exigeant, préfère les sols substantiels et généreux aux sols secs. Les terrains d'alluvions anciennes et modernes lui sont favorables surtout s'ils sont argilo-calcaire siliceux.

Engrais : Pour entretenir la puissante végétation qui caractérise ce cépage, les meilleurs engrais sont ceux dont la composition comporte un peu de phosphate de chaux, de la potasse et des matières organiques azotées

Taille : Comme on a pu le lire plus haut, la taille préconisée est celle à long bois, bien développée.

§ VI. — *Maladies particulières.*

Très rustique, il résiste au siroco et à la sécheresse, et les maladies cryptogamiques ne l'atteignent pas. C'est en résumé un cépage à propager.

Verdet Chalosse, *France* (Lot-et-Garonne). — Raisin blanc verdâtre de cuve.

Verdichio bianco, *Italie* (Marches, Abbruzzes). — *Syn. : Verzaro, Giallo, Peloso, Verzello Verde, Mazzanico,* in. H. G. — Ce cépage est cultivé dans les provinces des Marches et des Abruzzes.

Le B. A. cité par H. G. donne des caractères de cette variété la description suivante : *Feuilles* grande, face supérieure vert sombre, face inférieure duveteuse ; *grappe* conique, portant des grains moyens, ronds, d'un blanc jaunâtre, d'une saveur douce.

VERNACCIA

§ I. — *Synonymie.*

Varnaccia, en Sardaigne ; *Guarnaccia*, en Sicile, Catalogue général, baron Mendola :

Vernazza Veronesse, Vernacia Genese, Delle Viti italiane, *Acerbi Verdea de Sinalunga,* en Toscane, d'après Cinelli Origène ;

Austera, Flore Sarde, Moris.

Originaire de la Sicile.

§ II. — *Caractères spécifiques* (M. et P.).

Souche : Bien vigoureuse et rustique.

Sarments : Assez forts, mi-érigés, à entre-nœuds moyens.

Bourgeonnement : D'un roux verdâtre, duveteux, passant au blanc très légèrement teinté de rose violacé.

Feuilles : Moyennes, d'un vert très foncé, brillant, glabres et lisses supérieurement, très légèrement duveteuses inférieurement sur les nervures; sinus supérieurs profonds, les secondaires bien marqués, celui du pétiole peu ouvert, parfois fermé ; dents inégales, longues et aiguës; pétiole à peine de moyenne longueur, assez fort.

Grappe : Moyenne, cylindrique ou cylindro-conique, parfois ailée, peu serrée, portée par un pédoncule assez long, un peu grêle.

Grains : Sphériques ou sphérico-ellipsoïdes, portés par des pédicelles forts ou très forts, courts.

Peau : Épaisse, assez résistante, passant du blanc verdâtre à la teinte jaunâtre à bonne exposition lors de la maturité.

Chair : Un peu ferme, bleue juteuse, sucrée, bien relevée.

§ III. — *Production.*

Qualité pour la table : Sans être de première venue sur une table, il est encore préféré aux raisins du renard de Lafontaine qui les trouvait trop verts....

Qualité pour le vin : Cultivé surtout en vue de la cuve, il donne un vin très apprécié des connaisseurs.

Qualité du vin : Doré et très fin, il possède un arome particulier et, incorporé dans la proportion de 15 p. 0/0 dans le vin rouge, il rehausse considérablement les qualités de ce dernier.

Alcoolicité : Il dose de 12° à 15° d'alcool ; son extrait sec varie entre 21 à 24 grammes.

Proportion du kilo au litre : Pour faire 100 litres il faut fouler et presser de 165 à 170 kilos de raisin.

Quantités de vin : Ce cépage taillé à court bois sur souche basse rend très peu, mais lorsqu'il est soumis à une taille développée en cordon sur fil de fer, il rend de 110 à 125 hectolitres à l'hectare de 2,000 pieds.

§ IV. — *Dates de débourrement du cep et de maturité du fruit.*

Débourrant de bonne heure il mûrit vers les premiers jours de la troisième époque; étant cultivé en terre fertile il doit mûrir en Algérie fin septembre, à 100 mètres d'altitude.

§ V. — *Terrains à choisir. — Engrais à employer. — Taille spéciale.*

Terrains : Ce cépage se plaît dans les terrains assez fertiles en coteau. Dans les sols calcaires silico-argileux, il prospère et se maintient dans un état de bonne fructification.

Engrais : Pour entretenir une végétation soutenue dans les terrains que nous avons signalés, il faut y appliquer des composts phospho-potassiques azotés

Taille : Très vigoureux et se chargeant d'une certaine quantité de bois, il a besoin d'être conduit à la taille longue et développée en cordon sur fil de fer.

§ VI. — *Maladies particulières.*

Ce plant est très rustique aux influences atmosphériques, telles que siroco et sécheresse; cependant débourrant de bonne heure il craint les gelées tardives et l'attaque des insectes.

Vesparola, *Italie* (Piémont), B. A. — *Feuilles* moyennes, quinqué-lobées, sinus profonds, face supérieure un peu duveteuse; *grappe* moyenne, la partie supérieure lâche; *grains* petits, ronds, d'un jaune doré à la maturité complète; pulpe abondante et assez sucrée.

Viduno Madère.

Syn.: Vilogne Od. (p. 540). — C'est, dit-il, le cépage le plus cultivé à Madère pour produire les vins secs de cette ile, surtout dans les endroits où ne se trouve pas le *Sercial.*

VIOGNER

§ I. — *Synonymie*

Galopine, Isère, à la Tronche, près Grenoble.

§ II. — *Caractères spécifiques* (M. et P.).

Souche : Assez vigoureuse.

Bourgeonnement : Passant du roux nuancé de gris au vert blanchâtre un peu duveteux.

Sarments : Allongés, un peu grêles et cependant vigoureux; yeux peu saillants.

Feuilles : Moyennes, peu épaisses, à peu près aussi longues que larges, d'un vert clair, passant au jaune paille au moment de tomber, glabres et lisses à leur face supérieure, légèrement duvetées à leur face inférieure sur les nervures; sinus supérieurs profonds, sinus secondaires moins profonds, sinus pétiolaire toujours très ouvert, pétiole court et grêle; denture aiguë et inégale.

Grappe : Moyenne, assez longue, cylindro-conique, ailée; pédoncule long, un peu grêle, souvent pourvu d'une petite vrille partant du nœud pédonculaire.

Grains : Moyens, sphériques, un peu serrés; pédicelles un peu longs, un peu grêles.

Peau : Assez fine et cependant résistante, d'un beau jaune doré à la maturité qui est de deuxième époque.

Chair : Molle, juteuse, à saveur simple, fine et relevée.

§ III. — *Production.*

Qualité pour la table : Grappe trop serrée pour être présentée comme raisin de dessert.

Qualité pour le vin : Le Viogner, très estimé pour produire des vins blancs secs et liquoreux, est surtout cultivé en vue de l'associer avec la Syrah dans la proportion de 20 p. 0/0, pour en obtenir des vins connus sous le nom d'Hermitage.

Qualité du vin : Possède du corps, du spiritueux, de la sève et un bouquet suave. Les Château-Grillet et de Condrieu (Rhône) sont faits avec ce raisin; le vin de Condrieu est liquoreux parce qu'il n'est pas cuvé, mais il est sec et généreux lorsque le cuvage a été convenablement fait.

Alcoolicité : Il dose de 13° à 15° d'alcool; son extrait sec varie entre 22 à 24 grammes par litre.

Proportion du kilo au litre : Pour produire 100 litres, il faut fouler et presser de 161 à 168 kilos de raisin.

Quantités de vin : Le Viogner, quoique possesseur de sarments grêles, a une production peu abondante mais régulière. — Il se prête admirablement à toutes les longues tailles, surtout en cordon sur fil de fer à taille courte, où il rend de 90 à 110 hectolitres à l'hectare.

§ IV. — *Dates de débourrement du cep et de maturité du fruit.*

Débourrant de bonne heure, il craint les gelées tardives; à une altitude de 100 mètres près du littoral, il mûrit fin août (deuxième époque).

§ V. — *Terrains à choisir. — Engrais à employer. — Taille spéciale.*

Terrains : Cépage sobre, il s'accommode des terrains demi-fertiles; en Europe on le cultive dans des terrains pierreux où d'autres cépages auraient beaucoup de peine à vivre, mais dans l'Afrique du Nord, il existe assez de terrains fertiles en coteaux sans le propager en sols demi-fertiles; les terrains calcaires-silico légèrement argileux sont encore ceux qu'il préfère, et nous sommes persuadés que les Hauts-Plateaux du sud de l'Algérie et la Tunisie conviendraient a l'établissement de ce cépage éminemment rustique.

Engrais : Phosphate de chaux, plâtre et un peu de potasse.

Taille : Comme on a pu le remarquer plus haut, ce cépage réclame une taille à long bois, soit en cordon sur fil de fer, soit en *arcet* ou hastes, soit même en tonnelle.

§ VI. — *Maladies particulières.*

Le Viogner est peu sensible aux insectes et aux maladies cryptogamiques. Il est d'une grande rusticité sous notre climat et résiste au siroco et aux grandes sécheresses. C'est un plant à propager dans l'Afrique du Nord.

Virdisi bianca, *Italie* (Sicile). — *Syn. : Delalena* (Espagne), G. de R. — C'est un raisin à gros grains bon pour la cuve et pour la table.

Wachteleitraube Weisse, *Hongrie*.

Syn. : Furgmony feher, Torok bajor, II. G. — *Feuilles* allongées, épaisses, trilobées, peu découpées, face supérieure lisse, vert jaunâtre, blanchâtres et duveteuses à la face inférieure; *grappe* assez grande, très lâche, rameuse; *grains* gros, allongés, blanc jaunâtre. — Raisin de table.

Walschriesling Weisser, *Autriche*.

Syn. : Riesling Olasz (Hongrie). — D'après II. G., ce cépage, originaire de France, tire son nom de sa ressemblance avec le Riesling.

C'est un cépage remarquable par sa grande fertilité, son vin se rapproche beaucoup de celui de Riesling, moins la finesse de son bouquet.

Ce plant se plait dans les terres d'alluvions légères et fertiles.

On recommande la taille courte pour lui conserver ses rendements réguliers.

Caractères : *Feuilles* moyennes, allongées, quinquélobées, très découpées, d'un vert pâle, lisses, face inférieure un peu duveteuse; *grappe* assez grande, rameuse, un peu serrée; *grains* petits, ronds, vert jaunâtre avec des taches blanchâtres. Maturité de quatrième époque.

Zekroula Khabistoni. *Caucase.* — Ce cépage se recommande en France par sa rusticité. M. et P. (in. Vign., t. III p. 37), qui l'ont planté dans leurs collections en terrains un peu maigres, disent en avoir obtenu en quantité suffisante de bons raisins, bien spiritueux dans les années chaudes. La grappe, sous-moyenne, conique, porte des grains un peu petits, elliptiques, d'un blanc jaunâtre. — Maturité moyenne facile.

AMPÉLOGRAPHIE DES CÉPAGES INDIGÈNES

CHAPITRE X

———

AMPÉLOGRAPHIE DES CÉPAGES INDIGÈNES

——— ———

L'ampélographie d'un pays a pour objet la description minutieuse, avec les caractères inhérents à chacun, des cépages qui composent la richesse viticole de cette contrée; c'est, au point de vue pratique, une des branches de la géographie agricole, industrielle et commerciale.

Or, depuis soixante ans que nous possédons sur le littoral méditerranéen des territoires aussi vastes que la France, l'ampélographie de l'Afrique française du Nord n'est pas encore faite. Rien n'a été tenté pour réunir dans un travail d'ensemble les nombreuses variétés de cépages indigènes que l'on rencontre à chaque pas, pour en décrire les caractères spécifiques et les comparer entre eux, faisant ressortir les avantages qu'ils peuvent procurer aux producteurs.

Ainsi que nous le disions dans nos premiers chapitres, tout nous fait supposer, en remontant bien haut dans l'antiquité et en nous appuyant sur les auteurs romains, que la vigne a eu l'Afrique française du Nord comme berceau primordial. Ce qui ne peut faire de doute, c'est qu'il y avait des vignes en Afrique du temps de Pline et de Columelle. Ce dernier ne dit qu'un mot de la vigne *numidique* dont le fruit se conserve très bien dans des pots pour l'usage de la table. Pline en parle plus longuement.

Nous savons par lui qu'en Afrique comme dans la Narbonnaise, on tenait la vigne haute et demi-basse et que les grappes « dépassaient la grosseur d'un corps d'enfant. ». Il ajoute : « Aucun raisin n'est plus agréable pour sa fermeté. C'est peut-être de là que lui vient ce nom de *duracine* qu'il porte [1]. »

---

(1) Pline, *loc. cit.*, p. 522.

Sautant plusieurs siècles, tout récemment, si l'on peut s'exprimer ainsi, la *Revue horticole* publiait, en 1883, une lettre d'un colon de Rouached, près Milah, nommé Chabas, contenant les renseignements suivants :

« La vigne arabe est d'une vigueur incomparable, elle vit à l'état sauvage dans les ravins humides et incultes, dans les fissures des rochers, calcaires principalement. Elle grimpe sur les arbres et s'y couvre de fruits que les Arabes ramassent et vendent aux colons qui en font un vin foncé, alcoolique et d'assez bon goût. Une de ces espèces notamment, appelée par les Arabes *Hasseroum*, ressemble au *Teinturier* et donne comme lui un vin noir, foncé, alcoolique, d'un goût franc, *susceptible de rivaliser avec les meilleurs vins du Midi* »

A Oran, on a trouvé une vigne qui s'étendait sur 120 mètres carrés et qui donnait plus de 1,000 kilos de raisin par an (R. Déjernon, *la Vigne en France*, Paris 1868).

Un ancien sous-officier des guerres d'Afrique, M. Siméon Delagarde, raconte aussi que, lorsque les Français pénétrèrent pour la première fois à Al-Koléah, ils y trouvèrent une vigne de même genre, à l'abri de laquelle son bataillon, après s'être amplement abreuvé de raisin, campa fort commodément. Qui pourrait assurer qu'un tel pied ne remonte pas à la domination romaine ?

Devant de telles preuves de longévité, de rusticité et de force de ces cépages trouvés par les premiers viticulteurs en Algérie, lorsque les vignobles français tombaient frappés à mort sous l'envahissement continu du phylloxera, nos colons ont-ils su tirer suffisamment parti de ces éléments précieux, qu'indépendamment d'un climat plein de caresses et d'un sol où un maître de la matière, R. Déjernon, n'a pas « trouvé un lopin qui ne fut propre à la viticulture » la nature mettait à leur disposition ? — Pendant les vingt premières années de l'occupation française les essais de viticulture ont été à peu près insignifiants. L'abondance des vins français et les bas prix auxquels les colons pouvaient se les procurer pendant cette période expliqueraient suffisamment cette incurie ; mais aujourd'hui que, lentement autant que progressivement, les colons se sont adonnés à cette culture, l'Algérie peut présenter un domaine vignoble important, non complet encore dans son ensemble, mais cependant plein de promesses pour l'avenir.

L'absence d'une ampélographie complète des cépages indigènes constitue donc une lacune qu'il importe de combler au plus tôt, dans l'intérêt général de la viticulture algérienne, si intéressante à tous les points de vue, car elle est appelée à favoriser la fortune de notre colonie française.

Nos raisins précoces du littoral algérien ont conquis depuis quelques années une place notable dans l'alimentation parisienne. Devant cette faveur justifiée nous pouvons donc prédire et affirmer un avenir prospère à l'exportation des raisins tardifs de la Haute-Kabylie ; il y a là, pour la consommation des fruits d'hiver en Europe, une ressource immense, insuffisamment exploitée, sur laquelle nous désirons attirer l'attention de tous les producteurs.

Et ce n'est pas tout. Certains de nos cépages indigènes paraissent doués d'une faculté de *résistance* bien reconnue aux maladies crypto-gamiques et même dans une certaine mesure au PHYLLOXERA. Si l'expérience confirmait à cet égard les résultats des premières études, on pressent quelle révolution bienfaisante pourrait provoquer, dans la viticulture du monde entier, la découverte en Afrique d'un plant résistant à ce fléau impitoyable, qui a semé tant de ruines dans les vignobles de notre mère patrie. La lutte si vive qui a soulevé tant de polémiques entre américanistes et autres se clôturerait d'elle-même par un succès pour notre viticulture algérienne.

Enfin, parmi les innombrables variétés de cépages indigènes, tant rouges que blancs, il nous a été donné d'en rencontrer plusieurs dont l'introduction dans les plantiers destinés à la cuve, modifie de la manière la plus heureuse le caractère, les qualités, la solidité, la finesse et l'arome dans les produits. Le nombre de ces cépages, pour les vins rouges, est assez limité encore; mais nous pouvons compter déjà, pour les vins blancs, jusqu'à vingt variétés hors de pair, dont l'association à des cépages déjà connus, les améliore très sensiblement et élève leur prix de vente dans des proportions inespérées.

La *monographie des cépages indigènes* que nous donnons immédiatement après ces quelques lignes d'introduction, renferme, avec la description de leurs caractères botaniques, des indications qui n'avaient point été données encore, sur leur production en raisins de table et en vin (quantité et qualité, sur leur degré alcoolique, la couleur, la solidité, l'époque de maturité, etc, enfin sur leurs valeurs commerciales et les débouchés.

Et maintenant je n'aurai plus qu'à ajouter quelques lignes touchant des considérations générales, en priant le lecteur de vouloir bien excuser la prolixité de cette introduction que j'avais rêvé faire courte et succincte. Je ne puis, en effet, m'empêcher d'insister, chaque fois que l'occasion s'en présente, sur le rôle prédominant assigné à la vigne dans notre pays privilégié et personne ne me taxera d'exagération en affirmant que la vigne est la plante *patriote* par excellence et que plus justement que le chêne au temps des Druides, elle mériterait l'honneur de devenir la plante nationale.

Mais là ne s'arrêtent point ses bienfaits. Au même titre que l'eucalyptus, et plus fructueusement que lui, — puisqu'en plus de son action assainissante elle fournit chaque année un riche produit — la vigne est désinfectante. « Le pénitencier de Chiavari (Corse), situé au milieu d'une contrée empoisonnée de *mal'aria*, forme maintenant une sorte d'oasis saine et habitable pendant toute l'année, bien que les terres incultes qui environnent le domaine continuent à être malsaines et mortelles pendant tout l'été. Cet assainissement partiel que personne n'avait osé espérer à l'origine de la colonisation est un fait capital qu'on ne saurait trop signaler à raison des conséquences importantes qu'il comporte pour l'assainissement des terrains insalubres. De toutes les cultures, c'est la vigne qui l'emporte de beaucoup par l'étendue qu'elle occupe, puisqu'elle forme autour de Chiavari une enceinte continue de deux ou trois kilomètres de profondeur. Cette enceinte de vignes, dont la végétation n'est jamais plus vigoureuse et plus abondante qu'en plein été, c'est-à-dire au fort de la *mal'aria* est, à mon avis, la cause principale de l'assainissement de cette contrée. »

Cet exemple que j'emprunte au livre du D⟨r⟩ Boittel est d'autant plus probant, qu'il m'a été permis par moi-même de constater l'action assainissante des vignobles plantés en Algérie depuis la conquête. Je n'insisterai donc pas sur ce sujet et je cloturerai cette préface en citant ces deux vers de Dante :

« Guarda, il calor del sol che si fa vino
« Giunto all'umor che dalla vite colla ! »

Le vin, c'est donc du soleil emmagasiné. Changer le soleil en vin, être le laboratoire où s'opère cette transformation. c'est au point de vue agricole tout le rôle de la vigne. Faire converger toutes les forces et tous les organes de la végétation vers ce but unique, doit être tout le rôle du viticulteur.

C'est aussi ce que, dans ma modeste sphère, j'essaie de faire.

CÉPAGES INDIGÈNES ROUGES

SOMMAIRE

CÉPAGES INDIGÈNES ROUGES

AHMOR-BOU-AHMOR

§ I. — *Synonymie.*

Ahmor-bou-Ahmor (en Français : *Rouge, rougeâtre*).

§ II. — *Caractères spécifiques.*

Souche : Très forte et vigoureuse, ligneuse, peu régulière, écorce grossière, de longue durée.

Bourgeonnement : Vert très clair, un peu glabre.

Sarments : Demi-érigés, bronze jaunâtre, moyennement durs, à entre-nœuds demi-espacés, nœuds moyens.

Feuilles : Grandes, très dentelées, demi-profondes, d'un beau vert glabre sur les deux faces, peu lobées ; sinus supérieurs moyens, sinus pétiolaire peu marqué, bordées de rouge à maturité.

Grappe : Très grosse, légèrement cylindro-conique, assez allongée, bien ailée, à pédoncule peu résistant. La grappe de l'Ahmor-bou-Ahmor présente cette particularité qu'elle se conserve en vert pendant deux mois.

Grains : Gros, olivoïdes, d'un rouge carmin tirant sur le rose, jaune pâle vers la partie terminée à l'ombre ; chair ferme et croquante légèrement sucrée et un peu parfumée ; peau épaisse, pédicelle long.

§ III. — *Production.*

Quantités de vin : L'Ahmor-bou-Ahmor rend peu lorsqu'il est cultivé en souche basse, et taillé à court bois de 45 à 55 hectolitres à l'hectatre de 2,500 pieds. Cultivé en cordon sur fil de fer, sa production s'élèverait de 160 à 200 hectolitres à l'hectare, et soumis à la culture en treille ou tonnelle à 250 hectolitres à l'hectare.

Qualité pour la table : L'Ahmor-bou-Ahmor, vendu à l'état de fruit, est d'un produit plus avantageux que lorsque son raisin a été transformé en vin, fut-ce même en vin blanc.

Exemple : Étant donné une production de raisin de 27,200 kilos par hectare, la vente de ce raisin à 12 francs les 100 kilos produirait 3264 francs, tandis que ce même raisin converti en vin blanc donnerait 160 hectolitres à 20 francs, soit 3,200 francs; si on déduit les frais de fabrication qui sont de 1 fr. 50 l'hectolitre (240 fr.), bénéfice net par la vente à l'état de fruit : 304 francs.

Ce raisin est appétissant et, quoiqu'il ne soit pas de première finesse, sa consommation est très grande sur nos marchés où il commence à se propager.

Qualité pour le vin : Le raisin de l'Ahmor-bou-Ahmor peut à la rigueur servir à faire du vin blanc et du rosé, mais, dans un pays comme le nôtre où il existe déjà tant de cépages supérieurs, nous ne croyons pas devoir recommander ce raisin pour la cuve.

Qualité du vin : Cependant soumis au foulage et à la presse il peut fournir un vin blanc de qualité moyenne.

Ces raisins soumis seulement au foulage et à la mise en cuve, produisent après fermentation un vin rosé qui peut servir soit seul soit dans les coupages.

Alcoolicité : Il dose de 9° à 10°50 d'alcool ; son extrait sec varie entre 21 à 24 grammes par litre.

Proportion du kilo au litre : Pour produire 100 litres de vin blanc, il faut employer de 163 à 167 kilos de raisin, et si on veut faire du vin rosé, il faut employer de 154 à 158 kilos de raisin pour produire 100 litres de ce vin.

§ IV. — *Dates de débourrement du cep et de maturité du fruit.*

L'Ahmor-bou-Ahmor débourre un peu tard et mûrit vers le 15 octobre à 500 mètres d'altitude dans le Dahara, et fin septembre à 100 mètres sur le littoral.

Depuis qu'il se propage, il arrive sur les marchés d'Alger depuis les premiers jours d'octobre jusque fin novembre, époque jusqu'à laquelle ils sont conservés sur les sarments encore verts suspendus aux tonnelles. Maturité de 3ᵐᵉ époque.

§ V. — *Terrains à choisir. — Engrais à employer. — Taille spéciale.*

Terrains : Ce cépage exige un bon terrain pour produire normalement, car il aime les terres demi-légères et profondes. Les sols silico-calcaires lui sont favorables; les terres d'alluvions récentes ou modernes développent chez lui une grande et vigoureuse fructification.

Engrais : D'une nature assez gourmande, il demande par conséquent des engrais réparateurs assez azotés; les phosphates de chaux combinés à la potasse dans les composts lui impriment une grande vigueur.

Taille : L'Ahmor-bou-Ahmor réclame comme ses congénères une taille longue et développée. Il décroît sa production au fur et à mesure que sa taille se rapproche du cep.

§ VI. — *Maladies particulières.*

Ce cépage est sujet aux maladies cryptogamiques sur les bords du littoral. Il suffit de le planter à une distance de quelques kilomètres du rivage pour le préserver de ce danger. Il redoute aussi l'humidité du sol, c'est une raison de plus pour le cultiver soit sur fil de fer soit en tonnelle. Il résiste assez bien au siroco et à la sécheresse.

AÏNE-AMOKRANE-EL-AHMOR

§ I. — *Synonymie.*

Aïne-Amokrane-el-Ahmor (en Français : *Gros œil rouge*). — Variété moins répandue que la blanche.

§ II. — *Caractères spécifiques.*

Souche : Sur-moyenne, fertile, écorce moyenne, durée longue.

Sarments : Longs, assez vigoureux, striés brun rougeâtre, entre-nœuds assez espacés.

Bourgeonnement : Gris sale.

Feuilles : Assez grandes, faiblement lobées, d'un vert peu clair, dentelure moyenne, à peine duveteuses sous le revers.

Grappe : Grosse, un peu cylindro-conique, longue, ailée, à pédoncule ligneux.

Grains : Gros, olivoïdes, quelquefois un peu oblongs, assez écartés, pédicelles assez longs et forts.

Peau : Épaisse, résistante, d'un rouge un peu carminé.

Chair : Croquante, quoique assez juteuse, assez sucrée et d'un goût très agréable, presque parfumé.

§ III. — *Production.*

Quantités de vin : Les rendements de ce cépage sont subordonnés au mode de culture appliqué. — En souche basse il rend de 32 à 43 hectolitres à l'hectare de 2,500 pieds; en cordon sur fil de fer, entre 145 à 180 hectolitres à l'hectare de 2,000 pieds, et en tonnelle son rendement peut aller à 280 hectolitres.

Qualité pour la table : Ce raisin n'est cultivé qu'au point de vue de la table, il est très beau et de grande conservation et son goût sucro-parfumé lui assigne une place importante dans la consommation des ménages algériens.

Qualité pour le vin : Dans le cas où les débouchés pour la table feraient défaut, on peut faire du vin blanc avec l'Aïne-Amokrane comme avec les autres raisins kabyles.

Qualité du vin : Le vin ainsi obtenu est à peu près semblable à celui du Bezzoul-el-Kadem.

Alcoolicité : Son degré alcoolique est d'environ 10° à 11°; il est faible en couleur si on le fait avec sa pellicule, mais si on exprime le raisin à la presse il est blanc; son degré d'extrait sec varie entre 24 à 26 grammes par litre.

Proportion du kilo au litre : Le raisin de l'Aïne-Amokrane bien foulé et fermenté ainsi, rend 60 p. 0/0 en vin rouge.

§ IV. — *Dates de débourrement du cep et de maturité du fruit.*

Sur les montagnes de la haute et moyenne Kabylie, on cultive spécialement ce cépage au point de la vente sur les marchés des villes, où il trouve en effet une vente facile, qui permet de bien augurer de son écoulement sur les marchés de France lorsque l'exportation se sera emparée de ce produit.

Il débourre moins tard que le blanc sur les hautes altitudes, où il mûrit dans la première quinzaine d'octobre; en plaine il mûrit dans les premiers jours d'octobre. Maturité de 4me époque.

§ V. — *Terrains à choisir.* — *Engrais à employer.* — *Taille spéciale*

Terrains : Ce cépage est d'un tempérament rustique, il semble se plaire aussi bien dans les terres sèches et demi-fertiles que dans les sols d'alluvions anciennes. A Mascara, à Mazouna, à Tlemcen, à Dra-El-Mizan il se maintient dans des terres silico très calcaires d'une faible fertilité.

Engrais : Si l'Aïne-Amokrane se montre de bonne composition quant au choix des terrains, il n'en résulte pas qu'il puisse se passer d'engrais, au contraire il se trouve bien de l'emploi des composts phospho-potassiques.

Taille : Comme ses congénères, il réclame une taille généreuse à long bois. Chez quelques colons il est cultivé en souche basse, mais ainsi que nous l'avons remarqué pour tant d'autres cépages, sa production reste inférieure avec ce mode de culture. C'est donc a long bois qu'il faudra le tailler.

§ VI. — *Maladies particulières.*

L'Aïne-Amokrane résiste très bien à la sécheresse et au siroco ainsi qu'aux grands vents. Les affections cryptogamiques lui font peu de mal et les insectes ne l'attaquent guère.

AÏNE-ZITOUN

§ I. – *Synonymie.*

Aïne-Zitoun (en Français : *Œil, Olive*); *Pooumestré rouge*, Italie (Sicile).

§ II. — *Caractères spécifiques.*

Souche : Assez forte et robuste.

Sarments : Assez forts, a entre nœuds assez espacés, nœuds moyens, un peu aplatis, un peu érigés. de couleur bronze clair.

Bourgeonnement : Vert jaunâtre.

Feuilles : Grandes, unies supérieurement et inférieurement, bien sinuées ; denture prononcée, pétiole long.

Grappe : Assez belle et grosse. ailée, très claire. cylindrique, légèrement conico-allongée, à pédoncule long et résistant.

Grains : Volumineux, représentant de fortes olives, pédicelles longs et ligneux.

Peau : Épaisse, très résistante, d'un beau rouge violacé pâle.

Chair : Très ferme et croquante, moyennement juteuse, assez sucrée.

§ III. — *Production.*

Qualité pour la table : Le raisin connu sous le nom d'Aïne-Zitoun est un beau fruit très présentable pour le dessert. Cette variété est recommandable pour le verger africain.

Qualité pour le vin : Ce raisin n'est pas approprié pour faire un bon vin à un prix rémunérateur ; aussi son emploi est-il marqué pour la table.

Qualité du vin : Nulle et d'aucun placement avantageux.

Proportion du kilo au litre : Même observation que plus haut.

Quantité de raisin : L'Aïne-Zitoun peut produire de grandes quantités de raisin, lorsqu'il est cultivé en treillage, c'est-à-dire en cordon sur fil de fer. On peut estimer sa production dans ce cas à 250 quintaux par hectare de 2,000 souches.

§ IV. — *Dates de débourrement du cep et de maturité du fruit.*

Ce plant débourre irrégulièrement, on voit apparaître des bourgeons en même temps que ceux du Chasselas doré et d'autres trente-cinq jours après. Il n'est pas rare de voir sur un cep d'Aïne-Zitoun des grappes bonnes à manger en même temps que le Précoce de Malingre, et des grappes mûrir vingt-cinq jours après le Morastel et le Mourvèdre.

Ce raisin peut rester longtemps sur la souche après sa maturité qui est de septième époque. Nous en avons mangé en janvier récolté sur l'arbre même.

§ V. — *Terrains à choisir. — Engrais à employer. — Taille spéciale.*

Terrains : Ce plant désire être planté dans un sol silico-calcaire faiblement argileux ; dans les terres d'alluvions anciennes il prospère normalement.

Engrais : Les composts formés de phosphates de chaux légèrement potassiques et plâtrés, conviennent à la fructification de ce cépage.

Taille : Ce plant réclame une taille demi-longue sur cordon.

§ VI. — *Maladies particulières*

Ce cépage est très rustique aux grandes chaleurs, et ne craint pas le siroco; il n'éprouve aucun dégât par l'humidité, mais le peronospora l'atteint quelquefois.

BENI-ABÈS-LEKHAL

§ I. — *Synonymie.*

Beni-Abès-Lekhal. — Raisin noir cultivé dans la région de Beni-Mensour au Beni-Abès. Ce raisin est peu répandu dans le centre et l'ouest de l'Algérie, on le rencontre surtout sur les versants sud de la Haute-Kabylie.

§ II. — *Caractères spécifiques.*

Souche : Très forte, de longue durée.

Bourgeonnement : Duvet blanc rose.

Sarments : Forts, à entre-nœuds assez espacés, nœuds sur-moyens de couleur bronze foncé, bois tendre.

Feuilles : Moyennes, vert jaunâtre, peu duveteuses sous le revers, unies sur la face supérieure, pétiole long.

Grappe : Grosse, peu ailée, de forme globuleuse, ovoïde, assez serrée, pédoncule gros, très résistant.

Grains : Gros, volumineux, oblongs, rouge rose foncé.

Peau : Épaisse, pédicelles courts et pinceau solidement attaché aux grains.

Chair : Très croquante, peu juteuse et peu sucrée, mais légèrement parfumée.

§ III. — *Production.*

Qualité pour la table : Ce raisin flatte l'œil par sa beauté et sa grosseur; sur les marchés de Paris il aurait sans doute le succès qu'il mérite et serait rapidement enlevé. Son goût, franc, possède un parfum qui lui donne un cachet d'originalité. Un fait important à signaler, c'est que ce cépage produit du raisin jusqu'aux premiers jours de décembre; il peut donc fournir à l'exportation un élément précieux.

Qualité pour le vin : Le raisin de Beni-Abès fournit un moût très épais de nature s'il est bien traité à produire des vins blancs ou roses qui ne sont pas sans quelque mérite. Cependant, il est plus rémunérateur de le vendre pour la table.

Alcoolicité : Le vin rose dose de 8°25 à 8°50 d'alcool, le vin blanc dose de 8°75 à 9°; son extrait sec varie entre 18 à 20 grammes par litre.

Proportion du kilo au litre : La pellicule de ce raisin étant épaisse, sa chair ferme et peu juteuse, ainsi que son gros pédoncule, ne permettent pas d'obtenir beaucoup de vin. Il donne à la cuve un peu moins que l'Ahmor-bou-Ahmor. Il faut de 172 à 178 kilos de raisin pour obtenir 100 litres de vin blanc.

Quantités de vin : Le Beni-Abès étant cultivé en tonnelle peut donner jusqu'à 36,000 kilos de raisin, soit 210 hectolitres environ. Cultivé en cordon sur fil de fer, il doit produire de 29,000 à 30,000 kilos de fruit, soit 175 hectolitres à l'hectare.

§ IV. — *Dates de débourrement du cep et de maturité du fruit.*

Observation importante : Ce cépage est très tardif. Il débourre chez les Beni-Abès fin avril et le raisin mûrit vers les derniers jours de novembre. Il reste expectant encore quinze à vingt-cinq jours dans ces conditions. Il y en a encore sur les ceps jusque vers le 20 décembre. Maturité de sixième époque.

§ V. — *Terrains à choisir. — Engrais à employer. — Taille spéciale.*

Terrains : C'est un cépage qui aime les terres profondes et substantielles, les sols argilo-calcaires siliceux lui sont favorables; il prospère également dans les débris de grès schisteux.

Engrais : Le Beni-Abès est assez gourmand, il réclame une nourriture abondante. Les engrais riches en azote, en phosphates et en potasse, lui assurent une longue durée et une bonne fructification.

Taille : Comme ses congénères, il prospère vigoureusement lorsqu'il est soumis à une taille longue ; au contraire il s'atrophie quand on le maintient en souche basse.

§ VI. — *Maladies particulières.*

C'est un cépage très rustique, qui résiste aux cryptogames, aux insectes et aux influences de la sécheresse et à la pourriture. La gelée est aussi sans influence sur lui à cause de son débourrement tardif.

BENI-MISSERAH

§ I. — *Synonymie.*

Beni-Misserah : Nom d'une tribu située sur le Petit-Atlas, en face la plaine de la Mitidja.

§ II. — *Caractères spécifiques.*

Souche : Vigoureuse et très fertile, écorce assez fine, se détache peu en vieillissant.

Sarments : Surbaissés, moyens, à entre-nœuds moyennement espacés, couleur un peu brune, et finement striés.

Feuilles : De moyenne grandeur, à cinq lobes dont les deux près du pétiole peu accusés, d'un vert assez intense, mat sur les faces supérieure et inférieure.

Grappe : Grosse, cylindro-conique, peu serrée et peu ailée, à pédoncule vert et très résistant.

Grains : Gros, sphérico-oblongs, rose tirant sur le gris clair à maturité, légèrement pruinés.

Peau : Moyennement épaisse.

Chair : Très juteuse, d'un goût frais, moyennement sucrée, un peu relevée à complète maturité.

§ III. — *Production.*

Quantités de vin : Le Beni-Misserah, cultivé en souche basse produit peu, de 35 à 50 hectolitres par hectare de 2,500 pieds; mais en cordon sur fil de fer sa production s'élève de 140 à 170 hectolitres à l'hectare de 2,000 pieds. En tonnelle elle atteint jusqu'à 300 hectolitres à l'hectare de 625 pieds.

Qualité pour la table. — Le raisin de Beni-Misserah, très frais au goût, est encore spécialement cultivé chez les indigènes pour la table. C'est vers la première quinzaine d'octobre qu'il apparait sur les marchés d'Alger, de Blidah et de Boufarik.

Qualité pour le vin : Il est peu recommandable pour la cuve, parce qu'il donne un moût très faible et que d'autre part le vin est d'une vilaine couleur; mais on peut cependant en faire un vin blanc bon à entrer dans les coupages.

Qualité du vin : Les raisins de Beni-Misserah donnent un vin peu coloré et d'une tenue incertaine dont le goût est plat, son moût est pauvre en acides libres.

Alcoolicité : Il dose de 8° à 9° d'alcool en blanc, et de 7° 50 à 8° 50 d'alcool en rose; son extrait sec varie de 20 à 22 grammes par litre.

Proportion du kilo au litre : Pour faire 100 litres de vin rose il faut fouler et faire fermenter de 145 à 150 kilos de raisin; pour faire 100 litres de vin blanc, il est nécessaire d'employer de 156 à 160 kilos de raisin.

§ IV — *Dates de débourrement du cep et de maturité du fruit.*

D'après des constatations comparatives faites en 1889, l'une sur une vigne en tonnelle située aux Beni-Misserah, l'autre chez M. Salomon, à Boufarik, ce cépage débourre en même temps que le Morastel et mûrit quinze à vingt jours après lui, c'est-à-dire en Kabylie et dans le Petit-Atlas vers la dernière quinzaine d'octobre, et en plaine à une altitude de 49 mètres (Boufarik), vers la fin septembre. — Maturité de cinquième époque.

§ V. — *Terrains à choisir. — Engrais à employer. — Taille spéciale.*

Terrains : Comme la plupart des cépages à grand développement, il faut autant que possible donner au Beni-Misserah une terre profonde et de bonne qualité; nous en avons vu cependant quelques pieds dans des terrains formés de débris de grès et calcaire qui se maintenaient assez bien en production.

Engrais : Les composts, riches en azote, et en potasse lui conviennent bien, ainsi que les phosphates de chaux combinés qui rehaussent les qualités nutritives.

Taille : Le Beni-Misserah, en souche basse et taillé à court bois, reste faible dans ses rendements, mais lorsqu'il est taillé à long bois sa production augmente considérablement. Les indigènes le taillent très long.

§ VI. — *Maladies particulières.*

Ce cépage résiste assez bien aux grandes chaleurs. Il craint un peu l'oïdium et la pourriture lorsqu'il est cultivé trop bas, et résiste au peronospora et à l'anthracnose. Les insectes ne semblent pas l'attaquer.

Ben-Salem

§. I. — *Synonymie.*

Ben-Salen (Fils du Sauveur).

§ II. — *Caractères spécifiques*

Souche : Très forte et vigoureuse, de très longue durée.

Bourgeonnement : Duveté blanc, feuilles naissantes, d'un vert jaunâtre avec les nervures et le pétiole rougeâtre et un peu garnies de duvet.

Sarments : Forts, érigés ou moyennement surbaissés, à entre-nœuds assez espacés, de couleur bronze clair.

Feuilles : Moyennes, aussi longues que larges, glabres et lisses sur la face supérieure, garnies d'un duvet un peu cotonneux à la face inférieure; sinus supérieurs peu profonds, les secondaires moins marqués, le sinus pétiolaire à peine accusé; dentures peu prononcées, pétiole assez long et fort généralement teinté ainsi que les nervures d'un rouge vineux et légèrement recouverts d'un duvet aranéeux.

Grappe : Sur-moyenne, de couleur claire, lâche, ailée, cylindro-conique, un peu longue, à pédoncule vert, fort et court.

Grains : Sur-moyens, oblongs, rouge violacé à maturité.

Peau : Épaisseur moyenne.

Chair : Molle, juteuse, sucrée, saveur relevée assez agréable.

§ III. — *Production.*

Qualité pour la table : Le Ben-Salem est destiné à la table plutôt qu'à la cuve ; son fruit est d'une jolie couleur et d'un goût agréable.

Qualité pour le vin : Il pourrait à la rigueur servir à faire du vin rose et du vin blanc, mais comme je viens de le dire, il est plus avantageux de le vendre à l'état de fruit.

Qualité du vin : Le vin que l'on peut obtenir de ces raisins n'est pas à dédaigner et peut être consommé soit en nature ou combiné avec d'autres qualités. Le vin rose est pétillant, son goût est fin ; le vin blanc est moelleux.

Alcoolicité : Le vin rose dose de 10° à 11° d'alcool, et le vin blanc de 10°50 à 11°50.

Proportion du kilo au litre : Pour faire 100 litres de vin rose, il faut fouler 150 kilos de raisin que l'on introduit dans la cuve à fermenter. Pour obtenir 100 litres de vin blanc par pression on emploie 158 à 162 kilos de raisin.

Quantités de vin : Suivant le mode de culture qu'on lui applique, il rend plus ou moins. En taille courte sur souche basse sa production peut varier entre 45 à 60 hectolitres à l'hectare ; en cordon sur fil de fer ses rendements sont très supérieurs, ils atteignent une moyenne de 170 hectolitres ; en tonnelle sa production suit le développement de cette longue taille, elle peut s'élever jusqu'à 225 hectolitres à l'hectare.

§ IV. — *Dates de débourrement du cep et de maturité du fruit.*

C'est à une époque très tardive que le Ben-Salem débourre, c'est donc assez tard qu'il mûrit. Les ceps plantés aux environs d'Alger chez quelques indigènes donnent des fruits vers les premiers jours d'octobre. Dans les Beni-Ratten et chez les Fraoussen ils mûrissent fin octobre. — Maturité de quatrième époque.

§ V. — *Terrains à choisir. — Engrais à employer. — Taille spéciale.*

Terrains : Quoique le Ben-Salem, l'Ahmor-bou-Ahmor et le Bezzoul-el-Kadem Cherchali suivent la fertilité du sol, on peut cependant tirer un bon parti de ces plants dans les terres demi-fertiles, à condition qu'elles soient défoncées et suffisamment amendées.

Engrais : Composts comme ceux que l'on applique dans les terres demi-fertiles appartenant aux alluvions anciennes (grès mélangés de calcaires); les phosphates de chaux sont indispensables.

Taille : Comme ses congénères, le Ben-Salem réclame une taille à grand développement.

§ VI. — *Maladies particulières.*

Le Ben-Salem est assez sujet à la coulure si sa taille est insuffisante. Le peronospora attaque quelques feuilles sur les rives du littoral, mais nous avons constaté que les ceps plantés en Kabylie en sont indemnes. Quant aux insectes, ils ne paraissent l'attaquer ni sur le littoral ni dans les montagnes.

Bezzoul-el-Kadem Cherchali

§ I. — *Synonymie.*

Bezzoul-el-Kadem (en Français : *Gros teton de la négresse*);
Cherchali, dans les Zatima (raisin de Cherchell).

§ II. — *Caractères spécifiques.*

Souche : Très forte, de très longue durée, écorce fortement striée.
Sarments : Longs, sur-moyens, de couleur bronze clair à maturité, entre-nœuds espacés, surface unie, bois tendre, moelle blanche.
Feuilles : Fortes, vert demi-foncé, lisses sur la face supérieure, peu duveteuses sur le revers ; ses nervures sont très détaillées mais grossières, à trois lobes, dentures prononcées ; pétiole fort et long.
Grappe : Très grosse, très ailée, à pédoncule fort mais très cassant, forme cylindro-conique, assez allongée, très ramifiée ; pédicelles jaunâtres et cassants. Le poids de la grappe peut atteindre jusqu'à deux kilogrammes dans les terrains exceptionnels.
Grains : Très gros, oblongs, rouge noir.
Peau : Épaisse.
Chair : Un peu ferme et croquante, goût ordinaire plutôt commun, peu relevé, le pinceau est fort et assez résistant.

§ III. — *Production.*

Qualité pour la table : Le Cherchali rouge est un raisin d'arrière-saison. C'est probablement à cause de ce privilège qu'il est très répandu dans les jardins et cours des habitations arabes et sur tous les marchés.
Particularité à signaler : On rencontre le Bezzoul-el-Kadem Cherchali dans les ruines romaines qui couvrent encore les environs de Cherchell et de Tipaza.
Qualité pour le vin : On peut utiliser le Cherchali rouge pour faire du vin ; cependant, vendu pour la table, il est d'un produit plus rémunérateur.
Qualité du vin : Le Cherchali rouge, soumis à la pression après avoir été vivement foulé aux pieds, donne un vin blanc ordinaire. Le vin rouge de Cherchali est ordinaire, il n'est pas à comparer avec celui de Bezzoul-Hadra.
Alcoolicité : Le vin blanc dose de 9°50 à 10° d'alcool ; le vin rouge de 9° à 9°50.
Proportion du kilo au litre : Pour faire 100 litres de vin blanc, il faut employer de 167 à 172 kilos de raisin, mais si on désire faire du vin rouge, il n'en faut que de 159 à 162 kilos.
Quantités de vin : Ce plant est essentiellement fructifère surtout lorsqu'il est cultivé en tonnelle, il peut donner alors jusqu'à 35,000 kilos de raisin, soit environ 200 hectolitres de vin ; cette production est moindre en cordon sur fil de fer, mais elle est encore très rémunératrice puisqu'elle peut atteindre 27,000 kilos de raisin, soit environ 160 hectolitres de vin.

§ IV. — *Dates de débourrement du cep et de maturité du fruit.*

Ce cépage débourre tardivement et mûrit de même. Dans les tonnelles des environs d'Alger et de Cherchell il mûrit dans la première quinzaine d'octobre, et dans les Zatima, à 800 mètres d'altitude, fin octobre. — Maturité de quatrième époque.

§ V. — *Terrains à choisir. — Engrais à employer. — Taille spéciale.*

Terrains : Comme la plupart des cépages à longs bois et à grande végétation, il faut au Cherchaii une terre profonde; les alluvions anciennes et modernes développent chez lui une grande fructification et les sols argilo-calcaires siliceux lui conviennent également.

Engrais : Les engrais qui assurent une bonne fructification à ce cépage sont ceux employés par l'Ahmor-bou-Ahmor, soit des composts phospho-potassiques plâtrés.

Taile : Le Cherchali rouge réclame une taille à long bois, sur fil de fer ou en tonnelle. Taillé à deux yeux il produit peu.

§ VI. — *Maladies particulières.*

Ce cépage semble très rustique. Il résiste bien aux cryptogames, aux insectes, et comme tous les plants autochtones, il se montre bien armé contre la sécheresse et le siroco.

Cherchali noir

BEZZOUL-EL-KADEM KABYLE

§ I. — *Synonymie.*

Le *Bezzoul-el-Kadem* est un cépage originaire d'Afrique qui a été importé sur plusieurs points des rives de la Méditerranée, en Sicile, en Grèce, etc., mais que tous ses caractères rattachent à nos plants autochtones.

Le Bezzoul-el-Kadem s'appelle encore dans l'Afrique française du Nord : *Téton de la négresse.*

La variété désignée en France sous le nom d'*Olivette rouge* (des Bouches-du-Rhône), *Malaga rouge* (de Montauban), *Raisin de Virginie* (d'Agen), *Corazon de Gallo* (en Andalousie), *Zibiblo rosso* (en Calabre), lui ressemble passablement.

§ II. — *Caractères spécifiques.*

Souche : Forte, durée considérable, écorce grossière ; on rencontre dans les environs de Dra-el-Mizan des ceps séculaires.

Bourgeonnement : Duvet blanc rosé.

Sarments : Moyens, assez durs, grisâtres, à entre-nœuds moyennement espacés.

Feuilles : Assez grandes, d'un beau vert, peu dentelées ou à peu près arrondies, à trois lobes et quelquefois cinq, glabres.

Grappe : Longue, ailée, cylindro-conique, un peu lâche, à pédoncule résistant.

Grains : Moyens, olivoïdes, charnus.

Peau : Épaisse, rose foncé.

Chair : Croquante et légèrement parfumée, un peu plus sucrée que ceux du Bezzoul-Cherchali.

§ III. — *Production.*

Qualité pour la table : Le Bezzoul-el-Kadem est très cultivé en Kabylie pour l'usage de la table, c'est un excellent raisin très ferme, très appétissant, qui se vend très bien à l'arrière-saison sur les marchés d'Algérie. C'est une variété à propager dans l'Afrique française du Nord.

Qualité pour le vin : Ce cépage de couleur pâle, ne peut servir qu'à faire des vins roses et blancs.

Comme cépage tardif, il peut être cultivé en vue des fermentations tardives.

Qualité du vin : Le vin de Bezzoul-el-Kadem Kabyle, s'il est rose, contient une certaine quantité de tanin qui lui permet de jouer un rôle relatif dans les coupages de vins rouges.

Le vin blanc est assez fin, il est moelleux. Incorporé dans la proportion de 15 p. 0/0 dans le vin de Mourvèdre, il modifie son austérité.

Alcoolicité : En vin rose, il dose 11° à 11°50 d'alcool, en vin blanc, il dose de 11°40 à 11°80.

Proportion du kilo au litre : Pour faire 100 litres de vin rose, il est nécessaire d'employer au foulage 158 a 165 kilos de raisin. Pour obtenir 100 litres de vin blanc, il faut fouler aux pieds et presser de 168 à 175 kilos de ce raisin.

Quantités de vin : Quand il est cultivé en cordon sur fil de fer (ainsi que nous le recommandons pour tous nos cépages indigènes), le Bezzoul-el-Kadem Kabyle donne des rendements considérables qui peuvent s'élever jusqu'à 180 hectolitres à l'hectare de 2,000 pieds. On voit que ce plant essentiellement autochtone, peut et doit devenir une source de richesse considérable pour la viticulture africaine.

§ IV. — *Dates le débourrement du cep et de maturité du fruit.*

Le Bezzoul-el-Kadem Kabyle débourre assez tard, sa maturité est donc tardive. Ce raisin commence à mûrir vers les premiers jours d'octobre, à 500 mètres d'altitude, aux environs de Dra-el-Mizan où il est spécialement cultivé, et il reste dans l'état expectant jusque vers les derniers jours d'octobre. — Maturité de cinquième époque et demie.

§ V. — *Terrains à choisir. — Engrais à employer. — Taille spéciale.*

Terrains : Le Bezzoul-el-Kadem Kabyle se plaît dans les débris de grès argilo-calcaires et schisteux du Djurdjura, c'est surtout dans les terres profondes et ressuyées qu'il acquiert une grande végétation fructifère

Engrais : Ce plant suit la fertilité des terrains, il aime des engrais azotés et phosphatés. Les composts qui contiennent aussi des plâtras en combinaison avec ces deux premiers produits sont parfaits pour amener une bonne fructification.

Taille : Le Bezzoul-el-Kadem Kabyle réclame une taille assez longue, et s'il est taillé à long bois en cordon sur fil de fer il produit beaucoup. En souche basse, taillé à deux et trois yeux, ses rendements sont faibles.

§ VI. — *Maladies particulières.*

Comme ce cépage débourre assez tard, il résiste aux gelées printanières. Les parasites, soit végétaux soit animaux, lui ont jusqu'à présent assez peu nui en Afrique. Il résiste assez bien à la sécheresse et au siroco.

Darkaïa noir d'Égypte et de Tunisie

§ I. — *Synonymie.*

Raisin de Jérusalem (Collection Henri-Bouschet).

§ II. — *Caractères spécifiques* (M. et P.).

Souche : Assez forte et vigoureuse.

Bourgeonnement : Un peu duveteux, blanchâtre, jeunes feuilles entr'ouvertes, légèrement teintées de rouge ou de grenat; vrilles peu nombreuses et peu développées.

Sarments : De couleur noisette clair, assez forts, yeux coniques, légèrement cotonneux.

Feuilles : Grandes, à peu près aussi larges que longues, en gouttière, d'un vert foncé, lisses et glabres à leur face supérieure, presque sans duvet à leur face inférieure; sinus supérieurs étroits, profonds; sinus secondaires bien marqués; sinus pétiolaire arrondi par le fond, le plus souvent ouvert; denture assez profonde, un peu arrondie au sommet et terminée en pointe rougeâtre; nervures peu saillantes, surtout dans les subdivisions; la feuille se colore en rouge amarante lors de la maturité du fruit.

Grappe : Grande, ailée, rameuse, allongée, claire ou très peu serrée, pédoncule assez long; rafle d'une extrême fragilité.

Grains : Gros, ellipsoïdes, allongés; pédicelles assez longs et grêles, d'un rouge vif.

Peau : Fine et cependant résistante, d'un beau noir pruiné qui ressort très bien sur les pédicelles teintés de rouge.

Chair : Ferme, juteuse, sucrée, bien relevée, mais à saveur simple, agréable dès le commencement de la maturité qui n'est complète qu'à la troisième époque.

§ III. — *Production.*

Qualité pour la table : Le raisin du Darkaïa est d'une beauté remarquable et d'un goût excellent lorsqu'il est arrivé à complète maturité. Cette variété peut être mise en parallèle avec nos meilleurs raisins de table et demande à être retenue en vue de l'exportation.

Qualité pour le vin : Le Darkaïa n'a jamais été utilisé sérieusement pour la cuve, cependant par son caractère il peut produire un vin agréable.

Qualité du vin : N'ayant pas encore eu l'occasion d'examiner le vin provenant de ce cépage, nous nous bornerons à constater les qualités du moût. Densité du moût : 180 grammes de sucre par litre.

Proportion du kilo au litre : Pour produire 100 litres de moût, il faudrait approximativement 154 kilos de raisin.

Quantités de raisin : Le Darkaïa étant cultivé en cordon sur fil de fer à longue taille, peut produire de 160 à 185 kilos de raisin; en tonnelle sa production peut atteindre 250 kilos.

§ IV. — *Dates de débourrement du cep et de maturité du fruit.*

Le Darkaïa est un cépage qui débourre en même temps que la Carignane et mûrit à peu près à la même époque. Ce cépage devrait être cultivé dans les hautes altitudes pour en faire des raisins de demi-novembre ; étant cultivé près du littoral, dans les sables, il donnerait des fruits fin août. — Maturité de troisième époque.

§ V. — *Terrains à choisir. — Engrais à employer. — Taille spéciale.*

Terrains : Ce cépage s'accommode assez bien des terrains de moyenne fertilité, silico-calcaires un peu argileux, cependant il ne dédaigne pas les terrains d'alluvions anciennes et modernes.

Engrais : Les composts formés de phosphates de chaux, de plâtre, de potasse, sont ceux qui lui procureraient une vigoureuse végétation fructifère.

Taille : Comme nous l'avons déjà fait remarquer, ce cépage réclame une taille longue, quelle que soit sa forme.

§ VI. — *Maladies particulières.*

Ce raisin résiste assez bien à la chaleur quoiqu'il soit volumineux, et les insectes ne semblent pas l'attaquer ; nos dernières observations nous permettent de le croire à l'abri de toutes maladies cryptogamiques.

DEKER-EL-ANEB

§ I — *Synonymie.*

Deker-el-Aneb (en Français : *Gros raisin mâle*), lambrusque.

§ II. — *Caractères spécifiques.*

Souche : Moyenne, de longue durée, écorce lisse, ligneuse.

Sarments : Moyens, surbaissés, très vigoureux et longs, entre-nœuds assez espacés, de couleur bronze clair, beaucoup de vrilles.

Feuilles : Moyennes et surmoyennes, très mélangées, vert clair, jaunissantes à l'arrière-saison, à dentures profondes; sinus supérieurs assez prononcés, sinus pétiolaire moins accusé; pétiole ligneux, de longueur moyenne.

Grappe : Moyenne, assez longue, ailée, pédoncule ligneux et résistant.

Grains : Moyens, sphérico-ovoïdes, très noirs.

Peau : Épaisse, un peu pruinée.

Chair : Un peu colorée en rouge foncé, assez juteuse mais pulpeuse, d'un goût étrange, un peu *foxé* comme on dit en termes de vinification, à peine sucrée.

§ III. — *Production.*

Qualité pour la table. — Ce cépage est impropre à produire des raisins pour la table; le fruit est trop coloré, d'un goût trop astringent et commun.

Qualité pour le vin : Le Deker-el-Aneb est un raisin sauvage qui donne un vin désagréable par son goût étrange, légèrement foxé.

Ce plant, originaire d'Afrique, est en réalité un Lambrusque quoique ses fruits soient assez gros; cependant, par son hybridation avec la Carignane, on obtiendrait un cépage à grande production, résistant aux affections cryptogamiques et autres maladies générales.

Qualité du vin : Le vin obtenu du Deker-el-Aneb est très foncé, mais impropre à la consommation.

Alcoolicité : Il dose de 8° à 9° d'alcool.

Proportion du kilo au litre : Ce raisin est très chargé en pulpe grossière et possède une peau très dense; quoique assez juteux il produit peu de vin. Il faut de 165 à 170 kilos de raisin pour produire 100 litres de vin.

Quantités de vin : Le Deker-el-Aneb, abandonné jusqu'à ce jour à l'état sauvage, se rencontre surtout dans les ravins frais et près des torrents; il se charge énormément de fleurs, qui coulent en grande partie. On ne peut donc faire une estimation exacte sur ses rendements.

§ IV. — *Dates de débourrement du cep et de maturité du fruit.*

Ce plant débourre de bonne heure et mûrit de même, fin août, à une altitude de 100 mètres près du littoral. — Maturité de deuxième époque.

§ V. — *Terrains à choisir. — Engrais à employer. — Taille spéciale.*

Terrains : Comme nous l'avons déjà dit, ce plant se plaît dans les terrains d'alluvions anciennes; les sols silico-calcaires faiblement argileux lui sont plus favorables que les alluvions fraiches.

Engrais : Pour faire fructifier ce cépage, il faut éviter les engrais trop azotés et potassiques; les phosphates et le plâtre lui conviennent particulièrement.

Taille : Ce plant, à sarments longs, réclame une taille assez longue; en taille courte, il coule complètement et il serait rare de lui voir porter une grappe de raisin.

§ VI. — *Maladies particulières.*

Le Deker-el-Aneb est un plant d'une grande rusticité sous le rapport des insectes et des maladies cryptogamiques. La sécheresse et le siroco n'ont aucune action flétrissante sur lui, mais en revanche les brouillards font couler ses raisins.

DEKER-EL-ANEB-ES-SERIR

§ I. — *Synonymie.*

Deker-el-Aneb-Es-Serir (en français : *Petit raisin mâle*), lambrusque.

§ II. — *Caractères spécifiques.*

Souche : Moyenne, de longue durée, écorce lisse, ligneuse.

Sarments : Moyens, surbaissés, assez vigoureux et longs, à entre-nœuds assez espacés, de couleur bronze brun, beaucoup de vrilles;

Feuilles : Sous-moyennes, vert foncé, rougissant à l'arrière-saison, lisses sur la face supérieure, un peu duveteuses sur le revers, sinus supérieurs profonds et très ouverts, sinus secondaires très accusés, sinus pétiolaire peu accusé; pétiole assez long, très ligneux et coloré en brun rougeâtre.

Grappe : Sous-moyenne, cylindro-globuleuse, assez ailée, pédoncule de moyenne longueur et très ligneux.

Grains : A peu près sphériques.

Peau : Épaisse, très colorée en rouge ; pédicelle fin et ligneux.

Chair : Ferme, pulpeuse, assez juteuse, d'un goût à peine sucré mais acerbe.

§ III. — *Production.*

Qualité pour la table. — Ce raisin est immangeable, tant il est pâteux et acerbe.

Qualité pour le vin : Le Deker-el-Aneb-Es-Serir n'est pas plus convenable pour faire le vin que pour servir à table.

Qualité du vin : Le raisin qui fait l'objet de cette étude, donne un vin très chargé en couleur, mais peu alcoolique et d'un goût étrange, aigrelet et acerbe.

Alcoolicité : Il dose de 8° à 8°50 d'alcool.

Proportion du kilo au litre. — Pour produire 100 litres de vin, il faut fouler au fouloir mécanique 175 à 180 kilos de raisin.

Quantités de vin : Ce cépage, vit partout à l'état sauvage, dans les forêts de l'Algérie et de la Tunisie où il se rencontre à chaque pas. On ne peut en faire une estimation approximative de ses rendements à l'hectare.

§ IV. — *Dates de débourrement du cep et de maturité du fruit.*

Ce cépage débourre de bonne heure, et mûrit de même. Dans les forêts du Mazafran, on rencontre cette espèce à l'état de maturité vers les premiers jours de septembre (altitude de 30 mètres) en terre humide. — Maturité de deuxième époque.

§ V. — *Terrains à choisir. — Engrais à employer. — Taille spéciale*

Terrains : Ce cépage se plaît particulièrement dans les terrains frais, où il y a des arbres, sur lesquels il cherche à grimper a son aise. C'est surtout dans les alluvions profondes où il développe toute sa vigueur arborescente.

Engrais : Le Deker-el-Aneb-Es-Scrir est très chargé de fleurs au moment de la floraison, mais elles coulent en majeure partie, parce que les lieux où l'arbrisseau se trouve sont d'une nature trop azotée et potassique. Les engrais qui amèneraient chez lui une fructification stable sont les phosphates de chaux et le plâtre.

Taille : Ce cépage, à nœuds très espacés, réclame une taille très longue; il est inutile de le cultiver en souche basse, car il ne rendrait rien.

§ VI. — *Maladies particulières.*

Comme son congénère sauvage, ce plant est d'une grande rusticité. Il résiste à toutes les maladies cryptogamiques et aux insectes. Il ne subit aucune altération sous l'influence de la sécheresse ou du siroco, et, comme le Deker-el-Aneb, il redoute les brouillards.

DROUKANE

§ I. — *Synonymie.*

Sans synonymes connus. — Raisin d'Egypte et de Tunisie.

§ II. — *Caractères spécifiques* (M. et P.).

Souche : Très vigoureuse.

Sarments : Longs et forts, surbaissés.

Bourgeonnement : Légèrement duveteux.

Feuilles : Assez grandes, lisses supérieurement, glabres sous le revers, bien sinuées; denture large, aiguë, pétiole long.

Grappe : Grosse, rameuse, ailée, conico-cylindrique, allongée, pédoncule long, moyen, teinté de violet.

Grains : Gros, olivoïdes, parfois un peu incurvés près du pédicelle qui est long et un peu grêle.

Peau : Moyenne, assez résistante, passant au rose et ensuite au rouge orange foncé.

Chair : Assez ferme, bien juteuse, sucrée et agréable au goût.

§ III. — *Production.*

Qualité pour la table : Le raisin de Droukane est un des beaux raisins de table de l'Egypte, de la Tripolitaine et de la Tunisie; on en rencontre quelques ceps isolés dans les plantiers d'Algérie. En tous cas, cette variété est à retenir pour la création des vergers algériens et tunisiens.

Qualité pour le vin : Ce raisin peut produire un bon vin, mais il est bien plus avantageux de le cultiver pour la table.

Qualité du vin : Le vin que l'on peut obtenir de ces raisins est d'un rose sale, peu spiritueux; son goût est cependant agréable et aromatique, mais sa durée n'est pas grande, il faut le relever par de l'alcool et du tanin.

Alcoolicité : Il dose de 9°50 à 10°50 d'alcool.

Proportion du kilo au litre : Pour faire 100 litres de vin rose, il faut employer de 160 à 165 kilos de raisin, et pour faire le même volume de vin blanc, il est nécessaire de fouler et presser de 165 à 170 kilos de raisin.

§ IV. — *Dates de débourrement du cep et de maturité du fruit.*

Le Droukane débourre avec le Morastel et mûrit à peu près en même temps. Il est de troisième époque.

C'est plutôt un raisin à cultiver dans les montagnes de la Kabylie comme raisin tardif.

§ V. — *Terrains à choisir. — Engrais à employer. — Taille spéciale.*

Terrains : Ce cépage réclame un terrain sec mais substantiel et profond, car il développe beaucoup, soit dans le sol, soit en sarments. Les sols silico-calcaires faiblement argileux sont ceux qui lui conviennent le mieux.

Engrais : Il réclame des engrais potassiques et azotés, sans toutefois négliger le phosphate de chaux.

Taille et quantité de produits : Pour produire de 225 à 250 quintaux de raisin, il faut mener ce cépage en cordon sur fil de fer, à grand développement et à taille longue.

§ VI. — *Maladies particulières.*

Cette variété est très sensible à l'anthracnose et à l'oïdium, mais en revanche, il résiste aux autres affections cryptogamiques et à la sécheresse.

El-Bordj Ahmor

§ I. — *Synonymie.*

El-Bordj Ahmor, à Mascara, à Tlemcen, dans le Dahara, au Maroc.
Cette variété tient de l'*Ahmor-bou-Ahmor* et du *Grillah*.

§ II. — *Caractères spécifiques.*

Souche : Très forte, assez vigoureuse, un peu grossière, grande longévité.

Sarments : Sur-moyens, demi-durs, entre-nœuds longs, de couleur bronze blanchâtre, vigoureux et très longs.

Feuilles : Moyennes, d'un vert jaunâtre, légèrement cotonneuses sous le revers, pétiole assez long, peu lobées ; sinus supérieurs moyens, sinus pétiolaires peu marqués.

Grappe : Très grosse, très allongée, ailée, à pédoncule résistant. Elle se conserve longtemps sur le bois en vert après sa maturité. (J'en ai rencontré à Mazouna de 1 kil. 500 gr.).

Grains : Gros, ovoïdes, quelquefois presque ronds.

Peau : Épaisse, de couleur rouge carmin pâle.

Chair : Croquante, légèrement sucrée et parfumée, pédicelle long et résistant, pinceau tenace.

§ III. — *Production.*

Qualité pour la table : L'El-Bordj Ahmor est un raisin de table très beau en apparence, mais possédant un goût commun, on peut le classer dans la troisième catégorie des raisins de table. Au point de vue commercial il est très apprécié ; il se vend très couramment sur les marchés à des prix rémunérateurs.

Qualité pour le vin : L'El-Bordj ne peut jouer qu'un rôle supplémentaire dans la fabrication des vins, puisqu'il y a à côté de lui tant de cépages qui produisent bon et beaucoup. Cependant on peut en faire un vin rosé et un vin blanc qui ne sont pas à dédaigner.

Qualité du vin : Ce raisin, après avoir été foulé au fouloir et mis en cuve pour fermenter, produit un vin rosé qui possède un goût assez agréable. Le même raisin foulé aux pieds et soumis à la pression d'un pressoir fournit un vin blanc ne se madérisant pas.

Alcoolicité : Le vin rose dose de 9°50 à 10° d'alcool et le vin blanc de 9°75 à 10°25.

Proportion du kilo au litre : Pour produire 100 litres de vin rose il faut employer de 158 à 163 kilos de raisin ; mais si on veut obtenir 100 litres de vin blanc, il sera nécessaire d'employer 168 à 173 kilos de raisin.

Quantités de vin : Ce cépage est peu productif lorsqu'il est cultivé en souche basse et à taille courte, ses rendements ne dépassent guère 50 hectolitres ; tandis que soumis à une culture a taille longue en cordon sur fil de fer il peut produire 170 hectolitres à l'hectare ; en tonnelle, sa production est plus considérable, elle peut s'élever à 35,000 kilos de raisin, soit environ 210 hectolitres à l'hectare. Malgré ces bons rendements, il est encore plus rémunérateur de le cultiver en vue de la vente en raisin.

§ IV. — *Dates de débourrement du cep et de maturité du fruit.*

L'El-Bordj Ahmor débourre quelques jours plus tard que l'Ahmor-bou-Ahmor et mûrit vers le 15 octobre à 1,000 mètres d'altitude ; dans le Dahara il mûrit plus tôt relativement a l'altitude de cette contrée ; à Mazouna, a 450 mètres d'altitude, il mûrit dans la première quinzaine d'octobre. — Maturité de quatrième époque.

§ V. — *Terrains à choisir. — Engrais à employer. — Taille spéciale.*

Terrains : Comme pour le Grillah, ce cépage aime une terre profonde ; les sols argilo-calcaires siliceux lui sont très favorables. Les sols calcaires bien défoncés, suffisamment pourvus de terres végétales (10 p. 0/0), entretiennent une vigueur fructifère à ce cépage.

Engrais : Ce plant s'accommode des engrais ordinaires pourvu qu'ils contiennent des phosphates de chaux et un peu de potasse. Les terrains du Dahara son' très chargés de sulfate de chaux (plâtre), aussi sont-ils propices à sa fructification.

Taille : Comme l'Ahmor-bou-Ahmor, il réclame une taille longue et très développée.

§ VI. — *Maladies particulières.*

Ce cépage est d'une rusticité remarquable Les affections cryptogamiques et les insectes ne l'atteignent pas ; il résiste aussi aux influences de la sécheresse et du siroco.

EL-RERBI-EL-AHMOR

§ I. -- *Synonymie.*

El-Rerbi-el-Ahmor (en Français : *Raisin de l'Ouest*) :
Aneb-el-M'Gherbi (Basse et Haute-Kabylie);
Ribier du Maroc (Mas et Pulliat).

Ce raisin est très répandu en Kabylie, à Tlemcen et chez les Kabyles du Maroc.

§ II. — *Caractères spécifiques.*

Souche : Forte et vigoureuse, de très longue durée.
Bourgeonnement : Duvet blanc, assez ouvert.
Sarments : Gros, vigoureux, à entre-nœuds moyens.
Feuilles : Grandes, plus larges que longues, glabres à leur face supérieure, duveteuses sous le revers; sinus supérieurs profonds, sinus secondaires peu marqués, sinus pétiolaire fermé; dents irrégulières et aiguës: pétiole long.
Grappe : Moyenne ou sur-moyenne, assez ailée, peu serrée, pédoncule court et fort.
Grains : Gros, ellipsoïdes; pédicelles longs et forts.
Peau : Un peu épaisse, assez résistante, passant au violet noir à la maturité.
Chair : Ferme et croquante, assez juteuse, un peu sucrée et agréablement relevée.

§ III. — *Production.*

Qualité pour la table : Le raisin de El-Rerbi-el-Ahmor est certainement un des beaux raisins de table de l'Afrique française du Nord. Ce cépage est répandu dans la Kabylie algérienne ·et marocaine. On en rencontre quelques pieds en Tunisie.

Qualité pour le vin : Quoique ce raisin soit spécialement cultivé en vue de la table, on peut néanmoins en tirer un bon vin.

Qualité du vin : Ce vin est léger, peu coloré; son goût est assez fin, mais il manque de tonicité pour la conservation.

Le raisin foulé et pressé donne un vin blanc qui n'est pas à dédaigner, qui peut servir dans les coupages.

Alcoolicité : Il dose, en rouge, de 8°50 à 9°50 d'alcool; en blanc, de 9° à 10°. Son extrait sec varie entre 20 et 21 grammes par litre.

Proportion du kilo au litre : Pour faire 100 litres de vin rouge, il faut mettre à la cuve de 155 à 159 kilos de raisin. Pour produire 100 litres de vin blanc, il faut fouler et presser de 163 à 168 kilos de raisin.

Quantité de vin : Ce cépage demande à être cultivé en cordon sur fil de fer, il rend alors de 100 à 125 hectolitres à l'hectare; on le taille à un œil sur chaque porteur du cordon.

§ IV. — *Dates de débourrement du cep et de maturité du fruit.*

Ce cépage est généralement cultivé à des altitudes élevées. Il débourre en même temps que la Carignane et il mûrit à la troisième époque et demie.

§ V. — *Terrains à choisir. — Engrais à employer. — Taille spéciale.*

Terrains : Ce cépage s'accommode de tous les terrains pourvu qu'ils soient un peu fertiles et défoncés, car ses racines pivotent profondément ; les sols calcaires siliceux un peu argileux lui sont favorables.

Engrais : Comme pour ses congénères, il demande des composts de phosphate de chaux, de la silice et des sulfates de chaux, ainsi qu'une certaine dose de potasse.

Taille : L'El-Rerbi-el-Ahmor réclame une grande expansion : le cordon, le chaintre ou la tonnelle lui sont préférables à la souche basse. On taille à un œil ou deux sur cordon.

§ VI. — *Maladies particulières.*

Ce cépage est assez rustique, les insectes ne semblent pas l'attaquer ; il résiste assez bien à la sécheresse et les maladies cryptopgamiques le laissent indemne de leurs atteintes.

GALB-EL-FERREUDJI OU FEREUDI

§ I. — *Synonymie.*

Galb-el-Ferreudji (en Français : *Le Cœur de Poulet*) ou *Galb-el-Serdouk* (en Français : *Le Cœur de Coq*).

§ II. — *Caractères spécifiques.*

Souche : Assez forte, vigoureuse, de longue durée.

Sarments : Moyens, entre-nœuds demi-espacés, couleur brun orange souillé de taches.

Feuilles : Sur-moyennes, à trois et cinq lobes; sinus supérieurs assez accentués, sinus pétiolaires moins définis: vert foncé et tourmentées.

Grappe : Sur-moyenne, cylindro-conique, un peu globuleuse, ouverte, pédicelles courts, pédoncule fort et résistant.

Grains : Sur-moyens, quelquefois gros (suivant la végétation), ayant la forme d'un petit cœur de poulet, d'où leur nom indigène.

Peau : Épaisse, rose foncé.

Chair : Ferme et croquante, un peu aromatique.

§ III. — *Production.*

Quantités de vin : Le Galb-el-Ferreudji produit peu en taille courte à deux et trois yeux, entre 30 et 40 hectolitres à l'hectare de 2,500 pieds; en cordon sur fil de fer ses rendements s'élèvent entre 135 et 170 hectolitres à l'hectare; en tonnelle sa production peut s'élever à 230 hectolitres à l'hectare.

Qualité pour la table : Ce raisin est très original par sa forme en cœur et sa belle couleur carminée. Les gourmets algériens et tunisiens l'apprécient comme raisin de dessert; on en fait également des conserves en liqueur qui sont estimées. Il se conserve assez bien, on peut même en faire du raisiné.

Qualité pour le vin : Le Galb-el-Ferreudji, cultivé pour la cuve, est moins rémunérateur que pour la table.

Qualité du vin : Le vin que l'on obtient avec ce raisin ne manque pas d'originalité par son goût fin et relevé (nous parlons ici du vin blanc).

Le vin rose est celui qui provient de la fermentation du raisin foulé avec ses pellicules. Il est plus énergique au palais en raison de la présence du tanin qu'il contient. Il sert avantageusement dans les coupages.

Alcoolicité : Le vin blanc dose de 10° à 11° d'alcool, le vin rose de 9°50 à 10°50; son extrait sec varie de 20 à 22 grammes par litre.

Les colons n'ont pas encore fait beaucoup de ce vin.

Proportion du kilo au litre : D'après nos essais, ce raisin produit, lorsqu'il est foulé au pied et pressé ensuite, 61 p. 0/0 de moût. On peut encore ensuite faire fermenter les pulpes et pellicules avec une addition d'eau et en faire un second petit vin qui, à la distillation, donnerait une excellente eau-de-vie fine.

§ IV. — *Dates de débourrement du cep et de maturité du fruit.*

Ce cépage débourre un peu tard, ses fruits ne mûrissent guère qu'à partir du commencement de novembre sur des altitudes de 700 à 1.200 mètres. Cultivé sur le littoral, il débourre vers fin mars et mûrit fin septembre. — Maturité de quatrième époque.

§ V. — *Terrains à choisir. — Engrais à employer. — Taille spéciale.*

Terrains : Le Galb-el-Ferredji n'est pas très gourmand, il maintient sa production dans les terrains formés d'alluvions grossières. Les terrains calcaires siliceux lui conviennent.

Engrais : Ce plant réclame des engrais potassiques et bien phosphatés; l'adjonction de plâtre à ces composts influe beaucoup sur la finesse du goût.

Taille : Comme ses congénères, il réclame une taille généreuse; la taille à long bois est bien celle qui lui est favorable.

§ VI. — *Maladies particulières*

Ce cépage est robuste, il résiste assez bien aux affections cryptogamiques et aux insectes. Le siroco et la sécheresse ont peu d'influence sur lui.

Galb-el-Theïr

§ I. — *Synonymie.*

Galb-el-Theïr (en Français : *Cœur d'Oiseau)*, variété du *Galb-el-Ferreudji*.

§ II. — *Caractères spécifiques.*

Souche : Forte, assez vigoureuse, de très longue durée.

Sarments : Moyens, entre-nœuds demi espacés, couleur rouge terne.

Feuilles : Sur moyennes, à trois et cinq lobes, sinus supérieurs assez foncés, vert clair et un peu tourmentées.

Grappe : Moyenne, globuleuse, allongée, pédicelles courts, pédoncule fort et résistant.

Grains : Moyens, ayant la forme d'un petit cœur d'oiseau.

Peau : Moins épaisse que le précédent, de couleur rose foncé.

Chair : Ferme et claire, croquante, un peu aromatique, moyennement juteuse.

§ III. — *Production.*

Quantités de vin : Comme son congénère, il produit beaucoup. En souche basse, cultivé à court bois, il se maintient entre 30 et 40 hectolitres à l'hectare de 2,500 pieds; en cordon sur fil de fer, il produit de 130 à 165 hectolitres à l'hectare de 2,000 pieds : en tonnelle, ses rendements peuvent s'élever jusqu'à 220 hectolitres à l'hectare de 625 pieds.

Qualité pour la table : Ce raisin est d'une forme semblable à celui désigné sous le nom de Galb-el-Ferreudji, mais cependant un peu moins gros. Il est de même nature tant qu'au goût et à la couleur. Il plait à l'œil et il peut être classé dans la deuxième catégorie des raisins de table, et dans la première classe comme raisin de conserve.

Qualité pour le vin : Ce raisin étant peu juteux et à peau épaisse, n'est pas rémunérateur lorsqu'il est converti en vin, tandis que vendu sur les marchés comme raisin de table, il rapporte beaucoup plus.

Qualité du vin : Des essais certains nous permettent d'affirmer que le vin que l'on pourrait faire avec ce raisin ressemblerait à celui du Galb-el-Ferreudji par sa couleur rosée et son goût relevé.

Alcoolicité : Il dose de 9°50 à 11° d'alcool; son extrait sec varie entre 20 à 23 grammes par litre. Nous le répétons, ce n'est que dans les cas d'abondance que l'on peut faire du vin.

Proportion du kilo au litre : Pour obtenir 100 litres de vin blanc, il est nécessaire de fouler et presser de 170 à 175 kilos de raisin. Mais si on désire obtenir 100 litres de vin rose, on verse à la cuve de 162 à 165 kilos de raisin seulement foulé.

§ IV. — *Dates de débourrement du cep et de maturité du fruit.*

Le Galb-el-Theïr débourre à peu près en même temps que son confrère, mais il mûrit quelques jours avant. Il est cultivé exclusivement chez les Kabyles. — Maturité de troisième époque.

§ V. — *Terrains à choisir. — Engrais à employer. — Taille spéciale.*

Terrains : Comme nous l'avons déjà répété bien des fois pour les cépages kabyles, les terrains préférés par le Galb-el-Theïr sont à base de silice et calcaire mélangés d'argile. Ils peuvent être demi-fertiles pourvu qu'ils soient profonds.

Engrais : Les engrais à donner en culture à ce cépage sont les composts déjà recommandés pour ses congénères.

Taille : Comme presque tous les cépages indigènes le Galb-el-Theïr préfère la taille longue ; la taille courte occasionne un refoulement de sève nuisible à tous nos cépages d'Afrique de cette nature. Nous ne saurions trop le répéter : la taille courte est une erreur en Afrique.

§ VI. — *Maladies particulières.*

Ce cépage est aussi robuste que le Galb-el-Ferroudji. Depuis que nous le connaissons, il se montre à peu près réfractaire aux maladies cryptogamiques, aux insectes, à l'influence des grandes sécheresses et aux coups de siroco.

GALB-EL-TSOUR

§ I. — *Synonymie.*

Galb-el-Tsour (en Français : *Cœur de Bœuf*); s'appelle encore *Amokran* (aux environs de Dra-el-Mizan).

§ II. — *Caractères spécifiques.*

Souche : Très forte et vigoureuse, de longue durée.
Bourgeonnement : Duvet blanc jaune, pétiole rose.
Sarments : Sur-moyens, à entre-nœuds demi-espacés, de couleur bronze clair.
Feuilles : Sur-moyenne, de forme un peu tourmentée, à cinq lobes; sinus peu profonds, pétiole long; d'un beau vert.
Grappe : Très belle, sur-moyenne, ailée, cylindro-conique, pédoncule fort et résistant, pédicelles allongés.
Grains : Gros, ellipso-conique.
Peau : Rouge carmin, assez épaisse.
Chair : Ferme, croquante et relevée, goût peu sucré mais très agréable.

§ III. — *Production.*

Qualité pour la table : Ce raisin est très décoratif. Il produit le meilleur effet sur une table, surtout quand il est associé avec le Bezzoul-Hadra.

Qualité pour le vin : Le moût de ce raisin, mis en fermentation avec sa pellicule, produit un vin rose assez estimé; sans la pellicule il donne un vin blanc très fin.

Qualité du vin : Le vin rosé du Galb-el-Tsour est moelleux et de bonne conservation; quant au vin blanc, il est plus relevé et, comme le Soultanieh, il se madérise faiblement.

Alcoolicité : Son dosage est le même que celui du Bezzoul-el-Kadem.

Proportion du kilo au litre : Pour produire 100 litres de vin rose foncé, il faut mettre en fermentation a la cuve 155 à 158 kilos de raisin foulé avec sa pellicule, mais si on veut obtenir 100 litres de vin blanc par la pression, il faut fouler 163 à 168 kilos de raisin.

Quantités de vin : Les rendements du Galb-el-Tsour se rapprochent de ceux de l'Ahmor-bou-Ahmor. C'est-à-dire qu'il donne lorsqu'il est cultivé en cordon sur fil de fer, de 160 à 200 hectolitres à l'hectare; en tonnelle, il peut produire 300 hectolitres.

§ IV. — *Dates de débourrement du cep et de maturité du fruit.*

Le Galb-el-Tsour débourre tard et mûrit de même. C'est vers la fin d'octobre que cette espèce de raisin arrive à complète maturité. Les quelques souches que l'on rencontre aux environs d'Alger mûrissent sur les bords de la mer à une altitude de 30 a 40 mètres vers la fin de septembre. — Maturité de quatrième époque.

§ V. -- *Terrains à choisir. — Engrais à employer. -- Taille spéciale.*

Terrains : La production de ce cépage dépend surtout de la fertilité du sol ; il lui faut donc des terrains d'alluvions anciennes ou modernes, bien défoncés et bien ressuyés. Les sols argilo-calcaires siliceux lui sont particulièrement favorables.

Engrais : Les matières azotées, phosphate de chaux, potasse, platras, sous forme de composts, sont les agents les plus actifs que réclame ce cépage.

Taille : Ce cépage demande une taille très développée : lorsqu'il est soumis à une taille courte à deux ou trois yeux, ses rendements descendent rapidement.

§ VI. — *Maladies particulières.*

Le Galb-el-Tsour est assez robuste puisqu'il résiste assez bien aux maladies cryptogamiques et aux insectes. Cependant on a constaté quelques taches de peronospora sur plusieurs souches cultivées près de la mer aux environs d'Alger. Il faut noter ici que l'influence de l'air humide des rivages de la mer contribue au développement et à la propagation de cette affection.

GRILLAH

§ I. — *Synonymie.*

Le *Grillah* (nom d'une localité dans la Haute-Kabylie). — Ce cépage est surtout cultivé par les indigènes dans le département de Constantine

§ II. — *Caractères spécifiques.*

Souche : Très forte, vigoureuse, assez grossière, longévité considérable.
Bourgeons : Gros et légèrement duveteux.
Sarments : Sur-moyens, très durs, nœuds mous, entre-nœuds assez courts, de 7 à 8 centimètres, d'une couleur rouge bronze.
Feuilles ; Sur-moyennes et grandes, peu lobées, vert pâle au printemps et vert foncé plus tard, à nervures peu saillantes: face supérieure légèrement rugueuse, glabre sur le revers.
Grappe : Grosse, ailée, un peu rameuse, à pédoncule résistant, cylindro-conique, un peu lâche.
Grains : Très gros, ovoïdes, un peu aplatis, rouge clair, quelquefois noirs, un peu pruinés, juteux, à peau épaisse, assez sucrés et parfumés; pédicelles demi-longs, pinceau ferme et tenace.

§ III. — *Production.*

Qualité pour la table : Le Grillah est un raisin de table ordinaire que l'on peut classer dans la troisième catégorie : sa culture à ce point de vue est rémunératrice.

Qualité pour le vin : Ce cépage est encore peu cultivé en vue de la production du vin; il résulte toutefois de nos observations qu'il a son mérite pour la cuve.

Qualité du vin : Le vin provenant de ce cépage est d'un rouge semblable à celui du Mourvèdre mélangé d'Œillade, un peu plus pâle; son goût est assez fleuri, relevé. Quoiqu'il soit faible en couleur, il est assez riche en tanin. Dans les coupages il fait bon effet par le bouquet qu'il apporte.

Ce raisin produit un vin blanc assez estimé.

Alcoolicité : En rouge, il dose de 10°50 à 11° d'alcool; en blanc, il dose de 10°75 à 11°25.

Proportion du kilo au litre : La pellicule et le pédoncule de ce raisin étant volumeux, ils tiennent une place plus grande que dans l'Œillade et le Mourvèdre. Il faut employer de 154 à 160 kilos de raisin pour faire 100 litres de vin rouge et de 160 à 168 kilos pour faire 100 litres de vin blanc.

Quantités de vin : La vigne de Grillah, taillée en cordon sur fil de fer, peut produire de 130 à 150 hectolitres à l'hectare de 2,000 pieds et de 50 à 60 hectolitres en souche basse.

§ IV. — *Dates de débourrement du cep et de maturité du fruit.*

Débourrant assez tard dans les montagnes, il résiste très bien aux gelees tardives de ces contrées.

Ce plant est quelquefois situé à de hautes altitudes, telles qu'à 1,300 mètres. Il est généralement planté sur les versants nord; il mûrit dans ces situations, vers la fin octobre. — Maturité de cinquième époque.

§ V. — *Terrains à choisir. — Engrais à employer. — Taille spéciale.*

Terrains : Le Grillah n'exige pas une alimentation supérieure, cependant il prospère plus rapidement dans les sols d'alluvions provenant des hautes montagnes de la Kabylie. On le rencontre souvent dans les parties caillouteuses des versants du Djurdjura. Il s'accommode également des terrains schisteux.

Engrais : Les engrais nécessaires à l'entretien du Grillah sont des composts formés de toutes les matières et débris végétaux des environs, auxquels on ajoute des phosphates de chaux, de la potasse et du plâtre.

Taille : Le Grillah se comporte mieux en taille à long bois sur fil de fer qu'en taille courte sur souche basse. En tonnelle il ne donne pas plus qu'en cordon, ou du moins, la différence est si peu sensible, qu'il n'y a pas avantage à le tailler en tonnelle, étant donné les grands frais de cette installation.

§ VI. — *Maladies particulières.*

Le Grillah est un cépage très rustique, résistant aux cryptogames, comme aux intempéries et aux gelées printanières. L'influence de la sécheresse et du siroco se fait à peine sentir sur lui. C'est en résumé un bon cépage à propager.

HAMOR-EL-HAB

§ I. -- *Synonymie.*

Hamor-el-Hab, au Maroc (en Français : *Raisin à grains rouge*) :
Marocain (M. et P.).

Ce cépage est cultivé à Tlemcen et au Maroc.

§ II. — *Caractères spécifiques* (M. et P.).

Souche : Forte et vigoureuse, de longue durée.

Bourgeonnement : Duvet blanchâtre; jeunes feuilles d'un vert jaunâtre.

Sarments : De moyenne force, mi-érigés, à entre-nœuds assez distants ; vrilles grêles, longues, ordinairement à deux divisions.

Feuilles : Complètes, moyennes ou à peine moyennes, un peu révolutées en dessous et assez souvent tourmentées, glabres et unies à leur face supérieure ; garnies à leur face inférieure d'un duvet aranéeux assez compact ; sinus supérieurs profonds, ordinairement fermés par le rapprochement des lobes ; sinus secondaires bien marqués et ouverts ; sinus pétiolaire toujours fermé ; denture inégale, plutôt obtuse qu'aiguë ; pétiole un peu mince atteignant ou dépassant ordinairement la nervure médiane.

Grappe : Grande, conique, peu serrée, portée par un pédoncule de moyenne force et de moyenne longueur.

Grains : Gros, de forme ellipsoïde ; pédicelles assez longs, un peu grêles.

Peau : Mince et cependant résistante, d'un beau rouge foncé à la maturité.

Chair : Ferme, assez juteuse, fraîche et agréable.

§ III. — *Production.*

Qualité pour la table : L'Hamor-el-Hab est un beau raisin de table très appétissant, et par le gros volume de ses grains il fait bon effet sur la table.

Qualité pour le vin : Ce raisin n'est pas encore répandu au point de vue de la cuve ; on peut cependant le retenir pour cet usage.

Qualité du vin : Le vin provenant du Hamor-el-Hab, quoique faible en degrés n'en est pas moins appréciable pour l'employer soit dans les coupages, soit en le consommant tel qu'il est produit.

Alcoolicité : En vin rouge, il dose de 8°75 à 9°50 d'alcool; en vin blanc, il dose de 9° à 9°75; son extrait sec varie de 19 à 20 grammes par litre.

Proportion du kilo au litre : Pour produire 100 litres de vin rouge, il faut fouler et mettre à la cuve de 148 à 150 kilos de raisin et pour faire la même quantité en vin blanc, il en faut de 154 à 160 kilos.

Quantités de vin : Ce cépage, cultivé en souche basse produit peu, tandis que traité en cordon sur fil de fer, ses rendements peuvent s'élever entre 120 et 140 hectolitres à l'hectare, et un cinquième en plus si on l'établit en tonnelle

§ IV. — *Dates de débourrement du cep et de maturité du fruit.*

Comme l'Ahmor-bou-Ahmor, situé en coteau, il débourre et mûrit à la troisième époque. Dans les montagnes de la Kabylie marocaine on le récolte fin octobre. En Algérie, dans les calcaires siliceux, il mûrit quelques jours plus tôt.

§ V. — *Terrains à choisir. — Engrais à employer. — Taille spéciale.*

Terrains : Ce cépage s'accommode des terrains demi-fertiles à la rigueur, mais dans ceux, dont la nature est plus substantielle, sa vigueur fructifère augmente et les terrains calcaires-silico un peu argileux lui sont très favorables.

Engrais : Le Hamor-el-Hab ne dédaigne pas un compost riche en potasse, peu azoté mais bien phosphaté.

Taille : Ce plant réclame une taille à long bois soit en cordon sur fil de fer, soit en tonnelle ou treille ; ne laisser qu'un ou deux yeux maximum par porteur.

§ VI. — *Maladies particulières.*

Ce cépage est un peu sujet aux maladies cryptogamiques sur les bords de la mer ; il faut donc éviter de le planter si près du littoral. Il redoute aussi l'humidité lorsqu'il est planté en souche basse ; c'est une raison de plus pour le cultiver soit en cordon sur fil de fer soit en tonnelle.

HASSEROUMB-LEKHAL

§ I. — *Synonymie.*

Hasseroumb-Lekhal. — Même nom en Tunisie et au Maroc: cultivé principalement dans la Haute-Kabylie

§ II. — *Caractères spécifiques.*

Souche : Forte, très vigoureuse, écorce grossière, durée considérable. On rencontre dans la Haute-Kabylie des souches plusieurs fois séculaires.

Bourgeons : Légèrement cotonneux.

Sarments : Moyens ou sous-moyens, d'une couleur un peu brune, à entre-nœuds courts, bois dur et fibreux.

Feuilles : Petites, d'un vert foncé, très dentelées.

Grappe : Moyenne, assez fournie, un peu ailée, souvent cylindrique, quelquefois cylindro-conique, très allongée. Le pédoncule est long, ligneux et difficile à détacher; il existe quelquefois une seconde grappe plus petite placée immédiatement au-dessus de l'autre.

Grains : Petits, serrés, sphériques, très juteux, la pellicule est très épaisse, très colorée en rouge, la pulpe est également un peu colorée en rouge cerise, mais plus claire, moyennement sucrée.

§ III. — *Production.*

Qualité pour la table : Ce raisin est détestable au goût: il ne convient par conséquent en aucune façon pour la table.

Qualité pour le vin : Ce cépage indigène ressemble un peu au Teinturier: comme lui il est bon pour la cuve en raison surtout de ses propriétés colorantes.

Qualité du vin : Le vin d'Hasseroumb-Lekhal, à peine connu des viticulteurs européens, est très foncé; sa couleur est assez stable jusqu'à présent, aussi sa place est-elle toute marquée dans les coupages, où il convient de lui associer des vins riches en acides libres. Son goût est âpre mais plus relevé que celui du Teinturier; il est très riche en tanin.

Alcoolicité : Il dose de 9°50 à 10°50 d'alcool: son degré d'extrait sec varie entre 24 et 28 grammes par litre.

Proportion du kilo au litre : Pour produire 100 litres de vin rouge, il faut fouler de 150 à 157 kilos de raisin.

Quantités de vin : Le raisin d'Hasseroumb-Lekhal fournit assez de jus malgré son petit volume et sa pellicule grossière et épaisse; sa production varie suivant son mode de culture. En souche basse, taillé à deux yeux, l'Hasseroumb donne de 50 à 60 hectolitres à l'hectare de 2,500 pieds; en cordon sur fil de fer, sa production est plus élevée, elle s'élève entre 120 à 140 hectolitres à l'hectare; en tonnelle, ses rendements ne sont pas rémunérateurs en raison de la dépense à y faire.

§ IV. — *Dates de débourrement du cep et de maturité du fruit.*

L'Hasseroumb-Lekhal débourre plus tôt que ses congénères africains, surtout s'il est cultivé en souche basse et dans des terrains légers situés près du rivage de la mer, dans ce cas il mûrit du 25 août au 10 septembre; en montagne il ne mûrit pas avant fin septembre. — Maturité de deuxième époque.

§ V. — *Terrains à choisir. — Engrais à employer. — Taille spéciale.*

Terrains : Les terrains qu'affectionne l'Hasseroumb-Lekhal dans le nord de l'Afrique française, sont les déjections du Djurdjura, les massifs de la Kabylie entre l'Oued Sahel et l'Oued Safsa, et en Kroumirie (Tunisie).

La silice mélangée aux calcaires et aux schistes forme un excellent sol pour ce plant. En résumé on peut le planter à peu près partout dans le nord de l'Afrique.

Engrais : Les engrais qui conviennent à ce cépage sont plutôt des amendements phospho-potassiques plâtreux que des engrais proprement dits, et ce plant r. clame plutôt des phosphates de chaux et de la potasse que de l'azote.

Taille : La nature peu luxuriante de l'Hasseroumb-Lekhal permet de le tailler à deux yeux en souche basse, et en cordon sur fil de fer il réclame une taille à long bois.

§ VI. — *Maladies particulières.*

L'Hasseroumb-Lekhal ainsi que le démontre son ancienneté en Afrique, est un cépage très résistant même au siroco et à la sécheresse, quoique d'une couleur très intense. Il est en outre peu accessible aux affections cryptogamiques et aux insectes. Il ne craint pas l'humidité.

SOULTANIESCH-D'ESKI-BABA

§ I. — *Synonymie.*

Soultaniesch-d'Eski-Baba (en Français : *Vieux père*).

§ II. — *Caractères spécifiques.*

Souche : Très vigoureuse et fertile.

Sarments : Sur-moyens, surbaissés, grisâtres, très longs, à entre-nœuds sur-moyennement espacés, nœuds moyens, bois moyennement dur.

Feuilles : Grandes, vert foncé, glabre dessus, légèrement cotonneuses dessous, à sinus moyennement profonds, petites dents.

Grappe : Grosse, allongée, conique et assez ailée, à pédoncule résistant et à pédicelles cassants.

Grains : Forts, oblongs, écartés.

Peau : Épaisse, de couleur rouge violacé.

Chair : Juteuse, sucrée et légèrement relevée.

§ III. *Production.*

Qualité pour la table : Le Soultaniesch est un des plus beaux et des meilleurs raisins que l'on puisse présenter à table. C'est un cépage à propager au point de vue de l'alimentation des marchés de l'Algérie, de la Tunisie et de l'Europe, quoiqu'il arrive à maturité un peu après l'Ahmor-bou-Ahmor.

Qualité pour le vin : Comme le Cherchali, le Soultaniesch donne des vins rouges et des vins blancs, mais les rouges sont ordinaires et les blancs sont préférables.

Qualité du vin : Les qualités de ces vins blancs sont un peu de vigueur en bouquet et suffisamment alcooliques pour qu'on puisse en faire de *petits ordinaires*. Les vins rouges que l'on obtient avec ces raisins sont faibles en couleur, ils ne peuvent servir que dans les coupages.

Alcoolicité : Il dose de 11° a 12° d'alcool; son extrait sec varie entre 21 et 24 grammes par litre.

Proportion du kilo au litre : Pour faire 100 litres de vin blanc avec ce raisin, il faut en employer de 160 à 166 kilos, et de 149 à 152 kilos pour la même quantité de vin rouge.

Quantités de vin : Les rendements en vin blanc et en vin rouge sont subordonnés aux divers modes de culture employés. En souche basse, taillé à deux et trois yeux, ce plant peut rendre de 45 à 60 hectolitres à l'hectare, mais en cordon sur fil de fer, ses rendements deviennent d'une importance avantageuse que l'on peut estimer de 170 à 200 hectolitres à l'hectare; en tonnelle, le Soultaniesch donne encore plus, il peut produire jusqu'à 250 hectolitres à l'hectare.

§ IV. — *Dates de débourrement du cep et de maturité du fruit.*

Le Soultaniesch — comme tant d'autres cépages africains, — cultivé sur les rivages de la mer, mûrit de bonne heure. Il mûrit vers la fin août après l'Œillade. On peut classer sa maturité à la deuxième époque.

§ V. — *Terrains à choisir.* — *Engrais à employer.* — *Taille spéciale.*

Terrains : Ce plant indigène est d'une nature vigoureuse, il suit la fertilité du sol, il y a donc avantage à choisir pour lui les terrains substantiels et profonds. Les alluvions anciennes et modernes à base de principes argilo-calcaires siliceux lui conviennent bien.

Engrais : Il réclame surtout des engrais azotés et phospho-potassiques.

§ VI. — *Maladies particulières.*

Sur les points où il est cultivé en Afrique, le Soultaniesch se montre assez résistant aux maladies cryptogamiques, et il est resté jusqu'à ce jour réfractaire aux attaques des insectes.

TABARKANTE-EL-ECHCHEURK

§ I. — *Synonymie.*

Tabarkante-el-Echcheurk (en Français : *La Noire d'Orient*);
Mauro nero Égitto, chevalier de Rovasenda (en Français : *Noir d'Égypte*).

§ II. — *Caractères spécifiques* (M. et P.).

Bourgeonnement : Blanchâtre, très duveteux.

Souche : Vigoureuse, assez fertile.

Sarments : Gros, érigés ou mi-érigés, à entre-nœuds moyens; yeux gros, obtus.

Feuilles : Complètes, presque orbiculaires, aussi larges que longues, d'un vert obscur, non luisant, planes, rudes au toucher à leur face supérieure, fortement duveteuses et blanchâtres à leur face inférieure; sinus supérieurs et secondaires peu ou point marqués; sinus pétiolaire bien fermé; pétiole assez long, assez fort, souvent violacé.

Grappe : De moyenne grosseur, ailée, un peu conico-cylindrique, serrée; pédoncule un peu court, fort ou assez fort.

Grains : Moyens, sphériques ou légèrement ellipsoïdes; pédicelles assez longs, un peu grêles.

Peau : Très épaisse, bien résistante, d'un noir bleuâtre à la maturité qui est de troisième époque facile ou fin de deuxième époque.

Chair : Un peu molle, juteuse, relevée, à saveur simple mais un peu astringente, peu sucrée.

§ III. — *Production.*

Qualité pour la table : Ce raisin est trop acerbe au goût pour en faire un aliment de dessert.

Qualité pour le vin : La Tabarkante-el-Echcheurk est un raisin qui, par ses qualités spéciales, peut entrer dans la catégorie des raisins de cuve.

Qualité du vin : Le vin que l'on obtient avec le raisin de ce cépage est un peu dur, il ressemble beaucoup au vin de Morastel et à celui d'Hasscroumb-Lekhal mélangé. Sa couleur ressemble à celle du Brun-Fourca; quant à son goût il est ordinaire, plutôt commun.

Alcoolicité : Il dose de 10° à 11° d'alcool; son extrait sec varie entre 20 et 23 grammes par litre.

Proportion du kilo au litre : Comme tous ses congénères à peau épaisse, il rend moins que ceux à peau fine. Pour produire 100 litres de vin rouge, il est nécessaire d'employer de 155 à 160 kilos de raisin.

Quantités de vin : Cultivé en souche basse il produit de 50 à 60 hectolitres à l'hectare de 2,500 pieds, et de 140 à 160 hectolitres en cordon sur fil de fer; cultivé en tonnelle, son rendement dépasse 250 hectolitres.

§ IV. — *Dates de débourrement du cep et de maturité du fruit.*

Ce cépage débourre assez tard et mûrit rapidement, on peut le classer à la troisième époque. En Tunisie, où il est répandu, il mûrit vers les premiers jours de septembre, à une altitude de 100 mètres.

§ V. — *Terrains à choisir.* — *Engrais à employer.* — *Taille spéciale.*

Terrains : La Tabarkante n'est pas gourmande, elle se maintient dans les terrains demi-fertiles : cependant, lorsqu'elle est cultivée dans les sols argilo-calcaires siliceux assez substantiels, elle prospère à merveille.

Engrais : Quoique ce cépage soit sobre, il n'en est pas moins vrai qu'il se développe beaucoup si on lui applique des engrais ; ceux qui nous paraissent les plus favorables à son tempérament, sont les composts phospho-potassiques sulfatés.

Taille : Ce cépage est d'un tempérament facile, il s'accommode de toutes les tailles, mais en particulier de celle en cordon sur fil de fer.

§ VI. — *Maladies particulières.*

Ce cépage est très rustique et résiste assez bien aux grandes sécheresses et au siroco. Les insectes ne semblent pas l'attaquer et les maladies cryptogamiques ne l'attaquent en aucune façon.

Tabarkante Kabyle

§ I. — *Synonymie.*

Taburkante Kabyle (en Français : *La Noire*). — Un peu cultivée aux environs de Fort-National (Kabylie).

§ II. — *Caractères spécifiques.*

Souche : Très forte et vigoureuse, de longue durée.

Sarments : Assez longs, surbaissés, de couleur bronze clair, striés, écartés et bruns ; nœuds moyens, à entre-nœuds moyens.

Feuilles : Grandes, d'un vert demi-foncé, glabres, peu lobées, à grandes dentelures, pédoncule rose à l'arrière-saison.

Grappe : Grosse, longue, cylindro-conique, assez ailée, fort pédoncule et pédicelles peu résistants.

Grains : Légèrement oblongs, couleur noire.

Peau : Demi-épaisse.

Chair : Croquante, charnue et passablement juteuse, d'un goût agréable.

§ III. — *Production.*

Qualité pour la table : La Tabarkante est un beau et bon raisin pour la table, son goût est assez fin et légèrement relevé ; il se conserve assez bien. Les Kabyles de cette contrée le vendent sur le marché d'Alger.

Qualité pour le vin : Ce cépage donne des résultats plus rémunérateurs quand on le cultive pour la table que si on le destine à la cuve. Cependant on peut en faire un vin rose foncé assez bon.

Qualité du vin : Le vin rose provenant de la Tabarkante est faible en tanin et en alcool, à moins que l'on procède par fermentation ; il est alors plus riche en tanin que celui qu'on pourrait faire en blanc, mais d'une vente assez difficile.

Alcoolicité : Ce vin blanc dose de 9° à 10° d'alcool.

Proportion du kilo au litre : Pour faire 100 litres de vin rose par fermentation directe, il faut de 152 à 158 kilos de raisin ; pour faire 100 litres de vin blanc exprimé à la presse, il est nécessaire d'employer 158 à 163 kilos de raisin.

Quantités de vin : Ce cépage, cultivé en tonnelle, peut atteindre une grande production de 200 hectolitres à l'hectare de 625 pieds, et de 140 à 155 hectolitres lorsqu'il est cultivé en cordon sur fil de fer.

§ IV. — *Dates de débourrement du cep et de maturité du fruit.*

Ce cépage débourre très tard et mûrit de même. C'est dans les premiers jours de novembre que ce raisin est apporté sur nos marchés d'Alger ; on peut le classer dans la quatrième époque.

§ V. — *Terrains à choisir. — Engrais à employer. — Taille spéciale.*

Terrains : Comme l'Ahmor-bou-Ahmor et le Farrana, il réclame une terre franche bien profonde, pouvant faciliter les fonctions de ses racines; les terrains argilo-calcaires siliceux désagrégés lui conviennent également.

Engrais : Les engrais azotés et riches en potasse lui sont exceptionnellement favorables.

Taille : Comme tous les précédents, ce cépage réclame une taille longue. Soumis à une taille courte il donne très peu.

§ VI. — *Maladies particulières.*

Par exception, il est exposé aux atteintes des maladies cryptogamiques: le peronospora surtout lui fait du mal. Quant aux insectes, il ne parait pas les redouter.

Toustain

§ I. — *Synonymie.*

Le *Toustain* s'appelle ainsi dans toutes les régions où il existe, parce qu'il a été découvert en 1883 par M. Toustain-Habeneck, dans les ruines romaines de Typaza.

Les sarments qui ont servi à M. Toustain pour doter l'Afrique de ce cépage provenaient d'une souche que nous avons vue nous-même, en 1864, auprès de Typaza, et que les arabes déclarent remonter à l'époque romaine.

Cette souche qui avait encore 35 à 40 centimètres de diamètre était alors aux trois quarts pourrie et mourante. M. Toustain eut l'heureuse pensée de recueillir sur les quelques branches qui restaient, quelques sarments qu'il transporta chez lui et qui, cultivés en cordon sur fil de fer ont produit d'excellents résultats. Les vins blancs secs qui proviennent de ces plants sont exquis.

§ II. — *Caractères spécifiques.*

Souche : Très vigoureuse, de très longue durée, écorce striée et ligneuse.

Bourgeonnement : Duvet blanc sale.

Sarments : Grosseur moyenne, assez longs, surbaissés, à entre-nœuds espacés ; de couleur bronze demi-clair, finement striés, à nœuds forts ; on remarque sur l'un des côtés deux bourgeons et de l'autre une petite vrille ; bois dur et serré.

Feuilles : Moyennes, glabres et minces, à petites nervures sous le revers de la face ; la couleur est d'un beau vert clair à maturité ; dentures fines, pétiole fin ; les feuilles sont abondantes et recouvrent le fruit.

Grappe : Très abondante et forte, elle est enserrée généralement sur les troisième et quatrième nœuds, plus petite sur les nœuds supérieurs ; sa forme est souvent irrégulière et divisée en plusieurs ramifications sur les premiers nœuds fructifères. Elle est généralement cylindro-conique, assez longue, à pédoncule tendre.

Grains : D'une grosseur moyenne, assez réguliers, d'un beau rouge clair, un peu pruinés, légèrement oblongs, souvent sphériques et moyennement serrés, se détachant assez facilement à maturité. La pellicule est plus fine que celle du Morastel, sa couleur réside dans ses cellules ; la chair est juteuse, son goût est généralement sucré et acide, mais très franc et même un peu relevé ; son pinceau d'attache est très court.

§ III. — *Production.*

Qualité pour la table : Le Toustain peut être classé au même rang que le Morastel comme raisin de dessert.

Qualité pour le vin : Le Toustain est un cépage dont l'emploi sera plus tard apprécié pour les vins de coupages ; sa place est donc marquée au premier rang dans une pépinière d'Afrique.

Qualité du vin : Le vin rouge est d'une couleur à peu près semblable à celle que produit le Cabernet. Son goût est fin quoique un peu austère.

Ce raisin donne également un excellent vin blanc, sec et vigoureux au palais.

Alcoolicité : Le vin rouge dose de 10°50 à 11°50 d'alcool; le vin blanc est plus riche en alcool que le vin rouge, il donne à l'analyse de 12° à 13° d'alcool.

Proportion du kilo au litre : Le raisin de Toustain étant très juteux, il suffit de 135 à 145 kilos de ce fruit pour produire 100 litres de vin rouge; pour produire 100 litres de vin blanc, il faut employer de 144 à 152 kilos de ce raisin.

Quantités de vin : D'après notre relevé de 1891, sa production a atteint 180 hectolitres à l'hectare de 1,600 pieds.

§ IV. — *Dates de débourrement du cep et de maturité du fruit.*

Ce plant débourre cinq à six jours après le Cabernet et mûrit suivant les altitudes; soit par exemple fin septembre à 100 mètres d'altitude près du littoral. A Montebello, chez M. Toustain, il mûrit à peu près à cette époque. — Maturité de quatrième époque.

§ V. — *Terrains à choisir.* — *Engrais à employer.* — *Taille spéciale.*

Terrains : Ce cépage étant peu gourmand, s'accommode assez bien de tous les terrains, même demi-fertiles et secs. Il a été trouvé dans un terrain silico-calcaire demi-fertile, et actuellement la plantation de M. Toustain est située dans un sol argilo-calcaire siliceux assez profond.

Engrais : Puisque ce cépage s'accommode également d'un sol généreux, il faut donc entretenir son existence par des amendements à l'état de composts de nature mixte. Les phosphates de chaux, la potasse formeront toujours leur base.

Taille : Comme ce cépage est à nœuds espacés et d'une nature très vigoureuse, il réclame une taille longue; une taille courte ferait descendre sa production bien au-dessous du taux normal obtenu par son propagateur.

§ VI. — *Maladies particulières.*

Ce plant est peu sujet aux insectes et les maladies cryptogamiques ne semblent pas l'affecter. Il résiste aux grandes chaleurs et au siroco et, remarque importante, il ne coule pas.

Touslain

ZIZET-EL-MAAZA AHMOR

§ I. — *Synonymie.*

Zizet-el-Maaza Ahmor (en Français : *Pis de Chèvre rouge*);
Voros Ketskelselsu (Od.);
Zitzentzen, J. C. D., Veilchenblau, Geis Dutt (en Allemagne).

§ II — *Caractères spécifiques.*

Souche : De moyenne vigueur.
Sarments : De moyenne force, à entre-nœuds demi-espacés.
Bourgeonnement : Blanc jaunâtre.
Feuilles : Sur-moyennes, plus longues que larges, vert gai, glabres supé-
rieurement, un peu duveteuses sous le revers, bien sinuées; sinus pétiolaire
presque fermé; bien dentelées, pétioles ligneux et légèrement violacés.
Grappe : Grosse, conique, ailée, un peu lâche; pédoncule fort et restant
vert après maturité.
Grains : Sur-moyens, olivoïdes; pédicelles un peu allongés.
Peau : De moyenne épaisseur, d'un beau rouge cerise foncé assez translucide.
Chair ; Ferme, juteuse, assez sucrée.

§ III. — *Production.*

Qualité pour la table : Le Pis de Chèvre rouge est peu cultivé en Kabylie,
il se répand sur le littoral; cependant c'est un excellent raisin, bien ferme, très
appétissant, qui arrive sur les marchés d'Alger dans les derniers jours d'août, il
se conserve encore longtemps après sa cueillette.

Qualité pour le vin : Ce raisin n'est pas avantageux pour faire du vin parce
qu'il rend peu de liquide comparativement au prix où il est vendu pour l'exportation.

Qualité du vin : Le vin de ce raisin est peu coloré; sa nuance rose louche lui
donne un aspect peu agréable.

Alcoolicité : Il dose de 9° à 11° d'alcool.

Proportion du kilo au litre : Pour faire 100 litres de vin rose, il est nécessaire d'employer au foulage de 158 à 163 kilos de raisin. Pour obtenir 100 litres
de vin blanc, il faut fouler aux pieds et presser de 168 à 171 kilos de raisin.

Quantité de vin : Ce cépage doit être cultivé en cordon sur fil de fer pour
obtenir un rendement convenable, qui varie entre 200 et 220 quintaux de raisin
à l'hectare de 2,000 pieds. On voit que ce plant peut devenir une source de
richesse considérable pour la viticulture de notre pays.

§ IV. — *Dates de débourrement du cep et de maturité du fruit.*

Le Pis de Chèvre rouge débourre de bonne heure et mûrit dans les derniers
jours du mois d'août sur le littoral. En Kabylie, à 1,000 mètres d'altitude, il
mûrit fin septembre. Il reste longtemps sur la souche sans pourrir.

§ V. — *Terrains à choisir. — Engrais à employer. — Taille spéciale.*

Terrains : Ce cépage s'accommode de tous les terrains; dans les sols silico-calcaires faiblement argileux, il prospère sans cesse et fructifie régulièrement.

Engrais : Sans suivre la fertilité du sol, ce plant aime assez les composts riches en phosphate de chaux un peu potassique et faiblement plâtrés.

Taille : Pour obtenir des rendements réguliers et soutenus on le conduit en cordon sur fil de fer à taille courte.

§ VI. — *Maladies particulières.*

Ce cépage est très rustique, les maladies cryptogamiques lui font guère mal; il résiste parfaitement au siroco et à la grande chaleur.

CÉPAGES INDIGÈNES BLANCS

SOMMAIRE

CÉPAGES INDIGÈNES BLANCS

Aïne-Amokrane

§ I. — *Synonymie.*

Aïne-Amokrane (en Français : *Gros Œil*);
Plant de Dellys, en Kabylie.

Variété très répandue en Kabylie.

§ II. — *Caractères spécifiques.*

Souche : Forte, vigoureuse, écorce épaisse, durée considérable.

Sarments : Longs, vigoureux, tachetés de petits points noirs, gros nœuds, entre-nœuds assez espacés, couleur claire.

Feuilles : Grandes faiblement lobées, vert jaune, assez dentelées, bien fournies, un peu duveteuses au revers.

Grappe : Grosse, un peu cylindro-conique, longue, ailée, à pédoncule ligneux, demi-fin.

Grains : Gros, olivoïdes, quelquefois oblongs, assez écartés, d'un blanc cire, à grosse pellicule, à pédicelles fins et ligneux, très juteux, assez sucrés et légèrement parfumés.

§ III. — *Production.*

Qualité pour la table : Ce raisin n'est cultivé qu'au point de vue de la table, il est très beau et de conserve; son goût sucro-parfumé lui assigne une place importante dans la consommation des ménages algériens.

Qualité pour le vin : Dans le·cas où les débouchés pour la table feraient défaut, on peut faire du vin blanc avec l'Aïne-Amokrane comme avec les autres raisins kabyles.

Qualité du vin : Le vin ainsi obtenu est à peu près semblable à celui du Bezzoul-Hadra Cherchali blanc; son degré alcoolique est de 10° à 11°50. Il se madérise vivement et prend une couleur ambrée au bout d'un an. Il se champagnise assez bien et il peut jouer un certain rôle dans les coupages.

Proportion du kilo au litre : Le raisin d'Aïne-Amokrane, bien foulé et soumis à la pression d'un pressoir, rend 100 litres de vin blanc sur 165 kilos employés.

Quantités de vin : Les rendements de ce cépage sont subordonnés au mode de culture qu'on lui applique. En souche basse, il rend de 30 à 40 hectolitres à l'hectare de 2,500 pieds; en cordon sur fil de fer, sa production peut varier de 135 à 160 hectolitres à l'hectare de 2,000 pieds; en tonnelle, son rendement peut aller à 225 hectolitres.

§ IV. — *Dates de débourrement du cep et de maturité du fruit.*

Sur les montagnes de la haute et moyenne Kabylie, on cultive spécialement ce cépage au point de vue de la vente sur les marchés des villes, où il trouve en effet un écoulement facile, qui permet de bien augurer de son avenir et de sa bonne tenue sur les marchés de France lorsque l'exportation se sera emparée de ce produit.

Il débourre très tard sur les hautes altitudes, où il mûrit en général dans les premiers jours de novembre; dans les derniers jours de ce mois, on rencontre encore des grappes sur l'arbre. En plaine, il mûrit du 15 au 25 octobre. — Maturité de cinquième époque.

§ V. — *Terrains à choisir. — Engrais à employer. — Taille spéciale.*

Terrains : Ce cépage est d'un tempérament rustique; il semble se plaire aussi bien dans les terres sèches et demi-fertiles que dans les sols d'alluvions anciennes. A Mascara, à Mazouna, à Tlemcen il se maintient dans des terres silico très calcaires d'une faible fertilité.

Engrais : Si l'Aïne-Amokrane se montre de bonne composition quant au choix des terrains, il n'en résulte pas qu'il puisse se passer d'engrais, au contraire il se trouve bien de l'emploi des composts phospho-potassiques.

Taille : Comme ses congénères, il réclame une taille généreuse à long bois. Chez quelques colons il est cultivé en souche basse, mais ainsi que nous l'avons remarqué pour tant d'autres cépages, sa production reste très inférieure avec ce mode de culture. Il faudra donc le tailler à long bois.

§ VI. — *Maladies particulières.*

L'Aïne-Amokrane résiste très bien à la sécheresse et au siroco ainsi qu'aux grands vents. Les affections cryptogamiques lui font peu de mal, non plus que les insectes.

AÏNE-EL-BOUMA

§ I. — *Synonymie.*

Aïne-el-Bouma (en Français : *Œil de Chouette*).

Espèce répandue particulièrement au Maroc, à Mascara, Tlemcen et dans le Dahara.

§ II. — *Caractères spécifiques.*

Souche : Forte et vigoureuse.

Bourgeonnement : Blanc rosé.

Sarments : Un peu surbaissés, striés, à entre-nœuds assez espacés, nœuds moyens.

Feuilles : Presque glabres, moyennes, un peu de duvet à la face inférieure; sinus assez profonds; pédoncule long et résistant.

Grappe : Sur-moyenne, ailée et lâche, cylindro-conique, pédoncule résistant, pédicelles ligneux et fins.

Grains : Gros, olivoïdes.

Peau : Un peu épaisse, de couleur cire verdâtre, passe au jaune à complète maturité.

Chair : Très ferme et croquante, sucrée, un peu relevée.

§ III. — *Production.*

Qualité pour la table : L'Aïne-el-Bouma est un excellent raisin blanc de table, cependant moins fin que l'Aïne-el-Kelb; il peut prendre une place importante dans la deuxième catégorie des raisins de dessert.

Qualité pour le vin : Ainsi que nous l'avons dit, sa culture n'est pas encore répandue chez les européens, mais nous savons d'après nos essais que ce raisin peut fournir un vin similaire à l'Aïne-Amokrane.

Qualité du vin : Le vin d'Aïne-el-Bouma est d'une clarté moyenne, son goût est un peu ordinaire, mais il peut être employé dans les coupages de vin rouge.

Alcoolicité : Il dose de 10° à 11°50 d'alcool.

Proportion du kilo au litre : Pour obtenir 100 litres de vin blanc de coupage, c'est-à-dire du vin fermenté avec une grande partie de sa pellicule et sans rafles, il faut fouler 157 kilos de raisin.

Quantités de vin : N'a été cultivé jusqu'alors que comme cépage pour la table, cependant dans les années d'abondance il pourrait être employé pour la cuve. En souche basse il produit peu; en cordon sur fil de fer, on peut obtenir de 140 à 180 hectolitres à l'hectare, et cultivé surtout en tonnelle, on peut estimer ses rendements de 240 à 260 hectolitres à l'hectare.

§ IV. — *Dates de débourrement du cep et de maturité du fruit.*

Dans le Dahara, à une altitude de 500 mètres, ce cépage débourre et mûrit en même temps que la Clairette, et à Tlemcen, dans les derniers jours d'octobre. — Maturité de quatrième époque.

§ V. — *Terrains à choisir.* — *Engrais à employer.* — *Taille spéciale.*

Terrains : L'Aïne-el-Bouma aime les terrains légers et profonds : dans les terres silico-calcaires avec trace d'argile, il prospère à merveille ; dans les calcaires schisteux il se maintient, mais dans les terrains forts et argileux il souffre beaucoup.

Engrais : Ce plant aime les composts potassiques combinés au plâtre et aux phosphates de chaux.

Taille : Comme ses congénères il réclame une taille longue et développée.

§ VI. — *Maladies particulières.*

Ce cépage résiste d'une manière remarquable au siroco et à la sécheresse. Il semble également réfractaire aux affections cryptogamiques, et il craint la pourriture lorsqu'il est près du sol.

AÏNE-EL-KELB

§. I. — *Synonymie.*

Aïne-el-Kelb, en Kabyle (en Français : *Œil de Chien*) ;
Œil de Chacal (à Mascara, Mazouna, Tlemcen).

Il est très cultivé dans toute la Kabylie.

§ II. — *Caractères spécifiques*

Souche : Très forte, vigoureuse, de très longue durée, écorce se détachant en fines lanières.

Sarments : Surbaissés, assez forts, un peu durs et aplatis, à entre-nœuds moyennement espacés, striés en rouge brun canelle.

Bourgeonnement : Blanc teinté de rose.

Feuilles : Moyennes, à cinq lobes, un peu tourmentées, bien dentelées, d'un vert clair, à sinus profonds, mais peu ouverts, sinus pétiolaire profond, la face supérieure un peu rugueuse, duveteuse sous le revers.

Grappe : Moyenne, longue, à plusieurs ailes irrégulières, pédoncule sinueux, d'un vert sale, assez long et résistant, pédicelles grêles, à gros renflements, armée d'un gros pinceau incolore.

Grains : Assez gros, sphérico-oblongs.

Peau : Fine, vert doré, transparente, point noir opposé au pédicelle.

Chair : Assez ferme, jus incolore, à saveur sucrée et fraîche à la bouche.

§ III. — *Production.*

Qualité pour la table : Ce raisin est très succulent, il plaît au goût, cependant il provoque vite la satiété. Les Kabyles en apportent cependant à la ville d'Alger, dans la saison, des quantités considérables.

Qualité pour le vin : Le raisin d'Aïne-el-Kelb est un de ceux qui produisent un beau et bon vin blanc de table. C'est un excellent cépage à retenir pour les nouvelles plantations en cordon ou en tonnelle.

Qualité du vin : Le vin qui provient de ces raisins est moelleux, agréable, assez corsé, et peut même servir dans la fabrication des vins mousseux. Coupé dans la proportion de 35 p. 0/0 dans le vin blanc de Morastel, il forme un bon vin sec et parfumé en relevant la vinosité de ce dernier.

Alcoolicité : Il dose de 10° à 11° d'alcool.

Proportion du kilo au litre : Le raisin d'Aïne-el-Kelb est très juteux, il suffit de soumettre à la pression 150 à 156 kilos de raisin préalablement foulé pour fournir 100 litres de vin blanc.

Quantités de vin : L'Aïne-el-Kelb, qui commence à se répandre chez les colons viticulteurs, avait jusqu'alors été cultivé chez les indigènes en souche basse. Pour qu'il donne dans ces conditions tout ce qu'il peut, il faut lui laisser de nombreux porteurs. Cultivé en souche basse, il rend en moyenne de 35 à 45 hectolitres à l'hectare de 2,500 pieds ; en cordon sur fil de fer, de 120 à 140 hectolitres à l'hectare de 2,000 pieds ; en tonnelle, il peut atteindre 200 hecto-litres à l'hectare de 625 pieds.

§ IV. — *Dates de débourrement du cep et de maturité du fruit.*

L'Aïne-el-Kelb débourre à la troisième époque et il mûrit à la quatrième. En Kabylie, à une altitude de 600 à 800 mètres, il mûrit dans la dernière quinzaine d'octobre; situé à 1,500 mètres, dans la première quinzaine de novembre; toutefois, s'il n'est pas éloigné du littoral et situé à environ 100 mètres d'altitude, il mûrit dans la dernière quinzaine de septembre.

§ V. — *Terrains à choisir. — Engrais à employer. — Taille spéciale.*

Terrains : Comme le Farrana, il réclame des terrains profonds, car ses racines pivotent profondément. Les alluvions anciennes et modernes lui conviennent; cependant il se maintient assez bien dans les terrains calcaires siliceux demi-fertiles.

Engrais : Dans les terres calcaires siliceuses, on emploie de préférence les engrais riches en azote et potasse; mais dans les alluvions, les composts bien phosphatés donnent de grands rendements.

Taille : L'Aïne-el-Kelb réclame une taille longue comme ses congénères de l'Afrique du Nord, mais si on le cultive en souche basse, il faut lui laisser de nombreux porteurs et deux et trois yeux francs.

§ VI. — *Maladies particulières.*

L'Aïne-el-Kelb résiste très bien à l'anthracnose, au peronospora et aux insectes, mais il craint un peu l'oïdium; en revanche, il souffre peu du siroco et de la sécheresse.

AKKACHA

§ I. — *Synonymie.*

Akkacha (en Français : *La Perle*).

Ce plant est cultivé au Dzirdzin, près de Fort-National.

§ II. — *Caractères spécifiques.*

Souche : Très vigoureuse, écorce grossière, se détachant par lanières, de longue durée.

Sarments : Moyens, de longueur moyenne, couleur bronze légèrement orange, rayés de brun foncé, nœuds un peu plats, à entre-nœuds demi-espacés.

Feuilles : Grandes, à trois lobes, sinus peu profonds, assez ouverts, sinus pétiolaire assez profond, vert foncé, un peu tourmentées, duvet aranéeux peu abondant sous le revers, dentelures longues et obtuses.

Grappe : Assez volumineuse, allongée et irrégulière, cylindro-conique, ailée, avec ramifications très développées, pédoncule long, sinueux, pédicelles minces et ligneux terminés par un fort bourrelet et portant un gros pinceau incolore. Les grappes atteignent jusqu'à trente-cinq centimètres de longueur. Elle se conserve de vingt à vingt-cinq jours étant détachée.

Grains : Ronds, assez gros à la base de la grappe, moyens au centre et petits à l'extrémité, d'un vert doré très brillant, brunissant d'un côté à maturité, très juteux.

Peau : Fine.

Chair : Belle, claire, à saveur fraiche et sucrée.

§ III. — *Production.*

Qualité pour la table : L'Akkacha est un excellent raisin blanc de dessert et sa qualité ne dépare pas sa beauté, car sa grappe est énorme.

Qualité pour le vin : Ce raisin est de ceux que les colons viticulteurs de Fort-National et de Tizi-Ouzou transforment en vin blanc.

Qualité du vin : Le vin d'Akkacha est très fin, il peut entrer dans les coupages des grands vins blancs que l'Algérie produit déjà et qu'elle produirait de plus en plus si on connaissait en France la valeur de nos cépages indigènes. Il est alors hors de doute que de grands négociants d'Europe ne tentassent de fonder ici des établissements spéciaux pour la mise en valeur de ces vins, inconnus en l'ancien continent.

Alcoolicité : Il dose de 11° à 13° d'alcool.

Proportion du kilo au litre : Le raisin d'Akkacha après avoir été foulé et pressé donne un rendement de 60 p. 0/0 de vin clair et limpide.

Quantités de vin : L'Akkacha produit peu lorsqu'il est cultivé en souche basse, car sa production ne dépasse pas 45 hectolitres à l'hectare de 2,500 pieds, mais cultivé en cordon sur fil de fer ses rendements s'élèvent de 120 à 160 hectolitres à l'hectare de 2,000 pieds, et en tonnelle sa production est encore plus grande, puisqu'elle peut atteindre 250 hectolitres à l'hectare de 625 pieds.

§ IV. — *Dates de debourrement du cep et de maturité du fruit.*

Ce cépage, qui est encore localisé au Dzirdzin débourre tardivement, cependant il mûrit quelques jours plutôt que le Farrana. On cultive encore ce cépage à une altitude plus élevée, à environ 1,400 mètres, où il mûrit dans la dernière quinzaine de novembre. Il y a des années où il n'est mûr que vers le 15 décembre. En admettant que l'on cultive ce plant sur le littoral, à 100 mètres d'altitude, sa maturité serait encore tardive; on peut estimer qu'elle serait atteinte vers la fin d'octobre en souche basse, et vers la première quinzaine de novembre en tonnelle abritée du Sud et de l'Est. — Maturité de sixième époque.

§ V. — *Terrains à choisir. — Engrais à employer. — Taille spéciale.*

Terrains : Les terrains silico légèrement calcaires et faiblement argileux sont ceux où il prospère dans la localité où il est cultivé; par conséquent il ne réclame pas une terre très fertile.

Engrais : Les composts très phosphatés, un peu potassiques et plâtrés sont ceux qui l'entretiennent dans une bonne et longue production.

Taille : L'akkacha est, comme ses congénères, un plant qui réclame une taille longue, la taille courte le rabougrit et lui fait descendre ses rendements. C'est un plant à tenir à une certaine hauteur du sol.

§ VI. — *Maladies particulières.*

L'akkacha ne pourrait être cultivé en chaintre car il craint un peu la pourriture. Il résiste parfaitement au siroco et à la grande sécheresse. Il se comporte également bien en présence des affections cryptogamiques.

AMELLAL (GROS)

§ I. — *Synonymie.*

Amellal, raisin blanc gros.

Ce cépage est cultivé aux environs de Fort-National, et comme le petit, il est particulièrement cultivé au Dzirdzin, en Kabylie.

§ II. — *Caractères spécifiques.*

Souche : Moyenne, vigoureuse, écorce se détachant finement.

Sarments : Moyens, très longs, à entre-nœuds très espacés couleur bronze clair, nœuds moyens.

Bourgeonnement : Duvet blanc un peu rose.

Feuilles : Sous-moyennes, d'un vert clair à maturité, à trois lobes ; sinus très profonds et bien développés ; un peu cotonneuses sous le revers ; dentelure moyenne, peu prononcée.

Grappe : Moyenne, assez longue et peu ailée, cylindro-conique, pédoncule résistant, pédicelles moyens.

Grains : Un peu oblongs, blanc cire, légèrement pruinés.

Peau : Moyennement épaisse, mais moins que celle de l'Amokrane ; pédicelle ligneux.

Chair : Ferme, assez juteuse, d'un bon goût relevé, assez sucrée.

§ III. — *Production.*

Qualité pour la table : Ce cépage est spécialement cultivé en Kabylie pour la table. Il se conserve facilement jusque dans les derniers jours de novembre, si toutefois l'arriere-saison n'a pas été humide.

Qualité pour le vin : Le raisin d'Amellal (gros) est à deux fins. Nous venons de voir qu'il est spécialement cultivé pour la table ; mais c'est aussi un excellent raisin de cuve.

Qualité du vin : Le vin blanc provenant de ce raisin est très agréable à boire, il est fin et savoureux au palais ; sa couleur est franche et sa limpidité parfaite. Quelques habitants de Fort-National et de Tizi-Ouzou en font un vin blanc assez estimé déjà qui se champagnise parfaitement. Il se madérise difficilement.

Alcoolicité : Il dose de 10° 50 à 12° d'alcool.

Proportion du kilo au litre : Pour faire 100 litres de vin blanc d'Amellal (gros) il faut employer de 155 à 160 kilos de raisin.

Quantités de vin : L'Amellal (gros) cultivé en souche basse, produit peu, c'est-à-dire de 35 à 45 hectolitres à l'hectare de 2,500 pieds ; en cordon sur fil de fer sa production devient normale, elle atteint alors de 135 à 160 hectolitres à l'hectare de 2,000 pieds ; en tonnelle elle dépasse encore ce rendement, puisqu'elle peut aller de 225 à 240 hectolitres à l'hectare de 625 pieds.

§ IV. — *Dates de débourrement du cep et de maturité du fruit.*

Dans la deuxième quinzaine d'octobre au Dzirdzin et dans les premiers jours de novembre plus haut dans la montagne, à 1,100 mètres d'altitude, ce raisin mûrit. (On a vu plus haut qu'un autre cépage kabyle l'Akkacha, mûrit fin novembre, à 1,300 mètres). — Maturité de cinquième époque.

§ V. — *Terrains à choisir. — Engrais à employer. — Taille spéciale.*

Terrains : Les terrains pour l'Amellal (gros) peuvent être de moyenne fertilité, mais il faut qu'ils soient profonds et défoncés. Les sols argilo-calcaires faiblement siliceux sont préférables.

Engrais : Les composts formés de détritus, de potasse, de phosphate de chaux et de plâtre sont non-seulement des amendements qui lui conviennent mais aussi d'excellents engrais.

Taille : Ce cépage possède un tempérament à peu près semblable à celui du Farrana, il réclame une taille longue ; la taille courte à deux ou même trois yeux, sans le rendre infertile, ferait descendre ses rendements dans une proportion désavantageuse.

§ VI. — *Maladies particulières.*

Le privilège de ce cépage paraît être de supporter parfaitement la sécheresse. Il ne se montre pas d'ailleurs, jusqu'à présent, plus sérieusement atteint par les affections cryptogamiques que les autres cépages d'origine africaine.

Amellal (petit)

§ I. — *Synonymie.*

Amellal, petit raisin blanc.

'Petite variété de l'Amellal gros cultivée au Dzirdzin, près de Fort-National.

§ II. — *Caractères spécifiques.*

Souche : Mince, vigoureuse, écorce se détachant en menues lanières.

Sarments : Très longs, moyens, à entre-nœuds assez longs d'une couleur un peu jaunâtre assez pâle, nœuds moyens.

Feuilles : Petites, d'un vert tendre, à trois lobes, sinus très profonds et bien développés, dentelure profonde, quelque peu cotonneuse sous le revers.

Grappe : Assez longue, très ailée; cylindrique à plusieurs ramifications, pédoncule ligneux, long et résistant, pédicelles minces mais ligneux.

Grains : Très petits, un peu ovoïdes, blanc cire verdâtre, très juteux, très sucrés, à peau fine, un peu pruinés, un ou deux pépins chaque quatre ou cinq grains. Ce raisin possède un goût remarquablement fin.

§ III. — *Production.*

Qualité pour la table : Ce raisin est spécialement cultivé pour la table; il présente l'aspect de très grosses grappes de groseilles blanches. Les consommateurs africains l'estiment beaucoup et on peut sans crainte affirmer que sa production suffit à peine à alimenter la consommation des marchés d'Alger.

Qualité pour le vin : Comme l'Amellal (gros), il peut faire un excellent vin blanc, et à ces deux points de vue cette variété demande à être répandue sur une plus grande échelle.

Qualité du vin : Ce vin blanc est très beau à l'œil, il possède un goût très fin et légèrement relevé, qui lui permet d'être classé dans la première catégorie des grands vins blancs africains.

Alcoolicité : Il dose de 11° à 12° d'alcool.

Proportion du kilo au litre : Pour produire 100 litres de vin blanc il faut employer de 157 à 163 kilos de raisin.

Quantités de vin : Ce cépage est très productif quoique ses raisins soient petits; aussi ses rendements sont-ils dès à présent très rémunérateurs entre les mains des Kabyles qui le cultivent un peu à la diable, sans ordre ni méthode. Que serait-ce entre des mains françaises ?

Le petit Amellal, en souche basse, produit de 25 à 35 hectolitres à l'hectare de 2,500 pieds; cultivé en cordon sur fil de fer, ses rendements s'élèvent à un état normal qui peuvent varier entre 115 à 135 hectolitres à l'hectare de 2,000 pieds, et en tonnelle sa production augmente encore, puisqu'elle peut s'élever jusqu'à 200 hectolitres à l'hectare.

25

§ IV. — *Dates de débourrement du cep et de maturité du fruit.*

Le petit Amellal débourre en même temps que l'Amellal (gros), mais il mûrit quelques jours avant. — Maturité de quatrième époque.

§ V. — *Terrains à choisir. - Engrais à employer. — Taille spéciale.*

Terrains : Les terrains où nous avons rencontré l'Amellal sont de moyenne fertilité mais profonds, ce sont des alluvions grossières, grès, argile et des calcaires.

Engrais : Les engrais à employer sont des composts comme ceux administrés à l'Amellal (gros).

Taille : Ce cépage réclame aussi une taille longue : la taille courte l'étiole en lui faisant perdre ses qualités de production.

§ VI. — *Maladies particulières.*

C'est, comme le gros Amellal, un plant rustique. Sa résistance aux sécheresses est remarquable. Les insectes ne semblent pas lui faire de mal.

BEZZOUL-EL-ADRA

§ I. — *Synonymie.*

Bezzoul-el-Adra, en Kabylie (en Français : *Seins* ou *Tetons de la Vierge*); *Cherchali blanc*, dans les Zatima et les Beni-Ménasser.

Ce cépage est très répandu en Kabylie.

§ II. — *Caractères spécifiques.*

Souche : Très forte et ligneuse, écorce se détachant facilement, d'une durée considérable.

Sarments : Assez forts, à entre-nœuds assez espacés, longs, d'une couleur brune, striés.

Feuilles : Assez grandes, dentelées, d'un vert clair, à cinq lobes, un peu rugueuses à la face supérieure.

Grappe : Cylindro-bi-sphérique, non ailée, à pédoncule fort et verdâtre.

Grains : Sur-moyens, ovoïdes, un peu aplatis sur les extrémités supérieures, couleur cire ancienne, pédoncule résistant.

Peau : Un peu épaisse.

Chair : Croquante, jus friand légèrement relevé.

§ III. — *Production.*

Qualité pour la table : Le Bezzoul-el-Adra est un très beau raisin de table, très transparent : il faut noter en sa faveur qu'il se conserve d'une façon remarquable. Les Zatima le cultivent sur une grande échelle.

Qualité pour le vin : Ce raisin, soumis à la pression, produit un beau vin blanc très facile à champagniser.

Qualité du vin : Ce vin blanc reste louche pendant quelques mois, il redevient ensuite d'une couleur claire et brillante. Soumis aux manipulations propres à le transformer en vin gazeux, il produit un liquide crémant imitant à s'y méprendre le véritable champagne, et appelé sous ce rapport à un certain avenir.

Alcoolicité : Il dose de 11° à 13° d'alcool. Coupé dans la proportion de 30 p. 0/0 dans le vin blanc provenant du Morastel, il constitue un beau et bon vin sec.

Proportion du kilo au litre : On obtient 100 litres de vin blanc en exprimant à la presse, 160 kilos de raisin que l'on foule préalablement aux pieds. Dans les années humides il en faut quelques kilos de moins et dans les années sèches il en faut quelques kilos de plus.

Quantités de vin : Le Bezzoul-el-Adra est encore peu répandu chez les viticulteurs européens, cependant ce plant tardif est appelé à rendre de grands services soit pour la cuve soit pour l'exportation. Ses rendements sont subordonnés au mode de culture qu'on lui applique. Ce cépage lorsqu'il est cultivé en hautain, c'est-à-dire soit en tonnelle soit en cordon sur fil de fer rend beaucoup. Sur fil de fer il peut atteindre 180 à 200 hectolitres à l'hectare de 2,000 pieds. Soumis en souche basse à une taille courte, sa production descend rapidement jusqu'à 25 hectolitres à l'hectare.

§ IV. — *Dates de débourrement du cep et de maturité du fruit.*

Le Cherchali blanc ou Bezzoul-el-Adra débourre assez tardivement et mûrit de même. Ce n'est que vers le commencement d'octobre que les premiers raisins des Zatima arrivent a Alger; on en rencontre dans les altitudes plus élevées qui ne mûrissent que fin octobre. — Maturité de troisième époque.

§ V. — *Terrains à choisir. — Engrais à employer. — Taille spéciale.*

Terrains : Ce cépage se plait dans les terres argilo-calcaires siliceuses; il prospère également dans les schistes calcaires et dans les alluvions grossières.

Engrais : Les engrais les mieux appropriés à la nature du Bezzoul-el-Adra sont les composts comprenant des phosphates de chaux, de la potasse et du plâtre, etc.

Taille : Ce plant réclame une longue taille pratiquée soit en tonnelle ou en cordon sur fil de fer; La taille courte le pléthorise et cause l'avortement des fleurs. Malheureusement les Zatima ne semblent pas suivre les vieilles traditions des Kabyles du Djurdjura, ils taillent tantôt à un, tantôt à deux ou trois yeux, aussi ne savent-ils pas encore tirer parti de ce riche cépage comme ils pourraient le faire.

§ VI. — *Maladies particulières.*

Ce cépage indigène est très rustique; jusqu'à présent nous l'avons vu résister aux insectes, à la sécheresse et au siroco. Il n'est pas sujet à l'anthracnose ni au peronospora.

————

BEZZOUL-EL-KELBA.

§ I. — *Synonymie.*

Le *Bezzoul-el-Kelba* (en Français : *Teton de la Chienne*) passe pour ressembler au raisin qu'on appelle le *Cornichon blanc* de France, mais il est, à notre avis, un peu plus volumineux et d'un goût plus succulent.

§ II. — *Caractères spécifiques.*

Souche : Forte, vigoureuse, de longue durée.

Sarments : Moyens, assez vigoureux, de couleur bronze clair, à entre-nœuds moyennement espacés, nœuds moyens, bois demi-dur.

Feuilles : Moyennes, aussi longues que larges, glabres sur la face supérieure, vert clair, duvet court sous le revers et compactes ; sinus supérieur peu profond, sinus pétiolaire à peu près fermé ; pétiole long et légèrement teinté ; les nervures un peu teintées d'un rouge videux, à petites dentures, à cinq lobes.

Grappe : Sur-moyenne, demi-serrée, bien garnie, quelquefois cylindro-conique, pédoncule fort et court.

Grains : Sur-moyens et longs, irréguliers, en forme de cornichon cornu, blanc cire jaunâtre.

Peau : Très épaisse.

Chair : Ferme et croquante, moyennement juteuse, peu sucrée.

§ III. — *Production.*

Qualité pour la table : Le Bezzoul-el-Kelba est un peu âpre au goût ; on ne peut guère le classer que dans la troisième catégorie des raisins de table, mais par contre il est très apprécié comme raisin de conserve en liqueur.

Qualité pour le vin : On ne doit réserver le Bezzoul-el-Kelba pour faire le vin que quand on n'a pas d'autre raisin sous la main.

Qualité du vin : La qualité du vin de Bezzoul-el-Kelba quoique supportable, ne vaut guère la peine prise. Comme vin blanc pur il est plat. Coupé dans la proportion de 20 p. 0/0 dans le vin de Grenache blanc il l'aromatise.

Alcoolicité : Il dose de 9°50 à 11° d'alcool. Nous n'engageons pas nos viticulteurs à le propager en vue de la cuve.

Proportion du kilo au litre : Pour faire 100 litres de vin blanc fermenté et dépouillé de ses lies, il faut employer 172 à 175 kilos de raisin ; mais si on fait un vin spécial pour le coupage, on foule simplement les raisins, que l'on verse dans la cuve ensuite pour fermenter. Dans ce cas, 165 kilos de raisin suffisent.

Quantités de vin : Sa production est considérable quand il est cultivé suivant le mode que son tempérament réclame. En souche basse et à taille courte ses rendements sont insignifiants et peu rémunérateurs, sa production varie entre 25 et 35 hectolitres à l'hectare de 2,500 pieds ; en cordon sur fil de fer, taillé à long bois, ses rendements s'élèvent de 125 à 160 hectolitres à l'hectare de 2,000 pieds ; en tonnelle conduit à taille longue, sa production devient considérable, elle atteint 220 à 250 hectolitres à l'hectare de 625 pieds.

§ IV. — *Dates de débourrement du cep et de maturité du fruit*

Ce raisin est tardif, tant au débourrement qu'à la maturité. En Kabylie où il est spécialement cultivé, on peut le conserver jusqu'au 15 décembre, et c'est vers le 25 octobre qu'il commence à arriver sur les marchés d'Alger. Sa maturité correspond à celle de la septième époque Aux environs d'Alger, où l'on rencontre le Bezzoul-el-Kelba en assez grande quantité sur le territoire de Saint-Eugène et de la Pointe-Pescade, la date de maturité de ce raisin est naturellement avancée

§ V. — *Terrains à choisir. — Engrais à employer. — Taille spéciale*

Terrains : Ce cépage s'accommode de tous les terrains friables de demi-fertilité, on le rencontre sur les versants des ravins du Dzirdzin jusqu'à Fort-National. Cependant dans les terrains fertiles il reste très vigoureux.

Engrais : Les amendements à base de phosphate de chaux et de potasse combinés au plâtre constituent un excellent apport pour le développement fructifère du Bezzoul-el-Kelba.

Taille : Le Bezzoul-el-Kelba est déjà répandu chez quelques colons de Kabylie et quelques propriétaires rentiers de Saint-Eugène et d'Alger, mais il est surtout cultivé en Kabylie sur une grande échelle. Il trouve dans le commerce un débouché facile. Il réclame une taille longue bien développée.

§ VI. — *Maladies particulières.*

Le Bezzoul-el-Kelba n'est pas sujet à la coulure lorsqu'il est taillé à court bois. Il résiste assez bien au siroco et à la sécheresse. Il craint peu les maladies cryptogamiques et les insectes.

Chaouch

§ I. — *Synonymie.*

Le Chaouch se nomme encore :

Chaouss, Tchavouch Usermue (raisin de gendarme), à Constantinople ;
Tsaous (Athènes), M. et P., Parc de Versailles, M. Hardi.

Il est répandu dans les anciens jardins arabes.

§ II. — *Caractères spécifiques.*

Souche : Forte, très vigoureuse.
Sarments : Longs, assez gros, semi-érigés, à nœuds peu espacés.
Feuilles : Grandes, un peu tourmentées, glabres à la face supérieure, duvet
aranéeux à la face inférieure, sinus pétiolaire étroit, à cinq lobes.
Grappe : Moyenne, cylindro-conique, moyennement serrée, pédoncule vigoureux.
Grains : Gros, ovoïdes, blancs, dorés.
Peau : Épaisse.
Chair : Ferme et croquante, assez juteuse et relevée.

§ III. — *Production.*

Quantités de vin : Nous n'évaluons pas à moins de 16,000 à 20,000 kilos de
raisin à l'hectare de 2,000 pieds, la quantité de raisin que produira le Chaouch,
cultivé rationnellement, c'est-à-dire en cordon sur fil de fer. On trouvera plus
loin au paragraphe proportion du kilo au litre le rendement en vin.

Qualité pour la table : Le raisin de Chaouch est un des plus beaux et des
plus appétissants qu'on puisse trouver pour orner un dessert ; il est très recherché des amateurs. C'est un cépage à propager pour les plantations spéciales à
faire au point de vue du raisin de table.

Qualité pour le vin : On n'a jamais essayé de faire en grand dans nos
contrées du vin blanc de Chaouch, cependant la constitution de ce raisin permet
d'en espérer un bon résultat.

Qualité du vin : Le vin de Chaouch que nous avons fait (10 litres) est assez
clair, il se champagnise vivement, il est moelleux.

Alcoolicité : Il dose de 11° à 13° d'alcool.

Proportion du kilo au litre : Il résulte de nos expériences, qu'en soumettant
au foulage et au pressoir 167 kilos de raisin on obtiendra 100 litres de vin.
Dans les débuts ce vin est très bourbeux, il faut le soutirer souvent.

§ IV. — *Dates de débourrement du cep et de maturité du fruit.*

Ce cépage débourre assez tard et mûrit de même. On devrait le cultiver à de
hautes altitudes, afin d'en retarder la maturité pour en tirer un parti plus
rémunérateur encore. Ce raisin, bien emballé avec soin, ferait les délices des
grandes tables du nord de l'Europe. — Maturité de quatrième époque.

§ V. — *Terrains à choisir.* — *Engrais à employer.* — *Taille spéciale.*

Terrains : Le Chaouch n'est pas un cépage délicat. Il se comporte bien dans les sols demi-fertiles si toutefois ils sont défoncés et amendés suffisamment. Il prospère encore mieux dans les alluvions anciennes. Les terrains humides lui sont défavorables au moment de la floraison, beaucoup de fleurs coulent.

Engrais : Les engrais que nous recommandons pour ce cépage appartiennent plutôt aux amendements mixtes qu'aux engrais proprement dits. Des composts fortement chargés en phosphates de chaux et en plâtre conviennent parfaitement à la nutrition de ce cépage.

Taille : Le Chaouch, quoique ayant les entre-nœuds assez courts, réclame une taille à long bois; ce cépage cultivé en souche basse et taillé à court bois entraîne fatalement la coulure de nombreuses grappes.

§ VI. — *Maladies particulières.*

Le Chaouch mérite une mention particulière en Afrique pour sa résistance au siroco et à la sécheresse, ainsi qu'à l'oïdium, au peronospora et aux insectes; malheureusement il ne jouit pas des mêmes immunités vis-à-vis de l'anthracnose. Il est en outre exposé à la coulure si la taille est trop courte et si le plant est placé dans un terrain humide.

El-Bordj Abiod

§ I. — *Synonymie.*

El-Bordj Abiod (en Français : *Le Raisin rouge du Fort*), à Mascara, à Tlemcen, dans le Dahara et au Maroc.

Variété du Bezzoul-el-Adra Cherchali.

§ II. — *Caractères spécifiques.*

Souche : Forte et vigoureuse, de longue durée.

Bourgeonnement : Vert très clair.

Sarments : Sur-moyens, vigoureux, à entre-nœuds espacés, de couleur bronze jaunâtre.

Feuilles : Sur-moyennes, assez allongées, glabres sur la face supérieure, d'un beau vert jaune, légèrement duveteuses dessous, sinus supérieurs profonds, sinus pétiolaire peu marqué, denture peu profonde, nervures bien marquées, pétiole long et fort.

Grappe : Très longue et volumineuse, ailée, pédoncule fort et résistant.

Grains : Très gros, ovoïdes, un peu aplatis sur les extrémités supérieures, quelquefois presque ronds, pédicelle ligneux et résistant.

Peau : Épaisse, couleur jaune vert.

Chair : Ferme, sucrée quoique juteuse, légèrement relevée et parfumée.

§ III. — *Production.*

Qualité pour la table : Ce cépage est peu répandu chez les viticulteurs européens; on ne le voit qu'à Mascara où les colons le cultivent pour faire du vin blanc. Ce plant fournit un beau raisin de table, très agréable au goût, qui présente bien dans un dessert; on peut le classer dans la deuxième catégorie des raisins de table. Il est enlevé rapidement sur les marchés du département d'Oran où il est cultivé par les indigènes seuls.

Qualité pour le vin : Ce raisin, lorsqu'il est soumis à la pression, fournit un moût qui, après une fermentation de quinze à vingt-cinq jours donne un excellent vin blanc pétillant qui se champagnise facilement. Il possède l'avantage de se conserver longtemps sans se madériser.

Qualité du vin : Le vin blanc obtenu des raisins de l'El-Bordj Abiod peut servir à plusieurs fins. Coupé dans la proportion de 20 p. 0/0 dans le vin rouge de Carignane et de Mourvèdre, il forme un nouveau vin très agréable et moelleux.

Alcoolicité : Ce vin dose de 11° à 12° d'alcool.

Proportion du kilo au litre : On obtient 100 litres de vin blanc en exprimant à la presse 164 kilos de raisin préalablement foulé aux pieds. Dans les années sèches ce raisin est moins juteux; dans ce cas, il faut 166 à 170 kilos de raisin pour produire 100 litres de vin blanc.

Quantités de vin : Les rendements de ce cépage sont subordonnés au mode de culture qu'on lui applique. Ce cépage lorsqu'il est cultivé en hautain sous forme de tonnelle ou en cordon sur fil de fer rend considérablement : en cordon sur fil de fer sa production peut aller à 180 hectolitres a l'hectare et 220 hectolitres en tonnelle.

§ IV. — *Dates de débourrement du cep et de maturité du fruit.*

L'El-Bordj Abiod débourre assez tardivement et mûrit de même dans les terrains frais. A une altitude de 500 mètres sa maturité a lieu vers les premiers jours d'octobre. Contrairement à ce qui se produit pour ses congénères, il mûrit plutôt en treille qu'en souche basse.

§ V. — *Terrains à choisir. — Engrais à employer. — Taille spéciale.*

Terrains : Ce cépage se plait dans les terrains défoncés de nature calcaire-siliceuse; dans les terrains argileux fortement calcaires, il prospère avec constance; dans les alluvions anciennes et modernes suffisamment défoncées, il produit beaucoup plus.

Engrais : Les composts comprenant des matières azotées, des phosphates de chaux, du plâtre, de la potasse, etc., sont des agents fertilisants pour ce plant.

Taille : Comme pour le Bezzoul-el-Adra, il réclame une taille longue et développée; en souche basse il faut lui laisser trois yeux pour obtenir des rendements de 50 à 60 hectolitres à l'hectare.

§ VI. — *Maladies particulières.*

Ce cépage est très rustique, il ne craint ni les insectes ni les maladies cryptogamiques, et la sécheresse et le siroco n'ont aucune action sur lui.

El-Milli ou El-Millah

§ I. -- *Synonymie.*

L'*El-Milli* est encore connu sous le nom de *Millah*, raisin de cette localité.

§ II. — *Caractères spécifiques.*

Souche : Forte et vigoureuse, de longue durée.

Sarments : Demi-érigés, demi-durs, de couleur claire, entre-nœuds peu espacés.

Feuilles : Fortes, vert foncé, bien découpées, à cinq lobes, assez dentelées, peu duveteuses.

Grappe : Grosse, belle, un peu ailée, fort pédoncule.

Grains : Gros, blancs, ovoïdes, charnus.

Peau : Épaisse.

Chair : Goût légèrement relevé et fleuri.

§ III. — *Production.*

Qualité pour la table : Le Millah est un beau raisin, très gros, juteux, croquant et appétissant. Il est très répandu dans le département de Constantine.

Qualité pour le vin : On peut faire du vin blanc avec le raisin de Millah, mais les expériences tentées jusqu'à présent n'ont pas été des plus fructueuses. Comme le Bezzoul-el-Adra il se madérise rapidement et peut également se champagniser.

Qualité du vin : Le vin provenant du raisin de Millah est long à se clarifier, il faut le soutirer souvent pour le débourber convenablement. Son goût est moelleux et relevé, il vire au jaune rapidement en vieillissant. Coupé dans la proportion de 10 p. 0/0 dans un vin rouge de Morastel et Carignane il le relève et lui enlève son âpreté.

Alcoolicité : Il dose de 11° à 13° d'alcool.

Proportion du kilo au litre : D'après des expériences que nous avons faites en 1889, il nous a fallu employer 16 k. 500 grammes de ce raisin pour obtenir par le foulage et la pression 10 litres de vin blanc fermenté.

Quantités de vin : Le cépage de Millah *charge* un peu moins que les plants de Bezzoul-el-Adra, mais cependant assez pour être rémunérateur. En souche basse taillé à deux et trois yeux il produit de 35 à 45 hectolitres à l'hectare ; en cordon sur fil de fer, sa production augmente suffisamment pour varier entre 130 et 160 hectolitres à l'hectare de 2,000 pieds ; en tonnelle ses rendements s'accroissent encore, ils peuvent aller jusqu'à 210 hectolitres à l'hectare de 625 pieds.

Ce raisin est exclusivement cultivé en vue de la table, sa conversion en vin ne serait utile que s'il y avait abondance.

§ IV. — *Dates de débourrement du cep et de maturité du fruit.*

Le raisin de Millah est un peu plus précoce que le Bezzoul-el-Adra; sur les plateaux de la Medjana il débourre très tard et mûrit dans les premiers jours d'octobre Il suit les influences climatériques où on l'implante; dans les plaines basses il mûrit fin septembre. — Maturité de troisième époque.

§ V. — *Terrains à choisir. — Engrais à employer. — Taille spéciale.*

Terrains : Les terrains où prospère le plant de Millah sont des calcaires mélangés de silice argileuse. Comme on le voit, ce cépage n'est pas difficile, il s'accommode d'un sol demi-fertile à la rigueur.

Engrais : Les engrais trop azotés le font couler; les composts phosphatés et additionnés de plâtre sont ceux qui lui conviennent.

Taille : Pour ce cépage comme pour les précédents, la taille de beaucoup préférable est la taille longue; traité en taille courte, non-seulement il produit peu, mais il devient souvent coulard dans les années pluvieuses.

§ VI. — *Maladies particulières.*

Le cépage de Millah est un plant très rustique, il résiste au siroco et à la sécheresse. Les maladies cryptogamiques ne l'atteignent pas et il est peu attaqué par les insectes. Lorsque sa végétation est trop luxuriante, il a une tendance a la coulure, ce cas se présente lorsque sa taille est trop courte ou si le cépage est placé dans un terrain trop humide.

El-Rerbi

§ 1 — *Synonymie.*

El-Rerbi (en Français : *Raisin de l'Ouest*) ;
Aneb-el-Vgherbi (Basse et Haute-Kabylie).

Ce raisin est très répandu en Kabylie, à Mascara, à Tlemcen et chez les Kabyles du Maroc. Il est originaire du Maroc.

§ II. — *Caractères spécifiques.*

Souche : Forte et vigoureuse, de longue durée, écorce assez grossière et ligneuse.

Bourgeonnement : Duvet blanc.

Sarments : Sur-moyens, longs et vigoureux jaune blanchâtre, entre-nœuds moyens.

Feuilles : Grandes, plus larges que longues, d'un vert foncé à la face supérieure, duveteuses sous le revers, à cinq lobes, dentelure irrégulière, a sinus assez profonds.

Grappe : Grosse, volumineuse, fournie et abondante, longue, un peu ailée, à pédoncule court et résistant.

Grains : Gros, ellipsoïdes, pédicelles longs.

Peau : Épaisse, jaune verdâtre.

Chair : Un peu parfumée, ferme, assez juteuse et légèrement sucrée.

§ III. — *Production.*

Qualité pour la table : Le raisin de l'El-Rerbi est très bon à manger et d'un bon effet sur une table. Les Kabyles, dans le département de Constantine, dans la Haute-Kabylie, sur les flancs de la vallée de la Soumam, en font des cultures assez importantes qu'ils écoulent facilement sur les marchés soit à l'état vert soit à l'état sec.

Qualité pour le vin : L'El-Rerbi produit un vin blanc de qualité suffisante pour qu'on puisse le cultiver non-seulement pour la table mais aussi pour la cuve.

Qualité du vin : Le vin provenant des raisins de l'El-Rerbi est analogue à celui qu'on tire du Bezzoul-el-Adra Cherchali. Il est d'une belle couleur jaune paille, et peut entrer utilement dans tous les coupages de vin blanc et rouge ; coupé dans la proportion de 15 p. 0/0 dans les vins rouges de Carignane, il relève sa vinosité et le rend moins plat.

Alcoolicité : Il dose de 11° à 13° d'alcool.

Proportion du kilo au litre : Les rendements de l'El-Rerbi en vin blanc lorsqu'il est soumis au foulage et ensuite à la pression, nécessite l'emploi de 157 à 169 kilos de raisin.

Quantités de vin : L'El-Rerbi rend beaucoup quand il est cultivé en tonnelle ou en cordon sur fil de fer ; en souche basse sa production moyenne peut se maintenir entre 30 et 45 hectolitres à l'hectare de 2,500 pieds; cultivé sur fil de fer son rendement peut atteindre de 130 à 170 hectolitres à l'hectare de 2,000 pieds ; en tonnelle sa production s'élève à 200 et même à 220 hectolitres à l'hectare de 625 pieds.

§ IV. — *Dates de débourrement du cep et de maturité du fruit.*

Ce cépage débourre assez tard ; en montagne, à 1,200 mètres d'altitude, il mûrit dans la première quinzaine de novembre ; à 100 mètres d'altitude il mûrit dans la première quinzaine d'octobre ; il y a vingt-cinq à trente jours d'écart entre les deux dates de maturité. — Maturité de quatrième époque.

§ V. — *Terrains à choisir. — Engrais à employer. — Taille spéciale.*

Terrains : Les terrains dans lesquels l'El-Rerbi prospère sont surtout les alluvions provenant des parties élevées des hautes montagnes : un sol argilo-calcaire siliceux lui convient très bien ; dans les terrains graveleux mélangés de terre végétale il se maintient normalement.

Engrais : Les amendements utiles à ce cépage se déduisent facilement de ce que nous venons de dire sur les terrains qu'il préfère. Ce sont les composts qui réunissent aux silicates argileux les engrais de nature à enrichir un sol maigre (voir nos tableaux).

Taille : L'El-Rerbi soumis à une taille courte à un ou deux yeux, se maintient dans une production passable; si on lui procure des facultés d'expansion que réclame son tempérament il produit encore beaucoup plus. Il ne faut donc pas hésiter à préférer pour lui une taille moyenne sur long bois.

§ VI. — *Maladies particulières.*

Ce cépage résiste assez bien aux maladies cryptogamiques, à la sécheresse, au siroco et aux insectes.

FARRANA

§ I. — *Synonymie.*

Farrana (en Français : *Vigne de jardin*).

Ce cépage est originaire de l'Afrique du Nord quoiqu'en aient dit quelques ampélographes qui ignoraient sans doute son existence en Kabylie depuis les temps les plus reculés.

§ II. — *Caractères spécifiques.*

Souche : Forte et vigoureuse, écorce considérable, épaisse et dure

Sarments : Surbaissés, forts, vigoureux, un peu striés de rouge à la partie inférieure dans le mois de juin et violet foncé en hiver, à entre-nœuds espacés, nœuds moyens et allongés.

Bourgeonnement : Blanc, duveteux teinté de rose.

Feuilles : Un peu rugueuses, moyennement épaisses et légèrement cotonneuses à leurs revers, a cinq lobes, bien accentuées. petite dentelure, sinus pétiolaire ouvert, à pétiole long.

Grappe : Moyenne, ailée, lobée, cylindrique, pédoncule verdâtre, long et résistant.

Grains : Sur-moyens, à peu près ronds, peu serrés, fleuris, d'un blanc-cire avec quelques petites taches de rose à l'arrière-saison.

Peau : Fine.

Chair : Très juteuse, d'un bon goût un peu parfumé.

§ III. — *Production.*

Qualité pour la table : Les Kabyles fournissent de ce raisin les marchés des villes de l'Algérie, où il est apprecié pour son aspect et pour son goût relevé et parfumé.

Qualité pour le vin : Le raisin de Farrana n'est pas encore entré pratiquement dans la fabrication du vin blanc commercial, cependant les européens qui habitent la Kabylie en font leur provision chaque année.

Qualité du vin . D'après nos dégustations et les observations des consommateurs dont nous venons de parler, le vin blanc de Farrana est moelleux et de bon goût. Il jaunit et se madérise en vieillissant.

Alcoolicité : Il dose de 11° à 13° d'alcool. Coupé dans la proportion de 25 p. 0 0 dans du vin blanc de Morastel, il forme un excellent vin sec.

Proportion du kilo au litre : Pour obtenir 100 litres de vin blanc par expression, il faut soumettre à la presse après foulage 157 à 163 kilos de raisin mûr.

Quantités de vin : Le Farrana jusqu'alors, a été cultivé en tonnelle ou sur des arbres; il est peu répandu chez les viticulteurs européens. Lorsqu'il est cultivé en souche basse, qu'il soit en plaine ou en coteau il produit peu, 25 à 35 hectolitres à l'hectare de 2,500 pieds, mais lorsqu'il est cultivé à longue taille en cordon sur fil de fer ou en tonnelle sa production peut dépasser 200 hectolitres à l'hectare.

§ IV. — *Dates de débourrement du cep et de maturité du fruit.*

En Kabylie, à une altitude de 800 a 900 mètres, ce cépage est cultivé sur les arbres. Dans ces situations il débourre tardivement et il mûrit suivant les années du 15 au 30 octobre. En plaine à 100 mètres d'Altitude, il mûrit une trentaine de jours plutôt. — Maturité de troisième époque.

§ V. — *Terrains à choisir. — Engrais à employer. — Taille spéciale.*

Terrains : Le Farrana se plait dans les débris et déjections des montagnes silico-calcaires et même schisteuses; les alluvions appartenant à l'ordre des grès et les alluvions de plaine de l'Atlas lui conviennent également.

Engrais : Comme le Farrana suit la fertilité du sol, il ne faut pas lui ménager les engrais azotés et potassiques. Les composts répandus dans la proportion indiquée par nos tableaux le conduiront à une grande production.

Taille : Le Farrana réclame une taille longue ainsi que nous l'avons déjà fait remarquer.

§ VI. — *Maladies particulières.*

Le Farrana n'est pas très fortement attaqué par les insectes; il résiste parfaitement au siroco et a la sécheresse. Le peronospora l'atteint légèrement et l'anthracnose ne l'affecte pas.

FERRANI

§ I. — *Synonymie.*

Le *Ferrani* (en Français : *Raisin de Jardin et de l'Oasis)* est un raisin des oasis q i pousse dans le Sud sur les hauts palmiers à l'abri des grandes rigueurs solaires. Quelques voyagèurs ont cru reconnaître en lui le Mayorquin ou plant de Marseille. Nous ne partageons pas cet avis, nous le croyons au contraire originaire de l'Afrique, car il ne ressemble pas exactement au Mayorquin, et sa prédilection pour les terrains de l'Extrème-Sud prouve qu'il est acclimaté de temps immémorial au pays des palmiers.

§ II. — *Caractères spécifiques.*

Souche : Très forte, de très longue durée, nous en avons vues qui avaient trente centimètres de diamètre et cinquante mètres de développement.

Sarments : Moyens, à entre-nœuds espacés, de couleur bronze clair, bois demi-dur, nœuds allongés.

Feuilles : Très grandes, à trois lobes, quelquefois à cinq lobes, sinus assez profond, sinus pétiolaire demi-profond, duvet aranéeux sous le revers, mais rares, dentelures espacées et courtes, pétiole fort et moyen, fortes nervures.

Grappe : Grande, ailée, très rameuse, cylindro-conique, fort et long pédoncule très résistant, sinueux, très dur.

Grains : Assez gros, globulo-oblong, blanc jaunâtre, pédicelles longs terminés par un gros pinceau.

Peau : Lisse et épaisse.

Chair : Ferme et croquante, peu fondante, saveur peu sucrée.

§ III. — *Production*.

Qualité pour la table : Même pour la table, le Ferrani, tel que le produisent actuellement les oasis, est inférieur à celui du littoral ; cependant les indigènes du Sud en font une grande consommation dans les quartiers où il est implanté.

Qualité pour le vin : Pour la cuve il ne donne, quant à présent, qu'un moût grossier impropre à la vinification. Il est possible que plus tard, si la colonisation s'étend dans ces parages, nos viticulteurs puissent tirer un bon vin blanc du Ferrani.

Qualité du vin : On rencontre quelques souches de Ferrani dans le Djebel-Amour et au-dessus de Frenda. J'ai extrait un litre de moût que j'ai fait fermenter, le vin fermente longtemps et reste un peu louche, il est plat et sans saveur.

Alcoolicité : Il dose de 9° à 11° d'alcool.

Proportion du kilo au litre : On peut prendre pour base d'évaluation notre expérience d'après laquelle il a fallu 1 k. 750 grammes de raisin de Ferrani pour obtenir un litre de vin.

Quantités de vin : Le Ferrani, cultivé ainsi que nous l'avons dit, rend beaucoup dans l'Extrême-Sud, il peut donner jusqu'à 200 kilos de raisin par souche sur palmier. Cultivé en souche basse et à taille courte sa production est faible, de 35 à 40 hectolitres ; en cordon sur fil de fer ses rendements seraient très rémunérateurs de 135 à 170 hectolitres ; en tonnelle, de 200 à 230 hectolitres à l'hectare.

§ IV. — *Dates de débourrement du cep et de maturité du fruit.*

Dans les oasis algériennes et tunisiennes où il est surtout répandu, le Ferrani débourre vers le 25 mai et mûrit aux environs du 25 octobre, à une altitude de 1.000 mètres. Il ne faudrait pas croire que le Ferrani doive mûrir plus tôt parce qu'il habite des régions chaudes ; les grandes chaleurs, au contraire, ralentissent sa maturité. — Maturité de cinquième époque.

§ V. — *Terrains à choisir. — Engrais à employer. — Taille spéciale.*

Terrains : Les terrains qui conviennent à ce cépage doivent être assez meubles et profonds afin que les racines aillent chercher leur nourriture et la fraîcheur. Les alluvions anciennes et modernes telles que celles composées de sable, de calcaire et d'un peu d'argile sont de parfaite consistance pour sa bonne fructification.

Engrais : Dans les oasis, les engrais provenant d'animaux ne manquent pas, tels que les déjections solides et liquides des chameaux ; on pourrait les incorporer avec des composts de litières et quelques phosphates fossiles, on obtiendrait ainsi l'engrais spécial qui convient au Ferrani dans le Sud.

Taille : Comme ses congénères de l'Afrique, il réclame une taille à long bois ; il faut éviter de le tailler à court bois.

§ VI. — *Maladies particulières.*

Les maladies cryptogamiques et les insectes ne semblent pas l'atteindre. Il possède surtout le privilège (qu'il doit sans doute à son *habitat* ordinaire) de résister victorieusement au siroco et aux grandes sécheresses du Sud.

HASSEROUMB-EL-ABIOD

§ I. — *Synonymie.*

Hasseroumb-el-Abiod, dans la Haute-Kabylie.

§ II. — *Caractères spécifiques.*

Souche : Forte, très vigoureuse, de longue durée.

Sarments : De moyenne longueur, de couleur bronze pâle tirant sur le jaune, entre-nœuds moyennement espacés, très vigoureux.

Feuilles : Moyennes, bien découpées, à cinq lobes, vert clair, légèrement dentelées, à pédoncule résistant.

Grappe : Lâche, très ailée, pédicelles longs assez résistants quoique minces.

Grains : Petits et ronds, inégaux, très transparents, de couleur un peu verdâtre, trois gros pépins avec point noir à l'ombilic.

Peau : Fine.

Chair : Très juteuse, d'un goût sucré et bien relevé.

§ III. — *Production.*

Qualité pour la table : Ce joli petit raisin est délicieux à manger, il est très appétissant, aussi est-il généralement cultivé pour la table. Peu de viticulteurs européens ont essayé de le répandre dans leurs vignobles; il y tiendrait cependant bien sa place, car il est aussi bon pour la cuve que pour la table.

Qualité pour le vin : Le raisin d'Hasseroumb-el-Abiod est excellent pour produire un vin blanc de choix.

Qualité du vin : A Fort-National, où on en fait quelque peu chaque année, on constate que ces vins sont fins et relevés. Les quelques litres que nous avons recueillis en 1889 après les vendanges ne laissent aucun doute à cet égard.

Alcoolicité : Il dose de 10° à 12° d'alcool. Coupé dans la proportion de 35 p. 0/0 dans un vin blanc de Morastel, il le relève et lui donne une grande finesse; coupé dans la proportion de 15 p. 0/0 dans un vin rouge de Morastel et de Carignane, il lui donne du moelleux tout en lui relevant son caractère de vinosité.

Proportion du kilo au litre : Pour produire 100 hectolitres de vin blanc, il est nécessaire de fouler et presser 169 kilos de raisin d'Hasseroumb-el-Abiod. Mais si on veut faire des vins blancs de coupage, on fait fermenter à la cuve le raisin foulé avec ses pellicules. Alors le rendement change un peu; dans ce cas il faut 153 kilos de raisin pour produire 100 litres de vin de coupage.

Quantités de vin : Les raisins de cette nature produisent peut-être un peu moins à la cuve que certains de leurs congénères de la Kabylie, cependant leur rendement est encore suffisamment rémunérateur. En souche basse à taille courte, sa production peut se maintenir entre 25 à 35 hectolitres à l'hectare de 2,500 pieds; en cordon sur fil de fer, ses rendements sont de 110 a 130 hectolitres à l'hectare de 2,000 pieds; en tonnelle, sa production s'élève entre 150 et 180 hectolitres à l'hectare de 625 pieds.

§ IV. — *Dates de débourrement du cep et de maturité du fruit.*

Le raisin d'Hasseroumb-el-Abiod est plus précoce que ceux que nous avons déjà décrit. Il débourre vers le 10 mai et mûrit vers le 15 septembre à une altitude de 800 mètres. Près du littoral, situé à 100 mètres d'altitude, il mûrit dans les premiers jours de septembre. — Maturité de deuxième époque.

§ V. — *Terrains à choisir. — Engrais à employer. — Taille spéciale.*

Terrains : Ce cépage réclame une terre profonde et meuble : sa culture est généralement pratiquée dans les ravins ; les terres d'alluvions lui conviennent donc parfaitement et les débris de grès schisteux mélangés de terre rouge lui assurent une existence sûre et complète.

Engrais : Les composts contenant des matières azotées et potassiques forment un engrais excellent pour conduire ce cépage à une belle et bonne production.

Taille : Comme on a pu en juger au passage traitant de sa production, lorsqu'il est taillé à court bois ses rendements sont faibles, ce n'est que quand on le taille à long bois qu'il produit d'une façon rémunératrice. Nous n'insisterons pas.

§ VI. — *Maladies particulières.*

Jusqu'ici ce cépage n'a été cultivé que dans la Kabylie, où il semble résister à toutes les maladies cryptogamiques et aux insectes. Les quelques pieds qui sont répandus chez les viticulteurs européens se comportent de même façon et font bien augurer de sa vitalité.

KAREM-EL-ABIOD

§ I. — *Synonymie.*

Karem-el-Abiod (en Français : *Raisin blanc généreux*).

Le Karem-el-Abiod est très répandu dans l'Aurès, en Kroumirie et dans la Haute-Kabylie.

§ II. — *Caractères spécifiques.*

Souche : Forte, très vigoureuse, de longue durée.

Sarments : Moyens, entre-nœuds moyennement espacés, de couleur claire.

Feuilles : Moyennes, glabres sur la face supérieure et un peu duveteuses sous le revers.

Grappe : Moyenne, cylindro-conique, pédoncule moyen, moyennement ailée, quelquefois compacte.

Grains : Moyens, sphériques, légèrement dorés.

Peau : Demi-fine.

Chair : Juteuse, d'un goût ressemblant un peu à celui de la Clairette.

§ III. — *Production.*

Qualité pour la table : Ce raisin est assez agréable à manger pour le retenir comme bon raisin de table. Il est très frais à la bouche et d'un aspect appétissant.

Qualité pour le vin : Ce cépage donne un raisin qui peut produire à la cuve un excellent vin blanc ; on peut, sous ce rapport, le classer en deuxième catégorie.

Qualité du vin : Le vin obtenu de raisin Karem-el-Abiod est d'un beau blanc, bien limpide, d'un goût agréable et relevé ; en vieillissant il jaunit et se madérise moins que ses congénères ; il se champagnise très facilement. Coupé dans la proportion de 35 p. 0,0 dans du vin blanc de Morastel, il forme un vin sec et très franc ; coupé dans la proportion de 15 p. 0,0 dans du vin rouge de Carignane et de Morastel, il en rehausse les qualités vineuses et aromatiques.

Alcoolicité : Il dose de 11° 50 à 13° d'alcool.

Proportion du kilo au litre : Il faut de 170 à 172 kilos de ce raisin pour produire un hectolitre de vin blanc.

Quantités de vin : La production de ce cépage suit un peu la fertilité du sol et le mode de culture qu'on lui applique. En souche basse à taille courte, à deux et trois yeux, il produit de 40 à 55 hectolitres à l'hectare de 2,500 pieds ; en cordon sur fil de fer ses rendements sont normaux, ils s'élèvent de 135 à 165 hectolitres à l'hectare de 2,000 pieds.

§ IV. — *Dates de débourrement du cep et de maturité du fruit.*

C'est vers la première quinzaine d'octobre que ces raisins apparaissent sur les marchés d'Algérie. Il débourre dans la dernière quinzaine d'avril à 600 mètres d'altitude. Cultivé sur le littoral dans les sables, il peut mûrir dans les premiers jours de septembre. — Maturité de deuxième époque.

§ V. — *Terrains à choisir. — Engrais à employer. — Taille spéciale.*

Terrains : Ce cépage n'est pas bien gourmand, il se maintient dans les sols demi-fertiles pourvu qu'ils soient défoncés. Dans les alluvions anciennes il se maintient vigoureusement en produisant beaucoup.

Engrais : Les engrais nécessaires à l'entretien de ce cépage doivent être formés d'un compost riche en phosphate de chaux et de plâtre, etc.

Taille : Le Karem-el-Abiod demande à être taillé à long bois, cependant, taillé à court bois à trois yeux, il donne encore jusqu'à 55 hectolitres à l'hectare.

§ VI. - *Maladies particulières.*

Le Karem-el-Abiod résiste assez bien à la sécheresse. Les maladies crypto-gamiques ne l'atteignent presque pas, cependant l'anthracnose l'attaque un peu : par contre les insectes ne lui font aucun mal.

LIADIA

§ I. — *Synonymie.*

Liadia est le nom d'une localité kabyle à production de raisin qui a donné son nom à ce raisin.

On l'appelle encore :
Variété de *Corinthe*, en France;
Passeretta bianca (Italie), Passera.

Le Liadia cultivé en Kabylie diffère légèrement du Passeretta bianca, ses fruits nous paraissent un peu plus volumineux et plus juteux.

§ II. — *Caractères spécifiques.*

Souche : Moyenne mais vigoureuse.

Sarments : Moyens, lisses, à entre-nœuds demi-espacés, de couleur roux pâle.

Bourgeonnement : Avec duvet blanc.

Feuilles : Sur-moyennes, glabres à la face supérieure et inférieure, vert clair, à cinq lobes, long pétiole jaune pâle.

Grappe : Petite, longue, très ailée, pédoncule long et mince.

Grains : Très petits, sphériques, transparents et partie sans pépins, pédicelle allongé, couleur cire.

Peau : Presque fine.

Chair : Très juteuse, sucrée, d'un goût fin et mielleux.

§ III. — *Production.*

Qualité pour la table : Le Liadia est un raisin à peu près sans pépins; comme il est très sucré et frais au goût, il a le double privilège d'être recherché par les gourmets. C'est le raisin de table le plus agréable à manger. Si on présentait ce raisin sur les tables du Nord de l'Europe il serait très apprécié et son prix de vente serait très rémunérateur.

Qualité pour le vin : Quelques habitants de Tizi-Ouzou font avec le Liadia un vin blanc très fin, moelleux et d'un goût agréable qui ressemble au Semillon; ce cépage possède par conséquent toutes les qualités voulues pour faire un bon vin blanc et pour être encouragé dans la plantation des vignes algériennes.

Qualité du vin : Coupé dans la proportion de 50 p. 0/0 avec le vin blanc de Sémillon, il forme un vin supérieur à ce dernier seul; coupé dans la proportion de 35 p. 0/0 avec le vin blanc de Clairette, il constitue un vin mousseux crémant, supérieur à la majorité des Champagnes de second ordre.

Alcoolicité : Il dose de 11° 50 à 13° d'alcool.

Proportion du kilo au litre : Pour produire 100 litres de vin blanc de Liadia, il faut 148 kilos de raisin. Ce cépage est à propager parce que ses produits, sous leur double forme (raisin de table et de vin), sont essentiellement rémunérateurs.

Quantités de vin : Le cépage de Liadia est très productif lorsqu'il est cultivé suivant son tempérament. En souche basse et à taille courte à deux et trois yeux, il rend de 35 à 45 hectolitres à l'hectare de 2,500 pieds : en cordon sur fil de fer ses rendements peuvent s'élever de 120 à 150 hectolitres à l'hectare de 2,000 pieds ; cultivé en tonnelle il produit beaucoup, on peut estimer ses rendements de 180 à 200 hectolitres..

§ IV. — *Dates de débourrement du cep et de maturité du fruit*

En Kabylie où il est surtout cultivé (région de Tizi-Ouzou), ce cépage donne des raisins relativement précoces. Ils mûrissent vers le 10 septembre près de Tizi-Ouzou, ce qui correspond au 25 août à 100 mètres d'Altitude près du littoral. Sur le littoral même, soit à Guyotville, soit à Aïn-Taya, ce raisin serait mûr dans les premiers jours du mois d'août, il suivrait de près les Chasselas. — Maturité de deuxième époque.

§ V. — *Terrains à choisir. — Engrais à employer. — Taille spéciale.*

Terrains : Le Liadia n'est pas exigeant comme sol, mais il se plait dans les débris du Djurdjura, dans les alluvions anciennes et nouvelles. Nous croyons qu'il y aurait un intérêt sérieux à l'essayer au pied des contreforts de l'Atlas, en raison précisément de la nature des terrains qu'il préfère : les terrains formant le versant nord du Sahel algérien, encore dans le relèvement du fer à cheval du lac de Bizerte offrent des ressources en terrains appropriés à ce cépage. Au surplus, et pour le dire une fois pour toutes, si nous avons insisté minutieusement dans la présente *ampélographie*, sur les qualités, les caractères comparés, les rendements, etc., de chaque cépage, c'est que nous avons voulu fournir à nos viticulteurs d'Algérie et de Tunisie des éléments aussi complets que possible pour l'expérimentation de ces divers plants. Ils ne peuvent que gagner à faire, dans certaines parties de leurs vignobles, l'expérience de telle ou telle plantation. Quand on voit le profit que les Kabyles retirent de leurs cépages autochtones depuis quelques années, on se rend compte des progrès qui pourraient être réalisés sous une direction plus éclairée et par des mains françaises.

Engrais : Les amendements comme ceux que nous avons recommandés pour l'Hasseroumb-el-Abiod sont nécessaires pour maintenir le Liadia en bon état de production.

Taille : Le plant de Liadia réclame comme ses congénères de Kabylie, une taille développée à long bois ; on a reconnu que la taille courte ne lui était pas favorable.

§ VI. — *Maladies particulières.*

Ce cépage parait jusqu'à présent réfractaire aux affections cryptogamiques et aux insectes. Il résiste moins au siroco que le Farrana et le Bezzoul-el-Adra, cependant il est assez réfractaire à la sécheresse.

SOUABA-EL-HADJA

§ I. — *Synonymie.*

Souaba-el-Hadja (en Français : *Les Doigts de la Pèlerine)* ; les Marocains disent : *Les Doigts de la Renégate* (Kadim ou Chadime Barmah) ; les Kabyles : *Les Doigts de la Donzelle*.

§ II. — *Caractères spécifiques.*

Souche : Forte, très vigoureuse, de longue durée.

Sarments : Moyens, entre-nœuds assez espacés, de couleur bronze clair.

Feuilles : Moyennes, à cinq lobes, unies sur les deux faces, vert un peu clair.

Grappe : Sur-moyenne, pédoncule court, pédicelles également courts, de forme cylindro-conique un peu ramassée.

Grains : Sur-moyens, en forme de doigts, d'un beau blanc cire ancienne.

Peau : Épaisse.

Chair : Croquante, moyennement sucrée, peu juteuse.

§ III. — *Production.*

Qualité pour la table : Ce raisin est essentiellement cultivé en vue de la table. Il est superbe comme forme et mérite par son goût d'être classé dans la deuxième catégorie des raisins de table.

Qualité pour le vin : Comme le Bezzoul-el-Kelba et tant d'autres raisins Kabyles, il est peu propre à la cuve, et ce n'est qu'à défaut d'autres cépages qu'il peut être employé à faire du vin.

Qualité du vin : Le produit qui en résulte alors est à peu de chose près semblable à celui du Bezzoul-el-Kelba, le vin cependant est plus fin.

Alcoolicité : Il dose de 9°50 à 11° d'alcool.

Proportion du kilo au litre : Il faut employer de 167 à 172 kilos de raisin pour produire 100 litres de vin.

Quantités de vin : Ce cépage rend beaucoup de raisin. En souche basse taillée à deux ou trois yeux, il rend de 35 à 40 hectolitres de vin à l'hectare de 2,500 pieds ; en cordon sur fil de fer sa production peut s'élever de 120 à 150 hectolitres à l'hectare de 2,000 pieds ; en tonnelle ses rendements sont encore plus grands et peuvent atteindre de 180 à 200 hectolitres à l'hectare de 625 pieds.

§ IV. — *Dates de débourrement du cep et de maturité du fruit.*

Ce cépage débourre tard ; ses fruits ne mûrissent guère qu'à partir des premiers jours de novembre sur les altitudes élevées variant entre 1,200 et 1,600 mètres. Sur le littoral sa maturité s'effectue dans la dernière quinzaine d'octobre. — Maturité de cinquième époque.

§ V. — *Terrains à choisir. — Engrais à employer. — Taille spéciale.*

Terrains : Ce cépage exige peu pour son entretien. En Kabylie, dans les environs de Fort-National, on le cultive sur des terrains peu fertiles de nature argilo-siliceuse. C'est dans les débris du Djurdjura qu'on le trouve en pleine prospérité.

Engrais : Ce plant se comporte avec prospérité lorsqu'on lui applique des composts comprenant dans leur composition de la potasse et des phosphates de chaux.

Taille : Comme ses congénères, il redoute une taille courte: au contraire, soumis à une taille longue, il se comporte à merveille tout en produisant beaucoup.

§ VI. — *Maladies particulières.*

Il résiste assez bien aux affections cryptogamiques, aux insectes, au siroco et à la sécheresse.

OBSERVATION. — Ce raisin récolté quelques jours avant sa maturité sert à faire des conserves dans l'eau-de-vie.

Zizet-el-Begra

§ I. — *Synonymie.*

Zizet-el-Begra (en Français : *Pis de Vache*).

§ II. — *Caractères spécifiques.*

Souche : Assez vigoureuse et très rustique, de longue fertilité.

Sarments : Moyens, d'une couleur jaune pâle, gros nœuds, assez écartés.

Bourgeonnement : Duveté blanchâtre.

Feuilles : Moyennes, un peu gaufrées et légèrement duveteuses sous le revers, bien sinuées, pétiole fort et denture profonde.

Grappe : Moyenne, rameuse et ailée, pédoncule assez long, se desséchant assez tardivement.

Grains : Moyens, olivoïdes, portés par des pédicelles longs.

Peau : Épaisse, de couleur jaune paille.

Chair : Assez ferme et passablement juteuse, modérément sucrée et relevée.

§ III. — *Production.*

Qualité pour la table : Le Pis de Vache est un beau et bon raisin de table que l'on cultive surtout en Tunisie et particulièrement dans la Kroumirie; il est peu répandu dans la Kabylie algérienne. On peut en faire des conserves soit en raisin sec soit dans l'eau-de-vie.

Qualité pour le vin : Cette variété n'est jamais cultivée que pour la table, cependant on peut en tirer un excellent vin, son moût est exquis et finement relevé. C'est donc un cépage à essayer.

Qualité du vin : Le vin que l'on peut obtenir de ce raisin ressemble beaucoup à celui de l'El-Rerbi et au vin de Bezzoul-el-Adra Cherchali, de couleur paille. Dans les coupages de vins blanc et rouge de Carignane, il relève sa vinosité et le rend plus fin au goût.

Alcoolicité : Il dose de 10° 50 à 12° d'alcool.

Proportion du kilo au litre : Les rendements du Pis de Vache en vin blanc lorsqu'il est soumis au foulage et ensuite à la pression, nécessite l'emploi de 161 à 170 kilos de raisin.

Quantités de raisin et de vin : En souche basse ce cépage rend peu, mais en revanche quand il est cultivé en cordon sur fil de fer sa production s'élève considérablement, de 200 à 220 quintaux à l'hectare, soit en vin une moyenne de 120 hectolitres.

§ IV. — *Dates de débourrement du cep et de maturité du fruit.*

Ce cépage débourre assez tardivement et il mûrit de même. Dans les montagnes de Kroumirie on le conserve longtemps sur les arbres pour le manger à l'arrière-saison. — Maturité de quatrième époque.

§ V. — *Terrains à choisir. — Engrais à employer. — Taille spéciale.*

Terrains : Les terrains les mieux appropriés à ce cépage sont ceux de demi-fertilité pourvu qu'ils soient profonds. Dans les alluvions silico-calcaires il produit normalement.

Engrais : Les amendements phospho-potassiques sur les terrains riches, ou les amendements un peu azotés sur ceux un peu maigres, entretiennent une végétation régulière.

Taille : Ce cépage réclame une culture assez développée et une taille longue à deux et trois yeux.

§ VI. — *Maladies particulières.*

Ce cépage résiste aux influences des intempéries et surtout à la chaleur. Les insectes n'en sont pas friands et ne l'attaquent pas.

ZIZET-EL-MAAZA-EL-ABIOD

§ I. — *Synonymie.*

Zizet-el-Maaza-el-Abiod (en Français : *Pis de Chèvre blanc*), sur les côtes du Maroc, de l'Algérie et de la Tunisie;

Ketskestsetsu blanc ou *Pis de Chèvre blanc*, Amp. univ. (Od.);

Kecskecesu Feher (C. de Bude);

Weisser Marokkaner, Ma'aya Traube, Weisser Portugiesser, Weisse Turkische Cibebe, Wesse Guesdutte, Geiss-Dutten, Weisser Assyrischer, Portugiesiche Fleischtraube (M. et P.).

§ II. — *Caractères spécifiques.*

Souche : Très robuste et vigoureuse, de longue durée.

Sarments : Moyens, assez longs, surbaissés, à entre-nœuds assez espacés.

Bourgeonnement : Petit duvet blanchâtre, un peu violacé sous les feuilles naissantes.

Feuilles : Grandes, cordiformes-allongées, unies à leur face supérieure et un peu duveteuses sous le revers, profondément sinuées, sinus presque fermés, sinus secondaires bien accusés, sinus pétiolaire fermé, dentures assez larges et longues, pétiole gros et court, reste vert après maturité.

Grappe : Moyenne ou sur-moyenne, pédoncule de moyenne force et de longueur moyenne.

Grains : Gros, ellipsoïdes, un peu allongés, pédicelles longs et forts.

Peau : Épaisse, résistante, jaune blanchâtre, se dorant à l'air.

Chair : Croquante, assez juteuse, sucrée et bien relevée.

§ III. — *Production.*

Qualité pour la table : Le Pis de Chèvre blanc est un excellent raisin, très agréable au goût, bien relevé. C'est un bon fruit de conserve dont on peut faire l'exportation à l'arrière-saison. C'est un cépage à répandre dans notre colonie.

Qualité pour le vin : Ce raisin n'est pas très recommandable pour le vin, il n'est pas rémunérateur pour cet emploi.

Qualité du vin : Le vin de Pis de Chèvre n'est pas désagréable; il est au contraire très clair et léger, mais un peu plat.

Alcoolicité : Il dose de 10° à 11° d'alcool; son extrait sec varie entre 16 à 20 grammes par litre.

Proportion du kilo au litre : Pour produire 100 litres de ce vin blanc dépouillé de ses lies, il faut employer de 178 à 182 kilos de raisin. Si le vin doit servir dans les coupages avec le vin rouge, on foule fortement ce raisin sous les pieds et on le fait fermenter quarante-huit heures avec les marcs, puis on le soutire pour lui faire continuer sa fermentation; dans ce cas, 170 kilos de raisin suffisent pour obtenir l'hectolitre de vin.

Quantités de vin et de raisin : Sa production n'est pas considérable, mais ce cépage étant cultivé en treillage à long bois peut donner de 100 a 120 hectolitres à l'hectare ; c'est surtout en tonnelle que sa production serait abondante, il peut rendre de 220 à 250 quintaux métriques à l'hectare de 625 pieds.

§ IV. — *Dates de débourrement du cep et de maturité du fruit.*

Ce raisin est autant tardif à débourrer qu'a mûrir. Dans la Kabylie algérienne, morocaine et tunisienne, on cultive spécialement cette variété pour la table. — Sa maturité correspond à celle de la septième époque,

§ V. — *Terrains à choisir. — Engrais à employer. — Taille spéciale.*

Terrains : Ce cépage se maintient en bonne végétation dans les terrains demi-fertiles, il redoute les terrains humides et trop fertiles.

Engrais : Les amendements à base de phosphate de chaux et de potasse combinés au plâtre, constituent un excellent engrais comme apport à la vigne.

Taille : Le Pis de Chèvre blanc réclame une taille à long bois bien développée.

§ VI. — *Maladies particulières.*

Le Pis de Chèvre blanc craint la coulure soit par les brouillards, soit par une végétation trop luxuriante. Les soufrages et l'incision annulaire ont souvent raison de ces défauts. Ce cépage résiste aux grandes chaleurs et au siroco.

NOTA. — On trouve une partie de ces cépages indigènes dans la collection du Jardin d'Essai du Hamma, à Hussein-Dey.

VARIÉTÉS AMÉRICAINES

VARIÉTÉS AMÉRICAINES[1]

I. — VARIÉTÉS DU VITIS LABRUSCA

Adirondac. — Semis d'Isabelle. Raisin noir de maturité hâtive (B. et M., p. 57).

Albino. — Syn. : *Garbers Albino.* — Raisin blanc peu fertile (B. et M.).

Aletha. — Semis de Catawba. Raisin couleur pourpre foncé, à jus noir, de maturité presque précoce.

Alexander. — Syn. : *Cape, Clakcape, Schuylkill Muscadel, Constantia Springmill, Constantia, Clifton's Constantia, Tasker's grape, Vevay. Vinne, Rothrock de Prince, York Lisbon* (B. et M.); *Madeira of York. Pennsylv* (Pl.). — Vigne d'un semis naturel découvert en 1764. Ce cépage a disparu en presque totalité du continent américain. *Grappe* un peu compacte, porte des *grains* moyens, ovales, très noirs, juteux, donnant un beau vin.

Amanda. — D'après B. et M., gros raisin noir ayant assez d'apparence. Pl. (p. 146) le donne comme un bon raisin. Il est aromatique et rappelle le goût et l'arome de l'Ives et du Rantz ; quelques auteurs pensent que c'est une variété de l' « August Pioneer ».

Anna. — D'après B. et M. cette variété est assez rustique et d'une végé tation modérée, elle a été obtenue par Elie Hasbrouck, d'un semis de Catawba. — Raisin blanc légèrement ambré. Maturité un peu tardive de troisième époque.

Antoinette. — Semis de Minir. Gros raisin blanc, peu connu encore. Maturité de deuxième époque.

August Pioneer. — Gros raisin noir dont les grains ne sont bons que pour confiture, d'après Downing.

Beauty. — Croisement du *Delaware* et du *Maxatawney* (Labrusca), ressemble au Catawba. C'est un bon raisin blanc de table et pour le vin. A l'exposition de Bordeaux du mois de septembre 1880, la commission l'a classé le meilleur. B. et M. craignent qu'il soit sujet aux maladies cryptogamiques.

Berks. — Syn. : *Lehigh*. — Semis de Catawba. — Gros grains rouges d'assez bonne qualité.

Bird's Egg. — D'après B. et M. ce serait probablement un semis de Catawba. — Raisin blanc long. Maturité de troisième époque.

Black Hawk. — Raisin noir provenant de semis du Catawba. — Gros *grains*, de qualité inférieure pour la cuve; *feuilles* vert très foncé paraissent presque noires (Pl., p. 148. — B. et M., p. 63).

Black King. — Raisin précoce doux, mais d'un goût foxé (B. et M.).

Bland. — Syn. : *Bland's Virginia, Bland's Madeira, Bland's Pale red, Powell* (B. et M.). *Rothe Fuchstraube, Red Bland, Red Fox* (in. H. et G.). — Variété très ancienne presque abandonnée quoique donnant un bon vin. *Grappe* un peu longue, portant de gros *grains* ronds, clairsemés, d'abord d'un vert pâle qui passe au rouge à la maturité (Pl., p. 140. — B. et M., p. 63).

Blood's Black. — B. et M. disent que cette variété est hâtive et précieuse pour la vente. Pl., p. 148, dit que ces gros fruits ont un goût de cassis très prononcé et qu'ils sont inférieurs sous tous les rapports.

Blue Impérial. — Variété noire, assez inférieure.

Brighton. — D'après B. et M. beau raisin de la couleur du Catawba, d'une qualité supérieure et bien bouqueté. Ce raisin est très cultivé en Amérique, c'est un des plus répandus pour la table dans les États de l'Est.

Burton's Early. — Raisin sans aucun mérite.

Cambridge. — Nouvelle variété se rapprochant un peu du Concord et quelquefois donnant des grappes plus volumineuses (B. et M., 1885).

Camden. — Raisin blanc acide de peu de valeur (B. et M.).

Cassady. — Variété née dans la cour de H.-P. Cassady, à Philadelphie. B. et M. (p. 68) font un éloge de sa production, qui cependant épuise la souche. *Grappe* moyenne à *grains* très serrés, d'un vert pâle, d'une douceur mielleuse. Le vin est d'une belle couleur jaune ambrée, il a du corps et un bouquet agréable.

Catawba. — Syn. : *Red Muncy, Catauba Tokay, Singhton*, B. et M. — Cette vigne est originaire de la Caroline du Sud, on la trouve à l'état sauvage sur les bords de la rivière Catawba dont elle porte le nom. Elle est encore cultivée par quelques viticulteurs de l'Ohio. Le vin de *Sparkling Catawba* (Champagne d'Amérique) est fait avec ce raisin. Ce cépage est peu résistant au phylloxera, par conséquent il n'est pas recommandable pour sa résistance. — Caractères : *Racines* faibles; *sarments* droits et longs avec peu de branches latérales; *grappe* grosse, ailée, portant d'assez gros *grains* ronds, d'un rouge foncé pruiné.

Champion. — Syn. : *Early Champion, Talman's Seedling, Beaconsfield.* — Cépage à raisin noir-bleu mais de qualité médiocre, cependant on en trouve encore l'écoulement en raison de sa maturité précoce; elle tend tous les jours à diminuer.

Charter Oak. — Beau raisin, mais d'un goût détestable (B. et M.).

Christine. — Syn. : *Telegraph.* — Cépage obtenu de semis par M. Christine. Il est très sujet à la carie noire, par conséquent impropre à la propagation

Concord. — Sans synonyme. — Ce raisin est très répandu aux États-Unis, il est désigné en Amérique sous le nom de : « The grape for the million » (raisin pour le million, pour les masses). D'après M. Fœx sa description s'établit ainsi qu'il suit : « *Souche* vigoureuse, à *port* étalé, *tronc* trapu, écorce se détachant en larges lanières; *sarments* longs, un peu grêles, peu sinueux, d'un vert clair, avec tomentum lanugineux assez serré et légèrement rouilleux à l'état herbacé, ternes, rugueux à cause de la persistance de la base de poils raides, d'une couleur noisette foncé avec rainures plus claires à l'aoûtement; *mérithalles* moyennement allongés, aplatis; *nœuds* prononcés; *vrilles* continues, grêles, bifurquées, couvertes d'un léger tomentum rouilleux; *bourgeons* à duvet roussâtre peu abondant d'un carmin foncé; *feuilles* grandes, face inférieure à tomentum; *pétiole* long, fort; *fleurs* petites; *grappe* sur-moyenne, cylindro-conique, souvent ailée, grains peu serrés, quelques grains verts, d'un volume assez régulier, pruinés, d'un noir violacé foncé, à peau épaisse, chair pulpeuse, à jus rose, d'un goût foxé (1) ». Cépage productif. Maturité de deuxième époque de M. Pulliat. La résistance du Concord aux attaques du phylloxera ne saurait être mise en doute; il est sujet à la chlorose dans les terrains médiocres. Il est inférieur au V. Riparia comme porte-greffe.

Cottage. — Semis de Concord. Bon raisin de table et de bonne conservation (B. et M.).

Creveling (Pensylvanie). — Syn. : *Catawissa, Bloom, Columbia County, Blomsburg Laura Reverly?* — Pl. (p. 151) dit que cette vigne est assez estimée en Amérique en raison de leur nature peu foxée On en fait un vin clairet assez apprécié mais qui, en Europe, n'aurait aucune qualité en comparaison de nos produits ordinaires.

Cuyahoga (Ohio). — Syn. : *Wemple.* — Semis dû au hasard, de qualité passable.

Détroit. — Cépage vigoureux et rustique portant de grosses *grappes* dont les *grains* d'un beau brun rouge clair sont d'une saveur riche et sucrée (B et M.).

Diana. — Semis de Catawba. Ce cépage donne de bons fruits dans certains terrains et mauvais dans d'autres situés à côté sans que l'on puisse attribuer une cause à cette anomalie, disent B. et M. Ce vin blanc est assez agréable. *Grappe* assez belle; *grains* rouge pâle, d'un goût de musc très prononcé à leur maturité.

---

(1) *Cours complet de Viticulture*, par Fœx, p. 59.

Dracut Amber. — Variété très vigoureuse, à *grains* sphériques rouge pâle, pulpeux et foxé.

Early Victor. — Variété encore peu répandue. Cependant son raisin noir est assez précoce. Ses caractères se rapprochent un peu de ceux du Delaware et de l'Hartford Prolific; il est supérieur à ce dernier (B. et M.).

Elisabeth (Bush). — Cépage très vigoureux, mais sans avenir. *Feuilles* moyennes ou grandes, larges, sub-orbiculaires, trilobées; face supérieure d'un vert sombre, terne et glabre; face inférieure duveteuse, blanchâtre; sa *grappe* moyenne, cylindro-sphérique, porte des *grains* un peu serrés, moyens ou sur-moyens, sphérico-ovales, d'un violet foncé, jus non coloré, d'un goût légèrement foxé et acide.

Eureka. — Syn. : *Eureka Tolsone's* (in. H. G.). — Ce cépage a été obtenu par semis de pépins d'Isabelle, il est plus précoce et possède un bouquet plus agréable que lui.

Flora. — Cépage assez rustique, dont les grains de raisin sont très petits, à chair pulpeuse et acide (B. et M.).

Framingham. — Variété semblable à celle de l'Hartford Prolific (B. et M).

Hartford Prolific (B. et M., p. 87. — Pl., p. 153). — Raisin très précoce, précieux pour les marchés; il produit un petit vin léger. Ce cépage est très fertile. — Caractères : *Racines* très abondantes; *feuilles* très grandes, très duvetées, peu incisées; *grappe* grosse, cylindro-conique, un peu ailée, moyenne, peu serrée; *grains* sur-moyens, sphériques, elliptiques, noirs, pruinés, de goût foxé. Maturité de première époque. On l'emploi pour la cuve.

Hine. — Semis de Catawba. — Caractères : *Feuilles* grandes, bien duvetées, peu sinuées; *grappe* moyenne, serrée, un peu ailée; *grains* moyens, sphériques, noirs, pruinés. Maturité de deuxième époque, raisin de cuve, B. et M. (variété commune).

Howel (Bush). -- Raisin ovale, noir, chair à pulpe ferme, servant pour la table et la cuve.

Isabella. — Syn. : *Paign's Isabella, Wodward, Christie's Improved Isabella, Payne's Eary, Sanbornton,* B. et M ; *Captraube, Raisin du Cap,* H. G. — Cette variété tend tous les ans à disparaître en Amérique, on l'a remplacée par d'autres dont le goût n'est pas si foxé et qui résistent mieux aux diverses maladies cryptogamiques de la vigne. Dans les terrains frais et argileux de la Mitidja, où elle a été répandue chez quelques propriétaires, cette variété donne un raisin ayant le goût de cassis-framboise qui est agréable, tandis que dans les terrains calcaires, son bouquet se foxe dans un sens désagréable. — D'après M. Fœx, voici ses caractères : *Souche* vigoureuse, à port étalé, tronc fort, écorce grossière, se détachant en étroites lanières irrégulières; *sarments* longs, plutôt grêles, droits, rugueux, peu luisants, très faiblement pruineux aux nœuds, d'un vert jaune sale et à longs poils lanugineux disséminés, à l'état herbacé, prenant à l'aoûtement une teinte brun violacé, plus claire aux extrémités qu'aux nœuds, aplatis ; *mérithalles* assez longs, à stries fines, peu profondes et irrégulières, cylindriques : *vrilles* continues ; *bourgeons* embrassés par des poils bruns ; *feuilles* grandes, allongées mais larges, épaisses, faiblement trilobées, face supérieure d'un vert terne assez foncé, face inférieure lanugineuse, avec nervures très proéminentes : *pétiole* long, fort, d'un vert sale ; *fleurs* grosses, globuleuses, verdâtres ; *grappe* assez grosse, cylindro-conique ou irrégulière ; pédoncule court, ligneux ; *pédicelles* courts avec verrues ; *grains* un peu serrés entremêlés de rares grains verts, moyens, ovales, à stigmate persistant au centre, noirs, incolores à l'intérieur, assez durs, à *peau* épaisse ; pulpe charnue, jus coloré en rouge d'un goût foxé, renfermant de un à quatre grains ou pépins. — Maturité de deuxième époque.

Les raisins d'Isabella pressés, produisent un jus qui peut être incorporé dans les vins blancs de Morastel et de Clairette dans la proportion de 10 p. 0/0 ; le vin qu'on en obtient est très agréable (expérience de M. Leroux, 1876).

Israella. — B. et M. croient que c'est un semis de l'Isabelle. Bush dit que sa *grappe* est compacte, peu serrée ; ses *grains*, assez gros, sont noirs, légèrement ovales. C'est un beau raisin de table.

Ives Seedling. — Syn. : *Ives' Madeira*, de Kittredge, B. et M. — Cette variété est très répandue dans l'Ohio où elle produit un vin rouge assez estimé ; elle provient de semis de l'Hartford Prolific. D'après l'Amp. Am., cette variété est sans valeur en Europe à cause de sa mauvaise végétation dans le Midi. Voici ses caractères : *Feuilles* grandes, trilobées, sinus latéraux peu profonds, tomenteuses à la face inférieure ; *grappe* moyenne ou sur-moyenne, lâche, cylindrique, allongée, le plus souvent ailée ; *grains* moyens, sub-globuleux, d'un noir foncé, pulpe charnue, jus rose, vineux, d'une saveur foxée se trahissant même à l'odorat. D'après Pl., son vin a le parfum de la violette et, mis en bouteille, il est supérieur à celui du Norton's Virginia. MM. Pull. et Pl. disent que cette variété résiste au phylloxera.

Kingsessing (Bush). — Variété à fruit rouge pâle, à chair pulpeuse.

Kalamazoo. — Semis de Catawba. Fruit plus gros que celui du Catawba, d'un noir bleuâtre, peau épaisse (Bouschet).

Lady (Bush). — Semis de Concord. Fruit gros, jaune verdâtre, couvert d'une fleur blanche, sans goût ni odeur foxés.

Logan (Ohio). — Variété noire précoce et fertile, à peu près abandonnée en Amérique.

Lydia, Pl. (p. 154). — Bonne variété. Raisin gros, couleur vert clair, pulpe douce, tendre, légèrement parfumée.

Manhatten. — Petit raisin blanc verdâtre, fleuri, chair douce et pulpeuse, B. et M.

Martha. — Semis de Concord. Cette variété est très répandue aux États-Unis, très estimée à cause de sa rusticité, de sa fertilité et de la bonne qualité de ses produits. *Grappe* ailée, serrée ; *grains* ronds, blanc pâle. Son goût foxé disparaît peu à peu en vieillissant.

Mary-Ann. — B. et M. Raisin noir de qualité inférieure, mais estimable à cause de sa grande précocité.

Mary (Bush). — *Grains* blanc verdâtre, moyens, fleuris; *chair* tendre, peu de pulpe, saveur piquante, d'après Downing.

Mason Seedling. — Semis de Concord. Raisin blanc nouveau dont B. et M. recommandent l'essai dans toutes les régions où le Concord réussit, il mûrit avant ce dernier mais un peu sujet à la carie noire.

Maxatawney. — Planchon (p. 155) n'est pas très sûr que ce cépage soit un Labrusca, il a quelque rapport avec le Chasselas. Dans le Missouri, c'est un très bon raisin blanc, bon pour la table et pour la cuve. *Grains* moyens, presque ronds, blancs, verdâtres, puis ambrés. Raisin de table et pour la cuve, très peu résistant au phylloxera.

Miles. — D'après Pl. (p. 156) c'est un Labrusca par ses feuilles, et presque un Æstivalis par le fruit, d'un mérite secondaire. Raisin noir d'un goût vineux et peu foxé, très précoce.

Moore's Early. — B. et M. disent que cette variété provient d'un semis de Concord dont la *grappe* est un peu plus petite, mais les *grains* plus gros et de maturité plus hâtive.

Mottled. — Semis de Catawba. *Grappe* moyenne, étroite, serrée; *grains* rouge-café; *chair* douce et pulpeuse, un peu acide et juteuse.

Mount-Lebanon. — Gros raisin de couleur rougeâtre *chair* pulpeuse, coriace et peau très dure (Bush, Bouse., B. et M.).

Neff. — Syn. : *Keuka* ou *Kenka.* — B. et M. le désignent comme un bon raisin de cuve. *Grains* rouge cuivré sombre; *chair* pulpeuse, foxée, de maturité précoce.

North America. — Suivant Pl. (p. 156), raisin petit à *grains* noirs, peu pulpeux, assez foxé.

North Carolina. — Variété très estimée, à *grains* noir bleu, légèrement ellipsoïdes. On peut en faire un bon vin muscat.

Northern Muscadine. — Syn. : *Norther Muscadine blanc.* — C'est un bon raisin de table et pour la cuve, d'après B. et M. *Grappe* presque ronde, portant des *grains* gros, sphériques, très serrés, d'un rouge foncé chocolat. Ce cépage est très exigeant sur la nature du sol, il ne reprend guère que dans les terrains siliceux ferrugineux.

Perkens. — B. et M. disent que ce raisin est très foxé, que son principal mérite est d'être précoce et d'une vente assez facile dans les marchés reculés. *Grappe* de moyenne grosseur et ses *grains* de couleur lilas pâle à leur maturité.

Pocklington. — Semis de Concord. B. et M. (Cat. 1885) disent que cette variété est supérieure à celle du Concord. La *grappe* est plus grosse, plus jolie, elle est recommandable pour la grande culture dans le Nord et non dans le Sud.

— 423 —

Pollok. — Raisin pourpre foncé ou noir (B. et M.).

Prentiss. — Obtenu par J. W. Prentiss d'un semis d'Isabelle. C'est un assez bon raisin dans les terrains où il réussit. Cette vigne est très rustique à l'action du froid. D'après B. et M. (Cat. 1885), la *grappe* ressemble un peu à celle du Rebecca, elle porte des *grains* ronds, blanc verdâtre ou jaune pâle, d'une saveur douce, agréable et légèrement musquée, sans être trop foxée. Cette variété est très répandue comme raisin de table.

Rebecca. — Beau raisin blanc mais commun au goût. Très sujet au mildew. Cépage de collection (Pl., p. 156).

Rentz. — Variété obtenue de semis par Sébastien Rentz de Cincinnati. M. Planchon la donne comme bonne. *Grains* rouges, sphériques. On la croit résistante au phylloxera (raisin de cuve).

Sainte-Catherine. — Raisin couleur rouge chocolat.

Seneca. — Cépage ressemblant à l'Hartford prolific s'il n'est pas identique, disent B. et M. (p. 110).

Talman's Seedling ou **Tolman**. — Très ressemblant à l'Hartford prolific. *Grappe* moyenne ou sur-moyenne, porte des *grains* serrés, noirs, de qualité médiocre.

To-Kalon. — Syn. : *Wyman, Spofford Seedling, Carter*, B. et M.; le *Beau Beautifiel Vinau*, Pl. — Cépage rustique et vigoureux, mûrissant difficilement, dit Pl. (p. 157). *Grappe* forte, ailée, avec des *grains* très noirs et très pruineux, doux et peu foxés.

Una. — Semis blanc. Maturité tardive (Pl., p. 158).

Underhill. — Syn. : *Underhill's Seedling, Underhill's Celestral*. — Raisin de la couleur du Catawba. *Chair* douce et vineuse un peu foxée (Pl. p. 157)

Union Village. — Syn. : *Shaker, Ontario* (B. et M., p. 119). — Obtenu de semis d'Isabelle, peu supérieur à ce dernier. *Grains* noirs se rapprochant du Black-Hamburg.

Urbana. — D'après B. et M. c'est un raisin blanc jaunâtre; *chair* acide, *peau* parfumée.

Venango. — Syn. : *Minor's Seedling* Pl. (p. 158). — Variété robuste et productive. *Grappe* moyenne, *grains* serrés, ronds, rouge pâle; *chair* douce mais foxée.

Vergennes. — Semis de hasard. La *grappe*, grande, porte de gros *grains* ronds, légèrement ambrés, de maturité très hâtive, se conservant très bien; on en tirerait un vin délicat (B. et M., Cat. 1885).

Victoria. — Raisin de couleur ambrée, excellent d'après B. et M. pour la table et la cuve.

Whitehall. — Variété issue de semis de hasard. *Grappe* grosse et grande, peu serrée, couleur pourpre foncé. B. et M. disent (Cat. 1885) que cette variété n'est pas fertile et moins précoce qu'on le prétendait.

Wilmington. — Variété préférable pour les États du Sud très robuste et vigoureuse. Raisin blanc jaunâtre de maturité tardive, Pl. (p. 159).

Wilmington red. — Syn. : *Wyoming red.* — Raisin rouge assez bon, très répandu par sa précocité et sa vente facile sur les marchés.

II. — VITIS ÆSTIVALIS

Baxter. — D'après l'Amp. Am., ce cépage serait un hybride d'un *V. Æstivalis* et d'un *V. Labrusca.* Suivant le même ouvrage, voici ses caractères en France : *Feuilles* grandes, tri ou quinquelobées, à sinus profonds et presque fermés, duveteuses à la face inférieure ; *grappe* grande, cylindro-conique ou irrégulière, simple ou lobée ; *grains* très lâches, sous moyens, sphériques ou subovales, d'un noir foncé, jus coloré en rouge, à saveur un peu foxée musquée.

Black July. — Syn. : *Devereux, Lincoln, Blue Grape, Sherry, Thurmond, Hart, Tuley, Mac Lean, Husson (Lenoir* improprement), B. et M.; *Baldwin Lenoir,* en Europe (Amp. Am.). — Ce cépage est très cultivé dans le Sud pour en faire du vin blanc dont la qualité est estimée. M. Pl. (p. 170) recommande le planter en treilles pour éviter les gelées tardives. Suivant Miller, le Black July serait un hybride complexe des espèces *Æstivalis, Cinerea* et *Vinifera.* D'après son correspondant il se comporterait très bien en France : « Le *Black July* est infiniment moins délicat que le *Jaquez,* tant pour la qualité du terrain que pour les conditions atmosphériques de nos régions. Son vin est de beaucoup supérieur à celui de ce dernier cépage, quoique bien moins coloré. Sa résistance au phylloxera est remarquable (c'est peut-être de tous les *Æstivalis* celui qui résiste le mieux), et je puis ajouter qu'il n'a jamais eu, chez moi, la moindre atteinte d'anthracnose ou de mildew, tandis que des cépages plantés à côté et de même âge en ont beaucoup souffert. Je le cultiverais donc sur une vaste échelle si sa production était suffisante. » Suivant Mill., voici sa description botanique : *Feuillage* de couleur généralement foncé, taché de pourpre à l'arrière-saison, comme celui de plusieurs de nos cépages européens ; *feuilles* à trois lobes séparés par des échancrures peu profondes, presque toujours très obtuses ; sinus pétiolaire médiocrement large ; face supérieure fortement gaufrée, luisante, présentant sur les nervures de petits flocons aranéeux blancs ; face inférieure d'un vert pâle glauque, nervures hérissées de poils nombreux ; *grappe* pyramidale, grande (quinze à vingt centimètres, pédoncule compris), souvent ailée ; *grains* assez espacés, noirs, pruineux, sphériques ou un peu allongés, épicarpe résistant, pulpe fondante trouble, légèrement violacée, jus assez abondant, presque incolore ; pépins de un à trois. Maturité à peu près celle du Jaquez.

Bluc Favorite. — D'après B. et M., ce raisin est estimé pour la vinification dans le Sud des États-Unis. Raisin noir, maturité en septembre. Hybride de V. Æstivaiis, Cinerea et Vinifera. Jus très coloré ayant un arrière-goût étrange. Sa fertilité est inférieure à son congénère le Black.

Bottsi. — Bonne variété ressemblant à l'Herbemont, sauf que la couleur de ses grains est rose.

Green Castle. — Raisin à gros grains noir-bleu.

Cunningham. — Syn. : *Long*. — D'après B. et M., ce cépage peut s'adapter sur les pentes exposées au Midi à sols pauvres, sous la latitude du Missouri et plus au Sud. Suivant Fœx ses caractères sont : *Souche* vigoureuse, à port étalé; *sarments* longs, gros; *mérithalles* parfois allongés ; *nœuds* aplatis; *vrilles* discontinues; *bourgeons* enlacés dans un lacis épais de poils roux ; *feuilles* grandes, entières, un peu gaufrées entre les nervures; à sinus pétiolaire le plus souvent fermé, glabres et d'un vert foncé à la face supérieure, d'un vert blanchâtre à la face inférieure; *pétiole* moyennement long, gros; *fleurs* moyennes, cylindriques, d'un vert clair, peu odorantes; *grappe* moyenne, cylindro-conique, pédoncule gros, pédicelles longs, grêles; *grains* serrés, moyens ou petits, sphériques, pruinés, d'un rose clair; *peau* un peu épaisse, *pulpe* fondante, à jus très légèrement teinté de rose clair, saveur sucrée assez agréable, un peu musquée. Ce cépage n'est pas aussi fertile que l'annonçaient les auteurs américains ; comme son vin n'est pas foncé, il est préférable d'en extraire des vins blancs qui sont assez estimés. Il reprend difficilement de bouture. Fœx dit que les quaiités de cette variété sont fort discutées. « En résumé, ce cépage paraît avoir peu d'avenir en Europe. » Maturité tardive (quatrième époque de M. Pulliat).

Delaware. — Syn. : *Hearth, Italian Wine*, Pl. — Son origine est inconnue. C'est le meilleur que Pl., à son avis, ait goûté en Amérique et qui se rapproche le plus de nos bonnes variétés d'Europe. Son vin est très bon, de couleur blonde, corsé et délicat à la fois, d'une saveur toute particulière. Malheureusement ce cépage ne résiste pas au phylloxera. D'après B. et M. (p. 79), sa *grappe* est petite ou moyenne compacte, portant des *grains* un peu gros, ronds, d'une belle couleur rouge clair, recouverte d'une fleur blanche à la maturité qui est précoce.

Elsinboro. — Syn. : *Elsenboro, Smart's Elsinboroug, Elsinburg, Elsenbrough* (Downing); *Missouri's Bird's Eye* (Husman), in. Mas et Pull.; *Elsingburgh, Smart's Elsingburg* (Mill.). — Variété spécialement cultivée dans les vergers, d'un rendement très faible. *Feuilles* grandes, d'un vert foncé, un peu duveteuses, sinuées; *grappe* un peu grosse, avec des *grains* petits, globuleux, d'un noir foncé à la maturité, qui est précoce en France. Ces auteurs en ont fait un vin se rapprochant de ceux de l'Herbemont, du Jaquez et du Rolander.

Harwood. — Ce cépage ressemble beaucoup à l'Herbemont L'Amp. Am. dit qu'il est insuffisamment connu pour qu'on puisse porter un jugement définitif sur son compte. Sa résistance n'est pas plus grande que celle de l'Herbemont. Les *feuil*s sont moyennes, quinquélobées, peu sinuées; la *grappe* est sur-moyenne ou moyenne, cylindro-conique, parfois ailée; les *grains* sont serrés, moyens et sous-moyens, sphériques, violacés, jus peu coloré, d'une saveur agréable.

Herbemont. — Syn. : *Herbemont's, Madeira, Warenton, Waren, Neu-Grape* (Downing); *Neal* (Thomas), in M. P. — Description d'après Mas et Pulliat (Vign., t. I, p. 151) : *Souche* vigoureuse, à port étalé: *sarments* forts et le plus grand nombre érigés d'un vert brillant, souvent teinté ou maculé de violet pendant la végétation; *bourgeonnement* roussâtre, passant au blanc duveteux teinté de rose, puis au vert jaunâtre; *feuilles* grandes ou très grandes, glabres à leur face supérieure, portant à leur face inférieure un duvet poileux, court, peu apparent et cependant un peu rude au toucher: sinus supérieurs profonds ou très profonds; sinus secondaires bien marqués; sinus pétiolaire ordinairement ouvert; pétiole court et fort: *grappe* moyenne (en comparaison des variétés d'Europe), grande (en comparaison de celle des variétés d'Amérique), allongée, ailée et même un peu rameuse; pédoncule très long et fort: *grains* petits, sphériques, un peu serrés, parfois un peu écartés entre eux: pédicelles un peu courts et forts: *peau* mince, d'un noir bleuâtre à la maturité qui arrive à la troisième époque; *chair* un peu ferme, peu pulpeuse, un peu acidulée, à saveur simple; Downing dit qu'elle a si peu de consistance qu'elle n'est formée que d'un jus qui ne peut porter le nom de chair. Le vin de l'Herbemont est d'une belle couleur rouge, de bonne qualité et sans saveur désagréable. On en fait un vin blanc qui n'est pas désagréable. G. Fœx dans son *Manuel pratique de Viticulture*, parle ainsi de ce cépage : « De même que le *Jaquez*, l'Herbemont est un des cépages dont la résistance est des plus anciennement établies; son vin, moins grossier que celui de ce dernier, possède, lorsqu'il provient de situations convenables, des qualités réelles; malheureusement sa coloration, beaucoup moins intense que celle du vin de Jaquez, ne lui permet pas de rivaliser avec lui sur les marchés du Midi. En outre, l'Herbemont se met un peu tardivement à fruit, et sa production regardée comme très considérable par les Américains qui ne sont pas habitués aux grands rendements de nos vignes, est inférieure à celle du Jaquez dans l'Hérault. Enfin, il aoûte souvent les extrémités de ses bois d'une manière insuffisante (c'est ce qui empêche sa culture au-delà de Lyon). » Malgré les inconvénients que nous venons de signaler, qui le font passer après ce dernier cépage, l'Herbemont jouerait encore un rôle important dans la reconstitution des vignobles du Midi, n'était le nombre limité des terrains dans lesquels il est possible de le faire prospérer, sous le climat méditerranéen tout au moins. Il semble jusqu'ici que ce sont, dans ce milieu, les terres caillouteuses, perméables, faciles à échauffer et conservant néanmoins, pendant l'été, une certaine fraicheur, qui seules lui permettent de végéter vigoureusement et sans chlorose. Les sols à cailloux siliceux ou calcaires colorés en rouge par du fer peroxydé, ainsi que l'a démontré M. Vialla, lui convient très bien. C'est la variété la plus pure classée parmi les Æstivalis. Il réclame une taille à long bois.

Herbemont d'Aurelles. — Sans synonymes. Cette variété ressemble beaucoup à la précédente sauf que la peau du raisin est un peu plus épaisse. Elle est issue de semis d'Herbemont, par d'Aurelles de Paladines, de Boufarik, Algérie.

Hermann. — Semis de Norton's Virginia. Cette variété est très bonne pour la cuve, son vin est excellent et passablement relevé et d'un parfum agréable se rapprochant du Madère. Suivant l'Amp. Am., ce cépage n'est pas propre à la reproduction directe en France, et sa reprise en bouture est également difficile. Dans tous les cas il est peu productif.

Humboldt. — Variété provenant d'un semis de Louisiana. Raisin noir.

Jaquez. — Syn. : *Jaques*, *Lenoir*, *Ohio*, *Segar-Box*, *Longworth's Ohio*, *Black*, *Spanish*, *Alabano*, *Segar-Box-Grape*, *Jack* (Downing); *Onderdonk*, *Jaquez Laliman*, *Mac Claudess* (Planchon), M. et P.; *El Paso*, *Burgundy*, B. et M. — Description de ce cépage d'après M. et P. : *Souche* vigoureuse; *sarments* forts, gros, érigés, de couleur acajou foncé; nœuds renflés, recouverts d'une efflorescence blanchâtre ou plombée, plus prononcée sur cette partie du sarment, mais moins apparente que sur la plupart des autres variétés d'Æstivalis; *bourgeonnement* très roux, passant à la teinte rouge lie de vin sur le revers des folioles (plus que sur l'Herbemont): *feuilles* très grandes, presque lisses à leur face supérieure, garnies à leur face inférieure d'un duvet lanugineux court, poileux sur les nervures; sinus supérieurs profonds, un peu fermés à l'ouverture; sinus secondaires bien marqués, ouverts; sinus pétiolaire ouvert; lobes supérieurs et terminal aigus; denture peu profonde, large, inégale, obtuse, courtement mucronée; pétiole très long, fort ou très fort: *grappe* grande (relativement aux raisins d'Amérique), ailée, peu serrée; pédoncule très long, grêle depuis son point d'attache jusqu'au nœud, plus fort ensuite: *grains* petits, sphériques; pédicelles longs, grêles dans le milieu de leur longueur, renforcés à chaque extrémité; *peau* mince, résistante, d'un beau noir pruiné à la maturité qui est de troisième époque; *chair* un peu pulpeuse, légèrement acidulée, peu sucrée sous les climats du centre, saveur simple. *Production* : cette variété suit la fertilité du sol comme l'Aramon et le Terret, sa production est d'un quart plus faible que celle de ces derniers. *Vin* : le vin de Jaquez, dit Fœx, « est grossier et possède un goût particulier et tout spécial peu agréable, mais il est assez alcoolique et très coloré; sa couleur, qui est trop bleue ou violacée lorsqu'il a été fait avec du raisin trop mûr et au contact de l'air, prend une teinte vermeille et brillante lorsqu'on le fait avec de la vendange un peu verte ou que, par le plâtrage ou l'addition de l'acide tartrique, on lui rend l'acidité nécessaire; c'est en somme un bon vin de coupage. Mélangé à la cuve avec l'Aramon, dans la proportion d'un quart environ, il donne un très beau vin de consommation. » *Terrains* : ce cépage prospère à merveille dans les bons terrains profonds tels que ceux qui sont composés d'alluvions anciennes et modernes. *Taille* : le Jaquez réclame une taille longue et développée; traité en taille courte il produit peu. *Maladies* : ce cépage est très sujet aux maladies cryptogamiques telles que le peronospora, etc. C'est le motif qui fait que sa propagation s'est ralentie depuis quelques années. *Greffe* : le Jaquez peut servir également comme beaucoup d'autres cépages comme porte-greffe; cependant on préfère le cultiver pour produire directement.

Medora. — D'après B. et M., cette variété est encore peu propagée. Les *grains* sont moyens, blancs et possèdent un bouquet délicieux.

Neosho. — D'après M. S. Miller cité par B. et M., ce cépage est estimé dans les comtés de Warren et de Newton, où il donne des récoltes assez abondandes. En France, il sert plutôt de cépage de collection, dit l'Amp. Am. Voici sa description : *Feuilles* grandes, trilobées, peu sinuées, très peu tomenteuses à la face inférieure; *grappe* sur-moyenne ou grosse, allongée, conique, ailée, portant des *grains* peu serrés, sous-moyens ou petits, sub-sphériques d'un noir foncé bleuâtre.

Newport. — Semblable à l'Herbemont (Bush).

Norton's Virginia. — Syn. : *Cynthiana, Red River, Norton, Norton's Virginia Seedling*, M. et P. — Ces auteurs certifient l'identité du Cynthiana avec le Norton's Virginia, contrairement à divers auteurs. Cette variété occupe un des premiers rangs dans les cultures de la Virginie. Le goût de son vin est légèrement étrange ; il ne sert que dans les coupages. Sa production n'est pas grande, même dans les terrains substantiels. Il s'accommode assez bien des terrains maigres et ferrugineux, mais craignant les sols argileux humides Voici sa description toujours d'après M. et P. : *Souche* vigoureuse ; *sarments* assez forts, mi-érigés, à entre-nœuds assez longs ; *bourgeonnement* duveteux, d'un roux foncé couvert de rouille ; *feuilles* d'un vert clair, plus longues que larges, glabres supérieurement, sinus supérieurs peu profonds, denture peu profonde ; *grappe* sur-moyenne, assez longuement conique, lâche ; *grains* petits, presque globuleux ; *peau* mince, bien résistante, d'un noir foncé pruiné à maturité qui est fin de deuxième époque ; *chair* assez ferme, un peu juteuse, à saveur spéciale, peu sucrée.

Pauline. — Syn. : *Burgundy of Georgia, Red Lenoir*, Pl. ; *Robson Seedling* (improprement), Amp. Am. — D'après Pl , ce cépage est de la région du Sud. *Sarments* lisses, d'un rouge violacé foncé en février et très pruinés ; *feuilles* un peu gaufrées ; *grappe* moyenne ou petite ; *grains* très serrés, de couleur cuivrée ou violette, d'un goût relevé, vineux et aromatique (foxé). En France, le même cépage donne des fruits à peine foxés ; il est d'une faible fertilité et très sujet à l'anthracnose. De maturité tardive.

Riesenblatt. — Syn. : *Giant Leaf* (feuille géant), B. et M. — Semis dû au hasard. Raisin noir.

Rulander (d'Amérique). — Syn. : *Louisiana, Sainte-Geneviève, Amoureux, Red Eben* (M. et P.). — C'est avec ce cépage que l'on fait les vins blancs imitant ceux du Rhin, ce serait un hybride de V. Vinifera et de V. .Estivalis mais peu résistant au phylloxera. *Feuilles* moyennes, presque orbiculaires, glabres, très peu sinuées ; la *grappe* est petite, cylindrique, porte des *grains* serrés d'un noir rougeâtre.

Schiller. — Variété provenant de semis de Louisiana, très rustique et fertile.

Theodosia. — D'après (B. et M.), semis dû au hasard. Raisin noir précoce estimé pour la cuve.

———————

III. — Vitis Riparia Cordifolia

Augwik. — Cépage très robuste, à raisin noir très foncé, produisant un bon vin (B. et M., p. 62 ; Pl., p. 192).

Bacchus. — Provenant de semis de Clinton, mais supérieur à ce dernier (B. et M.).

Blue Dyer. — Ressemble beaucoup au Franklin et au Vialla, mais leur est inférieur dit l'Amp. Am. Petits *grains* sous-moyens, serrés, noirs mais foxés.

Britaniri. — Raisin noir (H. C.).

Burrough's. — Raisin noir acide (B. et M.).

Claret. — Vigoureux et robuste, à fruit rouge acide sans valeur.

Clinton. — Syn. : *Vorthington* (Downing). — D'après Miller, voici la description de ses caractères : *Souche* de bonne vigueur, a *sarments* très rameux, un peu grêle, à entre-nœuds de longueur moyenne; *feuillage* de couleur assez clair; *feuilles* presque toujours orbiculaires, polygonales, rarement cordées, le plus souvent entières ou subtrilobées, quelquefois fortement trilobées par l'existence de deux sinus profonds, elles ressemblent alors à celles du Delaware; dents obtuses ou obtuses arrondies; face supérieure luisante, plus foncée que l'inférieure, présentant à l'état adulte, sur les principales nervures, quelques rares poils aranéeux, blancs; face inférieure présentant aussi à l'état adulte quelques poils sur les nervures; *grappe* moyenne ou petite, le plus souvent avec une petite aile, moyennement compacte; *grains* noirs, pruineux, sphériques, de grosseur moyenne, épicarpe mince très solide, pulpe verdâtre transparente, assez fondante, jus rosé; fruit mûr vers le 15 septembre, dans la Gironde, et vers le 20 août, dans l'Hérault. Le Clinton est d'une fertilité médiocre. A son sujet M. Fœx s'exprime ainsi dans son cours d'agriculture (1) : « Ce cépage a été l'un des premiers importés en Europe, lors des débuts de nos expériences sur les vignes américaines. Sur le dire des Américains, qui l'estiment beaucoup, comme nous venons de le voir, on l'accueillit d'abord avec une faveur exagérée; il fournissait, disait-on, un excellent vin, susceptible de passer dans la consommation en France; il devait en outre servir de porte-greffe universel et suffire à lui seul à tous les besoins qu'impliquerait la reconstitution de nos vignobles. Malheureusement de nombreux échecs éprouvés dans le Midi, par suite de sa plantation dans des milieux qui ne lui convenaient pas, causèrent une véritable panique à son égard; sa résistance, très réelle, est démontrée par des faits nombreux et relativement anciens, fut contestée, et il tomba dans un discrédit complet.

» On est revenu aujourd'hui à des idées un peu moins exclusives sur son compte. Bien qu'il donne un vin remarquable par sa couleur et par sa richesse en alcool, on a renoncé à l'utiliser comme producteur direct, à cause de son médiocre rendement et de son goût particulier, et si l'on a reconnu qu'il portait bien la greffe de certains de nos cépages méridionaux (de l'Aramon notamment), on s'est également rendu compte qu'il ne pouvait s'adapter, du moins dans la région méditerranéenne, qu'à un nombre de terrain limité.

» Le *Clinton* est très sujet à la chlorose, surtout dans les terres fortes, froides et humides, dans les sols sans profondeur et dans les terrains calcaires où, par suite du défaut de chaleur ou d'humidité, il ne peut refaire assez promptement les radicelles que le phylloxera détruit. Ce sont les terres de

---

(1) Fœx, *Cours complet de Viticulture*, p. 75).

moyenne consistance ou légères, perméables et fraîches, dans lesquelles il végète le mieux et dans lesquelles on peut seulement le cultiver. Les sols siliceux rouges lui sont particulièrement favorables.

» Il reprend très facilement de boutures, au moins aussi aisément que nos vignes indigènes. »

Cowan. — D'après (B. et M) ce raisin est noir mais très médiocre.

Franklin. — B. et M. disent que ce raisin est trop inférieur pour le cultiver spécialement en vue de la cuve, mais c'est un excellent porte-greffe. Voici la description qu'on en trouve dans Rov., d'après l'École d'Agriculture de Montpellier : « Ce cépage vigoureux; les vrilles sont continues, contrairement a ce qui a lieu pour la plupart des Riparia. *Fruit* foxé (?), diffère du Clinton Vialla parce que ses jeunes *sarments* sont verts et non pourpre foncé comme chez ce dernier, enfin parce qu'il mûrit son fruit et perd ses *feuilles* avant lui. Résistant au phylloxera. »

Golden Clinton. — Syn. : *King* (B. et M.). — Semis de Clinton encore moins fertile que le précédent. Raisin blanc verdâtre.

Kitchen. — Semis de Franklin. Raisin noir acide.

Lyman. — Petit raisin noir à peau épaisse de même qualité que le Clinton.

Marion. -- Raisin noir de cuve: veraison précoce, mais maturité tardive (Downing cité par Pl., p. 196). D'après l'Amp. Am. ce cépage est sans valeur comme producteur direct, mais c'est un excellent porte-greffe dans les terres rouges et siliceuses chaudes. Les *feuilles* sont grandes, entières, cotonneuses à la face inférieure; la *grappe* sous-moyenne ou petite porte des *grains* lâches, moyens ou sous-moyens, d'un noir violacé foncé.

Oporto. — M. et P. dans le (Vign , t. iii, p. 135), disent que l'Oporto ne doit être recommandé en France où on lui accorde généralement la résistance au phylloxera, que comme porte-greffe; c'est aussi l'avis de l'Amp. Am. L'Oporto est d'une fertilité ordinaire, il est très rustique et résiste a l'oïdium et à l'anthracnose. Caractères : *Souche* très vigoureuse, rustique, avec des sarments un peu grêles, très longs; *feuilles* grandes, en cœur, un peu duveteuses, très peu sinuées ; *grappe* un peu petite, cylindrique, portant des *grains* moyens, globuleux et d'un beau noir pruiné à la maturité (goût foxé).

Pedroni. — D'après (H. G). Raisin bleu foncé.

Riparia Martin des Pallières. — Syn. : *Riparia Fabre*, Riparia glabre à bois rouge (Amp. Am.). — C'est un cépage très rustique mais peu fertile, il est remarquable par « la dureté de ses racines, par le peu de phylloxera qu'elles portent en général et par sa résistance à la chlorose. Prospère dans les terres de moyenne consistance, même un peu sèches. Ses principaux caractères sont : *Feuilles* moyennes ou grandes, presque entières, face inférieure d'un vert plus clair qu'à la face supérieure et garnie de poils rudes sur les nervures; *grappe* petite, peu longue, irrégulière ou cylindrique, simple ou ailée; *grains* très lâches, irréguliers, petits ou sous-moyens, sphériques, d'un noir foncé, pruinés, à jus coloré d'un rouge foncé, saveur légèrement acidule et un peu acerbe.

Riparia sauvage, Baron Perrier. — Syn. : *V. Riparia sauvage* (forme glabre). — Ce cépage a été trouvé chez le propriétaire de ce nom (Savoie) où il existait depuis fort longtemps, c'est un excellent porte-greffe. D'après l'Amp. Am., les *feuilles* sont moyennes, entières, sinus pétiolaire large et peu profond, velues à la face inférieure ; la *grappe* est conique, petite, ailée ; les *grains* sont lâches, petits, d'un noir foncé.

Riparia Tomenteux. — C'est une des quatre races principales que Fœx a classées parmi les nombreuses variétés sauvages du continent américain, cette espèce parait la mieux appropriée comme porte-greffe, elle est d'une nature peu exigeante pour le sol, mais redoute les sols marneux infertiles ou même les terres humides. On a cependant constaté qu'il se comportait mieux dans ces derniers que le *V. Riparia glabre à feuilles minces* et que le *V. Riparia Martin des Pallières*. Le Riparia sauvage a petites feuilles est sujet à la chlorose. On doit l'éviter dans les plantations.

Taylor. — Syn. : *Bullit, Bull'et, Taylor's Bullit*. — D'après Pl. (p. 197), ce cépage n'est pas fertile, cependant son vin n'est pas désagréable, il ressemble au Riesling du Rhin, et son bouquet est appreciable ainsi que sa couleur blanche. Fœx dit que ce cépage ne résiste pas dans tous les sols. Suivant Miller, le Taylor serait un hybride du V. Riparia et du V. Labrusque. Caractères : *Souche* vigoureuse ; *sarments* longs, de grosseur moyenne ; *bourgeons* glabres ; *feuilles* assez grandes, presque entières légèrement trilobées, glabres, un peu sinuées ; *grappe* petite, avec des *grains* petits d'un blanc ambré, sujette à la coulure.

Taylor Planchon. — M. Laliman a obtenu de semis une variété à *feuilles* duveteuses et à raisin noir auquel il a donné le nom de Taylor Planchon

Taylor Improved. — Sous variété (École de Montpellier).

Vitis Solonis. — Syn. : *La Souys* (Miller); *Cordifolia Salonis* (Laliman); *Vigne de Zams à sève rouge* ou *Zamsrebe*, Styrie (Trummer); *Longs d'Arkansas*, en Allemagne. Les auteurs classent cette vigne dans le groupe des *Cordifolia*. D'après Mill. elle aurait du sang de *V. Rupestris* et de *Candicans*. C'est une des variétés qui résistent le mieux au phylloxera : elle est employée spécialement comme porte-greffe, car son raisin est sans valeur, étant trop acide et astringent. Elle peut être cultivée dans les terrains humides où le Riparia échoue, et réussit également dans les terrains à sous-sol crayeux peu profond. Le V. Solonis est sujet à l'anthracnose, mais en revanche il n'est pas sujet à l'oïdium et au mildew. D'après H. G. ses caractères principaux sont : *Bois* : le vieux bois ressemble à celui du *V. Riparia*, mais avec une teinte plus rouge apparaissant au-dessous des fibres d'écorce soulevées ; *feuilles* hédériformes, moyennes, arrondies, d'un vert grisâtre, luisantes, non sillonnées et à trois pointes seulement ; face supérieure lisse, face inférieure finement tomenteuse ; les dents sont étroites d'une manière caractéristique, longues et aiguës, alternant avec des dents plus courtes ; les feuilles ne tombent que fort tard et en jaunissant ; *grappe* très petite, courte, rameuse, lâche, à hampe mince d'un brun rouge ; *grains* très petits, globuleux, noir bleu, suc très rouge et d'une saveur acerbe. Maturité hâtive (première époque).

———————————

IV. — Vitis Rotundifolia

Flowers. — Syn. : *Black Muscadine*. — D'après (B. et M.) ce raisin mûrit très tard. On l'estime en Géorgie, dans l'Alabama et la Caroline du Sud : son vin rouge n'est pas désagréable

Richmont. — Variété découverte par Planchon qui nous dit être un raisin très recommandable, tant sous le rapport de la qualité de son raisin noir que de sa maturité hâtive.

Scuppernong. — Syn. : *Yel'ow Muscadine, Wile Muscadine, Bull, Bullace, ou Bullex, Roanoke* (B. et M.); *Muscadine, Bullet Grape, Vitis Vulpina* (Amp. Am.). — C'est une variété très fertile et rustique; elle est très cultivée dans le Sud (Caroline du Sud, Florida, Géorgie, Alabama, etc.). D'après plusieurs auteurs, notamment MM. Fœx et Vialla, cette variété, quoique indemne des maladies cryptogamiques, n'est pas recommandable en Europe, surtout par sa faible résistance au phylloxera.

Thomas — Variété du Scuppernong, suivant B. et M. Ce raisin varie du rouge pourpre au noir foncé; sa chair douce et tendre le rend agréable à manger.

V. — Hybrides

Adelaïde. — Obtenue par le croisement du Concord avec le Muscat Hambourg. Raisin noir.

Advance. — Obtenue de croisement entre le Clinton et le Black-Hambourg, par Rickett. Raisin noir.

Agawam. — Obtenue de semis pas Roger. D'après Pl. (p. 163), cette variété est très ordinaire. *Grappe* compacte; *grains* ronds, couleur rouge marron. Ne résiste pas au phylloxera.

Allen's Hybrid. — Syn. : *Hybride d'Allen*. — Obtenue du croisement entre le Chasselas blanc et l'Isabelle. Raisin de table encore plus hâtif que le Chasselas doré d'un goût assez agréable. Ce cépage est très rustique, il résiste aux grands froids. D'après M. et P. (in. Vign., t. I, p. 99). On peut en obtenir d'excellents vins blancs. Suivant Planchon, cette variété est sensible au phylloxera, mais elle est sujette à l'oïdium. Ses caractères sont : *Souche* vigoureuse; *sarments* forts et a entre-nœuds un peu longs; *bourgeonnement* d'un vert jaune; *feuilles* grandes, un peu boursouflées, glabres, bien sinuées, dents larges et obtuses; *grappe* moyenne, peu compacte, pourvue d'un grappillon; *grains* moyens, sphériques, un peu dépruinés à leurs deux pôles; *peau* fine, mince, vert jaune, à *chair* tendre et abondante.

Alvey. — Syn. : *Hagar*, hybridation naturelle d'un *V. Estivalis* et d'un *V. Vinifera*. — D'après l'Amp. Am. de Fœx et Vialla, ce cépage est assez résistant au phylloxera dans les bonnes terres; il est sujet à la coulure mais il fait un assez bon vin rouge. Les *feuilles* sont moyennes, presque entières: sinus pétiolaire profond, un peu duveteuses à leur face inférieure; la *grappe* est petite, à un ou deux lobes, irrégulière ou conique, et porte des *grains* peu serrés, de grosseur moyenne, sphériques, d'un noir foncé, pruinés; pulpe charnue, fondante, d'un goût peu foxé.

Aminia. — Hybrides obtenus par Rogers: B. et M. le considèrent comme un bon raisin noir précoce.

Autuchon. — Obtenu de croisement du Clinton avec le Chasselas doré. Ce cépage est très vigoureux, il produit de beaux et bons raisins de table, non foxés, de faible résistance au phylloxera (Fœx). Caractères d'après l'Amp. Am. : *Feuilles* moyennes, quinquélobées, bien sinuées, duveteuses; *grappe* sur-moyenne, cylindrique, ailée; *grains* peu serrés, moyens ou sur-moyens, sphériques, d'un vert clair ou brun rosé sur les parties exposées à la lumière.

Barry. — Hybride obtenu par Rogers. *Grappes* nombreuses et belles, grosses, noires, d'une saveur agréable et de maturité précoce (B. et M. — Pl., p. 163).

Black Defiance. — Croisement du Black S.-Peters et du Concord. D'après B. et M., c'est un des meilleurs raisins de table, de maturité tardive.

Black Eagle. — Croisement du Labrusca et du Vinifera. Raisin noir précoce, mais trop foxé pour être employé comme producteur direct, dit l'Amp. Am.

Black Pearl. — Syn. : *Schraid'l Seedling* (Amp. Am.). — Cépage peu fertile et peu intéressant dont nous donnons cependant la description : *Feuilles* grandes, larges, cordiformes, entières, sinus pétiolaire presque fermé; *grappe* petite ou sous-moyenne, irrégulière; *grains* sous-moyens et discoïdes, ou petits et sphériques, d'un noir violacé.

Brant. — Croisement obtenu du Clinton avec le Black S.-Peters. Ce raisin a beaucoup d'analogie avec le Clinton, mais il lui est supérieur par la qualité; il est assez rustique et d'une maturité précoce (B. et M.).

Canada. — Syn. : *Hybride d'Arnold n° 16*. — Variété obtenue d'un pépin de Clinton fécondé par le pollen du Black S. Peters (B. et M.). D'après l'Amp. Am. ce cépage est très fertile, il mériterait d'être essayé comme producteur direct, si la résistance qu'il paraît avoir offerte jusqu'ici à l'action du phylloxera se maintenait dans l'avenir. Ses caractères sont : *Feuilles* moyennes, quinquélobées, peu sinuées, un peu duveteuses; *grappe* moyenne, cylindro-conique, parfois ailée; *grains* serrés, un peu petits, sphériques, ou légèrement ovoïdes, d'un noir violacé; pulpe charnue, fondante, à jus peu coloré, de saveur aigrelette.

Challenge. — Souche et sarments vigoureux. Hybridation d'une vigne américaine avec une vigne d'Europe (Pl. 164). D'après B. et M. ce raisin est d'un rouge pâle, excellent pour la table et pour la production des vins de liqueurs.

Champin. — Planchon a désigné sous ce nom des types sauvages issus du croisement du *Mustang* (V. Candicans) et du *V. Rupestris* et qui paraissent avoir un certain avenir comme porte-greffe. M. Fox qui a bien étudié ce cépage dit qu'il est « à la fois résistant au phylloxera et à la chlorose, très rustique, vigoureux et d'une reprise facile. Les greffes de nos vignes d'Europe que l'on a pratiquées sur le Champin, se sont montrées jusqu'ici fort belles à tous points de vue. » D'après le même auteur, le Champin présente les caractères suivants : *Souche* vigoureuse, à port étalé un peu buissonnant ; *sarments* assez grêles, peu longs, rugueux, à ramifications nombreuses et développées, d'une couleur brun noisette ; vrilles discontinues ; *feuilles* petites, cordiformes ou orbiculaires, à peu près aussi larges que longues, légèrement pliées en gouttière pour la plupart ; d'un vert foncé plus ou moins luisant, avec flocons de poils blanchâtres à la face inférieure. Les fruits du Champin suivant Planchon (La Vigne am., 1885), sont de petits grappillons à trois, quatre ou cinq grains. Ceux-ci sont courtement pédicellés, petits, arrondis, d'un noir bleuâtre, avec une légère fleur. Grames de deux à quatre, rappelant assez celles du Mustang, mais un peu plus rétrécies en bec court par leur extrémité ombilicale : raphé, Chalaze rappelant le Mustang.

Claver Street Black. — Obtenue de Diana. Gros raisin noir assez doux (B. et M.).

Claver Street Red. — Beau raisin plus gros que celui de Diana, mais se rapprochant de lui par la saveur (B. et M.).

Concord Chasselas. — *Grappe* assez longue, se rapprochant de celle du Chasselas doré.

Concord Muscat. — D'après (B. et M.), ce raisin est un peu musqué et d'une saveur excellente.

Conqueror. — Obtenu par le croisement du Concord et du Royal Muscat. Cépage vigoureux à raisin de table sans importance. D'après l'Amp. Am., voici sa description : *Feuilles* plutôt petites, entières, sinus pétiolaire peu profond, d'un vert gai et peu luisantes à leur face supérieure, duveteuses à leur face inférieure ; *grappe* moyenne, cylindrique ou irrégulière ; *grains* peu serrés, moyens, obovales, d'un noir foncé, un peu prunés ; pulpe charnue, d'une saveur peu foxée.

Cornucopia. — Syn. : *Hybride d'Arnold n° 2* — Ressemblant au Clinton, mais son raisin lui est supérieur (B. et M.). Suivant l'Amp. Am., il ne résiste pas au phylloxera, car ce serait un producteur direct d'une certaine valeur. Les *feuilles* sont moyennes, entières, légèrement lobées, peu sinuées, un peu duveteuses ; la *grappe* est moyenne, cylindrique, souvent ailée, et porte des *grains* moyens ou petits, sphériques, d'un noir peu foncé, saveur légèrement foxée et acidule.

Croton. — Croisement du Delaware et du Chasselas de Fontainebleau. Raisin d'un jaune verdâtre, excellent pour la table. D'après l'Amp. Am., ce cépage n'est pas très résistant au phylloxera. Son fruit ainsi que son rendement le rendent négligeable.

Delaware. — Syn. : *Heath, Italian Wine* (Downing). — D'origine inconnue, cependant il est à peu près établi que c'est un hybride de Labrusque avec le V. Vinifera. Il est considéré comme un excellent cépage de bonne production, mais ses rendements suivent la fertilité du sol. Dans le sud-ouest du Missouri et l'Arkansas il donne des récoltes certaines et abondantes. Ce cépage produit en Europe un vin blanc passable et peu foxé; quoique sa vigueur ne soit pas grande, il résiste assez bien au phylloxera. D'après l'Amp. Am. voici ses caractères : *Souche* peu vigoureuse, à port presque étalé, tronc grêle; *sarments* peu allongés, à ramifications latérales peu nombreuses, grêles; *feuilles* moyennes ou petites, trilobées, peu sinuées; face supérieure d'un vert terne peu foncé; vert gai à la face inférieure avec bouquets de poils aranéeux disséminés sur les sous-nervures; *grappe* sous-moyenne, régulière, cylindrique ou cylindro-conique, simple; *grains* serrés, sans grains verts entremêlés, sous-moyens ou petits, peu pruineux, d'un rose violacé peu foncé, sub-sphériques; jus très faiblement rose, d'un goût peu foxé.

Delaware blanc. — Variété du précédent. « Les caractères de la feuille la distinguent surtout de la noire plutôt que la couleur des grains, qui ne constituerait pas un caractère suffisant. N'offre aucun intérêt par suite de sa production insuffisante. » (Amp. Am.).

Diana Hamburg. — Raisin d'une riche couleur de feu, obtenu d'un croisement entre le Diana et le Black Hamburg (B. et M.).

Downing. — Hybridation obtenue par le croisement du Croton et du Black Hamburg. Raisin noir clair possédant un bon bouquet.

El Dorado — Raisin obtenu par le croisement du Concord avec l'Allen's Hybrid. Il ressemble passablement au Concord, sauf que sa *grappe* est plus régulière et plus grosse et que ses *grains* sont gros, ronds, d'un jaune d'or clair. Cette variété est encore peu connue

Elvira. — Raisin issu d'un semis de Taylor (hybride), de Riparia e de Labrusca, suivant Miller. Cette variété est très répandue en Amérique, où on en fait un vin blanc légèrement foxé. D'après M. J. Daniel « l'*Elvira* est un des cépages qui ont le plus d'avenir pour la reconstitution directe des vignes de l'Armagnac et des Charentes. Cette variété donne, en grande abondance, un vin foxé, mais très alcoolique; les eaux-de-vie en sont parfaites et d'un arome très agréable. La végétation de ce cépage est superbe et à l'abri de toutes les maladies; grande production, reprend facilement de boutures; vient très bien sur nos coteaux argilo-calcaires ou argilo-siliceux » Depuis quelques années on le remplace avantageusement par le Noab que nous décrivons plus loin (résistance certaine au phylloxera).

Essex. — Raisin noir, gros grains, assez parfumé. Maturité de première époque.

Eumelan. — Cette variété a déjà été classée parmi les Labrusca par erreur, elle se rattacherait réellement aux Æstivalis, mais l'Amp. Am. la classe en attendant dans les hybrides. Les auteurs américains estiment beaucoup ce raisin soit pour la cuve soit pour la table. La *grappe* est assez grasse, et jolie, portant de gros *grains* ronds, noirs, fondants, mais son vin est un peu foxé, ce qui est un grand défaut pour sa production directe en Europe.

Gaston Bazille. — Syn. : *Rotundifolia* (Laliman): *Pedroni* (Mill.). — Ce cépage aurait été importé d'Amérique en France, cependant aucun auteur américain ne fait mention de ce cépage. D'après Mill., le Gaston Bazille serait un hybride des V. Riparia, Æstivalis, Labrusca, et aurait même quelques affinités, dit-il, avec le Rupestris. Au point de vue de la résistance, on peut le placer avant le York Madeira et le Solonis. Il est abandonné comme producteur direct, mis il forme un excellent porte-greffe qui s'adapte très bien aux cépages européens dont le bois est grêle et le développement lent. Sa reprise en bouture est assez difficile. Ses caractères principaux sont : *Feuillage* de teinte assez claire, à peu près celui du Clinton: *feuilles* : le limbe toujours asymétrique et plus large que long, profondément plié, de forme générale orbiculaire polygonale, entière ou trilobée; sinus pétiolaire très ouvert, dents petites; face supérieure lisse, vert clair, d'abord aranéeuse, puis glabre, à l'exception des nervures; face inférieure plus pale que la supérieure, un peu cendrée, mate; *grappe* petite, généralement non ailée, se détachant facilement du pédoncule; *grains* un peu au-dessous de la moyenne, sphériques, noirs, pruineux, saveur sucrée et foxée, pulpe fondante, incolore, jus très riche en matière colorante. Maturité contemporaine de celle du Taylor.

Gœthe. — Syn. : *Hybride de Rogers n° 1*. — C'est une des bonnes variétés obtenues par cet auteur. Cépage excellent pour la cuve et la table. *Grappes* moyennes ou grandes, portant des *grains* très gros, oblongs, d'un vert jaunâtre, d'une saveur agréable. D'après l'Amp. Am., ce cépage est peu fertile et faiblement résistant au phylloxera.

Harry Wylce. — Raisin blanc (H. G.).

Herbert. — Variété précoce et productive (Pl., p. 165).

Hundington. — D'après l'Amp. Am. ce cépage est un hybride d'un V. Rupestris avec un V. Riparia; la grappe ressemble assez à celle du V. Rupestris. Le vin qu'on en obtient est foncé, sans goût particulier. Ses caractères principaux sont les suivants : *Feuilles* petites, plus larges que longues, généralement pliées en gouttière, d'un vert clair et lustrées à leur face inférieure; *grappe* petite, cylindrique ou irrégulière, parfois ailée; *grains* assez serrés, de grosseur irrégulière, pruinés, violet foncé; pulpe fondante, jus faiblement rouge et d'une saveur légèrement framboisée. D'après l'Amp. Am. « la vigueur médiocre de ce plant et son très faible rendement ne lui permettront pas vraisemblablement d'occuper une place de quelque importance dans nos cultures. »

Imperial. — Gros raisin blanc sans pulpe ni pépins, d'un parfum excellent (B. et M.).

Iona. — Semis de Catawba. C'est une très belle vigne d'ornement sans importance pour l'Europe.

Irwing. — Très gros raisin blanc, d'une belle apparence (B. et M.). Peu utilisable en Europe suivant l'Amp. Am.

Janesville. — B. et M. (Cat. 1885) pensent qu'il a été obtenu par le croisement d'un V. Labrusca par un V. Riparia, peut-être le Hartfort par le Clinton. Raisin noir précoce, mais délaissé en Amérique pour de meilleures variétés.

Jefferson. — Croisement du Concord par l'Iona. D'après B. et M. ce raisin rouge est beau, il promet beaucoup soit pour la cuve soit pour la table.

Jane Wilce. — Hybride de Clinton et de Vinifera. Raisin noir.

Lindley. — Bonne variété pour la table et la cuve. *Grappe* longue portant des *grains* un peu gros d'une couleur particulière, rouge-brique : saveur agréable (B. et M.).

Mansfield. — Variété obtenue d'une graine de Concord fécondé avec du pollen de l'Iona. B. et M. disent que ce cépage obtiendra par la suite une place importante dans les parties septentrionales de l'Amérique par ses qualités. Maturité précoce.

Massassoit. — C'est une belle variété précoce pour la table, de couleur rouge brun, à chair tendre et douce. D'après l'Amp. Am., cette variété est sans intérêt comme producteur direct en Europe à cause du goût foxé de son fruit. Ses caractères sont : *Feuilles* grandes, un peu plus longues que larges, peu épaisses, trilobées, peu sinuées, face inférieure tomenteuse ; *grappe* petite, irrégulière, très lâche ; *grains* sur-moyens, sphériques, à saveur foxée.

Merrimack. — Cépage vigoureux exempt de maladie. Beau raisin noir pruiné, peu intéressant pour l'Europe.

Monroe. — Obtenu par le croisement du Delaware et du Concord. Ce raisin ressemble à celui du Concord, il sert pour la table (B. et M.).

Montefiore. — Semis de Taylor de Rommel n° 14. D'après B. et M. ce serait une bonne variété d'avenir pour la cuve.

Newark. — Hibride de Clinton et de V. Vinifera. *Grains* moyens, foncés presque noirs, doux, juteux et vineux. Peu recommandable disent B. et M.

Noah — Semis de Taylor. Mill. et d'Aurel ont vanté cette espèce comme produisant un bon vin blanc alcoolique. D'un autre côté, M. Fœx, dans l'Ampélographie américaine, ne partage pas cet avis, il dit qu'il « peut être employé utilement comme porte-greffe, mais le goût particulier de son fruit aussi bien que son médiocre rendement, le rendent impropre comme producteur direct ». Voici ses caractères d'après le même auteur : *Sarments* longs, grêles, un peu sinueux, glabres, luisants et rugueux ; *feuilles* moyennes ou grandes, entières ; face supérieure d'un vert foncé, lustrée et glabre ; face inférieure duveteuse avec des nervures fortes et saillantes ; *grappe* grosse, cylindro-conique ; *grains* moyens, ou sous-moyens, peu serrés, sphériques, d'une couleur vert clair ; *chair* pulpeuse, non fondante, jus incolore et goût foxé.

Othello. — Syn. : *Canadian Hamburg, Canadian Hybrid* (Pl.) — D'après B. et M. ce cépage est issu de la fécondation du Black-Hamburg avec le Clinton du Canada (et qui n'est pas le vrai Clinton). Les essais de cette variété faits par plusieurs viticulteurs ont été assez heureux, mais beaucoup préfèrent encore les autres hybrides d'Arnold. M. G. Fox, dans son *Manuel pratique de Viticulture* (p. 45), décrit l'Othello, il le considère comme un cépage d'une certaine résistance au phylloxera dans le Midi de la France, mais son vin est acide et un peu foxé. M. Félix Astruc apprécie ce cépage comme un hybride de Cabernet Sauvignon et de Riparia, dont il fait dans le *Moniteur Viticole* du 31 mars 1885 le panégirique suivant :

« L'Othello est revenu en faveur; producteur direct, il a été fort demandé : à Montpellier, un de nos plus grands propriétaires, viticulteur très intelligent et très pratique, n'a pas craint d'en planter cette année 125 000 pieds, il en possédait déjà 5,000 à 6,000 de sept à huit ans d'âge, et c'est en voyant le résultat que lui donnait ce cépage qu'il en a planté quarante hectares environ.

» A l'encontre du Jaquez, son vin est d'un beau rouge vif, de forte couleur, pesant 10 à 12 degrés, légèrement framboisé, on dirait du Bordeaux d'imitation. Hybride, dit-on, du Cabernet Sauvignon et du Riparia, l'Othello est très recherché dans le Sud-Ouest, où il est cultivé sur une plus grande échelle que de nos côtés. Sa production peut être évaluée à 100 hectolitres à l'hectare, et sa résistance est égale à n'importe lequel des américains cultivés jusqu'à ce jour. Sa reprise est très facile et dès la première année de plantation on est étonné de la longueur de ses racines et de son bois, il réussit aussi bien dans la plaine que sur les coteaux, il lui faut absolument des tuteurs pour le protéger contre le vent. Dans deux ans, alors qu'il sera plus connu et que son prix sera plus abordable (il s'est vendu de 80 à 100 francs les mille boutures), tout le monde ne voudra avoir que de l'Othello, et j'estime qu'à ce plant est réservé un grand rôle dans l'avenir, car il produit un bon vin et cela, sans greffer : or, se passer de l'opération délicate et toujours incertaine du greffage, n'est point un mince mérite. »

Ce cépage est très fertile et peu exigeant pour les terrains. Il croît favorablement dans les sols argilo-calcaires. Caractères : *Sarments* un peu grêles; *feuilles* grandes, trilobées, un peu duveteuses, présentant deux séries de dents assez aiguës; *grappe* compacte, sur-moyenne, cylindro-conique, portant de gros *grains* serrés, noirs, un peu ovales.

Purity. — Croisement de Delaware. Petit raisin d'excellente qualité. B. et M. disent que sa végétation est plus forte et que son feuillage est plus sain que celui du Delaware. Ils recommandent aussi l'essai de cette variété à tous ceux qui plantent pour leur usage, consentant à sacrifier la grosseur à la qualité.

Quassaick. — Croisement opéré par Rickett du Clinton et du Muscat Hamburg. La *grappe* est grande, ses *grains* sont ovales, noirs, à saveur assez agréable.

Raabe. — Hybride de Labrusca et Estivalis ou Vinifera. *Grains* rouge foncé, de bonne qualité, presque sans pulpe. Variété négligeable par son faible rendement.

Raritan. — Hybride de Rickett, croisement de Concord et de Delaware. Raisin noir un peu acide.

Réqua. — Hybride de Rogers. *Grappe* ailée : *grains* moyens, rouge bronze, à peau mince, assez sujet à la carie noire dans les années humides.

Roenbeck. — Vigne très rustique. *Grappe* longue à *grains* moyens, transparents : *chair* fondante et très douce, résistant au phylloxera.

Salem. — Hybride de Rogers, obtenu de semis d'une vigne américaine fécondée avec le Frankental. Variété assez estimée pour la cuve et la table. *Grappe* courte : *grains* gros, sphériques, violets ; *chair* assez tendre un peu foxée.

Secretary. — Hybride de Rickett, par le croisement du Clinton avec le Muscat Hamburg. Gros grains noirs, chair juteuse, légèrement vineuse (P. et M.). D'après l'Amp. Am., en France ce cépage serait peu connu sous le rapport de ses qualités fructifères et de résistance au phylloxera. Caractères : *Feuilles* petites, assez larges, quinquélobées ; face supérieure glabre, d'un vert gai et peu luisant ; face inférieure vert terne, avec de rares poils lanugineux sur les nervures principales ; *grappe* sur-moyenne, cylindro-conique, allongée, ailée et à lobe court ; *grains* peu serrés, moyens, d'un noir foncé, pruinés ; jus assez abondant, d'une saveur légèrement musquée et fraîche.

Senasqua. — Hybride obtenu par Stephen Underhill, du Concord avec le Black-Prince (B. et M.). Suivant l'Amp. Am., ce cépage serait dû au croisement du Creton avec le Black-Prince. En outre ils recommandent plutôt de greffer des variétés françaises sur de bons porte-greffes que de propager le Senasqua. Caractères : *Feuilles* grandes, larges, sub-orbiculaires, quinquélobées, sinus pétiolaire largement ouvert, luisantes, glabres et d'un vert foncé à la face supérieure, tomenteuses à la face inférieure ; *grappe* sur-moyenne ou grosse, régulière, cylindro-conique, épaisse, assez souvent ailée ; *grains* très serrés, moyens ou presque gros, d'un noir violacé foncé, sphériques et dépruinés par le tassement ; le jus est d'un rose vineux assez foncé, d'un goût foxé peu prononcé, légèrement musqué.

Sphinx. — Syn. : *Grand Noir*. — D'après l'Amp. Am., ce cépage ne présente que rarement des fleurs fécondées. *Feuilles* petites, entières, presque aussi larges que longues, épaisses et non coriaces, duveteuses à la face inférieure ; *grappe* petite, globuleuse, entière ; *grains* peu serrés, plutôt petits, sphériques, d'un vert clair à l'extérieur, incolores à l'intérieur.

Triumph. — Syn. : *Josln's St-Albans, Hybride de Concord n° 6* (Amp. Am.). — Variété obtenue du Concord avec le Chasselas Musqué. Caractères : *Grappe* grosse ; *grains* très gros, de couleur blanche, tout à fait exempts de saveur, sans goût foxé. Ce cépage est d'un intérêt secondaire. Maturité tardive.

Uno ou **Juno**. — Obtenu par Campbell. Bon raisin de table.

Walter. — Raisin obtenu par la fécondation d'un Delaware avec le Diana. Ce cépage est très sujet au mildew s'il se trouve dans un milieu chaud et humide. Maturité hâtive. Le raisin est excellent pour la table.

Wilder Grap. — Hybride de Rogers. Résistance douteuse.

Wilder noire. — Hybride avec vigne française. *Grains ronds*.

Wilding. — Hybride de Riparia avec un Labrusca. Cette variété est très rustique et vigoureuse. Caractères : *Grappe* petite; *grains* verts, très pâles. C'est, disent B. et M., un excellent raisin pour la table et la cuve.

York Madeira. -- Syn. : *York Madeira, Raisin de Vorlington, Petit Noir parfumé* (Od.); *Vorlington, Black German, Large German, Marion-Port, Wolfe, Montcith, Trim, Cambys August* (Downing cité par Planchon); *Blank Madeira* (H. G); *Hyde's Eliza* (Berkmans cité par Pl.). — Cette vigne a été introduite en France il y a longtemps. Elle est originaire de York (Pensylvanie). Elle sert de porte-greffe. G. Fœx dans son *Manuel pratique de Viticulture* (p. 43), donne le York Madeira comme un hybride de Labrusca et d'Isabelle: ce cépage, dit-il, résiste très bien a la chlorose et réussit assez bien dans tous les terrains. D'après Od. (p. 160), pendant sa végétation, son écorce est très verte et chargée de poils d'un aspect particulier. Suivant M. et P. (Vign., t. iii, p. 128) voici ses caractères : *Souche* peu vigoureuse, très rustique et résistante au phylloxera; *sarments* trainants, grêles, longs, noués un peu courts: *bourgeonnement* duveteux, d'un rouge violacé passant au vert clair; *feuilles* moyennes, un peu tourmentées, presque orbiculaires, glabres supérieurement, garnies à la face inférieure d'un duvet lanugineux compact; sinus presque nuls, sinus pétiolaire ouvert en triangle; *grappe* petite, un peu serrée, cylindrique ou cylindrico-conique; *grains* sous-moyens, globuleux, portés par des pédicelles de moyenne longueur; *peau* épaisse, résistante, riche en matière colorante, d'un noir foncé pruiné à la maturité, qui est fin de première époque tardive; *chair* pulpeuse, sucrée, à saveur foxée bien prononcée. Le vin est beau, mais malheureusement trop foxé.

VARIÉTÉS AMÉRICAINES NON ENCORE CLASSÉES

Clara. — Vigne quelque peu cultivée dans les collections.

Dana. — Raisin à grains rouges assez sucré.

Don Juan. --- Semis provenant de l'Iona, par Rickett.

Early Hudson. — Raisin noir de peu de valeur, renfermant peu de pépins. Maturité précoce.

Graham. — Raisin rouge assez agréable. Peu productif.

Halifax noir. — Raisin noir obtenu par le D. Wylie.

Hattie ou **Hettie**. — Il existe trois variétés d'après B. et M. : une rouge clair et deux noires.

Kilvington. — Raisin rouge foncé.

Mary. — Raisin blanc à chair tendre, bouquet relevé (B. et M.). Maturité tardive.

TROISIÈME PARTIE

ACCIDENTS DE LA VIGNE

SOMMAIRE :

Gelées blanches. — Grêles. — Grandes chaleurs. — Grands vents — Coulure. — Millerandage. — Grandes pluies torrentielles. — Chlorose. — Rougeot. — Apoplexie — Gangrène. — Mal nero. — Pourriture des raisins.

MALADIES PHYSIOLOGIQUES

« Les années se suivent mais ne se ressemblent pas » dit un vieux proverbe. Aussi voyons-nous en Algérie et en Tunisie des périodes de sécheresses suivre de plusieurs années humides à l'excès. Rien d'ailleurs n'est stable en climatologie et il arrive à chaque instant des accidents qui déroutent toutes les prévisions : nul ne peut donc dire si l'année qui commence sera conforme aux désirs des viticulteurs et propice à leurs desseins. En général, les influences climatériques sont d'autant plus sensibles que l'on s'éloigne du littoral, et s'il règne sur les bords de la Méditerranée, des pluies hivernales chaque année, on signale par contre vers les Hauts-Plateaux, des périodes de sécheresse assez longues qui compromettent gravement les récoltes. Aussi consacrerons-nous cette partie à l'étude des accidents généraux ou partiels auxquels est sujette la vigne africaine tant sous le rapport des intempéries d'une saison problématique que pour des causes d'un même ordre général.

CHAPITRE XII

ACCIDENTS DE LA VIGNE

§ I.

GELÉES BLANCHES DU PRINTEMPS

Quoique les gelées blanches soient peu fréquentes en Algérie et en Tunisie, au moment du débourrement de la vigne, ce fléau fait néanmoins son apparition, à époques intermittentes, sur les Hauts Plateaux ou dans les bas-fonds correspondant à des altitudes élevées, bas-fonds, talwegs ou cuvettes que l'on rencontre dans toutes les régions de notre sol africain.

Il faut, dans les périodes qui courent, des premiers jours d'avril au 5 mai, une vigilance de tous les instants et prévoir les changements de température aussi insolites que brusques.

Nous avons constaté par nous-même que, la veille de ces gelées, le thermomètre signale un abaissement rapide de la température, bien que le ciel soit resté légèrement nébuleux. On sait que l'absence de nuages au ciel, jointe à l'abaissement de la température atmosphérique, favorise le rayonnement nocturne à la surface du sol. Par suite, les jeunes rameaux les plus rapprochés de terre sont les premiers atteints.

Observations

M. Édouard Roche a établi, dans ses études sur le climat de Montpellier (observation de 100 ans), « que, dans l'Hérault, les gelées tardives étaient particulièrement à redouter; en avril, vers le 10 ou le 14, le 18 ou le 19 et le 24; en mai, du 2 au 4 ou au 5, et du 11 au 13 ou au 15. »

D'après nos remarques personnelles, ces dates correspondent à un jour près, avec les gelées tardives que nous avons observées nous-même, en Algérie, depuis 20 ans

En 1876, du 15 au 16 avril, nous avons subi une légère gelée blanche dans les bas-fonds, et une partie de la plaine de la Mitidja a été atteinte.

En 1881, du 4 au 6 mai, nos vignes ont été également gelées sur de nombreux points, mais sous l'action d'une température plus basse qu'en 1876. Aussi, les dégâts se sont-ils étendus dans une partie du Sahel algérien et des autres départements.

En 1892, le 19 avril, la partie ouest de la Mitidja a été atteinte dans ses bas-fonds. Mais, cette fois, c'est sous un courant réfrigérant venant du Nord que le sol s'est refroidi à la surface.

Moyens préventifs

Un sol bien préparé, des plantations faites avec discernement et une taille rationnelle. C'est à ces trois ordres d'idées que se rapportent les moyens préventifs à employer pour atténuer les effets des gelées tardives sur les vignes.

La préparation du sol, dans les terrains frais et humides, consiste à multiplier les labours profonds, les drainages, etc., que nous avons déjà tant de fois recommandés.

Les cépages à planter dans les terrains dont il s'agit doivent être choisis dans la classe de ceux qui débourrent tardivement.

Quant à la taille, on devra couper définitivement les sarments non fructifères, et ne laisser sur le cep que ceux désignés comme devant porter le fruit. En procédant de cette façon, il ne faudra plus que rabattre les vrais porteurs au point voulu, aussitôt que les bourgeons du bas seront prêts à sortir.

De cette façon on retarde l'émission des bourgeons de dix à douze jours.

J'ai reconnu que les traitements d'hiver exécutés par notre méthode (badigeonnage des souches à l'eau acidulée par l'acide sulfurique), retardait de sept à huit jours le débourrement des vignes en développant chez elles une santé vigoureuse.

Ajoutons à ces indications générales quelques conseils pratiques.

Les plantations en terres humides doivent être établies, soit en cordon, soit en hautain afin d'éviter le rayonnement nocturne.

C'est aussi une grave erreur de laisser la vigne sur déchaussement pendant le mois d'avril : elle doit être rechaussée avant cette époque, de manière à ce que ce rechaussement lui fournisse, contre le rayonnement nocturne, une protection de plus.

Nuages artificiels

Depuis quelques années on pratique un système qui consiste à combattre les désastreux effets de la gelée par la formation et l'émission en temps opportun de véritables nuages artificiels.

C'est dans l'Afrique romaine du Nord que Magon écrivait, 250 ans avant notre ère : « Mets du fumier sec sur divers points de la vigne, sous la direction du vent, et, si tu crains une gelée enflamme le ; *et la fumée combattra l'influence du froid* (1). »

On sait que, depuis des siècles, l'attention des viticulteurs a été appelée sur ce fait qu'une nuit claire fût-elle même moins froide, est beaucoup plus nuisible aux végétaux délicats comme la vigne, que ne l'est une nuit tout à fait froide, pendant laquelle le ciel est couvert de nuages.

Les physiciens expliquent facilement ce phénomèn .

Dans les nuits claires, le rayonnement nocturne est plus intense : la perdition de chaleur du sol est par suite plus considérable. De la, le refroidissement subit qui désorganise les tissus dans les végétaux à la surface de la terre Au contraire, lorsque le ciel est couvert de nuages, ces nuages forment, entre le sol et l'atmosphère, une sorte d'écran, qui atténue le rayonnement nocturne et empêche, par suite, les plantes de geler.

Cette protection naturelle des nuages une fois comprise, on a cherché à produire des nuages factices pour en obtenir les mêmes services. C'était tout indiqué puisque Magon nous l'avait déjà enseigné il y a 2.000 ans.

Voici comment on procède pratiquement à ce genre d'opération :

Dans les petites exploitations viticoles, au moment où le gel se produit c'est-à-dire vers cinq heures du matin, les viticulteurs allument des tas de paille mélangés d'herbes plus ou moins sèches qu'ils ont distribués à l'avance à des distances convenables et sur lesquels on a versé un peu de goudron de gaz.

Un nuage se forme immédiatement, et, grâce à son intervention, le passage brusque d'une température a une autre est évité. Le dégel s'opère graduellement sans désorganisation des cellules frêles qui sont à la vigne ce que nos propres organes sont pour l'homme. On sait combien l'économie humaine est profondément atteinte par le passage du froid à la chaleur, ou de la chaleur au froid, sans transition suffisante. Les pleurésies les plus graves n'ont le plus souvent pas d'autres causes, et la gelée est en quelque sorte la pleurésie de la vigne.

Lorsque l'exploitation est relativement considérable, la formation de nuages artificiels, par le système primitif que nous venons d'indiquer, peut être

---

(1) Magon. Trad. Ch. Joubert, ch. XXXI

avantageusement remplacée par le fonctionnement d'un appareil ingénieux dû à M. Lestelle et que M. Gustave Robert décrit de la manière suivante (1) :

« L'appareil imaginé par M. Lestelle comprend trois parties essentielles, reliées entre elles par des conducteurs électriques : un thermomètre, un commutateur et des allumettes. Le thermomètre (2), placé dans le circuit d'une pile, est disposé de manière que le courant se ferme dès que la température extérieure descend au degré où se produisent les effets désastreux de la gelée. Ce degré, déterminé par l'expérience dans les divers vignobles, est variable suivant les conditions de lieux, de terrains, de cépages.

» Dans l'appareil présenté par M. Lestelle, le circuit se fermait a 2 degrés au-dessous de zéro.

» Le commutateur est un appareil mû par un mouvement d'horlogerie et destiné à faire passer le courant induit d'une petite bobine de Rhumkorff, successivement dans une série de circuits.

» L'allumeur, fort ingénieusement construit, porte une amorce qui s'enflamme sous l'action du courant induit, et une trainée de fulmicoton qui propage la combustion de l'amorce à un foyer voisin. Le courant se transmet aussitôt automatiquement à l'allumeur suivant, sans augmentation sensible de résistance, de sorte que tous les feux se trouvent allumés presque au même instant.

» Pour installer son système, M. Lestelle met le thermomètre verticalement sur une planchette, au milieu du vignoble, à la hauteur des bourgeons, et le relie a la pile par deux fils électriques. La pile est, d'ailleurs, en un point quelconque, par exemple dans l'habitation du viticulteur. Le commutateur et ses annexes, pile et bobine, peuvent être placés près d'elle. Du commutateur partent les fils sur lesquels on groupe les allumeurs en nombre variable, suivant l'étendue, la forme ou le morcellement du vignoble à protéger. Ces fils sont enfouis dans le sol ou suspendus à l'air libre, selon les circonstances.

» Les foyers formés de feuilles, d'herbes, de débris combustibles de toutes sortes, sont disposés à 40 mètres les uns des autres et dans toutes les directions. Pour en faciliter l'allumage par la trainée de fulmicoton qui part de l'allumeur, M. Lestelle met à leur base des matières très inflammables, telles que la paille trempée dans du brai fondu, les filtres pailleux (appelés griches dans le Sud-Ouest), dans lesquels on fait passer la gomme avant la distillation, etc. Le foyer est maintenu a l'abri des intempéries par une couverture de son de bois imbibée d'huile lourde de résine; ces résines ont aussi pour effet d'augmenter la production de la fumée. Enfin, pour protéger les allumeurs contre la pluie, les chocs et aussi contre la chaleur du foyer, on les introduit dans un tuyau de drainage.

» Afin de ne pas user sans besoin la pile du thermomètre pendant que la température reste à 2° et au-dessus, M. Lestelle interpose dans le circuit un interrupteur qui ouvre automatiquement le courant dès que l'allumage est fini. Le commutateur ouvre de même automatiquement le courant qui actionne la bobine de Rhumkorff, de sorte que la seconde pile ne s'use pas non plus inutilement.

---

(1) S. Robert, in. journal d'ag. prat., 1886, T. III, page 557.
(2) Fœx recommande, à cet effet, le thermomètre Lemaire-Fournier, de Paris.

» M. Lestelle estime à 120 francs par hectare les frais de première installation jusqu'à 20 hectares : appareils, fils, poteaux main-d'œuvre, etc.

» L'installation principale comprend : la guérite. les piles, thermomètres, appareils, etc., coûte 120 à 300 francs suivant l'importance du vignoble à protéger. »

Tel est le système Lestelle que nous ne saurions trop recommander pour les grandes exploitations, sans dédaigner, pour les petites, les services que peut rendre la combustion lente des tas de paille ou d'herbes dont nous avons parlé plus haut.

On emploie aujourd'hui avec avantage les foyers Lestou qui sont formés de brai et de résine. On les allume, soit par le procédé Lestelle, soit à la main avec une torche.

L'émission de nuages artificiels au-dessus de la vigne, tel est en résumé le but à atteindre. Au viticulteur à choisir le moyen le plus pratique, suivant les conditions dans lesquelles il se trouve.

Un dernier moyen

On préconise depuis quelque temps l'emploi de la chaux grasse pulvérisée, saupoudrée sur les jeunes brindilles la veille au soir d'un jour où l'on craint la gelée. Cette dépense est de 6 francs environ par hectare. Dans tous les cas, la perte n'est pas complète en raison de l'apport de cette matière bienfaisante au sol sous cette forme.

Quelquefois, en dépit de tous les moyens employés, la vigne gèle. Tout n'est pas désespéré même dans ce cas, et je n'hésite pas à recommander un procédé qui m'a réussi à moi-même en 1881, dans une partie d'exploitation qui avait été gelée. J'ai fait immédiatement (car toute la célérité possible est nécessaire dans ces circonstances), j'ai fait, dis-je, retailler tous les ceps atteints et, grâce à cette précaution, j'ai pu sauver un tiers de la récolte. Certes, ce résultat était loin de valoir celui que j'aurai été en droit d'espérer sans cette gelée malencontreuse, mais n'était-il point préférable au résultat négatif qui eût été inévitable sans la mesure prise ?

La retaille est d'autant plus nécessaire que la vigne gelée abandonnée à elle-même, produit une foule de petites brindilles plus ou moins grêles qui retardent la fructification de l'arbuste d'au moins deux années.

Quel est le mode de taille le plus avantageux

Avant d'entrer dans les détails de cette opération, je crois qu'il est utile d'examiner les conditions physiologiques des sarments après la gelée. A ce sujet nous ne pouvons mieux faire que de reproduire textuellement les observations faites en 1891 par M. Perrier de la Bathie, professeur d'agriculture de la Savoie :

« Tout le monde est d'accord de pratiquer la section d'un bourgeon gelé; mais l'on s'entend moins bien lorsqu'il s'agit de déterminer le point où doit se pratiquer ce retranchement. Or, c'est précisément là le côté critique d'où dépend la récolte de l'année suivante, et même, en partie, celle de l'année courante.

» Pour bien comprendre ce qui va suivre, quelques explications préliminaires sont nécessaires sur les termes que j'emploierai.

» Une bourre de vigne n'est presque jamais simple, elle se compose le plus souvent :

» 1° De l'œil principal qui est le plus fructifère.

» 2° D'un sous-œil ou œil secondaire, situé à la base du premier et quelquefois encore d'un œil de troisième ordre. Le sous-œil peut être encore fructifère, mais toujours moins que l'œil principal.

» Si le plant est faible, la sève peu abondante, l'œil principal seul se développe en bourgeon. Si, au contraire, le plant est vigoureux et que la sève afflue, le sous-œil débourre un peu plus tard et l'on a alors ce qu'on appelle un bourgeon double.

» Si, par suite d'un accident quelconque, l'œil principal est détruit, le sous-œil débourre pour le remplacer. Ce départ du bourgeon a d'autant plus de chance de se produire et le bourgeon qui en proviendra sera d'autant plus vigoureux que l'accident sera produit à une époque moins avancée de la végétation.

» 3° Sur un bourgeon développé on voit, au point d'insertion du pétiole de chaque feuille, un petit œil aigu qui, dans les conditions normales, ne devrait pousser que l'année suivante, mais par suite d'un excédent de sève, cet œil part fréquemment l'année même. Il forme alors sur le bourgeon primaire un rameau secondaire auquel on a donné le nom de *bourgeon anticipé* que nos vignerons désignent sous le nom de *filleules, contre-cœur*, etc. Le pincement, en produisant un arrêt de sève, détermine le départ d'un ou de plusieurs bourgeons anticipés au-dessous du point pincé et ces bourgeons sont d'autant plus vigoureux qu'ils sont plus voisins du point où a été fait le pincement. Ces bourgeons anticipés qu'il convient de ne pas confondre avec les sous-yeux du faux bourgeon, peuvent porter des grappes de fleurs; mais elles sont trop petites et ne parviennent presque jamais à maturité sous le climat du centre, sauf pour quelques variétés très précoces. De plus, comme ils sont peu disposés à produire du fruit l'année suivante, ils ne devront servir à la taille qu'en l'absence de tout autre bois.

» Le gel peut détruire le bourgeon principal, complètement ou partiellement. S'il est gelé jusqu'à sa base, il n'y a qu'à l'enlever en plein, en prenant bien soin de ne pas endommager l'œil secondaire. On conseille de faire cette ablation à la serpette. Tel n'est pas mon avis, car on risque plus avec cet instrument d'emporter le sous-œil qu'en faisant simplement tomber avec le doigt le bourgeon gelé qui, encore tendre, se détache facilement. Si tout le monde est d'accord sur la suppression du bourgeon gelé en plein, il n'en est pas de même lorsqu'il s'agit d'un bourgeon gelé partiellement, c'est-à-dire dont l'extrémité seule a souffert.

» Deux cas peuvent se présenter ici : les jeunes grappes ne sont pas gelées ou elles le sont.

» Si elles ne sont pas gelées, on conseille de couper à une feuille au-dessus de la grappe supérieure.

» Si les grappes sont gelées, on recommande de couper le bourgeon au-dessous de la partie gelée ou au-dessus d'un œil franc.

» Une expérience bien souvent répétée m'a fait reconnaitre que ces deux moyens ont pour effet de compromettre gravement la récolte future sans obtenir une amélioration bien notable de la présente. J'ai rarement vu, en effet, les grappes paraissant intactes d'un bourgeon gelé partiellement arriver à bien. Ces jeunes grappes, sans paraître détruites, ont souffert assez pour être vouées à une coulure presque certaine. Tout au plus conserveront-elles quelques grains à la maturité. En voulant sauver une récolte plus que douteuse, on arrive à un résultat inévitable, la dispersion de la sève sur de nombreux bourgeons anticipés dont pas un n'offrira un bon sarment pour la taille de l'année suivante.

» A mon avis, qui se fonde d'ailleurs sur de nombreuses expériences, il vaut mieux, au lieu de disséminer la sève sur une multitude de brindilles, la concentrer de suite sur le sous-œil par l'ablation complète du bourgeon gelé. Ce sous-œil partira vigoureusement : dans beaucoup de variétés, il donnera encore du raisin et, en tout cas, il aura un bon sarment pour la taille suivante!

» Quel que soit, d'ailleurs, le mode adopté, on devra le mettre en pratique le plus tôt possible après le gel, c'est-à-dire aussitôt qu'on pourra distinguer les parties désorganisées de celles qui sont saines.

» Il pourrait arriver que le sous-œil lui-même fût gelé : dans ce cas, je serais d'avis de laisser tout passer pour entretenir au moins les fonctions physiologiques de la plante. »

Et maintenant que nos colons viticulteurs sont avertis, qu'ils veillent et avisent promptement.

§ II.

GRÊLE

La grêle, projetée avec violence sur les rameaux des jeunes vignes, en brise et en déchire les tissus. Les ravages sont, comme il est facile de le penser, proportionnés au volume, au poids, et en un mot à la densité des grêlons.

Les plaies de la vigne (car ce sont des plaies véritables) produites par des grêlons énormes comme il en tombe quelquefois, même en Algérie et en Tunisie, ne se cicatrisent jamais qu'imparfaitement. Les jeunes rameaux brisés, qui jonchent le sol présentent aux yeux du viticulteur un spectacle lamentable.

La dimension des grêlons est parfois énorme. Les manuscrits de Sarcau de Boinet mentionnent une grêle qui, le 28 mai 1727, blessa grièvement le courrier de Bapaume et tua un homme à Laboubeyse. En 1883, des grêlons tuèrent un kabyle près de Dra-el-Mizan.

Il est vrai que ces cas sont rares, mais il n'en est pas moins établi que la grêle fait des ravages là où elle passe.

Suivant les situations et les altitudes, la grêle est plus ou moins fréquente et tardive.

La vigne grêlée réclame immédiatement une retaille pour établir la circulation de la sève et permettre par suite l'émission de nouveaux bourgeons ou bourres ainsi qu'il a été dit pour les gelées blanches.

Si les porteurs ont été trop abimés, il faut les tailler à un seul œil en laissant au-dessus trois ou quatre centimètres de bois, puis on passe sur la partie taillée ou blessée, un peu de mastic délayé dans de l'huile de lin siccative afin d'arrêter l'évaporation de la sève.

Si les rameaux n'ont été atteints qu'aux extrémités, il suffira de tailler en vert au-dessus du deuxième nœud.

En résumé, il s'agit d'empêcher la sève de retourner sur ses pas et d'atrophier ainsi les extrémités des porteurs même.

Heureusement qu'une Compagnie d'assurance mutuelle sur la grêle a été fondée il y a quelques années à Alger, *La Grêle*. Ses rouages de fonctionnement sont simples et permettent à chacun de ses assurés, moyennant une rétribution proportionnelle, selon les risques des situations particulières, de recouvrer leurs pertes soit en totalité soit en partie, suivant la moyenne des dégâts de l'année.

Après la retaille, il est nécessaire de prévenir la vigne des atteintes de l'oïdium qui sévit plus rapidement sur des vignes retaillées en vert.

De bons soufrages et des labours bineurs répétés suffiront pour parer et prévenir l'oïdium.

§ III.

GRANDES CHALEURS ET SIROCO

Les grandes chaleurs et le siroco sont, parmi les ennemis de la vigne, ceux qui sont particulièrement à craindre pour les viticulteurs d'Afrique. Il ne faut pas cependant exagérer leurs ravages. Il résulte en effet, des statistiques comparées, que les raisins du nord de l'Afrique française lorsqu'ils sont suffisamment garantis par des ceps bien en feuilles, ne sont pas plus souvent échaudés que ceux du Roussillon ou de l'Hérault.

On sait que l'échaudage des raisins résulte, soit de la chaleur excessive du soleil agissant par irradiation, soit de la sécheresse de l'atmosphère amenée par le siroco. Ces deux causes amènent des effets également fâcheux lorsqu'elles se produisent au moment où le raisin tourne. La chaleur excessive durcit la peau et empêche le développement du grain. Quant au siroco, c'est surtout la coloration du raisin qu'il entrave. Lorsqu'il atteint le raisin au moment où l'évolution colorante se produit, la teinte reste rougeâtre. La scarification naturelle est enrayée par l'échaudage et le raisin demeure acide, avec un goût de verdeur désagréable, même après la maturité. L'échaudage se produit souvent encore lorsqu'on soufre la vigne par une journée de siroco ou de grand soleil. La raison en est que la poussière du soufre forme alors une espèce d'enduit compact sur le grain en dégageant beaucoup d'acide sulfureux. Il est préférable, dans ces conditions atmosphériques particulières, de se borner à jeter le soufre au pied des souches.

Souvent les grappes exposées à l'action de la lumière se couvrent de ce côté d'une petite croûte roussâtre foncée, tandis que le côté opposé se colore à peu près normalement. Si la chaleur est brusque comme par le siroco, la partie exposée au soleil reste verte sur les deux tiers des grains. D'autres fois la grappe entière se passerille, c'est-à-dire qu'elle se dessèche, soit partiellement, soit entièrement. Nous avons observé à ce sujet que ces cas d'échaudage sont d'autant plus intenses que le sol est sec et mal travaillé.

Pour éviter l'échaudage, le premier point consiste à bien abriter les raisins contre l'action des rayons solaires et du siroco par l'attachage des sommets à l'aide d'un lien en palmier ou raphia. Dans ce but, en Afrique, certains viticulteurs s'immaginent qu'il faut laisser ramper les pampres sur le sol au lieu de les relever autour du cep. C'est là une pratique déplorable. Il faut au contraire bien se persuader que *plus les raisins sont près du sol, plus ils s'échauffent facilement, et vice versa*. Aussi conseillons-nous instamment la culture en cordon ou en hautain dans les contrées sujettes aux insolations, parce que sur ces points la terre emmagasine et concentre la chaleur, beaucoup plus encore que ne le fait l'air ambiant.

Ajoutons à ces observations de détail la règle générale que nous avons déjà donnée bien des fois dans nos conseils : *Plus une vigne est pourvue d'éléments de nutrition, plus les pampres sont vigoureux et plus le feuillage en est touffu ;* plus, par conséquent, le raisin se trouve bien abrité. Par suite, il importe de prodiguer au sol toutes les facultés fertilisantes possibles : 1° par l'apport dans le sol de bons engrais soit sous forme de composts soit sous forme de fumures multipliées; 2° par de nombreuses façons de labours, de scarifiage, etc. On retrouve au centuple le prix des sacrifices qu'on a pu faire dans ce but.

L'arrosage produit de bons effets lorsqu'il est pratiqué en temps utile. Plusieurs viticulteurs ont procédé de cette façon, en 1892, au moment du siroco, (aussi leur récolte a été normale et bien réussie) tandis que leurs voisins, qui n'avaient pas arrosé ont obtenu demi récolte à peine.

On peut encore garantir une vigne du siroco en nouant les extrémités des sarments en faisceaux, à l'aide d'un lien en raphia.

---

§ IV.

GRANDS VENTS

C'est vers la fin de mai surtout que les grands vents sévissent sur le littoral de l'Algérie et la Tunisie avec violence, et ils occasionnent souvent aux vignobles des dommages appréciables. Ils brisent les rameaux jeunes et trop peu vigoureux par leur poids. Les vignes de plantation récente et celles qui ont été greffées dans l'année souffrent surtout des grands vents.

Aux ravages causés par la force du vent, il faut ajouter les inconvénients que présentent pour la vigne les dépôts salés dont les vents marins imprègnent les feuilles, et qui diminuent la souplesse et l'élasticité des organes végétaux.

Le remède consiste à planter la vigne de manière à ce que les lignes de ceps se présentent dans le sens des courants atmosphériques, contre lesquels ils se protègent les uns les autres.

Les plantations en cordon sur fil de fer résistent aussi très bien aux grands vents.

Ainsi que nous l'avons dit plus haut, les jeunes vignes sont le plus exposées aux conséquences fâcheuses des grands vents à cause de la facilité de passage que présentent leurs issues ou clairières dans les interlignes. Il est nécessaire dans ce cas de butter énergiquement les pieds pour ajouter à leur force de résistance en leur donnant un point d'appui.

Encore un conseil : Cisaillez, ou en d'autres termes, écimez vos pampres, ils se défendront mieux du vent. Il n'y a aucun inconvénient à pratiquer cette méthode, étant donné surtout la puissance de végétation de la vigne qui le permet.

Enfin, si vos plantations sont tout à fait exposées aux attaques des vents marins, n'hésitez pas à les abriter par des palissades. Les roseaux qui croissent presque partout au voisinage de la mer, vous offriraient pour ces palissades une ressource précieuse. surtout si votre plantation est de dimension ordinaire.

A Aïn-Taya, chez M. Oudaille P., et à Guyotville, les abris en palissades de roseaux rendent de grands services. Quant aux grandes exploitations placées sous le coup de courants intenses et presque continuels, les abris en roseaux, toujours bons à essayer, peuvent demeurer insuffisants. Il faut couvrir alors les vignes du côté de la mer par des abat-vent en cyprès établis. Nous n'apprendrons rien à nos lecteurs en leur rappelant le rôle protecteur que jouent les plantations de cyprès en *rideau* dans toutes les parties cultivées du Midi de la France qui avoisinent la mer. En Algérie, on a reconnu que, sans des abris formidables en cyprès, on ne pouvait garantir les orangeries et les mandarineries ainsi que les bananeries.

Les vignes, dont l'extrémité des sarments sont réunis et liés avec un lien en raphia, opposent une certaine résistance aux vents violents.

J'ai cité plus haut comme exemples, pour les palissades en roseaux, les vignobles d'Aïn-Taya et de Guyotville. A défaut de roseaux, on emploie aussi dans ces régions les fascines de toutes sortes de bois morts, tantôt elles sont faites avec des sarments, quelquefois avec des lentisques, etc.

§ V.

COULURE DE LA VIGNE

Avant d'indiquer quelles sont les causes déterminantes qui peuvent amener la coulure des fleurs de la vigne, nous avons pensé qu'il serait intéressant pour le viticulteur de lui donner un léger aperçu physiologique sur la nature et le caractère botanique du genre cultivé.

La vigne au point de vue de ses fleurs, peut être considérée comme *Polygamo-Dioïque*, c'est-à-dire que certains pieds n'ont pas de fleurs mâles, d'autres des fleurs hermaphrodites ou encore présentant quelquefois les deux sexes. Ce dernier type appartient aux vignes sauvages que l'on rencontre dans le nord de l'Afrique française, dans le grand et le petit Atlas et dans les forêts, soit du Mazafran, soit de toutes autres; on aperçoit quelquefois sur ces ceps des branches portant des fleurs hermaphrodites et à côté des fleurs mâles. Les fleurs hermaphrodites semblent être celles qui fructifient normalement, tandis que celles qui sont considérées comme mâles ne peuvent fructifier que par l'avortement ou la conformation anormale d'une partie de leurs organes sexuels.

Les fleurs coulardes ont des étamines la plupart du temps emprisonnées sous les pétales, leur filet est trop court pour permettre à l'anthère d'atteindre au stigmate, le pollen est stérile. Cette mauvaise disposition de la fleur entraîne naturellement la coulure.

Cependant le pistil est fortement constitué, il peut jouer le rôle de fleur femelle, et si elle est fécondée par le pollen venant de dehors, elle le reçoit et donne un fruit.

Les fleurs mâles se reconnaissent à l'avortement du pistil. Le filet des étamines est plus grand et possède une odeur suave.

Fig. 3.   Fig. 4.   Fig. 5.

FIGURE 3. — Fleur de vigne avalidouïre ou coularde.
FIGURE 4. — Fleur de vigne mâle.
FIGURE 5. — Fleur de vigne hermaphrodite, montrant les pétales soudées au sommet et détachées par la base.

Dans les cultures en plein air, ces anomalies sont à redouter, parce que les sujets sont exposés aux influences atmosphériques, tandis que les vignes cultivées sous verre (en serre) n'ont point de coulure, dit M. Bernard. Il est, en effet, des espèces, telles que le *Chasselas gros coulard* dont le nom indique suffisamment le défaut, et qu'on ne sauve que là. C'est dans ces conditions que « la fameuse treille de Hampton-Court rapporte annuellement 50,600 kilos de raisin et toujours de qualité extra (1). »

La coulure forme le caractère partiel de certains cépages, qu'il faut éviter de planter dans de mauvaises conditions.

La *Clairette*, le *Gamai* et l'*Herbemont* possèdent quelquefois « des fleurs doubles dit M. Fœx (2), par suite de la transformation du pistil ou des étamines en feuilles rudimentaires (Chlorantie). »

« Ces fleurs sont naturellement infertiles, » quelquefois la cause vient de ce que les boutures de plantations provenaient de souches coulardes et infertiles. « Aussi les meilleurs moyens de se débarrasser de ce genre de coulure consistait à éliminer avec soin des nouvelles plantations, par une sélection soigneusement pratiquée, les boutures provenant de ceps qui en étaient atteints. On peut enfin la faire disparaître dans les vignobles en greffant les souches coulardes avec des sarments provenant de pieds fertiles. »

(1) Carrière, loc. cit., p. 279.
(2) Fœx : *Cours complet de Viticulture*, p. 393.

En Algérie et en Tunisie les fleurs sortent très irrégulièrement, et leur durée est plus longue que sur le continent européen C'est pendant cette période critique que leurs organes sexuels redoutent les intempéries.

Sous une température douce et régulière et plutôt sèche qu'humide, la fleur accomplit toutes les phases de ces métamorphoses sans couler: dès lors elle produit des fruits abondants et bien fournis.

On dit que la fleur coule lorsqu'elle disparaît sans laisser traces de fruits.

Sur les mêmes grappes on constate quelquefois que les fruits ont réduits souvent de moitié à la suite de la coulure.

Causes déterminant la coulure

Les causes qui déterminent la coulure du fruit à son origine sont nombreuses et multiples.

La *première* ce sont les fleurs mal conformées et infertiles, ainsi qu'il vient d'être dit.

La *deuxième* réside particulièrement dans une évolution séveuse trop rapide et abondante dans la plante, occasionnée par un sol d'une nature exclusivement substantielle en matières organiques, comme on en rencontre souvent sur les bords des *oued* et dans les thalwegs marécageux

La *troisième cause* prend son origine dans une taille mal équilibrée de la souche, suivant sa puissance et la nature du sol.

A la suite d'une taille restreinte, il se produit quelquefois un déséquilibrement séveux qui engendre un courant trop abondant de ce liquide dans les quelques porteurs que l'on a laissé sur la souche, aussi les canaux médullaires de ces porteurs deviennent-ils insuffisants au passage des liquides séveux, qui affluent trop abondamment vers les bourgeons, ce qui amène non seulement la coulure des fleurs, mais aussi la transformation des jeunes grappes naissantes en vrilles.

La *quatrième cause* est due aux pluies fines qui tombent quelquefois en Algérie et en Tunisie à l'époque de la floraison. Elles produisent par leur mouvement désorganisateur et leur température brusque et basse, l'atrophie du pollen reproducteur, qui devient par suite aussi rare qu'impuissant pour opérer la fécondation.

Les pluies froides pendant la floraison sont d'autant plus dangereuses qu'elles sont précédées par un vent chaud du désert et qu'elles sont suivies immédiatement par le soleil.

La *cinquième cause* ne se généralise pas, elle suit le cours des situations, elle est donc a peu près locale.

Elle se présente sous forme de vapeur d'eau, désignée sous le nom de brouillard; on sait que ce dernier a une action souvent désastreuse sur les fleurs de la vigne, les effets sont d'autant plus redoutables que le soleil succède immédiatement au brouillard.

Comme nous le disions, c'est rare de voir des brouillards se généraliser à cette époque sur une grande contrée, on constate au contraire qu'ils n'apparaissent que vers les parties inférieures, basses et humides; si les brouillards disparaissent avant la venue des rayons solaires, les effets sont généralement insignifiants.

La *sixième cause* est attribuée à un abaissement subit de la température, qui par sa transition, atrophie les organes reproducteurs en les rendant impuissants à la génération. Ces accidents sont assez rares dans notre colonie.

Le refroidissement de l'atmosphère dans le nord de l'Afrique est généralement dû aux pluies qui tombent sur les hautes altitudes, ou encore celles qui viennent avec les vents froids du nord-ouest. Dans tous les cas semblables, la vigne se trouve dans des conditions défavorables.

La *septième cause* est due au vent chaud et desséchant venant du Sud (siroco): la coulure dans ce cas n'est jamais que partielle, faut-il encore que le siroco se prolonge et que la température s'élève à 32 degrés.

C'est très rare de sentir le siroco élevé à cette température avant la fin de mai.

L'effet du siroco sur la coulure est d'autant plus funeste qu'il est suivi par une pluie quelconque.

Traitement général

Le meilleur remède contre la *coulure* consiste dans une culture générale attentivement suivie et soigneusement entretenue. Dans les plaines basses et humides, dans les terres argileuses et imperméables, où l'avortement des fleurs est plus fréquent que dans les terrains situés en coteaux, il ne faut pas craindre de recourir aux pratiques que nous avons si souvent déjà recommandées, c'est-à-dire le pincement ou rognage avant la floraison.

Cette opération est on ne peut plus simple et facile à exécuter. Elle consiste à pincer les petites grappes extrêmes, ou bien s'il n'y en a pas, a pincer l'extrémité de la branche fructifère (Figure 6).

Fig. 6. .
Rameaux pincés en *a a a*

Dans l'Afrique du Nord où la végétation est parfois exubérante suivant les années, il est nécessaire d'avoir recours soit au pincement, soit au rognage ou écimage de la vigne, surtout dans les terres extra fertiles.

Les retours de sève qui se produisent quelquefois dans les terrains froids, peuvent être évités par des labours profonds et aérateurs avant la floraison.

Dans ces terrains l'aération et l'égouttement s'imposent par des drainages, par des rigoles, de façon à empêcher le stationnement des eaux pluviales.

Si, d'une part, nous avons indiqué le pincement ou le rognage des vignes nous devons signaler encore un autre moyen pour atteindre le même but, c'est l'incision annulaire tant recommandée par M. Pulliat. Cette opération a pour effet de modérer l'afflux de la sève vers la grappe de raisin, elle s'exécute quelques jours avant la floraison sur la branche fructifère (Figure 7).

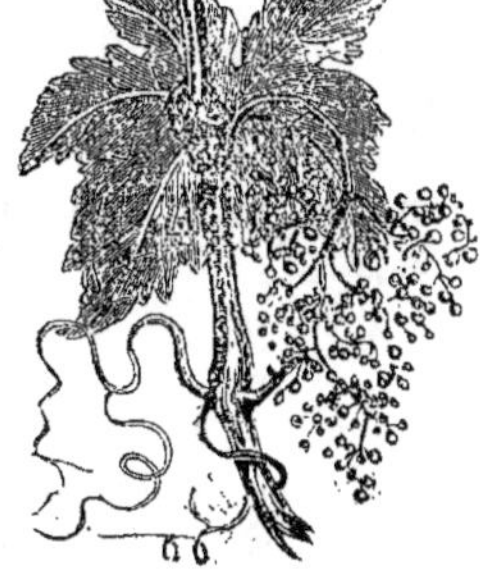
Fig. 7.
Rameaux soumis à l'incision annulaire en A.

Dans ces mêmes terrains on peut encore atteindre un but assez appréciable en soufrant la vigne quelques jours avant sa floraison; cette pratique produit toujours un bon effet dans tous les cas.

Lorsque le sol est trop généreux en principes fertilisants, il est nécessaire d'en restreindre les effets par l'apport à chaque souche d'un compost modérateur pouvant modifier la nature du sol.

Voici une formule qui indique cette composition :

$$\text{FORMULE} \begin{cases} \text{Sable} \dots\dots\dots\dots\dots\dots\dots\dots 2) \\ \text{Phosphate de chaux} \dots\dots\dots\dots 20 \\ \text{Tuf ou calcaire écrasé finement} \dots 60 \end{cases}$$

On mélange ces poudres que l'on passe au crible pour les unifier, on en dépose 2 kilos par an et par souche (dans la cuvette de déchaussement) jusqu'à ce que le cep donne du fruit.

Lorsque la coulure est déterminée par une taille insuffisante, le meilleur moyen consiste à laisser sur la souche un plus grand nombre de porteurs ou coursons, ou encore un œil de plus, suivant la nature des cépages.

Les vignes qui sont établies en cordon sur fil de fer n'ont presque jamais de coulure, ce qui prouve encore une fois de plus qu'il faut laisser circuler librement la sève dans la majeure partie des cas.

L'ébourgeonnement pratiqué trop sévèrement peut quelquefois provoquer un afflux de sève trop abondant sur les points fructifères, ce qui occasionne encore la coulure.

------

§ VI.

MILLERANDAGE

Le millerandage a pour cause la coulure partielle des fleurs. Les grains qui en résultent sont irréguliers (Fig. 8). Les uns sont assez bien formés, tandis que les autres sont moins gros, et souvent même tout à fait avortés.

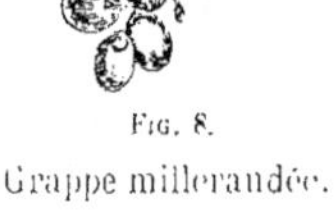

Fig. 8.

Grappe millerandée.

Généralement, les souches épuisées ou celles dont les racines, plongeant dans un sous-sol humide, sont exposées à cette affection. Le millerandage peut résulter encore d'un refroidissement du sol, ou d'un excès de chaleur activant à outrance la sève des pieds au moment précis de la floraison. Quelquefois aussi la coulure partielle a pour cause la dérivation du courant de la sève dans certains pédoncules : Question de taille. Enfin le millerandage peut provenir d'une fécondation imparfaite.

Traitement

Le traitement est naturellement celui que nous avons indiqué pour la coulure, puisque le millerandage provient des mêmes causes et qu'on peut le considérer comme une « coulure partielle. »

§ VII.

GRANDES PLUIES TORRENTIELLES

Les pluies, en Algérie et en Tunisie, sont très souvent fortes et torrentielles, parfois diluviennes. Les dégradations qu'elles occasionnent sont préjudiciables et souvent désastreuses aux vignes plantées sur les coteaux dont les pentes sont très rapides. Ces pluies battantes ne ressemblent en rien à celles qui tombent en Europe. Aussi voit-on, en quelques minutes, de grandes quantités d'eau raviner les terres labourées et les entraîner vers les parties les plus basses des plantations. Ces faits arrivent surtout lorsque les ceps sont alignés de bas en haut sur les pentes. Tandis que s'ils sont intervertis en quinconce, ils opposent une certaine résistance à la descente des alluvions.

Comme on le voit, le seul remède à opposer à ces calamités, est de planter en quinconce, de façon à croiser les ceps et former ainsi une série considérable d'obstacles aux terres qui se délitent sous l'action des pluies battantes.

Lorsque l'on exécute les façons de labourages et hersages dans les vignes plantées en coteaux, il faut les pratiquer en travers, de manière à arrêter les eaux dans leurs courses. On peut même établir des rigoles en travers pour éviter les inconvénients des ravinements si pénibles et si coûteux à recombler.

---

§ VIII.

CHLOROSE OU JAUNISSE DE LA VIGNE

Cette affection est due au manque d'équilibre dans l'évolution de la sève. Les causes en sont différentes et ont fait l'objet d'une étude approfondie de MM. Fœx (1) et Vialla. « La chlorose, disent-ils, paraît être produite par l'influence directe du sol, alors que l'insuffisance de la sève provoque un moment d'arrêt dans la végétation, et pour ces motifs, la chlorophylle, ou matière verte, ne peut se former d'une façon normale et habituelle.

» Si le défaut de nutrition provient souvent du manque de lumière ou du manque d'alimentation directe de la plante, il est à constater que la nature des terrains influe beaucoup sur la vitalité du cep. Aussi a-t-on souvent constaté la présence de la chlorose dans des terrains tuffacés, tandis que les terres noires en sont indemnes. Les cryptogames qui ont élu domicile dans les terrains humides contribuent pour leur part à la propagation de la chlorose — la larve du gribouri surtout, — et leurs atteintes, sans déterminer la maladie, la provoquent par l'arrêt simultané des principes alimentaires, et par l'humidité qu'ils entretiennent et qui arrête la sève dans son évolution naturelle. »

La chlorose est assez rare dans les vignobles algériens et tunisiens, exposés

---

(1) Fœx : *Cours complet de Viticulture*, p. 398.

au soleil, peu accessibles à l'humidité, et notre beau ciel d'Afrique nous assure des printemps assez chauds pour que vos vignes aient peu à craindre l'affection dont il s'agit.

Cependant la chlorose se produit quelquefois dans les terrains à sous-sol imperméable qui conservent l'humidité trop longtemps et qui, par suite, manquent d'aération.

Les terrains saumâtres déterminent aussi la chlorose. Nous avons quelquefois rencontré la chlorose dans des terrains de faible épaisseur assis sur des tufs.

Nous rencontrons souvent la chlorose dans les terrains secs et calcaires où de certains cépages gourmands d'engrais et de lumière végètent maigrement.

Dans les terrains graveleux sans humus, la plante jaunit et dépérit insensiblement, et on a remarqué que ce phénomène se produit plus particulièrement dans les terrains à sous-sol peu profond et exposés au sud.

La vigne plantée à une faible profondeur dans un terrain imperméable souffre du manque de nutrition pendant les grandes chaleurs, d'où il s'ensuit un ralentissement ou pour mieux dire un arrêt forcé dans sa végétation et, par suite, une décoloration de ses organes principaux.

En 1885, dans notre inspection des vignobles de la région sud d'Alger, nous rencontrâmes à Maison-Carrée, chez M. Saintés, une tache de dépérissement dans une vigne ; c'était une affection chloritiquée. En piochant le sol, je trouvais à vingt-cinq centimètres une couche de tuf très dur ; les racines circulaient audessus, ne rencontrant qu'un sol déjà épuisé depuis quelques années, car cette vigne datait de sept ans.

Comme on le voit, c'est l'insuffisance de nutrition qui est souvent cause de cette maladie. Cependant il est encore d'autres causes qui engendrent cet accident, par exemple lorsque les racines sont altérées par le gribouri et autres insectes parasites que nous décrirons plus loin.

Le greffage d'un plant sur un autre d'une espèce moins active détermine la chlorose.

Les expériences faites en 1880 à l'école de viticulture de Montpellier, sous la direction du savant professeur Fœx, ont démontré surabondamment les causes qui peuvent déterminer la chlorose et les remèdes nécessaires pour la guérir.

« Une planche (1) d'*Herbemont (V. .Estivalis)* qui jaunissait toutes les années dans le champ d'expériences de l'École, a été divisé en carrés dont plusieurs ont été recouverts d'une couche de 0^m05 d'épaisseur de débris de coke lavés à l'acide chlorhydrique, de manière à les débarrasser de tous les éléments solubles qu'ils renfermaient ; un autre carré a été recouvert de terre rouge de Saint-Georges d'Orques, un autre de terre marneuse blanchâtre du Terral ; les autres enfin ont été laissés dans les conditions où ils se trouvaient antérieurement. A la suite de cette opération, qui avait été effectuée en hiver, des différences notables ne tardèrent pas à se manifester entre les différents lots ; tandis que, dans ceux qui n'avaient subi aucune modification, les vignes restaient chlorosées et que leur état empirait dans celui qui avait été chargé de terre blanchâtre, elles devenaient au contraire vertes dans le carré garni de terre rouge et dans ceux où l'on avait appliqué les débris de coke. Des thermomètres souterrains du système Crova, établis à 0^m25 de profondeur dans ces divers milieux, accusaient

---

(1) Fœx : *Cours complet de Viticulture*, p. 400.

en même temps des températures plus élevées dans les lots noirs et rouges
(voir tableau) que dans les autres, et on constatait enfin que l'apparition des
jeunes racines de l'année précédait dans les premiers celle des mêmes organes
dans les terres grises ou blanches de plus d'un mois. Ainsi qu'on peut le voir
par ce qui précède, en modifiant la coloration de la couche superficielle du sol,
on a augmenté la quantité de chaleur, et les vignes qui y étaient plantées ont
cessé de jaunir.

Les résultats des observations thermométriques en 1880 ont été les suivants :

DURÉE DES OBSERVATIONS	ÉTAT DU SOL EN EXPÉRIENCE	SOMMES des TEMPÉRATURES
Du 13 avril au 15 septembre	1. Sol du champ d'expérience non modifié..	3.558.2
	2. Sol du champ d'expérience recouvert de coke....	3.813.0
Du 23 avril au 15 septembre	3. Sol du champ d'expérience recouvert de terre blanche du Terral	3.264.6
	4. Sol du champ d'expérience non modifié.........	3 404.0
	5. Sol du champ d'expérience recouvert de coke. ...	3 652.9
	6. Sol du champ d'expérience non modifié.....	3 268.9
Du 2 mai au 15 septembre	7. Sol du champ d'expérience recouvert de terre rouge de Saint-Georges......................	3.325.6
	8. Sol du champ d'expérience recouvert de débris de coke................	3.513.5

Traitements

Pour éviter la chlorose il faut défoncer le sol, l'aérer et en expulser l'excès
d'humidité; il est nécessaire de la fumer convenablement avec des fumiers
chauds.

Les moyens curatifs se résument dans les mêmes pratiques. Dans le cas où
les terrains seraient trop humides, on les drainerait; si d'autre part on constatait la présence de champignons microscopiques sur les racines, on déchausserait les souches malades et on verserait à leurs pieds trois ou quatre litres d'eau
sulfatée.

	Eau.......................	95 litres.
FORMULE	Acide sulfurique...............	3 litres.
	Sulfate de fer	2 kilos.

L'aération par les drainages constitue un excellent moyen pour prévenir et
guérir la chlorose.

Dans le département de l'Aude, plusieurs viticulteurs ont également traité
en 1887 leurs vignes chlorosées par une nouvelle méthode qui semble leur avoir
réussi.

On dissout dans 100 litres d'eau 5 kilos de sulfate de fer et cette dissolution
est pulvérisée sur les jeunes rameaux à l'aide du pulvérisateur *Vermorel*. Cependant nous préférons l'application de notre formule qui est radicale dans ses
effets contre les cryptogames et la pauvreté du sol.

§ IX.

ROUGEOT

Le rougeot est une maladie tout à fait accidentelle qui se rapproche de la chlorose et parfois de l'apoplexie par ses symptômes.

Cette affection atteint la vigne lorsqu'elle est en pleine végétation, c'est-à-dire vers les derniers jours de juin.

On remarque principalement ses effets dans les terrains frais et profonds, surtout dans ceux à sous-sol imperméable. On a souvent constaté l'apparition de cette maladie après une pluie froide ou un vent froid, amenant la baisse subite de la température, de même qu'après une perturbation atmosphérique suivie d'un coup de siroco, ou d'une forte chaleur solaire. Les causes comme celle-ci doivent être attribuées à un déséquilibrement du mouvement de la sève et par suite dans sa décomposition.

M. H. Marès, qui a beaucoup étudié les vignes sous le climat méridional de la France, nous dit : « Les feuilles commencent par s'altérer : elles se parcheminent et perdent leur souplesse ; leur parenchyme devient rouge, tandis que les nervures restent encore vertes, ce qui leur donne une apparence toute particulière ; les raisins se flétrissent, le sarment reste jaune. Si la maladie s'aggrave encore, les feuilles se dessèchent entièrement et le sarment meurt partiellement, en se nécrosant de l'extrémité à la base. Il est quelquefois atteint sur un seul côté, qui devient brun, tandis que le reste se conserve vert.

» On voit fréquemment à l'arrière-saison les souches ainsi attaquées de rougeot repousser de jeunes rameaux sur les sarments.

» Les ceps malades du rougeot ne meurent point, comme dans le cas d'apoplexie, mais ils sont fort maltraités, et leur fertilité naturelle diminue considérablement. Ils ne la reprennent qu'au bout de quelques années. »

Dans les cas où l'oïdium a été mal combattu, les Terrets ont une tendance à subir les atteintes du rougeot. Cette maladie cause alors des dégâts sérieux.

Traitement

Le traitement du rougeot est tout indiqué par la cause du mal.

Il provient généralement de l'excès d'humidité du sol : il faut donc le combattre par les drainages, par l'aération, par des labours profonds et répétés et par des déchaussages également profonds complétés par l'apport de composts chauds.

Il est prudent de recéper les ceps malades. Il se forme alors l'année suivante des rameaux qui donnent à la sève un libre écoulement, et la deuxième année, ils portent fruits.

Remarquons en terminant, que le rougeot affecte de préférence les vieilles souches que celles de cinq ou six ans.

La mauvaise taille contribue pour une grande part dans cette affection. Si on observe l'intérieur d'une vieille souche, on remarque que les canaux médullaires qui servent au passage de la sève sont atrophiés et souvent engorgés, d'où de grandes difficultés pour l'écoulement de la sève.

§ X.

APOPLEXIE

On désigne, sous le nom d'apoplexie ou folletage de la vigne, un accident qui survient quelquefois pendant l'été, vers le courant de juin à des vignes qui jusqu'alors ne paraissent aucunement souffrir. On voit soudain la couleur des feuilles brunir, elles se dessèchent et tombent, entraînant avec elles les sarments atteints à leur tour. Cet effet ne se produit souvent que sur une seule partie du cep, mais il serait téméraire de croire que les autres parties en sont indemnes; elles ne tardent pas à ressentir les effets du mal et à périr.

Nous avons souvent constaté ces accidents sur des vignobles établis en terrains humides, et en particulier dans notre exploitation de Birtouta.

L'Aramon et les Terrets y sont particulièrement sujets.

M. Debray F., professeur à l'école des sciences d'Alger (1), vient de faire une étude sur un cas d'apoplexie signalé à Kouba le 15 juin 1892, sur un sarment de Mourvèdre.

D'après ses observations « la moelle présente des cellules à parois brunies : les rayons médullaires primaires dans leur région ligneuse sont souvent colorés en brun : le bois présente différentes altérations par une coloration brunâtre. Le plus important, dit-il, c'est que presque tous les vaisseaux ligneux, petits ou gros, sont occupés sur une grande partie de leur longueur par des tilles : les tilles eux-mêmes peuvent présenter cette coloration brune déjà signalée dans la moelle et le bois. Ils arrivent à obstruer complètement l'orifice des vaisseaux.

» L'amidon si abondant dans les tiges saines manque au contraire complètement dans la moelle et les rayons médullaires des sarments atteints.

» Les points principaux et très importants de cette observation sont :

» 1° L'absence presque complète d'amidon;

» 2° Une abondance énorme de bitartrate de potasse;

» 3° La formation des tilles dans tous les vaisseaux du bois, entravent le cours de la sève; ce dernier caractère a été aussi signalé dans le *mal nero* des vignes d'Italie, par Marcelle Pepe. »

Causes de cette maladie

Les ceps qui sont atteints de cet accident sont ordinairement plantés dans des terres généreuses, mais dont le sous-sol est quelquefois imperméable, et où séjourne encore un excès d'humidité, lors de l'apparition des fortes chaleurs et surtout pendant ou après des sirocos actifs. Les racines n'étant pas encore assez échauffées ne transmettent plus assez de liquide séveux pour la dépense d'évaporation des feuilles, qui se flétrissent et tombent.

Ces effets se produisent dans les thalwegs ou parties basses et humides, ainsi que nous l'avons démontré dans notre étude sur la nature du sol et l'exposition des vignobles.

---

(1) *L'Algérie Agricole*, p. 119, année 1892.

M. Saint-André, ancien chef des travaux chimiques de l'école d'agriculture et viticulture de Montpellier, a constaté que le folletage de la vigne est une maladie produite par la transpiration de la plante, qui évapore plus de liquide par les feuilles qu'il n'en arrive par la tige principale.

Cette affection se produit d'autant plus facilement que la souche est vieille et qu'elle a été mal taillée dans le cours de son existence.

J'ai remarqué qu'il se produit un engorgement des canaux médullaires près des nœuds lorsque la sève s'arrête brusquement. Il est probable que le liquide séveux, dans cette ascension aussi rapide, ne possède plus une composition normale n'ayant pas eu le temps de se former.

En résumé, presque tous les organes de transmission de la sève sont engorgés et ne peuvent plus fonctionner, c'est ce qui entraîne la chute d'une ou plusieurs branches de la souche.

Le tronc du cep est quelquefois indemne lui-même de cette obstruction.

Traitement préventif et curatif

Le remède contre l'apoplexie est tout tracé, puisque l'on sait la cause.

Dans les cas d'imperméabilité du sol : l'aération du sol soit par des drainages, soit par le défoncement des interlignes.

Dans les cas d'un sol trop froid, il faut y apporter des fumiers chauds et des composts excitants enfouis à une grande profondeur autour des souches.

Si ces précautions ne réussissent pas convenablement à prévenir l'apoplexie, les vignes qui en sont atteintes devront être arrachées entièrement avec leurs racines.

Si les souches sont encore vivaces, on les recèpe en les fumant avec des fumiers chauds. Cette opération provoque l'émission de bois nouveau.

---

§ XI.

GANGRÈNE

La gangrène est une affection qui réunit les caractères de la chlorose, du rougeot et de l'apoplexie. C'est au moment où les fortes chaleurs commencent que cette maladie se déclare. Les feuilles jaunissent, puis rougissent et se crispent en se colorant un peu; elles tombent, si elles ont été faiblement atteintes. L'année suivante les caractères de cette affection se développent au point où les fruits disparaissent ainsi que les feuilles avant leur maturité.

On remarque que les souches attaquées présentent près des yeux ou près des pédoncules foliaires, des taches gangreneuses qui creusent ensuite jusqu'à la moelle.

Les canaux médullaires s'engorgent et noircissent ainsi que l'extérieur. En résumé la maladie gagne vite tous les organes vitaux de la plante et le sujet résiste rarement trois ans.

Traitements

Les causes sont les mêmes qui engendrent les trois maladies précédentes ; il faudra par conséquent, traiter les souches de vignes par les mêmes moyens.

Souvent le recépage sera nécessaire pour rajeunir les pieds et leur redonner un bois nouveau, plus sain.

----

§ XII.

MAL NERO

Le mal nero est une affection très répandue en Italie ; on la confondait autrefois avec l'anthracnose.

En 1777, Prudent de Faucogney présentait à l'Académie de Besançon un mémoire sur le caractère et les causes d'une maladie qui commençait à attaquer beaucoup de vignobles de Franche-Comté, sur les moyens de la prévenir et de la guérir. Nous en extrayons la description suivante : « Les ceps malades germent plus tard que les autres. La sève du printemps est un peu colorée et blanchâtre ; la pellicule qui enveloppe le bois paraît pâle vers le sommet et quelquefois *noircit insensiblement d'un côté d'un nœud jusqu'au-dessus*. Moins nourris, les bourgeons se développent lentement, se terminent en pointe et donnent peu de feuilles. Les nœuds s'inclinent et entravent ainsi la circulation de la sève. Les feuilles petites, minces, durcies, crispées, présentent une couleur jaune sale, livide et souvent striée de rouge, les pampres ne s'élèvent que lentement et forment, à partir de leur insertion, une spirale allongée. Finalement apparaît le raisin, mais ce n'est qu'un avorton, à grains rares, petits, noirs d'un côté ou encore souvent de couleur pourpre. »

Il y a vingt ans, Marcelle Pepe a observé chez lui, à Castellamare, la même maladie, mais plus prompte et plus radicale.

« Le dessèchement envahit *longitudinalement un côté, tronc et sarment*, puis s'étend en embrassant les faisceaux fibreux contigus, puis, finalement, la plante entière. »

Comme nous l'avons déjà dit pour les maladies précédentes, l'examen microscopique prouve que le siège du mal est dans les vaisseaux, les rayés surtout, qui sont en même temps les plus volumineux, dont la cavité est obturée dans leur parcours par des thilles, comme l'a découvert M. Debray, mais qui sont aussi accompagnés de vésicules cunéiformes entourées en été de milliards de bactéries mouvantes.

Prudent de Faucogney avait signalé l'existence du mal nero dans les terres froides, visqueuses et imperméables.

Traitement

Comme pour les affections du même ordre, l'aération du sol par des drainages, soit encore par des labours profonds dans les interlignes, soit par l'apport de fumiers chauds très azotés, tels sont les meilleurs moyens pour prévenir ou arrêter cette maladie. Si la souche le permet, recéper pour faire reproduire du nouveau bois.

----

§ XIII.

POURRITURE DES RAISINS

Les raisins dont la peau est fine et la pulpe un peu aqueuse sont sujets à pourrir très facilement, lorsqu'ils séjournent trop longtemps près du sol, surtout si le sol est naturellement humide. Une autre cause de la pourriture des raisins c'est la pluie prolongée, lorsque le grain n'a pas encore atteint son degré de maturité.

Pour prévenir le mal, il importe de se rendre bien compte du moment précis qui distingue, ce qu'on appelle en termes techniques, la maturité spectante de la maturité définitive et passée.

Les raisins en terres sèches qui dépassent la maturité spectante semblent se dessécher ; ils perdent de leur couleur et tournent au jaune orange. Si ce sont des Aramons ou des Terrets-Bourrets ils pourrissent souvent.

De là, pour le viticulteur attentif, la nécessité de bien saisir le moment précis où il faut vendanger, car la vendange tardive donne une grande quantité de grains pourris ou qui, du moins, ont perdu beaucoup de leur couleur et de leur goût.

Comme remèdes généraux à la pourriture du raisin, rappelons ce que nous avons dit bien des fois déjà sur l'utilité des drainages et des écoulements pour dessécher les terrains trop humides. C'est le cas aussi de relever les pampres et les raisins pour les aérer.

Enfin, n'oublions pas les avantages que présentent les plantations en souches hautes, ou mieux encore en cordons sur fil de fer. Les vignes basses sont beaucoup plus exposées à voir leurs raisins pourrir. Donc, pour les garder de ce fléau, comme pour les préserver des grands vents et des grandes chaleurs, plantons nos vignes en Afrique en hautain, en cordons, de façon à les éloigner du sol et à les baigner autant que possible dans l'air ambiant.

CHAPITRE XIII

PARASITES VÉGÉTAUX

ET CRYPTOGAMES

SOMMAIRE :

Oïdium. — Anthracnose. — Cottis. — Black-rot. — Bitter-rot. — White-rot. — Peronospora ou Mildew. — Pourridie — Mousses, Lichens, Muscinées. — Cuscute de la vigne. — Liseron des champs.

OÏDIUM

L'oïdium est un cryptogame (ou champignon) qui a été découvert en 1845 dans les serres de Margate où on cultivait le raisin de table, par un jardinier anglais du nom de Tuker.

En 1847, M. J. Berkeley décrivit ce cryptogame sous le nom d'oïdium Tukery. Dès 1850, l'oïdium fit son apparition dans les environs de Paris. De 1853 à 1857, le mal était général; le Midi de la France voyait ses récoltes disparaître, sans qu'on trouvât un moyen efficace pour arrêter les effets foudroyants de l'invincible ennemi.

Aspect de la vigne.

Les vignes atteintes de l'oïdium présentent un aspect malingre, chétif et languissant; la couleur des feuilles est sombre; sur la plus grande partie de leur surface, elles se couvrent d'une poussière blanc grisâtre qui exhale une odeur de moisi très prononcée.

Plus tard, lorsque les feuilles sont arrivées à leur entier développement, elles sont marquées de taches disséminées sur leurs deux faces; les unes formées d'une poussière blanche gluante sous les doigts, et les autres d'une poussière grise, ainsi que le montre la figure 9.

Fig. 9. — Feuille de vigne attaquée par l'oïdium. d'après M. H. Marès.

Le mal récent se reconnaît aux taches blanches, il est définitif quand la poussière devient grise;

les taches noircissent sur le bois attaqué. M. Viala nous dit (1) : « Lorque le mal est intense, le jeune rameau devient noir et semble carbonisé. Les extré-

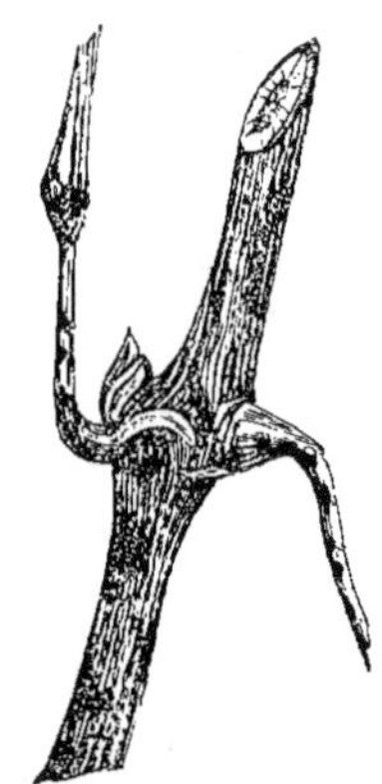

mités, dans ce cas, ne s'accroissent plus et le reste du rameau noirci se flétrit et sèche sur une assez forte longueur. L'aoûtement est en tous cas imparfait et le desséchement, s'il n'est immédiat, peut se produire au moment des gelées.

L'oïdium retarde l'aoûtement, car les sarments restent courts, ainsi que leur accessoires (voir la figure 10).

Les raisins attaqués sont recouverts de la même poussière blanche que le sarment, mais elle se montre beaucoup plus abondante sur le fruit.

Il ne faut pas perdre de vue ce que nous avons dit plus haut : tant que la maladie est à son début, la poussière reste blanche et grasse au toucher Ce n'est que plus tard qu'elle sèche en grisonnant pour laisser sous des ulcérations la place qu'elle occupait. Ces observations sont très importantes puisqu'elles permettent de préciser à quelle période le mal est arrivé.

Fig. 10. — Sarment de vigne attaqué par l'oïdium, d'après M. H. Marès.

L'oïdium s'attaque aux raisins dans les premiers développements du fruit. Les grains se dessèchent alors, puis ils tombent, et s'ils sont plus gros, ils se crevassent. (Fig. 11).

Fig. 11. — Raisin attaqué par l'oïdium, d'après M. H. Marès.

Conditions qui favorisent le développement de l'oïdium.

L'oïdium se manifeste surtout pendant les temps humides et chauds. Les vents frais et humides venant de la mer et les grandes pluies accélèrent son développement ainsi que la chaleur humide, ou les petites pluies chaudes.

Les chaleurs fortes mais sèches, celles d'Afrique, par exemple, semblent au contraire paralyser quelque temps sa marche.

Toujours d'après M. Viala (1), les recrudescences du mal se produisent dès que les chaleurs de la journée atteignent 11° à 12° centigrades, etc, c'est entre ces températures et 21° que les ravages de l'oïdium sont le plus à redouter. Au-delà de 21° le mal diminue, et lorsque la température atteint 35° à 40° sur le sol, on peut être assuré que la maladie est enrayée. Cette dernière température correspond à environ 30° à la hauteur où se trouve suspendu le raisin produit en cordon sur fil de fer.

Privilège à ajouter à ceux du climat d'Afrique :

Une immunité à l'endroit de l'oïdium.

(1) *Les Maladies de la Vigne*, par M. Viala

Cause de la maladie.

Plusieurs naturalistes ont désigné l'oïdium **Tukery**, comme étant de la famille des érysiphères, qui auraient été importés d'Amérique en Angleterre.

Ce parasite végétal de la plus dangereuse espèce est formé de filaments fructifères rampants, très déliés, faisant fonction de racines *m* (fig. 12) qui s'étendent en grand nombre sur le mycellium, où ils sont érigés en forme de feuilles de cactus ou de massue *s* et *t*. Les renflements *c* en forme de pelotes pénètrent dans l'épiderme des tissus pour puiser la nourriture des cellules épidermiques de la vigne.

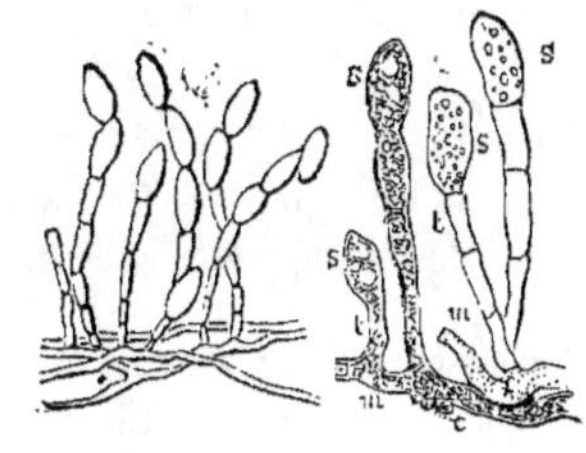

Fig. 12. — Oïdium (d'après M. H. Marès).

Les filaments fructifères *t t* se cloisonnent, se renflent, puis se détachent peu à peu et émettent des *spores* ou *conidies* qui, sous l'influence d'une température de 25° à 28°, germent et émettent un tube mycellium qui lui-même reproduit à son tour des filaments conidifères.

Les vignes placées sur les hauteurs en coteaux en sont généralement indemnes. Les vents humides du mois d'avril et de mai transportent les spores sur les branches et les feuilles et les y fixent jusqu'à ce que la température favorable survienne pour les y développer. Les pluies abondantes et froides, semblent au contraire laver et débarrasser les spores qui ont été déposés par les vents.

Résistance de certains cépages à l'oïdium.

M. Viala P., qui a traité spécialement les maladies cryptogamiques dans un traité consciencieusement étudié, nous dit : « Certaines variétés de vignes souffrent des attaques de l'oïdium, jusqu'au point de devenir infertiles et de succomber: d'autres ne portent jamais que des traces du parasite qui est sans action sur elles. »

D'après les observations de divers auteurs sur la résistance des cépages à l'oïdium, et de nombreuses études personnelles, M. Viala a pu dresser une échelle comparative de certains cépages que nous donnons ci contre :

Cépages très attaqués par l'oïdium :

Muscats, Chasselas, Frankental, Malvoisie, Teinturiers, Folle Blanche, Clairettes, Piquepouls, Gamays, Cabernet, Cabernet Sauvignon, Castets, Brun-Fourca, Syrah, Roussane, Riesling, Carignane, Pascal-noir, Sicilien, Panse-précoce, Ugni-blanc, Tibouren, Terrets, Œillade, Cinsaut, Persan, Chatus, Nebbiono Bianco, Albana, Trebiano Verde, Lacrima di Napoli, Uva Metella, Balsamma Bianca, Alvrelhâo.

Cépages peu atteints :

Aramon, Sauvignon, Marsanne, Dolcelo, Colomband, Alicante ou Grenache, Espar, Morastel, Petit Bouschet, Bourboulinque, Pinots, Merlot, Avvana Piccolo, Alicante Bouschet, Nebbiolo di Dronero, Uva del Romite, Duracina, Monterano, Balsamina Nera, Vernacia Nera, Vernacia Bianca, Greco Nero, Uva Montalmesse Viognier.

Cépages très peu attaqués :

Cot, Melon, Galitor, Catawba, Isabelle, York-Madeira, et le plus grand nombre des cépages américains.

Nous sommes heureux de pouvoir compléter cette nomenclature en ajoutant que, d'après nos observations, les cépages d'origine africaine étaient pour la plupart assez résistants à l'oïdium, sans parler des Labrusques qui inondent les forêts et les terrains incultes de l'Afrique française du Nord.

Traitement de l'oïdium.

Plusieurs méthodes ont été essayées avec plus ou moins de succès pour arrêter la maladie.

Le premier, M. Kyle, jardinier anglais, proposa en 1846, l'emploi du soufre.

En France, ce n'est qu'en 1853, que M. Rose Charmeux, de Thomery, indiqua à son tour le soufre en poudre comme se fixant d'une manière parfaite sur les surfaces sèches. C'est M. H. Marès, de Montpellier, qui est parvenu à établir par une série d'expériences, l'ensemble des règles aujourd'hui admises dans la pratique pour l'application du traitement par le soufre. Il a ainsi formulé ces règles :

« 1° Le soufrage doit être pratiqué dès que l'on voit les premiers symptômes de l'oïdium se manifester.

Ces premiers symptômes sont la teinte terne et jaunâtre que prend le feuillage de la vigne ou l'apparition de légères efflorescences blanches sur les grains de raisin. » Ajoutons que l'apparition de ces divers signes n'est pas toujours simultanée. Il suffit de l'un d'eux pour éveiller immédiatement la sollicitude du viticulteur attentif et pour provoquer la prompte application du remède.

» 2° Le soufrage doit être renouvelé chaque fois que l'oïdium menace de reparaître, ce qu'on reconnaît aux signes que nous venons d'indiquer.

» 3° Les soufrages doivent être judicieusement appliqués et s'étendre à toute la vigne ainsi qu'à toutes les parties du cep attaqué, fruits, feuilles et sarments.

» 4° Il faut combiner les soufrages de manière à mettre à profit l'action du soufre sur la végétation et la fructification. Il est nécessaire de soufrer une fois à l'époque de la floraison. Celle-ci comprend une douzaine de jours, depuis le moment où la fleur se prépare jusqu'à celui où le grain commence à se former. Cette dernière opération est des plus importantes, et elle coïncide d'ailleurs avec l'époque où le développement de l'oïdium prend une grande activité.

» Le principe fondamental du soufrage des vignes malades se résume donc ainsi : *Répandre la poussière du soufre sur toutes leurs parties vertes dès les premières apparitions de la maladie, et en renouveler l'application chaque fois qu'e le reparaît sur les ceps; subsidiairement, donner un soufrage à l'époque de la floraison.*

» Ce principe est général et comprend tous les cas, depuis ceux auxquels suffit une seule opération jusqu'à ceux qui en exigent souvent cinq et même six » (1).

Le nombre des soufrages n'est point limité, on a vu renouveler l'application jusqu'à cinq fois.

La question principale, c'est de connaître la valeur chimique du soufre que l'on emploit? Le commerce vend sous diverses dénominations des soufres qui ne réalisent pas les effets que l'on est en droit d'espérer.

Des divers soufres employés pour le soufrage de la vigne.
Des falsifications du soufre.

Le soufre est extrait en grande partie des solfatares que l'on rencontre en Sicile.

Le soufre pur est celui qui est distillé dans une cornue pour se condenser dans une chambre spéciale, d'où il ne sort que pour être mis en sac.

Le soufre *pur* qu'on appelle encore soufre *sublimé* est celui qui ne contient aucun corps étranger. L'acide sulfureux et l'acide sulfurique ne sont que des produits du soufre pur.

Le soufre *trituré* est celui qui a été broyé, soit au sortir de la solfatare, soit après avoir été coulé en bâton.

Le soufre trituré se prête d'autant plus aux falsifications, qu'il est facile d'y incorporer, au moment du broyage des matières inférieures.

Le soufre *sublimé* lui-même n'est pas à l'abri des sophistications. Il devrait en théorie renfermer 100 parties de soufre sur 100, mais le soufre prétendu *pur* qu'on trouve dans le commerce est bien loin d'atteindre cet idéal, aussi ne rend-il pas toujours dans la pratique tous les services qu'on était en droit d'en attendre. On verra plus loin dans ce chapitre, à l'aide de quels procédés on peut s'assurer de la quantité exacte de soufre pur contenu dans les produits vendus comme tels.

En ce qui concerne l'espèce dite *soufre d'Apt*, nous avons constaté nous-même qu'il ne renferme ordinairement pas plus de vingt à vingt-cinq parties de soufre pour cent. Le reste se compose de plâtre ou de carbonate de chaux.

Toutefois le soufre d'Apt n'est point à dédaigner pour cela. Il est aujourd'hui communément employé en Algérie et nous ne voulons pas en déconseiller l'usage. Mais il était nécessaire que nos lecteurs fussent fixés sur la composition moyenne de ce produit.

---

(1) H. Marès, *Des Vignes du Midi de la France*, loc. cit., p. 363 et 364.

Une industrie à créer en Algérie et en Tunisie.
La fabrication du soufre pulvérisé.

C'est ici le lieu de dire que depuis quelque temps on a découvert dans le *Dahra* près de *Masouna*, des gîtes sulfureux qui donnent un soufre à peu près semblable à celui d'Apt.

La teneur moyenne est de 20 à 25 p. 0/0 de soufre, le reste se compose, comme le produit appelé *soufre d'Apt*, d'une quantité variable de plâtre et de carbonate de chaux. L'exploitation de ces gîtes sulfureux ne paraît présenter aucune difficulté sérieuse.

Or, la consommation du soufre pour les vignes en Algérie et en Tunisie va sans cesse augmentant : elle suit naturellement la progression rapide du développement de la viticulture. D'ores et déjà, cette consommation ne peut être évaluée à moins de 100 kilos par hectare de vigne, soit pour les 100,000 hectares de vignobles en plein rapport que nous possédons à cette heure une consommation totale de 10,000,000 de kilos de soufre *(dix millions de kilos.)*

Comment se fait-il que, puisque nous avons d'une part la matière première, le soufre sous la main en Algérie, et d'autre part son emploi sur une si grande échelle, nous consentions à rester tributaires de l'étranger pour ce produit ? Car il importe de le remarquer, tous les soufres que le vignoble africain réclame nous arrivent actuellement de la Sicile leur pays d'origine. Ils sont envoyés pour être manufacturés dans le Midi de la France, d'où on nous les réexpédie ici. Ils nous arrivent donc grevés des frais d'un double transport qui s'élève au moins à 3 francs les 100 kilos.

Nous croyons qu'il aura suffit de signaler cette spéculation à l'esprit d'initiative des Algériens pour que bientôt le pays se suffise.

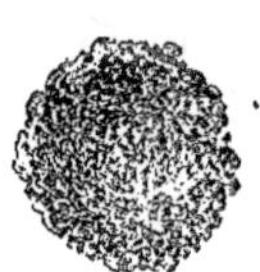

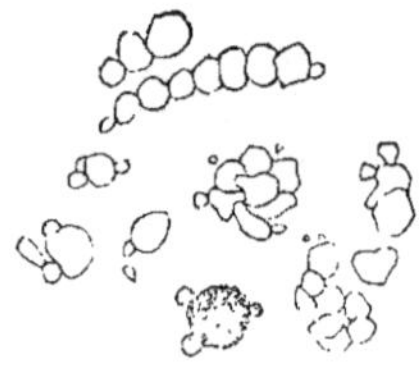

Fig. 13. — Soufre trituré
(d'après M. H. Marès).

Fig. 14. — Soufre sublimé vu au microscope (d'après M. H. Marès).

Plaçons ici quelques observations pratiques :

1° L'action du soufre, quelle que soit sa marque, dépend beaucoup de la finesse, car son adhérence résulte de la division plus ou moins grande de ses molécules.

Un autre avantage de la finesse du soufre, c'est que plus la poudre en est fine, et plus la surface qu'elle peut couvrir est étendue.

2° La couleur du soufre pur est d'un beau jaune clair. Le soufre trituré, s'il est pur, est de la même couleur mais un peu plus pâle.

Celui qui se vend sous le nom de *soufre d'Apt* ou d'Inkerman est presque aussi blanc que le plâtre gris.

Lorsqu'on examine au microscope les grains de fleurs de soufre, on constate qu'ils sont à peu près sphériques, tandis que les grains de soufre trituré forment des cristaux plats et anguleux.

— 475 —

3° A volumes égaux, le soufre qui pèse le moins est celui qui est le mieux divisé. Il suffit donc de peser telle ou telle espèce de soufre pour se rendre compte de son degré de finesse.

Analyse des soufres au moyen du tube de Chancel.

On se procure un tube de verre gradué à 100 divisions, d'une capacité de 25 centimètres cubes. On pèse très exactement cinq grammes de soufre que l'on introduit dans le tube et on le remplit avec de l'éther. On laisse déposer après avoir agité, au bout de cinq minutes le tassement définitif est fait, et on peut lire le résultat sur la graduation du tube.

Les fleurs de soufre (ou soufre sublimé pur) accusent de 75 à 90 divisions au minimum; le maximum est de 95 divisions, il est rarement atteint. Les chiffres intermédiaires entre ce minimum et ce maximum permettent d'apprécier exactement la valeur du soufre soumis à l'expérience.

Le soufre qui s'arrête à 70 degrés est bon.

 —   de 70 à 50, assez bon.

 —   de 50 a 30, il est moyen ou médiocre.

 —   de 30 à 20, il est considéré comme mauvais.

La quantité de soufre que l'on doit répandre sur les vignes en traitement est subordonnée à sa teneur chimique en soufre pur.

Les corps étrangers au soufre n'ont aucune action bienfaisante sur la vigne.

Sachant la proportion du soufre pur contenu dans celui que l'on doit répandre; le viticulteur n'aura qu'à consulter la table suivante que j'ai dressé à ce sujet.

Proportions des soufres à employer selon leur qualité :

DÉSIGNATION DU SOUFRE	PROPORTION DU SOUFRE PUR CONTENU dans 100 parties	QUANTITÉ de SOUFRE A RÉPANDRE par 1,000 ceps	
Soufre sublimé ou fleur..	100 pour 0.0	30 kil.	
Soufre sublimé trituré	100 —	33	
Soufre trituré...	90 —	39	6.00
—	80 —	46	200
—	70 —	52	800
—	60 —	59	500
—	50 —	66	
—	40 —	72	
—	30 —	79	
—	25 —	83	
—	20 —	86	

Dans le Midi de la France les viticulteurs semblent préférer le soufre trituré à la fleur de soufre. C'est une grave erreur.

Les nombreuses expériences, faites sous nos yeux, ont démontré que la pureté du soufre employé jouait un rôle prépondérant dans les résultats obtenus.

Cependant nous ne déconseillons pas l'emploi des soufres inférieurs, pourvu que leurs prix soient en rapport avec la valeur chimique du soufre contenu dans le produit.

Traitement préventif d'hiver.

Comme nous l'avons déjà observé plus haut, les spores ou conidies, se répandent sur les jeunes vignes par les vents humides. Souvent les ceps de vigne conservent des taches d'oïdium, tant sur la souche que sur les rameaux, d'où il suit que ces agents reproducteurs sont à l'état permanent, prêts à envahir les lieux environnants lorsqu'ils se trouvent dans un milieu favorable.

Détruire ce parasite végétal, telle doit être l'action principale pour atteindre le but d'extinction du mal.

Une des plus urgentes précautions à prendre pour diminuer les foyers d'infections, consiste d'abord à enlever les feuilles tombées par terre à l'approche de l'hiver, et à ramasser les sarments coupés, puis à brûler ces débris. On évite ainsi de fournir des éléments d'entretien à cette terrible maladie.

Depuis quelques années, nous poursuivons avec succès une série d'expériences pratiques sur la destruction des parasites végétaux, qui nous permettent aujourd'hui d'affirmer l'efficacité des badigeonnages d'hiver, à l'aide de l'eau acidulée par l'acide sulfurique à 66° dont nous donnons plus bas la formule.

Préalablement au badigeonnage, un ouvrier muni d'un gant en fil d'acier (Figure 15),

FIG. 15.

passe ce gant autour des souches dont les écorces sont détachées afin que le badigeonnage s'exécute uniformement. Les râclures seront recueillies avec soin et brûlées desuite.

Aussitôt que les souches sont débarrassées des écorces détachées, on peut procéder à l'opération du badigeonnage.

Le badigeonnage dont il s'agit devra être appliqué suivant les circonstances et l'époque de débourrement, afin de détruire les spores avant le réveil de la sève, c'est-à-dire environ 10 à 15 jours avant le bourgeonnement.

Depuis 1885, nous avons constaté que le principe actif des badigeonnages au sulfate de fer résidait essentiellement dans la présence de l'acide sulfurique.

C'est en partant de ce principe que nous avons essayé chaque année, en augmentant la dose.

Fig. 16.

Dosage de la composition du badigeonnage.

Formule N° 1
{ Eau.................... 94 litres.
{ Acide sulfurique à 66°... 4 litres Prix : 0,30 c. le litre.
{ Ocre jaune............. 2 kilog. Prix : 0,40 c. le kilog.

Puis, on mélange ces produits avec l'eau pendant 5 minutes à l'aide d'un bâton. Cette composition peut être employée quelques heures après sa préparation.

Première opération :

Un ouvrier muni d'un gant en fil d'acier (Figure 15), passe ce dernier autour des souches dont les écorces se détachent afin que le badigeonnage s'exécute uniformément.

Deuxième opération :

Un ouvrier muni d'un pulvérisateur Lasmolles (Figure 16), rempli de composition n° 1 pour badigeonnage, passe devant chaque souche, qu'il couvre d'un jet vaporeux jusqu'à ce qu'elle soit bien mouillée.

Les viticulteurs qui n'ont pas de pulvérisateur peuvent se servir d'un pinceau en crin, monté sur douille en plomb.

Ce badigeonnage a la propriété de détruire tous les germes reproducteurs quels qu'ils soient. Si chaque viticulteur y avait recours, il est certain que les foyers d'infection disparaîtraient bien vite. Aussi, depuis que notre méthode se répand, cette maladie sévit avec moins d'intensité.

Et à cet égard, qu'il nous soit permis, malgré tout notre respect pour la libre initiative de chacun, d'émettre ici le vœu que l'intervention administrative ou syndicale, qui a déjà rendu tant de services dans la guerre au phylloxéra, soit également appelée à régulariser et à rendre obligatoires au besoin, les mesures de défense à prendre contre les quatre grandes maladies dont la facile propagation constitue, en quelque sorte, un danger public.

Nous voulons parler de l'*oïdium* de l'*anthracnose* du *peronospora* ou *miidiou* et des *rots*.

Les frais de ces deux opérations ne sont pas élevés : Nous donnons ci-contre les prix de revient, basés sur 1.000 souches.

Prix de revient pour le nettoyage des souches, au gant.

Ouvrier, 1 jour 25, à 3 fr 3,75
Frais généraux, usure, outils, etc.................... 0,25
                                                        ————
                                                        4,00

Prix de revient du badigeonnage au pulvérisateur.

Composition pour 1.000 souches :

100 litres, à 3 fr. l'hectolitre 3,00
1 journée ouvrier, à 3 fr. 3,00
Frais généraux et usure d'outils, à 12 p. 0 0 0,72
                                                        ————
                                                        6,72

Traitement curatif et époque des soufrages.

On a reconnu que le soufrage produisait toujours un effet satisfaisant sur la vigne, même quand elle n'est pas atteinte de l'oïdium. En effet, le soufre appliqué à propos possède la propriété de faire disparaître les insectes microscopiques de diverse nature qui nuisent à la vitalité de la vigne. Que de fois nous avons soufré des vignes, même indemnes de l'oïdium, et qui, par le seul résultat du soufrage, sont devenues plus vigoureuses que leurs voisines. Ne vous lassez donc pas de soufrer, dirons-nous à nos viticulteurs ; cette pratique est infiniment avantageuse en tout état de cause.

En Algérie comme en Tunisie, nous avons reconnu que la meilleure époque pour un premier soufrage est le moment où les bourgeons viennent de sortir.

On ne peut assigner une époque plus précise, puisque les débourrements varient suivant la nature du cépage, du sol et de la température.

Le soufrage peut être exécuté partout, pourvu que le vent ne soit pas trop fort et que la température atteigne environ 18° à 20° centigrades, pour permettre au soufre de produire des vapeurs sulfureuses.

Le soufre produit généralement ses effets sur l'oïdium dans les 24 heures, si le temps est chaud.

Les temps pluvieux ne conviennent pas naturellement pour cette opération, parce que la matière entraînée par la pluie, serait entièrement perdue.

Si une pluie survient immédiatement à la suite d'un soufrage, l'opération est à recommencer, au moins pour les deux tiers de la dose employée.

Le soufrage exécuté par le froid et la rosée est en pure perte ; son effet ne se produit pas.

Quant à l'heure à choisir, on peut commencer à soufrer aussitôt que le jour est bien prononcé et que la température s'élève, c'est-à-dire vers 8 heures du matin en mars. Les soufrages exécutés pendant les chaleurs sont plus efficaces.

Le deuxième soufrage est généralement appliqué avec succès à l'époque où toutes les brindilles sont poussées et où les feuilles sont déjà bien apparentes : c'est-à-dire un mois après le premier soufrage des bourgeons.

Le troisième soufrage s'exécute au moment de la floraison. Cette dernière évolution dure dans les vignobles du Nord de l'Afrique, plus longtemps qu'en France ; elle se prolonge quelquefois pendant tout un mois, parce que la floraison dure longtemps ici, elle est aussi irrégulière.

Pulvérisation du soufre sur la plante.

Autrefois, on se servait d'un sablier connu sous le nom de soufrette pour saupoudrer les vignes. Cet instrument dont l'usage était coûteux est aujourd'hui avantageusement remplacé.

Depuis quelques temps, on se sert en Algérie d'un nouveau soufflet, imaginé par MM. Langlois frères, d'Alger. Cet instrument pulvérise en nuage très vaporeux, le soufre qu'il contient et présente une grande économie dans son emploi. (Figure 17).

Dans les grandes exploitations, on se sert aussi d'une hotte à soufrer, établi d'abord par M. Puisart et ensuite perfectionné par Vermorel, qui produit beaucoup de travail avec économie.

On a également construit des appareils automatiques mûs par traction d'animaux, mais l'emploi en est onéreux et les résultats peu satisfaisants.

En résumé, comme appareil léger, facile à manœuvrer, c'est encore le soufflet Langlois qui nous paraît être le plus pratique et celui qui dépense le moins de soufre sous tous les rapports.

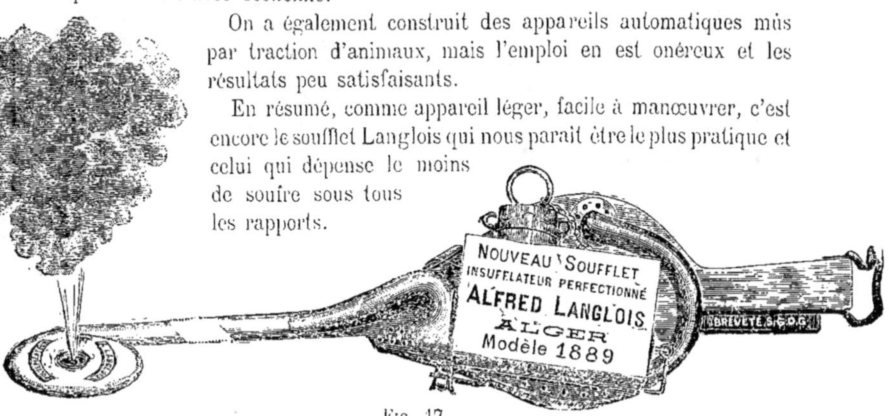

Fig. 17.

Fig. 18. — Kabyle soufrant la vigne avec le soufflet Langlois.

Le soufflet Langlois, nouveau modèle, possède dans l'intérieur un traineau broyeur qui sert à briser en totalité les grumeaux de soufre : à l'extérieur de la boîte, il y a un tube de distribution d'air qui a la forme d'un *cor de chasse* et, qui, par sa longueur et sa disposition particulière, empêche le soufre de s'introduire à l'intérieur du soufflet et d'en altérer le cuir et, avant de sortir, il circule en hélice et vient sortir ensuite en nuages très fins.

Quant au soufflet à ventilation, son emploi exige particulièrement des ouvriers intelligents.

M. Vermorel a imaginé un système de soufflet à hotte, qui produit également beaucoup de travail. (Voir fig. 19).

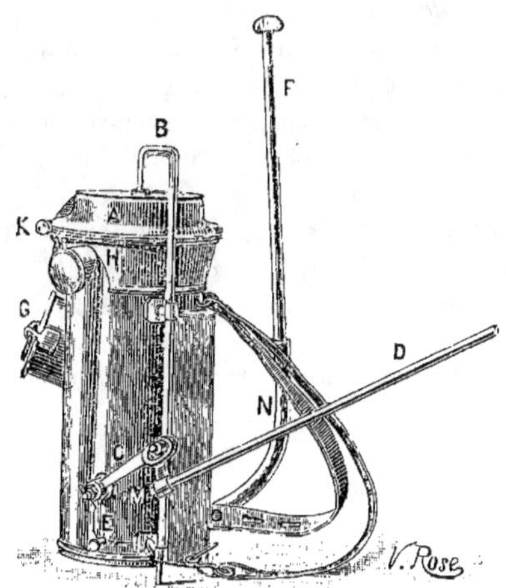

Fig. 19. — Insufflateur de soufre en poudre, de Vermorel.

Prix de revient du soufrage par 1,000 ceps en plein rapport :

		K.	Prix			
1er soufrage	Soufre sublimé.....	3 500	20 fr. 00 les 100 k.	0 70	}	1 33
	Journées...	0 25	2 50	0 63		
2e soufrage.....	Soufre sublimé. ...	7	20 fr. 00 les 100 k.	1 40	}	2 40
	Journées..	0 40	2 50	1 00		
3e soufrage....	Soufre sublimé.....	12	20 fr. 00 les 100 k.	2 40	}	4 15
	Journées..........	0 70	2 50	1 75		
4e soufrage.....	Soufre sublimé	8	20 fr. 00 les 100 k.	1 60	}	4 65
	Plâtre fin..........	10	3 00	0 30		
	Journées..........	1 10	2 50	2 75		
	Frais généraux à 12 p. 0/0..........					1 50
						14 03

Le plâtre fin, que l'on voit figurer dans le 4e soufrage, est destiné à modérer l'effet des grandes chaleurs qui, souvent, brûlent la feuille et les fruits, sous l'action de l'acide sulfureux qui se dégage trop rapidement à cette époque.

ANTHRACNOSE

Depuis plusieurs années, à partir surtout de 1884, on a pu constater pour la première fois, dans nos vignobles d'Algérie, l'apparition d'une maladie bien connue en France : l'*anthracnose*. En 1890, sur tous les points où elle s'est abattue, le rendement du vignoble a été diminué dans une proportion notable, et cette situation ne peut que s'aggraver d'année en année, si le viticulteur algérien ne prend dès maintenant ses dispositions pour combattre ce fléau.

Aussi, croyons-nous devoir consacrer, dès aujourd'hui, une étude complète à tout ce qui concerne cette maladie.

L'*anthracnose*, appelée encore *charbon*, *carbonal*, *picoulat* (Languedoc), *peyreyrade* (Bordelais, d'après M. Millardet), *rouille noire* (Isère), *vigne à feuilles d'ortie* (Vendômois d'après M. Prilleux), *facou* (Sologne, d'après MM. Prilleux et Herbier Dunal), etc., est un champignon polymorphe c'est-à-dire qui se présente sous diverses formes, suivant le cépage et le milieu et selon qu'il s'attaque aux rameaux, aux feuilles ou aux grains.

Cette maladie, si elle n'a pas existé de tout temps, est du moins d'origine très ancienne, puisque Pline disait déjà de son temps, en parlant des jeunes bourgeons qui sont particulièrement exposés à la pernicieuse influence de l'anthracnose :

« La sidération, etc., dépend toute entière du ciel : par conséquent, il faut ranger dans cette classe la grêle, la brume et les dommages causés par la gelée blanche. La brume *tombant sur les jeunes pousses que la chaleur du printemps invite et qui se hasardent à partir, brûle les jeunes bourgeons pleins de lait : c'est ce que l'on appelle charbon (carbo-carbunculus)* » (1).

L'anthracnose est plus commune dans les vignobles du Nord que dans ceux du Sud.

Les spécialistes ont été conduits à classer ses diverses formes en trois types différents :

1° L'anthracnose maculée ;
2° L'anthracnose ponctuée ;
3° L'anthracnose déformante.

Fig. 20.
Rameaux de vigne atteints d'anthracnose maculée.

Anthracnose maculée

D'après M. le docteur Barry (2), elle est caractérisée par des taches brunes qui envahissent promptement toutes les parties vertes.

(1) Pline, trad. de Littré.
(2) *Annales d'Œnologie*.

Les taches, légèrement creusées et bordées d'un bourrelet, s'élargissent assez vite, noircissent et forment bientôt une espèce de chancre dans lequel réside le champignon infime qui est la cause du mal et qu'on ne peut apercevoir qu'à l'aide d'une forte loupe. Si on fait dissoudre dans l'eau les filaments extrêmement tenus de ce champignon et qu'on transporte une gouttelette d'eau infectée sur la surface saine d'une partie verte de la vigne, il se développe dans les huit jours et présente, à cette place, les taches chancreuses caractéristiques de l'anthracnose.

L'intérieur de ces taches est tapissé par des fibres sèches et désunies. Les sarments deviennent cassants.

La croissance des rameaux s'arrête net et, par suite, le rabougrissement de l'arbuste ne tarde pas à se manifester.

Indépendamment des lésions profondes qui arrêtent la sève, on voit des rameaux de petite pousse présentant un aspect buissonnant; les feuilles restent petites ainsi que les fruits avant l'aoûtement.

Fig. 21.
Portion de rameau couvert de petites pustules d'après M. H. Marès.

Fig. 22.
Rameau anthracnosé.

Comme on le voit dans la figure 22, les feuilles attaquées se gaufrent et finissent par tomber avant l'époque voulue. Les fleurs coulent faute de sève.

Les grains de raisin crèvent souvent par suite de l'anthracnose maculée ; dans tous les cas, ils sont plus ou moins déformés.

Fig. 23.
Feuille atteinte par l'anthracnose maculée d'après M. P. Viala.

Fig. 24.
Feuille atteinte par l'anthracnose maculée d'après M. H. Marès.

Les cépages les plus sujets à cette première forme de l'anthracnose sont le Terret, l'Œuillade, le Cot et le Morastel ; parmi les plants américains, le Jaquez.

Fig. 25.

Rameau anthracnosé avec grappe de fleurs; *a*, *b*, *c*, rameaux stipulaires développés sous l'influence de l'anthracnose; *d*, grappe malade; *e*, grappe saine, d'après M. H. Marès.

Anthracnose ponctuée.

L'anthracnose ponctuée cause parfois des ravages assez importants dans les vignobles de Clairette; cette variété de l'anthracnose est beaucoup moins dangereuse que l'anthracnose maculée: elle est d'ailleurs peu répandue en Algérie. Ses ravages s'exercent sur les parties vertes des branches sans attaquer les feuilles. Son nom lui vient d'une série de petits points isolés d'abord, qui se multiplient rapidement et finissent par envahir toute la surface des rameaux. Ces pustules se dépriment avant l'aoûtement: elles se fendillent et se couvrent d'efflorescences blanches entourées d'un bord noir, à peu près semblables à celles de l'anthracnose maculée. Les pédoncules atteints se déforment et nourrissent incomplètement leurs fruits. Les feuilles sont rarement touchées. Les grains résistent assez bien à l'anthracnose ponctuée pour qu'on puisse en obtenir encore un vin buvable.

Les cépages les plus sensibles à l'anthracnose ponctuée sont la Clairette, l'Alicante (Grenache), la Carignane, le Terret, l'Œillade, le Cot, et parmi les plants américains le V. Riparia sauvage, le Clinton, le Solonis, le Taylor, le V. Rupestris.

Fig. 26.

Anthracnose déformante.

L'anthracnose déformante, désignée ainsi par M. Planchon, parce que cette affection se traduit par la déformation des feuilles, est assez rare, comme l'anthracnose ponctuée et peu dangereuse en Algérie.

M. Viala nous dit (1) : « L'anthracnose déformante a été observée sur la Carignane, elle persiste sur toutes les feuilles et les rameaux de la *Pauline*, depuis leur naissance jusqu'aux grandes chaleurs de fin juin.

» Les feuilles reprennent alors leur port normal, et l'affection semble disparaitre. Jusqu'à ce moment, elles sont distordues et fortement boursoufflées, atrophiées et déformées. Néanmoins, elles conservent sur leur parenchyme gaufré leur teinte verte normale. Les jeunes feuilles fortement altérées présentent seules des zones partielles jaunâtres et roussies à la face *supérieure*.

» C'est à la face inférieure et seulement sur les nervures, les sous-nervures et le pétiole que se forment les lésions causées par ces déformations. Ce sont des taches d'un jaune clair ou brunes, quand elles sont plus âgées.

» Lorsque les fortes chaleurs arrivent, les nouvelles feuilles lisses et planes ne présentent plus ces altérations.

» Le cep recroquevillé en boule, qui portait des rameaux rabougris, lance de nouveaux jets vigoureux n'offrant parfois pas la moindre trace de lésion.

» Les cépages américains semblent plus sensibles à cette maladie que ceux d'Europe.

» On classe en première ligne : la Pauline, l'Alvay, le Jaquez et le Taylor, et parmi les plants d'Europe, la Carignane. » Ajoutons ici : Nous pensons comme M. Fœx, que cette maladie n'est qu'une modification particulière de l'anthracnose *ponctuée*, compliquée peut-être par le *coitis*.

Causes de l'anthracnose maculée, ponctuée et déformante.

La cause de l'anthracnose est due, comme nous l'avons dit, à un champignon imperceptible, le *sphaceloma ampelinum* (de Barry) du groupe des *pyrenomycètes*.

Son mycelium vit dans l'intérieur des tissus qu'il désorganise ; il émet des spores ou conidies pendant la saison favorable à sa propagation et en automne il produit des pynides qui résistent aux intempéries et perpétuent le parasite a travers la période de repos de la vigne, c'est-à-dire pendant que la température moyenne n'atteint pas encore 12 à 15 degrés centigrades.

L'anthracnose se trouve dans des conditions favorables à son développement lorsque les premières chaleurs sont accompagnées d'humidité. Les fortes rosées et les brouillards constituent pour elle un milieu de propagation rapide. Mais la principale des causes du mal réside presque toujours dans la situation où se trouve plantée la vigne. Les marais, les fonds des ravins, sont des domiciles d'élection pour ces sortes de maladies ; elles s'y développent plus rapidement qu'autre part, parce que l'humidité de l'atmosphère leur fournit un champ de culture tout trouvé. C'est le cas de rappeler une fois de plus nos conseils aux planteurs algériens sur le choix des terrains à vigne.

---

(1) Viala, *les Maladies de la Vigne*.

Epoque du développement de l'Anthracnose.

Les spores ou conidies de l'anthracnose se répandent et se disséminent dans toutes les directions sous l'action des vents. Aussitôt qu'ils rencontrent une vigne verte, ils s'y fixent et attendent le moment favorable pour se développer.

D'après nos observations, c'est environ 12 à 15 jours avant la floraison que commence le développement de l'anthracnose ; la température s'élève alors à une moyenne de 14 à 18° centigrades. A la suite d'une pluie et d'un brouillard, ce n'est que 15 jours après que le mal devient apparent. En résumé, il faut une température suffisante, pour que la maladie se révèle.

Les spores séjournent sur le vieux bois pendant la saison froide et plus tard se répandent sur le bois vert qu'ils désorganisent.

Traitements préservatifs et curatifs. — Méhodes diverses.

Nombre de traitements ont été essayés contre l'anthracnose, sinon en pure perte, du moins sans résulats décisifs.

Une expérience déjà longue du traitement dont nous sommes l'auteur, nous permet de croire que nous avons résolu le problème.

Toutefois, avant d'exposer notre traitement, rappelons ceux qui ont été mis en œuvre jusqu'à ce jour.

M. Schnorf a divulgué en 1878, après l'avoir expérimenté pendant longtemps, un traitement qui donne d'assez bons résultats.

On pulvérise, sur les souches de vignes malades, une dissolution de sulfate de fer dans l'eau, dans les proportions suivantes :

100 litres d'eau chaude.

50 kilogr. de sulfate de fer dissout à chaud.

Voici d'autres formules qui sont employées sur les jeunes rameaux.

Pulvériser de la chaux vive en poudre sur les brindilles.

On sait, d'autre part, que les traitements au soufre mélangé de chaux vive ont donné de faibles résultats.

On a également essayé un autre mode de traitement ;

C'est un mélange de sulfate de fer en poudre, avec du plâtre finement pulvérisé.

Voici la formule qui est assez employée dans le Midi de la France :

FORMULE N° 2 { Plâtre finement pulvérisé................ 8.)
{ Sulfate de fer....................... ...... 2.)

D'après M. Viala, le procédé à suivre est le suivant :

« On donne toujours le premier soufrage quand les rameaux ont 8 à 16 centimètres ; si l'on voit apparaître et s'y développer des lésions. On répète les opérations de quinze en quinze jours, en mélangeant avec le soufre des proportions de plus en plus fortes de chaux ; ces proportions sont de 1/5 à 3/5 de chaux.

L'application radicale de notre formule n° 1, sur les souches après la taille, détruit les spores qui y sont déjà déposés et annihile la puissance de ceux qui viennent s'y fixer. Ce premier traitement suffit quelquefois à arrêter la propagation du mal.

Lorsque les brindilles sont grandes, c'est-à-dire 8 à 10 jours avant la floraison, et que la fécondation va se produire, c'est le moment d'agir avec la formule n° 2.

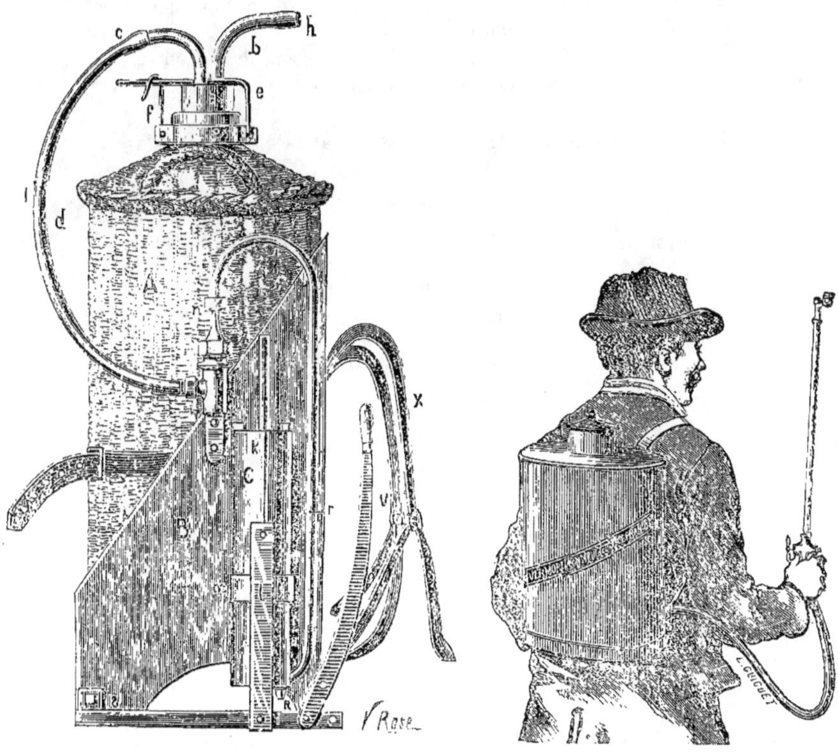

<table>
<tr><td>Fig. 27.</td><td>Fig. 28.</td></tr>
<tr><td>Pulvérisateur de Lasmolles.</td><td>Pulvérisateur de Vermorel.</td></tr>
</table>

Nous allons exposer en détail le remède que nous préconisons et nous pouvons affirmer que notre méthode, qui a pour principe fondamental de détruire les spores avant leur fécondation, a toujours été suivie d'un succès complet.

Le traitement que nous appliquons est aussi simple qu'économique ; il consiste à pulvériser sur les jeunes rameaux, 10 à 12 jours avant la floraison, un liquide dont voici la formule :

	Eau	96 litres	0 f. 50	0 48
	Mélasse commune...	2 kilogr.	0 50	1 00
FORMULE N° 3	Ocre jaune	1 kilogr.	0 40	0 40
	Acide sulfurique à 65°.	500 gram.	0 30	0 15
	1 journée d'ouvrier, à	3 fr.	3 00	3 00
	Frais généraux......	12 p. 0/0		0 60
				5 63

On agite dans un tonneau, avec un morceau de bois, ce mélange que l'on emploie quelques heures après.

Observations sur les traitements curatifs.

La pulvérisation de l'eau acidulée sur les jeunes rameaux à l'état de pluie fine doit s'exécuter à l'abri d'un excès de lumière, le soir, par exemple, à partir de 4 heures, afin d'éviter la brûlure des feuilles

Si les traitements au sulfate de cuivre pur ont occasionné des brûlures, cela est dû à ce qu'ils ont été appliqués pendant la chaleur.

Prix de revient des traitements curatifs et préventifs par 1000 ceps.

1re Opération

Ecorçage.. . . . . 4 »»

2e Opération

Badigeonnage des souches. 6 72

3e Opération

Pulvérisation des brindilles. 5 21

4e Opération

Pulvérisation des feuilles et fruits. . . . . 6 »»
Produits et apprêts, etc. 2 63

Total pour 1,000 ceps 24 56

Parmi les variétés de vignes les plus résistantes à l'action de l'anthracnose, nous citerons : Les Pinots, Petits-Bouschets, Espar, Chasselas, Teinturier, Mourvèdre, Sauvignon.

Parmi celles qui souffrent le plus de ces effets : Les Carignans, Clairettes, Grenache (Alicante), Cinsaut, Œuillade, Muscats, Galitor, Cabernet, Merlot, Malbeck, Riesling, Madeleine, Angevine, Chaouch, Aspiran, Terret-Bourret.

Les cépages indigènes kabyles paraissent de leux côté offrir à cette maladie une grande résistance.

COTTIS

Le *Cottis* est connu depuis longtemps, puisque le docteur Guyot l'a rencontré dans la Charente-Inférieure où on le désignait déja sous le nom de « cottis » et qu'il définit ainsi :

« Le cottis, ou pousse en ortille, est ainsi dénommé de l'altération de la pousse des feuilles, qui se rétrécissent, présentent des dentelures profondes, offrent d'abord une coloration foncé vert bouteille, puis, se recroquevillent et finissent par passer à l'étiolement blanchâtre, signe de mort prochaine dans tout le cep. Un cep malade de cottis est promptement entouré d'autres qui prennent la maladie à leur tour, et de grandes espaces se dépeuplent ainsi. Le cottis met deux ans à tuer le cep, mais le tue infailliblement.

» Cette maladie, qui parait résider dans le sol, se manifeste *plus dans les terres blanches que dans les rouges*, s'attaque aux racines et au corps même du cep. Lorsqu'un cep est mort de cottis, on trouve des moisissures le long des racines (1), et, si on donne un coup de pied sur le tronc, il se casse net comme une carotte.

» Je crois qu'on peut trouver le remède du cottis dans l'arrosage des racines, soit avec un kilo de foie de soufre, soit plutôt avec la formule n° 4; (2) on verse trois litres de cette solution à chaque pied malade, lors de la montée de la sève du printemps, et la même dose répandue avant la sève d'août. Ce traitement semblerait exercer un effet marqué contre cette maladie, dont la prédilection pour les terres blanches et pour les ceps rouges indiquent que *l'absence de l'élément ferrugineux n'est pas étrangère à son développement.*

» Ces applications *ont été faites depuis quatre ans avec succès* (3). »

Comme apparence extérieure, cette affection ressemble beaucoup aux effets du phylloxera et du pourridié.

Viala croit voir dans le cottis une attenance de l'anthracnose déformante, et dit que le mal se transmettrait par bouturage.

« Les feuilles restent petites, à lobes et dentelures plus profondes, frisottées, d'où le nom de persillé, et restent d'un vert foncé avant de passer au jaunissement. La chlorose se produit *en-mite* avec une intensité extrême; les feuilles *finissent* par se décolorer entièrement, roussir par plaques, sécher, au pourtour, se replier et se détacher. Les vignes donnent peu de fruits, qui restent petits et mal nourris quand ils ne coulent pas entièrement (1). »

J'ai rencontré des vignes à Tabia, chez M. Guttfreint, qui avaient le cottis et en même temps le pourridié. Ces mêmes vignes étaient en partie frisotées et ponctuées de noir sur la majeure partie de leur surface.

Le sous-sol était très dur à 0m40 centimètres de profondeur ou à peu près imperméable.

Moyens préventifs et curatifs.

Lorsque le sous-sol dénote un caractère d'imperméabilité, il faut le défoncer à 0m80 de profondeur, soit à la pioche soit à la machine.

Si le sous-sol est composé d'une croûte de tuff, comme j'en ai rencontré au-dessus de Maison-Carrée, il faut alors crever cette couche pour mettre son sous-sol en relation avec le sol arabie supérieur de façon à l'aérer. Mais si le sous-sol est perméable, comme il vient d'être dit, le remède indiqué par le Dr Guyot peut suffire surtout si on ajoute à ce mélange 1 kil. d'acide sulfurique formule n° 4. La terre changera en quelques jours de caractère, elle sera rendue très assimilable.

FORMULE N° 4				
Eau.....	96 litres			
Sulfate de fer..........	8	—	0,09	0,72
Acide sulfurique.......	1	—	0,30	0,30
Manipulation (journée)..	0,15		3,00	0,45
Prix de revient de l'hectolitre...				1,47

---

(1) Suivant Viala (loc. cit.), ces moisissures seraient des fibrillaires, espèces saprophytes, sans aucune influence pathologique.

(2) Formule Leroux.

(3) Dr Guyot (loc. cit., t, ii, p. 498).

— 490 —

Prix de revient de l'application sur 100 souches :

Déchaussement à fond de 100 cuvettes circulaires à 0^m30 de profondeur, à 0 fr. 12 . . . . 12 »

300 litres composition n° 4, à 1 fr. 47 . . . . 4 41

Rechaussement de 100 souches, à 0 fr. 04 . . . . 4 00

Manipulation, 1 journée 1/2, à 3 fr. 4 50

Frais généraux, 12 p. 0/0 . . . . 2 99

Total 27 90

On opère de la façon suivante :

1° On déchausse les cuvettes en couronne autour de la souche : 2° on verse 3 litres de la composition n° 4 sur les parois du cône de la souche : 3° le lendemain on verse sur les mêmes parois 5 litres d'eau, puis on rechausse en remettant la terre qui a été enlevée. Cette opération suffit très souvent pour détruire les parasites cryptogamiques qui altèrent les racines de la vigne.

BLAK-ROT

Au sujet de cette nouvelle maladie, nos renseignements viennent complètement confirmer les études faites en 1885, par MM. P. Viala et L. Ravez. Nous ne saurions mieux faire par conséquent que de reproduire ce qu'ils en disent.

« Le *Blak-Rot* (pourriture noire) est une maladie des raisins qui cause de grands ravages aux Etats-Unis : elle est avec le mildiou (*Peronospora viticola*) le plus grand obstacle à la culture de la vigne dans les provinces de l'Ohio, du Mississipi et dans les vallées inférieures du Missouri. Elle n'avait pas encore été signalée en Europe ; nous venons malheureusement de constater sa présence dans les vignobles de l'Hérault.

» M. Richard-Henri, régisseur du domaine de Val-Marie à Ganges (Hérault), nous adressait le 11 août, à l'École d'Agriculture de Montpellier, des grains de raisins que l'on voyait rapidement pourrir et se dessécher. Nous avons bientôt reconnu que leur altération était due au *Blak-Rot* ; une étude sur les lieux nous a permis de juger les caractères et les effets de cette nouvelle maladie.

» Le vignoble de Val-Marie est établi sur les bords de l'Hérault, dans un terrain riche et sableux, submergé, exposé aux vents dominants du Nord-Ouest et du Sud. Des canaux d'irrigation le sillonnent en tous sens et maintiennent une certaine humidité qui, jointe à une température élevée, constitue un milieu des plus favorables au développement des maladies cryptogamiques. C'est dans la deuxième quinzaine de Juillet, après un arrosage et une assez forte pluie, que le *Blak-Rot* s'est montré, d'abord isolément sur quelques grains, puis, au bout de très peu de temps, sur des grappes entières. Actuellement (20 août), la moitié de la récolte est anéantie, et si la maladie, entravée depuis huit jours, reprend son intensité, les dégâts seront bien plus considérables.

» Les grains présentent tout d'abord une petite tache rouge, livide, qui s'étend rapidement en surface et en profondeur, envahissant tout le fruit, qui est complétement altéré au bout d'un ou deux jours, il est alors d'un rouge brun, livide, mou, spongieux, comme pourri. Le grain se flétrit et dessèche dans l'espace de trois ou quatre jours ; il est d'un *noir foncé*, la peau collée contre les pépins. A ce moment, sa surface est recouverte de petites proéminences noires, très nombreuses et visibles à l'œil nu (Fig. 29) ; elles apparaissent quand le raisin commence à se flétrir et sont constituées par deux sortes d'organes fructifères du Champignon, cause du *Blak-Rot* : Le *phoma uvicola* (Berk et Curt).

Fig. 29.
Grain atteint par
le Blak-Rot.

« Elles sont distribuées indifféremment, parfois accolées, incolores. granuleuses (diamètre de 0^m0045 à 0^m0093) et fixées sur de fins stigmates (Fig. 29) ; les autres sont des *spermogonies* avec *spermaties* en bâtonnets très ténus, allongés, incolores (Fig. 29).

L'enveloppe épaisse de ces conceptacles est percée à son sommet d'une ouverture par où sortent en grand nombre les corps reproducteurs.

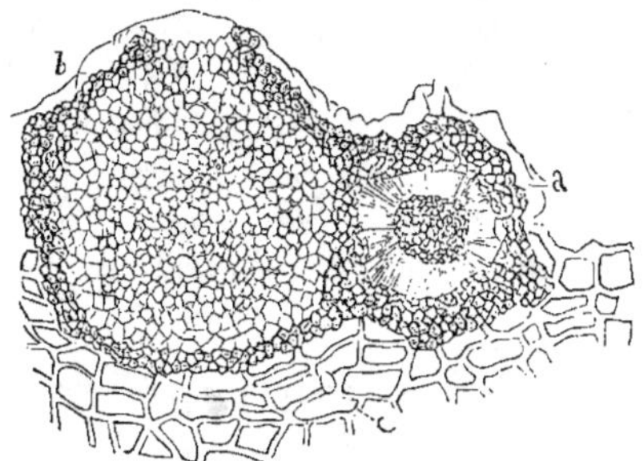

Fig. 30. — Coupe d'une pycnide et d'une spermogonie accolées ; *A* spermogonie à l'état jeune ; *B* pycnide avec un léger renflement ; *D* ouverture par où se fera la sortie des stylospores encore imparfaitement formées ; *A* cuticule du grain de raisin ; *C* cellules du raisin, brunies, d'après P. Viala.

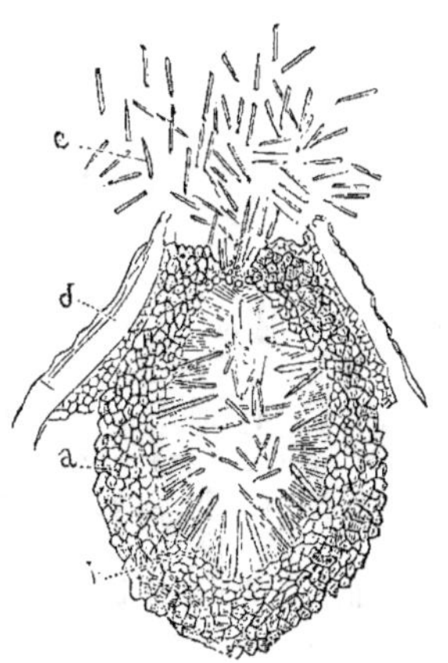

Fig. 31. — Spermogonie du Phoma Uvicola : *A* enveloppe ; *C* spermaties formées sur les cellules ; *D* fixées sur la paroi, d'après P. Viala.

» Le mycelium du champignon, abondamment répandu dans les tissus du grain, est ramifié, cloisonné, variqueux, rampant entre les cellules ou les traversant. Nous n'avons observé le *rot* que par exception sur les sarments, les pétioles et les nervures des feuilles; il s'y manifeste d'abord par une tache étendue, noire; l'altération gagne peu à peu l'intérieur des tissus, et à la surface apparaissent des pustules caractéristiques de la maladie. Enfin le *rot* se développe rarement sur le parenchyme des jeunes feuilles sous forme de taches peu étendues qui acquièrent brusquement, sur les deux faces, la teinte feuille morte et sèchent dans l'espace de vingt-quatre à quarante-huit heures; on aperçoit alors des fructifications du champignon. Le mal sur ces organes est insignifiant.

» Les fruits de toutes les variétés n'ont pas été également atteints; il nous paraît que les grains juteux, à pulpe abondante, sont surtout attaqués : ainsi l'*Aramon* est la variété qui souffre le plus; puis viennent par ordre : *Carignane, Morastel, Aspiran, Petit-Bouschet, Cinsaut, Jaquez, Alicante-Bouschet*. Nous n'avons pas observé le *black-rot* dans d'autres vignobles de l'Hérault, de Vaucluse, du Gard et de la Drôme que nous venons de parcourir; il est cependant difficile de s'expliquer comment le mal a pu débuter dans le vignoble de Val-Marie, où l'on n'a pas reçu des vignes américaines depuis six années.

» Le *blak-rot* n'a absolument aucune analogie et ne peut être confondu ni avec l'*anthracnose*, ni avec le *peronospora vitizola*. Sa gravité serait aussi grande que celle de ce dernier, si son extension était aussi rapide. »

Ces fructifications ont été déjà décrites à propos des raisins atteints du *Blak-Rot* et provenant d'Amérique (1), ce qui ne permet pas de douter de la nature de la maladie que nous venons de constater.

Les quelques observations que nous avons faites confirment l'opinion de M. Viala sur la lenteur relative du développement du blak-rot.

D'après nos recherches et les renseignements qui nous sont fournis par les syndicats de défense, le blak-rot n'existe pas en Algérie.

BITTER-ROT

Le bitter-rot (*rot amer*) a été découvert dans la Caroline du Nord, par L. Scribner et P. Viala qui l'ont dénommé *greeneria fuliginea*. Cette maladie apparait sur le fruit par une coloration rosée sur les blancs, rose brun sur les rouges, qui s'étend rapidement par couches concentriques sur toute la baie, plus juteuse qu'à l'état normal, de petits points boursouflés se forment sur la peau, et atteignent leur état parfait en deux ou trois jours; c'est alors que ces pustules deviennent poussiéreuses, fuligineuses. Les basides *Ramifier* des pycnides sont différentes à celles des autres phoma (C. R. Ac Sc., 12 septembre 1887).

---

(1) *Les Maladies de la Vigne*, par P. Viala, pages 163 à 167.

WHITE-ROT

Le white-rot *(rot livide*, de J. E. Planchon).

Ce phoma se caractérise par « les pédicelles des grains attaqués, les rameaux de la grappe ou le pédoncule tout entier pourrissent en prenant une teinte fauve, avant que le mal ait évolué dans les grains eux-mêmes. De là vient que les grains, portions de grappes ou grappes entières, se détachent et tombent à terre, si bien que la maladie pourrait s'appeler maladie des grains caducs. D'abord fauves, les grains malades prennent bientôt une teinte livide, cadavérique, d'un blanc jaunâtre terne ; leur surface, primitivement lisse, se couvre de toutes petites saillies punctiformes, qui laissent suinter une légère couche d'humidité ; ces saillies assument souvent une teinte gris de plomb ; puis sur le grain flasque et ridé elles se creusent au sommet en une sorte de cratère et prennent souvent un aspect rose ou blanchâtre. La teinte *livide* finale est caractéristique du *white-rot* à qui elle vaut sa qualification, par opposition à la teinte *noire* du *black-rot*. » P. Viala et L. Ravaz (1) nous disent que cette maladie apparaît en juin, un peu plus tôt que le black-rot.

Les cépages qui en sont particulièrement atteints dans le Midi de la France, sont l'Aramon, le Malaga, l'Othello, l'Herbemont, le Jaquez.

En résumé, ce phoma est aussi dangereux que ses congénères.

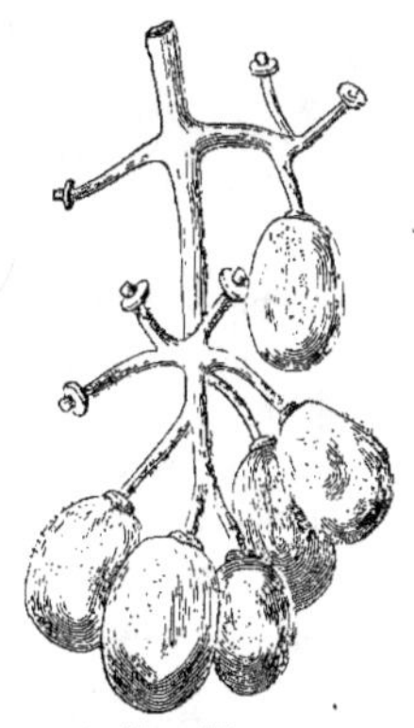

Fig. 32.

Fragment de grappe de raisin atteinte du *white-rot*, d'après Portes et Ruyssen.

Diagnostic des raisins *rotés* (2).

« ARSIS »	RAISINS		
	BLACK-ROTÉS	WHITE-ROTÉS	BROWN-ROTÉS (MILDEW DES GRAINS)
Restent longtemps sur la souche après la dessiccation.	Tombent assez vite avant ou après la dessiccation.		
Odeur de la pulpe assez faible.	Pas d'odeur spéciale.	Odeur de moisi.	Odeur de poisson.
Couleur feuilles mortes sans pustules.	*Couleur* noire avec pustules.	*Couleur.* gris de plomb, puis rosé, puis blanc livide, avec pustule, s'étendant, non par points mais par larges bandes, ou en embrassant même la totalité du grain, et *partant du pédoncule.*	*Couleur* brun clair livide, avec quelquefois de petites taches grisâtres, diffuses, qui s'étendent rapidement, à partir du centre du grain.

(1) *Le Black-Rot*, par P. Viala et L. Ravaz, p. 57.
(2) *Traité de la Vigne et ses produits*, par Portes et Ruyssen.

Traitement.

Nous venons de dire que ces divers phoma n'existent pas dans l'Afrique française; il n'y a donc pas eu, heureusement, un traitement spécial à expérimenter ici. Mais nous savons que les divers moyens curatifs essayés en Europe ont eu des résultats satisfaisants en procédant surtout par l'emploi de la bouillie bordelaise.

Nous sommes convaincus que ces différentes maladies ne résisteraient pas non plus à l'emploi de notre méthode qui réussit si bien à faire disparaître l'anthracnose et le *mildiou*. Nous croyons aussi que les chaleurs des premiers jours de juillet en Afrique suffiront pour enrayer le développement de cette maladie cryptogamique, si elle se présentait.

PERONOSPORA VITICOLA (MILDEW)

Le peronospora est une cryptogame parasitaire qui exerce une influence désastreuse sur la vitalité des vignes. Celles qui en sont atteintes mûrissent mal leurs fruits et les vins qu'elles donnent manquent de couleur, d'alcool et de solidité; ils se dépouillent assez difficilement, malgré leur acidité relativement élevée.

Le peronospora n'a été reconnu en France qu'en 1878, par M. Planchon, mais depuis fort longtemps il existait en Amérique; cette maladie a donc été amenée en Europe par l'introduction des plants américains.

C'est en 1880 que le peronospora a été signalé pour la première fois en Algérie; dès 1881, il s'étendait déjà dans une partie du nord des départements de l'Algérie; les vents chauds du désert survinrent et la maladie fut enrayée. Malheureusement, depuis le commencement de la série d'années pluvieuses que nous traversons, le peronospora a repris vigueur et fait beaucoup de mal surtout dans les vignes situées près des rivières et des marais.

Aspect de la vigne.

M. P. Viala nous dit : « Le peronospora se développe sur tous les organes verts de la vigne; les rameaux herbacés, les fruits jeunes et surtout les feuilles; on ne le voit jamais sur le bois aoûté. »

Sur les feuilles (fig. 33) et les rameaux, on distingue des taches disséminées, blanches, de formes irrégulières, présentant l'aspect d'efflorescences salines. Ces taches sont fortement imprimées sous le

Fig. 33.
Feuille atteinte du peronospora.

revers de la feuille elles communiquent avec la face supérieure, en produisant
d'autres taches d'une teinte jaunâtre passant bientôt à la couleur feuille morte.

Lorsque la maladie est intense, la feuille se couvre totalement de ce terrible
champignon dont la puissance de propagation est telle, qu'en peu de temps les
feuilles tombent et les sarments sèchent, entraînant souvent la mort du cep ; les
les raisins ne mûrissent pas et tombent.

Les effets de cette maladie sont désastreux non seulement pour l'année au
cours de laquelle le fléau se produit mais encore pour celles qui suivent. Comme
nous le disions plus haut, les sarments sèchent avant leur aoûtement, par
conséquent, deviennent impropres à former de nouveaux porteurs fructifères Il
s'en suit donc un véritable dépérissement du cep.

D'un autre côté, ce qui donne à cette maladie un véritable cachet de gravité,
c'est qu'elle apparaît toujours avant la maturité du fruit.

D'après le *Bushberg's*, catalogue publié en 1883, et une enquête faite au sujet
de la résistance des cépages américains au peronospora, contrôlée par M. P. Viala,
voici les catégories établies suivant le degré de résistance de chaque variété :

1re CATÉGORIE. — *Immunité* à peu près absolue, même dans de mauvaises
conditions de saison et de localité.

V .Estivalis Division du Nord. *Cynthiana, Norton's, Virginia.*

V. Labrusca. Division du Nord. *Concord, Hartford, Ives, Perkens,* et, en
plus, *Champion, Cottage, North Carolina, Rentz, Venengo.*

V. Riparia et croisements avec *Iabrusca, Elvira, Missouri-Riesling, Mont-
fiore, Noah, Taylor.*

2e CATÉGORIE. — Atteintes légères, et seulement dans les localités de saisons
défavorables :

V. Estivalis. Division du Sud. *Cunningham.*
Division du Nord. *Herman, Neosho.*

V. Labrusca. Division du Nord. *Dracutember, Lady, Martha.*

V. Muscadine, Telegraph.

V. Riparia et croisement avec *Labrusca, Black-Pearl, Blue-Dyer, Franklin,
Clinton.*

Hybride, Gœthe.

3e CATÉGORIE. — Sérieusement attaquées dans les années défavorables.

V. Estivalis. Division du Nord. *Devereux, Herbemont, Lenoir, Rulander.*

V. Labrusca. Division du Sud. *Catawba, Diana, Isabella*

*Hybrides : Alvey, Amber, Marion, Uhland, Black-Eagle, Brandt, Herbert,
Lindley, Trimph, Wilder.*

4e CATÉGORIE. — Très attaquées.

V. Estivalis, Elsinburgh, Eumelan.

*V. Labrusca, Aderoudac, Cassady, Creveling, Isabella, Iona, Mottled, Maxa-
tawney, Union-Village, Rebecca, Water.*

*Hybrides : Delaware, Agawam, Allen's, Aminia, Barry, Black, Defiance,
Croton, Irving, Massasoit, Merrimack, Salem, Senasqua, Auluchon, Canada,
Cornucapia, Othello.*

M. P. Viala, a observé et classé en trois catégories la résistance des espèces
V. Vinifera.

Résistants :

Persan ou Etraire de l'Adhuys, Pineau, Aspiran, Terrets, Jaquez, Castets, Grapput, Pignou, Fer, Tripet, Portugais bleu, Verdesse, Pellourcin, Trousseau, Folle blanche, Petit-Bouschet, Madelaine, Chasselas, Syrah, Cabernet, Sauvignon, Semillon, Muscadelle, Aramon, Aramon-Teinturier-Bouschet, Servagnin Hasseroumb, Bezzoul-Hadra.

Moins résistants :

Amellal, Chaouch, Aïne-el-Kelb, Cherchali Kabyle, Ahmar-bou-Ahmar, Alexandrie.

Peu résistants :

Grenache, Carignage, Bobal, Opiman, Katchébourie, Kawori, Sabalkanskoï, Cinsaut, Œnillade, Rosaki, Citana, Abrostine, Farana, Espar, Liada, Beni-Carlo, Canajolo, Dolcetto, Pignolo, Muscat, Cot, Mancin, Verdal, Gamay.

Cause de la maladie.

La cause du mal est encore une cryptogame désignée par Berkeley et Curti (de Bary) sous le nom de *Peronospora Viticola* voisine du Peronospora de la pomme de terre (Phytopthora infestans, de Bary).

Le Peronospora Viticola envahit les feuilles et les fruits en produisant des spores qui, entrainées par les vents, se répandent en quelques heures sur toute la surface du vignoble le plus étendu.

Les efflorescences blanches, que nous avons déjà signalées, sont formées de bouquets finalement fructifères, garnis a leurs extrémités de semences en filaments qui sortent par des stomates.

Ils se rattachent à la partie végétative du champignon ou *mycelium*, où ils pompent leur nourriture par des suçoirs.

Il se forme quelquefois des renflements qui, après avoir été fécondés donnent encore de nouvelles semences (spores d'hiver). Celles-ci envahissent le mycelium et fournissent la nourriture nécessaire à tous les organes du champignon dans l'intérieur des cellules.

A l'arrière-saison, il se produit encore des renflements, les uns sphériques, les autres plus ou moins irréguliers, qui donnent naissance les uns et les autres à des spores nouvelles.

Filaments fructifères :

Pendant la période estivale de la végétation de la vigne, le mycelium émet au-dehors par les stomates de la face inférieure les filaments fructifères qu'il peut former dans la nuit. Ces filaments restent courts quand la température est basse (fig. 34). Le nombre de ces filaments est de 4 ou 8 par chaque stomate, ils sont dressés ; leur hauteur moyenne est de 1 2 à 1 5 de millimètre. Ils présentent une cloison au-dessous des premières ramifications *p* : ces ramifications sont au nombre de 4 ou 6, et alternes a leur extrémité : elles portent de 2 à 4 petites pointes courtes *t t t*, sur lesquelles sont insérées les semences d'été.

Spores d'été, conidies :

Aux extrémités des branches fructifères il se forme des fruits ou semences d'été que l'on appelle encore spores ou conidies qui, a leur maturité se séparent.

Comme leur grande légèreté permet leur transport par les vents à de grandes distances, le parasite se perpétue en se propageant pendant tout l'été. — Si le milieu où tombent ces semences est sec, les spores se raccornissent et se rident, mais si, par malheur, elles s'arrêtent sur les parties humides, elles germent rapidement, surtout si la température s'élève à partir de 25° centigrades.

Le tube mycelium pénètre la face supérieure de la feuille ou du rameau en s'étendant dans l'épaisseur du parenchyme, pour émettre ensuite par les stomates des bouquets de filaments fructifères.

Spores d'hiver. — *Œufs* D D :

« A la suite de la saison, il se forme dans l'intérieur des tissus et à la suite d'un acte de fécondation de nouveaux reproducteurs; spores d'hiver, oospores (spore œuf) » (1).

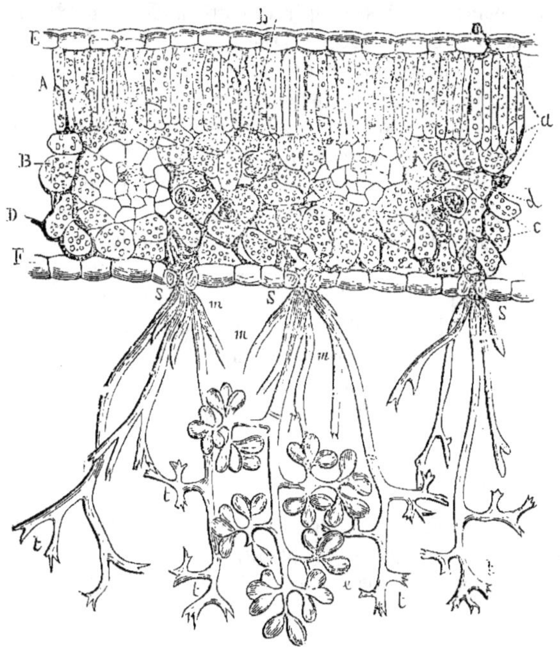

Fig. 34.

Coupe théorique d'une feuille de vigne envahie par le peronospora (2).

A, face supérieure de la feuille, tissu en palissade: *B*, face inférieure, tissu lacuneux; *D*, nervure; *E*, épiderme de la face supérieure: *F*, épiderme de la face inférieure.

A, partie végétative du champignon, ou mycelium, rampant entre les cellules après s'être introduit par l'épiderme de la face supérieure; *C*, suçoirs du mycelium; *b*, antheridie et oogone s'unissant: *d*, spore d'hiver ou œuf; *s s s*, stomates par où sortent les bouquets de filaments fructifères: *p*, un filament fructifère avec les spores d'été ou conidies *e e e* fixées à l'extrémité des ramifications: *M m*, base de filaments dont la partie supérieure n'est pas représentée; *t t*, filaments conidifères avec sterigmates qui portaient les conidies; *l* (à droite), un filament conidifère avec ramification spéciale.

<hr>

(1, 2) *Les Maladies de la Vigne*, P. Viala.

Sur le mycelium il se forme des renflements sphériques; ils communiquent directement avec le tube mycelium. Chaque renflement s'isole et forme l'organe femelle, à côté il se forme également un corps plus petit, l'organe mâle, qui, sans se détacher, vient s'accoler peu à peu contre l'œuf (oogone), et par des moyens inconnus son protoplasma passe dans l'oogone.

Il résulte de ces phénomènes (acte de fécondation véritable), une *spore d'hiver* (œuf). Cette dernière est environ deux ou trois fois plus grosse que la spore d'été ; elle est très résistante et traverse la mauvaise saison sans germer.

Conditions qui favorisent le développement du Peronospora.

C'est vers le printemps, quand la température atteint de 25° à 28° centigrades et que l'air ambiant est suffisamment chargé d'humidité, que le peronospora fait son apparition, soit que la vigne ait déjà été malade l'année précédente, soit que le peronospora l'atteigne pour la première fois.

Lorsque le peronospora a envahi une contrée et qu'il y rencontre un milieu d'humidité chaude, il se perpétue toute l'année.

Les spores qui ont été déposées sur le bois et sur les feuilles de la vigne, attendent l'heure de leur germination pour se propager, grâce à l'action des vents qui les transportent aux environs. Si un brouillard ou une pluie fine survient, la reproduction des spores a lieu immédiatement, au grand détriment de la contrée. Les fortes rosées des premiers jours de juin et, sur le littoral, l'humidité des vents marins favorisent également le développement du peronospora.

Les parties du végétal atteintes par le peronospora et qui, à la suite de sa visite, peuvent devenir elles-mêmes des foyers d'infections, sont :

1° Les ceps ;

2° Les sarments ;

3° Les feuilles ;

4° Les fruits desséchés.

Sous l'action d'une grande chaleur sèche de 28° à 32° centigrades, le peronospora s'étiole, devient stérile et disparaît.

Aussi cette maladie est-elle plus grave en Europe qu'en Afrique. En Algérie et en Tunisie, elle est plus répandue sur le littoral que dans l'intérieur, en raison de l'humidité qui règne dans ces lieux.

Généralement, c'est vers les premiers jours de juillet que les chaleurs sèches arrêtent la propagation du peronospora.

Moyens de combattre le Peronospora.— Traitements préventifs d'hiver.

Pendant quelques années, on se contentait d'un simple badigeonnage au sulfate de fer, après la taille.

Comme pour l'anthracnose, nous avons cru devoir appliquer des moyens plus énergiques.

L'essentiel est de procéder au ramassage des sarments, des écorces et des feuilles sèches.

Enfin, on a recours au moyen radical de désinfection par le badigeonnage que nous avons déjà décrit en détail comme le remède souverain contre les affections cryptogamiques (Voir *Oïdium* et *Anthracnose*) formule n° 1, c'est-à-dire soumettre après la taille (dix à quinze jours avant le débourrement des bourgeons), le corps du cep à l'action détersive du gant de fil d'acier, ou de la brosse métallique.

Le procédé a été décrit à l'article traitant de l'*Oïdium*.

Traitement préventif et curatif d'été.

Nous avons constaté que les fructifications de peronospora, se manifestaient dès les premiers jours de juin, en Algérie et en Tunisie, c'est-à-dire un mois environ après la floraison.

C'est donc vers cette époque que l'on doit procéder à l'application du traitement préventif et curatif d'été.

Détruire les spores ou conidies radicalement, lorsqu'elles sont à l'état de dépôt sur les rameaux, et même détruire ceux qui peuvent venir ultérieurement sans altérer aucun organe végétal important, tel est le but.

M. Millardet a proposé de pulvériser sur les rameaux une composition cuprique formée des matières suivantes (formule n° 5).

On fait dissoudre dans :

Eau..	100 litres.
Sulfate de cuivre............................	8 kilos.
On y ajoute chaux éteinte.................	10 kilos.

Ces matières sont agitées et forment une bouillie qui est désignée sous le nom de *bouillie bordelaise* ; cette bouillie est pulvérisée sur les rameaux à l'aide d'un pulvérisateur, soit de *Vermorel*, soit de *Lasmole* ; plus tard on a proposé l'emploi d'une autre composition cuprique que l'on désigne sous le nom d'*eau céleste*.

Voici sa formule (formule n° 6) :

On fait dissoudre un kilo de sulfate de cuivre dans trois litres d'eau chaude que l'on a mise dans un baquet ou un récipient en terre (éviter le contact d'un métal comme récipient).

On agite le liquide avec un bâton, de façon à activer la dissolution du sulfate de cuivre, ensuite on y ajoute 200 grammes d'acide sulfurique à 66°.

Lorsque cette dissolution est refroidie, on y verse un litre et demi d'ammoniaque liquide du commerce qui titre 22° baumé, puis on agite cette composition que l'on incorpore dans 200 litres d'eau au moment de l'employer.

La quantité d'eau céleste nécessaire pour traiter 1,000 ceps de vigne en plein rapport dépend de la puissance végétale des sujets à traiter. On estime généralement qu'il en faut 60 litres.

C'est vers les derniers jours du mois de mai que l'on doit procéder à la pulvérisation de l'eau céleste ou de la bouillie bordelaise à titre préventif.

Nous reproduisons ici le pulvérisateur en fonctions à traction manœuvré par un ouvrier.

Fig. 35.
Pulvérisateur à grand travail, système Vermorel.

Dernièrement nous avons vu fonctionner un nouveau système de pulpérisateur automatique à grand travail, combiné par M. Vigouroux, de Nîmes. Cet appareil contient 400 litres de liquide.

Fig. 36.
Pulvérisateur à grand travail, système Vigouroux.

Ces deux procédés n'ont pas donné de meilleurs résultats dans la pratique que par notre méthode.

Nous considérons comme remède le plus efficace, l'application sur les vignes malades d'une pulvérisation d'eau acidulée par l'acide sulfurique suivant notre formule n° 3.

C'est le seul produit qui adhère sur la matière végétale assez solidement pour que son effet soit assuré.

Observation. — Procéder toujours à l'abri du soleil, c'est-à-dire vers le soir au soleil couchant.

POURRIDIÉ

Le *Pourridié* est une ancienne maladie, assez répandue dans les terrains froids et humides ou encore dans ceux d'une perméabilité difficile ; on ne l'observe généralement que par places limitées et elle affecte aussi bien les arbres que la vigne. En Algérie et en Tunisie, on rencontre le *Pourridié* dans les bas fonds, les ravins ou dans les argiles qui ne ressuient pas assez promptement.

Caractères extérieurs des vignes atteintes par le Pourridié.

Les symptômes extérieurs auxquels on reconnaît une vigne atteinte du pourridié ressemblent assez à ceux que présente une vigne phylloxérée : les sarments deviennent noirs, les feuilles se dessèchent et tombent. Il est donc très important de distinguer ces symptômes dans les vignes pourridiées, comme dans les vignes phylloxérées.

L'attention du viticulteur est tout d'abord appelée par des taches de diverses grandeurs, qui vont en s'élargissant et en diminuant d'intensité du centre à la circonférence.

Au milieu, sont les souches déjà mortes, qui n'offrent aucune résistance à la main qui les arrache. Au pourtour, les ceps sont à peine affaiblis encore, mais ils se montrent déjà languissants et légèrement décolorés.

Si ces symptômes extérieurs ressemblent à ceux du phylloxera, la différence est cependant très grande dans la marche comparée des deux maladies.

Le pourridié est aussi prompt dans ses ravages que le phylloxera est lent. Le pourridié est une maladie que plusieurs auteurs appellent *foudroyante;* le phylloxera, au contraire, est un mal insidieux qui chemine avec une lenteur caractéristique.

Les ceps placés au pourtour d'une tache viennent-ils à produire une *abondance extraordinaire de fruit*, le viticulteur n'a plus à douter, c'est ou au phylloxera, ou au pourridié qu'il a affaire. Dès l'année suivante, les sarments seront maigres, les ceps prendront la forme de tête de chou, les sarments noirciront à l'arrière saison, la récolte sera nulle et les pieds mourront avant l'hiver généralement. *Souche atteinte, souche perdue.* (1).

___

(1) Millardet, *Étude comparée sur le pourridié et le phylloxera.*

Cause de la maladie.

A la différence du phylloxera, le pourridié est causé, non plus par un insecte, mais par un parasite végétal, par une cryptogame que l'examen des racines permet facilement de reconnaître. D'après M. Hartig (1) le pourridié provient d'un champignon dont il a observé pour la première fois la fructification et qu'il a dénommé *Dematophora necatrix*; selon cet auteur, il est probable que le *Rœsleria hypogœa* et l'*Agaricus melleus* (parasite des conifères) contribuent également pour une certaine part à la pourriture des racines. D'autres auteurs admettent aussi la présence autour des racines de *Mycelia fibrillaria*.

D'après MM. Fœx et P. Viala, le mal est dû pour la plus grande partie au *Dematophora necatrix*.

Fig. 57.

Vigne tuée par le dematophora necatrix. — *A* mycelium floconneux ; *b* cordon rhizomorphe subdivisé en réseau en *C C* ; *d e* rhizomorphe poussant de l'intérieur (*d* sclirote). réduction 2/3, nature (d'après Robert Hartig).

Dematophora necatrix

Cette cryptogame vit sur les racines des végétaux qui, trop emprisonnés dans des terrains humides, manquent d'aération, comme il arrive souvent dans les sous-sols argileux.

Le dematophora aurait été importé du Japon et ensuite de divers points d'Europe ; il est souvent associé sur les racines de la vigne au rœsleria hypogœa.

La présence du dematophora se révèle par des plaques myceliennes feutrés comme l'indique la figure.

Le mycellium du D. necatrix ne se borne pas à envelopper toutes les racines, il les pénètre plus ou moins profondément et amène ainsi la désorganisation complète des fibres du bois.

Ce tissu feutre emprisonne le liber qui ne peut plus servir à la nutrition du végétal comme organe de transmission des substances alimentaires aussi indispensables pour la plante que pour l'homme. Le dematophora necatrix se développe d'autant plus sûrement que le milieu est humide, et la force du parasite accroît au fur et à mesure que les racines s'affaiblissent. Alors il se produit encore, indépendamment du feutrage dont nous avons parlé, des fructifications très

---

(1) R. Hartig (*der Würzelpilz*, lcc. cit.).

abondantes d'un aspect particulier. C'est une reunion de filaments cloisonnés, tels que l'indique la figure 38.

Ces fébrilles s'étalent en branchage et en plusieurs ramifications sur les extrémités desquelles naissent des spores un peu ovoïdes qui se propagent aux environs.

Le nombre de ces spores est considérable. Leur petitesse est extrême (2 à 3 millièmes de millimètre) : on suppose que leur dissémination a lieu surtout par les courants d'eau, les labours, etc. (1).

Agaricus melleus

D'après M. Millardet, ce champignon serait une des causes du pourridié; cependant MM. Fœx et P. Viala ne sont pas tout à fait convaincus qu'il soit un parasite actif. Dans tous les cas, il est établi qu'il peut produire des effets désorganisateurs sur les racines de conifères, de cerisier, de poirier et quelquefois sur les vignes.

M. Wunsche décrit comme il suit la fructification de l'A. melleus (figure 39) : « Chapeau garni de petites squames velues, noirâtres ou brunâtres, que la pluie enlève facilement, couleur de miel (jaune brunâtre clair) jusqu'à brun sale, mince strié au bord, qui est étalé, large de 0^m05 à 0^m10, parfois encore plus large, lames adnees découvertes par une dent,

Fig. 38.

Extrémité d'un pied fructifère du D. necatrix; les dernières ramifications étalées portent des spores ; B une ramification avec renflements échelonnés sur lesquels sont insérées les conidies. — Grossissement : 420/1. et B 1000/1 (d'après M. Robert Hartig.

Fig. 40.
Touffe d'agaricus melleus jeunes.

Fig. 39.
Agaricus melleus.

---

(1) *Les Maladies de la Vigne*, P. Viala.

assez distantes, pâles, vers la fin un peu taché de rouge brunâtre, saupoudrées. Pied à tissus spongieux plein, élastique, souvent courbé, à collerette floconneuse, rabattue, d'un jaune bleuâtre, haut de 0^m05 à 0^m12. »

Ce champignon est comestible, il appartient à la famille des agaricusées. Comme toujours, ce sont ses filaments myceliens qui détruisent les tissus en les traversant.

Rœsleria hypogœa.

Le Rœsleria hypogœa a été rencontré en Amérique par plusieurs naturalistes, notamment dans le Missouri, par M. Planchon..

M. Prilleux l'a signalé, il y a quelque temps, comme ayant causé des dommages sérieux en France et même la mort de certaines vignes de la Haute Marne.

Nous l'avons trouvé nous-mêmes sur plusieurs points de l'Algérie.

Comme on le voit dans la fig. 41, le mycelium du R. hypogœa est très fin et délicat, il vit à l'intérieur des tissus du bois et ne se montre jamais à l'extérieur.

Ses fructifications sont armées de petites têtes d'un blanc grisâtre, ayant une hauteur de 5 à 6 millimètres (figures 42, 43, 44), elles sont constituées par des thèques nombreuses et serrées et renfermant chacune 8 spores.

Le rœsleria hypogœa, d'après M. P. Viala, est un parasite sarcophite, c'est à-dire qu'il s'attaque surtout au bois.

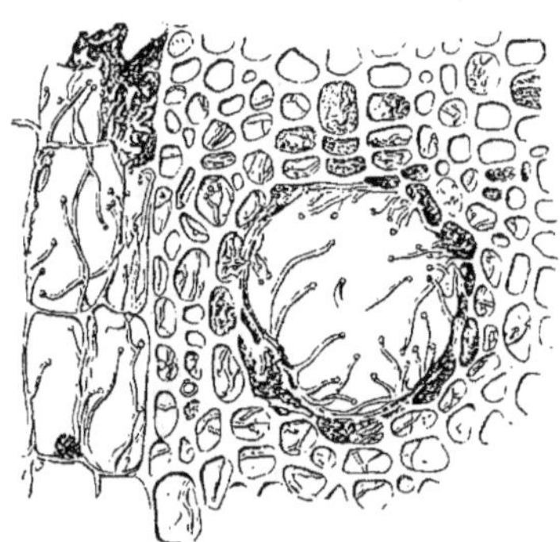

Fig. 41.

Coupe du bois d'une racine attaquée par le rœsleria ; le mycelium est abondamment répandu dans tous les éléments du bois. — Grossissement 259/1 (d'après M. E. Prilleux).

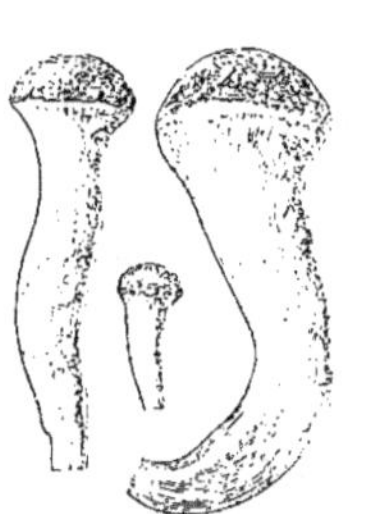

Fig. 42.   Fig. 43.   Fig. 44.

Figure 42. — Rœsleria hypogœa sur une racine de vigne.
Figure 43. — Pieds fructifères du rœsleria. — Grossissement 4/1 (d'après M. E. Prilleux).
Figure 44. — Coupe suivant l'axe d'une fructification de rœsleria.

Conditions de développement du Pourridié.

Ainsi qu'on l'a déjà dit, le pourridié se développe surtout dans les terrains argileux et marneux qui retiennent de l'eau en excès.

On rencontre assez souvent dans les thalwegs, des couches glaiseuses imperméables qui ne se laissent pas traverser par l'eau et qui, au contraire, la retiennent et, pour ainsi dire, l'emmagasinent. Quelquefois même des terrains paraissent sableux à la surface et leur sous-sol est parsemé de loupes plastiques qui retiennent l'eau au grand détriment des racines qu'elles privent d'aération.

Si, par malheur, des ceps se trouvent placés dans ces sortes de cuvettes, ils seront inévitablement atteints du pourridié.

Plaçons ici quelques observations :

1° Les plantations sur défrichements profonds sont indemnes de pourridié;

2° Toutefois même, si les défrichements ont été suffisamment profonds, les plantations faites sur un sol qui a été precédemment planté en chênes-liège ne sont pas absolument a l'abri des cryptogames et du pourridié;

3° Les vieilles vignes sont plus sensibles à cette maladie que les jeunes;

4° Enfin, tout ce qui peut contribuer à produire un excès d'humidité dans le sous-sol, cause presque inévitablement le pourridié.

Traitement du Pourridié.

Ce que nous venons de dire de la cause du mal, suffit à faire comprendre le remède essentiel.

Le traitement d'une vigne pourridiée consiste à enlever l'excès d'humidité du sous-sol, soit à l'aide de drainages, soit par des labours aérateurs très profonds, s'il y a pente. Toutefois comme il vaut mieux prévenir que guérir, nous conseillons aux viticulteurs de s'assurer, avant de planter, que le sous-sol du terrain choisi est suffisamment perméable pour empêcher l'excès d'humidité.

Lorsque l'on voit les souches dépérir dans un plantier par suite du pourridié, le meilleur moyen consiste à arracher sans hésitation les souches atteintes, car la propagation du mycelium et des spores est d'une rapidité qui paralyse tous les efforts.

Avant de replanter à nouveau, il faut bien entendu mettre le sol et le sous-sol en état par de bons défoncements, des drainages bien établis, comme ceux que nous avons conseillés au chapitre *terrains à sous-sols humides*. Sans ces précautions élémentaires, la nouvelle vigne serait inévitablement atteinte comme l'ancienne.

Les mêmes causes produisent fatalement les mêmes effets dans la viticulture comme en mainte autre chose.

Lorsque l'on enlève les anciennes souches, il faut ramasser tous les débris de racines, se bien garder d'en laisser, si peu que ce soit, sur le sol ou dans la terre.

Nos lecteurs nous pardonneront d'insister, à tant de reprises, sur des détails minutieux en apparence. — C'est à ces petites précautions qu'ils devront la prospérité et peut-être le salut de leur vigne.

Une autre précaution non moins importante, lorsque l'on extirpe une vigne pourridiée pour la remplacer par une autre, consiste à verser 5 litres d'eau acidulée par l'acide sulfurique dans chaque trou.

FORMULE N° 7. { Eau...................... 97 litres.
{ Acide sulfurique .... 3 litres.

Les organes cryptogamiques qui sont touchés par cette eau sont immédiatement détruits.

MÉLANOSE

La mélanose, dit M. P. Viala, dans son *Traité des Maladies de la Vigne* « est une maladie spéciale aux parties chaudes des États-Unis; je ne l'ai pas observée dans le Nord, mais seulement dans le Tennesse et le Missouri sur Elvira, Taylor, Clinton; dans le sud-ouest du Missouri et le Texas, très abondante sur Riparia, Rupestris. Elle détermine rarement (Clinton, Rupestris à petites feuilles) la mortification d'une grande partie du parenchyme et la chute anticipée des feuilles. Elle existe dans les milieux secs et arides et dans les milieux frais; elle n'a, en général que peu d'importance, aussi bien en Amérique qu'en France, où on la trouve partout où sont cultivées les vignes sauvages. »

M. Fellmer, agent phylloxérique de Blidah, en a rencontré quelques traces sur des cépages situés en terre sèche, à Mouzaïaville. En résumé, ses effets sont sans danger sur le fruit.

D'après M. P. Viala (1) : « De petites taches punctiformes d'un brun fauve clair et également apparentes sur les deux faces de la feuille sont les premiers signes extérieurs de l'apparition de la mélanose. Ces taches, de dimensions très réduites ($0^{mm}05$ à 1^{mm} de diamètre en moyenne) et à contour circulaire, sont légèrement creusées au centre; par contre les bords sont un peu en relief. Elles sont réparties tantôt peu nombreuses, tantôt en nombre considérable sur toute la surface du parenchyme, qui, dans ce dernier cas, paraît criblé de petits points. Les lésions qui en résultent alors pour la feuille sont sans importance, mais l'altération ne s'arrête pas à cette place. »

Traitement.

Pour arrêter net sur-le-champ la propagation de cette maladie, il suffit de pulvériser sur les feuilles malades, du liquide de la formule n° 3.

---

(1) *Les Maladies de la Vigne*, p. 356.

GLADOSPORIUM ET SEPTOSPORIUM

Ces parasites sont très répandus aux États-Unis aussi bien sur les vignes cultivées que, dans les forêts, sur les vignes sauvages.

En Algérie, on les rencontre rarement. « Le *gladosporium viticolum* forme, sur les feuilles jeunes aussi bien que sur les feuilles adultes, de grandes taches de 2 a 3 centimètres de diamètre, qui altèrent leur parenchyme et les dessèchent; la récolte est indirectement compromise. »

Le *gladosporium fulkelii* est un champignon également parasite, mais encore moins dangereux que les précédents.

Traitement.

Comme pour la mélanose, il suffit de pulvériser sur les feuilles malades du liquide de la formule n° 3.

FUMAGINE

La fumagine a été constatée dans beaucoup de vignobles en France, Algérie, Tunisie, Italie, Autriche, Allemagne et Amérique.

D'après M. P. Viala (1), cette maladie cause bien rarement des dommages appréciables et n'est aucunement comparable, comme gravité, au noir des oliviers et des orangers, excepté cependant dans les serres à vigne.

« La fumagine se présente sur tous les organes de la vigne (le plus souvent quand ils sont encore à l'état herbacé) sous forme de poussière noire, parfois très abondante et recouvrant toutes les surfaces. Cette poussière est due à un champignon. Par la couche épaisse qu'elle forme, elle entrave la fonction chlorophyllienne et les fonctions de transpiration et de respiration. Il en résulte indirectement une souffrance pour la plante, et par suite, une imparfaite maturation. Les raisins de table salés par cette couche noire assez adhérente, sont impropres à la vente; les vins qui en proviennent conservent un certain goût désagréable. »

Cette affection est très rare en Algérie et en Tunisie, on ne la rencontre que dans les bas-fonds ou dans les lieux trop abrités.

Traitement.

Pour faire disparaître la fumagine, il sera nécessaire d'avoir recours à une pulvérisation du liquide n° 3 sur les feuilles malades.

---

(1) *Les Maladies de la Vigne*, p. 382.

BRUNISSURE

La brunissure est inconnue en Algérie et Tunisie; elle existe cependant en Europe depuis 1889.

C'est en juillet que l'on commence à observer cette maladie qui s'accentue dans les mois d'août et septembre, où elle se développe avec intensité.

D'après M. P. Viala (1) : « La brunissure n'attaque généralement que les feuilles. Les premières lésions se présentent, sur leur face supérieure, comme les taches irrégulièrement carrées ou étoilées, de quelques millimètres, d'une couleur brun clair, et bien délimitées sur leurs bords; elles sont groupées entre les nervures. Ces taches s'agrandissent, forment peu à peu de larges plaques brunes qui s'étendent de plus en plus, et bientôt la couleur verte normale des feuilles saines n'existe plus qu'au pourtour du limbe et le long des nervures; la teinte brune est surtout accusée dans la région du pétiole.

» Cette teinte brune passe, sur certains cépages ou sous l'influence de conditions de milieu non encore précisées, à une coloration brun rougeâtre, puis jaune rougeâtre ou rouge salé; de loin l'ensemble des feuilles d'un cep attaqué parait comme roussi. Cette coloration rougeâtre se manifeste aussi, mais avec moins d'intensité, sur la face inférieure. »

MALADIE DE CALIFORNIE

Cette maladie parait localisée jusqu'à ce jour en Californie.

M. P. Viala, dans sa mission en Amérique, a parfaitement étudié cette nouvelle maladie. Voici comment il s'exprime a son sujet dans son *Traité des Maladies de la Vigne*, p. 407 : « La *Maladie de la Californie* est une affection dont les effets désastreux ont été comparés à ceux du phylloxera; elle détermine non-seulement des pertes importantes de récolte, comme le font le mildiou, l'oïdium, le blak-rot, mais elle amène souvent dans l'espace d'un ou deux printemps, la mort brusque des vignes. En 1886, au moment où les viticulteurs de la Californie commençaient à avoir des craintes pour l'avenir de leurs vignobles, les pertes de récoltes étaient considérables. »

La cause est due a un *plasmodiophora* que M. Viala a séparé de celui de la brunissure sous le nom de *plasmodiophora Californica*.

Cette maladie se développe aussi bien sur les jeunes que sur les vignes âgées, dans toutes les natures de sol et dans toutes les situations.

« Les premières taches dans un vignoble forment généralement des bandes longitudinales de souches mortes ou mourantes, autour desquelles la maladie

---

(1) *Les Maladies de la Vigne*, p. 402.

s'étend rapidement. Les indices du mal se manifestent dès le printemps et commencent par l'extrémité des pousses; la maladie gagne peu à peu vers la base des rameaux; on constate ensuite des altérations dans les bras, le tronc et, en dernier lieu, sur les racines.

» Les jeunes rameaux des souches malades portent avec beaucoup de retard et poussent mal; ils sont plus ramifiés qu'à l'état normal, courts, à nœuds rapprochés, et ils présentent des caractères extérieurs d'altération comparables à ceux des feuilles. A l'automne, les sarments desséchés, parfois partiellement aoûtés, d'une couleur cannelle foncée a l'extérieur, ont les zones brunes et noirâtres dans le bois; la tige est zonée de brun et de noir comme les rameaux. Les sarments, pris comme boutures sur des souches attaquées transmettent la maladie aux ceps qui en proviennent. Les radicelles des pieds atteints sont peu nombreuses; l'écorce noirâtre des racines se sépare facilement; le bois est spongieux, noir et juteux.

» Sur les feuilles il se produit d'abord une décoloration du parenchyme par plaques irrégulières disposées entre les nervures et sur le pourtour du limbe : elles sont jaunâtres et se décolorent de plus en plus. Elles deviennent définitivement rouges ou rouge brun, parfois d'un rouge noirâtre, d'où le nom de black measle (rouge noire) donné par quelques viticulteurs californiens à cet état de maladie. Ces taches sont entourées de zones plus claires et se rejoignent parfois en formant des bandes longitudinales qui occupent presque tout le parenchyme. Les nervures non altérées sont toujours entourées d'une bordure verte. Les feuilles sont définitivement bariolées et elles sèchent en se retournant sur les bords. Elles tombent souvent pendant le printemps ou au commencement de l'été; les nouvelles feuilles qui poussent alors sur de nouveaux rameaux secondaires sont altérées à leur tour. Les fruits sèchent sur la plante et tombent. »

M. N. B. Pierce, indique les différences de résistance que présentent divers cépages à la maladie de Californie :

Cépages les moins résistants : *Mission's Grape, Sultana.*

Cépages de résistance moyenne : *Muscat d'Alexandrie, Malaga, Zinfandel. Chasselas doré, Traminer, Riesling, Mataro, Catawba, Concord, Ives Seedling, Isabelle, Delaware,* etc.

Cépages les plus résistants : *Tokay, Malvoisie noire, Jaquez, V. Californica, Mustang,* etc.

Traitement.

Nul doute que de bonnes pulvérisations, faites avec le liquide de la formule n° 3, produisent la prompte guérison de cette maladie.

PARASITES VÉGÉTAUX

AÉRIENS ET SOUTERRAINS

MOUSSES, LICHENS ET MUSCINÉES

L'humidité générale des terrains, leur peu d'aération ou le séjour de l'eau sous l'écorce de certaines vignes, ont pour résultat de faire naître sur le précieux arbuste des mousses qui nuisent à son développement et qui détournent à leur profit une partie des sucs nourriciers du plant.

Les mousses présentent quelquefois, en Algérie, des proportions d'une maladie véritable.

Le remède est des plus simple : il consiste a passer le gant de fil d'acier autour du corps du cep; puis à badigeonner ou pulvériser, comme nous l'avons indiqué pour les traitements cryptogamiques, avec l'eau acidulée selon notre formule n° 1. Les mousses sont instantanément détruites.

A défaut d'acide, on peut employer un autre moyen mais d'une efficacité inférieure. Ce moyen consiste à badigeonner les souches avec la composition suivante :

FORMULE N° 8
- Chaux vive en pierre......... 10 kilos.
- Eau.... . ... 50 litres.
- Potasse .... 1 kilo.

Ce lait caustique sert à badigeonner les ceps, et les mousses se détachent peu à peu, mais moins efficacement qu'avec l'eau acidulée. Ce procédé est certainement moins radical que le premier et coûte beaucoup plus cher.

CUSCUTE DE LA VIGNE

(Cuscuta monogyna)

En Algérie, nous sommes quelquefois envahis par une plante parasitaire qui cause de grands dommages dans les vignes situées en terre fertile, elle est connue par les Algériens sous le nom de *cuscute de la vigne*. (Figure 45).

Fig. 45.

Cuscute de la vigne.

Cette plante a été décrite par Pouzols, qui la détermine ainsi qu'il suit :

Tiges : Rameuses, entortillées, épaisses de 2 millimètres, souvent rougeâtres, chargées de petits tubercules saillants.

Fleurs : Violacées ou jaunâtres, disposées par petits paquets, en grappes interrompues, tantôt courtes, tantôt allongées, rarement en glomérule, sessiles ou pédonculés.

Calice : A lobes ovales-obtus, membraneux au sommet, atteignant le tiers de la corolle : celle-ci à tube *subcylindrique* pendant la floraison, à cinq dents très courtes. Ecailles à deux lobes trifides, appliquées contre le tube de la corolle.

Etamines . Non saillantes, *styles* soudés, inclus ; un seul stigmate à tête globuleuse.

Capsule : Très grosse, obovale, à deux loges monospermes ou dispermes.

Graines : Brunes, lisses, très grosses — *Fleurit* en juillet et août.

Cette cuscute est étouffante pour la vigne, elle se nourrit et suce la sève du cep en le perçant de ses suçoirs ; sa vitalité est d'autant plus grande qu'elle a elle-même pu s'implanter en terre par ses nombreuses radicules qui pénètrent légèrement le sol, et si on ne l'enlève pas au début, elle produit d'abondantes graines qui, l'année suivante, germent pour envahir à nouveau les endroits environnants où elle croit.

La cuscute peut entraîner le dépérissement des souches et la destruction de nombreuses grappes de raisin.

Traitement.

Les labours, les hersages et les scarifiages répétés combattent utilement les développements de cette plante parasitaire en lui empêchant de s'accrocher aux ceps. On peut encore l'arrêter purement et simplement en binant les racines.

Enfin, on peut faire disparaître la cuscute par un moyen radical qui consiste à verser sur le pied du parasite de l'eau acidulée, comme pour la mousse.

La cuscute de la vigne n'envahit généralement que les vignes situées dans les terres fertiles, humides et mal entretenues.

LISERON DES CHAMPS

Le liseron des champs (Fig. 46) se développe de préférence dans les terrains frais et humides ; s'il est moins dangereux que la cuscute, il n'en est pas moins embarrassant et difficile à détruire.

Comme la cuscute, sa tige s'élève ensuite pour envelopper le pied de vigne le plus voisin et pour y poser ses suçoirs qui s'attachent au liber pour s'approprier les sucs nutritifs de la plante.

Le liseron arrête la production des raisins et fait dépérir la vigne dont elle entrave la végétation normale.

Fig. 46.
Liseron des champs.

Traitement.

Comme pour la cuscute, le remède consiste à entretenir convenablement la vigne par des façons de labours et de piochage et une surveillance constante afin de l'enlever lorsqu'il se montre. En procédant pendant deux années de la sorte, on pourrra s'en rendre maître.

La cuscute liseron est une excellente nourriture pour les vaches et les porcs. Les lapins en sont très friands. — Le viticulteur a donc tout intérêt à débarrasser ses vignes de ce parasite qui est l'ennemi de sa récolte.

CHIENDENT

Le chiendent (figure 47) a, dans l'imagination comme dans le langage populaire, la triste réputation d'un ennemi tenace. Il l'a mérité. « Nous n'en voulons qu'à ses racines », disent les cultivateurs. C'est en effet la racine seule du chiendent qui est nuisible à la vigne. Malheureusement cette racine est d'une opiniâtreté presque invincible.

Dans les sols un peu argileux et humides les racines du chiendent pénètrent profondément dans le sol; elles s'entrelacent, s'enchevétrent, dévorent et sucent les principes fertilisants du sol au détriment des vignes. Elles semblent disparaître sous les instruments, mais il en reste toujours quelques brindilles qui suffisent au repeuplement souterrain. *C'est une vraie lutte?* Il y a des viticulteurs qui se laissent envahir par le chiendent et qui renoncent au combat.

Cependant, rien n'est plus simple que de s'en débarrasser.

M. Dombasle en indique le moyen, ainsi que nous l'avons pratiqué pour la préparation du sol.

Il suffit tout simplement de couper la tête au chiendent quatre ou cinq fois de vingt jours en vingt jours pendant les grandes chaleurs.

Fig. 47. — Racine de chiendent vivace.

Ce travail doit être exécuté à la charrue coupante et au scarificateur ainsi que nous l'avons déjà décrit.

Un procédé très expéditif, pour détruire le chiendent sur des surfaces moyennes, consiste à arroser les taches ou touffes de chiendent avec de l'eau d'épuration du gaz additionnée d'autant d'eau ordinaire.

Les chaux d'épuration du gaz détruisent également ce parasite végétal.

Quelques litres d'eau d'épuration suffisent pour plusieurs mètres superficiels de chiendent.

CHAPITRE XIV

MALADIES ET ENNEMIS DE LA VIGNE

PARASITES ANIMAUX

SOMMAIRE :

MALADIES & ENNEMIS DE LA VIGNE

MOLLUSQUES

LIMAÇONS OU HÉLICES

Les limaçons ou hélices et leurs variétés multiples causent de grands dommages à la vigne. C'est vers les mois de mai et d'avril, au moment même du débourrement, qu'on les voit apparaître comme une légion dévastatrice. Ils montent sur les souches et dévorent les jeunes pousses, marquant partout la trace de leur passage par des destructions plus ou moins appréciables à première vue, mais qui exercent toujours une influence des plus fâcheuses sur l'avenir du vignoble.

Les mollusques, en raison même de leur constitution physiologique, sont plus nombreux dans les pays calcaires, où ils trouvent en abondance la matière première nécessaire pour la confection de leur coquille. C'est le cas pour beaucoup de localités d'Afrique; en outre, l'absence de gelée dans ces pays permet à leurs œufs de résister à l'hiver et à ses froids tempérés.

La plus grosse variété d'hélice qui soit connue en Algérie est l'*Hélice Potama* ou vigneronne. — C'est aussi la plus meurtrière.

Heureusement, depuis quelques années, l'hélice vigneronne est entrée dans l'alimentation publique sous le nom d'escargot. Le nombre des amateurs augmente chaque jour et les escargots, détruits et utilisés, deviennent ainsi une ressource après avoir été si longtemps un fléau. Il n'en est pas moins nécessaire de leur faire la chasse en raison de leur énorme faculté de reproduction.

A la suite de l'hélice vigneronne nous classons une quantité considérable d'espèces plus ou moins nuisibles, telles que :

L'*Hélice à bouche noire* qui se montre après les pluies sur le bord des vignes.

L'*Hélice naticoïde,* assez commune en Algérie. Elle est assez fréquente dans nos vignobles surtout en coteau, possédant une chair très fine, très estimée pour l'alimentation.

L'*Hélice chagrinée.* Cette espèce attaque les jeunes bourgeons des vignes placées près des jardins.

On remarque également la *petite Hélice blanche,* très commune en Algérie mais moins dangereuse que les autres variétés.

Les hélices vivent retirées pendant les grandes chaleurs, mais aussitôt que la température baisse et surtout à la suite des pluies, elles se glissent vivement sur les ceps de vigne où elles vont chercher leur nourriture.

En Algérie, les froids étant tempérés, on rencontre l'hélice partout et presque toujours en mouvement. Elle pond une grande quantité d'œufs, enveloppés de débris calcaires finement réduits et dont l'éclosion ne se fait pas attendre longtemps.

LIMACES

Les variétés de limaces sont nombreuses, quoiqu'elles diffèrent par la forme et les habitudes des escargots leurs congénères ; elles font également beaucoup de mal à la vigne. On ne saurait les surveiller avec trop d'attention et les poursuivre d'une manière très énergique.

La nature a d'ailleurs pourvu elle-même aux dangers que pourrait occasionner l'effroyable pullulation de ces mollusques.

Les limaçons ont des ennemis terribles dans certains de leurs congénères d'abord, tels que le gros limaçon Peson de la Zondtr, qui en dévore des tribus entières, et ensuite dans certains insectes qui en font aussi leur régal.

Citons à cet égard pour la curiosité du fait un coléoptère, le *Drilus flavescens,* qui monte sur la spire de l'hélice, puis profite du moment où il sort de sa coquille pour s'y glisser. Une fois installé là, il dévore petit à petit le maître de la maison. Quand il ne reste plus rien de sa victime, il va imposer a un autre sa cohabitation meurtrière, et il agit successivement ainsi pour un certain nombre de limaçons, jusqu'à ce qu'il passe à l'état de nymphe dans la dernière coquille qu'il a vidée.

Les gros crapauds, les hérissons, sont de très utiles auxiliaires du vigneron dans la chasse aux hélices. Malheureusement on ne sait pas assez les services que rendent ces animaux, et il n'est pas rare de les voir voués par le paysan à une destruction stupide.

Enfin, il faut compter, parmi les collaborateurs d'occasion du viticulteur dans la chasse aux escargots, les gastronomes qui en font leur plat favori. Nous avons dit plus haut que leur nombre s'accroît tous les jours en Algérie. Mais il y a un danger contre lequel nous voulons prémunir les amateurs d'escargots.

On ne saurait trop leur recommander d'éviter de manger ceux de ces mollusques qui auraient parcouru une vigne traitée par le sulfate de cuivre; il pourrait se produire des cas d'empoisonnement.

On a du reste remarqué qu'il est très rare de voir des limaçons sur des ceps qui ont été badigeonnés en hiver au moyen de cette composition éminemment toxique. On dirait qu'un prudent instinct les en éloigne.

Dans le Médoc, on installe dans les vignes, vers le 1er mars, des volières portatives, petites maisons de bois construites en planches, revenant à 7 ou 8 francs et pouvant durer une dizaine d'années. Le prix de revient est donc très abordable, d'autant plus que les pontes de la volaille viennent fournir un bénéfice immédiat.

Pour les grandes exploitations viticoles, on a construit un poulailler roulant (Figure n° 48).

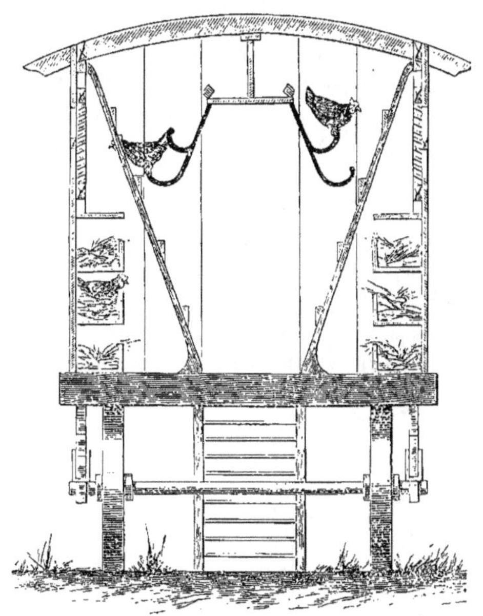

Fig. 48. -- Poulailler roulant.

Voici d'après Gayot (1), comment l'établit M. Giot, de Chevry, près Brie-Comte-Robert :

« Établi sur 4 roues, il a 6 mètres de longueur, 2 mètres de largeur et 2 mètres de hauteur, proportions plus que suffisantes pour le logement aisé des

(1) *Guide pratique pour le bon aménagement des habitations et des animaux* (Vol. III, p. 287).

350 élèves qui doivent y passer quelques mois au plus, sous la surveillance d'un homme de confiance. Le devant forme une chambre séparée par une cloison : elle a sa porte d'entrée et une fenêtre, et diminue de 1ᵐ20 la longueur du poulailler. Elle sert de dortoir, de lieu de repos au gardien. En arrière il y a une porte avec escalier. A l'intérieur, il y a un chemin libre au milieu, à droite et à gauche sont les juchoirs. »

Les volailles se promènent dans tous les sens autour de ce poulailler jusqu'à une certaine distance pour chercher leur nourriture, soit en escargots, soit en insectes, etc. Aussi constate-t-on, après trois mois de séjour dans la vigne, que les volailles se sont engraissées pendant que la végétation est devenue belle et vigoureuse.

La fécondité des hélices.

Pour donner une idée des proportions que peut prendre le développement des hélices ou escargots, rappelons que, d'après Petit-Laffite, l'escargot pond jusqu'à cent œufs et, comme les escargots sont hermaphrodites, ils sont tous féconds ; on aurait donc, dans les *pays sans gelées*, si la pullulation se faisait sans obstacles, l'étonnante progression qui suit :

100 escargots donnent, la première année $100 \times 100 = 10,000$; la deuxième année $10,000 \times 100 = 1,000,000$; la troisième année $= 100,000,000$ (cent millions) et ainsi de suite.

Contre des ennemis dont la puissance prolifique est à ce point aussi redoutable (surtout dans les petites espèces) comme celles qui viennent d'envahir les environs de Djidjelli, il faut s'armer de moyens de défense en rapport avec l'attaque.

Le remède.

L'unique moyen consiste à s'armer de patience et à débarrasser la vigne, pied par pied, en ramassant à la main, hélices, escargots, limaçons et limaces, vers la pointe du jour, quand ils sont encore sur les ceps. On se sert, à cet effet, d'un entonnoir en fer blanc muni d'un petit sac noué à sa base, dans lequel on les fait tomber à l'aide d'un petit bâton pointu. On recommande aussi, si elles vivent en grande quantité, aux environs d'une vigne de faire une traînée de chaux vive en poussière autour de cette vigne ; la largeur de cette traînée doit être de 15 à 20 centimètres.

ARACHNIDES

PHYTOCOPTES EPIDERMI (ERINOSE)

On désignait autrefois sous cette dernière dénomination, une déformation de la feuille de la vigne que l'on prenait pour un phénomène végétal purement accidentel, mais il est démontré aujourd'hui par les observations de Dumal, Fabre et Landais, que cette maladie de la feuille est due à une variété de limaces appelées Accariens. Ces limaces à l'état de larves à corps allongés et vermiformes vivent dans une sorte d'excroissance de la feuille, produite par la piqûre de la limace femelle. Ces larves s'enkystent dans la feuille et il en sort un nouvel insecte hexapode qui se développe rapidement et dont l'existence est d'ailleurs très limitée, car les anciens accariens vivent peu à l'état adulte.

Fig. 49. — Feuille de vigne atteinte d'Erinose.

Ces larves n'en exercent pas moins des ravages très appréciables en France, et dans ces temps derniers a Djidjelli.

Les feuilles atteintes par la piqûre du phylocopte (Figure 49) sont déformées et boursouflées, par places, sur la face supérieure; les creux correspondent à la face inférieure. Ces parasites sont comme fourrés, à la face inférieure partie feutrée « blancs au printemps, et plus tard roussâtre ou de couleur de tabac plus ou moins foncé » (1).

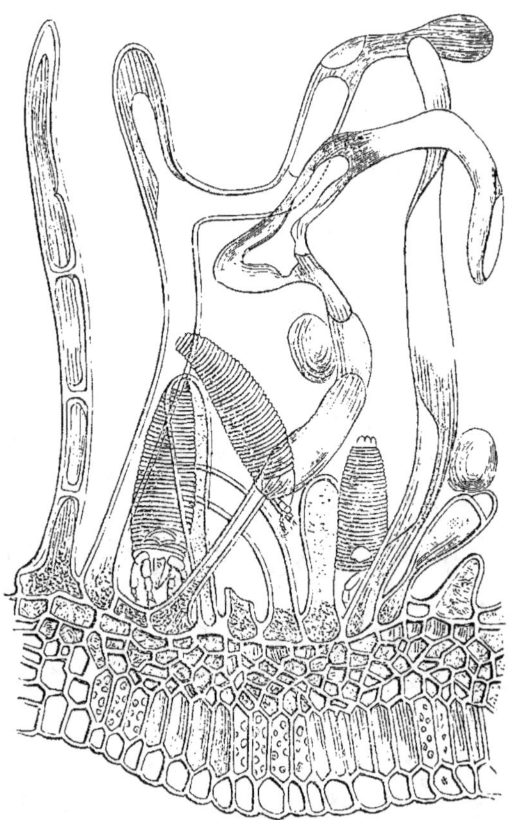

Fig. 50. — Coupe d'une galle d'Erinose avec les Phytoptus (d'après M. Briosi).

« La larve à 4 pieds (Fig. 51, p. 523) étant la forme la plus commune du *Phytoptus*, elle est la seule que l'on trouve pendant la belle saison entre les poils de la galle ». Sa description est parfaitement établie par M. Valéry Mayet, dans son *Traité des Insectes de la Vigne*.

Cette larve est très vivace. Esprit, Favre et Dunal considèrent le phytoptus comme très nuisible à la vigne, surtout lorsque les galles ont épaissi et déformé les feuilles.

---

(1) Briosi et Nibiais.

Voici ce qu'ils en disent, dans le *Bulletin d'Agriculture de l'Hérault*, 1853, à ceux qui ne croyaient pas encore à l'origine animale de l'*Erinose* :

« Cet *Erineum* qui désole nos vignes du Languedoc, diffère assez de l'*Erineum Vitis* pour en être distingué au moins comme une variété, à laquelle nous donnerons le nom de *necator* (meurtrier). » Ils semblent confondre ses ravages avec ceux de l'*Oïdium* : « Je n'ai jamais vu, dit Dunal, sur les feuilles de nos vignes que l'*Erineum* même quand les fruits étaient couverts d'oïdium. L'*Erineum necator* commence par attaquer les jeunes feuilles, les altère de telle manière qu'elles ne fonctionnent qu'imparfaitement, et dans un âge plus avancé ces feuilles tombent ou ne fonctionnent plus. »

Landais, auteur allemand, qui a été guidé dans ses recherches par les nombreux travaux de ses devanciers et qu'il oublie de citer, constate « quand ces Acariens ne sont pas nombreux leur influence pernicieuse ne se remarque pas facilement et une apparition sporadique sur quelques feuilles n'a pas une influence considérable sur la production. Mais pour se faire une idée des suites funestes de l'apparition d'un grand nombre d'acariens, nous citerons comme preuve le fait suivant :

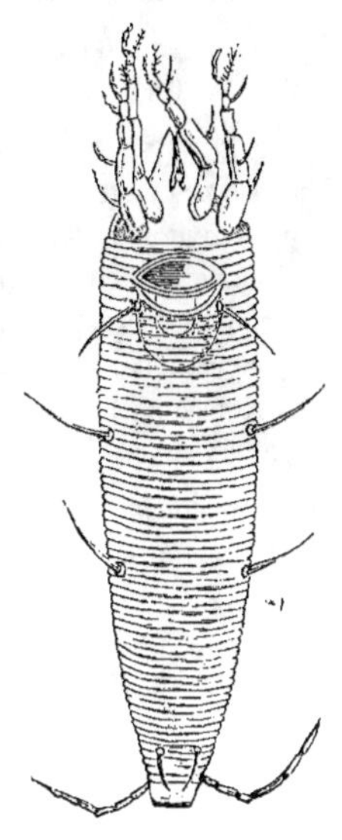

Fig. 51. — Phytoptus vitis (larve), 850 diamètres, d'après M. Briosi.

« Dans un jardin bien à l'abri du vent, se trouve adossé à un mur un cep de vigne grand et vigoureux. Depuis deux ans, la présence des acariens sur les tendres productions foliacées des bourgeons en évolution se faisaient remarquer, dès le printemps, par l'apparition des excroissances en question. A mesure que les feuilles et les fleurs se développèrent, le dommage causé par les acariens s'étendit de plus en plus, jusqu'à ce qu'enfin il ne resta plus sur le cep une seule feuille qui n'eût été totalement envahie par les excroissances, et par suite, il ne se développa pas un seul raisin malgré les fleurs abondantes qu'avait porté le cep. Après la fécondation de la fleur, les ovaires restèrent dans le même état sans se développer, et on ne vit apparaître sur chaque grappe que trois ou quatre grains au plus, trop pauvres en sève et dépourvus de sucre. »

M. Mayet dit que Dunal a mis sur le compte de l'*Erinose* une grande partie des dégâts commis par l'oïdium, et que Landais semble ignorer que la coulure est la cause du millerandage et que le manque de sucre est dû tout simplement à l'oïdium.

M. Ravaz nous dit que tous les cépages ne sont pas affectés de la même manière :

« Les dégâts de l'Erinose, dit-il, varient avec la nature du cépage atteint. La liste suivante fait connaître la manière dont se sont comportées, à ce point de vue, en 1886, les vignes cultivées dans les collections de l'École d'Agriculture de Montpellier.

» *Cépages très atteints :* Souvenir du Congrès, Sucré de Marseille, Clairette Mazelle, Noir Hardy, Buchter, Aramon-Piquat, Aramon, Cinsaut, Muscat de Frontignan, Muscat rouge, Gros Ribier, Petit Ribier, Bonne Vituaigne, Piquepoul rouge, Pougnet, Gros Gamay, Montepulciano, Muscat rond d'Espagne.

» *Cépages assez atteints :* Michelin, Muscat, Talabot, Terret-Bourret, Muscat Bifère, Moulas, Chatus, Guadura, Renard, Pinot blanc, Mazzari, Pietro Corintho, Vigne de Chien.

» *Cépages peu atteints :* Joannenc, Lignan, Comte Odard, Noir hâtif de Marseille, Sauvignon, Aramon blanc, Terret noir, Grenache blanc, Œillade de Bellevue, Olivette noire, Olivette blanche, Olivette jaune, Marocain, Aspiran gris, Piquepoul-Morrastel, Brun-Fourcat, Tibouren, Colombaud, Tripier Altesse, Basplant, Syramuse, Estacca Saouma, Marsanne, Passerille blanche, Syrah, Abelione, Rousse, Chichaud, Gamay de l'Aude, Gamay Teinturier, Gamay très fertile, Gamay noir, Gitana, Silvana, Lacrima nera, Verdicchio, Rodites, etc.

» *Cépages indemnes :* Berlandieri, Mustang, Cinerea, Cordifolia, Grand Noir ou Sphynx, Scupernong, etc. »

Traitement.

Lorsque l'Erineum se produit sur les feuilles, vers le printemps, le remède consiste à enlever les feuilles, de cette façon la propagation se trouve enrayée.

Ces feuilles doivent être brûlées de suite leur cueillette.

Une pulvérisation sur les feuilles à l'aide du liquide selon la formule n° 3 suffit pour arrêter le développement des *Accariens Phylocopt-s.*

COLÉOPTÈRES

ALTISE

(Altica ampelophaga)

L'Altise est un petit coléoptère de 4 à 5 millimètres de long, de couleur vert foncé ou bleuâtre par reflet, et qui apparaît à la loupe finement ponctué de taches brillantes sur le dos et sur les élytres. Les antennes sont brunes, avec leurs trois premiers articles verts. Le prothorax offre assez près de sa base un sillon transversal très prononcé; l'écusson est petit et arrondi. Les pattes sont de la couleur générale du corps avec les tarses bleuâtres (Fig. 52).

Fig. 52. — Altise.

Ses œufs. — Les œufs de l'Altise, au nombre de vingt environ pour chaque ponte sont oblongs, d'un jaune très clair et collés au revers des jeunes feuilles du bas; après quelques jours ils deviennent grisâtres et ensuite noirs.

Quelque temps après leur éclosion, les Altises atteignent leur taille normale. Leur corps légèrement velu est allongé, la tête est lisse, d'un beau noir; les yeux sont placés en arrière; les anneaux du corps sont mous, semés de petits tubercules d'un noir brillant.

En général les Altises opèrent en un mois, et quelquefois plus, leur complète métamorphose (1).

L'Altise peut fournir jusqu'à cinq générations et même six par an. M. Petit Laffite, dont l'autorité est confirmée à cet égard par les observations de M. Audoin dans le Bordelais, déclare qu'un couple d'Altises peut produire, du printemps à l'automne, 1,250 êtres nouveaux.

Dès que les larves de l'Altise ont atteint leur maximum de taille (environ 5 millimètres), elles commencent leurs ravages ; elles broutent, non seulement la feuille, mais le sarment et le pédoncule de la grappe. Bientôt la plante entière, par suite de la disparition du parenchyme, rougit et se dessèche « comme si le fer l'avait atteinte et gelée » (2).

Au bout de quinze jours, les larves, repues, descendent le long de la tige et se creusent à quelques centimètres de profondeur dans le sol, une loge dans laquelle elles passent à l'état de nymphes, puis d'insectes parfaits.

Lorsque les Altises sont parfaites, elles apparaissent au printemps après avoir passé l'hiver dans les herbes sèches, les écorces d'arbres, les broussailles et les branches de cyprès avoisinant la vigne. Elles attaquent alors les premiers bourgeons qui débourrent et s'attachent ensuite aux jeunes fruits et surtout aux feuilles. C'est un véritable désastre, si on n'y remédie au plus vite.

Lorsque les froids d'hiver approchent, elles se réunissent en groupes très condensés dans les herbes sèches, sous les écorces des arbres, dans les haies, dans les cyprès et dans la terre auprès des souches, partout où elles peuvent trouver un abri.

M. Künckel d'Herculaïs, si compétent en ces matières, estime qu'en Algérie, les Altises sont au nombre des ennemis les plus redoutables de la vigne.

Disons en passant que ces ravages causés par les Altises sont connus depuis des siècles. En Andalousie, il y a plusieurs centaines d'années, on faisait des prières publiques dans les églises de *Malaga*, devant des madones spéciales, en vue d'être délivré des Altises. — Chez les Grecs eux-mêmes, qui considéraient ces insectes comme une variété de Cantharides, les auteurs préconisaient les remèdes les plus bizarres contre leur invasion. Palladius rapporte qu'entre autres moyens on faisait faire le tour du vignoble à une femme sans ceinture, pieds nus, à certaines époques du mois.

<hr>

Traitement

L'*Altise adulte*. — Jusqu'à ces dernières années, on se servait exclusivement pour détruire les Altises, d'un disque en fer blanc (Figure 53), pareil à celui qui est

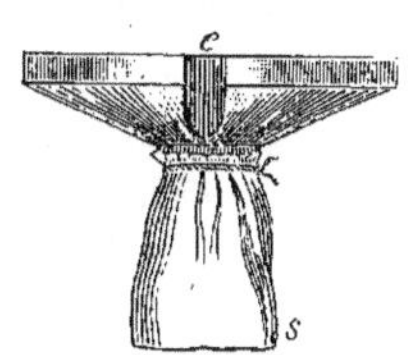

Fig. 53.
Disque en fer blanc.

(1) Valéry Mayet, *les Insectes de la Vigne.*
(2) Petit Laffite.

employé pour recueillir les limaçons, et tous les matins pendant que les Altises étaient encore engourdies sur les bourgeons ou sur les jeunes rameaux, on passait avec le disque sous chaque cep en l'ébranlant légèrement; les Altises tombaient alors et glissaient dans un petit sac. Mais ce procédé devenait coûteux, car il fallait tous les jours le répéter, et souvent dans l'ébranlement du cep, on en détachait une partie des jeunes rameaux chargés de fruits; il s'en suivait une perte que l'on constatait facilement à la vendange.

Le deuxième procédé employé par quelques viticulteurs, consiste à saupoudrer les ceps le matin à la pointe du jour avec diverses poudres; les uns emploient le soufre d'Apt ou du Dahara, les autres de la chaux fusée la veille, ou encore la chaux hydraulique également fusée. Pour employer ces agents pulvérulents on procède de la façon suivante : Dès le matin à la pointe du jour, on saupoudre les feuilles de vigne à l'aide d'une soufrette.

M. Langlois, chimiste d'Alger, a composé un liquide à base de nicotine, qui a la propriété de tuer cet insecte lorsqu'il en est recouvert. Ce procédé mérite d'être essayé à nouveau, quoique étant d'une application assez lente et coûteuse.

Mais tous ces remèdes ne sont que des palliatifs insuffisants et la main-d'œuvre que nécessite leur application est assez coûteuse, surtout dans l'Afrique du Nord, où il est quelquefois difficile de trouver, pour ces menus travaux, des auxiliaires consciencieux et intelligents, à des prix abordables.

Nos recherches et nos expériences personnelles nous ont conduit, dès 1879, à un procédé que nous ne craignons pas de recommander comme moyen préventif, à nos lecteurs, parce qu'il est d'un emploi facile et d'un succès assuré.

Ce procédé est basé sur les mœurs d'hiver de l'Altise Il consiste à former au milieu des vignes et aux alentours des abris dans lesquels l'insecte vient lui-même se réfugier dans la mauvaise saison.

Couper des roseaux de 0^m20 à 0^m25 centimètres de longueur, laisser un nœud, tailler ensuite en sifflet et percer un petit trou d'aération sous le nœud, les piquer par la pointe en terre entre deux souches de quatre en quatre souches. Telle est l'opération, un seul roseau suffit amplement pour deux souches.

Aussitôt que les froids se font sentir, les Altises se retirent dans ces roseaux, parce qu'elles y trouvent un abri commode et à leur portée pour passer l'hiver.

Au mois de janvier on procède au ramassage des roseaux et on les brûle entièrement. Tous les insectes qui s'y trouvent réfugiés sont anéantis.

Prix de revient de ce procédé :

Nous prenons pour base un hectare de 2,750 pieds, soit 1,375 roseaux à placer et déplacer, etc.

Pour faire 1,375 roseaux coupés, il faut :

150 roseaux à 2 fr. le 100...............................	3 »
Façon de coupage et perçage, 1 journée et demie, à 2 fr. 50..	3 75
Pose et dépose des roseaux, 1 journée, à 2 fr. 50...........	2 50
Total............	9 25

Indépendamment de ce moyen, maintenons encore toutefois, comme moyen préservatif, l'opération qui consiste à disposer dans la vigne, de distance en distance, et même autour d'elle avant l'hiver, de petits tas de feuilles mêlés

d'herbes sèches qui forment un abri recherché par les Altises, on brûle ensuite au mois de janvier le refuge et les insectes, l'un portant l'autre.

Si nous préconisons ici le système des roseaux, c'est qu'une longue expérience des résultats acquis nous le fait considérer comme supérieur à tous les autres procédés préventifs. C'est le seul qui nous ait donné des résultats complets et constants partout où nous l'avons appliqué, depuis nos premières expériences de 1879. Sa grande simplicité et son prix très bas le mettent d'ailleurs à la portée de tous nos viticulteurs.

Nouveau procédé de destruction de l'Altise.

M. Portier a imaginé ces temps derniers un nouveau genre de disque métallique emmanché d'une allonge en bois, qu'il désigne sous le nom de *pelle à Altise*.

Nous avons assisté à plusieurs expériences cette année, et chaque fois que nous avons vu fonctionner cet appareil, nous avons constaté que ses effets étaient très satisfaisants.

L'appareil se compose d'un grand disque en tôle ayant 0^m70 à 0^m80 centimètres de diamètre, il est échancré à son centre jusqu'au cercle pour qu'on puisse l'enfourcher sur la souche : en outre il est muni d'une douille dans laquelle s'adapte un long manche en bois de 1^m50 de longueur. Ce grand disque est légèrement bordé.

Lorsque l'opérateur veut se servir de la pelle à Altise, il recouvre sa surface supérieure avec du goudron liquide. Il se dirige ensuite sur chaque cep de vigne qu'il enfourche avec sa pelle en la secouant légèrement, alors on voit toutes les Altises tomber sur le disque : aussitôt que la pelle est couverte d'insectes, l'opérateur racle Altises et goudron avec une spatule. Notons en passant ici que toutes les Altises meurent sur-le-champ. (Voir notre figure 54 démontrant plusieurs opérateurs en fonctions).

Simplification de la main-d'œuvre pour la pelle à Altises.

Depuis quelque temps nous avons fait appliquer notre méthode dans plusieurs vignobles, qui simplifie beaucoup la main-d'œuvre et prévient en même temps une notable portion de dégâts.

Ce moyen consiste à saupoudrer les jeunes rameaux d'un rang de vigne sur deux avec de la chaux hydraulique de Bougie combiné (formule n° 9), que nous avons reconnue supérieure à celles similaires de France.

Ainsi que nous venons de le dire, un rang sur deux doit rester intact de chaux. C'est sur ce dernier que toutes les Altises se réunissent pour dévorer les feuilles et les fruits.

Alors l'opérateur passe contre chaque rang qui n'a pas été saupoudré. Il dépense ainsi moitié moins de temps que s'il opérait pour chaque rangée et il ramasse une quantité d'Altises, encore plus considérable que s'il éparpillait ses efforts sur toute la surface de la vigne.

Composition de saupoudrage des jeunes vignes :

FORMULE N° 9
{ Chaux hydraulique de Bougie.... 50 kilos.
  Plâtre .... 45 —
  Soufre sublimé............. ..... 5 — }

Ces substances seront passées au tamis pour les bluter et les combiner aussi intimement que possible.

On peut encore augmenter la défense de la rangée saupoudrée, il suffira de badigeonner autour de la souche un collier de 7 à 8 centimètres de hauteur avec une solution cuprique que je désignerai sous le titre de formule n° 10.

FORMULE N° 10
{ Sulfate de cuivre......... 2 kilos.
  Eau.................... 25 litres.
  Mélasse................ 500 grammes.
  Ocre jaune............ . 500 — }

Il y en a assez pour 5,500 pieds.

Comme on le voit, notre combinaison se résume :

1° Dans l'enlèvement d'une grande partie des Altises par nos abris;

2° Dans la défense du vignoble avec moitié de dépense;

3° Dans le ramassage destructif immédiat par le procédé de M. Portier.

Fig. 55. — Stiretrus Cœruleus.

Cette étude sur l'Altise serait incomplète, si nous ne rappelions ici qu'il existe une punaise bleue qui donne à l'Altise une chasse à outrance, c'est le *Stiretrus Cœrul·us* (Fig. 55).

Elle en fait sa nourriture préférée et la suce jusqu'à ce qu'il ne reste plus qu'un cadavre; elle en dévore une dizaine par jour. Si cet insecte était plus répandu, nul doute que les ravages de l'Altise n'en fussent atténués.

Mentionnons encore les poules, dindons et canards, parmi les ennemis des Altises: ces volailles s'emparent très adroitement des insectes en question et nous en débarrassent en s'en nourrissant: double profit.

A ce sujet, nous sommes heureux de signaler à nos lecteurs, un nouveau système de voiture-poulailler pouvant être dirigée sur un point quelconque d'une vigne. (Voir notre figure 48).

Enfin, pour renseigner entièrement les viticulteurs qui voudraient faire la chasse aux Altises adultes par l'un des procédés dont l'énumération précède, n'oublions pas de dire que cet insecte est un de ceux auxquels l'énorme développement et l'élasticité de leurs pattes postérieures permettent des sauts considérables, qui ressemblent à ceux des puces. De là viennent les divers noms qu'on leur donne : celui d'Altise d'abord (du grec *Altinos*, habile à sauter), et ensuite ceux de *Puce de terre*, en Allemagne, *Pucerolle*, *Puce bleue*, etc., dans le Midi.

Autre détail : l'Altise vole en tribu. Ce phénomène est assez rare ; toutefois, l'Altise volante peut inonder d'une heure à l'autre tout un quartier.

EUCLHORE DE LA VIGNE

(Euclhora vitis)

Synonymie : *Melolontha Vitis* (Fabricius); *Anomala Vitis* (Stephens); *A. Holo-sericea* (Illiger).

L'*Euclhore* de la vigne (fig. 56) est un insecte d'un beau vert métallique très brillant, d'une longueur de 15 à 20 millimètres. La tête et le prothorax sont parsemés de ponctuations fines et assez serrées; l'écusson est légèrement arrondi et ponctué. Les élytres sont également ponctuées, et les pattes vertes. Le dessous du corps est d'un vert cuivreux.

La larve de l'*Euclhore* ressemble beaucoup, par sa couleur et par sa forme générale, à celle du *Hanneton;* elle est seulement plus petite (1), mais elle vit en terre comme elle. L'Euclhore se multiplie peu; cependant, comme elle est très apparente, il est facile de la ramasser à la main ou avec les entonnoirs à sacs.

Fig. 56.
Euclhore de la vigne.

On peut combattre l'*Euclhore* à l'état de larve. A cet effet, on introduit des globules de sulfure de carbone dans la terre présumée contenir des larves d'Euclhore.

« Les insectes pendant le jour, restent immobiles, suspendus aux feuilles et, comme ils se réunissent en grand nombre sur un même point, la récolte en est facile; il faut seulement surveiller attentivement l'époque d'apparition, celle-ci durant à peine quinze jours. Le sol est parfois criblé de trous de sortie.

» Le soir, au crépuscule, ces insectes volent par milliers (2). »

ATTELABE DE LA VIGNE

(Rinchites Betuli)

Synonymie : *Bêche, Cigareur, Coupe-bourgeons* (Midi de la France); *Cunche, Urbec* (Marne); *Ullebar, Elulber* (Côte-d'Or); *Becmuse vert, Liselle* (centre et nord de la France).

L'*Attelabe* est un beau coléoptère vert cuivré, long de cinq à six millimètres. D'après Audoin, « le corps est glabre et d'un vert brillant en dessous, le bec est bronzé et très peu inégal; le prothorax, ponctué, est muni latéralement d'une épine; les élytres sont criblés de points enfoncés; les pattes sont d'un vert bronzé ainsi que l'abdomen » (fig. 57).

Fig. 57. — Attelabe de la vigne (Rinchites Betuli) grossi.

---

(1) V. Audoin, *Histoire des Insectes de la Vigne* (Masson, Paris).
(2) V. Mayet, *Les Insectes nuisibles à la Vigne.*

Le *R. Bacchus* et le *R. Populi* ont une grande ressemblance à l'Attelabe, ils sont un peu plus grands, mais les mœurs sont les mêmes. — Les ravages qu'ils occasionnent sont au moins aussi importants ; aussi les confondrons-nous, dit Mayet (1).

Au début de son existence à l'état d'insecte parfait, l'*Attelabe* cause de légers dommages aux vignes ; il ronge seulement un peu le parenchyme des feuilles sans le traverser : mais quand arrive le moment de la ponte, la femelle attaque avec ses mandibules le pétiole des feuilles : ces dernières, partiellement détachées de la plante, se flétrissent légèrement et se ramollissent ; l'insecte y pond alors de un à sept ou huit œufs, puis roule les feuilles en forme de cigare (fig. 58).

Fig. 58. — Feuille de vigne roulée en cigare par l'*Atte-labe.*

La larve qui nait dans cet abri ronge le parenchyme et prend en quinze jours tout son accroissement ; elle est alors longue de 4 à 5 millimètres et entièrement apode, c'est-à-dire privée de pattes. Elle se laisse tomber sur le sol dans lequel elle s'enfonce à 0m25 ou 0m30.

Elle se pratique dans la terre une loge ovale, où vers le mois de septembre, elle se transforme en nymphe. L'insecte parfait éclôt en octobre, et, si la saison est exceptionnelle-ment favorable, il reparait quelquefois, dans le Midi, sur les feuilles de la vigne, où les premiers froids viennent le surprendre et quelquefois le tuer.

Pour combattre cet insecte, on ramasse au mois de juin les feuilles roulées et on les brûle.

Depuis que l'on a institué des traitements cupriques et acidulés dans les pays qu'elle fréquente, on constate que l'Attelabe disparait.

C'est d'ailleurs pour être aussi complet que possible que nous mentionnons dans le présent travail, cet insecte que sa propagation rapide fait craindre à juste titre en France.

Quant à présent, en effet, il n'existe pas en Algérie ni en Tunisie.

GRIBOURI

(Adoxus Vitis)

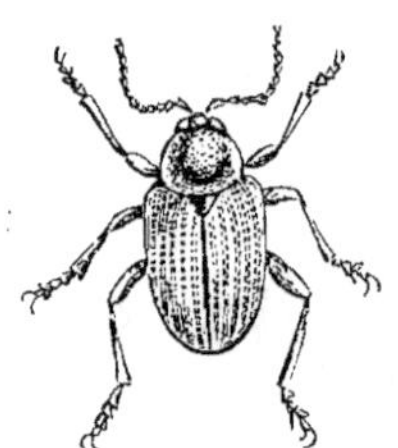

Fig. 59. Gribouri *(Adoxus Vitis)* grossi.

Synonymie : Le *Gribouri*, que l'on appelle encore *Eumolpe, Diablotin, Écrivain, Bête de la forge, Bête à café*, et qu'on voit représenté dans notre fig. 59, est un insecte d'une longueur d'environ 6 millimètres, de couleur noire, revêtu d'une pubescence grisâtre ; la tête avec des antennes noires et le thorax finement ponctués, l'écusson est brun noirâtre, les élytres

---

(1) *Les Insectes de la Vigne*, Mayet.

couleur marron ainsi que le corselet. Pourvu de trois paires de pattes noires, il apparait à l'état d'insecte parfait vers le mois de juin. Quelquefois il s'envole, ou encore tombe par terre, lorqu'il entend du bruit. Sa petite robe et sa taille minuscule le dérobent aux poursuites, mais il remonte sur les feuilles et les ronge en y traçant des sillons pareils à des caractères d'écriture, de là le nom d'écrivain qu'on lui donne dans certains pays.

« Sa larve, d'après M. Valéry Mayet qui l'a très bien étudié (1), est souterraine ; elle ressemble en petit à une larve de Hanneton, courbée comme elle en forme de croissant. Elle attaque la racine de la vigne, sur laquelle elle trace des sillons longitudinaux dans lesquels elle reste enchassée, ce qui la rend très difficile à découvrir. Elle est parfois si abondante qu'elle fait périr les souches qu'elle attaque, en produisant au milieu des vignobles des taches circulaires que l'on aperçoit de loin et que l'on a prises maintes fois pour la tache d'*huile* du *Phylloxera*.

» Quand l'époque de la transformation en nymphe est arrivée, c'est-à-dire vers les premiers jours de mai, elle se creuse dans le sol une loge ovale dont elle tasse les parois et où elle subit sa métamorphose. La nymphe est blanche et remarquable surtout par les épines ou éperons recourbés qui arment le bout de l'abdomen, ainsi que l'extrémité des cuisses antérieures et postérieures. Ces épines facilitent beaucoup les mouvements. La nymphe, placée sur une table, change de place en s'accrochant avec ses appendices, et je ne serais pas étonné que, dérangée dans sa loge souterraine par la pioche ou la charrue, elle ne puisse parvenir à s'enterrer de nouveau à une certaine profondeur. »

Traitement.

Le Gribouri est très agile à l'état parfait et il est assez difficile de le prendre, car au moindre bruit il contracte ses pattes sous lui et se laisse tomber.

Autrefois on se servait de l'entonnoir ordinaire à Altises pour les ramasser sous les ceps (fig. 60).

Aujourd'hui que nous possédons la pelle à Altises de M. Portier, il sera beaucoup plus facile de les recueillir lorsqu'ils tomberont.

Nous recommanderons ici encore le poulailler roulant qui, garni de ses volailles, rendra de grands services.

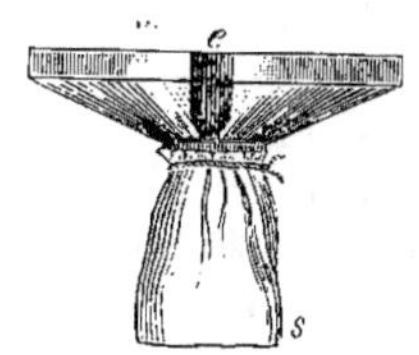

Fig. 60.
Entonnoir à insectes.

Quant aux larves, elles seront traitées comme toutes leurs congénères par l'emploi du sulfure de carbone, soit à l'état d'injections, soit au moyen de globules de gélatine contenant du sulfure de carbone.

Rappelons d'ailleurs que, jusqu'à présent, nous n'avons point de Gribouri dans nos vignes d'Afrique.

---

(1) M. Mayet, *les Insectes de la Vigne*.

HANNETON COMMUN

(Melolontha vulgaris)

Tout le monde connait le Hanneton (fig. 61), et il est, par conséquent, inutile de le décrire ici. Ce coléoptère apparait au printemps, vers le mois de mars,

sortant des profondeurs du sol où il a vécu plusieurs années à l'état de larve. Il se dirige immédiatement sur les végétaux pour y chercher sa nourriture et, naturellement, n'épargne point les vignes qui se rencontrent sur son passage.

D'ailleurs, les ravages des Hannetons à l'état adulte n'ont d'importance que lorsqu'ils sont en nombre, ce qui est assez rare en Algérie et en Tunisie. Quinze jours après sa sortie de terre, l'accouplement s'effectue et le mâle meurt presque aussitôt. La femelle pond des œufs au nombre de 60 à 80, dans un petit trou très profond qu'elle creuse dans le sol, et dans lequel elle meurt à son tour.

Fig. 61.
Hanneton adulte.

Les éclosions ont lieu partout où elles ont déposé leurs œufs ; il en résulte des larves connues généralement sous les noms de vers blancs : *Mans, Turc, Maillou, Cuttereau, Touria* (Fig. 62) ; ce sont ces larves, Mans ou vers blancs qui constituent un des plus redoutables fléaux de l'agriculture et de la viticulture en Europe surtout, car les terres d'Afrique paraissent moins exposées à ses ravages.

Fig. 62.
Ver blanc du Hanneton

Le ver blanc habite trois ou quatre ans dans l'intérieur de la terre ; il niche surtout dans les terrains froids et marécageux. Les terrains secs, en Algérie et en Tunisie, sont trop durs pour lui, surtout vers le mois de mars et d'avril ; c'est au moment où les vignes débourrent que le ver blanc leur fait le plus de mal. « Il coupe leurs racines comme avec un couteau et c'est principalement aux jeunes plantations qu'il est inexorable ».

Les pertes que les larves des Hannetons font subir à l'agriculture sont incalculables. On estime qu'en France la destruction complète des Mans aurait pour résultat une augmentation d'*un cinquième*, au moins, sur l'ensemble de la production agricole, et M. Em. Blanchard ne craint pas de dire que « l'abandon à l'incomparable ennemi de l'agriculture, d'une part aussi considérable de nos récoltes, est une honte pour la civilisation française ».

Ces sévérités ne paraissent point exagérées quand on songe que, dans des pays voisins de la France (dans le canton de Berne, en Suisse, par exemple), la guerre aux Hannetons a été conduite avec tant d'énergie, de méthode et de persévérance par les viticulteurs, que l'insecte et sa larve meurtrière le *Mans*, ont été absolument détruits dans ces pays et n'y existent plus qu'à l'état de souvenir.

Dans plusieurs départements de France, de louables tentatives ont été faites dans le même but et des résultats importants ont été obtenus. En 1887, un syndicat formé à Gorron (Mayenne), par M. Le Moult, a fait ramasser et détruire dans ce seul canton, 77,000 kilos de Hannetons, représentant, à raison de 1,200 insectes par kilo, le chiffre énorme de plus de quatre-vingt-douze millions de Hannetons. Plusieurs préfets ont organisé des chasses de même nature en faisant appel au zèle des instituteurs C'est ainsi qu'en 1889, le préfet de Seine-et-Marne a fixé à 20 centimes le kilo la prime de collectage des Hannetons. Espérons que ces bons exemples seront suivis en Algérie.

———

Traitement.

Indépendamment du ramassage des larves, on emploie avec succès le sulfure de carbone contre les Mans. M. Croizette Desnoyers, inspecteur des forêts, a réussi à en débarrasser cinq hectares de pépinières, à Fontainebleau, avec de la benzine injectée au pal. Certains animaux sont aussi de précieux auxiliaires contre l'ennemi dont il s'agit. La taupe détruit les larves en quantité considérable; cet animal n'existe malheureusement pas en Algérie. Les oiseaux de basse-cour, dont on se fait suivre au moment des labours, rendent aussi de grands services. Enfin, les Hérissons, les Chauves-Souris, les Crabes, les petits oiseaux (dont nous ne cessons de recommander la conservation), sont des auxiliaires précieux pour la destruction des Hannetons et de leurs larves.

Mais la méthode la plus moderne et, disons-le, la plus scientifique et la plus logique, est celle qui, après avoir été découverte en France par le D\u1d63 Jourdan, de Lyon, en 1842, nous revient en ce moment d'Amérique et de Russie, où elle a obtenu de grands succès.

M le D\u1d63 Jourdan avait remarqué que les vers blancs ainsi que les vers à soie étaient souvent atteints et décimés par la muscardine. On sait que la muscardine elle-même est un petit parasite végétal.

Il ne s'agissait plus que de *cultiver*, comme le fait l'illustre Pasteur, pour les microbes, les sporules qui engendrent la muscardine, et d'enfouir cette semence de muscardine dans les champs, en la mêlant, soit aux engrais, soit à du sable. D'après les auteurs les plus compétents, les résultats obtenus sont étonnants, et dans l'espace d'une ou de deux années, les insectes sont décimés par le parasite qu'on leur a pour ainsi dire inoculé.

En terminant cette rapide étude sur les Hannetons et les vers blancs, signalons le parti qu'on peut tirer de ces insectes, comme engrais. On les dispose par couches entre plusieurs lits de chaux et on en fabrique ainsi un compost excellent, car ces couches contiennent, d'après M. Künckel d'Herculaïs, 7 p. °/₀ d'azote.

Mentionnons aussi pour être complète, l'observation, souvent faite, d'après laquelle le cycle évolutif du Hanneton étant triennal, c'est surtout de trois en trois ans que ses larves abondent. M. Vermorel ajoute que ces années, trop fertiles en Hannetons, sont précisément celles dont le millésime est divisible par 3 (1), par exemple 1890, 1893, 1896, etc.

---

(1) Vermorel, *Agenda du Viticulteur*.

BOSTRICHES

(Rongeurs de la vigne)

Les vignes vieilles ou malades sont souvent rongées par deux espèces de de Bostriches, connues des viticulteurs sous les noms de *grand* et de *petit rongeur de la vigne*. Les naturalistes les ont appelés *Sinoxynon sexdentatum* et *Xilopertha sinuata*.

Le premier est long de 0^m004^m/^m; épais, cylindrique, bossu et rugueux en avant, noir à la base des élytres, souvent rougeâtres. Ces derniers sont tronqués en arrière et le bord de la troncature est armé de six petites épines. Le Xilopertha est plus long et beaucoup plus étroit; ses élytres sont également cylindriques et tronquées au bout, mais le bord de la troncature, au lieu d'être denté, est sinueux.

Ces petits rongeurs pondent leurs œufs sur les sarments de la vigne; il en sort des larves, sous forme de petits vers blancs, ressemblant aux petits vers de noisettes; ils s'enfoncent dans le bois, le creusent dans tous les sens et l'affaiblissent à tel point qu'un vent assez fort casse les rameaux et les ceps.

Le grand et le petit rongeur existent en Algérie sur quelques vignes anciennes, taillées à l'européenne, mais ils sont peu à craindre dans ce pays où la vigueur des souches offre une résistance énergique à leurs mandibules.

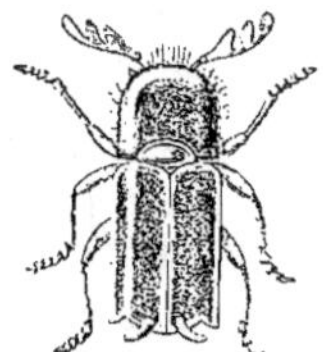

Fig. 63.

Sinoxynon sexdentatum (d'après
Targioni-Tozzetti), gros. 3/1.

Fig. 64.

Larve de Sinoxynon (d'après
Targioni-Tozzetti).

Perris a décrit, dès 1850, ses mœurs et ses métamorphoses. « Cet insecte, dit-il. pénètre dans l'intérieur du sarment, mort ou malade, par un bourgeon; puis il y fait une galerie circulaire en dessous de l'écorce. Dans les sarments d'un faible diamètre, cette galerie est remplacée par une loge un peu spacieuse. C'est dans cette galerie ou loge que s'opère l'accouplement : puis la femelle s'enfonce dans le sarment, parallèlement a l'axe, et dans cette nouvelle galerie, qui a plusieurs centimètres de longueur, elle dépose des œufs blancs, lisses, elliptiques. Cela fait, elle sort par où elle est entrée, pour aller préparer un autre berceau à sa progéniture. Les larves qui naissent des œufs pénètrent dans le sarment et le parcourent longitudinalement, en y creusant des galeries dont elles consomment les déblais et qu'elles laissent derrière elles remplies d'excréments. Souvent des larves parties d'un nœud voisin attaqué par une autre femelle, se croisent en chemin sans se nuire. Celles qui occupent un sarment sont ordinairement en si grand nombre qu'elles le réduisent pour ainsi dire en poussière, et cela est l'œuvre de quatre mois au plus. »

Traitement.

Les traitements d'hiver par des badigeonnages à l'eau acidulée suffisent pour détruire ces vers rongeurs qui peuvent se trouver disséminés sur le cep.

PERITELUS GRISEUS

Le *Peritelus griseus* ou *noxius* présente, d'après M. Jaquilin du Val (fig. 65), les caractères suivants : Corps ovale, oblong ou sub-ovalaire, revêtu de sopramules ; yeux légèrement convexes ; bec un peu plus long et plus étroit que la tête ; ailes aquilaires un peu devariques ; mandibules saillantes, épaisses, tronquées au sommet. Prothorax court, tronqué à la base et au sommet. Écusson indistinct. Élitres ovalaires, à épaules arrondies, non saillantes. Jambes antérieures offrant au sommet une petite épine aiguë ; angles du torse rapprochés, soudés dans leur mortier basilaire (1).

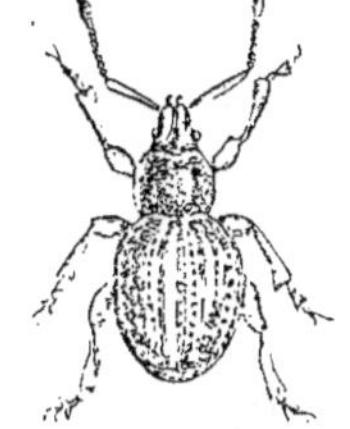

Fig. 65.
Peritelus griseus.

Tous les insectes du genre *Peritelus* habitent de préférence les terres légères ou sablonneuses et, si les vignes sont les seules plantations qui se trouvent sur leur passage, ils les font beaucoup souffrir, car ils s'attaquent de préférence aux bourgeons tendres qu'ils coupent et qu'ils dévorent. C'est en raison de cette préférence pour les bourgeons, qu'en Italie où ces insectes sont fréquents, les Peritelus ont été appelés « Tagliaticci ».

Coupeurs de bourgeons : Les Otiorhychus, dont nous parlerons plus loin, sont aussi des ennemis nés du bourgeon. Ajoutons un détail de mœurs fort utile à connaître dans la pratique : c'est la nuit que ces ravageurs travaillent, et ils rentrent sous terre quand le jour paraît.

On signale d'autres insectes de ce genre, tels que le *P. Rusticus*, le *P. Subdepressus* et le *P. Senex*. Ce dernier se multiplie sur une grande échelle et peut occasionner des dégâts sérieux.

Traitement.

Les Peritelus et leurs congénères se tenant sous terre pendant le jour, le moyen le plus sûr de les atteindre consiste dans l'emploi du sulfure de carbone sous forme de globules ou à l'état d'injection dans le sol. A l'aide de l'entonnoir à Altises, on en recueille beaucoup.

---

(1) M. Jaquilin du Val : *Genres des Coléoptères d'Europe,*

VESPERUS XATARTI

es *Vesperus xatarti* sont des nocturnes. Le Vesperus est un *crépusculaire* qui ne sort que la nuit tombante. La femelle se traîne alors sur le sol. Le mâle vole, et, le soir, attiré par la lumière, il entre volontiers dans les maisons éclairées, à la façon des chauves-souris et des moustiques. C'est un coléoptère de la famille des longicornes. De forme allongée, sa couleur est jaunâtre et il mesure environ 20 millimètres de longueur. Très *frileux*, il habite les pays chauds, l'Algérie, la Tunisie et le Midi de l'Europe. Vers le 15 octobre, il apparaît à l'état d'insecte parfait, il s'accouple vers la fin novembre. Ses œufs éclosent fin avril et la larve s'enfonce en terre pour y vivre au détriment des racines; c'est particulièrement les vignes qui ont à souffrir des atteintes de ces larves qui mettent trois ou quatre ans pour arriver à l'état adulte.

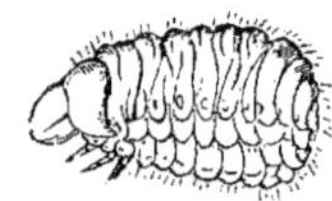

Fig. 66.	Fig. 67.	Fig. 68.
Vesperus Xatarti mâle.	Vesperus Xatarti femelle.	Larve du Vesperus Xatarti.

Enfin, au dernier printemps de leur existence larvaire, vers le mois de mai, les Vesperus s'enfoncent définitivement et passent à l'état de nymphe, pour devenir parfait au mois de novembre.

Ces insectes peuvent occasionner de graves dégâts, si on les laisse se multiplier dans un vignoble.

Pour s'en débarrasser, il faut les chercher en terre — ou autrement les traiter le soir par le sulfure de carbone.

OTIORHINQUE

(Otiorhyncus Sulcatus)

Les Otiorhinques (fig. 69) sont des coléoptères appartenant à la famille du Charençon.

Cet insecte, long de 10 à 12 millimètres, est entièrement noir; la tête, qui offre deux petites carènes longitudinales, est revêtue de petits poils fauves; le corselet ou le prothorax est gibbeux et couvert de petits tubercules arrondi⁹ très serrés, qui le rendent tout granuleux ; les élytres sont parsemés de petites taches fauves formées par des poils très courts et très serrés (1).

C'est un nocturne et un coupeur de bourgeons comme le *Peritelus*. Ses larves s'attaquent aux pieds de vigne et, si malheureusement elles sont nées près des racines d'un cep, elles les rongent pendant tout le temps de leur existence, jusqu'à ce que le cep meure. Les œufs que peuvent pondre les femelles s'élèvent jusqu'à 120 a 160.

Ces insectes étant palyphages et vivant des racines de toutes les plantes, il n'est pas rare d'en rencontrer un peu partout.

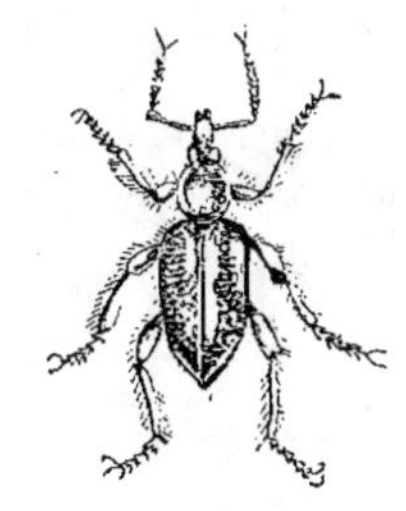

Fig. 69.
Otiorhyncus Sulcatus.

Plusieurs variétés du genre *Otiorhinque* occasionnent aussi des dégats à la vigne, ce sont : l'*O. Ligustici*, l'*O. Nigustus*, l'*O. Raucus*, l'*O. Dicipes*.

Ces dévoreurs de végétaux doivent être poursuivis sans relâche par le viticulteur. Les traitements s'appliquent suivant l'état de l'insecte. On les ramasse avec un entonnoir s'ils sont adultes ; mais à l'état de larves, on les détruit par des injections au sulfure de carbone dans le sol où elles se trouvent.

LA LETHRE A GROSSE TÊTE

(*Lethrus Cephalotes*, Pollas).

Les Lethrus sont gros, courts et globuleux, à surface un peu rugueuse, la tête très développée : à *mandibules* énormes (fig. 70).

Sa morsure est meurtrière pour les jeunes bourgeons ; en quelques heures, il saccage une branche a bourgeons.

Le Lethrus habite dans un trou profond comme tous les géotrupides. M. Mayet dit qu'il s'établit de préférence dans les vignes parce que les bourgeons succulents y abondent. Le soir et le matin, il sort, grimpe avec agilité sur les ceps et, au moyen de ses cisailles, taille les jeunes pousses, qui bientôt jon-

Fig. 70.
Lethrus Cephalotes.

chent le sol. Après cela il redescend et transporte à reculons, un à un, tous les bourgeons coupés, dans son repaire

M. Gustave Hemich dit que cet intéressant coléoptère est assez commun dans les vignobles de la Hongrie où il fait d'ordinaire son apparition en avril ou en mai.

---

(1) V. Audoin.

Les ravages causés par les Lethrus sont parfois terribles. Partout où on le trouve, on le ramasse à la main.

Traitement.

Le sulfure de carbone injecté dans les trous où il niche est un moyen radical pour les détruire rapidement.

DIPTÈRES

CECIDOMYA

Les colotermes flavicoles, du genre *Cecidomya*, appelé encore Antonio-Aloi, sont des insectes (fig. 71) ayant 2^{m}/^{m} 1/2. La femelle pond ses œufs sur les feuilles de vigne, ils sont presque imperceptibles, les larves de couleur jaune orange, atteignant la longueur de 2 à 3 millimètres. Les larves se transforment en chrysalides dans les cocons de soie blanche très petits, de forme droite. Au premier printemps, les mouches issues des larves transformées en chrysalides, l'année précédente, déposent leurs œufs sur la face inférieure des fruits. Au bout de quelques jours, ces œufs donnent naissance à des larves qui pénètrent dans les tissus de la feuilles et y produisent des renflements bi-convexes. Les larves, une fois bien développées, sortent des galles et vont se transformer en chrysalides.

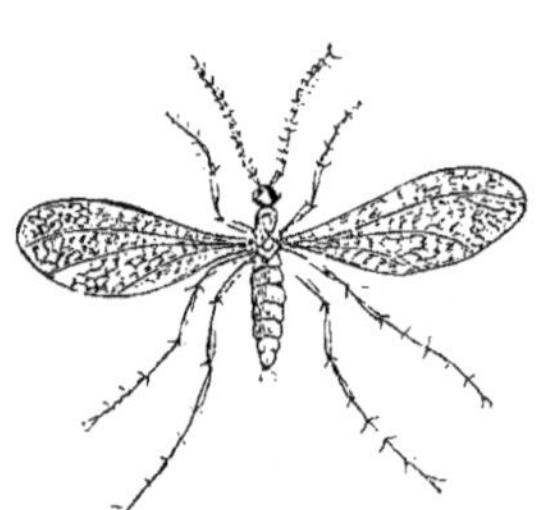

Fig. 71. — Cecidomya.

Les Cécidomyes ne prennent généralement pas de grands développements. Cependant il faut couper court au mal dès ses débuts, si l'on ne veut pas lui voir prendre des proportions inquiétantes.

Les larves de la première génération se bornent en effet à trouer la feuille en plusieurs endroits; mais les nouvelles générations produisent de nouvelles galles sur les points intacts; si bien que la feuille s'atrophie, se recroqueville, se dessèche en grande partie, et que cette partie essentielle à la nutrition de la plante devient incapable de remplir son office.

On combat ce parasite en cueillant les premières feuilles qui portent les galles révélatrices.

Observation importante

Il ne faut pas confondre les galles des *Cecidomya* avec celles produites par le Phylloxera.

La galle de la *Cecidomya* partage la feuille, c'est-à-dire qu'elle est saillante en dessus et en dessous; elle s'ouvre au-dessous. La galle du Phylloxera, au contraire, n'est saillante qu'en dessous et s'ouvre par dessus.

La *Cecidomya* est, quant à présent, inconnue dans l'Afrique française du Nord.

HÉMIPTÈRES

COCHENILLE

On ne connaît que deux espèces de *Cochenille* qui s'attaquent à la vigne. La première est désignée sous le titre de *Coceus Vitis* ou *Pulvinaria Vitis;* la deuxième se nomme *Ductis Lopius.*

Le *Pulvinaria Vitis* « ressemble, d'après M. J. Lichtenstein, à une petite tortue microscopique fixée sur le cep ou le sarment. Le mâle est, au contraire, un élégant moucheron à deux ailes qui paraît au printemps et féconde sa femelle immobile. Celle-ci grossit et suinte à sa partie postérieure un épais coussin de sécrétion cotonneuse, dans lequel elle dépose des œufs rougeâtres. De ceux-ci sortent de petits pucerons rouges, fort agiles jusqu'à ce qu'ils aient trouvé une place à leur goût, où ils enfoncent leur suçoir, et se fixent, soit pour toujours comme leur mère, soit jusqu'à leur évolution en insecte ailé si ce sont des mâles.

« Le *Ducty Lopus Vitis* n'a pas du tout la même apparence. On dirait un tout petit cloporte enfariné, assez agile ; il vit en hiver dans les fentes de l'écorce, où il pond des œufs également entourés de suintement cotonneux. Mais la mère ne se fixe pas et ne couvre pas de sa peau desséchée, brune, le nid de ses enfants, comme le fait le *Pulvinaria.* »

« Les jeunes vont d'abord sur les feuilles, puis ils passent dans les grappes, qu'ils salissent de leur sécrétion blanche et de leurs déjections sirupeuses. Le fruit se couvre bientôt d'une moisissure noire appelée *fumagine* et qui rend les raisins dégoûtants. Le mâle est aussi ailé mais de couleur grise, il paraît en automne (1) ».

Les Cochenilles sont fort nuisibles comme tous les insectes qui sucent la sève de la vigne. A l'aide de leur bec pointu, elles perforent les ceps en s'y enfonçant dans les infractuosités de l'écorce. Lorsqu'elles sont très nombreuses, elles font naître de véritables verrues qui compromettent l'existence de la vigne attaquée.

Traitement.

M. Riley recommande une émulsion composée de la façon suivante :

FORMULE N° 11
Pétrole	8 litres.
Savon vert	175 grammes.
Eau	4 litres.

---

(1) J. Lichtenstein.

On chauffe l'eau, on y dissout ensuite le savon, puis on y ajoute le pétrole ; enfin, on mélange intimement avec une pompe qui rejette le liquide dans le vase même où on le puise.

L'émulsion bien faite forme une crème qui s'épaissit en refroidissant : on la délaye pour s'en servir dans l'eau froide ; on badigeonne avec un tampon, ou encore, si la vigne a déjà des brindilles, on pulvérise le liquide sur le bois.

Si on ajoute du sulfate de cuivre à cette émulsion, les résultats sont encore supérieurs. On se sert aussi du jus de tabac mélangé de sulfate de cuivre.

Nous croyons que l'addition de jus concentré de tabac à l'émulsion Riley produirait des résultats très satisfaisants.

Ainsi que nous l'avons vu pour plusieurs insectes, fléaux de la vigne, les Cochenilles ont des ennemis qui les détruisent.

Plusieurs variétés d'*Hémiptères* rendent aux viticulteurs ce service inconscient. Aussi la propagation des Cochenilles, essentiellement limitée, les rend en somme assez peu dangereuses.

Puisse-t-on découvrir au Phylloxera un ennemi qui en délivre ainsi les vignobles d'Europe !

CICADELLE

(*Penthimia Atra*)

La *Cicadelle* (fig. 72) est un insecte de 5 à 6 millimètres de longueur ; son corps est d'un noir brillant. Généralement, le corselet est rouge avec son bord antérieur noir et les élytres sont rouges nuancées de brun noirâtre. Chez certains individus, le corselet est noir avec une tache rouge de chaque côté.

La Cicadelle pique les feuilles et les fait jaunir. Les dégâts commis par chacun de ces insectes sont de minime importance, mais il faut répéter ici ce que nous avons dit de plusieurs insectes. Ce n'est pas l'individu qui est à craindre, c'est le nombre.

Fig. 72.
Cicadelle *(Penthimia Atra,.*

Plusieurs espèces de Cicadelles s'attaquent à la vigne, savoir :

D'abord le *Nysius Cimoïdes*, qui est assez commun dans certaines contrées du nord de l'Afrique ; il coupe quelquefois les jeunes bourgeons.

Viennent ensuite les *Lopus Gothicus* et *Sulcatus* ou *Grisette*. Ces insectes font beaucoup de mal sous leur double forme, à l'état de larve comme à l'état d'insecte parfait. Ils piquent les bourgeons de la vigne, sucent aussi plus tard les boutons à fleurs qui se flétrissent alors, et en résumé font avorter le raisin.

Le *Pyrrhocosris Apterus* est d'un rouge noir et on le trouve en abondance au pied des arbres. Il attaque également les grains de raisins qu'il salit et qu'il suce.

Nous devons citer aussi : La *Cuœrata-Atra*, *Chlorita Viridulo*, *Phyphocyba Viriaipes*, l'*Hysterapterum Grylloïdes*. Ces insectes sont plus ou moins nuisibles et ils s'attaquent aux vignes, surtout au moment du débourrement. C'est alors le moment de surveiller les ceps et de s'emparer de ces ravageurs en se servant de l'entonnoir en fer blanc à insectes, ou encore de préférence la pelle à Altises de Portier.

LA GRISETTE DE LA VIGNE

(Lopus Sulcatus, Fieber).

La *Grisette de la vigne* est assez répandue dans les champs pendant l'été; elle devient ampélophage lorsqu'elle ne trouve plus à manger dans les prairies et les champs.

Cet insecte préfère la vigne au moment où elle va faire sa fleur.

M. Mayet dit que la *larve* (fig. 73), au sortir de l'œuf, mesure 1 millimètre 1/3 de long tout au plus, sa largeur est égale au tiers de sa longueur, le bec est relativement très long, 1 millimètre environ. Le *corps*, ou la limite de la tête, du thorax et de l'abdomen sont encore peu distincts, est rouge clair. La *tête*, très volumineuse, porte deux yeux latéraux d'un rouge foncé.

Dix jours après sa naissance, l'insecte a notablement changé de forme et de coloration. La longueur mesure 2 millimètres environ sur 1 de large.

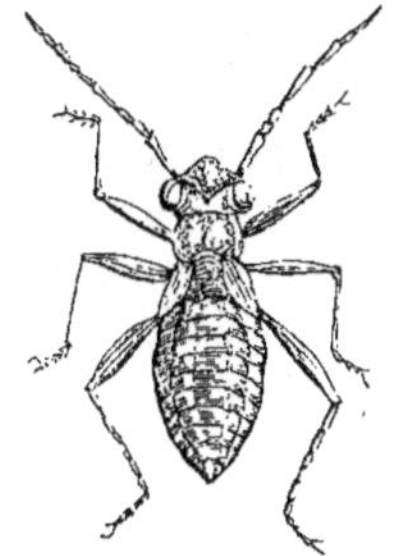

Fig. 73.

Larve du Lopus Sulcatus.

L'insecte parfait prend son vol après cinquante à soixante jours de son éclosion ; notre gravure (fig. 74) indique cet insecte se disposant à dévorer les parties de la vigne qui lui conviennent.

Fig. 74. — Lopus Sulcatus perforant le pédicelle d'une grappe de raisin

Fig. 75.

Lotus Sulcatus femelle (d'après
le docteur Patrigeon).

Dégâts et moyens de destruction

M. le Dr Patrigeon dit « qu'à partir de fin
juin, la fleur de la vigne passée, on trouve des
Lopus morts sur toutes les feuilles, sur le sol,
au pied des ceps, un peu partout. Le peu qui
survit quitte la vigne pour retourner aux sene-
çons et autres plantes croissant entre les souches ou dans les champs voisins. Les grains
sucés prennent une couleur brune à l'endroit
piqué, et pour peu que les piqûres soient con-
fluentes, le grain entier devient noir. Parfois
une portion seulement de l'enveloppe florale est
mortifiée, s'amincit et se perfore. Dans tous les
cas, la fleur se désorganise entièrement : l'ovaire se ferme, le style et le stigmate sont jaunes et atrophiés, le grain demeure stérile.

» Si le raisin n'est attaqué que partiellement, les grains maltraités ou la
grappe secondaire dont ils font partie peuvent succomber seulement. Si beaucoup de grains ont souffert, on voit bientôt le raisin tout entier dépérir; il se
fane et tombe peu à peu par une section qui se produit à quelque distance de
l'attache du pédicule sur la tige. »

Traitement.

Le traitement à suivre est celui tout indiqué déjà pour détruire les spores et
les petits insectes ou galles déposés sur les souches; c'est-à-dire qu'il faut procéder à un bon badigeonnage ou pulvérisation à l'aide de la formule n° 1 dans
les conditions ordinaires.

LÉPIDOPTÈRES

PYRALE

(*Pyralis Vitana*).

La *Pyrale* de la vigne est un papillon de nuit du
genre des tordeuses *Tortris* (fig 76).

La larve de la Pyrale est relativement grosse,
verdâtre, avec la tête noire; l'insecte parfait est un
petit papillon gris doré avec trois bandes transversales d'un brun rougeâtre sur les ailes supérieures:
les inférieures sont noirâtres, un peu plus claires
vers la base.

Fig. 76.

Papillon de la Pyrale.

Ce papillon dépose ses œufs en juillet sur les feuilles de la vigne ; la petite chenille qui en sort (fig. 77) se laisse choir, suspendue à un fil de soie et, balancée par le vent, vient s'accrocher vers le cep, où elle se cache sous l'écorce en s'entourant d'un mince cocon de soie. Là, elle passe l'hiver.

Dès que les feuilles poussent, elle quitte sa retraite hivernale et se rend sur les bourgeons qu'elle enchevêtre avec les feuilles naissantes par des filets de soie qu'elle tisse. A l'abri de ses réseaux, elle dévore les feuilles de la vigne. En grandissant, elle s'élève le long des sarments, passant d'un bourgeon à l'autre et garnissant quelquefois tout le pampre de ses tissus, ce qui le fait ressembler à une quenouille garnie de chanvre ou de lin (1).

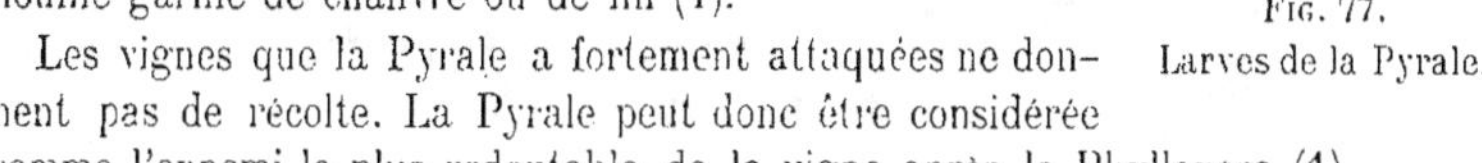

Fig. 77.
Larves de la Pyrale.

Les vignes que la Pyrale a fortement attaquées ne donnent pas de récolte. La Pyrale peut donc être considérée comme l'ennemi le plus redoutable de la vigne après le Phylloxera (1).

Hâtons-nous d'ajouter que par une de ces immunités heureuses que nous avons déjà souvent signalées, la vraie Pyrale, qui cause de si grands ravages en France, est inconnue, quant à présent, en Algérie et en Tunisie.

Traitement.

Le procédé, qui semblait autrefois réussir le mieux pour la destruction des Pyrales, était l'échaudage à l'eau bouillante des souches où elles se sont installées. Mais, depuis quelque temps, on préfère le traitement des feuilles par la pulvérisation d'un liquide tel que la bouillie bordelaise ou l'eau céleste. Il paraît que cette dernière composition, un peu plus sulfatée, détermine l'anéantissement de la Pyrale.

On emploie encore un autre procédé, mais qui est très lent et plus onéreux.

Ce procédé consiste à faire périr les insectes par la sulfuration gazeuse.

A ce sujet, on recouvre la souche attaquée avec un baril sortant de pétrole dont le fond a été enlevé. Au-dessous on brûle du soufre afin de dégager du gaz sulfureux. Ces mèches de soufre sont conditionnées de façon à ne pas développer une trop grande quantité de vapeurs sulfureuses, car ces dernières pourraient altérer et détruire les jeunes bourgeons. L'opération dure cinq à sept minutes pour chaque souche. Les viticulteurs du Midi sont généralement satisfaits de ce procédé qui exige moins d'appareil que celui de l'échaudage.

Citons encore un quatrième procédé qui consiste dans le badigeonnage par le liquide à base d'huile lourde du gaz d'éclairage (Procédé de M. Gaston Bazille) :

FORMULE N° 12 { Huile lourde du gaz............ 6 kilos.
{ Urine de vache............... 100 litres.

Il faut bien émulsionner l'urine avec une petite pompe, puis ajouter l'huile lourde du gaz et badigeonner les souches avec un gros pinceau.

---

(1) Lichtenstein, Mayet.

Le *flambeur* réussit assez bien pour détruire sur les souches, pendant l'hiver, les insectes hiverneurs.

En résumé, et sans vouloir nous faire à nous-même une réclame déplacée, nous conseillons aux viticulteurs d'employer les badigeonnages dont nous leur avons déjà donné la formule (n° 1).

Fig. 78. — Ichneumon.

Ils devront les appliquer sur les souches après la taille. De nombreuses expériences nous permettent d'affirmer qu'ils se rendront en peu de temps maîtres de la Pyrale.

Mais si la Pyrale apparaît sur les feuilles, aussitôt il sera nécessaire d'avoir recours à l'emploi d'une pulvérisation d'eau acidulée (formule n° 3).

La Pyrale a des ennemis dont l'un surtout lui fait une guerre acharnée, c'est l'*Ichneumon* (fig. 78), qui dépose un œuf sous la peau de la Pyrale, la larve qui en sort grandit dans la cavité générale de sa victime, vivant de son sang et de son tissu graisseux, sans jamais attaquer un organe important. L'Ichneumon se développe et subit ses dernières métamorphoses dans l'intérieur du corps de la Pyrale qu'elle fait mourir.

La Pyrale a encore un redoutable ennemi, c'est le *Chalcis Minuta* (fig. 79).

D'après Valéry Mayet, l'espèce dont il s'agit a les caractères suivants : Longueur 3 à 4 millimètres, corps entièrement noir, tête et thorax très fortement ponctués, antennes noires, abdomen d'un noir plus brillant que la tête et le thorax, à pédicule très court. Pattes antérieures et intermédiaires noires avec l'extrémité des cuisses ; la base des jambes, leur extrémité et les tarses jaunes. Cuisses postérieures renflées pour le saut, noires avec l'extrémité jaune ; les tibias noirs, à base et à extrémité testacées ; tarses d'un testacé pâle.

Fig. 79.
Chalcis Minuta.

Cet insecte vit également dans le corps de la Pyrale qu'il fait mourir.

COCHYLIS

S'il est un des parasites les plus à craindre, après la Pyrale, pour les grappes de la vigne, c'est certainement la chenille désignée sous le nom de *Cochylis* (rosenara ou tortrix uvana. Les vignerons le désignent sous les noms de ver à tête rouge ou de ver coquin.

Fig. 80. — Papillon de la Cochylis.

La *Cochylis* est un petit papillon appartenant à la famille des *Tortrix* (fig. 80). Sa longueur est de 7 à 8 millimètres, la tête d'un brun rougeâtre, le corps d'un jaune pâle avec quelques reflets argentins sur la tête et le thorax. Le papillon possède des ailes de la même couleur que son corps, elles présentent vers le milieu une bande transversale brune ; ses œufs, très petits, d'un gris terne très pâle, sont pondus sur les bourgeons au moment de leur ouverture, sur les jeunes grappes ou sur les raisins mêmes. La chenille, longue de 8 millimètres environ, ressemble à celle de la Pyrale, mais elle est plus épaisse et plus grosse proportionnellement à sa longueur : la tête, ainsi que toutes les parties de la bouche, est d'un brun rougeâtre foncé ; le premier anneau du corps est de la même couleur, mais un peu plus intense, et l'on remarque au milieu une petite ligne très étroite d'un jaune pâle.

« La *Cochylis* a deux générations par an : elle hiverne sous les écorces à l'état de chrysalide enfermée dans un cocon de soie grise. L'insecte parfait éclôt au mois d'avril, il s'accouple et la femelle pond ses œufs. On le voit voltiger pendant le jour d'une souche à une autre (1). »

La chenille de la première génération se construit dans la saison même un abri avec les fils de soie qu'elle tisse. La métamorphose en chrysalide a lieu en juin et le papillon éclôt en juillet. Les chenilles de la seconde génération éclosent en août et septembre : elles s'attaquent aux raisins, percent un petit trou dans l'enveloppe du grain, en mangent le contenu, et passent rapidement d'un grain à l'autre jusqu'à ce que la grappe entière soit détruite.

Ces chenilles ont des ennemis redoutables dans les *Cheridion Benignum*, etc.

Le moyen le plus simple pour arrêter ses ravages est de ramasser, avant la vendange, toutes les grappes qui paraissent atteintes, pour qu'elles ne communiquent point le mal aux autres.

Le docteur Nessles a proposé un liquide pour enduire les ceps après leur décortication. — Nous croyons utile de donner cette formule :

FORMULE N° 13
Sulfate de cuivre	1 partie.
Ammoniaque liquide	1/2 —
Huile de Fusolcol	4 —
Savon mou	4 —
Eau	100 litres.

Le tout mélangé et appliqué en badigeonnage.

Le docteur Smith recommande une dissolution de sulfure de potassium.

Qu'il nous soit permis, cette fois encore, de déclarer que nous considérons notre méthode de badigeonnage comme très supérieure par ses résultats à ces divers expédients que nous ne pouvons que qualifier de scientifiques.

ECAILLE MARTHE CAJA

L'*Ecaille-Caja* (Chelonia-Caja) est un grand papillon de 4 à 6 centimètres de longueur sur 5 à 6 centimètres d'envergure.

Les ailes antérieures sont d'un brun café au lait très foncé avec des rigoles d'un blanc roussâtre fort irrégulières et dirigées en divers sens. Ces rigoles

---

(1) V. Audoin.

varient même beaucoup selon les individus. Les ailes postérieures sont d'un rouge brique avec six ou sept taches bleu foncé bordées de noir, légèrement cerclées de jaune.

L'*Ecaille-Caja* se transforme en une grosse chenille noire et velue : elle se montre tous les ans aussitôt la sortie des rameaux. Cet insecte pourrait causer des dégâts sérieux si on ne lui faisait rapidement la chasse, car il coupe les rameaux et les dévore rapidement.

Pour s'en débarrasser, il suffit de suivre les souches de vigne et comme ce papillon est très lent dans ses mouvements, il se laisse prendre facilement. On en ramasse à la main de grandes quantités.

Fig. 81.
Ecaille Marthe grandeur naturelle.

L'*Ecaille-Caja* est rare en Algérie, on le trouve néanmoins dans les plaines basses.

Sous forme de larves à l'état de chenille, elle dévore les bourgeons sans les couper, — mais comme elle est très grande, elle est facile à ramasser.

ZIZÈNE DE LA VIGNE

(*Ino Ampelophaga*, Bayle).

Cette espèce, très connue depuis longtemps surtout en Italie, fait partie de la famille des Zizénides, groupe de crépusculaires qui forme transition avec les nocturnes. D'après M. Mayet, leurs ailes, de même que chez ces derniers, sont tactiformes et dirigées vers le bas comme une chape ; mais leur corps très développé par rapport aux ailes et surtout leurs antennes, les rapprochent des crépusculaires ; les Zizénides ont une particularité commune à toutes les espèces du groupe, celle de simuler la mort lorsqu'on les saisit. Le vol est diurne, assez lourd, toujours court ; l'accouplement se fait bout à bout.

Le cocon, allongé, membraneux, jaune clair ou blanchâtre, est généralement mal dissimulé sur des tiges grêles ou des chaumes de graminées : parfois cependant, comme celui de notre espèce, il est filé dans les feuilles sèches, les fissures de l'écorce, les creux des roseaux, etc.

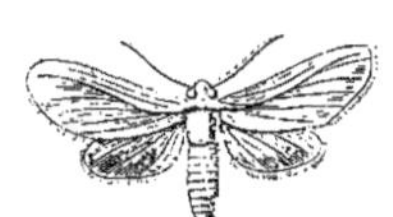

Fig. 82.
Zizène de la vigne.

Vers les premiers jours d'avril apparait le papillon (fig. 82) qui dépose ses œufs sur les branches aussitôt fécondé, puis viennent les chenilles dont le corps, relativement court et gros, a 12 millimètres de long sur 3 de large à l'âge adulte.

D'après Millière, le dos et les flancs sont d'un brun rougeâtre et le ventre jaune de Naples ; la *tête* très petite et noire ; les six pattes écailleuses et les dix fausses pattes sont jaune clair. Le corps est recouvert en dessus de gros points palifères bleuâtres donnant naissance à de nombreux poils bruns médiocrement longs. La face ventrale est toujours plus claire et sinuée de poils.

Sa reproduction est assez grande ; on l'estime à deux générations.

Le Zizène de la vigne commet de grands dégâts où il se trouve. D'après Passerini, c'est la moitié de la récolte qui parfois est enlevée ; Costa parle d'un quart ou d'un tiers. Cette chenille, exclusivement ampélophage, est donc très dangereuse.

Nous recommanderons toujours les badigeonnages d'hiver pour détruire les œufs et le ramassage des chenilles à l'aide de l'entonnoir à Altises.

SPHYNX ELPENOR

Le *Sphynx* de la vigne est un papillon crépusculaire de 6 à 7 centimètres d'envergure (fig. 83), il est rose avec des ailes antérieures d'un vert jaunâtre tendre et offrant une couleur rose sur leur bord costal et sur trois bandes longitudinales.

Les ailes postérieures sont roses sauf leur base qui est noire et leur frange blanche. Après sa transformation, la chenille qui surgit mesure environ 8 centimètres de longueur ; elle est d'un brun grisâtre entrecoupé de noir, avec deux taches latérales noires sur les quatrième et cinquième anneaux.

Fig. 83.
Sphynx Elpenor.

La corde caudale du *Sphynx* est noire avec l'extrémité blanchâtre ; les pattes sont écailleuses et d'un gris luisant, et les pattes membraneuses sont brunes.

Dans sa jeunesse elle est verte, elle conserve cette couleur assez longtemps. Sa métamorphose en chrysalide a lieu sur la terre dans une coque fragile formée de débris de feuilles sèches réunies par des brins de mousse de manière à former un tissu.

Ces chenilles (fig. 84) sont polyphages ; elles s'attaquent quelquefois aux bourgeons et peuvent causer des dégâts sérieux quand elles sont en nombre.

Les chenilles de *Sphynx* sont très visibles et lentes dans leur marche, faciles à

Fig. 84. — Larve de Sphynx ampélophage (d'après Audoin).

prendre, par conséquent. Aussi le meilleur procédé de destruction consiste-t-il à les ramasser et à les écraser. Mais, lorsqu'elles sont très abondantes, il est préférable de les ramasser à l'aide de l'entonnoir à Altises.

Les badigeonnages à la formule n° 1 préviennent souvent la présence des chrysalides.

TRYPHŒNA PRONUBA

Le *Tryphœna pronuba* appelé encore *ver gris*, à l'état de chenille, est un papillon *nocturne* qui se transforme en chrysalide et donne une chenille de 4 à 6 centimètres de long, grise, avec deux filets blancs sur la tête.

En nombre dans un vignoble, ce parasite peut faire beaucoup de mal : la nuit venue, il s'attache aux bourgeons qu'il ronge avec avidité, et il en dévore cinq à six en moyenne par nuit, soit une perte d'une douzaine de grappes.

Pendant le jour, il se roule et se cache en terre à 4 ou 5 centimètres de profondeur. Il est rare de rencontrer deux insectes sur la même souche.

C'est en avril et en mai qu'on le trouve, et pour le détruire, il faut aller le chercher sur les souches à la lumière ou de très bon matin. On le prend alors à la main et on l'écrase.

Les ravages du *Tryphœna* sont tels en Italie, que M. Targoni évalue à 36,000 francs les dégâts causés à sa connaissance par cet insecte dans l'espace d'une vingtaine de jours à 57 communes de la province de Côme.

Nous n'avons pas encore rencontré le Tryphœna en Algérie et en Tunisie.

NOCTUELLES

(Noctua aquilina).

La *Noctuelle* ou *Noctua aquilina* (fig. 85) donne une chenille d'un gris brun ou vert avec quelques lignes peu marquées.

Fig. 85.

Noctuelle des maisons, grandeur naturelle (d'après Valéry Mayet).

Elle est polyphage. La larve de la Noctuelle parcourt souvent les vignes quand elle ne trouve pas autre part une alimentation de son goût. Cette chenille est laide, d'un aspect graisseux ; elle se cache le jour dans les herbes, sous les pierres ou les mottes de terre, etc. Aussitôt que la nuit arrive elle sort de son refuge et monte sur les ceps de vigne, en détache les jeunes feuilles qu'elle vient manger à terre. Elle ronge aussi les bourgeons et les petites grappes naissantes. Ses ravages sont subordonnés à son appétit et aux plantes qu'elle peut trouver en dehors de la vigne. En France, les viticulteurs considèrent la Noctuelle et la Cochylis comme des ennemis presque aussi redoutables que la Pyrale.

Il y a plusieurs espèces de Noctuelles : la *Labesia*, la *Botrana*, l'*Agrostis crassa*, l'*Agrostis obelisca*, le *Chelonia lubricipada*, qui ont près de 5 à 7 centimètres de longueur. On cite aussi une petite chenille qui existe en Crimée, originaire du papillon : *Procris ampelophaga*; sa longueur est de 20 à 25 millimètres, elle est jaune pâle, grisâtre avec cinq lignes noires longitudinales; sa tête est brune et son corps est garni de longs poils bruns.

Nous avons rencontré ces espèces en Algérie et en Tunisie, mais elles ne semblent pas, quant à présent, occasionner des dégâts appréciables, probablement parce qu'elles ne se sont pas multipliées ici comme en France. Raison de plus pour leur faire une chasse impitoyable et les ramasser à l'état de chenille, avant qu'elles ne puissent se reproduire.

ORTHOPTÈRES

BARBISTE PORTE-SELLE

Le *Barbiste porte-selle* (Ephippigera Vitum) est un insecte (fig. 86) connu de tout le monde; on le désigne communément sous les noms de *Sauterelle*, *Gros*

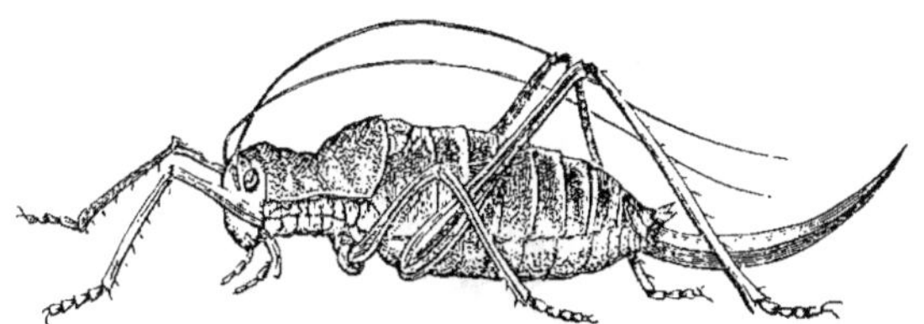

Fig. 86. — Barbiste porte selle.

Grillon, etc., il est long de 4 à 5 centimètres. — Cette sauterelle n'a de commun que le nom avec les insectes trop fameux qui ont causé tant de désastres en Algérie et en Tunisie.

Le *Barbiste* est complètement vert, excepté la tête où l'on remarque quatre lignes longitudinales très fines, de couleur brune; le corselet ou protorax est caréné dans son milieu et très rugueux; les ailes sont d'un vert jaunâtre, l'abdomen est vert, les antennes sont très longues et verdâtres. La tarière de la femelle est longue, étroite et de la couleur générale du corps. Les mandibules sont fortes et dentées.

Il convient cependant, à titre complémentaire, d'en dire quelques mots ici.

En Algérie, selon les années, le Barbiste est plus ou moins abondant, et quand il est nombreux il cause de forts dégâts. Cet insecte attaque les jeunes bourgeons et les grains de raisin.

En 1813, ces sauterelles se multiplièrent en si grande quantité que le gouvernement, dans le but de les détruire, accorda une prime de 6 blancs (2 centimes 1/2) par livre d'insectes, et de 5 sols (25 centimes) par livre d'œufs. On ramassa 24,000 livres des premiers et 24,400 livres des seconds.

Ce serait le Gaza des Hébreux d'après Walkenaer.

Le traitement est on ne peut plus simple : il suffit de ramasser ces sauterelles et de les écraser.

SAUTERELLES ET CRIQUETS

Les Sauterelles qui ont envahi à plusieurs reprises l'Algérie et la Tunisie exigent une étude spéciale.

Nous ne pouvons mieux faire qu'emprunter les éléments de ce chapitre aux travaux de M. J. Kunckel d'Herculaïs, délégué spécial du gouvernement, appelé en Algérie pour étudier l'origine de ces acridiens et les moyens de défense a leur opposer. D'après ce savant antomologiste, les insectes dont il s'agit appartiennent à trois espèces qui diffèrent, non-seulement par des caractères zoologiques bien tranchés, mais encore par des particularités biologiques que l'agriculture a un grand intérêt à connaitre.

Voici comment s'exprime M. Kunckel d'Herculaïs (1) :

« Les acridiens du bassin de la Méditerranée qui peuvent, à un moment donné, produire de grands ravages sont de trois espèces :

» 1° L'*Acridium peregrinum* est de grande taille, de 46 à 55 millimètres chez les mâles, 57 à 60 millimètres chez les femelles; il est de couleur jaune citron ou rose marqué de fauve. C'est l'espèce qui a ravagé l'Algérie en 1826, 1827 et 1866-1867.

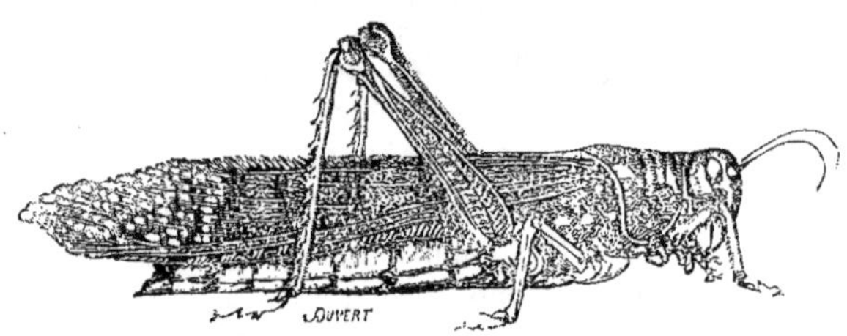

Fig. 87. — Sauterelle pèlerin adulte.

» Les vols de l'*Acridium peregrinum* arrivent dès le printemps (avril et mai) : les terrains trouvés, chacun n'a qu'un souci, c'est de perpétuer sa race; les

---

(1) J. Kunckel d'Herculais : *Rapport à M. le Gouverneur de l'Algérie.*

femelles obéissent à leur instinct maternel, enfoncent leur abdomen de 6 à 8 centimètres dans le sol et y cachent leur progéniture : leur rôle accompli, pères et mères subissent la loi commune, meurent de-ci et de-là, misérablement. Les jeunes éclosent dans le mois suivant, c'est-à-dire une vingtaine de jours après la ponte (20 à 25 jours). »

En 1867, ces acridiens ailés descendirent vers le 29 avril dans la plaine de la Mitidja où ils devorèrent à peu près toutes les récoltes de colza, etc., sauf les lins qui furent épargnés, et un mois après les criquets pérégrinaient partout sans que l'on puisse les détruire. Fait remarquable, l'année suivante ils ne reparurent plus. Notons en passant ici, que ces criquets, devenus ailés, se dirigèrent par grandes bandes sur la Méditerranée, où ils périrent tous, sauf quelques-uns qui attérirent en Espagne.

En 1874, 1875, 1876 et 1877, des sauterelles reparurent et disparurent sans causer de notables dégâts.

« 2° Le *Caloptenus italicus* est de taille moyenne, 15 à 22 millimètres chez les mâles, 23 à 34 chez les femelles ; il est brunâtre ou grisâtre ; les élytres transparentes sont couvertes de taches obscures et inégales dans toute leur étendue ; les ailes sont transparentes, à disque rose tendre : cette espèce ne semble pas avoir apparue depuis notre installation en Algérie.

» 3° Le *Stauronotus maroccanus* (fig. 88) est de taille moitié moindre chez

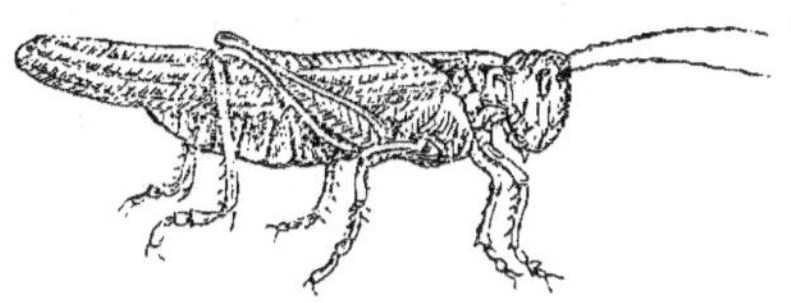

Fig. 88. — Le Stauronotus maroccanus.

les mâles, 20 à 23 chez les femelles ; il est de couleur rousse testacée relevé de taches fauves. C'est l'acridien qui a envahi l'Algérie en 1845.

» Les vols du *Stauronotus maroccanus* et du *Caloptenus italicus* font leur apparition pendant l'été (généralement en juin et juillet) ; les lieux de prédilection trouvés, chacun s'unit : les femelles, sous l'impulsion d'une loi héréditaire, fouillent le sol de leur abdomen jusqu'à 3 et 4 centimètres et effectuent le dépôt de leurs œufs ; leurs devoirs accomplis, pères et mères, désormais sans but sur la terre, s'en vont mourir tristement dans un coin.

» Les coques ovigères sont de volume et d'aspect bien différents. Celles de l'*Acridium peregrinum*, de 3 à 4 centimètres de longueur, renfermant en moyenne 80 à 90 œufs, celles du *Stauronotus maroccanus* et du *Caloptenus italicus*, de 1 et 1/2 à 2 centimètres de longueur, contiennent de 30 à 40 œufs. »

D'après le même savant, cet acridien ne serait nullement originaire du désert, comme on l'avait cru jusqu'à ce jour, leurs foyers de résidence permanents seraient sur les montagnes dénudées près du Hodna, etc.

Quant à l'*Acridium peregrinum*, son centre d'origine serait le centre même de l'Afrique, quoiqu'il se trouve répandu un peu partout notamment aux Indes, en Perse, en Arabie.

Cet acridien arrive dans nos contrées dans les premiers jours de mai, suivant l'avancement précoce des récoltes. Il s'accouple et pond aussitôt. Suivant diverses observations, il résulte que l'incubation varie dans nos contrées de douze à vingt-un jours, suivant la nature et la chaleur du sol et de l'atmosphère.

Les criquets subissent quatre mues ; ces transformations se succèdent pendant cinquante à soixante jours, c'est-à-dire que les ailes apparaissent a cette époque.

M. Durand, l'inventeur de l'appareil qui porte son nom, nous dit dans sa notice du *Comice agricole de Médéah*, 1887, que « certaines bandes avaient mis soixante-dix jours pour arriver à l'état d'insectes parfaits, c'est-à-dire du jour de leur éclosion au jour de leur transformation en sauterelles ailées. »

Destruction des sauterelles ailées.

M. Durand nous dit encore dans la même notice que nous avons signalée plus haut :

« Les sauterelles ailées nous arrivent généralement pendant la saison du printemps, c'est-a-dire à une époque de l'année où elles trouvent partout une végétation herbacée abondante. Leur nourriture, étant ainsi assurée sur tous les points du territoire, elles ne font ordinairement que fort peu de ravages, aussi est-il facile de les éloigner des cultures que l'on veut protéger. Il suffit pour cela de disposer d'un personnel suffisant et de procéder à cette expulsion pendant les heures de grande chaleur, de dix heures du matin à trois heures de l'après-midi, par exemple.

» Lorsque ces locustes se sont repus, il devient alors facile ne les déloger.

» Il n'y a ici, en un mot, qu'à laisser aux intérêts privés le soin de pourvoir à leur propre défense.

» Ce que l'on peut désirer dans cette circonstance, c'est d'éloigner les bandes ailées des cultures que l'on veut protéger, et de les rejeter dans les régions voisines où leur présence est moins dangereuse. Lorsque ce résultat est obtenu il n'y a plus qu'a leur laisser faire leur ponte paisiblement, attendre l'éclosion des œufs pour recommencer la lutte contre les criquets, et pendant qu'ils feront leur migration.

» Quant aux moyens à employer dans ce cas, c'est le bruit, la démonstration par des bandes d'étoffes agitées en l'air. tantôt la fumée, etc.

» Les sauterelles ailées issues des éclosions faites sur notre territoire sont beaucoup plus dangereuses parce qu'elles arrivent alors pendant la saison sèche, à une époque de l'année où nos cultures industrielles leur servent d'appas ; mais ici, comme dans le premier cas, l'agriculture est suffisamment armée pour se défendre par elle-même Dans tous les cas, si elle a bien combattu les sauterelles pendant qu'elles étaient encore a l'état de larves ou de criquets, elle n'aura guère à les redouter à l'état d'insectes ailés.

» Le *véritable fléau c'est le criquet* proprement dit, et c'est sur celui-ci que nous devons concentrer tous nos efforts. »

Sauterelles mères pondeuses

Destruction des œufs.

La recherche des œufs semblait s'imposer comme première condition de destruction de l'insecte a son origine, pendant les années 1887, 1888 et 1889. Le Gouvernement Général a prescrit des recherches dans ce sens — Ce qui a été dépensé d'argent et d'efforts de toute sorte est inouï, et pourquoi ? — pour obtenir des resultats a peu près insignifiants. Aussi a-t-on abandonné définitivement ce genre de destruction.

Destruction des criquets.

Sachant que, douze à vingt jours après les pontes, les jeunes criquets sortent de leur coque ovigère, c'est alors qu'il faut prendre ses précautions pour être là en nombre suffisant sur les pontes afin de détruire les jeunes criquets, au fur et à mesure qu'ils sortent sur le sol.

Leur premier mouvement est de se grouper ensemble; ils restent là quelques heures avant de se séparer. On profite de cette circonstance pour les détruire en les frappant avec des verges en bois vert ou en fil de fer sur le sol.

Quand une propriété est à la veille d'être envahie et que les appareils manquent, il faut diriger les bandes de criquets sur des tas de paille, de broussailles ou autres combustibles et là, lorsqu'ils y sont agglomérés, les brûler.

Destruction par l'appareil Durand.

De tous les moyens employés jusqu'à ce jour pour détruire les criquets, c'est encore l'appareil Durand qui réalise le mieux ce que l'on peut désirer pour atteindre ce but.

J'ai assisté en 1874, à une expérience faite à Rovigo où un appareil Durand, dirigé par lui-même, a permis d'arrêter une colonne de criquets qui s'est enfouie automatiquement dans plusieurs fosses bordées de bandes de zinc.

Expérience concluante du 16 juin 1892.

Je laisse parler la commission du *Syndical des Viticulteurs d'Alger* qui assistait, ainsi que moi-même, à cette expérience :

« *Essai de l'appareil.* — M. Durand nous a montré d'abord combien il était facile de fendre en deux un ancien appareil dit *Cypriote*, et de le transformer; puis on a procédé à la pose d'une première section de cent cinquante mètres. Aucun des hommes employés a ce travail n'avait l'expérience de cette pose et, d'ailleurs, l'affluence de visiteurs gênait considérablement les mouvements; il s'en est suivi un peu de désordre dans la manœuvre et, par conséquent, une durée de la pose plus longue qu'elle n'eût été, si l'on se fut trouvé dans des conditions normales. Cette pose a duré, en effet, près de trois quarts d'heure.

» On a ensuite procédé à la pose d'une seconde section de cent cinquante mètres; l'experience acquise séance tenante, par les hommes, était déjà suffisante pour que la durée de cette seconde pose se soit trouvée réduite à vingt-cinq minutes.

» Il a paru évident que quatre hommes exercés, deux tendant ensemble la bande d'étoffe et le ruban de zinc, le troisième plantant les fiches et le quatrième plaçant les agrafes et les pinces, doivent arriver à poser en moyenne cent mètres d'appareil en dix minutes.

» Quant à la *dépose*, elle est, pour ainsi dire, instantanée. Par conséquent, au point de vue de la rapidité d'évolution, votre commission, M. le Préfet, et tous les assistants ont conclu qu'aucun des appareils anciens ne pouvait être mis en parallèle avec le nouvel appareil Durand.

» Dès que cette question a été jugée, on s'est occupé de conduire la colonne de criquets sur l'appareil; il ne pouvait s'agir en effet d'attendre que cette bande, logée dans les herbes qu'elle broutait à son aise, arrivât spontanément sur la barrière; il eut fallu pour cela, remettre la suite de l'expérience au lendemain. Aussi, malgré qu'il soit contraire aux prescriptions de la théorie de déranger les criquets en marche, car on les oblige ainsi à se disperser, et qu'il soit rationnel d'attendre, de pied ferme, leur arrivée sur les appareils posés en travers de leur route, il fut décidé qu'on en rabattrait, séance tenante, le plus possible.

» Une escouade d'une trentaine d'hommes fut mise en mouvement pour refouler la colonne par les moyens habituels et, dès que la tête de ligne fut arrivée à quatre ou cinq mètres de l'appareil, on cessa de les rabattre.

» A ce moment, une petite éponge trempée de pétrole fut passée rapidement sur tous les zincs.

» Quelques minutes après, les criquets atteignaient la barrière de tous les côtés à la fois et s'élevaient en bandes serrées, sur la cotonnade, jusqu'au ruban de zinc qui les arrêta net.

» La moleskine fut un obstacle beaucoup moins sûr, quoiqu'elle fut en bon état.

» Sans hésiter un instant, les insectes prirent tous une direction parallèle à la barrière, cheminant soit sur la terre, au pied de l'appareil, soit sur la toile qui en était noire, ils arrivèrent ainsi à l'une des caisses, *gravirent le plan incliné avec une sûreté de direction remarquable*, et le ruisseau vivant alla s'engouffrer méthodiquement dans la dite caisse, avec une précision toute mécanique.

» Les parois intérieures de la boîte ne tardèrent pas à être noires de criquets qui, regrimpant, essayaient de sortir; mais la bande continue de zinc, appliquée contre les bords, les arrêtait d'une manière invariable; là où il fut possible de constater que quelques rares heureux parvenaient à grimper en prenant appui sur les têtes des clous qui fixaient le zinc au bois; mais l'obstacle devint absolument infranchissable dès que l'éponge imbibée de pétrole fut promenée légèrement sur le métal.

» *Nous devons déclarer ici que la démonstration fut si claire, si rapide et si complète. que le mot de satisfaction serait insuffisant pour rendre les sentiments de l'assistance. On fut réellement émerveillé.* »

Le prix de l'appareil Durand qui se construit chez M. Féraud, constructeur à Mustapha, est de 800 francs le kilomètre.

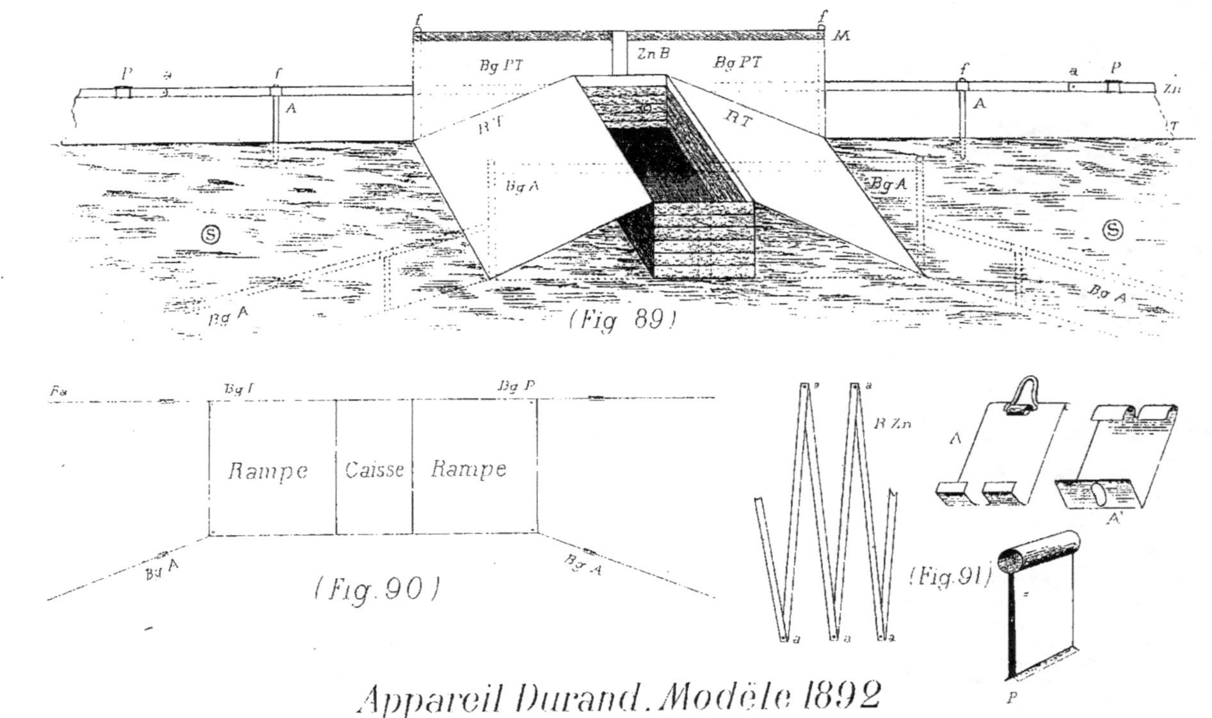

Appareil Durand. Modèle 1892

Description de l'appareil Durand (modèle 1892) :

Fɪɢ. 1. — Montrant : 1° une portion de la barrière en toile et zinc, *T* et *z n*, avec l'installation d'une caisse de réception faisant office de fosse ; 2° le barrage postérieur en toile moleskinée ou garnie de zinc ; 3° le barrage antérieur en toile moleskinée ou garnie de zinc, qui complète la défense ; ce barrage a été figuré ou pointillé.

Fɪɢ. 2. — Plan indiquant la position relative de la caisse avec ses rampes en toile de la barrière *Bg A*, et postérieurs *Bg PT*.

Fɪɢ. 3. — Elle représente les principales pièces métalliques de l'appareil précédent *R Z N*, fraction du ruban de zinc articulé en *a* et replié.

Fɪɢ. 4. — Garniture d'une fosse remplaçant la garniture de zinc. Elle est vue par dessus pour montrer la moleskine *M*.

On a essayé plusieurs méthodes de destruction des criquets, soit par les huiles lourdes, soit par d'autres produits dérivant du gaz de houille.

Leur emploi dans les vignes ont laissé des traces d'odeur désagréable sur les raisins qui, par suite, se sont communiquées au vin.

Ennemis des sauterelles.

Parmi les acridophages les plus redoutables, M. Kunckel signale une larve du Bombylide qui s'installe dans les coques ovigères pour en dévorer les œufs ; suivant ce savant antomologiste, cette larve peut dévorer, suivant les localités, jusqu'à 20 p. 0/0 des pontes.

M. le docteur Trabert, de son côté, a signalé aussi la présence d'un cryptogame qui envahit les insectes dont nous nous occupons et qui les fait dépérir.

D'autre part, on signale également une mouche carnassière qui détruit les œufs.

Dans tous les cas, il ne faut pas s'attarder et trop compter sur les acridophages pour détruire soit les œufs, soit les criquets.

Les moyens les plus rapides sont tout indiqués plus haut.

ENNEMIS DES RAISINS MURS

Guêpes.

Lorsque les raisins sont arrivés à une maturité suffisante, les guêpes et les frèlons viennent en sucer les grains avec un tel zèle que, dans l'espace de quelques heures, une guêpe suffit pour percer toute une grappe et la détruire.

La seule chasse que l'on puisse faire aux guêpes consiste à rechercher leurs nids, à les anéantir la nuit par le moyen suivant : Aussitôt qu'un nid est découvert, poser sur le trou une forte mèche soufrée que l'on allume, puis placer par dessus un pot de fleurs dont le trou sera rendu impénétrable pour la guêpe. L'asphyxie complète du nid suivra de près l'opération.

Merles.

Les merles sont aussi de grands ravageurs. Ils perforent les grains de raisin à grands coups de bec et en font sortir le jus. Autant de grappes atteintes autant de perdues, car sous la piqûre meurtrière le grain se dessèche complètement.

Un merle détruit jusqu'à 5 ou 6 kilos de raisin par jour.

Un seul remède : le fusil.

Poules.

Les poules causent bien des dommages à la vigne, aux abords des corps de ferme et surtout quand le raisin mûrit. Si on les laisse vagabonder dans le vignoble, elles peuvent dévorer plusieurs kilos en quelques heures.

Pour remédier a ces désagréments, il est nécessaire de construire en dehors du poulailler, une sorte de cour clôturée en fil de fer; les clôtures en treillage métallique d'une certaine hauteur, conviennent très bien pour cet usage.

On vendange d'abord les souches les plus près de ce parc.

Il est encore un autre moyen plus simple et plus sûr : c'est d'enfermer ia volaille pendant les vendanges et de la nourrir pendant ce temps au grain.

Perdrix, Grives, Étourneaux, Moineaux, Geais.

Les perdrix et tous les oiseaux que nous venons d'énumérer sont des ennemis mortels du raisin qu'ils mangent ou gaspillent. Il ne faut pas craindre de leur faire une chasse acharnée, car les dégâts qu'ils occasionnent, loin de pouvoir être considérés comme une quantité négligeable, finissent par se traduire par de grosses pertes si on les laisse faire.

Parmi les autres moyens, il faut citer les mannequins habillés de défroques, placés de distance en distance.

Les oiseaux de proie empaillés et placés en suspension entre deux perches éloignent également les oiseaux.

Chacals.

Mais nous arrivons au plus grand destructeur de raisin qu'il y ait en Algérie et en Tunisie. C'est le chacal. — Ce carnassier, polyphage pour la circonstance, pénètre dans les vignes pour y chercher la fraicheur et le repos pendant le jour, et, la nuit venue, il dévore les grappes mêmes. Si le vignoble se trouve près des broussailles ou à l'écart, la récolte disparait en quelques jours, tant ces animaux deviennent nombreux quand ils savent n'être pas dérangés.

Le remède le plus efficace consiste dans la distribution de morceaux de viande empoisonnée, jetés de distance en distance autour de la vigne. Le chacal, qui préfère encore la viande au dessert, ne manque point de dévorer ces appâts présentés à sa gourmandise. Seulement, ce procédé demande de la prudence : il faut éviter qu'après la vendange, les animaux domestiques, chiens ou volailles, ne s'empoisonnent pas à leur tour.

Le poison que l'on emploie avec succès dans ce cas est la strychnine, à la dose de 1 gramme pour 10 kilos de viande coupée en dix morceaux.

— 563 —

On emploit aussi avec succès les pièges à chacals, qui n'ont pas les inconvénients du moyen précédent mais qui exigent aussi des mesures de précautions.

Depuis peu M. Julien, d'Alger, a inventé un système de lanterne que l'on pose sur les bords de la vigne et qui, par ses jets lumineux, épouvante et écarte les chacals ainsi que les autres animaux sauvages. Cette lanterne, qui coûte 7 ou 8 francs, présente deux yeux convexes en verre qui projettent des rayons intenses.

La dépense d'entretien de chaque lanterne est de 0,12 à 0,15 centimes ; par suite, une surface de dix hectares nécessite l'emploi de six ou huit lanternes, suivant la disposition des lieux.

Chiens.

Tous les chiens à long museau sont en général friands de raisin, surtout de raisin blanc, et ils en détruisent beaucoup si on les laisse pénétrer dans les vignobles.

Remède unique : la vigilance à l'égard des chiens d'autrui. Quant aux chiens de la maison, le plus sûr est de les attacher pendant la période de la maturité.

Renards.

Le renard est très gourmand de raisin ; cet animal est assez rare en Algérie, cependant on en rencontre un certain nombre dans la plaine du Chélif, dans le Dahra et dans quelques autres contrées du nord de l'Afrique française. Il est plus petit que celui d'Europe.

Tendre des pièges près des souches dont les raisins mûrissent les premiers : tel est le moyen le plus simple.

Ratons, Fouines, Blaireaux, Belettes, Lérots.

Tous ces animaux sont de grands amateurs de raisins mûrs, aussi faut-il leur faire la chasse de toutes les manières : au piège ou au lacet métallique, etc.

Le raton est assez commun en Algérie, il abonde dans le voisinage des jardins et des broussailles. C'est un vrai gourmand de raisin, il en mange de trois à quatre kilos par jour ; comme on le voit, ce pensionnaire coûte cher à la propriété.

Lièvres et Lapins.

Les lièvres et les lapins ne causent aucun dégât aux raisins, mais en revanche, ils dévorent les bourgeons des jeunes plantations situées près des bois ou des broussailles. Ils n'épargnent pas davantage celles qui sont voisines des dunes de sable.

Au point de vue de la défense générale contre tous les animaux malfaisants et aussi contre les voleurs, le moyen le plus efficace et celui que nous considérons comme le plus économique en même temps, consiste à protéger le vignoble par une clôture en treillage métallique. On en fabrique aujourd'hui a des prix très accessibles.

On maintient ces clôtures au moyen soit de vieilles traverses de chemin de fer goudronnées, ou encore avec des piquets en fer qu'on enfonce dans le sol de distance en distance.

CHAPITRE XV

PHYLLOXERA

SOMMAIRE :

Description et biologie. — Aptères agames, existence gallicole, existence radicole. — Nymphes. — Sexués. — Cycle biologique du Phylloxera. — Lésions produites par le Phylloxera. — Traitement du Phylloxera.

CHAPITRE XVI

PHYLLOXERA

De son origine et de sa marche progressive en France et en Europe.

Quel est l'Algérien qui n'a ressenti une souffrance véritable en apprenant que des pays froids, tels que la Belgique et l'Angleterre, approvisionnent de primeurs une partie de l'Europe, alors que la nature avait évidemment voulu réserver la culture et le commerce des primeurs pour l'Afrique française pourvue d'un sol fertile et d'un merveilleux soleil ? Mais la nature, qui se prête si volontiers aux cultures rationnelles, semble répugner un tour de force. Elle n'aime pas qu'on lui fasse violence et se venge quelquefois cruellement des efforts qu'on lui impose, en dehors des lois générales de la production agricole.

Ces réflexions nous sont suggérées par un fait qui paraît aujourd'hui bien établi. C'est dans un pays où la vigne n'est qu'une fantaisie de luxe, c'est dans les terres anglaises de Hammersmith, près de Londres, que le Phylloxera, qui devait causer chez nous tant de ruines, a fait sa première apparition en Europe, en 1863. De là, le terrible fléau serait arrivé, par des importations de serres à serres, jusqu'en Suisse, où il aurait gagné les vignobles.

L'Oïdium était de même venu des serres anglaises. Quant au Phylloxera, l'Angleterre, qui nous l'a communiqué, paraît l'avoir reçu elle-même de l'Amérique. Dès la période de l'Oïdium, en 1852-1854, on avait introduit dans les terres anglaises, par voie de bouture, un plant américain, venu de la Géorgie, l'Isabelle. Ce sont ces racines de l'Isabelle qui ont, sans doute, été les véhicules de l'insecte dévastateur à travers l'Océan Atlantique.

Toujours est-il que c'est quinze ans plus tard, en 1867, que le fléau éclatat sur un grand nombre de points à la fois, dans le comtat d'Avignon, dans la Crau, sur les Alpines, aux environs de Tarascon, et qu'il prit dès lors des proportions alarmantes.

M. Planchon est l'auteur de la découverte du *Phylloxera* en Europe (1); il en fait l'historique suivant :

« Le *Phylloxera* est originaire des États-Unis d'Amérique. Cette assertion, contredite par quelques-uns, a besoin d'être justifiée. Heureusement les preuves abondent et vont ressortir de l'histoire même de la découverte de l'insecte.

» En 1854, un entomologiste américain, M. Asa Fitch, chargé par l'État de New-York de l'étude des insectes utiles ou nuisibles à l'agriculture, découvrit sur les vignes du pays, de petites galles ou verrues creuses faisant saillie à la face inférieure de la feuille, et s'ouvrant à la face supérieure par un orifice étroit et garni de poils. Au fond de chaque galle, il vit une sorte de pou à corps rebondi et convexe, a pattes courtes, à suçoir plongé dans le tissu de la feuille, à antennes coupées en bec de flûte. Presque inerte dans son étroite cellule, cette recluse, invariablement femelle, n'était qu'une sorte de machine à pondre, car ses œufs accumulés autour d'elle, dépassaient parfois le chiffre de plusieurs centaines. De ces œufs sortaient des petits à marche relativement rapide qui, se portant vers le haut des pampres et piquant chacun un point de la feuille naissante, déterminaient par cette piqûre la formation d'une galle nouvelle où ils s'enfermaient pour y parcourir les mêmes phases d'évolutions de leur mère.

» Comparant sans doute ces galles aux vessies des feuilles de l'orme, aux bourses des feuilles du peuplier, qu'habitent des pucerons nommés *Pemphigus*. M. Fitch baptisa *Pemphigus Vitipolix*, le nouvel insecte de la vigne. Il n'y vit d'ailleurs qu'un objet de curiosité scientifique, car les déformations produites ainsi sur les feuilles d'un arbuste plein de vigueur ne pouvaient donner l'idée d'un dommage sérieux. Bientôt cependant, deux autres entomologistes d'état, feu Binjamin Walsk et Charles Riley, retrouvant le *Pemphigus* d'Asa Fitch, en firent incution comme d'un insecte nuisible. De son côté, M. le docteur Henri Shiner, découvrant les mêmes galles et le même insecte, cette fois avec un individu pourvu d'ailes et qu'il supposait être le mâle, en publiait, en 1867, une description minutieuse, et le séparant, avec raison, des *Pemphigus*, l'appelait *Dactylospora Vitifoliæ*. Dans l'intervalle, le prétendu *Pemphigus* était signalé dans des serres à raisins (Graperies) de Hammersmith, près de Londres (1863), et de quelques points de l'Angleterre et de l'Irlande (1867 à 1868). Étudié par le célèbre entomologiste Westwod, cet insecte réputé nouveau reçut le nom de *Perilymbia Vitisana*. Notons que M. Westwod sut voir l'insecte sous une nouvelle forme, l'ayant trouvé à la fois sur les feuilles, dans les galles et sur les racines à l'état de suceur souterrain; mais cette observation ne fut publiée qu'en 1869, à la suite de la découverte du *Phylloxera* dans le Midi de la France.

» Quelques années avant cette date, un mal inconnu minait certains vignobles des deux côtés du Bas-Rhône, à Puylault, dans le Gard, on avait vaguement entrevu le mal dès 1863; en 1867, il avait pris de telles proportions, que dans le Comtat, dans la Crau (Bouches-du-Rhône), sur les Alpines.

» Aux environs de Tarascon, l'effroi des vignerons devint général.

» C'est alors qu'un vétérinaire d'Arles, M. Delorme, en fit connaître les caractères extérieurs sans en présenter la vraie cause. Toujours disposés à s'attacher à des faits nouveaux, les faits connus, les paysans de Vaucluse appelèrent ce mal le *Blanquet* ou *Pourricidie*, le confondant avec une maladie

---

(1) J. E. Planchon : *Le Phylloxera en Europe et en Amérique* (*Revue des Deux-Mondes*) 1871.

de la vigne qui se développe chez les ceps plantés sur défrichement de chênes; mais si les racines pourrissent dans ces derniers cas, c'est sous l'action d'un *Mycelium* spongieux d'une odeur de champignon caractéristique (1). La pourriture des racines provoquées par le *Phylloxera* est une sorte de gangrène humide avec une teinte noirâtre et sans trace d'odeur fongique.

» Cependant, le mal augmentant toujours, la Société d'Agriculture de Vaucluse et M. Gautier, maire de St-Remy, appelèrent en consultation une commission de la Société centrale d'Agriculture de l'Hérault. Réunis au mois de juillet 1868, les délégués de la commission étudièrent avec attention les vignes atteintes. S'adressant naturellement aux plus malades, ils n'y trouvaient que des racines pourries, sans trace de champignon, ni d'insecte : circonstance aujourd'hui bien expliquée, mais qui dérouta quelque temps l'investigation.

» Pourtant les allures de la maladie, cette expansion graduelle autour d'un premier centre et le long des lignes de ceps, tout indiquait une cause vivante. « Cela marche comme une armée », nous disait dans son langage pittoresque le régisseur d'un domaine. Ces mots nous engagent à de nouvelles recherches. Un coup de pioche heureux met à nu quelques racines sur lesquelles je vois à l'œil nu des taches et des traînées de points jaunâtres. La simple loupe décompose ces traînées en une poussière d'insectes, que leur parenté avec les pucerons et les cochenilles rend suspects à titre de suceurs. Deux jours de recherches nous les font voir en cent endroits, partout où la vigne souffre.

» Dès ce moment, un fait capital est établi : C'est qu'un insecte presque invisible, se dérobant sous terre, s'y multipliant par myriades d'individus, amenait l'épuisement des ceps les plus vigoureux. Mais cet insecte, d'où venait il? Était-il décrit? Quels étaient en tous cas ses alliés les plus proches? Ces questions n'étaient pas faciles à résoudre du premier coup; elles ne pouvaient même l'être qu'à la condition de trouver l'insecte sous tous ses états.

» N'ayant vu d'abord que des insectes souterrains, dépourvus d'ailes, provisoirement désignés par moi sous le nom de *Rhizaphis* ou puceron des racines, je cherchai obstinément la forme ailée, que je supposais devoir exister. Cette forme existait en effet, et l'ayant découverte à l'état de nymphe avec ses ailes encore fermées dans leurs fourreaux, je la vis éclore le 28 août 1868, comme un élégant petit moucheron, ou plutôt comme une cigale en miniature portant étalées à plat ses quatre ailes transparentes. Dès lors mon *Rhizaphis* devenait un *Phylloxera*, car sauf des divertis de détail, il était difficile de le distinguer du *Phylloxera Quercus*, insecte qui vit sous les feuilles du chêne blanc et dont la présence se trahit par le jaunissement du point piqué. Voilà donc l'insecte de la vigne rapporté à son vrai genre; restait à le reconnaître pour identique à un insecte américain.

» Le premier pas dans ce sens fut le résultat d'un heureux hasard. Le 11 juillet 1869, voyageant avec une commission de la Société des Agriculteurs de France pour l'étude de la maladie nouvelle, je découvris à Forgues (Vaucluse) sur deux ceps d'une variété de vigne appelée *Cinto*, de nombreuses galles pareilles à celles du *Pemphygus* américain. Quelques jours après, M. Laliman retrouvait ces mêmes galles à Bordeaux, mais cette fois sur des cépages d'Amérique dont plusieurs portaient sur leurs racines des *Phylloxeras*. Soupçonnant

---

(1) Voir page 504 et suivre ce qui est relatif à cette maladie.

que ces deux insectes si différents en apparence, étaient des formes du même animal modifiées par le milieu, l'une : « Vie souterraine *(Type radicicole)*, l'autre à vie aérienne *(Type gallicole)* », M. Lichtenstein et moi eûmes l'idée que le *Pemphigus Vitifolia*, de Fitch, n'était rien autre que notre *Phylloxera Vastatrix*. Cette hypothèse devint certitude lorsque d'une part nous eûmes établi, par expérience, la transformation du *Phylloxera* des galles en *Phylloxera* des racines, et surtout lorsque M. Riley, venant exprès d'Amérique en Europe, put affirmer l'identité des insectes des deux pays.

» Malheureusement ses progrès ont été rapides en France, où la majeure partie des vignobles a été ravagée. Puis est venue ensuite la Corse, l'Espagne, l'Italie, l'Autriche, la Suisse, la Grèce et le Levant, le Cap de Bonne-Espérance, l'Australie. »

Pourquoi faut-il que les ravages du Phylloxera, si bien décrit par l'éminent auteur que nous venons de citer, aient atteint nos possessions françaises d'Algérie, où la viticulture avait pris en quelques années un développement si merveilleux ?

C'est vers 1880, à la suite de l'introduction en Algérie de plants français contaminés que le fléau fit son apparition, à Tlemcen d'abord, puis à Bel-Abbès, à Philippeville, à La Calle et à Oran. Le département d'Alger, par un privilège dû sans doute à une rigoureuse application des règlements, demeure indemne jusqu'à ce jour. Quant à la Tunisie, ses vignobles n'ont encore présenté à ce jour aucune trace de Phylloxera ; mais nous ne pouvons en rapporter l'honneur à des mesures qui n'ont pas été prises.

Dans les départements d'Oran et de Constantine le mal a déjà fait des ravages inquiétants. Les fonds ont manqué, dit-on, pour procéder au traitement excessivement énergique qui aurait été nécessaire pour éteindre dès le début les foyers phylloxeriques.

Nous espérons que l'accord se fera entre les syndicats de défense des trois départements. Les viticulteurs algériens et ceux qui les représentent avec tant d'autorité seront les premiers à comprendre la nécessité de sacrifices sérieux et le peu que pèse dans la balance un relèvement d'impôt sur les intéressés, quand il s'agit de soustraire à une ruine inévitable et peut-être prochaine, la source de richesse à laquelle ils doivent déjà l'aisance et sur laquelle reposent tant d'espérances d'avenir.

Symptômes extérieurs du Phylloxera.

Nous croyons utile de résumer ici, d'après les auteurs, les caractères extérieurs auxquels le viticulteur, même le premier venu, pour ainsi dire, peut reconnaître, sauf vérification approfondie par des hommes plus compétents, la présence du redoutable fléau dans ses vignes.

Ces caractères extérieurs consistent en *taches*, qui s'étendent concentriquement, *comme des taches d'huile*, autour du premier point taché. Quelques années après l'invasion de l'insecte, on aperçoit sur ce point central, quelques ceps morts et sans feuilles. Tout autour se groupent des ceps chétifs, dont les pousses à demi-avortées, longues à peine de 10 à 20 centimètres ne portent pas de fruits; quelques feuilles rabougries et recroquevillées aux bords, manifestent seuls dans l'arbuste un reste de vitalité. Autour de ce groupe, une ceinture de ceps déjà atteints se développe circulairement. Ces pieds ont encore quelques fruits et quelques feuilles. Mais les fruits, arrêtés dans leur développement, sont ridés et sans couleur, et les feuilles jaune beurre frais ou légèrement rougies, sont plissées aux bords et mortifiées. Un quatrième cercle présente des ceps encore vigoureux pour la plupart, mais dont quelques-uns, au point de contact avec la troisième zone, commencent à se flétrir et ne présentent déjà plus, dans leurs fruits et dans leurs feuilles, les apparences normales de la santé.

Inutile d'ajouter qu'un vignoble peut présenter ces quatre zones concentriques rayonnant autour d'un point malade, sans que la maladie en présence de laquelle on se trouve soit le Phylloxera. Le *Collis* et le *Pourridié*, par exemple, se manifestent dans une vigne par des caractères extérieurs analogues à ceux que nous venons de décrire et ils n'offrent heureusement pas les mêmes dangers.

Mais les symptômes en question doivent toujours appeler l'attention immédiate, la sollicitude inquiète et l'initiative énergique du viticulteur.

S'il est bien inspiré, il n'attendra pas un jour, pas une minute, pour les signaler à qui de droit dès qu'il les aura constatés. C'est aux hommes du métier, aux experts spéciaux, qu'il appartiendra alors d'étudier minutieusement les caractères du mal et de s'assurer s'ils correspondent à une infection phylloxerique, ou s'ils sont dûs à une cause plus bénigne.

C'est pour avoir négligé ces prescriptions, pour avoir fait maladroitement le silence sur le mal, au lieu de recourir aux remèdes, que tant de viticulteurs de la région de Philippeville, ont laissé l'infection faire des progrès et ont vu leurs vignobles dévastés à leur grand dommage d'abord, et ensuite au détriment de leurs voisins et de toute la région.

Nous avons eu plusieurs fois, au cours de cet ouvrage, l'occasion de citer comme exemple, l'admirable système de défense que certains cantons de Suisse ont organisé contre le Phylloxera, et qui a produit des résultats au-dessus de toute espérance.

En Algérie, comme en Suisse, il faut que les viticulteurs comprennent qu'en présence des symptômes du Phylloxera ou même d'une simple suspicion, leur devoir de citoyen, d'accord avec leurs intérêts, leur impose l'obligation étroite de faire connaître d'urgence, à qui de droit, le résultat de leurs premières constatations. C'est une question de salut pour eux, pour leurs voisins, pour le pays.

DESCRIPTION ET BIOLOGIE

Nous empruntons à M. Planchon, la description et la biologie du Phylloxera ; son travail reste ce qui a été écrit de plus complet à cet égard, et nos lecteurs ne sauraient être mieux renseignés.

Nous avons pensé qu'en vulgarisant les détails représentant les diverses phases que subit le *Phylloxera Vastatrix*, depuis sa naissance jusqu'à sa mort, nous remplirions un devoir et que là est le seul moyen d'armer de connaissances suffisantes les viticulteurs, au point de vue de leurs recherches à ce sujet.

Le *Phylloxera Vastatrix* se montre à nous sous plusieurs formes, les unes souterraines, les autres aériennes; ce sont :

1° Les aptères agames (aériens et souterrains);
2° Les nymphes (souterrains);
3° Les ailés agames (aériens);
4° Les sexués (aériens).

Aptères agames.

Les aptères agames naissent de l'œuf des sexués: ils apparaissent ordinairement sous notre climat du nord de l'Afrique dans la première quinzaine du mois d'avril.

Fig. 91.
Œuf sexué.

Fig. 92.
Œufs sexués groupés sur une racine.

L'œuf sexué déposé sur la racine est allongé; il est piqueté de petites taches (fig. 91). Ces nids d'œufs sont formés en amas, ils en contiennent des centaines sur une racine (fig. 92).

Les jeunes aptères qui naissent de ces œufs sont d'une grande agilité et se reconnaissent facilement des individus adultes parce que leur couleur est d'une teinte jaune pâle un peu grise, à la longueur de leurs pattes et de leurs antennes, et aux poils robustes qui recouvrent ces organes (fig. 93). Suivant les conditions climatériques, ils montent sur les jeunes rameaux et les feuilles, ou bien descendent dans le sol pour aller déposer leurs œufs sur les racines les plus tendres.

Puisqu'il est établi que cet insecte se présente sous deux formes, l'une aérienne et l'autre souterraine, nous allons aborder la première existence.

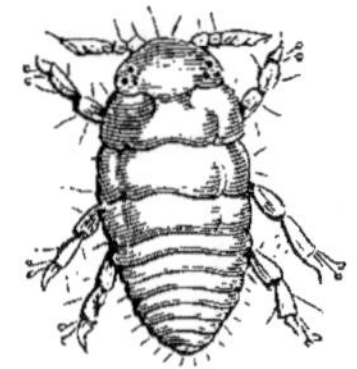

Fig. 93.
Aptère Phylloxera.

Existence gallicole.

L'insecte, dans ce cas, se trouve en présence de jeunes rameaux chargés de feuilles tendres et quelquefois de vrilles naissantes, qu'il attaque vigoureusement en y produisant des piqûres profondes qui forment des galles (fig. 94) dans lesquelles l'insecte se constitue après trois mues successives à l'état de mère pondeuse sans ailes (fig. 95), sans qu'il y ait eu production par un mâle, alors il gonfle et devient volumineux et pond ensuite un grand nombre d'œufs. Après quelque temps a lieu l'éclosion.

Les jeunes issus de cette seconde génération se fixent sur les feuilles des extrémités et y produisent des galles, ou bien ils descendent dans le sol sur les racines. Cette multiplication gallicole peut se prolonger selon les circonstances, jusqu'a la chute des feuilles.

Fig. 94.
Feuilles de vigne couvertes de galles.

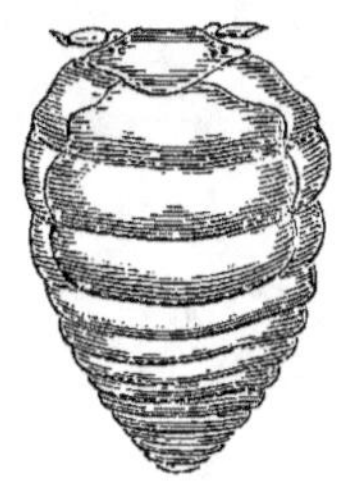

Fig. 95.
Mère pondeuse des galles

Les galles se produisent plus particulièrement sur les cépages américains que sur ceux d'origine indigène, d'Europe ou d'Algérie. Quand elles se développent sur ces derniers, c'est que les feuilles sont tendres.

Existence radicole.

Les insectes qui pénètrent dans le sol pour se fixer sur les racines forment deux sortes d'insectes (fig. 96) : les uns qui, comme les gallicoles, passent par une série de trois mues à l'état de *mères pondeuses*; et les autres, après cinq mues, se transforment à l'état de nymphes ailées.

Le Phylloxera (mère pondeuse) est armé d'un suçoir formé de trois soies continues dans une gaîne spéciale composée de quatre pièces; le corps est marqué de soixante-dix tubercules légèrement saillants, distribués régulièrement, leur couleur est d'un jaune clair lorsqu'elles sont jeunes et d'un vert sale (à l'état d'hivernantes). Leur abdomen est un peu plus volumineux que celui des *pondeuses gallicoles*, à cause de la plus grande quantité d'œufs qu'elles pondent.

L'insecte, pour se nourrir, lance son suçoir à travers la mince écorce des radicelles.

Fig. 96.
Radicelles avec nodosités attaquées par le Phylloxera.

Les mères pondeuses pondent de 25 à 30 œufs, elles meurent après — ces œufs éclosent huit à dix jours après et donnent naissance aux jeunes agiles dont nous avons déjà parlé à la catégorie des aptères agames. Cette nouvelle génération suit les premières phases que la précédente, qui se prolonge jusqu'au commencement de novembre. C'est à cette époque que les pondeuses meurent.

Les jeunes nouvellement éclos se fixent sur les racines pour y passer l'hiver à l'état inerte, comme tous les hivernants. C'est au mois de mars, en France, et en février en Algérie, que leur réveil a lieu, et quelques jours après ils commencent à multiplier.

On a calculé que dans une saison, de février à octobre, une seule femelle arrive à produire, par la multiplication de l'espèce, plus de trente millions de *Phylloxera*.

Nymphes.

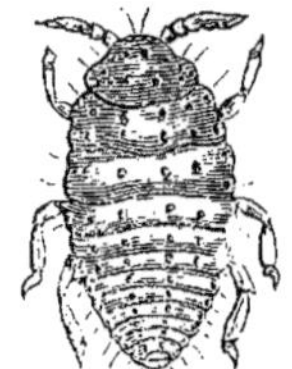

Fig. 97.
Insecte aptère non pondeuse.

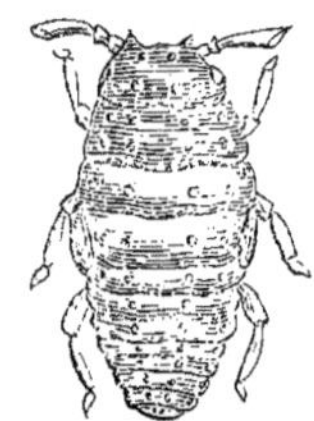

Fig. 98.
Insecte ayant subi sa 2me transformation.

Les insectes aptères (fig. 97) qui ne deviennent pas mères pondeuses traversent par deux mues de plus que les autres pour arriver à l'état de *Nymphes*.

Ainsi que nous l'avons déjà remarqué, les nymphes diffèrent des pondeuses par leur forme beaucoup plus élancée, par les antennes plus longues et par les fourreaux noirs des ailes qu'elles portent sur les côtés (fig. 98). Cette nymphe en formation, après quinze à vingt jours de séjour en terre, termine sa transformation en prenant l'aspect d'insecte ailé (fig. 99) au sortir de la terre. Cet ailé ressemble à un très petit moucheron, à corps jaune et allongé, son corselet est noir, il est muni de quatre ailes horizontales grises et transparentes ; comme on le voit, ces ailes sont plus longues que l'abdomen et inégales ; les deux inférieures sont plus courtes que les supérieures. Les antennes ont une forme de dispositions particulières ; le troisième article est très long ; les yeux sont multiples. Les diverses parties du thorax se subdivisent : le protorax en deux, le misothorax en trois, le metathorax en deux parties. Il prend la volée et parcourt les environs à des distances de plusieurs kilomètres, en France, si le vent est violent. En Algérie, il semble parcourir des espaces moindres ; heureusement les vents de cette époque viennent toujours du Sud et se dirigent vers la mer, par conséquent les essaimages ne remontent pas vers le Sud.

Fig. 99.
Femelle ailée vivant sur les feuilles où elle dépose des œufs donnant naissance aux deux individus. (Vu au microscope).

L'insecte ailé se pose sur les feuilles de vigne qu'il rencontre dans sa course et y pond sans fécondation de trois à six œufs, les uns gros, les autres petits, desquels naissent les *Sexués*, ainsi que nous allons le démontrer.

Sexués.

Les femelles naissent des gros œufs des ailés, les mâles des petits ; ces insectes aériens sont plus petits que les pondeuses agames, ils ne possèdent pas de suçoirs ni organes digestifs, ils s'accouplent aussitôt leur naissance.

Le mâle (fig. 100) est plus petit que la femelle (fig. 101) et pond un œuf unique sous l'écorce du cep de vigne, d'où naissent au printemps suivant de nouvelles générations d'*Aptères agames*.

Comme on le voit au cycle biologique suivant, les pondeuses peuvent provenir d'œufs non fécondés, c'est ce qui a conduit M. Balbiani à traiter les vignes d'hiver par un badigeonnage pour détruire ces œufs et diminuer ainsi leur effrayante multiplication.

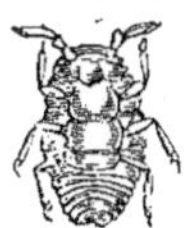

Fig. 100.
Mâle du Phylloxera.

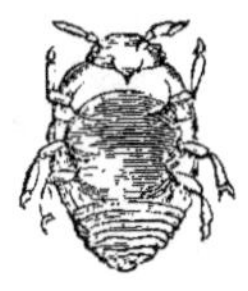

Fig. 101.
Femelle du Sexués.

Qu'il me soit permis de dire ici que les moyens que j'ai eu l'occasion de mettre en œuvre en Algérie, depuis plusieurs années, pour détruire les spores de l'Anthracnose, sont plus énergiques que ceux indiqués par M. Balbiani et que les résultats que j'ai obtenus sont supérieurs. (Voir *Traitement des cépages européens*).

Nous reviendrons sur ces traitements.

Cycle biologique du Phylloxera.

L'œuf des Sexués de la racine produit { des jeunes gallicoles, qui deviennent des pondeuses gallicoles ou radicoles, ou des jeunes radicoles qui deviennent { des pondeuses radicoles ou les Nymphes qui deviennent des ailés, d'où naissent les Sexués qui donnent lieu à des œufs fondamentaux.

Lésions produites par le Phylloxera.

Sauf le cas où un vignoble aurait déjà été contaminé fortement, il peut arriver qu'un doute se produise sur la véritable signification des indices constatés sur le fait de savoir si l'on est — oui ou non — en présence du Phylloxera. Voici quelques signes qui devront appeler immédiatement l'attention du viticulteur algérien :

Les feuilles ont un aspect jaunâtre dès le mois de juin et tombent prématurément ; les rameaux des souches les plus atteintes sont rabougries et s'aoûtent mal à l'automne. La fructification qui augmentait dans une grande proportion l'année précédente, va en diminuant aussitôt que le rabougrissement apparaît et le raisin n'arrive plus à maturité, il reste rouge légèrement orangé au lieu de devenir noir ; il est souvent millerandé. Lorsque l'on étudie les raisins d'un cep atteint par le Phylloxera, on reconnaît que les radicelles encore tendres sont renflées, déformées et couvertes de nodosité (voir fig. 96, p. 573).

Ces divers renflements s'altèrent après un laps de temps, présentent alors l'aspect d'un tison qui se putréfie lentement et finissent par entrainer la désorganisation des racines.

Les vignes d'Europe ou d'Afrique voient leurs radicelles disparaître d'abord des racines les plus âgées qui sont en même temps les plus grosses. Ces racines deviennent noires, spongieuses et friables ; l'insecte, alors, les abandonne pour aller là où il trouve une nourriture plus abondante.

Enfin la plante après avoir épuisé tous ses moyens d'approvisionnement n'a plus qu'à périr.

DESTRUCTION DU PHYLLOXERA

Traitement par le sulfure de carbone.

TRAITEMENT DU PHYLLOXERA

Avant d'entrer dans le détail des divers moyens employés pour détruire le Phylloxera, nous ne saurions trop mettre en garde les viticulteurs contre les pessimistes qui n'ont pas craint de mettre en doute l'efficacité de ces traitements.

L'infection phylloxérique est une maladie terrible, mais dont les effets peuvent être neutralisés par un traitement méthodique et suivi. Voilà ce que prouvent les faits que nous allons rapidement résumer :

En 1877, le vignoble de Babouht, appartenant à M. Jaussan, l'un des viticulteurs les plus instruits du Midi, semblait absolument condamné. Grâce à un traitement au sulfure de carbone, rationnellement appliqué par les soins et sous les yeux de M. Jaussan lui-même, ce vignoble n'a pas seulement été sauvé de la destruction, mais il est devenu « un madih pour toute la région », à tel point qu'en 1884, le Comice agricole de Béziers honorait « l'heureuse persistance » de M. Jaussan, en lui décernant un buste en bronze de l'illustre Dumas.

Cet exemple n'est pas le seul : « Rien de plus frappant, dit le Syndicat de Rognes (Bouches-du-Rhône) dans son *Bulletin* de 1884, rien de plus frappant que de voir des vignobles naguère mourants, reprendre de jour en jour, avec une végétation luxuriante, leur première fécondité, tandis qu'autour d'eux d'autres, abandonnés à eux-mêmes, offrent le triste spectacle d'une ruine irrémédiable. »

De même dans la Gironde, où le traitement au sulfure a fait des miracles : « Un fait qui saute aux yeux des moins clairvoyants, dit à cet égard le Syndicat de Villegouge, c'est qu'on ne voit plus de vignes en rapport que celles régulièrement sulfurées depuis trois ou quatre ans.

A Cognac même, au milieu d'immenses ruines, disait le Syndicat de cette ville, en 1884, les résultats chez « les trop rares propriétaires qui ont su résister aux suggestions de l'imbécillité générale, sont SPLENDIDES, et montrent, comme végétation et comme fruit, des vignes aussi belles qu'avant l'invasion phylloxérique. *(Syndicat de Cognac, Travaux)*.

Dans le Rhône, à Chiroubles, les mêmes viticulteurs qui, à un moment donné, avaient proposé « *d'arracher toutes les vignes françaises pour les remplacer par des cépages américains,* » implantaient, en 1887, des vignes françaises « *dans la certitude où ils étaient de les maintenir contre le Phylloxera* » (Gastine : *La Situation phylloxérique en 1887*).

Citons encore, pour terminer, le fameux cru de l'Hermitage qui, atteint et ruiné plus rapidement et plus désespérément qu'aucun autre par le Phylloxera, fut traité à partir de 1876, par l'ingénieur Thiollière. Le vignoble est aujourd'hui reconstitué et on peut « *compter désormais sur son maintien indéfini* » en dépit du Phylloxera, à la condition toutefois que le traitement préventif se continue.

Nous en avons assez dit pour prouver notre thèse, à savoir que le Phylloxera est une maladie dont les effets peuvent être neutralisés, en grande partie, dans presque tous les cas seuls ; des pessimistes endurcis ont pu prétendre que les traitements « *prolongent* » la durée des vignes « *sans 'es sauver* ». Les faits démontrent que les traitements rationnels font mieux. — *Ils maintiennent les vignes alors même qu'elles sont atteintes*

Nous insistons sur cette conclusion pour deux raisons :

D'abord, pour réagir contre un préjugé qui aurait pour résultat de décourager profondément nos viticulteurs d'Afrique, si jamais les vignes algériennes étaient *sérieusement* atteintes par le Phylloxera.

Et ensuite, parce qu'il est manifeste, ainsi que le dit Gastine *(La Situation phylloxérique)*, qu'un traitement capable de relever une vigne affaiblie et même, pour ainsi dire, de ressusciter une vigne morte, suffit à plus forte raison « pour la maintenir une fois saine. »

Une autre conclusion, très encourageante pour les viticulteurs algériens, résulte, à l'évidence, des expériences que nous venons de rappeler. La voici :

En supposant même que le traitement du Phylloxera, si bien conduit qu'on le suppose, ne soit pas, toujours et partout, absolument efficace, il est incontestable, de l'aveu même des pessimistes, qu'il retarde considérablement le dépérissement des vignes atteintes.

Or, en Algérie (nous l'avons déjà dit), grâce a la résistance du sol et du climat, les funestes effets de l'infection phylloxérique se produisent plus lentement qu'en Europe. Combien dans ce pays, où les résistances de la nature elle-même secondent les efforts du viticulteur menacé, la lutte contre le Phylloxera est d'avance assurée du succès !

Résumons-nous. Que nos viticulteurs algériens, trop prompts à se décourager en présence d'éventualités certainement fâcheuses, mais qui ne seraient en aucun cas irréparables, reprennent confiance et bon espoir. Qu'ils attendent l'ennemi de pied ferme, armés de cette courageuse persévérance qui a fait triompher les colons algériens de tant de fléaux, et, si jamais le Phylloxera se présente, il les trouvera prêts à lutter et à vaincre.

Mais, en pareille matière, comme en beaucoup d'autres, l'énergie et la persévérance ne suffisent pas. Il faut que la résistance à l'ennemi soit *éclairée*. C'est pourquoi, nous allons, dans les chapitres qui suivent nous efforcer d'indiquer, en quelques conseils clairs et pratiques, la meilleure marche à suivre, d'après les auteurs les plus compétents et notre propre expérience, pour appliquer contre le Phylloxera les traitements soit *curatif*, soit préventif.

Le sulfure de carbone

C'est M. le baron Thénard qui a proposé le premier l'emploi du sulfure de carbone comme insecticide pour détruire le Phylloxera

L'extrême diffusibilité de cette substance la rend éminemment propre à atteindre l'objectif, formulé par MM. Gastine et Couanon, pour les traitements insecticides : *Imprégner toutes les parties du sol dans lesquelles se développent les racines d'une substance toxique capable d'atteindre uniformément les insectes et d'en débarrasser le végétal sans l'altérer.*

Mais ce ne fut qu'au prix de longues recherches et à la suite de laborieux tâtonnements que l'on découvrit un mode d'emploi pratique pour le sulfure de carbone, car il était impossible de songer à le mettre en usage à la dose énorme de 100 grammes par pied, ainsi que le proposait M. Thénard. Ce système eût été « *aussi dangereux pour la vigne que pour l'insecte* » (Portes et Ruyssen).

M. Monestier fit faire un grand pas à la question en imaginant d'enfoncer le sulfure à 0^m70 ou 0^m80 centimètres dans le sol, au moyen d'un tube métallique à demeure dans lequel on versait, deux fois par an, de 10 à 15 grammes.

Mais à la suite d'expériences mal conduites, le sulfure de carbone était complètement discrédité, lorsque M. Alliès sut en régulariser l'emploi par l'invention du premier pal. D'autres inventeurs, parmi lesquels il faut citer la Compagnie P.-L.-M., le docteur Colas, de Lyon, MM. Audoyneaud et Gueyoraud, des Basses-Alpes, ont concouru à perfectionner les appareils de manière à les faire entrer dans la pratique. Grâce à eux, le sulfure de carbone est d'usage courant aujourd'hui pour la destruction du Phylloxera.

D'après les expériences faites sous la direction de la Compagnie P.-L.-M., cet insecticide, une fois introduit dans le sol, s'y diffuse latéralement « avec des alternances qui suivent *les variations de la température* de telle sorte que l'aire de diffusion est plus grande la nuit que le jour. » La persistance de l'effet est en rapport avec les saisons et avec les doses sans être toutefois parfaitement proportionnelles à ces doses. Pour 20 grammes, l'effet se prolonge 7 à 8 jours en mars, en terrain argileux, et 8 à 9 jours, en terrain perméable. Il ne dure que 6 ou 7 jours en avril, 5 en juillet, 4 en août, 15 en novembre et décembre.

En Algérie, il n'a pas été fait encore d'expériences bien concluantes sur ce point. Nous y reviendrons d'ailleurs en parlant de la distribution du sulfure dans le sol.

Époque des traitements.

Nous l'avons déjà dit : dès les premiers symptômes du Phylloxera, l'attaque des *foyers souterrains* s'impose, si l'on ne veut que la destruction s'étende sur une grande échelle avant même que les apparences ne s'en révèlent au dehors.

Si on attendait que les organes radiculaires fussent en partie détruits, il faudrait — cela est évident — un temps beaucoup plus long pour la reconstitution complète des organes indispensables à la vie des ceps. Si au contraire des parties intactes subsistent, c'est autant de sauvé d'abord ; c'est ensuite une base excellente pour la reconstitution du reste.

Autre recommandation : Les vignes dont les racines sont déjà altérées sont très sensibles à l'action du sulfure de carbone, il faut donc éviter l'action de les traiter à de trop fortes doses comme on est quelquefois tenté de le faire pour se débarrasser plus rapidement de l'insecte. En voulant forcer l'action du remède, on s'exposerait à détruire la plante ; on agirait comme le médecin qui tue son malade afin de le guérir plus vite.

Il est parfaitement établi que le traitement par le sulfure de carbone peut être fait en toute saison ; cependant il faut éviter les périodes humides, car la diffusion régulière du remède serait rendue plus difficile. Il faut éviter de même le temps de sécheresse trop intense, car l'évaporation est alors trop rapide. Nous avons dit plus haut que les injections de sulfure de carbone ne doivent être faites ni avant un labourage ni immédiatement après.

La pratique a également démontré qu'il est essentiel de s'abstenir des traitements pendant la floraison et la veraison, parce qu'ils provoqueraient la coulure et amèneraient un retard dans la végétation.

D'après M. H. Marès, les traitements au sulfure de carbone, opérés à l'époque de la montée de la sève, ont souvent des conséquences funestes. « Il n'est pas rare, dit cet éminent viticulteur, de voir en pareil cas les bourgeons, encore à l'état herbacé, se détacher du jour au lendemain et la vigne mourir. »

Influence de la nature du sol.

Les terrains dans lesquels les traitements au sulfure de carbone réussissent le plus efficacement sont ceux d'une nature riche, profonds, de moyenne consistance, ni trop secs, ni trop humides.

Dans un milieu semblable, la diffusion du gaz se produit régulièrement et avec une efficacité presque certaine.

La vigne refait d'une façon rapide les racines qu'elle a perdues. Dans les terres fortes argilo-plastiques au contraire, on rencontre des alternatives également fâcheuses. Tantôt comme nous l'avons dit plus haut, l'excès de l'humidité met obstacle à la diffusion du gaz, et tantôt l'excès de sécheresse qui provoque une évaporation excessive, une déperdition des gaz sauveurs.

Les terrains caillouteux, secs et profonds et ceux en coteaux d'une nature maigre, sont peu favorables à la reconstitution des racines, parce qu'ils nécessitent de grands tâtonnements dans les dosages. Il faut en effet, d'un côté éviter une action toxique qui serait mortelle pour le végétal si le dosage était trop élevé ; et d'autre part il faut se garder des doses insuffisantes qui laisseraient vivre l'insecte.

Dans les sols sableux, les résultats sont beaucoup plus certains. En résumé pour que le traitement au sulfure de carbone produise ses bienfaisants effets, il faut que le sol soit d'une perméabilité suffisante pour que ses pores laissent filtrer les gaz sans que toutefois cette perméabilité du sol facilite l'infiltration des gaz et, par suite, leur perte dans l'atmosphère ambiante. Ainsi les terres qui, avant leur plantation, ont été défoncées à 0^m50 cent. sont aptes à recevoir un traitement efficace, tandis que celles qui ont été défoncées seulement à 0^m20 centimètres, comme cela se pratique trop souvent en Algérie, opposent naturellement une force d'inertie plus grande, une résistance qui peut faire échouer le traitement.

Distribution du sulfure de carbone dans le sol.

Le sulfure de carbone doit être réparti le plus uniformément possible, de façon à ce que les gaz atteignent toutes les racines en quantité suffisante pour susciter leur transformation énergique, mais non pas au point d'altérer leur délicat organisme.

Il n'est pas nécessaire d'injecter bien profondément le sulfure de carbone; on doit simplement pratiquer des trous en quinconces à une profondeur qui correspond à la nature du sol, de 0^m30 à 0^m40, s'il est moyennement dur et résistant.

On peut aller jusqu'à 0^m50 si le sol est léger; l'écartement des trous doit être réglé suivant l'écartement des souches.

Les pals injecteurs qui seraient préférables en Afrique pour le traitement des vignes phylloxerées, au sulfure de carbone, sont ceux de MM. Gastine et Vermorel.

Pals injecteurs : « Les premiers de ces instruments en usage, dit M. Fœx dans son cours de viticulture, sont les *pals*; les *charrues sulfureuses* sont d'invention plus récente. Elles tendent à se répandre beaucoup aujourd'hui, à cause de la grande économie qui résulte de leur emploi.

Comme on peut le voir (fig. 102 et 103), c'est un instrument portatif qui se compose d'un réservoir cylindrique terminé par un tube perforateur. Au-dessus

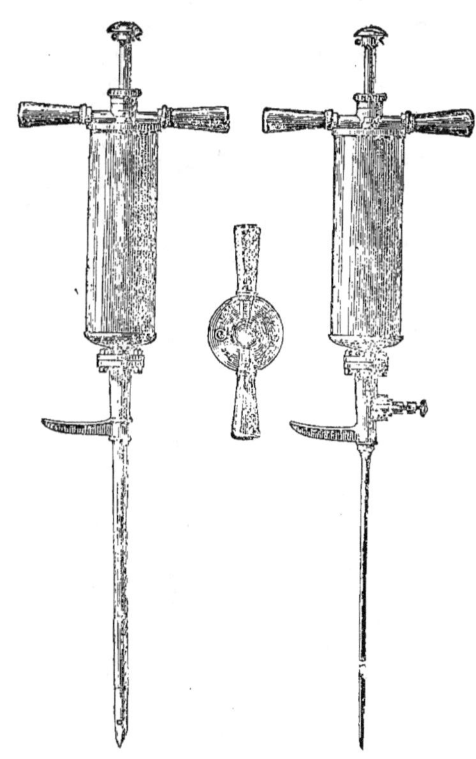

Fig. 102.　　　　Fig. 103.

Fig. 102. — Pal injecteur Gastine à clapet inférieur.

Fig. 103. — Pal injecteur Gastine à clapet latéral et à tige en forme de lame.

du réservoir, deux manettes permettent de saisir le pal pour l'enfoncer dans le sol. Une pompe hydraulique placée à l'intérieur du réservoir, et dont la tige du piston dépasse le haut du récipient, entre les manettes, sert à projeter dans le sol avec force, par l'extrémité du tube perforateur, les quantités choisies et exactement dosées.

« Pour opérer, on saisit l'appareil par les manettes, on enfonce le tube perforateur dans la terre, en appuyant sur les manettes. Si l'action exercée par les mains est insuffisante, on y ajoute celle du pied en forçant sur une pédale placée au-dessus du réservoir dès que le tube perforateur a pénétré dans la couche arable à la profondeur voulue, on pousse rapidement de haut en bas la tige du piston, et l'injection se produit au fond du trou. On abandonne alors cette tige du piston, qui remonte d'elle-même par l'action d'un ressort intérieur, de telle sorte que l'instrument est immédiatement amorcé pour une seconde injection semblable à la première.

» Le travail de l'opérateur est donc réduit à cette manœuvre : 1° Enfoncer le pal dans le sol ; 2° appuyer vivement sur la tige du piston ; 3° retirer le pal du sol ; 4° boucher immédiatement avec force le trou fait par l'instrument.

» Dans la pratique, pour accélérer le travail, chaque ouvrier porteur d'un pal est généralement suivi d'un aide qui bouche les trous avec une barre de bois terminée par une masse en acier. Lorsque le sol est dur, il est précédé par un autre aide qui prépare la pénétration du pal en enfonçant dans le sol un avant-pal.

» Pour changer les doses (1), il suffit de réduire ou d'augmenter la longueur de la course du piston au moyen de bagues qu'on enfile sur la tige de cette pièce. »

Coupe du pal Gastine.

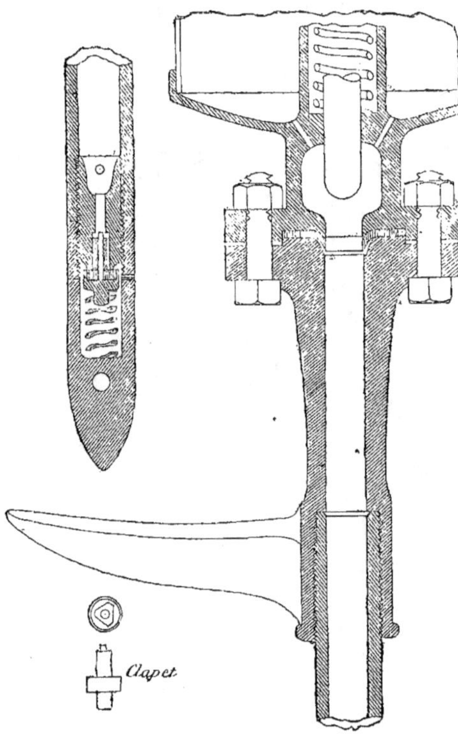

Fig. 104.

Coupe du pal Gastine à clapet latéral.

<hr>

(1) G. Gastine et G. Couanon ; loc. cit., p. 121 et suivantes.

M. Vermorel construit un modèle nouveau, dit « select », du pal Gastine, dont il donne la description suivante :

« Le pal injecteur (fig. 105) est formé, à l'extérieur, d'un récipient en zinc ou en cuivre R terminé par une tige de fer creux ou *pal* T munie elle-même, inférieurement, d'une extrémité conique I. En haut du récipient, deux manettes s ou branches horizontales garnies de manches en bois permettent de saisir l'appareil. Au milieu, sous le récipient, une pédale P sert à l'opérateur pour appuyer le pied et augmenter l'effort exercé sur l'instrument. On peut ainsi enfoncer le pal dans la terre à une profondeur de 30 à 40 centimètres, suivant la nature du sol.

» Le mécanisme qui assure le dosage n'est en réalité rien autre qu'une seringue. Il ne comprend que deux organes : un piston qui chasse le liquide avec pression et un obturateur J qui le retient lorsque la pression n'a pas lieu.

» La tige du piston dépasse le dessus du récipient ; elle se termine en haut par un bouton de poussée T (fig. 105), tandis qu'elle porte en bas une petite cuvette en cuir embouti B (fig. 105) qui forme un joint parfait. Cette cuvette est maintenue à l'extrémité du piston par une vis à tête cylindrique percée d'un trou. Dans la colonne, un grand ressort M entoure le piston et le tient relevé lorsque la main n'appuie pas dessus.

» Le tube de pénétration en fer creux T est fermé à son extrémité inférieure par un obturateur J qui ne s'ouvre que lorsque le piston chasse le liquide. Cet obturateur est protégé par

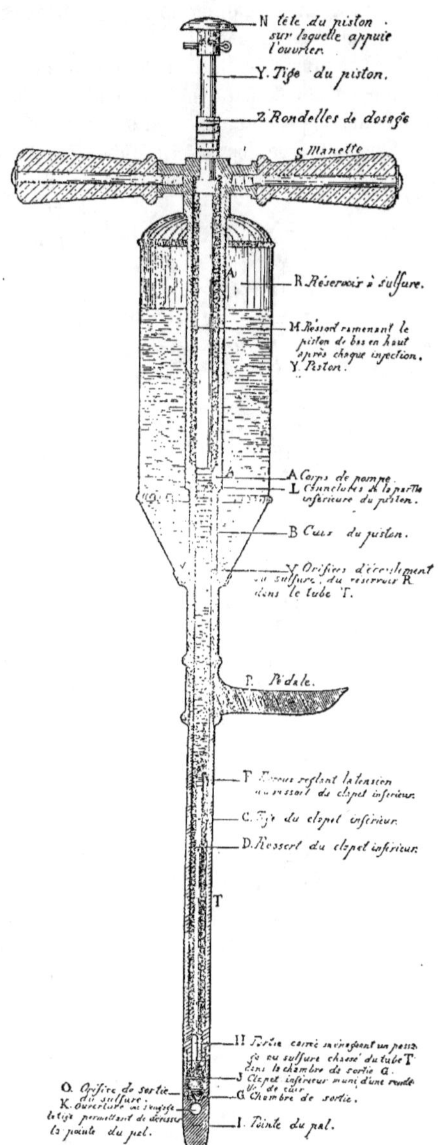

Fig. 105. — Coupe du pal injecteur modèle « select » construit par M. Vermorel.

une pointe en acier ɪ qui se visse à l'extrémité du pal et qui porte un petit trou o par la sortie de l'injection. »

Pour se servir du pal, on opère de la manière suivante :

« Le pal étant enfoncé dans le sol au moyen des manettes et de la pédale, il suffit d'appuyer avec la paume de la main sur le bouton de poussée pour que le piston, en s'abaissant dans la chambre de dosage, chasse le liquide placé sous lui. Dès que le piston a dépassé les trous v v, qui font communiquer le récipient avec la chambre de dosage et le tube, le liquide est fortement pressé. Sous l'influence de cette pression, l'obturateur se soulève en laissant passer une dose de liquide rigoureusement proportionnelle a la course du piston.

» Le liquide ainsi refoulé s'échappe avec force par le petit trou de la pointe. Sitôt le piston arrivé en bas, l'injection cesse. Sous l'effet d'un ressort, l'obturateur se ferme, pendant que le piston abandonné a lui-même, remonte en haut Le liquide se précipite à nouveau dans la chambre de dosage et l'appareil se trouve prêt pour une nouvelle injection.

» Ainsi qu'on le voit, l'injection s'effectue avec certitude ; la dose est rigoureuse, il ne peut pas y avoir d'engorgement quel que soit le sol.

» Le piston, dans toute sa course, donne 10 grammes de sulfure. Pour diminuer cette injection d'un ou plusieurs grammes, il suffit d'enfiler sur la tige une ou plusieurs rondelles ou bagues de dosage en cuivre z. Avec une rondelle le pal dose 9 grammes ; avec deux il dose 8 grammes ; avec trois il dose 7 grammes ; avec quatre il dose 6 grammes ; avec cinq il dose 5 grammes. Pour enfiler ces rondelles, on enlève la tête du piston N, qui est retenue par une goupille. Ce système est le plus simple, c'est le seul qui évite toute erreur. »

M. Vermorel a notablement perfectionné ce système depuis quelque temps. Le nouveau pal, qu'il désigne aujourd'hui sous le nom d'*Excelsior* (fig. 106), supprime l'emploi de l'avant-pal.

Voici la description de cet appareil :

Le pal Excelsior, examiné intérieurement, comprend une tige carrée, très effilée, en acier, ɪ, percée intérieurement

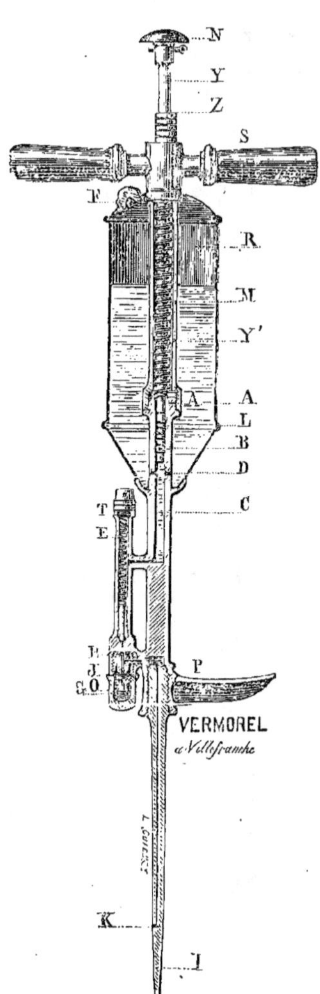

Fɪɢ. 106.
Nouveau pal *Excelsior* de Vermorel.

d'un petit trou, qui porte le liquide à l'extrémité inférieure de la pointe (en ĸ).
Au milieu, un récipient ʀ en laiton sert à contenir le sulfure de carbone.

Deux manettes s servent à enfoncer le pal avec la main, en même temps qu'on
appuie avec le pied sur la pédale ᴘ; mais la pénétration est si facile que le pal
s'enfonce le plus souvent seul, sans recourir à la pédale.

En haut, un bouton de poussée ɴ, qui surmonte la tige du piston ʏ, sert à
donner l'injection. Le mécanisme intérieur qui assure le dosage et qui est
représenté en grand dans la gravure (fig. 106), n'est rien autre qu'une seringue
perfectionnée.

Il ne comprend que deux organes, un piston ᴀ (fig. 105 et 106) qui chasse le
liquide avec pression, et un obturateur ᴏ qui empêche le liquide de couler quand
la pression n'a pas lieu.

La tige du piston coulisse dans un cylindre métallique bien alaisé c (fig. 106).
Pour bien chasser le liquide, elle porte à l'extrémité inférieure une petite cuvette
en cuir embouti c (fig. 105 et 106) qui forme un joint parfait. Cette cuvette est
maintenue à l'extrémité du piston par une vis à tête cylindrique percée d'un
trou pour le dévissage. Dans la colonne, un grand ressort ᴍ entoure le piston
et le tient relevé lorsque la main n'appuie pas sur le bouton de poussée.

Le pal étant enfoncé dans le sol au moyen des manettes et de la pédale, il
suffit d'appuyer avec la paume de la main sur le bouton de poussée pour que le
piston, en s'abaissant dans la chambre de dosage, chasse le liquide placé sous
lui. Dès que le piston a dépassé les trous ʙ, qui font communiquer le récipient
avec la chambre de dosage et le tube, le liquide est fortement pressé. Sous
l'influence de cette pression, l'obturateur se soulève en laissant passer une dose
de liquide rigoureusement proportionnelle à la course du piston.

Le liquide ainsi refoulé s'échappe avec force par le petit trou de la pointe.
Sitôt le piston arrivé en bas, l'injection cesse. Sous l'effet d'un ressort, qui le
tire, l'obturateur se ferme, pendant que le piston, abandonné à lui-même,
remonte en haut. Le liquide se précipite à nouveau dans la chambre de dosage
et l'appareil se trouve prêt pour une nouvelle injection. Ainsi qu'on le voit,
l'injection s'effectue avec certitude, la dose est rigoureuse, il ne peut y avoir
d'engorgement quelle que soit la compacité du sol.

Les trous d'injection doivent être pratiqués verticalement à 0ᵐ30 ou 0ᵐ40 de
profondeur, sauf lorsqu'ils tombent près du pied d'une souche, auquel cas on
évite de les faire pénétrer au-delà de 0ᵐ08 à 0ᵐ10. Il faut les répartir à des
écartements réguliers, 0ᵐ60 au minimum, 0ᵐ80 au maximum (1) et les distribuer
en quinconce. Cette répartition doit être établie dans les plantations régulières
de manière à ce que les lignes de trous soient parallèles à celles des vignes.
Dans les vignobles irréguliers, on doit éviter d'enfoncer le pal à moins de 0ᵐ25
de distance du pied du cep, parce que l'on s'exposerait sans cela à rencontrer
dans le voisinage quelques grosses racines qui souffriraient beaucoup de l'action
du sulfure.

Dans toute l'Europe, et particulièrement dans les pays infestés par le Phylloxera, un grand nombre d'expériences ont été faites.

---

(1) Voir, pour la répartition des trous d'injection, les *Schéma* donnés par MM. Gastine et Couanon, loc.
cit, page 165 et suiv., et ceux tracés par M. Crozier : *Phylloxera et Sulfure de carbone*, Paris, 1884,
Librairie agricole de la Maison rustique, page 83 et suivantes.

Toutes ces expériences prouvent :

1° Que la puissance de diffusion du sulfure de carbone dans le sol est supérieure à celle de tous les autres fluides essayés;

2° Que la loi formulée par les auteurs français les plus accrédités (et d'après laquelle un champ traité à raison de deux trous par mètre carré se trouve toujours entièrement imprégné de sulfure) n'est pas seulement une loi théorique mais qu'elle est constamment affirmée par les faits;

3° Que cette loi est exacte, malgré les variations de saisons ou de nature des sols traités.

Quant à la profondeur à donner aux trous, il résulte des expériences faites sur la diffusibilité du sulfure de carbone dans le *sens vertical*, que la profondeur de 0^m30 a 0^m40 centimètres est celle qui convient le mieux. Le sulfure se diffuse en effet dans des proportions qui décroissent *au-dessus* du trou, en allant de ce trou à la surface; mais, *au-dessous* du trou, les terrains restent parfaitement imprégnés jusqu'à la profondeur de 1^m20 lorsque le sulfure est versé a 0^m40 du sol. Il suffit donc d'enfoncer le pal injecteur à 0^m40 centimètres environ. Ces observations sont d'un grand intérêt au point de vue de l'emploi ÉCONOMIQUE du sulfure de carbone. — En résumé, pour que l'imprégnation d'un champ soit complète, il suffit de deux trous par mètre carré, creusés à 0^m40 centimètres de profondeur et de 8 grammes de sulfure par trou.

Observations : 1° Il ne faut pas que l'injection au moyen du pal suive (ou précède) de trop près le labourage du champ. Une terre trop ameublie faciliterait l'évaporation des gaz sulfureux dans l'atmosphère, et paraliserait en partie les effets du traitement. Si l'on était forcé d'opérer en terrain trop perméable, il faudrait augmenter les doses;

2° Le nombre des trous à faire doit être de deux par mètre carré quand même il existerait des cultures intermédiaires, car les racines de la vigne se rejoignent? il est vrai que le fait seul d'une culture intermédiaire peut faire dévier le traitement de son véritable principe, mais les effets n'en sont ni moins complets ni plus sûrs;

3° Le sulfure est un liquide très inflammable, au point qu'on l'a vu prendre feu dans le trou où on le déversait, parce que le pal, ayant rencontré un caillou, en avait fait jaillir une étincelle. Il importe donc de veiller avec le plus grand soin à ce que les ouvriers qui l'emploient se privent absolument de fumer pendant l'opération.

Traitement par les charrues sulfureuses.

Concurremment avec le pal injecteur et dans les cas préventifs, la charrue sulfureuse peut rendre de grands services.

Les *charrues sulfureuses* ou *injecteurs à traction* sont des instruments qui permettent de faire pénétrer au fond d'un sillon continu, pratiqué dans le sol, une certaine quantité de sulfure de carbone.

Leur emploi est d'autant plus facile qu'ils remplissent un double emploi qui se résume dans le labour et l'assainissement du sol.

Ces charrues peuvent pénétrer dans toutes les vignes plantées en lignes régulières et faire un travail d'autant plus appréciable qu'il est rapide et économique.

Il en existe plusieurs types; M. Vernette en a créé deux. Le troisième modèle est dû à M. Vermorel.

« La charrue sulfureuse de M. E. Vernette, de Béziers, est formée essentiellement d'un socle qui ouvre la fente ou sillon; d'un récipient qui renferme le sulfure de carbone: d'un appareil doseur qui jauge le sulfure et le laisse écouler par un tube au fond de la raie; d'une roue qui referme la raie et communique le mouvement au doseur. Enfin de deux mancherons, dont l'un sert à maintenir l'appareil pendant le travail, l'autre à le soulever quand on est arrivé au bout du sillon.

» L'appareil doseur est composé d'une clef tournante dans laquelle sont creusés six godets, dont la capacité peut être modifiée au moyen de bouchons à vis régulatrice qui en forment le fond. Le mouvement de rotation de la clef est obtenu au moyen de rayons qui sont successivement poussés par des chevilles portées par la circonférence de la roue tasseur. Les godets viennent se présenter les uns après les autres devant le conduit qui amène le liquide et l'entraînent, une fois rempli, vers le tube qui l'accompagne au fond de la raie. Une clef de jauge permet d'enfoncer à une profondeur correspondante au dosage cherché les bouchons à vis du fond.

» D'après MM. Gastine et Couanon, on ne devrait tracer qu'une seule fente d'injection pour les rangs de vigne placés à 1 mètre ou à 1^m20 d'ecartement. De 1^m20 à 2 mètres, il faudrait en tracer deux. Au-dessus de 2 mètres et jusqu'à 3, on porterait le nombre des lignes d'injection à trois.

Les appareils doivent être réglés de manière à ce que leur débit soit proportionnel à l'écartement des lignes. Des tables construites spécialement pour chaque type fournissent les indications nécessaires à cet objet.

» L'emploi des injections à traction implique, plus encore que celui du pal, la nécessité d'un sol bien raffermi à la surface, à cause de la faible profondeur à laquelle on est obligé de déposer le sulfure (0^m20 centimètres au maximum). Il est, par conséquent, toujours mauvais de faire précéder le traitement par un labour, comme le croient utile certains viticulteurs; l'ameublissement qui résulte de cette façon offre aux vapeurs une issue trop facile vers l'atmosphère. »

Quantités de sulfure de carbone employées par hectare

Dès les débuts des traitements, on employait de 50 à 80 grammes de sulfure par souche. On reconnut bientôt que cette dose pouvait être notablement réduite; aujourd'hui cette quantité varie suivant l'état hygrométrique du sol, de 150 à 250 kilogrammes à l'hectare, soit environ 20 grammes par mètre carré.

Dans les terrains froids et humides, on descend quelquefois à 120 kilogrammes par hectare.

M. Crozier donne, au sujet des quantités de sulfure de carbone à employer par hectare, les indications suivantes :

Quantités de sulfure de carbone à employer par hectare, suivant les différentes circonstances.

NATURE DES TERRAINS	PROFONDEUR DU SOL	VIGNES					
		TRÈS AFFAIBLIES		PEU AFFAIBLIES		VIGOUREUSES	
Terrains compacts, froids et humides, appelés terrains forts..........	0^m40 à 0^m50	110k.	à 120k.	120k.	à 130k.	130k.	à 140k.
	0 50 — 0 60	120	130	130	140	140	150
	0 60 — 0 70	130	140	140	150	150	160
	0 70 — 0 80	140	150	150	160	160	170
Terrains argileux, frais et sains................	0 40 — 0 50	130	140	140	150	150	160
	0 50 — 0 60	140	150	150	160	160	170
	0 60 — 0 70	150	160	160	170	170	180
	0 70 — 0 80	160	170	170	180	180	200
Terrains légers........	0 40 — 0 50	160	170	170	180	180	200
	0 50 — 0 60	170	180	180	190	190	200
	0 60 — 0 70	180	190	190	200	200	210
	0 70 — 0 80	190	200	200	210	210	220
	0 80 et au-dessus	200	210	210	220	220	230
Terrains secs, caillouteux et très ouverts.......	0 50 — 0 60	180	190	190	200	200	210
	0 60 — 0 70	190	200	200	220	220	240
	0 70 — 0 80	210	220	220	230	230	250
	0 80 et au-dessus	220	230	230	250	260	280

TRAITEMENT

par le sulfure de carbone dissous dans l'eau.

Plusieurs auteurs ont recherché et proposé le sulfure de carbone, dissous dans l'eau, pour remplacer le sulfure pur qui, parfois, atteint mortellement certaines souches même très vigoureuses.

En 1875, M. Cauvy, professeur de pharmacie, proposa, avec le sulfo-carbonate de potassium, la solution de sulfure de carbone dans l'eau; plus tard, en 1882, M. Rommier, de l'Académie des Sciences, indique la même dissolution; ensuite vient M. Ckianki-bey qui propose de faire passer un courant d'eau très divisé dans un récipient fermé et contenant du sulfure de carbone pour produire une dissolution. Ces procédés furent reconnus insuffisants au point de vue pratique.

M. Benoist nous dit (1) que « c'est après avoir examiné les divers moyens qui avaient été indiqués et surtout après avoir reconnu les inconvénients qu'ils présentaient au point de vue de l'application en grande culture que nous nous sommes mis à la recherche d'un procédé suffisamment pratique pour le traitement en grand des vignes phylloxerées.

» Un hasard heureux avait voulu que nous fussions alors en relation avec la maison Fafeur frères, et je dois le dire, c'est grâce à l'intelligence de M. Xavier Fafeur, qu'il nous a été possible d'obtenir des appareils dont le fonctionnement simple et rapide nous permet aujourd'hui d'appliquer la solution de sulfure de carbone dans les conditions les plus variées

» Ces appareils, en effet, permettent de faire des dissolutions régulières et à titre variable, suivant la volonté de l'opérateur, par le simple maniement d'un robinet. De plus, il est possible de produire la dissolution aussi rapidement qu'une pompe peut refouler de l'eau, attendu que c'est le courant d'eau lui-même qui fait fonctionner ces appareils.

---

(1) *Le Sulfure de Carbone dissous dans l'eau*, par Benoist (p. 29).

» Cette dissolution peut s'obtenir à un degré plus élevé que celui qui est nécessaire pour son application au traitement des vignes; mais il serait superflu, au point de vue de la question qui nous occupe, de demander une solution concentrée, qui ne pourrait être appliquée, du reste, sans nuire à la végétation du vignoble.

» Dès que ce mode d'application du sulfure de carbone fut connu, les propriétaires le mirent à l'essai avec empressement.

» Arrivés seulement à la sixième année, depuis nos premières expériences en grande culture, nous avons la satisfaction de constater que cette méthode de traitement est appliquée dans plusieurs contrées de la France et de l'étranger, notamment en Espagne et en Italie.

» Aujourd'hui, le traitement des vignes par le sulfure de carbone dissous dans l'eau a pu acquérir, en le rendant facile et commode, toute l'importance que MM. Rommier et Peligot y avaient attaché, pour protéger les vignobles contre le Phylloxera. »

Description des appareils.

La figure n° 107 nous servira à expliquer le principe de la marche de cet appareil :

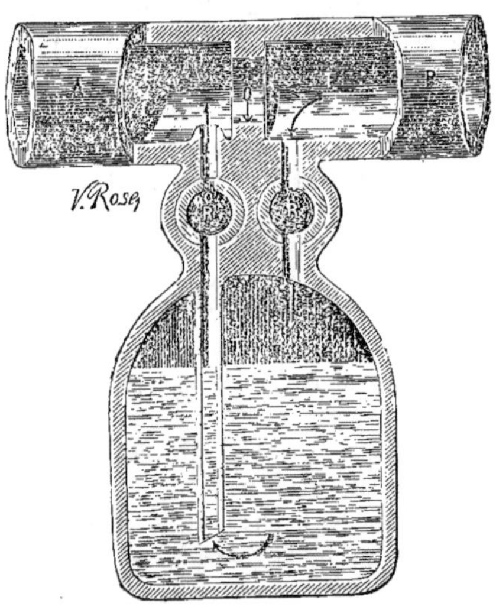

Fig. 107. — Principe de la marche de l'appareil.

« Un tuyau de conduite A B rétréci en o, est traversé par un courant d'eau dirigé suivant la flèche F.

» La pression produite par ce rétrécissement et par la vitesse du courant vient s'exercer à la partie supérieure d'un récipient plein d'eau et de sulfure, lequel en vertu de sa densité, occupe toujours la partie inférieure de ce réci-pient. »

» Cette pression est transmise constamment et intégralement par l'eau du courant au sulfure, qui dès lors monte dans le tube plongeant T, traverse le robinet R' et l'orifice o' et vient déboucher dans la partie du tuyau A, à la rencontre du jet d'eau.

» La proportion entre les orifices o et o' détermine les proportions du mélange que l'on peut faire varier à volonté par le plus ou moins d'ouverture du robinet R'.

» Le robinet R a pour but d'interrompre la communication du courant avec le sulfure, lorsqu'on veut recharger l'appareil.

» Par cette description, on voit que la dissolution est produite, sous pression et à l'abri de l'air par la rencontre, dans un tuyau de conduite, de deux jets de sulfure d'eau, dont les intensités sont toujours proportionnelles entre elles.

» Le jet de sulfure, étant créé par le courant d'eau lui-même, le dosage sera toujours constant, quelle que soit la quantité d'eau écoulée et en admettant toutefois que la vitesse de ce courant ne descende pas au-dessous de certaines limites.

» Par ce qui précède, on voit que cet appareil se décompose en résumé de deux éléments principaux :

» 1° D'un récipient de sulfure, et 2° d'un tuyau plongeant muni d'un robinet.

» Ces éléments réalisent, avec une simplicité incomparable et avec la plus grande perfection, une dissolution parfaite à un titre rigoureusement exact et variable à volonté.

» Il est facile de concevoir qu'avec des organes aussi simples, on puisse adapter un appareil de dissolution, dans les conditions les plus diverses à toute conduite d'eau sous pression fournie par un reservoir ou par une pompe à bras ou à vapeur.

» La figure 108 donne le dessin de l'appareil, tel qu'il est construit pour être adapté sur des petites pompes à main.

» En outre des améliorations dans la structure que présente cet appareil, il est bon de remarquer que le tuyau A B est formé de deux tubes en verre.

» Dans l'un de ces tubes, *on voit le courant d'eau ordinaire et non sulfuré ;* dans l'autre on voit la rencontre des deux jets de sulfure et d'eau formant le courant *sulfuré.*

» Pour que la dissolution soit parfaite, il ne doit y avoir entre ces deux courants aucune différence de couleur ni d'aspect.

» Une émulsion, si elle se *produisait,* prendrait immédiatement une couleur laiteuse, qu'il faut avoir soin d'éviter à cause de l'effet *désastreux* qu'elle pourrait produire sur les vignes traitées.

» Dans le phénomène de la *dissolution* qui est purement mécanique, il y a trois éléments à considérer, qui sont :

» 1° La pression que subissent les deux liquides en contact ; 2° l'agitation à laquelle ils sont soumis ; 3° leur température.

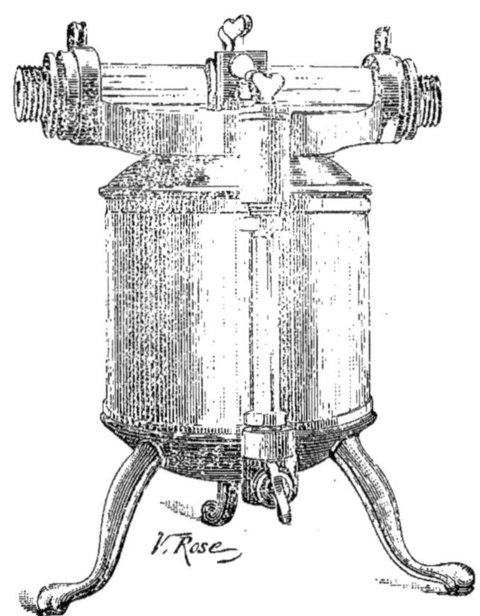

Fig. 108.

Appareil tel qu'il est construit, pour fonctionner avec une pompe à bras.

» La dissolution dépend de circonstances aussi diverses, il est indispensable de s'assurer si elle a lieu à chaque opération.

» Une simple observation des courants donne, comme nous l'avons dit, une indication certaine.

» Le dosage par fraction de gramme, s'obtient à l'aide d'un robinet à clef graduée.

» Un tube à niveau, porté par l'appareil et muni d'une échelle graduée, permet de se rendre compte de la quantité de sulfure dépensé pendant un temps donné par rapport à la quantité d'eau écoulée.

» L'importance vite entrevue des traitements au sulfure de carbone dissous dans l'eau a fait créer de nombreuses contrefaçons d'appareils. C'est pour cela que nous croyons utile non seulement de faire connaître le principe sur lequel repose l'appareil, mais d'en donner aussi la définition théorique ; cette définition, rédigée par M. X. Fafeur, est de nature à convaincre les plus pessimistes sur la supériorité du dosage de cet appareil. »

Application du traitement.

Pour appliquer le traitement au sulfure de carbone dissous dans l'eau, le propriétaire doit faire faire, avant de commencer l'opération, des cuvettes ou conques autour de chaque pied de vigne, pour y recevoir la solution.

La dimension des cuvettes dépendra de l'écartement des pieds. Lorsque les pieds sont trop écartés ainsi que les lignes on forme des cuvettes intercalaires de façon à ne laisser que le moins possible d'espace non arrosée.

Lorsque la vigne est ainsi préparée, on procède au traitement. Celui-ci consiste à verser autour de chaque pied ou mieux dans chaque cuvette une quantité de solution telle qu'on obtienne de 15 à 20 litres par mètre carré de surface.

S'il s'agit de traiter une petite surface, et que l'eau soit à proximité, on peut se servir d'une pompe à main avec un petit appareil (fig. 107, 108 et 109).

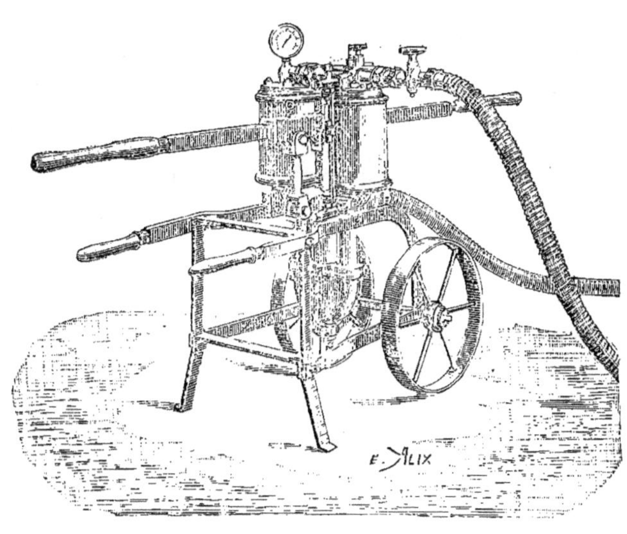

Fig. 109. — Pompe et appareil à bras.

Le tuyau de refoulement en caoutchouc va directement à la partie de la vigne à traiter ; un homme ou un enfant reçoit le liquide apporté par ce tuyau, alternativement dans deux baquets (fig. 110), ce qui permet de verser l'un pendant que l'autre se remplit. L'extrémité du tuyau se tient facilement sur le bord du baquet à l'aide d'un robinet à patte, pendant que le liquide se déverse.

Fig. 110. — Petit appareil fonctionnant avec une pompe Fafeur frères, dans les vignobles du Midi.

La dépense pour traiter les petits vignobles par ce système économique est donc d'une importance peu appréciable.

Titre de la solution à employer et époque des traitements.

Des expériences comparatives ont été faites sur beaucoup de points où était l'insecte, soit sur des vignes en pleine végétation soit à l'état hibernant.

On a essayé à 8 dixièmes de gramme de sulfure de carbone dissous dans un un litre d'eau, sur des vignes n'étant pas en végétation et plantées en terre perméable.

D'autres expériences ont été faites sur des vignes en végétation avec 6 dixièmes de gramme seulement. Ces solutions sont suffisamment insecticides et elles ne nuisent jamais à la marche de la végétation.

Dans les terres légères et à sous-sol perméable, il est important d'augmenter la quantité de sulfure par litre d'eau. Par contre, dans les terrains argileux à sous-sol imperméable et peu profond, la solution aura besoin d'être bien moins forte. C'est en se basant sur ces diverses notions que l'on peut faire varier le titre de la solution qui devra être appliquée de quatre à huit dixièmes, pendant l'été, et de six dixièmes a un gramme pendant l'hiver.

Fig. 111.

POMPE A VAPEUR LOCOMOBILE, A COURANT CONTINU

système FAFEUR Frères, breveté *s. g. d. g.*

CHAUDIÈRE INEXPLOSIBLE, pour traiter un hectare de vignes par jour, et pouvant servir pour le transvasement des vins, pour l'arrosage et contre l'incendie.

M. C. Benoist dit que *le sulfure dissous dans l'eau est complètement inoffensif sur la végétation.*

Partout où les expériences pratiques ont été faites, le résultat a été, non-seulement efficace, mais beaucoup plus économique et moins dangereux

Dans les exploitations d'une certaine importance, il faut avoir recours à une pompe à vapeur d'une puissance relative à la surface à traiter (fig. 111).

La pompe à vapeur locomobile, à courant continu, de MM. Fafeur frères, est très légère; elle se dirige sur tous les points où sa présence est nécessaire, à l'aide d'un cheval ou deux suivant son poids; en quelques heures, on peut établir une installation prête à opérer sur un point quelconque.

Le prix de revient du traitement au sulfure de carbone dissous dans l'eau, varie peu; on peut l'estimer entre 170 à 220 francs l'hectare.

En Algérie, où la terre manque souvent d'humidité suffisante pour amener une production abondante du raisin, on rentrerait par cela même dans ses frais par la plus-value des rendements.

Fig. 112. — Travaux exécutés dans les vignobles du Narbonnais.

CHAPITRE XVII

TRAITEMENT

par le sulfo-carbonate de potasse.

Le sulfo-carbonate de potassium fut indiqué, en 1874, par M. Dumas, le célèbre secrétaire perpétuel de l'Académie des Sciences, car il savait que ce sel, sous l'influence de l'acide carbonique, de l'air et de l'humidité, se décomposait lentement en carbonate alcalin fertilisant et en sulfure de carbone insecticide, et que, de plus, la lenteur de la réaction dans le sol permettrait aux vapeurs toxiques une action prolongée et d'autant plus efficace.

Des expériences furent exécutées sur plusieurs points contaminés par le Phylloxera sous la direction de deux délégués de l'Académie des Sciences et de divers savants, il résulta que l'action sur la reproduction des radicelles était remarquable, l'effet insecticide également.

C'est la Société des Agriculteurs de France qui a popularisé parmi les viticulteurs de notre pays le « sulfo-potassium », à la suite d'une communication de M. Chatry de la Fosse.

Déjà, au congrès pomologique de Lyon, en 1887, l'école d'Ecully avait exposé des Pinots amenés à la fertilité par ce mélange.

La formule dont la Société des agriculteurs a reçu communication est due à M. Deaillerat, régisseur du château Lagrange (Gironde) La voici :

Sulfo-potassium :

50 0/0 de sulfure de carbone.
17 0/0 de savon mou pur (oléate de potasse).
33 0/0 en poids d'eau.

Dans un fût en tôle, lavé au savon préalablement dissous, ajouter le sulfure et rouler jusqu'au mélange; au pied du cep, déchaussé avec soin dans ce but, verser une solution soigneusement brassée de 30 à 60 grammes de produits dans 20 à 25 litres d'eau.

L'emploi de ce produit reçoit, par suite de cet emploi, un élan vraiment extraordinaire. Inutile de dire que partout où elle pénètre, le Phylloxera est complètement détruit.

Le prix de revient par pied de vigne est de 1 centime 3/4 (1).

Le succès du traitement par le sulfo-carbonate de potassium a été, dans *toutes les expériences faites*, très satisfaisant.

Passons aux conseils pratiques pour l'application de ce précieux remède.

Procédé de traitement.

L'époque la plus convenable pour appliquer le traitement au sulfo-carbonate de potassium, est vers la fin de l'hiver; car alors, le produit ne nuit pas à la végétation et, en général, les travaux les plus importants de la vigne sont déjà exécutés. D'autre part, le sol est encore humide; il réclame moins d'eau.

Si nous en croyons M. Mouillefert, il est utile d'exécuter un deuxième traitement dans le mois de juillet, époque qui correspondrait au mois de juin du nord de l'Afrique, pour les vignes fortement atteintes, afin de prévenir de nouvelles invasions qui se font généralement à cette époque.

Voici le système à employer pour l'application :

1° On pose une caisse sur une souche qui l'entoure, on l'ajuste bien sur le sol pour éviter l'écoulement trop rapide de l'eau ;

2° On verse le sulfo-carbonate de potassium (30 ou 40 grammes) dans la caisse, puis on verse dessus l'eau en suffisante quantité, environ 20 litres, qui provient de la pompe.

M. Mouillefert (2) nous donne la description suivante du fonctionnement de cet outillage :

La pompe et son moteur étant placés près d'une rivière, d'un ruisseau, d'une source, d'une mare, etc.., l'eau puisée est envoyée dans la canalisation principale, puis, dans la canalisation secondaire, ou de ramification qui forme un réseau plus ou moins complet dans la vigne à traiter. De distance en distance *(tous les 20 mètres en moyenne)*, cette canalisation secondaire porte des robinets d'une forme spéciale qui permet d'y adapter une seconde canalisation de distribution, composée de tuyaux de caoutchouc de bouts de dix mètres pouvant, en s'ajoutant les uns aux autres, atteindre une longueur plus ou moins grande suivant les cas, et former un nouveau réseau entre les ramifications de la canalisation précédente. Ces canalisations de distributions peuvent être plus ou moins nombreuses suivant la quantité d'eau employée par la pompe.

A l'extrémité de chacune des canalisations de troisième ordre, se trouvent deux vases métalliques *(quelquefois de simples cuviers ou baquets)* légers, de 350 à 400 litres, facilement *transportables* par un homme, dans lesquels on reçoit l'eau qui s'écoule des tuyaux en caoutchouc.

Quand l'un de ces vases est plein, on y ajoute la quantité de sulfo-carbonate nécessaire pour traiter un nombre donné de ceps; on mélange cette substance avec l'eau en agitant avec un bâton jusqu'à ce qu'on ait une solution homogène;

---

(1) Chatry de la Fosse : *Bulletin de la Société des agriculteurs de France*.
(2) Mouillefert, loc. cit., page 29 et suiv.

l'ouvrier n'a plus ensuite qu'à puiser cette solution avec deux arrosoirs et la porter au pied des ceps que l'on veut traiter.

Des accumulateurs ou récipients à pression placés sur différents points de la canalisation d'amenée ou de la canalisation secondaire *(généralement sur les points les plus élevés)*, servent à accumuler l'eau qui n'est momentanément pas débitée et qui, en comprimant un certain volume d'air, régularise et active la distribution.

Dans une bonne organisation, les ouvriers ne doivent pas porter l'eau à plus de dix mètres. Dans ces conditions, un homme, muni de deux arrosoirs, peut vider au pied des ceps, sans se presser, en moyenne 1,500 à 1,800 litres d'eau par heure.

M. Jules Favre, propriétaire à Ornaisons et à Bézanets, a complètement reconstitué ses vignes qui avaient soixante et quatre-vingts ans, en leur appliquant un traitement annuel de 100 à 120 grammes de sulfo-carbonate de potassium délayé dans 40 litres d'eau.

Les vignes traitées au sulfo-carbonate de potassium se portent à merveille. Malheureusement ce traitement revient à un prix plus élevé que celui au sulfure de carbone dissous dans l'eau (entre 350 à 500 francs).

Mais que nos viticulteurs d'Afrique le sachent bien, quand ce traitement est bien appliqué, il réussit à détruire le Phylloxera sans porter préjudice aux vignes.

Ce double objectif : tuer l'insecte et fortifier la vigne n'est-il pas l'idéal de tous traitements, et une légère augmentation du sacrifice à faire n'est-elle pas alors *quantité négligeable ?*

Destruction des œufs d'hiver par le badigeonnage.

M. Balbiani a proposé de diminuer graduellement la fécondité des générations successives du *Phylloxera* en détruisant chaque année les œufs d'hiver déposés sur la vigne.

Sur sa proposition, la commission du Phylloxera, dans sa séance du 13 janvier 1882, émettait le vœu suivant :

« Considérant l'importance du rôle que joue l'œuf d'hiver dans l'évolution du *Phylloxera*, puisqu'il entretient la vitalité des colonies souterraines, et que tout foyer phylloxérique a pour origine un œuf d'hiver : que dès lors sa destruction est d'un intérêt pratique évident. La commission supérieure émet le vœu que des expériences méthodiques soient instituées, non-seulement dans le laboratoire, mais en grande culture, pour déterminer quels sont les moyens à employer pour arriver à la destruction certaine de l'œuf d'hiver. »

Beaucoup d'expériences ont été tentées, les unes ont bien réussi, les autres ont marqué faiblement leur passage ; il en résulte que ce moyen ne pouvait combattre radicalement le Phylloxera sans le concours des autres traitements.

M. Balbiani s'est arrêté définitivement à la formule suivante pour la composition de ce badigeonnage :

Huile lourde de houille............ ..... 20 kilos.
Naphtaline brute................ ... . 60 —
Chaux vive .... 120 —
Eau.......... .... 400 —

Le mélange s'opère de la façon suivante :

Dans une grande futaille de 150 litres, on dissout la naphtaline dans l'huile lourde en la remuant avec une spatule en bois ; d'autre part, on fait fuser la chaux grasse dans une futaille de 600 litres. Lorsque la chaux est parfaitement fusée. on y ajoute peu à peu le mélange d'huile lourde en remuant avec la spatule, puis on y ajoute l'eau peu à peu jusqu'à parfaite incorporation.

M. Balbiani recommande le décorticage des souches avec le gant métallique.

Cette opération a pour but d'enlever les obstacles au dépôt de la composition.

Une fois le cep bien nettoyé, on le badigeonne à l'aide d'un pinceau trempé dans la composition.

Sans amoindrir la formule Balbiani, nous croyons que l'emploi de notre formule n° 1 serait plus radical pour l'extinction des œufs d'hiver.

Mentionnons ici, pour être complet, certains reproches que des écrivains de mérite adressent au badigeonnage.

Suivant eux, la méthode ovicède exige, chez ceux qui l'emploient, des qualités exceptionnelles, une conscience absolue, une attention constante, une sûreté de main et une précision qui ne se rencontrent guère parmi nos collaborateurs agricoles ordinaires.

« Si on pouvait tout faire par soi-même, disent MM. Portes et Ruyssen, la méthode ovicède serait sans défaut. Mais vouloir plier aux rigueurs *absolues* de la méthode scientifique, indispensables ici pour un succès complet, les moins ignorantes, nonchalantes, réfractaires du personnel agricole tel que le passé nous l'a légué, c'est pure chimère. »

Les auteurs si distingués du *Grand Traité de la vigne* nous paraissent bien sévères. Nous avons ici, en Algérie, des collaborateurs agricoles qui excellent pourtant aux délicates manipulations que la viticulture exige, non-seulement pour la lutte contre les ennemis de la vigne, mais pour les opérations les plus ordinaires, la taille par exemple. C'est affaire d'habitude et de pratique, pourvu que les méthodes aient été bien démontrées et que le viticulteur lui-même n'ait pas craint d'initier ses auxiliaires à l'emploi des bons procédés en les appliquant lui-même sous leurs yeux.

Ajoutons cependant que, pour nous, le badigeonnage réduit à lui-même ne nous inspirerait pas une confiance absolue. C'est surtout comme adjuvant des traitements sulfo-carbonique que nous le recommandons.

Traitement d'extinction.

Les traitements d'*extinction* diffèrent de ceux que l'on désignent sous les noms de traitements *culturaux*, et que nous venons d'exposer en détail.

C'est dans les contrées nouvellement envahies qu'il faut les appliquer « *rigoureusement* », c'est le mot juste ici, car ces traitements ne consistent à rien moins qu'à détruire la vigne en même temps que l'insecte afin d'empêcher les foyers d'infection de s'étendre sur l'ensemble du vignoble.

En Algérie, des opérations de ce genre ont été pratiquées à Mansourah, Sidi-bel-Abbès, Philippeville, La Calle et Nazereg ainsi qu'à Mascara.

A Mansourah, on a d'abord coupé les souches et on les a brûlées sur place, puis on a arrosé le sol avec de grandes quantités de pétrole (à défaut de sulfure de carbone que l'on n'avait pas alors en quantités suffisantes en Algérie); de plus, on a ordonné un fort badigeonnage pour détruire les œufs d'hiver sur une surface de 50 hectares aux environs des vignes détruites. C'est ainsi que l'on est parvenu à empêcher la propagation des essaimages.

Depuis, à Sidi-bel-Abbès, on a traité les souches à raison de 300 grammes de sulfure de carbone par souche et de deux traitements de 150 grammes chacun, à douze jours d'intervalle. L'énergie de cette médication peut avoir des inconvénients. La souche peut en être à peu près tuée; toutefois à Sidi-bel-Abbès, beaucoup de souches de ce même foyer ont repoussé, ce qui prouve une fois de plus la vitalité supérieure de la vigne en Algérie. Il n'y a donc pas lieu de se décourager en Afrique, même dans les localités que le terrible mal a déjà infestées, ou dans celles qu'il pourrait atteindre demain; mais il faut retrouver pour la circonstance, l'énergie de nos vieux colons d'autrefois, si patients, si forts, jamais désespérés. Il faut lutter, à outrance, là où le mal existe. Il faut, dans les régions voisines, veiller sans trève et ne pas oublier que les essaimages du Phylloxera peuvent aller souterrainement à plus de mille mètres préparer de nouveaux désastres. Il faut enfin, en tout état de cause, se confier à cette merveilleuse force de résistance qui est, comme nous l'avons déjà dit souvent, un des privilèges de notre France nouvelle, et qui lui permet de défier tous les fléaux, et au besoin de réparer leurs ravages.

Aujourd'hui que les syndicats sont puissamment organisés, espérons que les moindres taches, à peine découvertes, seront traitées vigoureusement.

Ce que nous venons de dire du traitement d'extinction en Algérie serait incomplet, si nous ne rappelions les services que cette méthode, ce *remède héroïque* pour tout dire, a rendus en Europe et particulièrement en Suisse. Quelques détails sur la manière dont il a été appliqué dans ce pays seront lus avec intérêt et avec profit. Nous les tirons des rapports officiels *(Le Phylloxera à Neufchâtel, le Rapport de la commission administrative pour la lutte contre le Phylloxera)* et des *Travaux* de M. Couanon, publiés en 1885 :

« L'attention prodigieuse infatigable et l'activité dont on nous donne l'exemple en Suisse, dit ce dernier auteur, sont d'une efficacité aussi complète que le comportent les forces humaines. »

Cette déclaration de la part d'un homme aussi compétent que M. Couanon, est certainement de nature à fermer la bouche aux pessimistes les plus incorrigibles. Mais comment a-t-on pu atteindre, en Suisse, ces résultats inespérés ?

D'abord on est parti de ce principe que le procédé d'extinction matérielle n'est rien par lui-même, s'il n'est complété par « un corps de vignerons constitué » en service spécial de recherches et d'observations, préparé par une instruction » *ad hoc*, et opérant d'une manière soutenue, régulière et méthodique, sous un » commandement actif et énergique. » *(Commission administrative de Neufchâtel.*

Voici quelle en est l'organisation :

Dans chaque localité renfermant des vignobles, des « *visiteurs* » choisis en nombre suffisant parmi les habitants, et assez instruits pour pouvoir reconnaitre au premier coup d'œil le Phylloxera, procèdent chaque année, à des époques déterminées, à l'inspection consciencieuse de *toutes* les vignes de leur ressort. La première visite générale a lieu au moment de la montée de la sève, la seconde fin juillet. Deux escouades de *visiteurs* parcourent les vignes l'une après l'autre. La première escouade examine de très près les racines des ceps à mine suspecte ; la seconde observe, *à la loupe,* les radicelles superficielles et les jeunes racines de tous les ceps, *quelle qu'en soit l'apparence.* Cette seconde catégorie de visites, qu'on appelle *visites sévères,* se prolonge quelquefois pendant des mois entiers (1).

Mais les visiteurs, qui forment, pour ainsi dire, le *gros de l'armée* de défense, ont besoin d'un corps d'*officiers* qui les dirige, qui reçoive leurs communications, qui vérifie sur place, et qui ordonne les premières mesures nécessaires.

Cet état-major de la protection viticole se compose : 1° d'une commission scientifique *cantonale,* et 2° d'un commissaire spécial pour le canton, qui apprécie l'importance des points d'attaque et propose les premières mesures.

Tout ce monde enfin est placé sous la haute autorité du département fédéral de l'agriculture avec lequel correspond le commissaire cantonal, et qui donne à ce commissaire des ordres immédiatement exécutés, sans discussion ni controverse possible. Dans les cas graves, le département de l'agriculture envoie auprès du commissaire cantonal, pour renforcer son action et éclaircir au besoin tous les doutes, un « *expert fédéral* », véritable délégué du ministre et investi de pouvoirs absolus.

Voici maintenant comment se pratique l'extinction :

La vigne contaminée est momentanément séquestrée, ainsi que les vignes qui l'entourent dans un certain périmètre. Cet ensemble est isolé du reste du territoire à l'aide d'un cordon de fil de fer maintenu par des échalas. On plante un drapeau rouge au milieu, et immédiatement on procède à l'intoxication des insectes. 300 grammes de sulfure de carbone sont distribués à chaque cep, en deux fois, à quinze jours d'intervalle. Dans la partie la plus éloignée du foyer les doses sont beaucoup moindres. Le travail se fait en partant de la circonférence et en marchant vers le centre (ce sont les termes mêmes du Règlement), afin que les insectes ne puissent s'échapper de la zone traitée et que ceux qui seraient tentés de s'écarter soient ramenés au contraire vers le point central où la destruction est la plus active.

---

(1) Voir le *Règlement international pour la défense des vignes de la Suisse.* Lauzanne, imprimerie Jannin.

L'hiver venu, les souches mortes sont arrachées ; le sol qu'elles occupaient est défoncé jusqu'à une profondeur de 80 centimètres ; les moindres radicelles, soigneusement extraites des mottes brisées, sont immédiatement brûlées dans un large foyer entretenu avec les souches et constamment arrosé de pétrole. Du sulfure de carbone est ensuite versé dans les excavations produites par l'arrachage, à la dose de 150 grammes par mètre carré. Enfin, défense est faite de replanter de la vigne sur ce point avant cinq années. Les propriétaires sont indemnisés de la récolte pendante et en outre de l'usufruit de leur terrain pendant les cinq années d'interdiction.

Tel est, à grands traits, le système employé en Suisse, et que M. Couanon déclare, ainsi que nous l'avons dit plus haut « d'une efficacité aussi complète que le comportent les forces humaines. »

Les viticulteurs qui désireraient des détails plus approfondis pourront se reporter au Règlement international déjà cité plus haut.

TRAITEMENT

PAR LA SUBMERSION

SOMMAIRE :

De la submersion; les premiers essais; expériences concluantes de M. Faucon. — Nature et quantité des eaux à employer. — Assiettes différentielles du sol. — Établissement de la submersion. — Des divers modes usités (norias à godets et norias à tampons, pompes centrifuges actionnées soit par une roue hydraulique ou à la vapeur. — Tracé des planches de submersion. — Époque et durée de la submersion. — Entretien de la vigne submersible par des engrais. — Cépages résistant à la submersion. — Tableaux des prix de revient afférents à chaque mode d'emploi.

TRAITEMENT PAR LA SUBMERSION

Comme le traitement par les gaz sulfureux, le traitement du phylloxera par
la submersion n'a rencontré, pendant des années, qu'incrédulité ou raillerie
parmi les viticulteurs. Ces échecs d'un système qui rend tant de services
aujourd'hui n'étaient pas seulement le résultat de cette répugnance aux innovations qui est naturelle aux populations agricoles du vieux monde, même les
plus intelligentes; elle était due aussi à ce que les premiers essais avaient été
faits dans des conditions défectueuses et incomplètes

Tout le monde comprenait que l'eau pouvait être un moyen de destruction
efficace pour le phylloxera, comme pour tant d'insectes dont on se débarrasse
en les noyant. Mais on n'avait pas suffisamment tenu compte de ce fait, que
le phylloxera est entièrement recouvert d'une sorte de *cuirasse graisseuse* sur
laquelle l'eau glisse sans pénétrer. Il suffit, en outre, qu'il se trouve dans l'eau
qui le recouvre, quelques bulles d'air en suspension, pour que le maudit animal
puisse respirer et vivre encore.

Il résulte de ce double fait qu'il faut *que la submersion soit prolongée pendant
un temps assez long* pour que, d'une part l'eau puisse dissoudre cet espèce
d'enduit huileux qui protége le phylloxera, et pour que d'autre part, cette
même eau dans laquelle il est plongé, perde les minimes quantités d'air qu'elle
peut contenir dans les bulles infiniment petites, ce n'est qu'après ce double travail, pour ainsi dire préparatoire, que l'eau peut avoir enfin raison de l'insecte
qui a ruiné en grande partie les vieux vignobles de France et qui menace
aujourd'hui les jeunes vignobles de l'Afrique du Nord au moment où ils prennent
déjà une si large part dans la production générale des Deux-Mondes.

Il était réservé à M. Faucon, viticulteur à Graveson, de découvrir le premier
ces faits, grâce à ses minutieuses et patientes études. Précieux encouragement
pour les chercheurs obscurs que l'espérance du succès soutient dans leurs
labeurs ingrats! M. Faucon eût d'ailleurs cette bonne fortune, rare pour un

inventeur, de pouvoir appliquer lui-même, grâce à des circonstances heureuses, la découverte dont le principe lui était dû. Il eût enfin cette satisfaction suprême de pouvoir prouver aux plus incrédules, par des faits incontestables, les services que pouvait rendre la submersion, pratiquée convenablement, comme il la pratiquait lui-même. La marche méthodique qui conduisit M. Faucon à ces résultats, intéressera certainement nos lecteurs.

M. Faucon déposa, dans une soixantaine de tubes en verre, remplis d'eau et bien fermés, des fragments de racines couvertes d'insectes et d'œufs, et il eut la constance de vérifier chaque jour, *au microscope*, et à raison d'*un tube par jour*, ce qui se passait dans les racines ainsi submergées.

Pendant plusieurs jours, pendant plusieurs semaines même, aucun résultat intéressant ne se produisit. Quelques insectes paraissaient, il est vrai, ne plus donner signe de vie, mais l'immense majorité résistait, si bien que l'inventeur en vint à douter lui-même de l'efficacité de sa découverte.

Trente-neuf jours s'étaient écoulés déjà, sans résultat marqué, lorsqu'enfin le quarantième jour (et dans le quarantième tube par conséquent), M. Faucon put constater qu'insectes et œufs étaient détruits, sans exception et pour toujours.

M. Faucon répéta alors l'expérience en grand. Il fit creuser dans sa vigne une série de cuvettes dans lesquelles il amena de l'eau dérivée du canal des Alpines, et il laissa cette eau séjourner autour des ceps de quarante-cinq à soixante jours. A ce moment, en 1869, la production de sa vigne était tombée à *cinquante-cinq* litres par hectare. Six ans après, en 1875, il récoltait, grâce à la submersion avec engrais, *cent seize hectolitres* par hectare, c'est-à-dire deux cent dix fois plus (1).

La démonstration était faite; elle était éclatante; et, depuis, les succès de la submersion ne se sont point démentis, toutes les fois qu'elle a été *prolongée le temps nécessaire et employée à propos*.

Car, il faut le dire, la submersion ne convient, ni aux terrains trop en pente où il faudrait pour retenir l'eau modifier toute l'assiette du vignoble, ni aux terrains « caillouteux, calcaires, à sous-sol fissuré » (2). Elle ne convient pas non plus à tous les cépages. D'après M. Espitalier, l'Aramon, le Petit Bouschet et la Carignane « s'y plaisent seuls; les autres plants y dépérissent. »

Enfin une couche de vingt à vingt-cinq centimètres d'eau est constamment nécessaire pendant une période de quarante à soixante jours, et bien des viticulteurs sont loin de pouvoir disposer d'une quantité d'eau pareille pour leur vignoble.

L'emploi de la submersion implique donc l'établissement de la vigne dans certaines conditions qui sont nécessaires pour assurer le succès du traitement.

Il faut d'abord qu'il existe à proximité du vignoble une grande quantité d'eau que l'on puisse amener sur place, soit en ligne directe par dérivation, soit au moyen de machines élévatoires. Il faut ensuite un sol susceptible de recevoir la nappe d'eau sans déperdition et de la garder jusqu'au terme de l'opération. Il faut enfin des cépages qui puissent résister aux irrigations et au séjour des eaux dans le sol.

---

(1) Barral.
(2) Rapport du Comte du Vigan, 1883.

Nature des eaux à employer.

On préconise les eaux peu aérées en se basant sur ce fait que les eaux élevées par les machines, après avoir été battues dans les chutes d'usines ou de barrages déversoirs, recèlent des bulles d'air qui suffisaient au phylloxera pour prolonger son existence au-delà du terme de la submersion.

La quantité nécessaire pour opérer la submersion d'un hectare de vigne est de 10,000 à 15,000 mètres cubes et quelquefois plus, si le sol est très perméable. Il est vrai que quelquefois la perméabilité du sol est compensée par l'imperméabilité d'un sous-sol argileux.

Nous ne pensons pas qu'il faille attacher trop d'importance à la composition particulière des eaux employées en pareil cas. Dans la pratique, ce n'est pas la *qualité*, c'est la *quantité* et la facilité d'accès des eaux qui sont les points essentiels.

Il est évident toutefois que, si on a le choix, il faut préférer l'eau pure, jusqu'après la destruction du phylloxera par la submersion, il y a la vigne à faire revivre et prospérer, et que les eaux saumâtres, telles qu'on en rencontre trop souvent en Algérie et en Tunisie sont loin d'être ce qu'il faut pour aider à la résurrection d'un vignoble. Nous avons eu sous les yeux personnellement assez d'exemples de la funeste différence des eaux pour avoir le droit de nous en défier.

Assiette du sol.

Ainsi que nous l'avons dit, les terrains destinés à la submersion doivent être horizontaux autant que possible. La pente peut toutefois varier de 0^m005 à 0^m008 millimètres par mètre ; mais les inclinaisons plus fortes nécessiteraient l'établissement de bourrelets plus épais et plus nombreux, ce qui augmenterait d'autant la dépense.

Donner un *coup de niveau* au terrain avant de décider la submersion, est donc une précaution indispensable si l'on veut s'épargner des mécomptes.

Si la surface du sol est horizontale, il n'y a que de simples bourrelets à établir de distance en distance, pour maintenir les eaux en suspension au-dessus du niveau du sol.

Si, au contraire, les terrains présentent une pente légère dans les limites indiquées plus haut, il y aura tout avantage à rapprocher les bourrelets formant digues pour racheter les différences de hauteur.

ÉTABLISSEMENT DE LA SUBMERSION

Les eaux, prises par un canal d'adduction, doivent arriver, autant que possible, par une pente douce, c'est-à-dire avec une certaine lenteur. Ce principe admis, empressons-nous de réagir contre la croyance générale qui fait supposer des dépenses considérables pour l'établissement de ces travaux; rien de plus facile cependant et de moins coûteux, puisqu'il suffit d'un simple fossé qui relie la rivière ou le canal à la vigne à submerger.

Ce procédé très simple n'est cependant guère utilisé que dans le Midi de la France où les fleuves et cours d'eau sillonnent les départements vignobles; tel n'est pas le cas des plaines d'Algérie. La nature, en vigilante prévoyeuse, a mis, dans notre pays d'Afrique, le remède à côté du mal et, sauf quelques rares exceptions, l'eau abonde dans le sous-sol, dans la plaine du Chéliff, par exemple, à quelques mètres de profondeur.

L'utilité des norias à grands rendements est alors toute indiquée, et nous estimons utile de donner une description succincte de chaque modèle usuellement employé aujourd'hui.

Nous analyserons ensuite minutieusement le mécanisme de la pompe centrifuge qui est appelée à rendre de grands services en Algérie, tant au point de vue de la submersion que de l'arrosage annuel. — Les fleuves sont malheureusement assez rares en Afrique; il en existe cependant au parcours assez long, qui traversent des contrées aujourd'hui toutes plantées de vigne; les rivières, vagabondes en leur course folle, sont fantasques et ont un débit d'eau assez intermittent peu régulier. Il serait cependant si facile, au moyen de barrages, de retenir des sommes d'eau qui pourraient rendre de si grands services et qui, aujourd'hui pourtant, sont utilité perdue pour la viticulture en général et pour nos colons en particulier.

NORIA A TAMPONS

La noria à tampons possède une chaine double, tandis que celle à chapelet est simple et à maillons ellipsoïdes.

La noria à tampons que nous décrivons (fig. 113) se compose d'un fort bâti en fer double T étrésillonné et scellé dans la maçonnerie de la margelle du puits.

Elle est actionnée par un ou plusieurs animaux de trait, à l'aide d'une flèche ajustée sur la tête de l'arbre vertical. Sur cet arbre est fixée une roue d'angle qui communique son mouvement à un pignon ajusté lui-même sur l'arbre horizontal qui est muni du porte-chaine. La chaine, garnie de tampons en caoutchouc, se trouve entraînée au fur et à mesure que le porte-chaine tourne; cette dernière est calculée à une longueur déterminée pour qu'elle puisse plonger suffisamment dans l'eau du puits.

Fig. 113. — Noria surmoyenne à tampons.

Dans les cas où l'abondance d'eau est nécessaire on adopte la noria à tampons à deux chaines (fig. 114) qui donne un volume double.

Les rendements de cette noria sont assez élevés; voici un relevé de diverses expériences :

Nombre de tubes :	Tube de 0^m080 millimètres :
2	15,000 litres à l'heure.

La force nécessaire est d'un cheval vapeur ou deux forts chevaux de trait à une profondeur de 3 mètres.

Chaque fois que l'on voudra adopter la noria à tampons ou à chapelet, il faudra s'assurer de la profondeur du puits. *Plus la profondeur est grande*, plus il faut de force et plus le tube doit diminuer de diamètre. Cette noria peut être mise en mouvement par un moteur à vapeur.

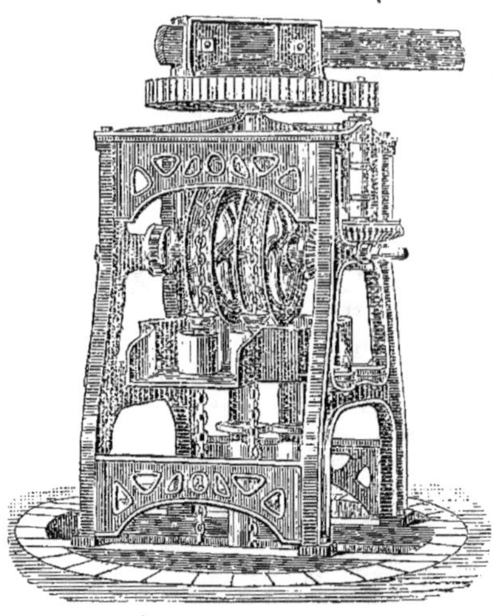

Fig. 114. — Noria à double chaîne à tampons.

NORIA A GODETS

La noria à godets (fig. 115) est un appareil très ancien, car les Maures s'en servaient en Espagne ; aujourd'hui encore, on peut voir quelques types de ces norias fonctionnant sous la direction des maraîchers mahonnais aux environs d'Alger. Ajoutons que depuis quelques années on a beaucoup modifié et amélioré ce système,

Fig. 115. — Noria à godets.

Noria à Vapeur à grand travail *(Système Buzutil)*

Dans les exploitations agricoles de l'Algérie, on rencontre beaucoup de norias à godets de construction algérienne; je dois même dire que l'on excelle, dans ce pays pour la construction de cet appareil.

La noria à godets est solidement construite sur un bâtis en fer à double T, scellé dans la maçonnerie, sur lequel est ajusté un assemblage en fer plat qui maintient l'arbre vertical actionnant le porte-chaine à godets à l'aide de sa roue d'angle. Les godets sont, soit en zinc, soit en tôle, suivant le désir des irrigants.

La même noria peut être mise en mouvement par un moteur à vapeur, car une transmission à engrenage permet de recevoir une poulie et par conséquent une courroie motrice.

M. Buzutil, habile constructeur à Mustapha Agha, construit un nouveau système de noria à godets à grand travail, dont la gravure ci-contre démontre les détails.

POMPE CENTRIFUGE

Lorsque la submersion réclame de grands volumes d'eau et une rapide exécution, il faut certainement placer en premières lignes les appareils que l'on connait sous le nom de pompes centrifuges.

Les pompes centrifuges, qui sont aujourd'hui employées dans les épuisements produisent des rendements considérables, eu égard à leur faible volume et au peu d'embarras qu'elles nécessitent dans leur emploi; ces appareils rustiques se dérangent rarement que dans les cas de négligence. C'est pour ces divers motifs que nous les recommandons pour l'exécution des grands travaux, soit d'irrigation, soit encore de submersion.

Inventées il y a une quarantaine d'années par Appod, elles ont été, depuis, considérablement perfectionnées par M. Dumont (55, rue Sedaine, Paris), qui en résume ainsi les avantages : « Petit volume et faible poids pour grande puissance (fig. 117). Installation facile et rapide par un ouvrier quelconque;

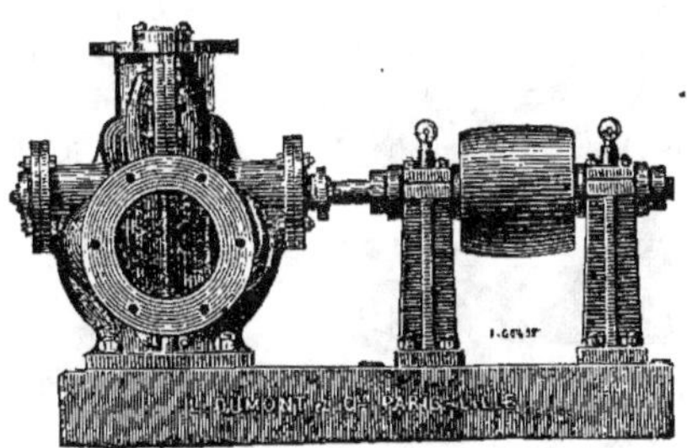

Fig. 117. — Pompe centrifuge, système Dumont, à double palier.

fondation presque nulle; suppression de bielles, balanciers, engrenages, pistons, soupapes, réservoirs d'air; élévation avec la même facilité et sans altération des eaux chargées de boue, sable, gravier, etc. » Dans un concours fait au Havre en 1880, pour les ponts et chaussées, la maison Dumont a laissé toutes ses concurrentes derrière elle, ce qui nous met fort à l'aise pour en dire tout le bien que nous en pensons.

Le tableau ci-après donne, à la fois, les prix et les *forces* de ceux de ses appareils plus spécialement applicables à la submersion. On sera ainsi éclairé sur le choix de la machine, si on a un moteur, et d'un moteur, si on a la machine.

Nᵒˢ des pompe	DIAMÈTRE de la tubulure d'aspiration	DIAMÈTRE de la tubulure de refoulement	VOLUME D'EAU ÉLEVÉ			FORCE en chevaux-vapeur par mètre d'élévation	PRIX DES POMPES		PRIX du clapet
			LITRES par seconde	HECTOLITRES par minute	MÈTRES CUBES par heure		à simple palier	à double palier	
5	0.150	0.125	30 à 45	18 à 27	110 à 165	0.75 à 1.10	750	850	125
6	0.175	0.150	45 à 70	23 à 42	170 à 250	1.15 à 1.70	875	1,000	150
7	0.200	0.175	60 à 90	36 à 54	220 à 325	1.50 à 2.20	1,100	1,250	175
8	0.225	0.175	75 à 125	45 à 75	270 à 450	1.80 à 2.75	1,325	1,500	200
9	0.250	0.200	100 à 150	60 à 90	360 à 540	2.50 à 3.50	1,600	1,800	250
10	0.275	0.225	125 à 200	75 à 120	450 à 720	3.00 à 4.50	1,850	2,100	275
11	0.300	0.250	160 à 240	96 à 144	575 à 865	3.60 à 5.25	2,100	2,400	300
12	0.325	0.275	200 à 300	120 à 180	750 à 1100	4.50 à 6.40	2,400	2,800	325
13	0.350	0.300	250 à 350	150 à 210	900 à 1250	5.50 à 7.25	3,000	3,500	375
14	0.400	0.300	300 à 475	180 à 275	1100 à 1650	6.50 à 10.00	3,600	4,200	450

Le double palier est nécessaire quand la hauteur d'élévation dépasse 4 à 5 mètres ou lorsque, avec moins de hauteur, la pompe doit faire un service pénible et continu.

Nous donnerons quelques détails plus complets lorsque nous traiterons des forces nécessaires et comparatives pour faire fonctionner ces appareils.

La pompe centrifuge à double palier peut être fixée soit sur un puits, soit sur les bords d'une rivière. Mais lorsqu'il s'agit d'utiliser plusieurs sources indépendantes, il est nécessaire d'avoir recours à plusieurs pompes placées chacune sur son chantier. Pour parer à cette difficulté, le même constructeur a établi une pompe similaire avec palier établi sur roulettes (fig. 118), de façon à pouvoir la diriger sur tous les points où sa présence peut être nécessaire; cette disposition comprend des crochets d'attelage. Les roues dispensent d'avoir un châssis en bois pour établir la pompe;

Fig. 118.
Pompe montée sur roues.

il suffit donc qu'elles soient enterrées suffisamment dans le sol pour que la pompe ait toute l'assiette désirable.

Ces pompes centrifuges, par leur simplicité et en raison de leur mobilité peuvent donc très facilement circuler. Cependant, si on veut aller rapidement sur les lieux d'action, il est plus avantageux de les transporter sur un traineau agencé de roues plus grandes.

Les pompes à double palier ou montées sur roues sont construites en vue de leur emploi dans les eaux assez claires. Mais comme les eaux des rivières, par exemple, ne sont pas toujours limpides, le même constructeur a perfectionné ce système, en introduisant quelques modifications heureuses de façon à pouvoir s'en servir avantageusement dans les eaux bourbeuses (fig. 119)

Fig. 119.

Pompe centrifuge, système Dumont, pour enlever les eaux bourbeuses.

Cet appareil, destiné à enlever les eaux bourbeuses, est construit de façon à prévenir les engorgements ; l'aspiration a lieu sur une seule face du corps de pompe. La turbine est construite de telle sorte que rien ne peut y rester engagé et qu'il n'y ait aucune poussée dans le sens de l'axe.

On sait que les eaux bourbeuses sont les préférées pour les irrigations, voire même pour la submersion, car les matières organiques contenues dans ces eaux forment des éléments de fertilité d'une importance considérable.

Chaque pompe possède une crépine (fig. 120) pour empêcher les grosses impuretés de pénétrer dans la pompe, et, pour assurer la continuité de l'ascension des eaux dans le tuyau d'aspiration, on a ajusté un clapet de retenue qui évite ainsi l'amorcement de la pompe chaque fois qu'elle va fonctionner ; en outre, ce genre de crépine permet de puiser jusqu'aux dernières traces de liquide.

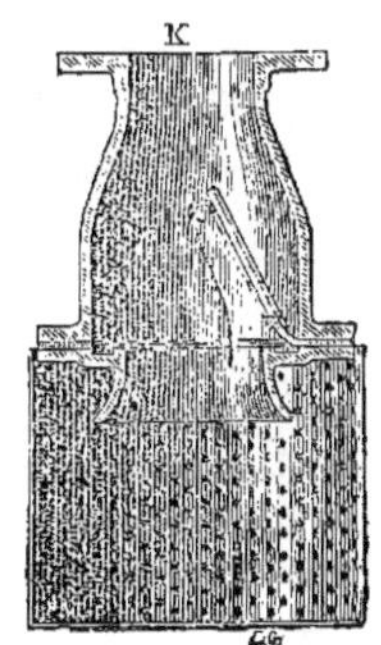

Fig. 120.

Crépine à clapet de retenue.

Les tuyaux de jonction, dans les courbes pour l'aspiration sont en spirales métalliques doublés de toiles et caoutchouc, de façon à se plier à tous les usages des courbes (fig. 121).

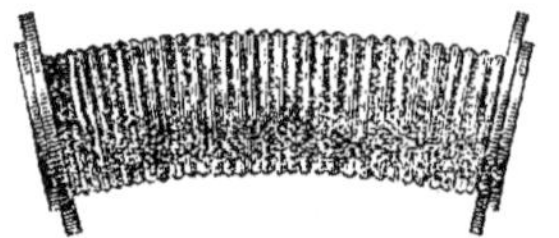

Fig. 121. — Tuyau flexible en caoutchouc et spirale métallique.

Ces mêmes tuyaux peuvent également servir pour les conduites de propulsions; avec leur aide, il n'y a pas besoin de raccords.

Description de la pompe centrifuge de M. Dumont.

§ 1. — Cette pompe centrifuge est représentée avec tous ses détails d'exécution par les trois figures suivantes :

La fig. 122 est une coupe longitudinale suivant un plan vertical passant par l'axe de la pompe.

La fig. 123 est une vue de face, en supposant enlevée l'une des moitiés du corps de pompe, et l'une des joues de la turbine.

La fig. 124 est une coupe suivant une ligne brisée, passant par l'axe de la pompe et celui de la tubulure d'aspiration, et montrant l'arrivée de l'eau dans la pompe.

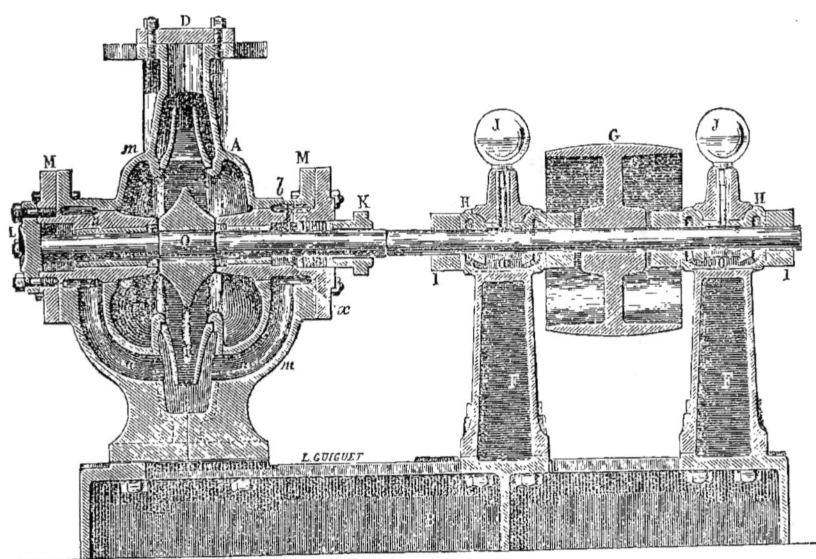

Fig. 122.

A est le corps de pompe. Il est composé de deux coquilles mm, réunies par des boulons, et renfermant une roue à aubes ou turbine B formée de deux joues latérales réunies par des aubes fig. 123, dont quelques-unes sont prolongées jusqu'au moyeu calé sur un axe Q qui traverse un presse étoupe K ; cet axe est muni à son extrémité d'une poulie G ; par laquelle il reçoit son mouvement d'un moteur quelconque, au moyen d'une courroie. C est le tuyau d'aspiration, qui se bifurque de part et d'autre du corps de pompe en deux conduits dd, fig. 124, aboutissant en formant la spirale. aux ouvertures centrales qui correspondent à celles de la turbine B. D est le tuyau de refoulement.

A l'intérieur de la pompe l'arbre est supporté par des douilles en métal spécial coulé dans les pièces M assemblées sur les côtés du corps de pompe, en laissant un espace annulaire h dans lequel circule de l'eau empruntée au corps de pompe, et amenée par les conduits m, fig. 122. Cette circulation d'eau empêche les frottements de s'échauffer.

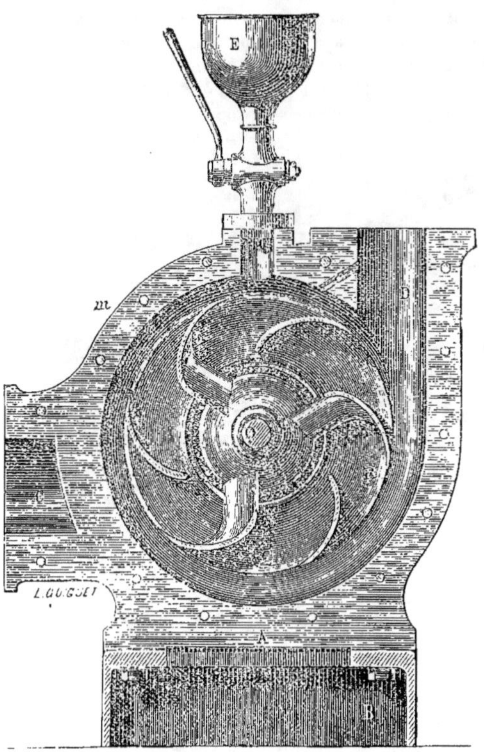

Fig. 123.

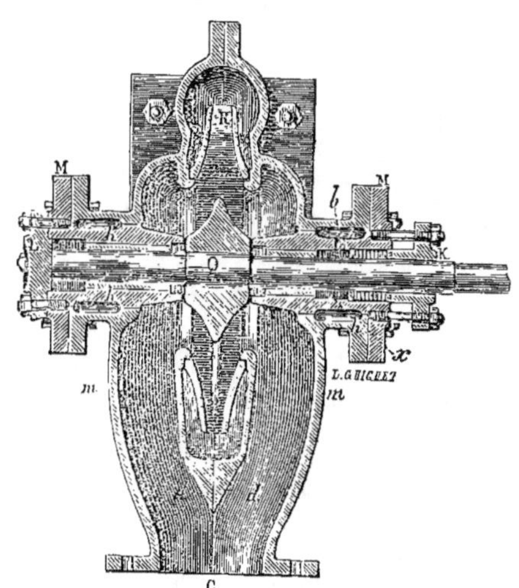

Fig. 124.

Du côté du presse-étoupe K, l'arbre traverse une chambre hydraulique placée entre la douille fixe et la bague qui arrête la garniture du presse-étoupe. Un ou plusieurs petits trous b mettent en communication cette chambre avec l'espace annulaire h rempli d'eau, la chambre hydraulique a pour objet d'empêcher les rentrées d'air par le presse-étoupe sous l'influence de la succion qui se produit au centre de la pompe.

Au-delà du presse-étoupe l'arbre repose sur des coussinets H dont la partie inférieure forme réservoir d'huile. Ces coussinets sont ajustés dans les paliers F, assemblés, de même que le corps de pompe, sur le bâti B.

Des bagues I placées de chaque côté des coussinets H empêchent tout mouvement de l'arbre dans le sens longitudinal. Des graisseurs J alimentent les coussinets d'huile régulièrement, pendant un certain temps, sans qu'on ait à s'en occuper.

Un robinet avec entonnoir E fig. 123 placé au sommet du corps de pompe permet de la remplir d'eau ainsi que toute la conduite d'aspiration — c'est ce qu'on appelle amorcer la pompe. En outre on peut y fixer un éjecteur pour amorcer à la vapeur.

Le petit conduit c a pour objet de laisser évacuer les quelques bulles d'air entraînées partiellement par l'eau, qui pourraient s'accumuler au sommet du corps de pompe.

Fonctionnement.

§ 2. — Si l'on suppose la pompe pleine d'eau et un mouvement de rotation communiqué à l'axe, l'eau qui se trouve dans la roue à aubes ʀ est entraînée dans le mouvement de rotation. — La force centrifuge développe dans cette masse d'eau une pression qui s'exerce du centre à la circonférence; lorsque cette pression est devenue suffisante, l'eau s'échappe par toute la circonférence de la roue à aubes. La dépression qui se produit au centre de la roue, y fait affluer celle que renferment les deux conduits *dd* qui se réunis-

Fig. 125.

sent en c au tuyau d'aspiration fig. 124. — L'eau qui s'échappe par la circonférence de la roue à aubes afflue dans le corps de pompe et s'écoule par le tuyau de refoulement ʀ. La rotation continuant, le mouvement du liquide s'établit ainsi d'une manière constante et uniforme.

C'est la continuité et la régularité du courant d'eau dans la pompe centrifuge, qui explique comment elle peut, sous un petit volume, donner des quantités considérables.

En effet, tandis que dans les pompes à mouvement alternatif l'eau ne peut guère, sans qu'il en résulte des chocs violents ou même des ruptures, avoir une vitesse supérieure à 0^m50 par seconde dans les divers passages, cette vitesse atteint facilement 3 mètres par seconde dans nos pompes et pourrait être encore bien plus grande, si l'on n'avait pas à tenir compte des résistances dues au frottement et aux changements de direction ; on peut donc obtenir le même volume d'eau avec des sections bien moindres.

La régularité du courant a aussi pour effet de supprimer les chocs, trépidations, ébranlements dus aux mouvements alternatifs, et de rendre complètement inutiles tous réservoirs d'air, sur les conduites d'aspiration ou de refoulement.

Pour assurer les bonnes conditions de conduite des eaux, il est indispensable de construire sur la source un ouvrage en maçonnerie afin que le mouvement de la pompe n'ébranle pas son assise, et qu'il y ait par conséquent toute sécurité pour le fonctionnement de l'appareil

La figure 125 représente une pompe Dumont puisant un gros volume d'eau en la déversant dans un aqueduc. Le moteur est abrité sous un hangar pour éviter toute détérioration produite par les intempéries.

Ces genres d'application sont nombreux, celui-ci est fait en raison de ce que le niveau à irriguer ou submerger est plus élevé que le terrain où reposent les ouvrages en maçonnerie, ce qui, dans ce cas, a nécessité la construction d'un aqueduc allant jusqu'à l'arrivée des eaux au niveau du sol.

L'application de ces pompes est à l'infini. Ainsi par exemple : étant donné une source placée entre deux collines et voulant, soit arroser, soit submerger, deux autres surfaces à de grandes distances de là, il suffira d'installer une pompe (fig. 126) sur la source et d'organiser des tuyaux de conduite parcourant les parties élevées des collines et les faire descendre ensuite sur les lieux d'opération.

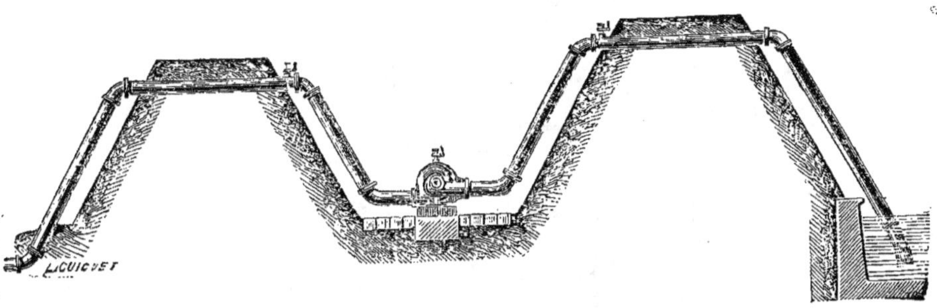

Fig. 126. — Pompe aspirant par syphonnement.

Comme il a été expliqué à la description de la crépine à soupape, lorsque la machine arrête de fonctionner, l'eau reste suspendue dans les conduites d'ascension et de descente. Mais si, par hasard, l'eau venait à s'écouler après un long séjour de repos, il suffirait d'introduire de l'eau dans ces conduites par les entonnoirs placés à leur sommet, comme l'indique le dessin.

Mais, lorsque la hauteur à gravir est très haute, il faut alors avoir recours à une pompe conjuguée (fig. 127).

Les pompes conjuguées peuvent affecter d'autres formes, selon les besoins ; ainsi, par exemple, on peut construire des pompes conjuguées à deux turbines au même niveau sur le même palier comme l'indique la figure 128.

Le constructeur dont nous nous entretenons ici au point de vue des irrigations et de la submersion, ne se borne pas seulement à construire des pompes conjuguées qui propulsent l'eau à vingt ou vingt-cinq mètres de hauteur, mais encore beaucoup plus haut.

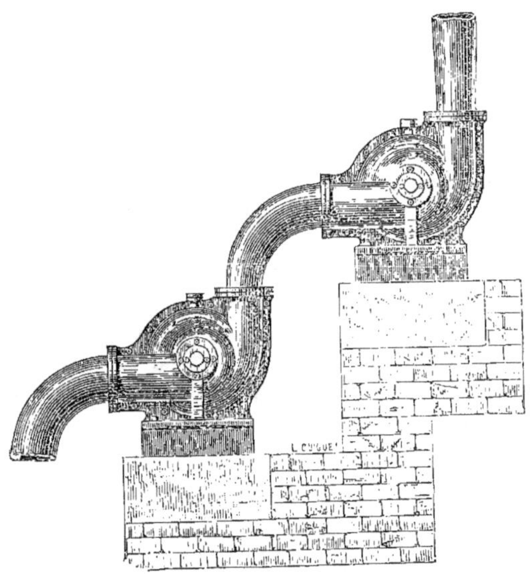

Fig. 122. — Pompe conjuguée, système Dumont.

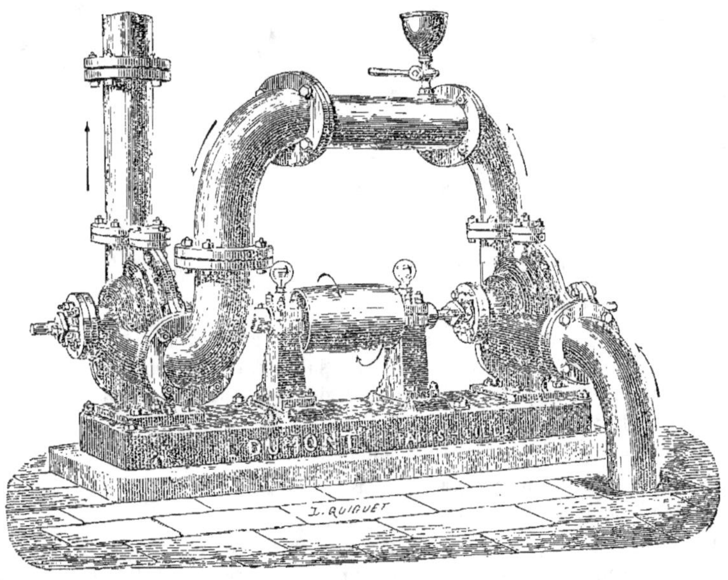

Fig. 123. — Pompe conjuguée sur le même palier.

L'an dernier, M. Dumont a construit pour la ville de Genève, une pompe conjuguée (fig. 129) à quatre turbines qui propulse l'eau jusqu'à cinquante mètres de hauteur.

L'installation pratique de la submersion lorsqu'on est placé près d'un cours d'eau est des plus simples. Voyez la figure 130, elle représente la submersion d'un vignoble exécutée à l'aide d'une locomobile abritée et agissant avec sa force motrice sur une pompe à double palier. Quelques pieux ou poteaux ont suffi pour l'établissement de la plate-forme. La conduite d'aspiration est établie sur pilotis, au-dessus d'une berge vaseuse et inabordable, en raison de sa faible pente et de sa longueur qui a quelquefois vingt-cinq à trente mètres.

ROUE HYDRAULIQUE

On peut encore utiliser une chute d'eau comme force motrice en remplacement de la vapeur, en y adaptant une roue soit de côté, soit à augets.

Lors de faibles chutes, on adapte une roue de côte qui peut même fonctionner avec une chute de cinquante centimètres.

Ainsi que nous le disions dans les quelques lignes d'introduction de ce paragraphe, les chutes d'eau sont assez rares en Algérie, et celles utilisées aujourd'hui comme force motrice, sont prises en des endroits accidentés où la vigne n'a guère fait son apparition. — Ce n'est donc que pour mémoire et pour être plus complet, que nous parlons de cette quantité motrice qui est cependant loin d'être négligeable.

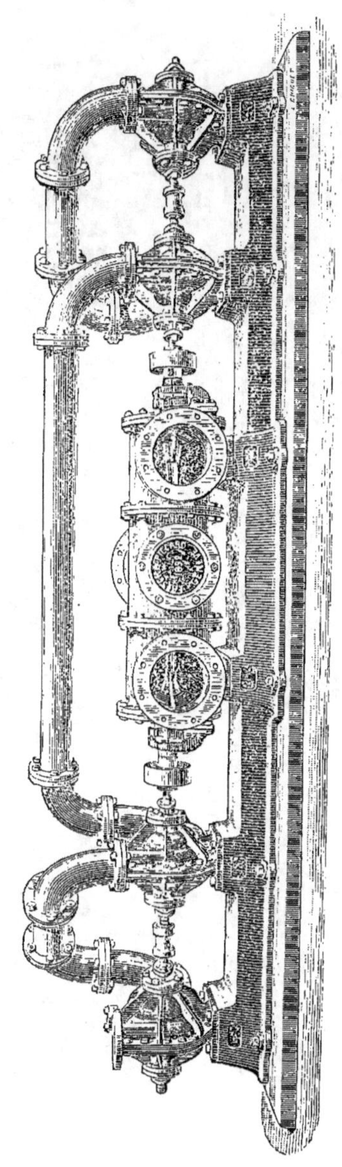

Fig. 129. — Pompe conjuguée sur le même palier, à quatre turbines.

Fig. 13). — Submersion d'un vignoble par la pompe Dumont.

TRACÉ DES PLANCHES DE SUBMERSION

Le premier point pour assurer le succès de la submersion, c'est de pouvoir conserver les eaux sur le sol en couche épaisse et régulière, assez longtemps pour obtenir la submersion prolongée qui seule parvient à détruire le phylloxera.

Pour maintenir les eaux à la surface sans déperdition, il est nécessaire de procéder comme l'on fait dans les marais salants : il faut diviser tout d'abord le terrain en une série de bassins ou planches, dont les contours sont garnis de bourrelets saillants en terre construits sur place, au moment même des nivellements et avec les déblais produits.

Les planches doivent être, autant que possible, établies en carré, car c'est cette figure qui représente la plus grande surface utilisée par rapport à son périmètre, et qui demande par conséquent le moins de développement du bourrelet.

Les planches en rectangle sont moins économiques, mais souvent on est obligé de les pratiquer sur le périmètre extrême du vignoble.

En général, plus une planche est grande, moins les dépenses en travaux sont fortes. L'étendue des planches présente un autre avantage; elle diminue les points d'inertie. En effet, sous les bourrelets, les insectes sont plus à l'abri des eaux, et il n'est pas rare d'y voir des souches souffrir de l'infection, tandis qu'à côté, où l'action des eaux s'est produite sans obstacle, la végétation reprend sa vigueur habituelle.

Sous le bénéfice de ces observations, les dimensions à donner aux planches sont subordonnées à la pente du terrain; car plus la pente est sensible, plus il faut de planches.

Dans la pratique, les planches varient de quelques ares à une étendue de plusieurs hectares.

Les dispositions à prendre pour l'organisation sur planches comprennent :

1° Le nivellement du sol;

2° La division des planches;

3° L'établissement des bourrelets ;

4° Le canal d'adduction et de distribution des eaux alimentant chaque planche;

5° Le canal de décharge des eaux submergeant les planches ;

6° Les vannes de prise sur le canal de distribution;

7° Les vannes de décharge sur le canal de décharge.

Les eaux doivent arriver d'abord par le canal d'adduction; puis suivre le canal de distribution et alimenter les planches au fur et à mesure qu'elles se vident, car les planches doivent être entretenues toujours au même niveau.

Les eaux doivent s'écouler aussi rapidement que possible Un séjour trop long déterminerait plusieurs maladies, telles que le Pourridié, l'Anthracnose et le Black-Rot; en outre de ces affections, les labours seraient retardés au-delà de l'époque voulue.

Les bourrelets seront construits en prisme à section trapézoïdale, les côtés de droite et de gauche du trapèze étant inclinés à 45°, cette disposition permet de passer sur le bourrelet.

La largeur de la petite base dépend de la poussée à subir, c'est-à-dire de l'épaisseur de la nappe d'eau que le bourrelet a mission de retenir. Cette largeur varie entre 0^m50 pour des hauteurs de 0^m50 à 0^m60, et 1 mètre pour celle de 0^m60 à 1 mètre. Si les planches sont grandes, c'est-à-dire de plusieurs hectares, on peut y pratiquer de petites routes de 3 à 4 mètres de largeur pour y passer les voitures.

En prévision de l'invasion phylloxérique dans une contrée, il est prudent de pratiquer les planches à l'avance et de planter des cépages résistant à la submersion. Pour défendre les bourrelets contre l'érosion des eaux lorsqu'elles sont agitées par le vent, on recommande de les engazonner avec le trèfle rampant (T. Repens). Cette légumineuse semble réunir toutes les qualités désirables pour cet emploi, car ses racines forment un feutrage assez épais pour maintenir les terrassements dans leur fonction.

On recommande aussi de matelasser les berges avec des fagots de sarments afin de les consolider.

ÉPOQUE DE LA SUBMERSION

M. Faucon a observé que le moment le plus propice à la destruction du phylloxera par l'eau correspond à l'époque de sa vie la plus active, du 15 avril au 15 octobre en France. Nous sommes d'avis qu'en Algérie il faut procéder un mois plus tôt. Pendant l'hiver, l'insecte étant engourdi, il est beaucoup plus rebelle à l'action de l'eau, c'est en été par conséquent que le traitement serait le plus efficace. Malheureusement, on ne peut le faire dans le plein de la végétation, car alors la vigne périrait infailliblement après quelques années et d'autre part les travaux nécessaires ne pourraient s'y pratiquer. Aussitôt les sarments aoûtés, on peut procéder aux opérations de la submersion. Toutefois, il est encore plus sage d'attendre quelques jours après l'aoûtement complet pour éviter tout accident sur les cépages encore en sève.

DURÉE DE LA SUBMERSION

Nous avons posé en principe que la submersion, pour être efficace, doit être longue. Cependant la durée doit varier suivant la nature du sol et l'état climatérique de la saison.

On peut prendre pour base une durée de quarante à soixante jours, si la saison est chaude.

La nature du sol joue aussi un rôle important dans la durée de l'opération.

Ainsi que nous l'avons indiqué déjà, les terres argilo-calcaires un peu lourdes n'exigent pas un séjour d'eau aussi prolongé que celles à nature perméable, parce qu'elles sont plus promptement débarrassées d'air et que, par suite, l'insecte y meurt plus tôt.

Rappelons que, en tout état de cause, il vaut mieux laisser séjourner les eaux un peu plus longtemps dans les planches que de s'exposer à ce que la destruction de l'insecte demeure incomplète. Pour la même raison la nappe d'eau doit couvrir le terrain d'au moins 0ᵐ20 à 0ᵐ25 centimètres d'épaisseur et d'une manière continue pendant toute l'opération, car s'il y avait interruption, l'air pénétrerait dans le sol et l'insecte survivrait.

La submersion étant annuelle, on peut procéder à cette opération dès la première année si le terrain a déjà été envahi par le phylloxera.

Les plantations doivent être assez éloignées des bourrelets pour que les racines traçantes n'atteignent pas la partie inférieure qui pourrait servir d'abri aux insectes, comme nous l'avons déjà dit.

On estime que les vignes submergées demandent une taille tardive, qui diminue pour elles les chances de destruction par les gelées blanches. Il est bon de procéder à un rabattage des sarments non fructifères avant la taille définitive.

<hr>

ENTRETIEN DE LA VIGNE SUBMERSIBLE
PAR LES ENGRAIS

On attribue à la submersion l'inconvénient d'épuiser le sol en lui retirant les principes fertilisants qu'il renferme. Nous partageons entièrement cette opinion en ce qui concerne les terres perméables non entretenues. Quant à celles qui sont à base d'argile et d'alluvions modernes, elles se fatiguent moins, mais en réalité elles s'appauvrissent néanmoins; si on ne les entretient pas par de bonnes fumures, elles s'épuisent.

M. Faucon nous donne la formule suivante des engrais qu'il applique avec succès sur les terrains soumis à la submersion :

       Tourteau de colza...........·.................... 90
       Sulfate de potasse épuré, de Stausfurt, à 38 0/0
          de potasse 10

Ces matières sont mélangées et appliquées à la dose de 250 grammes par pied de vigne.

Il est parfaitement établi que les labours doivent être répétés comme partout ailleurs. On recommande de soufrer à plusieurs reprises, afin de combattre la coulure, l'oïdium et l'anthracnose.

Ces affections sont fréquentes dans les lieux naturellement humides. Elles sont par suite à craindre dans les vignes qui ont été submergées.

<hr>

CÉPAGES RÉSISTANT A LA SUBMERSION

En Algérie, les viticulteurs ont déjà été assez heureux pour utiliser des plants indigènes et augmenter ainsi la nomenclature des cépages jusqu'à présent connus (comme on l'a vu plus haut à l'ampélographie). Nous avons tout lieu de croire que certains de ces cépages autochtones résisteraient d'une manière passable à la submersion. Ce qui nous le fait penser, c'est l'analogie qui existe entre ces cépages d'Afrique et certains plants de Grèce.

En Grèce, en effet, on irrigue depuis un temps immémorial les vignes, sans que leur pied, constamment maintenu dans l'humidité, s'altère sous l'influence de cette hydratation excessive.

Puisque, d'après les auteurs, il n'existe actuellement qu'un très petit nombre de plants qui résistent sûrement à la submersion, nous ne doutons pas que les cépages autochtones d'Algérie ne viennent plus tard accroître les moyens de défense du vignoble français en raison de leur force de résistance.

Les expériences à faire à cet égard offrent d'autant plus d'intérêt qu'il est démontré aujourd'hui : 1° que la submersion entraîne l'anthracnose, presque fatalement, quand elle est appliquée à la Clairette et à la Carignane, que leur nature prédispose déjà à cette maladie ; 2° que le Mourvèdre, quand il a subi la submersion plusieurs années de suite, meurt inévitablement ; et 3° enfin que les cépages, même les plus connus pour leur faculté de résistance, tels que l'Aramon, le Petit-Bouschet, la Syrah, les Cabernet, le Malbec et les Chasselas, sont loin des garanties de sécurité absolues.

Prix de revient afférent à chaque modèle employé

En résumé, voici les résultats obtenus comparativement comme prix de revient, de la dépense occasionnée par chaque mode employé dans la pratique :

MODE DE SUBMERSION	VOLUME d'eau produit à 6 mètres de profondeur	DÉPENSES
	Litres	
Noria à tampons mue par vapeur.....	10.000	4 fr. 25
Noria à godets mue par vapeur	—	4 fr. 00
Locomobile et pompe..........	—	3 fr. 75
Machine fixe et pompe...............	—	3 fr. 50
Turbine ou roue hydraulique...	..	3 fr. 00

TRAITEMENT DES ŒUFS D'HIVER

(méthode aérienne)

SOMMAIRE :

Traitement aérien préventif des vignes européennes.

TRAITEMENT AÉRIEN PRÉVENTIF

des vignes européennes

Par suite des essaimages des phylloxeras, agames ailés provenant de terre, ces nymphes pondent de trois à six œufs chacune sur les feuilles de vignes où elles se sont déposées; il s'y forme par conséquent des galles.

Comme on le voit, ce sont les insectes agames qui sont à craindre pour la propagation des essaimages.

Nous croyons que le meilleur remède pour paralyser le passage des insectes agames sur la souche, consiste à l'enduire d'une substance plus active que celle employée par M. Balbiani. Nous proposons en conséquence la méthode suivante :

1° Débarrasser l'écorce de la souche en la râclant avec un gant métallique comme celui que nous employons pour nettoyer également les ceps, dans le cas de traitement de l'oïdium, anthracnose et peronospora ;

2° Enduire le corps du cep avec une composition antiseptique et brûlante à la fois, quelques jours avant le débourrement; cette composition est celle désignée sous la formule n° 1 modifiée;

3° Pulvériser sur les feuilles et les sarments de la composition n° 3 modifiée en y ajoutant un demi-litre d'acide sulfurique. Ce second traitement doit se faire aussitôt que la vendange est terminée. Il ne faut pas craindre de bien mouiller les feuilles et les sarments afin que le liquide détruise ces galles.

Nous avons la conviction que, par l'emploi de ce procédé, on retardera beaucoup les essaimages et si, d'autre part, on traite vigoureusement par le sulfure de carbone les foyers infestés, on arrivera à conjurer ce terrible fléau.

M. Balbiani a fait l'essai d'une composition spéciale pour obtenir le même effet dont nous donnons ci-dessous la formule :

Huile lourde de houille	20	parties.
Naphtaline brute	60	—
Chaux vive	120	—
Eau	40	—

On mélange l'huile lourde avec la naphtaline concassée que l'on met dans un baquet.

D'autre part, on met dans une futaille assez grande pour contenir l'eau, la chaux en morceaux, puis on l'arrose peu à peu avec un peu d'eau pour la faire fuser en bouillie épaisse. Lorsque cette bouillie est arrivée à sa plus grande chaleur, on y verse l'huile lourde mélangée ; on remue le tout pendant un quart d'heure, et on constate alors que la dissolution s'est faite.

C'est avec cette bouillie que l'on badigeonne les souches décortiquées.

La dépense est assez grande pour badigeonner par ce procédé.

	Goudron de gaz....................	10 kilos.
FORMULE N° 1	Acide sulfurique..................	4 litres.
modifiée.	Sulfate de cuivre..................	2 kilos.
	Eau	84 litres.
		100

On opère ce mélange en dissolvant le sulfate de cuivre dans l'eau à laquelle on ajoute l'acide sulfurique, on agite cette composition avec un bâton jusqu'à complète dissolution du sulfate de cuivre.

D'autre part, on ajoute au goudron peu à peu de l'eau sulfatée, en agitant le mélange de façon à combiner tous ces éléments en une seule substance liquide.

Ce liquide sera pulvérisé sur les souches préalablement taillées et écrasées, à l'aide d'un pulvérisateur Vermorel.

Les œufs d'hiver déposés sur les souches seront tous détruits par ce badigeonnage.

PLANTE ANTI-PHYLLOXERIQUE

Jusqu'à présent, on avait pensé qu'un jour ou l'autre, on découvrirait une plante que'conque qui tuerait ou chasserait définitivement le terrible insecte.

Ces vœux semblent se réaliser maintenant par la découverte d'une nouvelle plante qui agirait dans le sens désiré.

M. Ch. Naudin, membre de l'Académie des sciences (section de Botanique), vient de nous apprendre que l'on peut conjurer le phylloxera, en mettant en culture dans les vignes le sumac *(Rhus Coriaria)*, plante dont les sucs, entraînés dans le sol par l'eau des pluies, empoisonnent le cruel ennemi.

Cette plante providentielle, dont la culture vient de donner de si beaux résultats, a ressuscité des vignobles ruinés, abandonnés par leur propriétaire.

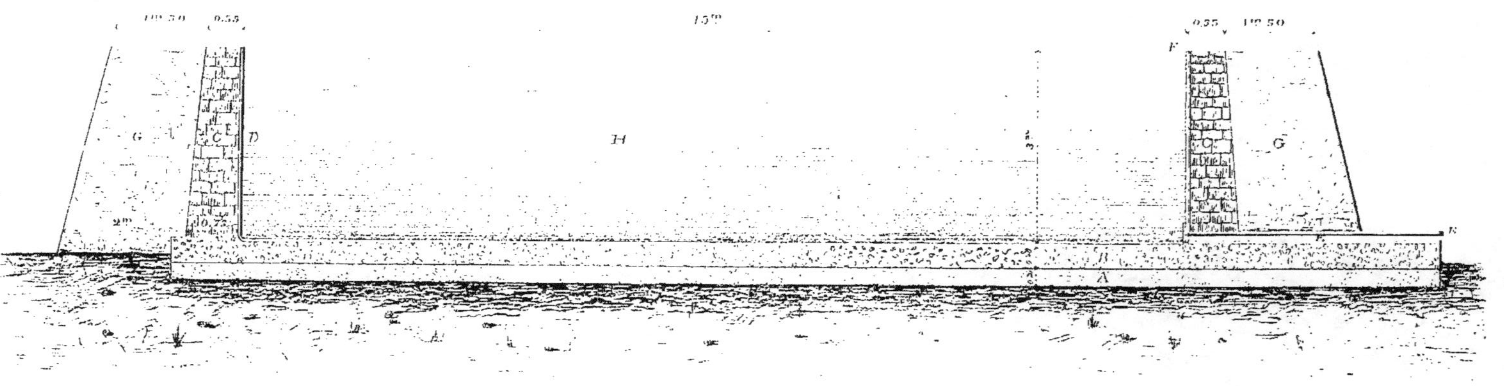

Coupe horizontale en élévation
15ᵐ
1ᵐ50   0.55
0.35   1ᵐ50
G
C E
D
H
F
C
G
BASSIN Réservoir d'eau, Système LEROUX

RÉSISTANCE DES CÉPAGES AMÉRICAINS

La question des cépages américains est plus que jamais à l'ordre du jour.

Nous ne lui attribuons pas, en Afrique surtout, l'importance d'une question de vie ou de mort pour nos vignes.

Toutefois, il nous semble indispensable que nos viticulteurs soient renseignés, en tout état de cause. C'est surtout en matière de viticulture qu'on peut répéter le vieil adage : *un homme averti en vaut deux.*

Constatons avant tout, que la réputation des cépages américains a passé, en France, par des alternatives étonnantes.

« Après avoir déclaré, dit M. Comtesse, que la vigne américaine était la cause du mal et devait être frappée d'interdit, on a simultanément proclamé que c'était elle qui devait fournir le remède et qu'il fallait lui ouvrir le territoire français, *et on a ainsi contribué à l'essor rapide de la maladie qui a marché depuis à pas de géants* » (1).

Ces paroles sévères viennent d'un pays qui a su se défendre efficacement contre le phylloxera. M. Comtesse les écrivait en 1879, au nom d'une de ces commissions administratives de Suisse, dont nous avons eu l'occasion d'exposer plus haut l'admirable organisation et les services (voir Phylloxera, p. 565).

Quelle conclusion nos viticulteurs doivent-ils en tirer ? C'est qu'il ne faut pas imiter en Algérie cet entraînement d'un extrême à l'autre, auquel les cépages américains ont donné lieu en France. Pas d'engouement, pas de parti pris, pas de dénigrement systématique. Sachons profiter des expériences faites et des leçons subies.

La résistance des cépages américains a été signalée en 1869 au congrès de Beaune. C'est M. Gaston Bazille, président de la Société d'Agriculture de l'Hérault, qui a le premier reconnu et démontré par la pratique leurs propriétés isolantes et leur vitalité exceptionnelle.

Citons l'expérience décisive, faite en 1872, par M. Aguillon, à Chibron, dans le Var. Les vignes de M. Aguillon ayant été entièrement détruites par le phylloxera, ce courageux viticulteur conçut et exécuta le projet hardi d'essayer sur une vaste échelle, le plus grand nombre possible de variétés diverses, dans

---

(1) Rapport de la Commission administrative de Neufchâtel.

l'espoir qu'il s'en rencontrerait de suffisamment résistantes pour supporter le phylloxera.

« Il prépara dans un vaste champ d'expérience d'une contenance de plusieurs hectares, et il y planta plus de 150,000 boutures appartenant à 840 espèces diverses.

» La reprise de ces boutures fut normale, mais dès l'année suivante, les plants européens d'une part et les américains de l'autre se comportèrent d'une façon absolument différente. Les européens déclinèrent rapidement, et, tous, à des intervalles plus ou moins long, vinrent à périr. Les américains au contraire résistèrent au mal. M. Aguillon nota parmi les variétés les plus solides, le Yorck, le Madeira, le Jaquez, le Cuningham, l'Herbemont, le Taylor. C'est aujourd'hui encore à ces variétés que l'on attribue les facultés de résistance les plus énergiques. »

Il faut signaler encore, parmi les travaux de démonstration pratique auxquels les cépages américains ont donné lieu, les expériences poursuivies depuis nombre d'années par la commission départementale de l'Hérault, au domaine phylloxeré du Mas de las Sorrès, sous l'habile direction de M. Marès. « Ces magnifiques expériences, disent MM. Portes et Ruyssen, ont permi d'établir nettement la catégorie des cépages américains en *absolument* et en *relativement* résistants. »

Mentionnons enfin dans le même ordre d'idées, les travaux de l'école de Montpellier. On sait que cette école, dirigée par un des viticulteurs les plus éminents de notre époque, M. Fœx, possède une collection de cépages exotiques qui est sans rivale au monde. C'est à son initiative qu'est due l'organisation de *stations d'essais*, placées dans des conditions variées de climat et de sol, à Toulon, Arles, Avignon, Bordeaux, Cognac, etc.

Après des investigations aussi savamment conduites et aussi persévérantes, il ne pouvait rester de doute sur la faculté de résistance des cépages américains aux atteintes phylloxeriques.

M. Ulysse Coste et d'autres savants spécialistes ont établi que les cépages en question doivent cette propriété à la constitution spéciale de leurs racines. Le *liber* de cette racine est en effet d'une dureté telle que les suçoirs du phylloxera ne peuvent y pénétrer.

Voici comment s'exprime à cet égard M. Fœx, dont nous avons déjà signalé la haute compétence. Il s'agit de l'Aramon :

« Les tissus des racines de l'Aramon sont très écartées et les cloisons en sont plus fines, de nature molle, elles sont donc faciles à la pénétration du suçoir des insectes. Les racines des cépages américains sont au contraire formées de tissus très serrés dont le liber se laisse percer difficilement par l'insecte. »

La résistance des cépages américains, aujourd'hui démontrée, est donc entièrement due à la conformation serrée, ferme et résistante de ses tissus intérieurs.

Se basant sur l'opinion du maître en viticulture — après des expériences isolées qui confirmèrent cette opinion, un viticulteur algérien, M. d'Aurelles de Palladine a entrepris un essai de plantation à l'*aide de graines* et les résultats obtenus sont assez satisfaisants.

Comme nous venons de le dire, ne pouvant se procurer des plants américains sans avoir recours à l'introduction des sarments (introduction prohibée par un arrêté du gouvernement général), il fit semer dans son vignoble de Boufarik, une série de pépins de vignes américaines, provenant de variétés les plus appréciées en France.

Après huit années d'expérimentation persévérante, M. d'Aurelles de Palladine découvrit dans les semis plusieurs variétés nouvelles de vignes, notamment une dont il obtint de bons résultats. Cette variété il la désigne sous le nom de Jaquez n° 1.

Dès lors, ce délicat problème, qui consiste à faire entrer des plants américains dans la composition de nos vignes en dehors de toute introduction de sarments, pourrait être à peu près résolu.

Mais le gouvernement n'a pu encore se déterminer à revenir sur les mesures prises, soit pour les abroger purement et simplement, soit pour les modifier.

Nous avons trop conscience de la responsabilité qui s'impose à nos gouvernants algériens pour blâmer leur circonspection.

Dans tous les cas, les expériences de M. d'Aurelles de Paladine auront été infiniment utiles. Puisse leur application sur une grande échelle ne pas devenir nécessaire !

ÉCHELLES DE RÉSISTANCE

MM. Viaia Pierre et Ravaz L. (1) ont entrepris d'établir une échelle représentant la résistance de chaque cépage au phylloxera, de façon à permettre aux viticulteurs qui désirent créer un vignoble en cépages américains, de s'assurer de la valeur de chaque espèce.

Ils ont pris comme unité de base 0, pour les cépages mourant très rapidement et jusqu'à 20.00 pour cent d'une très grande résistance.

V. *Rotundifolia*	20.00	Rupestris Ganzin		19.50
V. *Labrusca* (forme sauvage)	5.00	id. Martin		19.50
Concord	3.00	id. à pousses violacées		19.00
Isabelle	5.00	id. à feuilles métalliques		19.50
Ives Seedling	4.00	id. Ecole		18.50
V. *Californica*	4.00	id. de Fortworth		19.50
V. *Candicans* (Mustang)	13.00	id. du Kansas (Jæger)		19.00
V. *Lincecumii*	14.00	id. n° 62		18.50
V. *Æstivalis* (forme sauvage)	16.00	id. Arkansas		19.00
V. *Berlandieri*.		id. de Cleburne		19.00
Berlandieri Millardes	18.00	id. n° 66		19.00
id. Planchon	19.00	id. du Texas		19.00
id. Viala	19.00	id. n° 64		19.00
id. de Grasset	19.00	id. 0 (Couderc)		19.00
id. Ecole	19.00	id. n° 66		18.50
V. *Cordifolia*	19.50	id. Y		19.00
V. *Cinerea*	14.00	V. *Mondicola*		19.50
V. *Rupestris*.		V. *Arizonica*		18.00
Rupestris Mission	19.50	V. *Riparia*.		
Rupestris phénomène ou du Lot		Riparia Gloire de Montpellier		19.00
(Rupestris Richter, Reich. Saint-		id. Grand glabre		19.00
Georges, Sizas)	19.50	id. Scuppernon		19.00

(1) P. Viaia et L. Ravaz, *Adaptation*, loc. cit., pp. 212 à 214.

Riparia Baron-Perrier	19.00	Solonis	15.00
id. Tomenteux géant	19 00	Solonis à feuilles lobées	14.00
id. Martineau	19.00	Hutchison	16.00
V. *Rubra*	19.50	Mobeetie	17 00
V. *Coignetiæ*	3.00	Doaniana	13.00
V. *Thumbergi*	1.00	Rupestris-Taylor	16.00
V. *Vinifera.*		Rupestris de Lezignan	19.50
Aramon	0.00	Azémar	17.00
Pineau	0.00	Berlandieri-Rupestris n° 1	12.00
Chasselas	0 00	id. n° 2	17.00
Grenache	0.00	Berlandieri-Monticola n° 1	15.00
Etraire de la Dhui	1.00	id. n° 6	15.00
Colombeau	1.00	id. n° 8	10.00
Psalmodi	1.00	Cordifolia-Rupestris de Grasset,	
Ugni blanc	1.00	n° 1	19.00
Cabernet Sauvignon, etc.	0.00	Cinerea-Rupestris (Munson)	18.00
		Trimph	4.00
HYBRIDES DIVERS		Senasqua	5.00
		Black Défiance	5.00
York Madeira	11.00	Agawam	6.00
Cymtiana	14.00	Irwing	5.00
Hermann	10.00	Black Eagle	3.00
Pauline	12.00	Eumelan	3.00
Taylor	11.00	Delaware blanc	3.00
Noah	13.00	id. gris	3.00
Elvira	8.00	Croton	3.00
Clinton	8.00	Duchess	2.00
Vialla	12.00	Beauty	3.00
Black Pearl	12.00	Alvey	7.00
Bacchus	8 00	Jaquez	13.00
Oporto	12.00	Saint Sauveur	3.00
Blue Dyer	9 00	Jaquez d'Aurelles n° 1	9.00
Uhland	9.00	Jaquez à gros grains	11.00
Marion	16 00	Herbemont	12.00
Catawba	4.00	Harwod	10.00
Diana	4.00	Herbemonts d'Aurelles	3.00
Huntingdon	10.00	Herbemont Touzan	14.00
Berlandieri-Candicans n° 1	15.00	Black July	11.00
id. id. n° 2	15.00	Blue Favorite	9.00
id. id. n° 3	15.00	Cunningham	12.00
Barnes	15.00	Rulander	2.00
Berlandieri-Bouisset	16.00	Othello	6.00
Champin-Glabre	14.00	Canada	4.00
id. Tomenteux	12.00	Brandt	4.00
Belton	16.00	Cornucopia	4.00
Candicans-Monticola, n° 32		Secretary	2.00
Ecole	17.00	Antuchon	7.00
Candicans-Riparia	15.00		

En Algérie et Tunisie, les cépages qui offrent une résistance de 8 à 9 peuvent vivre avec succès dans les sols d'alluvions qui forment la moyenne partie de la surface du nord de l'Afrique française.

RÉSISTANCE DES CÉPAGES EUROPÉENS & INDIGÈNES

dans le nord de l'Afrique

Notre expérience personnelle nous permet de faire connaître au sujet de l'invasion phylloxérique une particularité spéciale à l'Algérie, qui n'a pas encore été relevée par les auteurs, et qui est tout à l'avantage de ce pays.

En France, c'est ordinairement dès la fin de la deuxième année que suit l'invasion souterraine, et au plus tard la troisième année que se produit le dépérissement de la vigne aux alentours des points infectés, même dans les meilleures terres, où les effets destructeurs du fléau se révèlent déjà.

En Algérie, ce n'est qu'à la cinquième ou même à la sixième année que les effets funestes de sa présence se produisent.

Le viticulteur algérien, même phylloxéré, profite donc de sa vigne comme si elle était indemne pendant plusieurs années de plus qu'il ne pourrait le faire en France.

Il résulte de ce fait la preuve de ce que nous avons déjà plusieurs fois indiqué à titre d'hypothèses :

Nos cépages européens et surtout nos cépages indigènes présentent une plus grande résistance au phylloxera que ceux d'Europe.

Cette immunité relative est due à deux causes :

1° La puissance de végétation du sol d'Afrique, qui lui permet de lutter plus longtemps contre l'invasion;

2° L'effet particulier produit sur les racines des cépages quels qu'ils soient par l'acclimatation.

Dans notre sol, la contexture des fibres qui composent la racine devient analogue à celle du plant américain décrite plus haut, elle se fait plus serrée, plus homogène et cette dureté acquise assure dans une certaine mesure, et pendant un certain temps, l'impénétrabilité des tissus.

N'oublions pas que l'hiver, dans l'Afrique du Nord, dure à peine trois mois et demi. Par suite, la vigne débourre plus tôt et s'aoûte beaucoup plus tard. Nous connaissons en Kabylie deux cépages indigènes, l'Acachah et l'Aïne-el-Kelb, qui débourrent au commencement d'avril et ne perdent leurs feuilles qu'en décembre.

Voilà donc des vignes qui restent pendant neuf mois de l'année en pleine végétation, mettant à profit pour se fortifier et s'enrichir, tous les éléments de fertilisation à leur portée, l'air, la lumière, les principes du sol. Comment, la vigne, dans des conditions pareilles, ne deviendrait-elle pas exceptionnellement robuste? Les alternatives de notre température qui, sans descendre jamais très bas, présente cependant des variations notables, concourent elles-mêmes au résultat. Tous ceux, en effet, qui se sont occupés de physiologie végétale, savent qu'il n'est tel que ces écarts de la température ambiante (dans certaines limites, bien entendu) pour stimuler le mouvement de la sève, nourrir la feuille, grossir le fruit, et pour accroître en résumé, la force végétative et le ressort de la plante.

Nous ne terminerons pas ce chapitre sans mentionner un fait qui donnera à réfléchir.

Il est à notre connaissance personnelle que plusieurs pieds de vignes kabyles, envoyés d'Afrique par des viticulteurs du pays et plantés dans des vignobles de France envahis par le phlloxera, sont restés plusieurs années indemnes au milieu de la dévastation générale. — Qui sait s'il n'existe pas, en Algérie et en Tunisie, certains terrains dans lesquels nos vignes européennes, même phylloxerées, conserveraient indéfiniment leur vitalité, et jouiraient ainsi de la même immunité que les plants américains?... à condition, bien entendu que leur fertilité soit entretenue vigoureusement par des engrais azotés et potassiques.

ANGUILLULE

Avant les belles recherches de Chatin en France, de Bellati et Saccardo en Italie, de Moraës en Portugal, personne ne se doutait que les vers microscopiques intestinaux, qui causent chez le porc la terrible maladie appelée la *trichinose*, et qui sont transmissibles à l'homme, existait aussi dans certains végétaux. C'est dans ces dernières années seulement qu'on a constaté l'identité de la trichine avec l'anguillule du blé, connue depuis si longtemps sous le nom de nielle, avec le ver de la betterave, de l'oignon, etc., et enfin avec l'*anguillula radicicola* de la vigne, dont les ravages ressemblent tellement à ceux du phylloxera que les meilleurs observateurs s'y trompent encore quelquefois.

Il suffit cependant d'examiner au microscope les racines atteintes, pour que toute erreur devienne impossible.

L'anguillule de la vigne présente en effet une conformation toute différente de celle du phylloxera. Sa longueur est d'un quart de millimètre au maximum. « Le corps de l'anguillule de Greef, disent les docteurs Bellati et Saccardo (1), est cylindrique, un peu aplati aux bouts, blanc-jaunâtre marqué de fines striées transversales et il montre à une extrémité une espèce de fente qui est la bouche » (2).

On a cru distinguer aussi, sur le corps de ce parasite infiniment petit, « un stylet fin et court » ($1/102^{me}$ de millimètre) qui serait l'organe de reproduction du mâle (3).

Ce qui est malheureusement incontestable, ce sont les ravages produits par cet animalcule.

Les radicelles qui renferment les cavernes anguillifères se reconnaissent à des renflements de forme et de couleur particulières. Quand ces radicelles commencent à se putréfier, elles présentent une ressemblance extrême avec les racines phylloxerées.

Les anguillules entraînent la délacération des tissus radiculaires, et par suite peu à peu, la mort du cep (4).

---

(1) Dott. Bellati et Saccardo ; Tornate del 27 febrais 1881.
(2) Atti del instituto veneto de Sevenza, etc.
(3) Voir Torgione Tazzetti et autres.
(4) Ottavi.

Aspect de la vigne.

L'aspect général des vignes infestées par les anguillules, ressemble à celui des vignes phylloxérées ou pourridiées (fig. 131) : rameaux rabougris, feuilles petites, frisées, jaunâtres.

Le cep forme *tête de chou*, comme dans le pourridié.

Nous avons déjà dit que les cavernes ou kystes qui renferment les anguillules, se trouvent sur les racines, et surtout sur les radicelles. Elles apparaissent à l'extérieur sous forme de renflements A B de plus en plus mous, suivant que la putréfaction est plus ou moins avancée. Quand elles brunissent, ce qui, comme dans les radicelles phylloxérées, est le signe de la putréfaction à peu près complète, l'intérieur des renflements laisse voir (fig. 132, 133 et 134) les kystes ovoïdes qui donnent naissance à des myriades d'ovules.

C'est surtout en Portugal que l'*anguillula radicola* a produit les plus grands ravages. Elle sévit dans les terrains bas et humides, dans les sols granitiques, frais et fumés avec des engrais organiques.

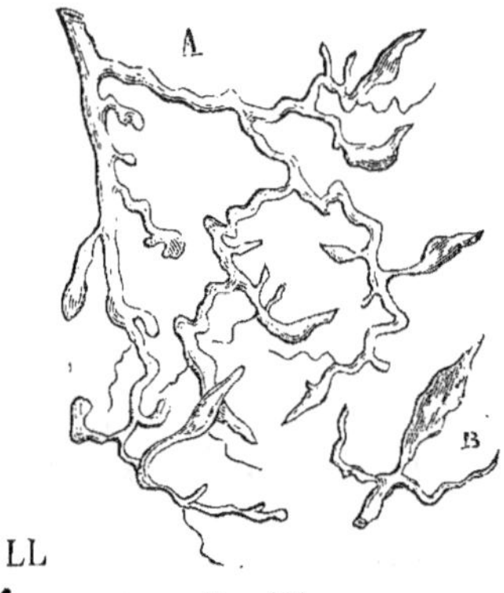

Fig. 131.

Racines avec renflements produits par l'anguillule, d'après MM. Bellati et Saccardo.

Fig. 132.

Jeune anguillule dans l'œuf.

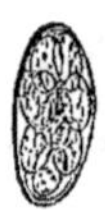

Fig. 133.

Sac renfermant des œufs.

Fig. 134.

Anguillules. d'après MM. Bellati et Saccardo, fortement grossies.

Traitement.

On a essayé, sans grands résultats, les drainages, les cendres, la chaux.

Le meilleur remède paraît être, quant à présent, la désinfection du sol au moyen du sulfure de carbone, soit injecté au pal soit au sulfure de carbone dissous dans l'eau.

TEXTE EXPLICATIF

TERMES SPÉCIAUX

des organes de la vigne

TEXTE EXPLICATIF

des termes spéciaux des organes de la vigne

Nous ne pouvons mieux faire que d'emprunter au *Vignoble* de nos grands maîtres Mas et Pulliat (1) le texte explicatif des termes spéciaux employés en matière de vignes.

« La connaissance exacte des variétés de raisins de table et de raisins à vin est du plus grand intérêt, au point de vue scientifique, et de la plus grande utilité, au point de vue de la culture. Pour arriver a distinguer sûrement les cépages les uns des autres et à les décrire, l'ampélographie ne doit négliger aucun des nombreux caractères que lui présente la feuille, le fruit et le sarment. Il doit surtout s'attacher a ceux qui sont les plus persistants, les moins variables. Cette étude nécessiterait un langage et des termes spéciaux. Nous donnons ici une explication de leur valeur. »

Les caractères les plus fixes et les plus sûrs sont :

1° L'époque de maturité ;

2 Le bourgeonnement, c'est-à-dire la pousse naissante de la vigne, depuis le moment où elle sort de son enveloppe duveteuse jusqu'au moment où elle atteint huit ou dix centimètres ;

3° La forme et les proportions de la grappe ;

4° La forme du grain ;

5° La présence ou l'absence de duvet sur la feuille.

Il est bon de signaler tous les autres caractères que présente chaque variété, mais ils n'ont ni l'importance ni la fixité de ceux que nous venons d'indiquer.

L'époque de maturité étant différente suivant la latitude, le climat, le sol et surtout suivant l'année plus ou moins chaude, l'indication de cette maturité par mois et par date nous a paru défectueuse, surtout dans un ouvrage qui traite des vignes de tous les climats et de toutes les latitudes, et qui s'adresse aux viticulteurs de tous les pays. Nous avons préféré former quatre séries de maturité ayant pour terme de comparaison, pour point de repère, une variété de vigne bien connue et cultivée partout : le Chasselas doré ou Chasselas de Fontainebleau. Mettant à part tous les raisins de maturité hâtive et les désignant

---

(1) *Le Vignoble* (ampélographie), Mas et Pulliat.

sous le nom de raisins précoces, nous plaçons à la première époque tous les raisins mûrissant, à six ou huit jours près, en même temps que le Chasselas; à la deuxième, ceux qui mûrissent douze ou quinze jours plus tard, et ainsi de suite jusqu'a la quatrième.

Les diverses nuances du bourgeonnement sont très importantes à consigner, mais assez difficiles à saisir et a étudier, parce qu'elles ne durent qu'un temps très limité. Ces jeunes pousses sont tantôt glabres ou presque glabres, c'est-a-dire nues et sans duvet, tantôt plus ou moins duveteuses, avec des nuances diverses sur la feuille naissante ou sur les sarments rudimentaires. Sur quelques variétés de vignes, le jeune raisin se trouve complétement caché sous la feuille naissante au moment où elle s'entr'ouvre; sur un grand nombre, il affleure ces mêmes feuilles; sur quelques-unes, au contraire, il les dépasse plus ou moins.

La grappe de raisin est, suivant les variétés, ou grosse, ou moyenne, ou petite; courte, ou de moyenne longeur; ailée, c'est-à-dire pourvue de petits grappi'lons à sa base, conique ou cylindrique. L'appendice par lequel le raisin est attaché au sarment se nomme pédoncule; il est long, de moyenne longueur ou court, fort, assez fort ou grêle, avec des teintes diverses.

Les grains du raisin ou baies sont dits sphériques ou globuleux lorsqu'ils sont bien arrondis, ellipsoïdes lorsqu'ils s'allongent régulièrement par leurs deux extrémités, olivoïdes lorsqu'ils sont très allongés quoique de la même forme, ovoïdes lorsqu'ils prennent la forme d'un œuf, c'est-à-dire lorsqu'ils sont plus renflés à leur point d'attache qu'à leur autre extrémité. Chaque grain est porté par une ramification ou division de ramification de la grappe que l'on nomme pédicelle; cet organe est plus ou moins fort, plus ou moins grêle et de couleur différente. Lorsque la baie mûre est détachée de son pédicelle, il reste à l'extrémité de ce dernier deux ou trois filets supports des pépins; la réunion de ces filets mêlés de pulpe se nomme pinceau et se colore en blanc, en jaune clair, en rose et en rouge plus ou moins foncé. Ce signe, assez caractéristique, mérite d'être signalé lorsqu'il est bien accusé.

Lorsque les formes de la grappe et des grains ne sont pas bien tranchées, on modifie les termes descriptifs: pour être plus exact, ainsi l'on dit d'un grain, qu'il est sphérico-ellipsoïde, lorsque, n'étant pas complétement sphérique, il se rapproche cependant plus de la forme de la sphère que de celle de l'ellipse. Si une grappe, sans être cylindrique, se rapproche plus de la forme du cylindre que de celle du cône, on la dit cylindrico-conique, et ainsi pour les autres formes.

Les feuilles de la vigne affectent presque toujours la forme en cœur; elles sont généralement plus longues que larges; beaucoup sont aussi longues que larges; quelques-unes au contraire sont plus larges que longues. Ces feuilles, à leur complet développement, sont marquées ou divisées par cinq échancrures plus ou moins profondes que l'on désigne sous le nom de sinus. Chaque division de la feuille séparée par un sinus s'appelle lobe. Les sinus sont de trois sortes: les sinus supérieurs, ordinairement les plus profonds, sont ceux qui séparent le lobe terminal opposé au pétiole des deux lobes qui sont au-dessous; les sinus secondaires sont ceux qui se trouvent au-dessous des deux premiers; enfin le sinus pétiolaire c'est l'échancrure où s'implante le pétiole, point de départ des cinq nervures qui forment les cinq lobes ou cinq divisions de la feuille.

Les deux faces de cet organe, portant le nom de pages, sont tantôt glabres, c'est-à-dire dénuées de duvet, tantôt duveteuses; les unes sont lisses, unies, plus ou moins planes, les autres sont plus ou moins tourmentées, boursouflées ou bullées. Le duvet se rencontre, sauf quelques exceptions, seulement sur la face inférieure; il offre des dispositions que l'on distingue par des termes particuliers. Lorsque ce duvet ressemble au poil doux et moelleux du drap, il est dit lanugineux; lorsque au contraire il s'étend par filaments comme les toiles d'une araignée, il devient aranéeux; et si ces filaments sont réunis par petits paquets ou flocons, on le dit floconneux; si ce duvet est formé de petits poils courts et raides, dressés et non couchés sur les nervures ou sur les parties de la feuille qui les avoisinent, on l'appelle poileux.

Le pétiole ou queue de la feuille est plus ou moins long, plus ou moins fort suivant les variétés. Lorsqu'il n'atteint que la longueur des nervures inférieures, il est dit petit; moyen, lorsqu'il est aussi long ou presque aussi long que les nervures supérieures; long ou très long, lorqu'il atteint et même dépasse la longueur de la nervure médiane.

La chute des feuilles est précoce ou tardive suivant les variétés. L'époque de cette défeuillaison ou défoliation doit être indiquée parce qu'elle est très souvent un signe très caractéristique; comme aussi la teinte que prennent les feuilles de certaines variétés à cette époque.

Le sarment est érigé, mi-érigé ou traînant par terre; fort, de moyenne force ou grêle; ses nœuds sont plus ou moins renflés ou comprimés; les entre-nœuds ou mérithalles plus ou moins allongés, suivant lss variétés. Les yeux sont simples, doubles ou triples, gros, moyens ou petits, avec des nuances de couleurs assez variées.

Les caractères du sarment ne sont pas toujours bien fixes, non plus que ceux de la forme et de la feuille. Ils n'auront donc pas dans la description la même valeur que les caractères fixes et persistants que nous avons énoncés plus haut; mais lorsqu'ils seront bien accusés. ce que nous aurons le soin d'indiquer, ils devront être pris en grande considération; dans le cas contraire, ils ne peuvent fournir que des données supplémentaires ou conditionnelles.

LOIS, DÉCRETS

ARRÊTÉS ET INSTRUCTIONS

AYANT POUR OBJET

LA PROTECTION DU VIGNOBLE ALGÉRIEN

CONTRE

LE PHYLLOXERA ET L'ALTISE

Loi du 21 Mars 1883

SUR LES MESURES A PRENDRE CONTRE L'INVASION ET LA
PROPAGATION DU PHYLLOXERA EN ALGÉRIE

Le Sénat et la Chambre des Députés ont adopté,
Le Président de la République promulgue la loi dont la teneur suit :

TITRE Ier

Dispositions générales

ARTICLE PREMIER. — Tout propriétaire, toute personne ayant à quelque titre que ce ce soit, la charge de la culture ou la garde d'une vigne, est tenu de signaler immédiatement au maire (1) de sa commune tout fait de dépérissement ou même tout symptôme maladif qui se seront manifestés dans ladite vigne.

Une semblable déclaration est obligatoire pour les pépinières ou jardins dans lesquels il existe des pieds de vigne.

Le Maire prévient immédiatement le sous-préfet ou le préfet.

ART. 2. — Abrogé par la loi du 28 juillet 1886.

ART. 3. — Le préfet fera visiter sans délai les vignes, pépinières ou jardins pour lesquels il aura reçu la déclaration prévue par les articles 1er et 2, ou dans lesquels il jugera une inspection nécessaire. Son délégué est investi du pouvoir de pénétrer dans ces propriétés et d'y faire toutes les recherches et travaux d'investigation jugés nécessaires.

Cette visite sera étendue aux vignes environnantes. Le délégué transmet sans délai son rapport au préfet.

ART. 4. — Lorsque l'existence du phylloxera a été reconnue, le Gouverneur général prend un arrêté portant déclaration d'infection de la vigne malade, des pépinières et jardins et des vignes environnantes. Cette déclaration d'infection indique le périmètre auquel elle s'étend.

Ce périmètre comprend les vignes reconnues malades ou suspectes et une zone de protection.

La déclaration d'infection entraine les mesures suivantes :

I. — Dans les vignes malades ou suspectes :

1° La destruction par le feu des ceps, tuteurs, échalas, feuilles, sarments et autres objets pouvant servir de véhicule au phylloxera;
2° La désinfection du sol;
3° L'interdiction de toute nouvelle plantation de vignes pendant un temps qui ne pourra pas dépasser cinq années.

---

(1) La déclaration imposée par l'article 1er de la loi du 21 mars 1883 n'est assujettie par le législateur à aucune forme spéciale; elle est donc valablement faite par le propriétaire qui rencontrant hors de la Mairie, le Maire de la commune, lui signale les dépérissements de son vignoble. — Arrêt de la Cour d'Alger — App. corr. (18 décembre 1886).

II. — Dans la zone de protection :

Le traitement préventif des vignes qui s'y trouvent.

III. — Dans le périmètre total des lieux déclarés infectés :

1° La défense de pénétrer, si ce n'est avec une autorisation du délégué ;
2° L'interdiction de sortie des terres, feuilles, plants et tous autres objets pouvant servir à propager le phylloxera.

Art. 5. — Toute plantation faite à l'aide de plants introduits frauduleusement sera détruite par ordre de l'autorité administrative, sans préjudice des poursuites à exercer contre les délinquants.

Art. 6. — Il est interdit d'introduire, de détenir et de transporter à l'état vivant le phylloxera, ses œufs, larves et nymphes.

Art. 7. — Dans les territoires soumis à l'autorité militaire, les dispositions des articles qui précèdent sont appliquées par l'autorité chargée de l'administration.

Art. 8. — Les frais résultant des opérations prescrites aux articles 3 et 4 sont à la charge de l'État.

(Le paragraphe 2 est abrogé par la loi du 28 juillet 1886).

TITRE II

Indemnités

Art. 9. — Le propriétaire dont la vigne aura été détruite en exécution de la présente loi aura droit à une indemnité qui sera à la charge du Trésor.

Cette indemnité ne pourra dépasser la valeur du produit net de trois récoltes moyennes que la dite vigne aurait pu donner, déduction faite des frais de culture, de main-d'œuvre et autres, que le propriétaire ou le vigneron aurait eu à faire pour l'obtenir.

Les autres dommages causés par le traitement de la vigne infectée ou suspecte donneront lieu également à une indemnité correspondant au préjudice causé.

Dans les deux cas, l'évaluation de l'indemnité est faite par le délégué du préfet et un expert désigné par la partie.

Le procès-verbal d'expertise est visé par le Maire, qui donne son avis.

Le ministre peut ordonner la revision des évaluations par une commission dont il nomme les membres.

L'indemnité est fixée par le ministre, sauf recours au Conseil d'État.

Art. 10. — Il n'est alloué aucune indemnité à tout détenteur de vignes, à un titre quelconque, qui aura contrevenu aux dispositions de la présente loi ou aura introduit chez lui des plants ou produits agricoles ou horticoles dont l'introduction est prohibée.

TITRE III

Pénalités

Art. 11. — Sans préjudice de la déchéance prévue à l'article 10 et des responsabilités inscrites dans les articles 1382 et suivants du Code civil, les contrevenants aux dispositions qui précèdent, aux décrets et aux arrêtés rendus pour l'exécution de la présente loi, seront passibles des peines édictées par les articles 12, 13, 14 et 15 de la loi du 15 juillet 1878 – 2 août 1879.

Art. 12. — Toutes les dispositions inscrites dans les lois des 15 juillet 1878 et 2 août 1879, en ce qu'elles ne sont pas contraires à la présente loi, restent applicables à l'Algérie.

La présente loi délibérée et adoptée par le Sénat et par la Chambre des députés, sera exécutée comme loi de l'État.

Fait à Paris, le 21 mars 1883.

Jules GRÉVY.

Par le Président de la République :

Le Ministre de l'Agriculture,

J. MÉLINE.

Instructions

A M. LE GOUVERNEUR GÉNÉRAL DE L'ALGÉRIE

SUR L'APPLICATION DE LA LOI DU 21 MARS 1883

Paris, le 27 avril 1883.

Monsieur le Gouverneur général, j'ai l'honneur de vous transmettre ci-joint un exemplaire de la loi du 21 mars 1883, relative aux mesures à prendre contre l'invasion et la propagation du phylloxera en Algérie.

Je vous prie de faire insérer cette loi, sans retard, dans le *Journal Officiel* de la colonie et de lui faire donner la plus grande publicité dans les trois départements de l'Algérie.

Déjà le Gouvernement avait pris, pour préserver l'Algérie de l'invasion du phylloxera, toutes les mesures compatibles avec la législation existante ; le décret du 12 juillet 1880 étend à la colonie les effets des lois des 15 juillet 1878 et 2 août 1879, et des mesures prohibitives ont été édictées pour empêcher l'entrée en Algérie des plants, des végétaux et autres produits agricoles et horticoles susceptibles d'apporter avec eux le phylloxera. Mais ces mesures n'étaient pas suffisantes ; elles présentaient une lacune dangereuse, puisqu'elles laissaient l'Administration sans armes pour le combattre, au cas où le phylloxera viendrait à être introduit dans la colonie.

La présente loi a pour objet de les compléter. Cette loi est divisée en trois titres : dans le premier, sous l'intitulé *Dispositions générales*, la loi édicte les mesures de surveillance à prendre et prescrit le traitement d'office des vignes malades ou suspectes au cas où, malheureusement, le phylloxera viendrait à être découvert ; le titre II traite des indemnités à accorder en cas de préjudice causé par les traitements effectués ; enfin le titre III est consacré à la sanction pénale. Il n'est rien innové sous ce dernier rapport ; les pénalités inscrites dans la nouvelle loi sont celles que la loi des 15 juillet 1878 – 2 août 1879 a établies dans ses articles 12, 13, 14 et 15, auxquels le titre III se réfère.

L'économie de la loi peut être indiquée en quelques mots : d'un côté, surveillance active et incessante de la part des propriétaires de vignes et de l'autorité; de l'autre, mesures rigoureuses, exceptionnelles pour faire disparaître, dès leur apparition, toutes traces de phylloxera.

Cet insecte redoutable vit souterrainement sur les racines de la vigne; il chemine de proche en proche, se développe très rapidement en se nourrissant de la sève de la vigne; ses métamorphoses sont multiples, et ses générations se succèdent si rapidement qu'un seul œuf déposé sur la vigne au commencement d'avril suffit pour produire une population qui, au mois d'octobre, peut se chiffrer par plusieurs millions d'individus; la progression du fléau devient énorme quand le point de départ n'est plus un œuf, mais plusieurs œufs, car alors les générations successives de l'année produiront des nombres incalculables d'individus. On a calculé que mille œufs de phylloxera dans une seule saison produiraient un nombre tellement prodigieux d'insectes que, serrés les uns contre les autres, ils couvriraient un champ de la superficie d'un hectare.

Outre cette puissance extraordinaire de reproduction, la nature a doué le phylloxera d'un autre moyen de dissémination et de propagation.

Certaines générations de phylloxera pendant l'été deviennent ailées, et alors le fléau ne se propage plus, comme avec les aptères, de proche en proche dans le sol; il se répand au loin, par l'intermédiaire de l'air, à la faveur du vent, et va former çà et là, à des distances parfois considérables, grâce au vol facile de l'insecte ailé, des colonies de phylloxera qui deviennent autant de centres de dévastation, formant à leur tour de nouveaux essaims pendant la saison suivante.

Vous devez comprendre dès lors, Monsieur le Gouverneur général, combien il est important de découvrir les taches phylloxerées le plus rapidement possible, avant que l'insecte ait pu pulluler et surtout produire ces redoutables légions femelles d'ailés qui vont s'abattre au loin et précipiter la ruine d'autres vignobles.

C'est pour atteindre ce but en Algérie que la loi a accumulé les moyens de recherches du phylloxera et de la surveil'ance du vignoble, et imposé des devoirs multiples aux détenteurs des vignes et à l'Adminis ration.

Dans son article 1er, elle impose à tout propriétaire ou à toute personne ayant, à quelque titre que ce soit, la charge de la culture ou la garde d'une vigne, l'obligation de signaler immédiatement au maire de sa commune tout fait de dépérissement ou même tout symptôme maladif qui se seront manifestés dans ladite vigne.

Mieux que personne, le détenteur d'une vigne, qui la connait pied par pied, qui la parcourt continuellement, peut s'apercevoir de tout fait anormal s'y manifestant.

La loi devait donc lui imposer l'obligation de faire la déclaration de tout ce qui sera remarqué par lui, quelle que soit son appréciation sur la cause des faits constatés.

Le viticulteur est, en effet, malheureusement imbu de cette idée, on l'a souvent vu en France, que le phylloxera ne l'atteindra jamais. Il s'aveugle volontairement et attribue le dépérissement et les syptômes maladifs qu'il remarque dans sa vigne à toute autre cause qu'au phylloxera, et ses voisins, au lieu de jeter l'alarme en présence du mal qui les menace eux-mêmes, gardent un silence funeste. Il importe de ne pas tomber dans la même faute en Algérie.

Pour compléter utilement les déclarations imposées aux viticulteurs, MM. les Maires devront demander à leurs administrés de leur faire part de toute création de vignoble qu'ils auront l'intention de faire. Cette déclaration devra faire connaître la situation et l'importance de la plantation projetée, la nature et la provenance des plants à employer. MM. les Maires feront une enquête pour recueillir les mêmes renseignements toutes les fois qu'on aura omis de leur faire cette déclaration. Ils signaleront immédiatement à l'autorité préfectorale les créations faites ou projetées.

L'expert officiel chargé de visiter les vignobles chaque année devra surveiller d'une façon toute particulière ces nouvelles plantations, les examiner fréquemment, car il est constant que le phylloxera n'a jamais pénétré dans une contrée indemne qu'au moyen de boutures importées d'un pays phylloxéré ou suspect.

Trop souvent encore il a suffi d'un pied de vigne de provenance suspecte, planté dans un jardin par un amateur, pour introduire le phylloxera dans une contrée.

L'article 1er étend, en conséquence, avec raison, aux détenteurs de jardins, de pépinières, de serres, toutes les obligations imposées aux viticulteurs.

En résumé, partout où il existe un pied de vigne, la vigilance doit être tenue en éveil et l'autorité avertie de tout cas anormal qui viendrait à se manifester.

Par suite de négligence ou par ignorance, les détenteurs de vignes ou de jardins pourraient ne pas faire les déclarations prescrites par la loi et compromettre ainsi l'existence du vignoble algérien. Pour prévenir ce grave danger, l'article 2 impose au maire (1) de chaque commune l'obligation de faire visiter par un expert, une fois par an au moins, les vignes comprises dans son territoire. Le rapport de l'expert est immédiatement, après chaque visite, transmis par le maire à l'autorité préfectorale.

Enfin, comme complément de garantie, l'article 3 a donné à l'Administration le droit de faire procéder à des visites de vignobles. Elle devra en user aussi souvent que cela sera jugé nécessaire.

La loi confère aux délégués officiels chargés de faire ces inspections des pouvoirs très étendus; ces agents ont le droit de pénétrer dans les vignobles, fouiller le sol, de faire des recherches nécessaires sur les racines, etc.

Je n'ai pas besoin de vous dire, Monsieur le Gouverneur général, que les délégués devront, dans ces circonstances, agir avec mesure. Ils devront prévenir les propriétaires ou détenteurs des vignes dans lesquelles ils auront des investigations à faire, leur montrer l'intérêt qu'il y a pour eux à seconder l'Administration, les initier, eux et leurs ouvriers, aux recherches et fouilles à opérer, faire pratiquer celles-ci devant eux. Ils devront en un mot s'efforcer de faire de chaque détenteur de vignes un collaborateur zélé, de bonne volonté, au lieu de l'indisposer par un manque de bons procédés.

C'est au cas où ils rencontreraient du mauvais vouloir qu'ils exécuteront strictement la loi, et, dans ce cas, ils devront toujours s'appuyer sur l'autorité du maire et se faire accompagner par lui.

Vous aurez à tenir la main à ce que les rapports de visite du vignoble algérien soient faits très régulièrement après chaque visite. Cette exigence sera une

---

(1) Le soin de faire procéder aux visites annuelles des vignobles est confié désormais aux préfets et aux syndicats départementaux dans les départements où ces associations se constitueront (Voir les articles 1 et 4 de la loi du 28 juillet 1886).

garantie de l'exécution, aux époques voulues, des mesures de surveillance du vignoble et permettra de stimuler le zèle des agents et des maires en cas de relâchement dans la surveillance.

Dès qu'un vignoble suspect aura été signalé, le délégué devra le visiter immédiatement ; il arrivera souvent à la suite de l'examen qu'il aura fait, que les craintes manifestées ne se seront pas heureusement réalisées.

Il faudra s'en féliciter, mais il ne faudra pas, pour cela, que les délégués se découragent et découragent les vignerons ; il ne faut pas que ceux-ci, par crainte de faire faire une démarche inutile, se relâchent de leur surveillance et négligent de signaler des faits anormaux en apparence de peu d'importance. Les délégués du service devront les encourager à les prévenir aussi souvent qu'ils constateront un état maladif quelconque dans leurs vignes. MM. les Préfets devront vous transmettre immédiatement les rapports signalant l'apparition de l'insecte sur les vignobles qu'ils auront fait visiter, et, aux termes de l'article 4, vous aurez à prendre *sans délai* un arrêté portant déclaration d'infection de la vigne malade, des pépinières et jardins et des vignes environnantes.

Je n'ai pas d'ailleurs à m'étendre sur l'application des mesures prescrites par l'article 4 de la loi : ces mesures sont faciles à comprendre. L'interdiction de nouvelles plantations pendant cinq années au moins a pour but d'empêcher les insectes qui auraient pu échapper au traitement d'extinction de trouver de jeunes plants de vignes aptes à leur permettre de se reproduire et de se développer.

En ce qui concerne la défense de pénétrer dans les lieux déclarés infectés, si ce n'est avec une autorisation du délégué, cette mesure a pour but d'empêcher les imprudences ; elle s'applique même au propriétaire de la vigne déclarée infectée et à ses ouvriers.

Les exemples sont trop nombreux en France de la propagation du phylloxera par des curieux, par des individus inconscients qui viennent visiter les vignes phylloxérées et emportent des bouts de racines couverts de phylloxera ou d'œufs pour les montrer ou pour en voir le développement. La curiosité, dans ce cas, est trop dangereuse pour être même tolérée.

Les visiteurs peuvent encore, avec la terre adhérente à leurs chaussures, porter le fléau ailleurs.

Nous devons faire profiter l'Algérie de l'expérience si chèrement acquise dans la métropole.

Les personnes qui seront admises dans le lieu déclaré infecté devront se soumettre aux mesures que le délégué jugera utile de prendre.

Ces mesures seront les suivantes :

1° Nettoyage des chaussures, en enlevant avec soin la terre qui y adhérera ;

2° Brossage énergique des vêtements et chapeaux avant de sortir de la vigne : le phylloxera peut en effet, s'attacher aux vêtements, surtout au moment des essaimages ;

3° Nettoyage complet par lavage et grattage des outils employés dans la vigne malade, tels que bêches, houes, charrues, charrettes, etc.

Il est bien entendu, Monsieur le Gouverneur général, que le délégué devra encore, dans ce cas, n'user qu'avec modération à l'égard du propriétaire du droit qui lui est donné de lui interdire l'entrée de sa vigne.

Il doit s'attacher avant tout, je le répète, à éclairer ce dernier sur ses véritables intérêts et en faire un auxiliaire utile et même zélé. Il doit lui faire connaître les précautions à prendre et lui laisser la liberté de pénétrer, lui et ses ouvriers, dans sa propriété, toutes les fois que cela sera nécessaire pour les travaux de culture.

Ce n'est qu'au cas où le propriétaire se montrerait imprudent ou récalcitrant que le délégué userait du droit strict que lui confère l'article 4. L'intérêt public doit primer l'intérêt particulier.

L'article 5 complète les dispositions du décret du 24 juin 1879; il prescrit la destruction de toute plantation faite à l'aide de plants introduits frauduleusement, sans préjudice bien entendu des poursuites à exercer contre les délinquants.

L'Administration devra non-seulement faire détruire les plants introduits, mais faire désinfecter le sol dans lequel les boutures ont été mises, le tout aux frais des contrevenants et sans préjudice des revendications à faire, en vertu de l'article 1382 du Code civil, au cas où, par le fait de cette introduction, le phylloxera aurait été apporté et aurait exigé des frais pour sa destruction.

Je n'ai pas besoin d'insister sur la nécessité impérieuse de faire appliquer rigoureusement cette disposition de la loi; la sécurité de la viticulture algérienne l'impose.

L'article 8 porte que les frais résultant des visites faites par les délégués et les opérations de traitement dans les vignes déclarées infectées seront à la charge de l'État. J'aurai soin de mettre à votre disposition, au fur et à mesure des besoins, les fonds nécessaires.

La dépense sera imputée, pour l'exercice courant, sur le chapitre 11 *(Phylloxera et doryphora)* du budget de mon Ministère.

Quant aux frais des visites faites par l'expert dans chacune des communes, au moins une fois par an, le législateur les a mis à la charge des communes (1), afin d'intéresser celles-ci à la défense du vignoble et au bon emploi des fonds.

Vous voudrez bien, Monsieur le Gouverneur général, prendre les mesures nécessaires pour que les Conseils municipaux les inscrivent au titre des dépenses obligatoires.

Le titre II de la loi traite des indemnités à accorder aux propriétaires dont les vignes auront été détruites en exécution de l'article 4.

Cette indemnité ne pourra dépasser la valeur du produit net de trois récoltes moyennes que ladite vigne aurait pu donner, déduction faite des frais de culture, de main-d'œuvre et autres que le propriétaire ou le vigneron aurait eu à faire pour l'obtenir.

Les experts devront indiquer dans leur procès-verbal l'âge de la vigne, son état de végétation, les frais annuels auxquels sa culture, la vendange et la vinification auraient donné lieu l'année du traitement et chacune des deux années suivantes, le rendement en quantité et en argent de chacune des récoltes que la vigne aurait données pendant les trois années qui suivront le traitement.

Quant aux autres dommages mentionnés dans le paragraphe 3 de l'article 9, ils s'appliquent aux cultures intercalaires et aux arbres fruitiers ou d'agrément

---

(1) D'après l'article 1er de la loi du 28 juillet 1886, les frais de visite du vignoble algérien précédemment mis à la charge des communes sont désormais supportés par les propriétaires de vignes.

et autres que le traitement appliqué à la tache phylloxerée aurait anéantis :
le détail en sera de même consigné au procès-verbal de l'expertise.

Les dossiers me seront adressés, avec votre avis, pour que je puisse statuer sur l'indemnité à accorder au propriétaire.

L'article 10 décide que le propriétaire dont la vigne aura été détruite et qui aura contrevenu aux dispositions de la loi, ou aura introduit frauduleusement chez lui des plants ou produits agricoles ou horticoles dont l'introduction est prohibée, n'aura droit à aucune indemnité.

Le législateur, toutefois, ne s'en est pas tenu à cette pénalité : il l'a aggravée en rendant le contrevenant responsable des conséquences de sa faute.

L'article 11 établit en effet la responsabilité civile du contrevenant : celui-ci pourra être poursuivi en remboursement des frais causés à l'État par son fait; ses voisins pourront l'actionner en dommages-intérêts.

En un mot, la loi a déclaré applicables aux contrevenants les responsabilités inscrites dans les articles 1382 et suivants du Code civil.

De plus tous ceux qui auront contrevenu aux dispositions qui précèdent, aux décrets et aux arrêtés rendus pour l'exécution de la présente loi, seront passibles des peines édictées par les articles 12, 13, 14 et 15 de la loi des 15 juillet 1878-2 août 1879.

Les contraventions seront punies d'une amende de 50 à 500 francs.

Si à l'inexécution de la loi se joignent des preuves évidentes de mauvaise foi, établies par des manœuvres frauduleuses, la peine sera de 1 à 15 mois d'emprisonnement et une amende de 50 a 500 francs.

En cas de récidive, et il y a récidive lorsque dans les douze mois précédents il a été rendu contre le contrevenant ou le délinquant un premier jugement pour contravention à la loi, les peines prévues seront doublées.

La rigueur des peines à prononcer peut toutefois être mitigée par l'admission des circonstances atténuantes.

Vous comprendrez comme moi, Monsieur le Gouverneur général, l'importance qui s'attache à la stricte exécution de cette loi. La Suisse et l'Allemagne nous ont prouvé que, par une surveillance de tous les instants et par des traitements d'extinction effectués immédiatement et à temps, on peut enrayer complètement sinon prévenir le mal.

C'est là un encouragement pour l'Algérie à se garder.

Afin de vous mettre à même d'organiser dans de bonnes conditions le service phylloxerique de la colonie sur des bases convenables, j'ai décidé l'envoi en Algérie, pour y rester en permanence, d'un délégué expérimenté qui sera chargé, sous vos ordres et ceux des préfets, de diriger ce service.

Les professeurs départementaux d'agriculture, que leurs fonctions mettent en rapports continuels avec les agriculteurs, sont tout désignés pour remplir les fonctions de délégués départementaux. Ce personnel me parait devoir suffire pour le moment à toutes les exigences du service.

Je recevrai d'ailleurs de vous, Monsieur le Gouverneur général, telles propositions que vous croiriez convenables dans l'intérêt de la surveillance et de la défense du vignoble algérien.

Je sais d'ailleurs que la population agricole de l'Algérie est bien pénétrée du danger qui menace l'une des plus importantes source de sa production, l'une des cultures qui intéressent le plus l'essor et la prospérité de notre colonie.

J'ai tout lieu d'espérer, Monsieur le Gouverneur général, que vous rencontrerez en elle un concours efficace, et que, de votre côté et de celui de vos collaborateurs, le Gouvernement trouvera tout le dévouement désirable pour atteindre le but qu'il poursuit, à savoir : la préservation du vignoble algérien du redoutable insecte qui a fait tant de ruines en France, et le développement d'une culture qui intéresse à un si haut point la prospérité de l'Algérie.

Vous voudrez bien m'accuser réception de la présente instruction.

Agréez, Monsieur le Gouverneur général, l'assurance de ma haute considération.

Le Ministre de l'Agriculture,
J. MÉLINE.

Loi des 15 Juillet 1878-2 Août 1879

RELATIVE AUX MESURES A PRENDRE POUR ARRÊTER LES PROGRÈS DU PHYLLOXERA ET DU DORYPHORA

TITRE Ier

Du phylloxera

ARTICLE PREMIER. — Un décret du Président de la République peut interdire l'entrée, soit dans toute l'étendue, soit dans une partie du territoire français, des plants, sarments, feuilles et débris de vignes, des échalas ou tuteurs déjà employés, des composts ou des terreaux provenant d'un pays étranger, ainsi que le transport des mêmes objets hors des parties du territoire français envahies par le phylloxera.

En ce cas, le Ministre de l'agriculture et du commerce peut autoriser exceptionnellement l'introduction des plants étrangers à destination d'une localité déterminée.

ART. 2. — Des arrêtés spéciaux du Ministre de l'agriculture et du commerce, pris sur l'avis de la Commission supérieure du phylloxera, règlent les conditions sous lesquelles peuvent entrer et circuler en France les plants, sarments, feuilles et débris de vignes, échalas ou tuteurs déjà employés, composts ou terreaux provenant dss pays étrangers ou des parties du territoire français déjà envahies par le phylloxera auxquelles ne s'appliquent pas les décrets d'interdiction.

Le Ministre de l'agriculture et du commerce fera établir des cartes, avec tableaux à l'appui, indiquant par des teintes différentes les parties du territoire attaquées par le phylloxera et celles qui en sont préservées. Ces cartes seront tenues au courant, rectifiées chaque année, et plus souvent si le Ministre le juge nécessaire.

ART. 3. — Dès que le préfet d'un département a reçu avis, soit par le propriétaire d'une vigne, soit par le maire d'une commune, soit par la commission départementale d'études et de surveillance, que le phylloxera a fait son apparition dans une localité, il charge un délégué de visiter la vigne signalée comme malade et, en cas de besoin, les vignes environnantes. Le délégué peut faire dans lesdites vignes les opérations nécessaires pour constater l'existence du phylloxera.

Un arrêté du Ministre de l'agriculture et du commerce peut, en tout temps, ordonner ou autoriser des investigations dans les vignobles des localités considérées comme indemnes où la présence du phylloxera sera soupçonnée.

(Addition [loi du 2 août 1879].) Dans les cas urgents et particuliers, le préfet aura le droit d'ordonner ou d'autoriser ces investigations.

Art. 4. — Lorsque l'existence du phylloxera a été constatée dans les contrées indemnes, dont le périmètre sera tracé tous les ans sur la carte de l'invasion phylloxerique dont il est fait mention à l'article 2, conformément aux dispositions de l'article précédent, sur le rapport du préfet, la commission départementale permanente et les propriétaires entendus, dans les formes et les délais qui seront déterminés par le règlement d'administration publique, un arrêté du Ministre de l'agriculture et du commerce, pris sur l'avis conforme de la section permanente de la Commission supérieure du phylloxera, peut ordonner que la vigne malade et les vignes environnantes, dans un rayon fixé sous les conditions d'exécution déterminées par le même arrêté, seront soumises à l'un des traitements indiqués par la Commission supérieure.

(Addition [loi du 2 août 1879].) Le Ministre peut ordonner pendant plusieurs années, la continuation du traitement mentionné ci-dessus, et prescrire, au besoin, le traitement des taches nouvelles qui viendraient à être découvertes.

Dans les circonstances exceptionnelles, lorsqu'il y aura nécessité et urgence de préserver de l'invasion du phylloxera une contrée vinicole, le Ministre, sur l'avis conforme de la section permanente, pourra ordonner, hors des contrées indemnes, dans les formes prescrites par le règlement d'administration publique, le traitement indiqué au premier paragraphe du présent article.

Dans les cas ci-dessus énoncés, les dépenses occasionnées par le traitement des vignes sont à la charge de l'État.

Art. 5. — *(Ainsi remplacé [loi du 2 août 1879].)* Lorsqu'un département ou une commune votera une subvention destinée à aider les propriétaires qui traitent leurs vignes suivant l'un des modes approuvés par la Commission supérieure du phylloxera, l'État donnera une subvention égale à celle du département ou de la commune qui se trouvera ainsi doublée.

Lorsque des propriétaires en vue de la destruction du phylloxera sur leur territoire, se seront organisés en associations syndicales temporaires approuvées par l'autorité administrative, ils pourront recevoir, sur l'avis conforme de la section permanente de la Commission supérieure du phylloxera, une subvention de l'État. Cette subvention ne pourra, dans aucun cas, dépasser la somme votée par le syndicat pour le traitement des vignes phylloxerées.

Pourront également être subventionnées par l'État, sous les conditions et dans les proportions fixées par le paragraphe précédent, les associations syndicales temporaires approuvées par l'autorité administrative et constituées en vue de la recherche du phylloxera dans les contrées indemnes ou partiellement atteintes.

Art. 11. — Il sera alloué une indemnité pour la perte des récoltes détruites par mesures de précaution.

Aucune indemnité n'est due pour la destruction des récoltes sur lesquelles l'existence du phylloxera ou du doryphora aura été constatée.

Les juges de paix connaîtront sans appel jusqu'à la valeur de 100 francs, et, à charge d'appel, à quelque valeur que la demande puisse s'élever, des contestations relatives aux indemnités réclamées en vertu du présent article.

Art. 12. — *(Ainsi remp'acé [loi du 2 août 1879].)* Les contraventions aux dispositions de la présente loi et a celles des décrets ou arrêtés pris pour son exécution seront punies d'une amende de 50 à 500 francs.

Art. 13. — Ceux qui auront introduit l'un des objets énoncés aux articles 1, 6 et 7, sans déclaration ou à l'aide d'une déclaration fausse de provenance ou de route, ou de toute autre manœuvre frauduleuse, seront punis d'un emprisonnement de un mois à quinze mois et d'une amende de 50 a 500 francs.

Art. 14. — Les peines prévues aux deux articles précédents seront doublées en cas de récidive.

Il y a récidive lorsque, dans les douze mois précédents, il a été rendu contre le contrevenant ou le délinquant un premier jugement en vertu de la présente loi.

Art. 15. — L'article 463 du Code pénal est applicable aux condamnations prononcées en vertu de la présente loi.

Art. 16. — Un règlement d'administration publique déterminera les mesures nécessaires pour l'exécution de la loi, notamment les articles 4, 5 et 11.

Décret du 12 Juillet 1880

Étendant a l'Algérie les effets de la loi des 15 juillet 1878 et 2 août 1879

Le Président de la République française,

Sur le rapport du Ministre de l'agriculture et du commerce,

D'après les propositions du Gouverneur général de l'Algérie :

Vu la loi des 15 juillet 1878-2 août 1879 relative aux mesures à prendre pour arrêter les progrès du phylloxera et du doryphora en France ;

Vu le décret du 24 juin 1879 portant interdiction d'importation en Algérie des produits énumérés dans le décret ;

Considérant qu'il importe de compléter le régime spécial à l'Algérie : d'une part, à l'effet d'assurer la répression pénale des délits ; et, d'autre part, en vue de permettre à l'autorité de faire appliquer, suivant les circonstances de temps et de lieux, les dispositions de la loi des 15 juillet 1878-2 août 1879.

DÉCRÈTE :

Article premier. — La loi des 15 juillet 1878-2 août 1879 sus-visée est déclarée applicable à l'Algérie.

Art. 2. — Le décret du 24 juin 1879, spécial à l'Algérie, reste et demeure en vigueur. Par suite, les arrêtés pris en France, pour l'application de ladite loi des 15 juillet 1878-2 août 1879, ne sont pas exécutoires en Algérie.

ART. 3. — Le Gouverneur général de l'Algérie exerce celle des attributions conférées au Ministre de l'agriculture et du commerce par la loi des 15 juillet 1878-2 août 1879.

ART. 4. — Le Ministre de l'agriculture et du commerce et le Gouverneur général de l'Algérie sont chargés de l'exécution du présent décret.

Fait à Paris, le 12 juillet 1880.

JULES GRÉVY.

Par le Président de la République :

Le Ministre de l'Agriculture et du Commerce,

P. TIRARD.

DÉCRET DU 17 JUIN 1884

RÉGLEMENTANT L'INTRODUCTION DES PRODUITS AGRICOLES ET DES ENGRAIS

Le Président de la République française ;

Sur le rapport du Ministre de l'agriculture ;
Vu la loi des 15 juillet 1878-2 août 1879 ;
Vu la loi du 21 mars 1883, relative aux mesures à prendre pour empêcher la propagation du phylloxera en Algérie ;
Vu le décret du 24 juin 1879, relatif aux prohibitions édictées pour protéger l'Algérie contre l'invasion du phylloxera ;
Vu l'avis de la Commission supérieure du phylloxera ;
Vu l'avis du Gouverneur général de l'Algérie ;

DÉCRÈTE :

ARTICLE PREMIER. — Est prohibée l'importation en Algérie, quelle qu'en soit la provenance :

1° Des ceps de vigne, sarments, crossettes, boutures, avec ou sans racines, marcottes, etc., des feuilles de vigne, même employées comme enveloppe, couverture et emballage, des raisins de table ou de vendange, des marcs de raisins et de tous les débris de la vigne ;

2° Des plants d'arbres, arbustes et végétaux de toute nature ;

3° Des échalas et des tuteurs déjà employés ;

4° Des engrais végétaux, terres, terreaux et fumiers.

Ne sont pas compris dans cette dernière prohibition :

Les engrais commerciaux, tels que guanos, phosphates, pondrettes, sels de soude et de potasse, sulfate d'ammoniaque, phosphates de chaux en poudre, superphosphates, les chiffons de laine, os, tourteaux, plâtres, chaux, cendres, marnes, sangs desséchés et frais, et les engrais composés de matières animales et analogues.

Art. 2. — Est également prohibée l'entrée en Algérie des fruits et légumes frais de toute nature (1).

Art. 3. — Les pommes de terre seules sont admises à l'importation, mais après avoir été lavées et complètement dégarnies de terre.

Art. 4. — Est et demeure rapporté le décret du 24 juin 1879.

Art. 5. — Le Ministre de l'agriculture et le Gouverneur général de l'Algérie sont chargés, chacun en ce qui le concerne, de l'exécution du présent décret.

Fait à Paris, le 17 juin 1884.

Jules GRÉVY.

Par le Président de la République :

Le Ministre de l'Agriculture,

J. Méline.

Rapport

FAIT AU NOM DE LA COMMISSION (2) CHARGÉE D'EXAMINER LE PROJET DE LOI AYANT POUR OBJET L'ORGANISATION DE SYNDICATS EN ALGÉRIE POUR LA DÉFENSE CONTRE LE PHYLLOXERA, PAR M. Bourlier, DÉPUTÉ.

Messieurs,

La loi du 21 mars 1883 était à peine appliquée en Algérie que l'insuffisance de ses prescriptions était constatée.

L'article 1er de cette loi fait, au propriétaire de vignes, l'obligation de signaler immédiatement, au maire de sa commune, tout fait de dépérissement ou même tout symptôme maladif qui se serait manifesté dans la dite vigne.

Le maire de chaque commune est tenu de faire visiter par un expert, une fois par an et plus souvent s'il est jugé nécessaire, les vignes comprises dans le territoire de sa commune.

L'article 8, § 2, met à la charge des communes au titre de dépenses obligatoires les frais de visites ordonnées par l'article 2.

Au commencement de 1885 la découverte presque simultanée du phylloxera à Tlemcen, à Sidi-bel-Abbès, dont l'existence remontait à quelque temps déjà, fit voir combien était illusoire la sécurité que semblait assurer la législation nouvelle. On constata que les articles 1 et 2 n'avaient pas été appliqués dans le plus grand nombre des communes.

---

(1) *Jurisprudence.* Un arrêté de la Cour d'appel d'Alger en date du 9 juin 1887, a jugé que : l'ail desséché, tressé en chaîne pour être livré au commerce et à la consommation n'est pas compris dans les produits visés par l'art. 1, § 2, et l'art. 2 du décret du 17 juin 1884 et dont l'entrée en Algérie est prohibée. (Cour d'Alger. App. corr. 9 juin 1887).

(2. Cette Commission est composée de MM. Michon, *président ;* Gaussorgues, *secrétaire ;* Bourlier, *rapporteur ;* Javal, Raymond, de La Biliais, de Susini, Etienne, Letellier, Bousquet, Vielfaure.

Un mouvement très vif d'opinion se manifesta aussitôt parmi les viticulteurs algériens. Plusieurs associations agricoles prirent l'initiative de proposer au Gouvernement le concours financier des intéressés, dans la défense contre le phylloxera, par l'établissement d'une taxe spéciale par hectare. Cette démarche si intelligente ne pouvait être repoussée. Les vœux et les efforts des intéressés furent soumis aux délibérations des Conseils généraux et du Conseil supérieur. A la suite des discussions intervenues dans ces assemblées, un projet de loi a été proposé par le Gouvernement : celui qui vous est soumis aujourd'hui.

Il comprend les modifications jugées nécessaires à la loi du 21 mars 1883, et il propose l'établissement d'une taxe.

Les modifications de la loi du 21 mars sont l'abrogation du § 2 de l'article 1er, imposant aux maires l'obligation de faire visiter les vignobles de leurs communes, ainsi que du § 2 de l'article 8, aux termes duquel les frais de ces dépenses sont obligatoires pour les budgets communaux. Il a été reconnu en effet, à la suite de justes protestations, qu'il était contraire à l'équité de faire supporter par l'universalité des habitants d'une commune des dépenses engagées dans l'intérêt d'un certain nombre d'entre eux.

Pour l'établissement de la taxe spéciale, le projet stipule que les frais de visite des vignobles seront supportés par les viticulteurs qui auront à payer, dans ce but, une redevance portant sur toutes les vignes, et dont le maximum sera de 5 francs par hectare. Le quantum de la taxe sera fixé annuellement par arrêté du Gouverneur général pris en Conseil de gouvernement.

Elle sera assise sur les déclarations des propriétaires, contrôlées par le service des Contributions directes et perçue comme en matière de contributions publiques. Le produit en sera versé au Trésor, qui devra ouvrir pour chacun des trois départements algériens un compte particulier, rattaché au budget des ressources spéciales de l'État, en recettes et en dépenses, de manière à assurer l'entière disposition de ces sommes, soit par l'administration en cas de gestion directe, soit par les syndicats, s'ils se constituent. Dans tous les cas, les sommes provenant de la taxe sur les vignobles ne seront pas confondues sur les fonds généraux du Trésor, et les reliquats constatés en clôture d'exercice seront reportés à l'exercice suivant pour recevoir la même affectation.

En principe, la disposition du produit de la taxe appartient à l'État qui assure le service des visites au moyen d'agents spéciaux. Toutefois, le cas est prévu où les intéressés peuvent être autorisés à faire eux-mêmes emploi de ces fonds, après avoir constitué des syndicats. Les syndicats sont chargés de la surveillance et de la visite des vignobles. Ils désignent des agents qui doivent être agréés et commissionnés par les préfets. Le budget syndical est alimenté par le produit de la taxe spéciale que l'État met intégralement à la disposition des syndicats.

Il résulte de cet exposé que le projet qui vous est soumis ne touche point à l'économie générale de la loi du 21 mars 1883. Il se borne à renforcer cette législation en associant plus directement les intéressés à l'œuvre de préservation de la richesse vinicole de la colonie, concurremment avec l'établissement d'une taxe sur le vignoble et l'organisation des syndicats.

La Commission, après avoir donné son approbation à l'économie générale du projet du Gouvernement dont nous venons de faire rapidement l'analyse, a jugé utile d'introduire quelques modifications qui, sans en altérer la physionomie, en rendront l'application plus facile.

Elle a, en outre, reconnu la nécessité de compléter ce projet par l'addition de deux articles, sous les numéros 7 et 8, destinés l'un à faire cesser l'impunité dont ont pu profiter dans la colonie jusqu'à présent le plus grand nombre des auteurs des délits et contraventions prévus par les lois antiphylloxeriques, et l'autre à empêcher la propagation des plants américains.

En examinant le projet de la loi par article nous allons indiquer les propositions de la Commission et faire connaître les raisons qui les justifient.

ARTICLE PREMIER. — Le projet de loi déclare, §§ 4 et 5, passibles de la taxe tous les propriétaires de vignes.

On a fait remarquer avec raison que les petits propriétaires européens et indigènes possédant moins de vingt-cinq ares de vignes devaient être exemptés de toute redevance. Pour ces faibles contenances la somme à payer serait insignifiante et couvrirait à peine les frais d'assiette et de perception, car il est bien certain que la taxe n'atteindra pas, année moyenne, le prix de 1 franc par hectare.

Nous proposons d'ajouter en leur faveur un paragraphe ainsi conçu :

. . . .

« Les propriétaires possédant moins de vingt-cinq ares de vignes ne seront
» pas soumis à la taxe. »

Il doit être entendu que toutes les vignes, même celles exemptées, seront soumises à la visite annuelle.

D'après l'article 2, § 4, le Préfet est chargé d'administrer la taxe perçue. Il semble utile qu'il soit assisté dans cette œuvre par une Commission administrative.

Le § 4 est modifié comme suit :

« ... Il sera administré par le Préfet de chaque département, avec le con-
» cours d'une Commission administrative, composée en majorité de viticulteurs. »

L'article 3 indique dans quelles conditions sera établi le syndicat départemental.

La Commission, désireuse de tenir compte des vœux exprimés à l'enquête par un certain nombre de viticulteurs d'obtenir la création de nombreux syndicats régionaux à l'exclusion d'un syndicat départemental unique, a pensé qu'elle pouvait donner satisfaction aux besoins de contrôle. Elle propose de faire élire les membres de ce syndicat par scrutin d'arrondissement. Le nombre des syndics à élire, le mode d'élection et de constitution du syndicat seront déterminés par arrêté du Gouverneur général : les formes prévues par la loi et le règlement d'administration publique des 21 juin, 17 novembre 1865 ne s'adaptant point aisément dans ce cas spécial. Le syndicat départemental comprendra ainsi dans son sein tous les éléments de syndicats locaux, qui pourront, sous le titre de Commissions, suivre l'emploi des fonds votés et donner les conseils nécessaires aux agents. Il y a lieu de modifier comme suit le paragraphe ainsi conçu :

« Les membres du syndicat départemental sont élus par les propriétaires de
» vignes soumis à la taxe et leur nombre est fixé dans chaque arrondissement
» par arrêté du Gouverneur général au prorata des surfaces complantées.

» Le même arrêté détermine la durée du mandat des syndics, les délais,
» formes et constatations des opérations électorales, ainsi que la date et le mode
» de convocation de l'assemblée syndicale chargée d'élire le bureau. »

L'article 4 doit être modifié dans son premier paragraphe ainsi :

« Le syndicat donné son avis sur le quantum de la taxe à frapper pour
» chaque exercice. Il dispose... »

Le dernier membre de phrase de l'article 6 sera remplacé par le texte suivant :

« ... le Préfet dispose des sommes perçues, dans les conditions stipulées à
» l'article 2, § 4. »

Quant aux articles nouveaux, voici sur quelles considérations la Commission
s'appuie pour en demander l'adoption.

On doit s'attendre à ce que, poussés par des mobiles divers, quelques propriétaires fassent des tentatives de plantations et semis de vignes américaines.
Nous estimons que dans le moment actuel il y aurait plus de dangers que
d'avantages à ce que ces tentatives fussent entreprises. Aussi pensons-nous
qu'il est sage de subordonner la multiplication des cépages de cette nature à
l'obtention d'une autorisation du Gouverneur général. Toute plantation, tout
semis, opérés sans autorisation, devront être sévèrement punis. Nous vous
proposons en conséquence le texte suivant :

Art. 7. — « La culture, la multiplication des vignes américaines par semis,
» greffes ou plantations sont prohibées. Elles ne peuvent être autorisées que
» par des arrêtés du Gouverneur général pris en Conseil du gouvernement. Les
» propriétaires possédant des plants ou semis de cette nature seront tenus d'en
» faire la déclaration à la Préfecture dans le délai de deux mois, à partir de
» la promulgation de la présente loi.

» Toute infraction aux prescriptions qui précèdent sera punie des peines
» portées à l'article 13 de la loi du 2 août 1879 ; les semis, et les vignes de
» plants américains, non déclaré seront détruits aussitôt qu'ils seront re-
» connus. »

D'un autre côté, l'expérience acquise à la suite de la découverte de taches
phylloxériques à Tlemcen, Sidi-bel-Abbès, à Philippeville a démontré qu'il était
impossible d'exercer des poursuites contre les auteurs de l'introduction du
terrible parasite. La prescription a été opposée dans tous les cas.

L'invasion phylloxérique ne procède pas toujours avec une rapidité suffisante,
surtout si elle débute sur des plants américains, pour que, dans bien des cas,
la constatation ne soit pas postérieure au délai fixé par la loi pour exercer des
poursuites. Les délinquants n'ont donc qu'à s'abstenir : il suffit aussi que les
plants aient pu résister soit par leur nature propre, soit par suite de l'état
physique du sol ou de traitements spéciaux pour que le coupable puisse atteindre le jour où il pourra invoquer la prescription. Aussi la Commission a considéré comme un devoir de vous proposer au moyen de l'article 8, de déjouer à
l'avenir les manœuvres coupables dont les conséquences pourraient être si
funestes à l'Algérie.

Art. 8. — « La prescription des délits et des contraventions prévus et punis
» par les lois des 15 juillet 1878, 2 août 1879, le décret du 26 décembre 1878,

» la loi du 21 mars 1883, par la présente loi et par les arrêtés spéciaux, com-
» mencera à courir à partir du jour de la constatation de chaque délit ou
» contravention. »

La Commission estime qu'avec le projet de loi amendé ainsi qu'il vient d'être
exposé, vous donnerez à la viticulture algérienne des armes assez puissantes
pour engager la lutte avec le phylloxera qui, heureusement, n'a atteint jusqu'à
présent que des régions isolées et dans lesquelles, nous en avons l'espérance,
il sera possible de circonscrire ses ravages.

Loi du **28 Juillet 1886**

AYANT POUR OBJET L'ORGANISATION DES SYNDICATS EN ALGÉRIE
POUR LA DÉFENSE CONTRE LE PHYLLOXERA

Le Sénat et la Chambre des députés ont adopté,

Le Président de la République promulgue la loi dont la teneur suit :

ARTICLE PREMIER. — L'article 2 et le paragraphe 2 de l'article 8 de la loi du
21 mars 1883 sont abrogés.

Le Préfet fait visiter une fois par an, et plus souvent s'il est nécessaire, les
vignes de son département.

Les agents sont investis du pouvoir de pénétrer dans les propriétés et d'y
faire les recherches et travaux d'investigations jugés nécessaires.

Les frais de visite du vignoble algérien, précédemment mis à la charge des
communes, seront désormais supportés par les propriétaires de vignes.

Il y sera fait face au moyen d'une taxe spéciale et temporaire perçue dans
chacun des départements de l'Algérie et portant sur toutes les vignes à partir de
la troisième année de leur plantation.

Les propriétaires possédant moins de vingt-cinq ares de vignes ne seront pas
soumis à la taxe.

ART. 2. — Le montant de cette taxe, dont le maximum sera de cinq francs
(5 fr.) par hectare, sera fixé chaque année par arrêté du Gouverneur général pris
en Conseil de gouvernement, les Conseils généraux consultés.

Elle sera assise sur les déclarations des propriétaires, contrôlées par le service des contributions directes. En cas de déclaration inexacte ou de non déclaration, la double taxe sera imposée d'office sur les surfaces dissimulées ou non
déclarées.

Le rôle dressé par le service des contributions directes et rendu exécutoire
par le Préfet du département, sera recouvré comme en matière de contributions publiques.

Le produit de la taxe encaissée par le Trésor public formera un compte particulier par département et sera rattaché, pour ordre, au budget de l'Algérie
(ressources spéciales) et sera administré par le Préfet de chaque département,
avec le concours d'une Commission composée, en majorité, de viticulteurs.

Art. 3. — Si les propriétaires possédant plus de la moitié des surfaces complantées en vignes dans un département en font la demande, ils seront autorisés à constituer un Syndicat qui comprendra la totalité des propriétés viticoles de ce département.

Les membres du Syndicat départemental seront élus par les propriétaires de vignes soumis à la taxe et leur nombre sera fixé, dans chaque arrondissement, par arrêté du Gouverneur général, en proportion des surfaces complantées. Le même arrêté déterminera la durée du mandat des syndics, les délais, formes et constatations des opérations électorales, ainsi que la date et le mode de convocation de la première assemblée chargée d'élire le bureau.

Art. 4. — Le Syndicat est chargé, sous le contrôle de l'Administration, de la surveillance des vignes. Ses agents sont agréés par le Préfet et assermentés.

Ils reçoivent de l'Administration préfectorale une Commission qui leur confère le droit d'entrer dans les propriétés pour y opérer les visites prescrites par le Syndicat, et pour y faire toutes les recherches nécessaires.

Le Syndicat donne son avis sur le quantum de la taxe à frapper pour chaque exercice; il dispose, sous le contrôle de l'Administration, du produit de la taxe perçue dans le département. Il prélève sur ces ressources les sommes nécessaires pour assurer le service de la visite du vignoble.

Il peut affecter les fonds libres à l'application de toutes mesures présentant pour la viticulture un intérêt général.

Art. 5. — Si un Syndicat constitué ne remplit pas ses obligations, il sera dissous, après une mise en demeure, par arrêté du Ministre de l'agriculture pris sur les propositions du Gouverneur général de l'Algérie.

Dans ce cas, comme dans celui où un Syndicat ne pourrait être constitué dans le département, le Préfet dispose des sommes perçues et assure le service des visites dans les conditions stipulées a l'article 2, § 4.

Art. 6. — Le contrôle des opérations du Syndicat est confié, sous l'autorité du Gouverneur général, aux agents nommés par le Ministre de l'agriculture.

Des arrêtés du Gouverneur général, pris en Conseil de gouvernement et approuvés par le Ministre de l'Agriculture, régleront les conditions dans lesquelles s'exercera ce contrôle de l'État, la forme des déclarations à faire par les propriétaires de vignes, ainsi que les autres mesures d'exécution de la présente loi.

Art. 7. — La culture, la multiplication des vignes américaines par semis, greffes ou plantations sont prohibées Elles ne peuvent être autorisées que par des arrêtés du Gouverneur général pris en Conseil de gouvernement.

Les propriétaires possédant des plants ou semis de cette nature seront tenus d'en faire la déclaration à la Préfecture dans le délai de deux mois à partir de la présente loi. Les plantations, semis et greffes de plants américains, non autorisés ou non déclarés, seront détruits aussitôt qu'ils seront reconnus. Les infractions aux prescriptions qui précèdent seront punies des peines portées à l'article 13 de la loi du 2 août 1879.

Art. 8. — La prescription des délits et des conventions prévues et punies par les lois des 15 juillet 1878, 2 août 1879, *le décret du 26 décembre 1878*, la loi du 21 mars 1883, la présente loi et les arrêtés spéciaux, commencera à courir à partir du jour de la constatation de chaque délit ou contravention.

La présente loi délibérée et adoptée par le Sénat et par la Chambre des députés, sera exécutée comme loi de l'État.

Fait à Mont-sous-Vaudrey, le 28 juillet 1886.

JULES GRÉVY.

Par le Président de la République :

Le Ministre de l'Agriculture,

JULES DEVELLE.

ARRÊTÉ ORGANIQUE DU 14 DÉCEMBRE 1886

RELATIF A LA CONSTITUTION DES SYNDICATS DÉPARTEMENTAUX ET AU CONTRÔLE DE LEURS OPÉRATIONS

Le Gouverneur général de l'Algérie,

Vu la loi du 21 mars 1883, sur les mesures à prendre contre l'invasion et la propagation du phylloxera en Algérie ;

Vu la loi du 28 juillet 1886, ayant pour objet l'organisation des Syndicats en Algérie pour la défense contre le phylloxera ;

Vu notamment l'article 6 de cette même loi, disposant que des arrêtés du Gouverneur général pris en Conseil de gouvernement et approuvés par le Ministre de l'agriculture régleront les conditions dans lesquelles s'exercera le contrôle de l'Administration sur les Syndicats ;

Vu l'avis de la Commission spéciale instituée pour l'élaboration de l'arrêté destiné à régler les divers détails du fonctionnement du Syndicat ;

Vu l'avis du Conseil de gouvernement ;

Sur la proposition du secrétaire général du gouvernement,

ARRÊTE :

TITRE PREMIER

Constitution des syndicats départementaux pour la défense des vignobles contre le phylloxera

ARTICLE PREMIER. — Toute demande en autorisation de constitution d'un Syndicat départemental pour la défense du vignoble contre le phylloxera est adressée au Préfet, qui s'assure si les adhérents possèdent réellement une étendue de vignes formant un chiffre d'hectares égal au moins à la moitié de la superficie totale des propriétés viticoles du département. Cette superficie est déterminée chaque année dans le rapport présenté par le Préfet au Conseil général, en y comprenant les vignes situées dans le territoire de commandement.

ART. 2. — S'il est satisfait à cette première condition le Préfet doit, dans un délai de deux mois qui compte du jour de l'enregistrement de la demande a la préfecture, prendre l'arrêté d'autorisation et faire procéder aux élections.

Les électeurs seront convoqués par voie d'affiches placardées dans toutes les communes vingt jours au moins avant la date des opérations qui auront lieu un dimanche.

Art. 3. — Pour la confection ou la revision des listes électorales qui devront avoir lieu tous les ans par les soins des municipalités dans chaque département, du 1er au 31 janvier, il sera fait usage des rôles dressés par le service des Contributions directes en vue de la perception de la taxe spéciale sur les vignobles. Ces rôles seront communiqués, sans déplacement, le moment venu, par les receveurs des Contributions diverses chargés du recouvrement de l'impôt.

Les listes qui seront établies, sans distinction de sexe ou de nationalité, mentionneront les surfaces sur lesquelles chaque électeur paie la taxe et le nombre de voix qui lui est attribué. Toutefois, si les représentants du Syndicat en font la demande, la confection des listes sera effectuée dans les directions des Contributions directes au prix de 0 fr. 02 par article et tous frais compris.

Ce nombre de voix est fixé, d'après les étendues de vignes que possède l'électeur dans la commune, sur les bases suivantes :

Pour un vignoble de 1/4 d'hectare à 5 hectares, une voix.

Pour les vignobles dont la superficie est supérieure à 5 hectares, il sera en outre attribué, savoir :

De 5 à 100 hectares, une voix par 5 hectares.

De 100 à 200 hectares, une voix par 10 hectares.

Au-dessus de 200 hectares, une voix par 50 hectares.

Toute fraction supérieure à 2 hectares 1/2, 5 hectares et 25 hectares sera respectivement comptée pour 5, 10 et 50 hectares.

Art. 4. — Un bureau de vote sera ouvert à la Mairie de chaque commune sur le territoire de laquelle existeront des vignes soumises à la taxe. Le bureau se compose du maire, président, assisté de deux conseillers municipaux, ou, à défaut, de deux électeurs municipaux désignés par lui.

Le bureau est ouvert de 9 heures du matin à trois heures de l'après-midi. Le dépouillement du vote a lieu immédiatement après la clôture des opérations. Les procès-verbaux en sont envoyés aussitôt au président du bureau du chef-lieu d'arrondissement qui centralise les votes, proclame les résultats et les adresse, séance tenante, au Sous-Préfet.

Les élections ont lieu, pour le premier tour, à la majorité des suffrages exprimés, à la condition de réunir également un nombre de suffrages égal au quart de celui des électeurs inscrits; pour le deuxième tour, qui a lieu huit jours après, l'élection est faite à la majorité relative, quel que soit le nombre de votants. Si plusieurs candidats obtiennent le même nombre de suffrages, l'élection est acquise au plus âgé.

Art. 5. — Pour être éligible aux fonctions de syndic, il faut avoir 25 ans révolus au moins, être du sexe masculin, jouir de ses droits civils, n'avoir subi aucune condamnation judiciaire pour crime ou pour délit contraire à la probité ou au mœurs, et n'avoir pas été privé par jugement de tout ou partie des droits ou partie des droits mentionnés en l'article 42 du Code pénal.

Les élections ont lieu par scrutin de liste et par arrondissement.

Tout arrondissement ayant moins de deux mille hectares plantés en vignes aura trois syndics.

Pour les arrondissements ayant de 2,000 à 10,000 hectares de vignes, ce nombre sera augmenté de un syndic par 1,000 hectares, toute fraction dépassant 500 hectares étant comptée pour 1,000.

Au-dessus de 10,000 hectares, il sera attribué un syndic par 2,000 hectares; toute fraction supérieure à 1,000 hectares étant comptée pour 2,000 hectares.

Art. 6. — Les vignes situées dans les territoires de commandement figureront au compte de l'arrondissement dont la subdivision à laquelle elles appartiennent porte le nom.

Les dispositions relatives à la confection et à la revision des listes électorales, aux opérations de vote, etc., seront exécutées dans ces territoires et y seront appliquées par les autorités locales .

Art. 7. — La durée du mandat des syndics est de quatre ans. Le renouvellement a lieu par moitié tous les deux ans. Le syndic sortant est rééligible indéfiniment.

Dans le cas où le nombre des syndics d'un arrondissement serait réduit de moitié par suite de démission, décès, etc., il est, dans le délai de deux mois à dater de la dernière vacance, procédé à des élections complémentaires.

Art. 8. — Huit jours après la proclamation des résultats définitifs, les syndics élus, sur la convocation du Préfet qui indique les lieu et heure de la réunion, se réunissent au chef-lieu du département pour procéder à la nomination du bureau qui se compose d'un directeur et d'un ou plusieurs sous-directeurs.

Le bureau entre immédiatement en fonctions.

TITRE II

Opérations du Syndicat. — Budgets et comptes

1° *Surveillance des vignes*

Art. 9. — Le Syndicat départemental est tenu de faire visiter par ses agents, une fois par an au moins, la totalité des vignes, pépinières et treilles existantes dans le département (territoire civil et militaire).

La signature du propriétaire ou de son ayant-cause sera demandée par l'agent du Syndicat après la visite de chaque vigne. Cette signature sera donnée sur un carnet spécial tenu par l'agent et qui contiendra toutes indications utiles.

La visite générale du vignoble devra être commencée le 1er mai au plus tard et terminée le 15 juillet, délai de rigueur.

Si, dans le cours de ses opérations, l'agent chargé de la visite vient à constater la présence du phylloxera sur un point quelconque, il informe directement et sur-le-champ le Préfet de sa découverte et attend l'arrivée du délégué départemental.

Art. 10. — Indépendamment de la visite générale du vignoble à faire annuellement, le Syndicat départemental devra faire opérer des recherches méthodiques : 1° autour des anciens foyers phylloxeriques; les fouilles porteront au moins sur un pied sur dix; 2° dans les vignes américaines; toutes les souches seront visitées s'il s'agit de plants isolés ou disséminés dans un vignoble; s'il s'agit d'une plantation en masse, la visite portera sur un pied sur cent au moins; 3° dans les vignes soumises à un traitement cultural anti-phylloxerique, la visite portera sur un pied sur cent au minimum.

La détermination du périmètre des terrains complantés en vigues à soumettre aux fouilles méthodiques autour des anciens foyers phylloxeriques sera faite de concert entre les agents du Ministère de l'agriculture et le Syndicat départemental. En cas de désaccord, le Préfet décidera définitivement.

Art 11. — Tous les agents du Syndicat qui peuvent, par la nature de leurs fonctions, être appelés à pénétrer dans les propriétés particulières devront être agréés par le Préfet et assermentés.

La liste de présentation adressée par le Syndicat au Préfet indiquera la garantie qu'offrent les candidats.

Le Préfet accorde son agrément ou le refuse sans avoir à motiver sa décision.

2° *Budgets et comptes*

Art. 12 — L'établissement du budget et du compte administratif s'effectue en assemblée générale des syndics. L'assemblée générale qui se tient chaque année au mois de mars, règle le compte de l'exercice sur le point de se clôturer et donne son avis sur le quantum de la taxe à frapper pour l'année suivante.

Le budget pour cette même année suivante est arrêté dans la réunion générale d'octobre. Ce budget est soumis à l'approbation du préfet.

Le budget en recettes, comprend le produit de la taxe dans le département, déduction faite des frais d'assiette et autres engagés directement par l'Etat, pour arriver à la perception de la taxe. En dépenses, ce budget se compose de dépenses obligatoires et de dépenses facultatives.

Dépenses obligatoires

Frais de confection et de revision des listes électorales ;
Remises du trésorier ;
Frais d'installation et frais de bureau du directeur du Syndicat ;
Frais de tenue des assemblées générales des syndics ;
Traitement du personnel et accessoires ;
Frais de visite du vignoble et des recherches méthodiques ;
Frais de correspondance.

Dépenses facultatives

Dépenses diverses présentant pour la viticulture un intérêt général ;
Dépenses accidentelles ou imprévues.

A la session d'octobre, l'assemblée générale des syndics pourra, s'il y a lieu, établir pour l'année courante un budget supplémentaire qui sera soumis également ment à l'approbation du Préfet.

Art. 13. — Le Syndicat départemental nomme un trésorier particulier qui est soumis à toutes les obligations imposées aux comptables de l'espèce. Si le Syndicat départemental en fait la demande et si les nécessités du service ne s'y opposent pas, le trésorier pourra être choisi parmi les receveurs des Contributions diverses en résidence dans la ville où siège le Syndicat.

Art. 14. — Le versement des subventions s'effectue par mandats de paiement délivrés par le directeur des Contributions diverses sur le crédit législatif.

L'ordonnancement a lieu chaque mois dans la limite des recouvrements effectués.

Art. 15. — Le directeur du Syndicat départemental a l'ordonnancement des dépenses.

Art. 16. — En cas de dissolution du Syndicat, les espèces en caisse et les documents de comptabilité seront immédiatement remis par le trésorier à l'agent liquidateur désigné par le Préfet.

Cette remise devra être faite en présence du directeur, ou, à défaut, du sous-directeur. Il est dressé procès-verbal de l'opération.

L'agent liquidateur pourvoit au paiement des créances passives et les fonds restés libres font retour au Trésor.

TITRE III

Contrôle. — Sanction

Art. 17. — Le directeur du Syndicat départemental adresse tous les mois au Préfet, pendant la saison des visites, un rapport indiquant le nombre d'hectares visités commune par commune, l'état du vignoble, et pour les fouilles méthodiques entreprises dans les vignes à soumettre à ces opérations et qui auront été indiquées au Syndicat par le Préfet, le nombre de souches visitées par hectare.

Le premier rapport fera connaître la circonscription assignée à chacun des agents chargés des visites.

Lorsque les visites seront terminées, le directeur du Syndicat enverra au Préfet un rapport d'ensemble qui sera transmis par ce dernier au Gouverneur général.

Les agents du Ministère de l'agriculture auront le droit de se faire présenter par les agents du Syndicat partout où ils se trouveront, les carnets dont la tenue est prescrite à l'article 9.

Art. 18. — Dans le cas où la visite générale du vignoble ne serait pas terminée le 15 juillet ainsi que le prescrit l'article 9 ci-dessus, le Préfet adressera au Syndicat départemental une mise en demeure. Si cette mise en demeure était restée sans effet, a la date du 1er août suivant, le Préfet en rendrait immédiatement compte au Gouverneur général qui adresserait, à son tour, des propositions au Ministre de l'agriculture en vue de la dissolution immédiate du Syndicat.

TITRE IV

Contentieux. — Dispositions générales et transitoires

Art 19. — Les contestations et réclamations qui s'élèveraient à propos de la confection des listes, ainsi que des opérations électorales, seront tranchées conformément aux dispositions contenues au titre II de la loi du 5 avril 1884 sur l'organisation municipale, et dont il sera au surplus, fait application pour tous les cas non prévus au présent arrêté.

Art. 20. — Tout syndicat constitué après le 1er janvier n'opérera que l'année suivante.

Toutefois, à titre d'exception, pour l'année 1887, les demandes en autorisation pourront être formulées jusqu'au 15 janvier inclusivement.

Art. 21. — Les Préfets des départements, les Généraux commandant les divisions, les Directeurs des Contributions directes et diverses, les Agents du service phylloxérique, sont chargés, chacun en ce qui le concerne, de l'exécution du présent arrêté.

Fait à Alger, le 14 décembre 1886.

TIRMAN.

Approuvé :

Le Ministre de l'Agriculture,

Jules Develle.

Arrêtés du 29 Septembre 1885

PORTANT EXTENSION DE LA ZONE DE PROTECTION DES VIGNES PHYLLOXÉRÉES DE MANSOURAH ET DE SIDI-BEL-ABBÈS

Le Gouverneur général de l'Algérie,

Vu la loi du 21 mars 1883 sur les mesures à prendre contre l'invasion et la propagation du phylloxera en Algérie ;

Vu notamment l'article 4 de cette loi aux termes duquel le Gouverneur général de l'Algérie est investi du pouvoir de prendre un arrêté portant déclaration d'infection des vignes malades et fixant le périmètre auquel s'étend cette déclaration d'infection ;

Vu l'arrêté du 4 juillet 1885 portant déclaration d'infection de diverses vignes situées sur le territoire de Mansourah (arrondissement de Tlemcen) ;

Vu les instructions du Ministre de l'agriculture ;

ARRÊTE :

Article premier. — La zone de protection des vignes phylloxérées de Mansourah (département d'Oran) et définie par l'arrêté sus-visé du 4 juillet 1885, est étendue à tout l'arrondissement de Tlemcen.

Toutefois, la défense de pénétrer, si ce n'est avec l'autorisation du délégué du Préfet du département, n'est applicable qu'au périmètre des lieux déclarés infectés par l'arrêté du 4 juillet 1885.

Art. 2. — L'extension de la zone de protection, objet du présent arrêté, n'entraînera point la perte du droit à indemnité réglée par l'article 9 de la loi du 21 mars 1883. Partant, les déclarations prescrites par l'article 1er de la loi restent obligatoires pour toutes les vignes comprises dans la nouvelle partie de la zone de protection.

Art. 3. — En ce qui concerne la réglementation dans l'arrondissement, il est interdit de sortir de la commune de Tlemcen, pour les introduire dans une autre commune de l'arrondissement, les plants et débris de vigne, les échalas et tuteurs déjà employés, les composts et terreaux, les raisins de vendange, si ce n'est lorsqu'ils ont été foulés et en fûts fermés; ainsi que les marcs de raisins, s'ils ne sont contenus dans des vases, caisses ou véhicules clos.

ART. 4. — Le Préfet du département d'Oran et le service phylloxerique sont chargés d'assurer l'exécution du présent arrêté.

Fait à Alger, le 29 septembre 1885.

TIRMAN.

Le Gouverneur général de l'Algérie,

Vu la loi du 21 mars 1883, sur les mesures à prendre contre l'invasion et la propagation du phylloxera en Algérie;

Vu notamment l'article 4 de cette loi, article aux termes duquel le Gouverneur général de l'Algérie est investi du pouvoir de prendre un arrêté portant déclaration d'infection des vignes malades et fixant le périmètre auquel s'étend cette déclaration d'infection;

Vu l'arrêté du 21 août 1885, portant déclaration d'infection de diverses vignes situées sur le territoire de la commune de Sidi-bel-Abbès (arrondissement du dit);

Vu les instructions du Ministre de l'agriculture;

ARRÊTE :

ARTICLE PREMIER. — La zone de protection des vignes phylloxerées de Sidi-bel-Abbès (arrondissement du dit) et définie par l'arrêté sus-visé du 21 août 1885, est étendue à tout l'arrondissement de Sidi-bel-Abbès.

Toutefois, la défense de pénétrer, si ce n'est avec l'autorisation du délégué du Préfet du département, n'est applicable qu'au périmètre des lieux déclarés infectés par l'arrêté du 21 août 1885.

ART. 2. — L'extension de la zone de protection, objet du présent arrêté, n'entraînera point la perte du droit à indemnité réglée par l'article 9 de la loi du 21 mars 1883. Partant, les déclarations prescrites par l'article 1er de la loi, restent obligatoires pour toutes les vignes comprises dans la nouvelle partie de la zone de protection.

ART. 3. — En ce qui concerne la réglementation dans l'intérieur de l'arrondissement, il est interdit de sortir de la commune de Sidi-bel-Abbès, pour les introduire dans une autre commune de l'arrondissement, les plants et débris de vignes, les échalas et tuteurs déjà employés, les composts et terreaux, les raisins de vendange, si ce n'est lorsqu'ils ont été foulés et en fûts fermés, ainsi que les marcs de raisin, s'ils ne sont contenus dans des vases, caisses ou véhicules clos.

ART. 4. — Le Préfet du département d'Oran et le service phylloxerique sont chargés d'assurer l'exécution du présent arrêté.

Fait à Alger, le 29 septembre 1885.

TIRMAN.

Arrêté du 28 Août 1886

DÉTERMINANT LA ZONE DE PROTECTION DES VIGNES PHYLLOXERÉES DE PHILIPPEVILLE

Le Gouverneur général de l'Algérie,

Vu la loi du 21 mars 1883 sur les mesures à prendre contre l'invasion et la propagation du phylloxera en Algérie;

Vu notamment l'article 4 de cette loi, aux termes duquel le Gouverneur général est investi du pouvoir de prendre un arrêté portant déclaration d'infection des vignes dans lesquelles l'existence du phylloxera a été constatée et fixant le périmètre auquel s'étend cette déclaration d'infection;

Vu les arrêtés des 29 mai, 23 et 27 juin, 27 juillet, 10 et 27 août 1886, portant déclaration d'infection de diverses vignes, pépinières et jardins situés sur le territoire de la commune de Philippeville (arrondissement du dit, département de Constantine).

ARRÊTE :

ARTICLE PREMIER. — La zone de protection des vignes phylloxerées de Philippeville (département de Constantine) comprendra les communes de Philippeville et de Stora.

La défense de pénétrer, si ce n'est avec l'autorisation du délégué du Préfet, n'est toutefois applicable qu'aux propriétés déclarées infectées par les arrêtés spéciaux sus-visés.

ART. 2. — La détermination de la zone de protection, objet du présent arrêté, n'entrainera point la perte du droit à indemnité réglé par l'article 9 de la loi du 21 mars 1883. Partant, les déclarations prescrites par l'article 1er de la dite loi, restent obligatoires pour toutes les vignes comprises dans le périmètre de la zone, à l'exception de celles qui ont fait l'objet des arrêtés d'infection sus-visés.

ART. 3. — En ce qui concerne la réglementation dans l'intérieur de la zone de protection, il est interdit de sortir de la commune de Philippeville, pour les introduire dans celle de Stora, les plants et débris de vigne, les échalas et tuteurs déjà employés, les composts et terreaux, les raisins de vendange, si ce n'est lorsqu'ils ont été foulés et en fûts fermés; ainsi que les marcs de raisins, s'ils ne sont contenus dans des vases, caisses ou véhicules clos.

ART. 4. — Le Préfet du département de Constantine et le service phylloxerique sont chargés d'assurer l'exécution du présent arrêté.

Fait à Alger, le 28 août 1886.

Pour le Gouverneur général :

Le Secrétaire général du Gouvernement,

DURIEU.

ARRÊTÉ

DU GOUVERNEUR GÉNÉRAL RÉGLEMENTANT LA CIRCULATION DES PRODUITS
AGRICOLES ET HORTICOLES ET DES ENGRAIS.

Le Gouverneur général de l'Algérie,

Vu le décret du 12 juillet 1880 qui a déclaré applicable à l'Algérie la loi des 15 juillet 1878, 2 août 1879, relative aux mesures à prendre pour arrêter les progrès du phylloxera et du doryphora ;

Vu notamment l'article 3 de ce décret, aux termes duquel le Gouverneur général de l'Algérie exerce dans la colonie celles des attributions conférées dans la métropole au Ministre de l'Agriculture par la loi des 15 juillet 1878, 2 août 1879 ;

Vu la loi du 21 mars 1883 sur les mesures à prendre contre l'invasion et la propagation du phylloxera en Algérie ;

Vu les arrêtés du 29 septembre 1885 qui ont étendu respectivement à tout le territoire des arrondissements de Tlemcen et de Sidi-bel-Abbès (département d'Oran), la zone de protection des vignes phylloxerées de Mansourah et de Sidi-bel-Abbès ;

Vu l'arrêté du 28 août 1886, déterminant la zone de protection des vignes phylloxerées de Philippeville (arrondissement du dit, département de Constantine);

Sur la proposition du Secrétaire général du gouvernement.

ARRÊTE :

ARTICLE PREMIER. — Il est interdit de faire sortir des territoires délimités par les arrêtés sus-visés des 29 septembre 1885 et 23 août 1886, pour les expédier au dehors, les objets et produits ci-après indiqués :

1° Les ceps de vigne, sarments, crossettes, boutures avec ou sans racines, marcottes, etc., feuilles de vigne même employées comme enveloppes, couverture ou emballage, raisins de table ou de vendange, marcs de raisin, et d'une manière générale, tous les produits et débris de la vigne ;

2° Les plants d'arbres, arbustes et végétaux de toute nature à l'état vivant ;

3° Les échalas et tuteurs déjà employés ;

4° Les engrais végétaux, composts, terres, terreaux et fumiers.

ART. 2. — Est autorisée l'exportation hors des territoires délimités par les arrêtés des 29 septembre 1885 et 28 août 1886, des fruits et légumes frais de toute nature.

Les pommes de terre ne sont toutefois admises à la circulation qu'après avoir été lavées et complètement dégarnies de terre.

ART. 3. — Il sera procédé à la saisie et à la destruction immédiate des objets et produits autres que les pommes de terre, mis en circulation en contravention au présent arrêté Si ces objets consistent en plants de vignes, boutures, sarments, souches, feuilles et débris de vigne, échalas, tuteurs, leur emballage sera détruit et les véhicules qui auront servi au transport seront désinfectés par un lavage au pétrole, sous le contrôle des agents de l'autorité. (1)

Pour les pommes de terre qui n'auraient pas été lavées ou auraient conservé des adhérences de terre, l'opération devra être faite sur place sous les yeux des agents qui auront verbalisé ou de l'expert phylloxérique de la région.

Les détritus de terre en provenant seront arrosés au pétrole.

ART. 4. — Les frais résultant de la destruction des objets ou produits et de la désinfection des véhicules ayant servi au transport seront à la charge des contrevenants, sans préjudice des peines édictées par la loi des 15 juillet 1878, 2 août 1879.

Une prime de trente francs (30 fr.) sera payée à l'agent verbalisateur, après condamnation prononcée.

ART. 5. — Les objets et produits expédiés d'une région indemne à destination d'une autre région également indemne devront, lorsqu'ils auront à traverser les territoires délimités par les arrêtés des 26 septembre 1885 et 28 août 1886, être accompagnés d'un certificat d'origine délivré par l'autorité municipale du point de départ.

ART. 6. — MM. les Préfets et Généraux commandant les divisions, ainsi que les agents du service phylloxérique sont chargés d'assurer l'exécution du présent arrêté.

Fait à Alger, le 9 septembre 1886.

TIRMAN.

ARRÊTÉ

DÉTERMINANT LA ZONE DE PROTECTION DES VIGNES PHYLLOXERÉES

DE KARGUENTAH (ORAN)

Le Gouverneur Général de l'Algérie,

Vu la loi du 21 mars 1883 sur les mesures à prendre contre l'invasion et la propagation du phylloxera en Algérie ;

Vu notamment l'art. 4 de cette loi, aux termes duquel le Gouverneur général est investi du pouvoir de prendre un arrêté portant déclaration d'infection des vignes dans lesquelles l'existence du phylloxera a été constatée et fixant le périmètre auquel s'étend cette déclaration d'infection ;

Vu le décret du 12 juillet 1880, qui a déclaré applicable à l'Algérie la loi des 15 juillet 1878, 2 août 1879, relative aux mesures à prendre pour arrêter les progrès du phylloxera et du doryphora.

Vu l'art. 3 de ce décret, aux termes duquel le Gouverneur général exerce,

---

(1) Le pétrole peut être avantageusement remplacé par l'eau bouillante (instruction ministérielle du 30 novembre 1886).

dans la colonie, celles des attributions conférées dans la Métropole au Ministre de l'Agriculture par la loi des 15 juillet 1878, 2 août 1879 :

Vu l'arrêté du 13 septembre 1886, portant déclaration d'infection des vignes appartenant aux sieurs Ribière et Risso et situées à Karguentah (commune d'Oran, arrondissement du dit, département d'Oran) ;

Vu l'avis exprimé par la Commission supérieure du phylloxera, dans sa séance du 5 août 1886 ;

Sur la proposition du Secrétaire général du Gouvernement ;

ARRÊTE :

ARTICLE PREMIER. — La zone de protection des vignes phylloxerées de Karguentah (commune d'Oran) comprendra les communes d'Oran, de la Sénia, de Sidi-Chami, de Valmy et de Mangin.

La défense de pénétrer, si ce n'est avec l'autorisation du délégué du Préfet n'est, toutefois, applicable qu'aux propriétés déclarées infectées par des arrêtés spéciaux.

ART. 2. — La détermination de la zone de protection, objet du présent arrêté, n'entraînera point la perte du droit à indemnité réglé par l'article 9 de la loi du 21 mars 1883. Partant, les déclarations prescrites par l'article 1er de la dite loi, restent obligatoires pour toutes les vignes comprises dans le périmètre de la zone, à l'exception de celles qui ont fait l'objet d'arrêtés d'infection.

ART. 3. — Il est interdit de faire sortir des communes d'Oran, de la Sénia, de Sidi-Chami, de Valmy et de Mangin, pour les expédier au dehors, les objets et produits ci-après indiqués :

1° Les ceps de vigne, sarments, crossettes, boutures avec ou sans racines, marcottes, etc...., feuilles de vigne même employées comme enveloppe, couverture ou emballage, raisins de table ou de vendange, marcs de raisin et, d'une manière générale, tous les produits et débris de la vigne ;

2° Les plants d'arbres, arbustes et végétaux de toute nature à l'état vivant ;

3° Les échalas et tuteurs déjà employés ;

4° Les engrais végétaux, composts, terres, terreaux et fumiers.

ART. 4. — Est autorisée l'exportation hors du territoire des communes visées à l'article 1er, des fruits et légumes frais de toute nature.

Les pommes de terre ne seront toutefois admises à la circulation, qu'après avoir été lavées et complétement dégarnies de terre.

ART. 5. — En ce qui concerne la réglementation dans l'intérieur de la zone de protection, il est interdit de faire sortir de la commune d'Oran, pour les introduire dans celles de la Sénia, de Sidi-Chami, de Valmy et de Mangin, les plants et débris de vigne, les échalas et tuteurs déjà employés, les composts et terreaux, les raisins de vendange, si ce n'est lorsqu'ils ont été foulés et en fûts fermés, ainsi que les marcs de raisin, s'ils ne sont contenus dans des vases, caisses ou véhicules clos.

ART. 6. — Il sera procédé à la saisie et à la destruction immédiate des objets et produits autres que les pommes de terre mis en circulation, en contravention aux dispositions du présent arrêté. Si ces objets consistent en plants de vignes, boutures, sarments, souches, feuilles et débris de vigne, échalas, tuteurs, leur emballage sera également détruit et les véhicules qui auront servi au transport seront désinfectés par un lavage au pétrole (1), sous le contrôle des agents de l'autorité.

Pour les pommes de terre qui n'auraient pas été lavées ou auraient conservé des adhérences de terre, l'opération devra être faite sur place, sous les yeux des agents qui auront verbalisé ou d'un agent du service phylloxérique. Les détritus de terre en provenant, seront arrosés au pétrole.

ART. 7. — Les frais résultant de la destruction des objets ou produits et de la désinfection des véhicules ayant servi au transport seront à la charge des contrevenants, sans préjudice des peines édictées par la loi des 15 juillet 1878-2 août 1879.

Une prime de trente francs (30 fr.) sera payée à l'agent verbalisateur après condamnation prononcée.

ART. 8. — Les objets et produits expédiés d'une région indemne, à destination d'une autre région également indemne, devront, lorsqu'ils auront a traverser les communes comprises dans la zone de protection, être accompagnés d'un certificat d'origine délivré par l'autorité municipale du point de départ.

ART. 9. — Le Préfet du département d'Oran, ainsi que les agents du service phylloxérique sont chargés d'assurer l'exécution du présent arrêté.

Fait à Alger, le 26 novembre 1886.

TIRMAN.

Arrêté du 14 Octobre 1886

RELATIF A LA PERCEPTION D'UNE TAXE SPÉCIALE SUR LA VIGNE

Le Gouverneur général de l'Algérie,

Vu la loi du 28 juillet 1886, relative à l'organisation de syndicats en Algérie pour la défense contre le phylloxera ;

Vu les articles 1, 2 et 6 de cette loi disposant : 1° qu'il est fait face aux frais de visite du vignoble algérien au moyen d'une taxe spéciale et temporaire portant sur toutes les vignes, à partir de la troisième année de leur plantation ; 2° que la dite taxe, dont le montant sera fixé chaque année par arrêté du Gouverneur général, pris en Conseil de gouvernement, les Conseils généraux consultés, est assise sur les déclarations des propriétaires, contrôlées par le service des Contributions directes ; 3° enfin qu'un arrêté du Gouverneur général, pris en Conseil de gouvernement et approuvé par le Ministre de l'agriculture, doit régler les conditions de ce contrôle, la forme des déclarations, etc....

---

(1) Ou à l'eau bouillante.

Le Conseil de gouvernement entendu :

Sur la proposition du Secrétaire général du Gouvernement,

ARRÊTE :

TITRE Ier

De l'assiette de la taxe

ARTICLE PREMIER. — La taxe à percevoir sur les vignes à partir de la troisième année de leur plantation est uniforme dans toute l'étendue d'un même département.

Elle est due pour l'année entière par le propriétaire déclarant, ses héritiers ou concessionnaires.

ART. 2 — Chaque année, du 1er février au 15 mars, tout propriétaire ou représentant à un titre quelconque le propriétaire de vignes imposables et d'une étendue de 25 ares et au-dessus, doit faire la déclaration prescrite par l'article 2, § 2, de la loi du 28 juillet 1886, à la mairie de la commune où sont situées les vignes.

Toutefois, la déclaration peut ne plus être renouvelée, si ce n'est dans le cas d'un changement apporté au nombre d'hectares de vignes imposables primitivement déclarées.

ART. 3. — Les déclarations prescrites par l'article précédent sont inscrites sur des formules *ad hoc* dont un exemplaire sera mis gratuitement à la disposition des propriétaires de vignes, sur la demande qu'ils auront à en faire à la mairie.

Ces déclarations font mention des nom, prénoms, profession et demeure des déclarants, de la date de la déclaration, du nombre d'hectares déclarés et des lieux dits de la situation des vignes dans la commune. Il en est donné reçu au déclarant. Le récépissé est la copie de la déclaration.

ART. 4. — A l'expiration du délai imparti pour recevoir les déclarations, les agents des Contributions directes se rendront dans chaque commune du département après avoir eu soin d'aviser le maire ou l'autorité en tenant lieu, du jour de leur arrivée.

Ces agents vérifieront les déclarations : ils les confronteront avec les renseignements qu'ils auront pu recueillir et avec ceux qui leur seront fournis par l'autorité municipale ; ils suppléeront d'office et sauf recours devant le Conseil de préfecture de la part des intéressés, aux déclarations qui n'auraient pas été faites ou qui seraient reconnues inexactes ou incomplètes. et ils appliqueront, s'il y a lieu, la double taxe prévue par l'article 2 de la loi du 28 juillet 1886.

Ils rédigeront l'état matrice, de concert avec le maire.

ART. 5. — L'état-matrice est rédigé par lettre alphabétique et est disposé pour une durée de quatre ans.

Cet état présente les nom, prénoms, profession et demeure des propriétaires, le nombre d'hectares de vignes imposables qu'ils possèdent, et la taxe (simple ou double) à laquelle ces hectares doivent être soumis pour la première année de l'imposition.

Art. 6. — Les agents des Contributions directes adresseront au directeur du service les états matrices avec toutes les déclarations et autres pièces justificatives reconnues utiles.

Ces états matrices servent de base à la confection des rôles. Il est procédé pour cette confection, pour la mise à exécution et la publication des rôles, la distribution des avertissements et le recouvrement de la taxe, comme en matière de contributions directes en Algérie.

Art. 7. — Lorsque les faits pouvant donner lieu à un accroissement de taxe n'ont pas été constatés en temps utile pour entrer dans la formation du rôle primitif, il est dressé dans le cours de l'année un rôle supplémentaire.

TITRE II

Frais d'assiette de la taxe

Art. 8. — Les frais d'assiette, de perception et autres frais accessoires relatifs à la taxe spéciale sur les vignes sont prélevés sur le produit de cette même taxe. Ils sont fixés par arrêtés du Gouverneur général, pris en Conseil de gouvernement.

TITRE III

Mesures transitoires

Art. 9. — A titre exceptionnel et pour que la perception de la taxe sur les vignes puisse être autorisée par la loi de finances de l'exercice de 1887, les déclarations devant servir de base à l'établissement de la taxe pour l'année 1887, ont été reçues dans les mairies du 15 août au 15 septembre inclus, délai fixe par l'arrêté du 5 août 1886.

Fait à Alger, le 14 octobre 1886.

TIRMAN.

Approuvé :

Le Ministre de l'Agriculture,
J. DEVELLE.

ARRÊTÉ

FIXANT LES INDEMNITÉS A ALLOUER AUX AGENTS
DES CONTRIBUTIONS DIRECTES

Le Gouverneur général de l'Algérie,

Vu la loi du 28 juillet 1886 sur la défense du vignoble algérien contre le phylloxera, notamment l'article 1er de cette loi, qui dispose qu'il est fait face aux frais de visite de ce vignoble au moyen d'une taxe spéciale et temporaire sur les vignes, à partir de la troisième année de leur plantation;

Vu l'arrêté organique du 14 octobre 1886, pris en conformité de l'article 6 de la loi du 28 juillet 1886 et réglant les mesures d'exécution relatives à l'établissement de la taxe sur les vignes ; notamment l'article 8 du dit arrêté, portant que les frais d'assiette à prélever sur le produit de la taxe, sont fixés par arrêté du Gouverneur général, pris en Conseil de gouvernement ;

Le Conseil de gouvernement entendu,

Sur la proposition du Secrétaire général du Gouvernement ;

ARRÊTE :

ARTICLE PREMIER. — A partir de l'établissement de la taxe sur les vignes pour l'année 1888 et jusqu'à ce qu'il en soit autrement ordonné, il sera alloué aux agents des Contributions directes, pour les couvrir des dépenses que leur occasionneront tant l'exécution des travaux qu'ils ont à effectuer, que la fourniture des imprimés mis à leur charge, les indemnités suivantes, savoir :

Aux directeurs : Pour frais de confection et d'expédition des rôles et avertissements et fourniture des imprimés nécessaires à ces travaux, etc..., cinq centimes par article de rôle ;

Aux contrôleurs : Pour vérification des déclarations, recherche de la matière imposable, confection des matrices, instruction et réclamations, etc..., cinq centimes par article de rôle.

ART. 2. — Lors du renouvellement des états matrices quadriennaux, les indemnités prévues à l'article 1er du présent arrêté seront calculés à raison de huit centimes par article pour les directeurs et de quatre centimes pour les contrôleurs.

ART. 3. — Les Préfets des départements sont chargés de l'exécution du présent arrêté.

Fait à Alger, le 27 avril 1887.

Pour le Gouverneur général :
Ie Secrétaire général du Gouvernement,
Signé : DURIEU.

RÈGLEMENT

CONCERNANT LA VIGNE AMÉRICAINE

CIRCULAIRE

à MM. les Préfets des trois départements de l'Algérie.

Alger, le 13 janvier 1887.

MONSIEUR LE PRÉFET,

Les pouvoirs publics depuis longtemps déjà, n'ont cessé de se préoccuper du soin de préserver le vignoble algérien du phylloxera, qui a causé de si grands ravages en France. Les premières mesures prises dans ce sens remontent à l'année 1873 : elles consistaient à interdire l'introduction dans la colonie de tout produit pouvant servir de véhicule au fléau. Il est à remarquer à ce sujet que d'aussi rigoureuses prohibitions qui affectaient sensiblement le prix des denrées alimentaires dans les villes algériennes, n'ont jamais soulevé de plaintes bien vives de la part de la population qui était pénétrée de l'utilité de ces mesures, au point de vue du développement de la prospérité de la colonie. Mais il ne suffisait pas de s'efforcer d'empêcher l'importation du phylloxera en Algérie ; on devait, en outre, prendre des dispositions pour le rechercher dans le pays même et pour le détruire si on venait à le trouver. Ce système de défense a fait l'objet de deux actes législatifs, l'un du 21 mars 1883, l'autre du 28 juillet 1886. Le premier met à la charge de l'Etat, qui n'a pas reculé devant l'importance du sacrifice à un moment donné, tous les frais de destruction des vignes atteintes, et de plus, les indemnités à payer aux propriétaires dépossédés. La seconde loi, qui n'est que le complément de la première, porte, dans l'intérêt de l'œuvre de conservation entreprise, que la culture, la multiplication des vignes américaines par semis, graines ou plantations est prohibée à l'avenir (article 7).

Cette disposition qui a été très bien accueillie par un grand nombre de viticulteurs, n'a pas laissé que de causer une certaine émotion chez d'autres qui y ont vu une sorte d'atteinte portée à leurs droits de propriétaires et une entrave au développement des plantations de vignes. Sans contester ce que cette interdiction peut avoir de rigoureux, je crois devoir faire observer qu'elle n'est que la reproduction des dispositions contenues dans la loi de 1878-79 applicable dans la métropole.

D'après cette loi et le décret du 28 février 1885 qui en réglemente l'exécution, l'introduction de vignes étrangères dans un arrondissement ne peut y être autorisée par le Ministre qu'autant que l'existence du phylloxera a été officiellement constatée dans cette région.

La loi du 28 juillet 1886 pour l'Algérie prévoit également que des plantations de vignes américaines pourront être autorisées par des arrêtés du Gouverneur général pris en Conseil de gouvernement.

Depuis la promulgation de la loi qui nous occupe, il m'a été adressé un certain nombre de demandes en vue de plantations de cépages américains. Comme il s'agissait d'une question toute nouvelle et qu'il importait de fixer la règle à suivre, j'ai jugé utile, avant de statuer, de prendre l'avis de M. le Ministre de l'Agriculture. Dans sa réponse, M. le Ministre s'est prononcé contre toute autorisation de plantation de cépages américains dans les centres viticoles actuellement existants, mais il n'est pas opposé cependant à ce que quelques plantations de vignes américaines soient effectuées dans un but d'étude notamment sur des points isolés.

Tout me fait un devoir, la loi aussi bien que la prudence la plus élémentaire, de me conformer aux sages recommandations de M. le Ministre de l'Agriculture. Je suis donc bien résolu à refuser toute autorisation de plantation de cépages américains sur les territoires des communes où se trouvent déjà des vignes françaises ; aucune considération ne pourra me faire déroger à cette règle absolue. S'en écarter, ce serait risquer, en effet, de créer au milieu des vignobles des foyers phylloxériques d'autant plus redoutables que leur existence ne pourrait être constatée que longtemps après la propagation du fléau et lorsqu'il serait trop tard pour enrayer son développement.

Mais il ne sera pas inutile, je le reconnais volontiers, de laisser créer dans des cantons éloignés de toute autre plantation de vignes, des collections de cépages américains qui permettront d'étudier leur manière respective de se comporter dans ce pays, de rechercher ceux qui s'adaptent le mieux au sol et au climat.

En raison même des conditions d'isolement que je suis bien décidé à leur imposer, ces plantations seront nécessairement assez peu nombreuses et je ne les permettrai qu'après une exploration minutieuse de la localité par les agents du service phylloxerique et sur leur proposition.

J'aurai l'honneur de vous prier, en outre, de vouloir bien donner à ces mêmes agents du Service phylloxerique les instructions les plus formelles pour qu'ils aient à faire une reconnaissance exacte des plantations de cépages américains existant à ce jour. Ils devront en quelque sorte en dresser l'inventaire, en constatant le nombre de pieds, leur position et ils s'assureront dans la suite, que l'étendue de la plantation n'a pas été augmentée soit de proche en proche, soit tout autrement. Pour cela, les agents phylloxeriques exerceront sur les vignes une surveillance toute particulière et les soumettront à des visites fréquentes, à des fouilles exécutées tantôt sur certains pieds, tantôt sur d'autres, sans tenir compte de la belle apparence qu'elles pourraient avoir. Aucune bouture ne pourra en sortir sans une autorisation de ma part et sans l'indication de l'acheteur et du lieu de destination. Ces différentes précautions seront prises également à l'égard des plantations de cépages américains qui viendraient à être exécutées ultérieurement dans les conditions de l'article 7, § 2 de la loi du 28 juillet 1886.

Pour les vignes américaines qui n'auraient pas fait l'objet de la déclaration prévue à l'article 7 de la loi de 1886, il conviendra d'inviter les propriétaires à les faire arracher et brûler sur place immédiatement. Ces propriétaires devront être avertis que s'ils attendaient la visite des agents de l'Etat ils encourraient, en plus de la destruction de leurs plants étrangers à leurs frais, les peines édictées par la loi.

A l'avenir, les experts du Service phylloxerique auront à rechercher, d'une façon toute particulière, dans toutes les vignes qu'ils inspecteront, s'il n'y existe pas des cépages américains non déclarés, de plantation ancienne ou récente. Dans le cas où la plantation aurait été effectuée depuis peu et, notoirement, à une date postérieure à la promulgation de la loi, il y aurait lieu de s'enquérir de l'origine des boutures. Ce renseignement serait consigné dans le procès-verbal de l'agent phylloxerique dûment assermenté. En cas de contestation sur la nature des cépages, vous auriez à faire opérer une contre-vérification par le délégué départemental.

Je vous serai reconnaissant de me faire connaître les mesures que vous aurez prises en vue d'assurer l'exécution des prescriptions contenues dans cette dépêche qui devra être insérée au *Recueil des actes administratifs* de votre Préfecture.

Veuillez agréer, Monsieur le Préfet, l'assurance de ma considération la plus distinguée.

TIRMAN.

VIGNES AMÉRICAINES

AU SUJET DE LA SURVEILLANCE DES PLANTATIONS DE VIGNES

CIRCULAIRE

Alger, le 28 Février 1887.

Monsieur le Préfet,

Par ma circulaire du 13 janvier dernier, N° 229, j'ai eu l'honneur de vous donner connaissance des dispositions que j'avais adoptées, en vue de l'application de l'article 7 de la loi du 28 juillet 1886, concernant la culture et la multiplication des cépages d'origine américaine. Cette circulaire portait notamment que les agents du Service phylloxérique seraient chargés de contrôler les déclarations faites par les propriétaires de cépages de cette espèce. L'état de la végétation va bientôt permettre de procéder utilement à cette vérification qui devra être effectuée par le délégué départemental ou par son adjoint. La mission de ces agents, à la disposition de qui je vous prierai de mettre les déclarations déposées à votre Préfecture, consistera à compter le nombre de pieds de vignes américaines de chaque espèce, à reconnaître leur âge et à déterminer d'une manière aussi précise que possible la situation occupée dans le vignoble par les cépages étrangers. Dans le cas où les délégués seraient amenés à constater l'existence de cultures notablement plus importantes que celles qui ont été déclarées, ils auraient à vous en rendre compte immédiatement de façon que vous puissiez faire détruire immédiatement les ceps en excédant.

Pour que la surveillance des cépages américains soit réellement efficace, il est nécessaire que la vérification dont il s'agit ait lieu tous les ans. Exceptionnellement cette opération devra être entreprise cette année dans les premiers jours du mois prochain : il y a en effet intérêt à se rendre compte sans plus de retard des conditions dans lesquelles les prescriptions de la loi du 28 juillet 1886 sont observées par les viticulteurs.

Pour les années suivantes, les motifs qui commandent d'entreprendre les travaux de vérification au printemps n'existeront pas; aussi sera-t-il préférable d'attendre l'époque de la fructification (fin août). Le choix de cette époque présentera, au surplus cet avantage que les délégués départementaux auront un élément de plus pour déterminer les espèces et les variétés de cépages américains

Il doit être bien entendu que les experts restent chargés, lors de la visite générale du vignoble, des recherches, dans les vignes américaines prescrites par l'article 10 de mon arrêté organique du 14 décembre 1886.

Pour plus de garantie, les délégués départementaux devront, au cours de leur tournée de contrôle, procéder également à des recherches et à des fouilles afin de s'assurer si les vignes américaines sont indemnes du phylloxera.

En terminant, je vous prierai de tenir la main à l'observation des instructions contenues dans la présente circulaire dont vous voudrez bien, au surplus,
m'accuser réception.

Veuillez agréer, Monsieur le Préfet, l'assurance de ma considération la plus
distinguée.

Le Gouverneur généra',

TIRMAN.

Décret du 28 Février 1887

SUR LES MESURES A PRENDRE POUR ARRÊTER ET PRÉVENIR LES DOMMAGES CAUSÉS AUX VIGNOBLES PAR L'ALTISE

Le Président de la République française,

Considérant que la culture de la vigne, qui constitue l'une des principales
branches de l'exploitation du sol en Algérie, est menacée par les ravages de
l'altise de la vigne ;

Considérant qu'il y a urgence à prendre des dispositions propres à les combattre ;

Sur le rapport du Ministre de l'agriculture et d'après les propositions du
Gouverneur général de l'Algérie,

DÉCRÈTE :

ARTICLE PREMIER. — Les Préfets des départements de l'Algérie sont autorisés
à prescrire les mesures nécessaires pour arrêter ou prévenir les dommages
causés aux vignobles par l'altise.

Les arrêtés détermineront l'époque à laquelle il devra être procédé à l'exécution des mesures prescrites, les régions et localités dans lesquelles elles seront
applicables, ainsi que les détails d'exécution.

Ces arrêtés ne seront exécutoires, sauf le cas d'urgence, qu'après approbation du Gouverneur général de l'Algérie.

ART. 2. — Les mesures prescrites sont obligatoires pour tous les propriétaires, fermiers, colons, métayers, usufruitiers et usagers sur les terrains où ils
possèdent ou cultivent de la vigne.

Dans les terrains limitrophes des champs de vignes et dans un rayon de protection de 50 mètres, la suppression des broussailles, herbes sèches et ronces,
le nettoyage des arbres, arbustes et haies vives sera obligatoire pour les détenteurs.

ART. 3. — L'État, les départements, les communes, les établissements
publics ou privés seront soumis aux mêmes obligations en ce qui concerne les
terrains incultes, les forêts, les dépendances des routes, chemins, fossés ou
canaux et voies ferrées leur appartenant.

Art. 4. — En cas d'inexécution dans les délais fixés des mesures ordonnées par arrêté préfectoral, procès-verbal sera dressé contre les contrevenants qui seront passibles des peines édictées par les articles 471 et 474 du Code pénal. Il sera procédé à leurs frais par les soins du service phylloxérique à l'exécution des mesures prescrites. Les dépenses ainsi faites seront recouvrées par les Contributions diverses, en vertu de mandatements exécutoires délivrés par les Préfets sans préjudice de l'action en dommages-intérêts que les viticulteurs pourront exercer.

Art. 5. — Le Ministre de l'agriculture et le Gouverneur général de l'Algérie sont chargés, chacun en ce qui le concerne, de l'exécution du présent décret.

Fait à Paris, le 18 février 1887.

Jules GRÉVY.

Par le Président de la République :

Le Ministre de l'Agriculture,

J. DEVELLE.

Instructions

RELATIVES A L'APPLICATION DU DÉCRET DU 10 FÉVRIER 1887

CIRCULAIRE

à MM. les Préfets des trois départements de l'Algérie

Alger, le 12 mars 1887.

Monsieur le Préfet,

J'ai l'honneur de vous transmettre, ci-joint, un certain nombre d'exemplaires du journal officiel le *Mobacher*, dans lequel a été inséré le décret du 18 février 1887, sur les mesures à prendre pour arrêter ou prévenir les dommages causés aux vignobles par l'insecte connu sous le nom d'altise. Ainsi que vous voudrez bien le remarquer, l'article 1er de ce décret investit les Préfets de l'Algérie du droit de prescrire les mesures dont il s'agit par des arrêtés spéciaux qui, sauf le cas d'urgence, doivent être soumis à mon approbation. Aux termes des articles 2 et 3 du décret en question, ces arrêtés peuvent viser non-seulement les viticulteurs, mais encore les propriétaires de terrains limitrophes de champs de vignes, que ces terrains appartiennent à de simples particuliers ou à l'État, aux départements, aux communes, et à des établissements publics ou privés.

Je crois devoir, Monsieur le Préfet, vous donner quelques indications, à défaut d'instructions formelles, au sujet de l'exercice des nouveaux pouvoirs qui vous sont conférés. Vous voudrez bien remarquer, tout d'abord, que les mesures à prescrire peuvent ne pas s'appliquer à toute l'étendue du département. Il peut se produire, en effet, que dans certaines parties du territoire, les ravages de l'altise affectent un caractère réellement inquiétant et commandent l'application de mesures de préservation énergiques, tandis que dans d'autres régions, au contraire, le mal n'offre pas ou presque pas de gravité; l'action administrative, par suite, n'aura pas à s'y manifester. Pour la détermination des localités dans lesquelles la lutte contre l'altise devra être ordonnée et en raison du caractère spécial des mesures prévues par le décret du 18 février 1887, il semble, à mon avis, plus rationnel de ne pas statuer d'office et de s'en rapporter à l'initiative et à la vigilance des intéressés, c'est-à-dire des viticulteurs.

Dans les communes où existent des associations agricoles, c'est à ces dernières que paraît incomber, au premier chef, le soin de réclamer l'application des mesures prévues par le décret du 18 février 1887 ; elles auraient à vous soumettre leurs demandes par l'entremise de l'autorité municipale qui formulerait également son avis sur l'opportunité d'y donner satisfaction. Pour les communes dans lesquelles ne fonctionnent pas d'associations de l'espèce, les propositions pourraient émaner des municipalités directement.

Les demandes dont vous seriez ainsi saisi seraient peut-être utilement soumises par vous à l'examen du Service phylloxérique sur l'avis duquel vous détermineriez définitivement les localités auxquelles les mesures de préservation à ordonner devraient s'étendre pour former un périmètre suffisamment développé.

Maintenant, une autre question se pose : Quels seront les procédés de destruction dont il sera fait usage dans les localités visées par vos arrêtés.

A cet égard, il y a lieu de faire une distinction importante résultant des mœurs mêmes de l'insecte. Comme vous le savez, l'altise quitte les ceps de vignes quelques temps après la vendange, vers la fin d'octobre, pour se réfugier dans des retraites (ronces, broussailles, herbes sèches, etc.) où elle passe l'hiver. Au printemps suivant, elle envahit de nouveau les vignes dont les jeunes pousses lui fournissent une nourriture abondante. Il va de soi que les mœurs de préservation doivent varier suivant l'époque pendant laquelle elles seront appliquées.

J'examinerai d'abord les dispositions à prendre alors que les mouches se sont fixées dans les vignes, c'est-à-dire au printemps et pendant l'été. Pour cette période, aucun procédé de destruction ne paraît devoir être recommandé plus spécialement. La Commission que j'avais chargée des études qui ont abouti à l'édiction du 18 février 1887, a rempli en même temps, en exécution de la double mission que je lui avais confiée, les fonctions du jury pour l'application des procédés de destruction de l'altise au concours ouvert en 1886.

Or, tout en reconnaissant que quelques-uns de ces procédés ne laissaient pas que de présenter une certaine efficacité, le jury n'a pas cru, néanmoins, conclure à l'attribution du prix de 5,000 francs, institué par l'administration.

Aucun des insecticides n'a paru réunir entièrement les conditions recherchées. Aussi, en présence de ces résultats presque négatifs ou tout au moins insuffisants, suis-je d'avis qu'il sera prudent de s'abstenir d'indiquer dans les arrêtés préfectoraux le ou les procédés dont les intéressés devraient faire usage exclusivement. J'estime qu'il conviendra cependant de considérer comme ayant pleinement satisfait aux prescriptions de ces arrêtés, les viticulteurs qui auront, à l'époque où les pousses de la vigne commencent à se développer, effectué le ramassage des insectes, soit au moyen d'entonnoirs, soit de toute autre manière, et qui auront ensuite opéré, dans le courant du mois de juin, le soufrage de leurs vignes. Tel est, du reste, le sentiment qui a été exprimé au sein de la Commission spéciale, par les viticulteurs expérimentés qui en faisaient partie.

A l'égard des propriétaires de terrains non plantés en vignes mais contigüs à des vignobles à qui l'article 2 du décret du 18 février 1887 impose l'obligation de supprimer les broussailles, herbes sèches et ronces, et de procéder au nettoyage des arbres, arbustes et haies vives et ce, dans un rayon de 50 mètres, l'Administration, tout en exigeant d'eux l'exécution des mesures prescrites, lorsque ces terrains se trouveront compris dans les périmètres déterminés par vos arrêtés devra, pour éviter de tomber dans l'abus, user avec eux d'une certaine réserve, et elle pourra, le plus souvent, s'en rapporter aux intéressés, c'est-à-dire aux viticulteurs, du soin de surveiller les abords de leurs vignes. C'est ainsi que, d'une manière générale, il y aurait peut-être lieu de considérer comme s'étant conformés aux dispositions des arrêtés, les propriétaires non viticulteurs contre lesquels aucune réclamation ne serait formulée par les détenteurs du ou des vignobles voisins. Mais, dans le cas où les viticulteurs se plaindraient de l'inexécution des mesures prescrites, le propriétaire aurait trois jours au maximum pour effectuer les opérations ordonnées. Passé ce délai, le maire aurait à vous transmettre directement le procès-verbal qui aurait été dressé et vous délégueriez un agent du service phylloxérique pour exécuter d'office les travaux conformément aux dispositions de l'article 4 du décret du 18 février 1887.

J'arrive maintenant aux procédés de destruction à employer pendant la saison d'hiver. A cet égard, la Commission spéciale a été beaucoup plus affirmative. Elle a même indiqué les conditions dans lesquelles la lutte pourrait être organisée d'une manière efficace. Elle s'est inspirée des observations faites par plusieurs viticulteurs et desquelles il résulte que les altises se retirent volontiers, à l'approche de la saison froide, dans des refuges disposés aux abords des vignes. Ces refuges *artificiels* deviennent de véritables pièges et il est facile de détruire ensuite les mouches qui s'y sont amassées en grand nombre. La Commission a, par suite, été d'avis qu'il conviendrait d'obliger les propriétaires de vignes à procéder, en dehors des nettoyages, suppression des ronces, etc., auxquels ils sont tenus tous les premiers, bien entendu, à l'installation de refuges artificiels aux alentours de leurs champs et à détruire par le feu ou autrement les insectes qui s'y seraient retirés. En vous faisant part de l'opinion émise par la Commission spéciale, je crois devoir vous recommander, Monsieur le Préfet, de prescrire l'application du mode de destruction préconisé par elle, ne serait-ce qu'à titre d'essai et au moins pour la première année.

Vous pouvez, d'ailleurs, prendre l'avis des Associations agricoles en ce qui touche le mode de confection de ces abris, leur nombre à l'hectare, les endroits où ils devront être disposés, soit qu'il y ait lieu d'en prescrire l'établissement sur la lisière seulement des champs de vigne, soit également dans l'intérieur de ces propriétés, etc., etc.

Il me reste, Monsieur le Préfet, à vous entretenir de l'application de l'article 3 du décret du 18 février 1887 qui prescrit la suppression des broussailles, herbes sèches et ronces et le nettoyage des arbres, arbustes et haies vives dans les forêts, les dépendances des routes, chemins, fossés, canaux et voies ferrées. Je vous prierai de tenir la main à la stricte exécution de cette prescription dans l'intérieur des périmètres créés par vos arrêtés, et d'adresser à cet effet les instructions les plus pressantes aux chefs des différents services visés par cet article, ainsi qu'aux municipalités et aux administrateurs des Compagnies de chemin de fer. Je vous serai reconnaissant, au surplus, de me signaler les négligences qui viendraient à se produire.

Telles sont, Monsieur le Préfet, les indications que je crois devoir vous donner pour l'application du décret du 18 février 1887 ; comme vous le voyez, il ne s'agit pas ici d'instructions absolument formelles et une large part est laissée à votre initiative. Ce n'est que lorsque l'expérience aura permis de se rendre compte des conditions dans lesquelles la lutte peut être le plus avantageusement engagée qu'il sera possible de déterminer des règles précises à cet égard. Ce que je vous recommanderai de retenir surtout des indications qui précèdent, c'est la nécessité d'agir avec les plus grands ménagements et d'éviter avec soin de prescrire des dispositions qui ne seraient pas demandées par les viticulteurs.

Ces derniers sont trop directement intéressés dans l'application des mesures de préservation contre l'altise pour que l'on ait à craindre que leur vigilance se trouve, à un moment donné, en défaut. Grâce à l'entente qui s'établira entre eux et l'administration, il est permis d'espérer que le but du décret du 18 février 1887 pourra être atteint et que la viticulture algérienne sera efficacement défendue contre le nouvel ennemi qui la menace.

En terminant, je vous prierai de me soumettre de votre côté, les propositions que vous jugerez utile de faire adopter, dans le but d'assurer la bonne exécution des prescriptions du décret et de régler les cas d'espèce et mesures de détail dont il n'est pas question dans la présente circulaire.

Veuillez agréer, Monsieur le Préfet, l'assurance de ma considération la plus distinguée.

TIRMAN.

ALTISE

RECOUVREMENT ET PAIEMENT DES FRAIS DES TRAVAUX EFFECTUÉS EN EXÉCUTION DE L'ARTICLE 4 DU DÉCRET DU 18 FÉVRIER 1887

*Le Gouverneur général de l'Algérie
a Messieurs les Préfets d'Alger, d'Oran et de Constantine.*

Monsieur,

Le décret du 18 février 1887, relatif aux dispositions à prendre pour arrêter ou prévenir les dommages causés aux vignobles algériens par l'altise, porte en son article 4 qu'en cas d'inexécution dans les délais fixés, des mesures de préservation prescrites par les arrêtés préfectoraux, il sera procédé d'office, par les soins du service phylloxérique et aux frais des contrevenants, à l'exécution de ces mesures. Aux termes du même article, les dépenses ainsi faites doivent être recouvrées par les agents des Contributions diverses en vertu de mandats exécutoires délivrés par les Préfets.

J'ai l'honneur de vous donner ci-après les instructions voulues pour assurer la mise en pratique de cette dernière disposition.

Dès que les travaux exécutés sur l'ordre des agents du service phylloxerique en vertu d'un arrêté pris par vous dans les conditions du décret du 18 février dernier, auront été terminés, que ces travaux aient été effectués en régie ou par voie d'entreprise, ces agents établiront ou feront établir dans la forme prescrite par les règlements de comptabilité et vous transmettront de suite, en double expédition, les pièces justificatives de ces dépenses (marchés, relevé des paiements, rôles des journées d'ouvriers dûment quittancés, factures, etc)

Au besoin, et pour faciliter aux agents du Service phylloxerique l'établissement de ces pièces dans les conditions de régularité voulues, ces derniers pourront demander au Receveur des Contributions diverses de leur résidence tous les renseignements propres à les guider dans la formation de ces justifications au point de vue des exigences de la comptabilité publique.

A la réception de ces pièces, et quand vous vous serez assuré qu'elles sont régulières en la forme comme au fond, vous en arrêterez le montant et vous en rendrez le recouvrement exécutoire sur le contrevenant qui, aux termes de l'article 4 du décret sus-visé, doit être tenu de les acquitter, puis vous transmettrez ces documents en double expédition au Directeur des Contributions diverses de votre département, chargé de faire poursuivre, sans aucun délai, la rentrée intégrale de ces créances par le Receveur de son service a la résidence du débiteur.

Le montant des frais en question sera constaté dans les écritures du service des Contributions diverses et encaissé après recouvrement au compte des recettes à charge de remboursements (3ᵉ section du bordereau mensuel, chapitre 2, honoraires et frais perçus pour compte de divers). Une des expéditions des pièces justificatives servira au comptable à appuyer la recette et sera ainsi versée à son compte de gestion.

La recette du produit qui nous occupe une fois opérée, il sera procédé par les soins du Directeur des Contributions diverses au mandatement des sommes ainsi recouvrées au profit des intéressés. La dépense qui en résultera sera imputée au compte des dépenses sur recettes à charge de remboursement (1ʳᵉ section des dépenses du bordereau mensuel, chapitre 2. Remboursement d'honoraires et frais perçus pour compte de divers) et les mandats appuyés de la seconde expédition des pièces justificatives seront visés payables sur la caisse du receveur qui aura encaissé les fonds et seront payés par ce comptable directement aux parties prenantes.

Les frais occasionnés par les travaux de préservation contre les ravages de l'altise, en tant que ces travaux seront effectués d'office sur l'ordre des agents du service phylloxerique, étant ainsi rangés dans la catégorie des produits qui font l'objet du compte de « honoraires et frais », les agents des Contributions diverses familiarisés avec les opérations en recette et en dépenses qu'ils effectuent journellement au titre de ce compte, n'éprouveront aucune difficulté pour appliquer les instructions générales qui précèdent et que je vous serai reconnaissant de porter, pour exécution, à la connaissance du Directeur de ce service dans votre département.

Ainsi que vous avez dû le remarquer, le paiement des travaux entrepris sur l'ordre des agents du service phylloxerique ne pourra être opéré qu'après le recouvrement sur le contrevenant des sommes qui doivent servir à acquitter ces dépenses. Il est donc de toute nécessité que le service des Contributions diverses apporte la diligence la plus extrême dans la rentrée de ce produit, afin que les titulaires des créances attendent le moins longtemps possible après le paiement des sommes qui leur reviennent.

Je vous prie d'appeler tout particulièrement sur ce point l'attention de M. le Directeur des Contributions diverses en l'invitant à adresser à ce sujet les instructions les plus pressantes aux agents de son service.

Veuillez agréer, Monsieur le Préfet, l'assurance de ma considération la plus distinguée.

Alger, le 30 juin 1887.

TIRMAN.

DESTRUCTION DE L'ALTISE

ARRÊTÉ

Le Préfet du département d'Alger, officier de la Légion d'honneur,

Vu le décret du 18 février 1887, prescrivant les mesures à prendre pour arrêter ou prévenir les dommages causés aux vignobles par l'altise ;

Vu la circulaire de M. le Gouverneur général en date du 12 mars courant,

ARRÊTE :

ARTICLE PREMIER. — A partir du 20 mars courant, les dispositions du décret du 18 février 1887 devront être publiées et affichées, par les Maires et Administrateurs, dans toutes les communes du département d'Alger.

ART. 2. — La destruction des altises et des chenilles est obligatoire, du 1er avril au 1er juin et du 1er novembre au 1er mars.

ART. 3. — Les propriétaires, fermiers, colons, métayers, usufruitiers et usagers sont tenus d'opérer cette destruction sur les terrains où ils possèdent ou cultivent la vigne.

ART. 4. — Seront considérés comme ayant satisfait aux prescriptions du présent arrêté, les viticulteurs qui auront, à l'époque où les pousses de la vigne commencent à se développer, effectué le ramassage des insectes, soit au moyen d'entonnoirs, soit de toute autre manière et qui auront ensuite procédé à la destruction des chenilles, soit par le soufrage ou le chaulage, soit par le ramassage ou l'enlèvement des feuilles renfermant les insectes.

ART. 5. — Les viticulteurs seront, en outre, tenus, en hiver, de procéder, en dehors des nettoyages, suppression des ronces, etc., à l'installation des refuges artificiels aux alentours de leurs champs et le long des chemins d'exploitation, et de détruire, par le feu ou autrement, les insectes qui s'y seraient retirés.

Ces refuges consisteront notamment en fagots de broussailles, de sarments, de paille, d'herbes sèches, etc.

Art. 6. — Les propriétaires de terrains non plantés en vigne, mais contiguë à des vignobles devront, aux termes de l'article 2 du décret sus-visé, supprimer les broussailles, herbes sèches et ronces, et procéder au nettoyage des arbres, arbustes et haies vives, et ce dans un rayon de 50 mètres.

Art. 7. — La même obligation existe pour les terrains incultes, les forêts, les dépendances des routes, chemins, fossés ou canaux et voies ferrées appartenant à l'État, au département, aux communes et aux établissements publics ou privés.

Art. 8. — A défaut de se conformer aux prescriptions du décret sus-visé dans les délais impartis par le présent arrêté, les contrevenants seront passibles des peines édictées par les articles 471 et 474 du Code pénal. Il sera ensuite procédé, à leurs frais, par les soins du service phylloxérique, à l'exécution des mesures prescrites.

Art. 9. — Les Sous-Préfets, Administrateurs et Maires du département sont chargés, chacun en ce qui le concerne, de l'exécution du présent arrêté qui sera inséré au *Recueil des Actes administratifs de la Préfecture* et publié partout où besoin sera.

Alger, le 29 mars 1887.

Le Préfet,

A. FIRBACH.

ARRÊTÉ

Le Préfet du département d'Oran, chevalier de la Légion d'honneur,

Vu le décret du 18 février 1887 sur les mesures à prendre pour arrêter ou prévenir les dommages causés aux vignobles algériens par l'altise, et, en particulier, l'article 1er de ce décret ;

Vu l'avis émis par les Sociétés agricoles du département d'Oran ;

ARRÊTE :

Article premier. — A partir du 1er mars de chaque année, il devra être procédé, par les soins de chaque intéressé, à la destruction de l'altise dans toutes les communes du département, sauf toutefois dans celles où, sur la demande des municipalités et après avis du service phylloxérique, la présence du fléau n'aurait pas été dûment reconnue.

Art. 2. — La destruction de l'altise aura lieu par tous les moyens usités jusqu'à ce jour, en pareil cas, et notamment : par l'emploi des poudres minérales, des insecticides et par l'enlèvement de la feuille infestée qui devra être ensuite écrasée et brûlée, pour les larves et les chenilles ; par l'entonnoir et le sac pour l'insecte parfait (le contenu du sac devra être ensuite soigneusement incinéré), ainsi que par tous les autres moyens reconnus efficaces, aucun de ceux qui viennent d'être énumérés n'étant spécialement recommandé.

Art. 3. — Les mesures qui précèdent seront obligatoires pendant la durée de la végétation de la vigne, l'altise se reproduisant plusieurs fois pendant cette période.

Art. 4. — A partir du 15 septembre de chaque année, les propriétaires devront installer autour de leurs vignobles, des abris formés de détritus de toutes sortes, herbes sèches, débris végétaux, etc., provenant du nettoyage de la vigne.

Ces débris seront réunis en tas distincts et séparés, de manière à favoriser le groupement des insectes pendant leur engourdissement d'hiver, et ils seront soigneusement incinérés avant le 31 janvier.

Art. 5. — Pendant les mois de décembre et de janvier, et avant le 31 janvier, la suppression des broussailles, herbes sèches et ronces, le nettoyage des arbres, arbustes et haies vives, dans les terrains limitrophes des champs de vignes et dans un rayon de protection de 50 mètres, sera obligatoire pour tous les détenteurs.

Les broussailles, herbes sèches, etc., seront soigneusement brûlées.

Art. 6. — Les mesures prescrites par les articles 2, 3 et 4, sont obligatoires pour tous propriétaires, fermiers, colons, métayers, usufruitiers et usagers, sur les terrains où ils possèdent où ils cultivent la vigne.

Art. 7. — Les mesures prescrites par l'article 5 sont obligatoires pour tous les détenteurs généralement quelconques des terrains limitrophes des champs de vignes, ainsi que pour l'État, le département, les communes, les établissements publics ou privés, en ce qui concerne les terrains incultes, les forêts, les dépendances des routes, chemins, fossés ou canaux leur appartenant.

Art. 8. — En cas d'inexécution dans les délais fixés des mesures prescrites ci-dessus, procès-verbal sera dressé contre les contrevenants qui seront passibles des peines édictées par les articles 471 et 474 du Code pénal.

Il sera procédé, à leurs frais, par les soins du service phylloxérique, à l'exécution des mesures prescrites.

Art. 9. — MM. les Sous-Préfets, Administrateurs, Maires et Gardes-Champêtres du département, le service de la gendarmerie, le service des forêts, le service des domaines le service des ponts-et-chaussées, la voirie départementale, le chef du service phylloxérique, ainsi que le Syndicat départemental de défense contre le phylloxera, sont chargés, chacun en ce qui le concerne, de l'exécution du présent arrêté.

Fait à Oran, le 18 mars 1887.

DUNAIGRE.

Vu et approuvé :

Le Gouverneur général,

TIRMAN.

Zone de protection de La Calle. — Par arrêté en date du 9 août 1887 la zone de protection des vignes phylloxérées de La Calle a été étendue aux communes de plein exercice et mixte de La Calle.

Entrée des Fruits et Légumes frais en Algérie

Le Président de la République française,

Sur le rapport du Ministre de l'agriculture,
Vu la loi des 15 juillet 1878-2 août 1879 ;
Vu la loi du 21 mars 1883, relative aux mesures à prendre pour empêcher la propagation du phylloxera en Algérie ;
Vu le décret du 17 juin 1884, réglementant les mesures à prendre pour empêcher l'introduction du phylloxera en Algérie ;
Vu les demandes formulées par plusieurs Conseils généraux des départements méditerranéens, tendant à obtenir la libre introduction des fruits et légumes frais en Algérie ;
Vu les dispositions de la Convention internationale de Berne, approuvée par décret du 15 mai 1882, lesquelles admettent à la libre circulation internationale les légumes frais et les fruits autres que le raisin ;
Vu l'avis de la Commission supérieure du phylloxera ;
Vu la délibération du Conseil supérieur du Gouvernement de l'Algérie et l'avis du Gouverneur général de l'Algérie,

DÉCRÈTE :

ARTICLE PREMIER. — La prohibition d'entrée en Algérie des fruits et légumes frais de toute nature, édictée par l'article 2 du décret du 17 juin 1884 ci-dessus visé, est rapportée.

ART. 2. — Sont maintenues toutes les autres dispositions dudit décret du 17 juin 1884, notamment la prohibition à l'entrée en Algérie :

Des ceps de vigne, sarments, crossettes, boutures avec ou sans racines, marcottes, etc., des feuilles de vigne même employées comme enveloppe, couverture et emballage des raisins de table ou de vendange, des marcs de raisin et de tous les débris de la vigne ;

Des plants d'arbres, arbustes et végétaux de toute nature ;

Des échalas et des tuteurs déjà employés ;

Des engrais végétaux, terres, terreaux et fumiers.

Le Ministre de l'agriculture et le Gouverneur général de l'Algérie sont chargés, chacun en ce qui le concerne, de l'exécution du présent décret.

Fait à Paris, le 30 décembre 1893.

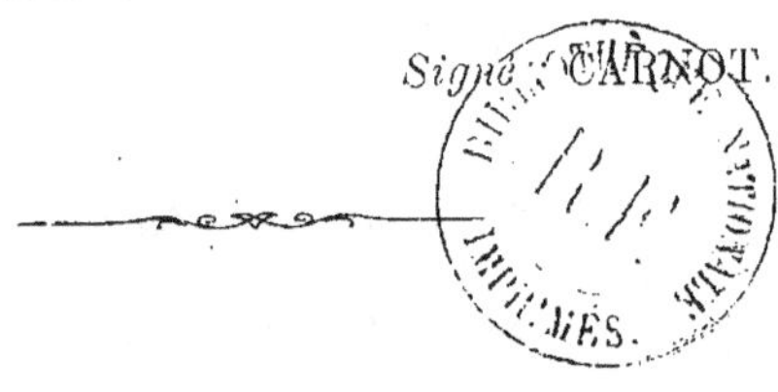

Signé : CARNOT.

LISTE PAR ORDRE ALPHABÉTIQUE

DES DIFFÉRENTS CÉPAGES DÉCRITS DANS CET OUVRAGE

Cépages européens et asiatiques rouges

Cépages à fruits blancs

Cépages indigènes rouges

Cépages indigènes blancs

Variétés américaines

FIN DE LA LISTE ALPHABÉTIQUE

TABLE DES MATIÈRES

PREMIÈRE PARTIE

CHAPITRE PREMIER

Ferme de trente hectares cultivée en céréales

Ferme de trente hectares dont vingt hectares plantés en vigne

DEUXIÈME PARTIE

CHAPITRE II

ORIGINE DE LA VIGNE

CHAPITRE III

CHAPITRE IV

GÉOGRAPHIE VITICOLE
ALTITUDES EXTRÊMES DE LA CULTURE DE LA VIGNE. — RESSOURCES SPÉCIALES A L'AFRIQUE FRANÇAISE

CHAPITRE V

EXPOSITIONS. — CHOIX RATIONNEL DES CÉPAGES A PLANTER SUIVANT LES DIVERSES EXPOSITIONS

CHAPITRE VI

CHAPITRE VII

CHAPITRE VIII

TROISIÈME PARTIE

CHAPITRE XII

ACCIDENTS DE LA VIGNE

CHAPITRE XIII

PARASITES VÉGÉTAUX ET CRYPTOGAMES

CHAPITRE XIV

MALADIES ET ENNEMIS DE LA VIGNE

CHAPITRE XV

PHYLLOXERA

CHAPITRE XVI

DESTRUCTION DU PHYLLOXERA

CHAPITRE XVII

—————

LOIS, DÉCRETS, ARRÊTÉS ET INSTRUCTIONS

AYANT POUR OBJET LA PROTECTION DU VIGNOBLE ALGÉRIEN CONTRE LE PHYLLOXERA
ET L'ALTISE

FIN

BLIDA. — IMPRIMERIE ADMINISTRATIVE A. MAUGUIN.

* 9 7 8 2 3 2 9 0 6 6 0 9 7 *